螺纹的数控车铣加工

周维泉　编著

机 械 工 业 出 版 社

本书由浅入深地详细介绍了螺纹的数控车、铣加工方法，是作者从事数控工艺和加工几十年中关于螺纹加工方面的经验总结。

本书内容分6章。第1章是螺纹的基础知识和相关标准；第2章是螺纹数控车加工基础，既详细介绍了数控车螺纹用的刀具、粗车螺纹的两个重要原则及计算方法，又详细介绍了发那科系统和西门子系统用于车螺纹的各种指令；第3章是螺纹的数控车削，既具体介绍了各种标准螺纹的数控车削方法，又详细介绍了钢丝绳卷筒上绳槽（双线半圆剖面三段组合螺旋槽）的数控车削方法，两种头尾相接的特殊螺旋槽的以车代铣方法，以及数控车去三角形螺纹头部不完整部分的方法；第4章是螺纹数控铣加工基础，既介绍了数控铣螺纹和攻螺纹用的刀具，又详细介绍了发那科系统和西门子系统用于铣螺纹和刚性攻螺纹的各种指令；第5章是刚性攻螺纹和用镶嵌式螺纹铣刀铣螺纹；第6章是用整体硬质合金螺纹铣刀铣螺纹。书中的加工案例绝大部分是作者亲历过的。

书中既有数控车、铣螺纹的必备知识，又有数控车、铣各种螺纹的具体方法，其中有些方法还是作者首创。书中提供了许多车、铣同类螺纹的通用宏程序，这些宏程序可以通过扫描内封上的二维码获得，也可以下载，下载地址为：www.cmpedu.com/gaozhi/20170327/hongchengxu.rar。读者使用这些宏程序时只要按具体条件对相应的变量赋值就可以使用。

图书在版编目（CIP）数据

螺纹的数控车铣加工/周维泉编著. —北京：机械工业出版社，2017.3（2018.1重印）

ISBN 978-7-111-56182-8

Ⅰ.①螺… Ⅱ.①周… Ⅲ.①螺纹加工机床—数控机床—车床—加工工艺②螺纹加工机床—数控机床—铣床—加工工艺 Ⅳ.①TG62

中国版本图书馆CIP数据核字（2017）第039251号

机械工业出版社（北京市百万庄大街22号 邮政编码100037）
策划编辑：王英杰 责任编辑：王英杰 武 晋 责任校对：张晓蓉
封面设计：张 静 责任印制：李 飞
北京玥实印刷有限公司印刷
2018年1月第1版第2次印刷
184mm×260mm · 24.25印张 · 590千字
1901—3400册
标准书号：ISBN 978-7-111-56182-8
定价：79.00元

凡购本书，如有缺页、倒页、脱页，由本社发行部调换

电话服务
服务咨询热线：010-88361066
读者购书热线：010-68326294
010-88379203

网络服务
机 工 官 网：www.cmpbook.com
机 工 官 博：weibo.com/cmp1952
金 书 网：www.golden-book.com
教育服务网：www.cmpedu.com

前　言

螺纹不但是零件的常见要素，而且在许多场合还是零件的重要要素。

作者与数控车床打了几十年交道，做过上千种零件的数控车削工艺和加工，曾在多种材质的零件上车过各种制式和各种精度要求的螺纹。螺纹车得多了，积累了些经验，也有过一些教训。有时候教训比经验更让人印象深刻。有一次承接一批质量要求高的国外不锈钢质仪表接头加工，其中主要是车其上的 NPT1.5 内锥螺纹。作者使用的是一把直径 ϕ20mm 的进口可转位螺纹车刀。此刀全长 140mm，截去 35mm（当时舍不得多去）还剩 105mm。加工时夹持 60mm，伸出 45mm，车出的螺纹表面有少许振纹。分别改变各项工艺参数，无效。调整机床间隙，无效。背吃刀量再小也还有振纹。无奈交货，遭退货，损失不小。忍痛把车刀再截去 15mm，伸出 30mm，加工时就没有振纹了。作者认为，数控车螺纹效率高、成本低、质量（尤其是表面质量）好，前提条件是要有好的工艺和加工程序。

有些非回转体零件上的螺纹不好车削，只能在数控铣床或加工中心上攻螺纹或铣削。作者与数控铣削加工打交道不到十年，总体还在初中水平，所幸遇到过许多攻螺纹加工和铣螺纹加工，在攻锥螺纹和用各种螺纹铣刀铣螺纹方面有一些经验，当然还有教训。作者初次铣螺纹是在第三届全国数控技能大赛数铣赛项赛题试切过程中，当时是在钢质件上铣 M12 粗牙内螺纹，用径向入刀编程。试切时在入刀这一步铣刀就断了。一看，此铣刀直径只有 ϕ7.5mm，中心还有内冷孔，再去掉刃齿截面和 4 条排屑槽截面，横截面积非常小，禁不住入刀时的背向力。这把价值 2000 多元的铣刀，就因为入刀一步错被毁掉了！改用转半圈螺旋入刀后，该螺纹顺利铣成。难车削螺纹用攻螺纹加工还是铣加工？如果选择铣加工，用什么样的铣刀？这都是数控工艺员面临的课题。作者以为，选对刀（刃）具、选对加工方法和编制正确的加工程序是在数控铣床和加工中心上加工螺纹的 3 个必要条件。

作者花费不少时间和精力把自己几十年加工螺纹的实践梳理了一下，把正、反两方面的经验总结了一下，把当时急着交活来不及思考的问题又重新思考一遍，归纳成螺纹数控车、铣加工的若干方法和原则，与读者一起分享。

关于这本书中的程序，有 5 个问题要说明。

1. 程序适用的数控系统问题

数控系统的种类很多，但无论在国外还是在国内，存量机床的数控系统还是以发那科系统和西门子系统居多，所以书中开发和提供的加工程序直接针对这两种数控系统。

2. 关于 NC 程序与宏程序的问题

大多数螺纹的数控车、铣加工用常规的 NC 程序就可以解决，只有车某些螺纹（例如车半圆弧螺纹和分层分多刀车锯齿形螺纹等）才需要用含变量的车削宏程序，也只有铣某些螺纹（例如铣锥管螺纹）才需要用含变量的铣削宏程序。铣某个具体的锥管螺纹时，用只含很少（两三个）变量的宏程序就可以进行加工。但书中提供的程序绝大部分是宏程序，而且其中用的变量个数还比较多，这是为了提高程序的通用性。这些宏程序可作“傻瓜程序”用，即如果使用前来不及读懂（理解），也可以按照说明给变量赋值后使用，先把螺纹加工出来，回头再抽时间读懂它。

3. 关于书中宏程序的使用（套用）问题

书中提供的大部分是通用宏程序。开发这些通用宏程序时把能想到的加工尺寸和切削参数等都用变量表示。可以把程序（包括宏程序）分成头部、“身段”和尾部三部分。书中宏程序的核心是“身段”部分。在使用发那科系统和西门子系统进行数控加工时，这部分是不能改的。在使用其他数控系统进行加工时，应对“身段”部分的内容做原原本本的翻译。至于对容易看懂的头、尾部分，必要时可略做修改（以适应所用的具体机床）。例如，由于书中所有的铣螺纹（包括攻螺纹）的程序都是针对数控铣床的，所以在加工中心（即使配置的是发那科系统或西门子系统）上使用时，应在程序的头部加换刀指令。

4. 关于铣螺纹是用刀心轨迹编程（不用 G41 或 G42 指令）还是用切削轨迹编程的问题

在大多数场合，用这两种轨迹编程都是可以的。但由于含 G41 或 G42 指令的程序用起来方便（可用改变刀补栏内的刀径设定值来调节铣出螺纹直径的大小），所以书中提供的大部分是含 G41 或 G42 指令的程序。只有在一些无法使用 G41 或 G42 指令编程的场合（例如钻底孔、倒角和铣螺纹合一时以及所用铣刀直径与螺纹底孔直径很接近的情况下铣螺纹时），不得已才使用刀心轨迹编程。使用这两类程序时，注意屏幕显示轨迹的差异和进给量指令（赋值）数据的差异。

5. 关于西门子程序使用时的一个细节

对于书内有“>”或“<”号的程序，如果用西门子操作面板手工输入，则不会有问题。而如果先手工输入计算机，再从计算机传输进数控系统，运行时机床有可能报字符格式错误。如果出现此种情况，把“>”或“<”号删掉后，用面板上的键重输入就可解决。

关于本书的内容，有两个问题要做交代。

1. 螺纹加工的方法其实很多，螺纹机加工也有多种方法

精度要求不高的外螺纹标准件可以用搓螺纹的方法快速加工出来。批量大的梯形螺纹、丝杠、螺杆（如螺杆泵的转子和定子模芯）和蜗杆（如汽车刮水器传动蜗杆）可以用旋风铣高速铣加工。本书的内容限于在数控车床、数控铣床和加工中心上加工螺纹，所以没有收入以上两种加工方法。

2. 在数控铣床和加工中心上还可以做挤压攻螺纹和振动攻螺纹

挤压攻螺纹要用专用的挤压丝锥，振动攻螺纹要购置和安装振动源。还有振动与挤压并用的振动挤压攻螺纹。关于这方面的内容本书未收入。

如果说一本好的文学书应该是思想和艺术的探索，那么一本好的技术书就应该是技术和方法的探究。尽管这个目标很高，但我还是向这个目标努力。作者的本意是想写一本既有实践又有理论、既有深度又有广度、既有传统方法又有创新方法、既能让螺纹加工人员直接使用又能对教学螺纹加工的师生有帮助的书。我不知道最终的结果离这个目标有多远，我只知道自己已经努力了。

由于作者的经验有限、知识有限、见识有限，书中难免有疏漏、不足和错误之处，恳请广大读者指正。

周维泉

目　录

第1章　螺纹的基础知识和相关标准

1.1　螺纹简介

螺纹形状的事物在自然界中常能见到，如田螺和海螺的外壳就呈螺旋状；螺纹在日常生活中就见得更多，如瓶口和瓶盖多用螺纹配合。

螺旋线是沿着圆柱或圆锥表面运动的点的轨迹，该点的轴向位移与相应的角位移成比例关系。当轴向位移与角位移成正比时，此螺旋线为等螺距螺旋线。

螺纹是在圆柱或圆锥表面上沿螺旋线形成的具有规定牙型的连续凸起。当凸起部分的轴向剖面呈三角形时，此螺纹称为三角形螺纹。凸起部分的轴向剖面为对称梯形时，此螺纹称为梯形螺纹。

牙型角是牙型相邻两侧面在轴向剖面内的夹角。标准三角螺纹的牙型角有60°和55°两种。标准梯形螺纹的牙型角是30°，

我国常用的“普通螺纹”是牙型角为60°的米制普通螺纹；北美常用的普通螺纹是牙型角为60°的统一英制螺纹（在日本称为统一螺纹）。认为英制三角螺纹的牙型角都是55°是一种误解。

螺纹副是指通过内、外螺纹相互旋合形成的联接，用于螺纹副的螺纹称为配合螺纹。零件上的螺纹大多是配合螺纹。

用于管类零件配合的螺纹称为管螺纹。管螺纹多为三角螺纹。管螺纹按是否用于密封分为密封管螺纹和非密封管螺纹两类。常用的标准非密封管螺纹是“55°非密封管螺纹”，顾名思义，它的牙型角是55°，主要用于管子、阀门、管接头、旋塞及其他管路附件的非密封联接。除了特殊行业使用的密封管螺纹之外，常用的密封管螺纹有三类。第一类是“60°密封管螺纹”，顾名思义，它的牙型角是60°，是英制螺纹中的一种，在欧美广泛使用。这类螺纹在国内也用得较多，所以在我国也有相应的国家标准。由于60°密封管螺纹的内/外锥螺纹的特征代号是NPT，所以又称为NPT螺纹。第二类是“55°密封管螺纹”，其牙型角是55°，也是英制螺纹中的一种，在我国也有相应的国家标准。第三类是“米制密封螺纹”，其牙型角是60°。这类米制管螺纹反而用得不多。

1.2　普通螺纹

我国最常用的普通螺纹和欧美最常用的统一英制螺纹（UN和UNR）都是60°牙型角的三角螺纹，它们的尺寸关系是一样的，所以有必要做较为详细的介绍。此处介绍的尺寸关系也适用于60°牙型角的米制密封螺纹，不适用于60°密封管螺纹。

1.2.1　基本牙型和尺寸关系

普通螺纹的基本牙型和尺寸关系如图 1-1a 所示。图中的粗实线代表基本牙型，形成螺纹牙型的三角形称为原始三角形，其底边平行于中径圆柱或中径圆锥的母线。原始三角形顶点沿垂直于螺纹轴线方向到其底边的距离称为原始三角形高度 H。基本牙型的牙侧面只占原始三角形侧边的一部分，或者说原始三角形上、下各削去一部分后才成为基本牙型的牙侧面。削去部分即基本牙型的顶部或底部到它所在的原始三角形的顶点之间，在垂直于螺纹轴线方向的距离称为削平高度。

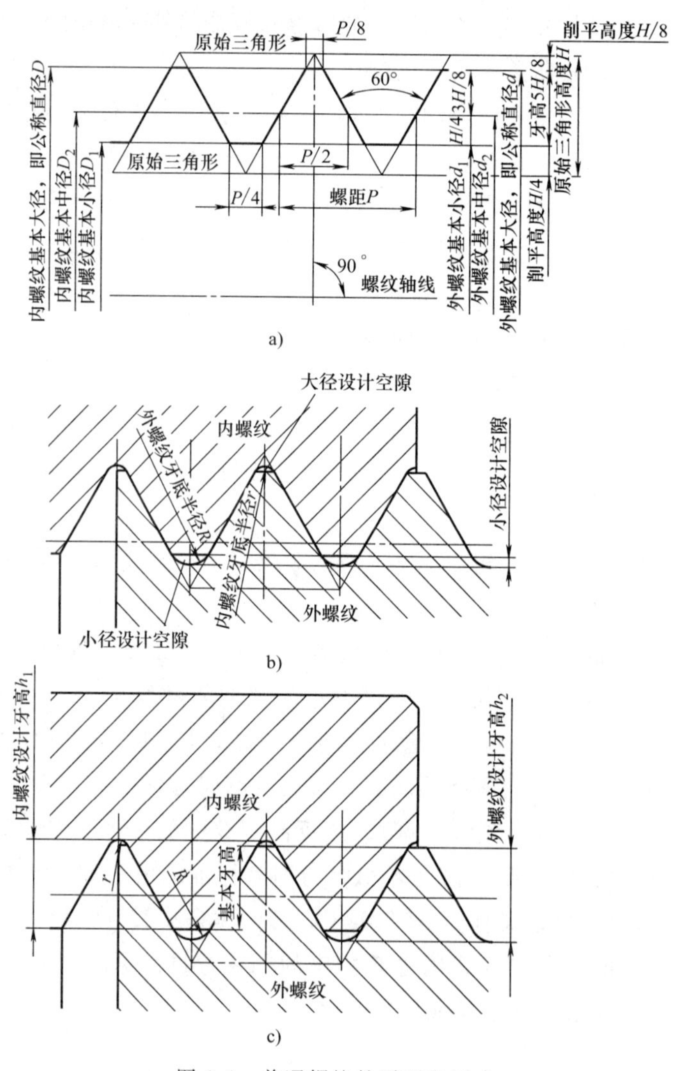

图 1-1　普通螺纹的牙型和尺寸

a）基本牙型和尺寸关系　b）设计牙型　c）普通螺纹的牙型和尺寸

螺纹中径是指一个假想圆柱或圆锥的直径，该圆柱或圆锥的母线通过牙型上沟槽和凸起宽度相等的地方。牙顶到牙底在垂直于轴线方向的距离称为基本牙型高度。牙顶到螺纹中径线沿垂直于螺纹轴线方向的距离称为牙顶高；牙底到螺纹中径线沿垂直于轴线方向的距离称为牙底高。显然，基本牙底高和基本牙顶高之和等于基本牙型高度（也可简称为“基本牙高”）。

从图 1-1a 中可以看到，靠大径侧的削平高度是 $H/8$，而靠小径侧的削平高度是 $H/4$。因此，外螺纹的基本牙底高等于 $H/4$，基本牙顶高等于 $3H/8$，而内螺纹的基本牙底高等于 $3H/8$、基本牙顶高等于 $H/4$（内、外螺纹的基本牙型高度都等于 $5H/8$）；外螺纹的基本牙底宽和基本牙顶宽分别为 $P/4$ 和 $P/8$，而内螺纹的基本牙底宽和基本牙顶宽分别为 $P/8$ 和 $P/4$。这是普通螺纹中内、外螺纹牙型的重要区别。

在普通螺纹的基本牙型中，原始三角形高度 H 等于原始三角形底边除以 2 再乘以 30°的正切函数，又由于原始三角形底边正好等于螺距 P，所以原始三角形高度 H 与螺距 P 的关系为

$$H=\frac{P}{2}\tan30°=0.866025P\approx0.866P$$

基本牙型高度等于原始三角形高度 H 的 5/8，所以内、外螺纹基本牙型高度与螺距 P 的关系为

$$\text{内、外螺纹的基本牙型高度}=\frac{5}{8}H=0.541266P\approx0.5413P$$

1.2.2　设计牙型

图 1-1b 所示为普通螺纹设计牙型示意图。从图中可以看到，设计牙型与基本牙型的主要区别是在内螺纹底增加了一段半径为 r 的圆弧、在外螺纹底增加了一段半径为 R 的圆弧。把直线剖面牙底改为圆弧剖面牙底的原因之一是螺纹车刀的刀尖不容易做成平头，原因之二是可防止工作时应力集中。注意这两段圆弧分别在各自所处削平部分的小三角形区域内，而不是把基本牙型的牙底倒圆（角）。在设计牙型中，外螺纹牙顶与内螺纹牙底之间存在空隙，内螺纹牙顶与外螺纹牙底之间也存在空隙（这两个空隙不一样大）。这两个空隙在需要润滑时可用来存储润滑油。

这里说一下普通螺纹的牙高问题。上节已讲到基本牙高约等于 $0.5413P$。从图 1-1c 中可看到，由于设计牙型的牙底加出了一段圆弧，所以设计牙高要大于基本牙高。内、外螺纹的设计牙高 h_1、h_2 分别与 r、R 的大小有关。外螺纹牙底半径最小值可从 GB/T 197—2003 标准的表 9 中查到。h_1、h_2 不相等但差距也很小。加工（编程）时，在已知螺距的情况下常用牙高值 h。现有资料中，牙高最小取 $0.541P$，最大取 $0.65P$，多数取 $0.59P$。据作者对世界上几个著名刀具品牌的螺纹车刀刀片尺寸统计，内、外螺纹的牙高 h 取 $0.6P$ 最接近。因此，建议编程时牙高 h 一律取 $0.6P$，这样不但方便计算，而且更接近实际值。

1.2.3　螺距系列和公称尺寸系列

普通螺纹的螺距系列共有 25 个，分别为：0.2，0.25，0.3，0.35，0.4，0.45，0.5，0.6，0.7，0.75，0.8，1，1.25，1.5，1.75，2，2.5，3，3.5，4，4.5，5，5.5，6 和 8mm。公称尺寸系列从 1，1.1，1.2，1.4，1.6，1.8，2，2.2，2.5，3 直到 300（单位：mm）共 106 个，每个公称尺寸可用（对应）的螺距有 1~5 个，具体可从 GB/T 196—2003 标准的表 1 中查到。

螺距的方向是这样规定的：对于圆柱螺纹，螺距的方向是沿圆柱的轴线方向，如图 1-2a所示。对于圆锥螺纹，当圆锥半角 α 小于或等于 45°时，螺距的方向是沿圆锥的轴线方向，如图 1-2b 所示；当圆锥半角大于 45°但小于或等于 90°时，螺距的方向是沿圆锥轴线

的垂直方向，如图 1-2c、d 所示。圆锥半角等于 90°的螺纹称为端面螺纹。

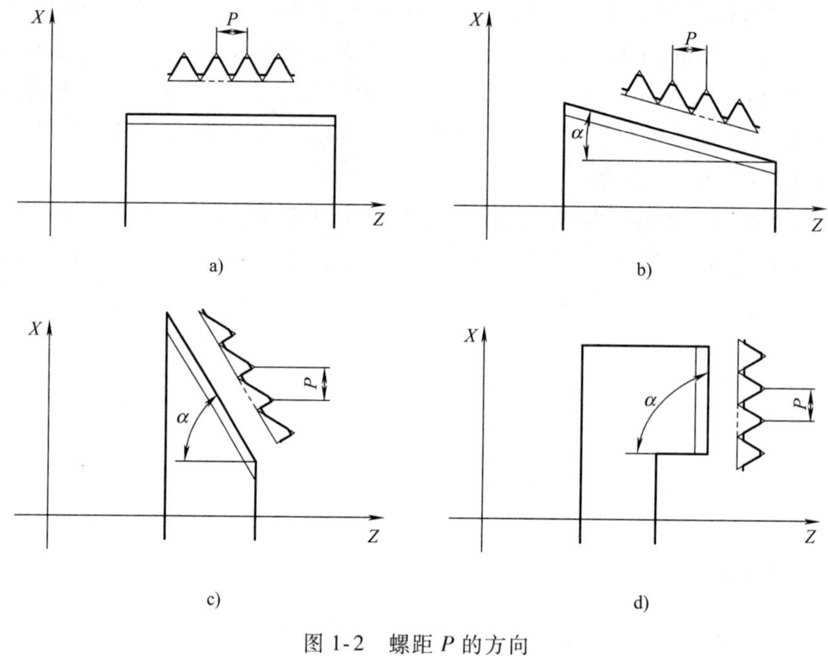

图 1-2　螺距 P 的方向

a）$\alpha=0°$　b）$0°<\alpha\leqslant45°$　c）$45°<\alpha\leqslant90°$　d）$\alpha=90°$

螺纹方向的这个规定也适用于非三角螺纹。

1.2.4　公差和标记

1. 普通螺纹的公差带位置

普通内螺纹的公差带位置有 G、H 两种。前一种的基本偏差为正值，后一种的基本偏差为零，如图 1-3 所示。

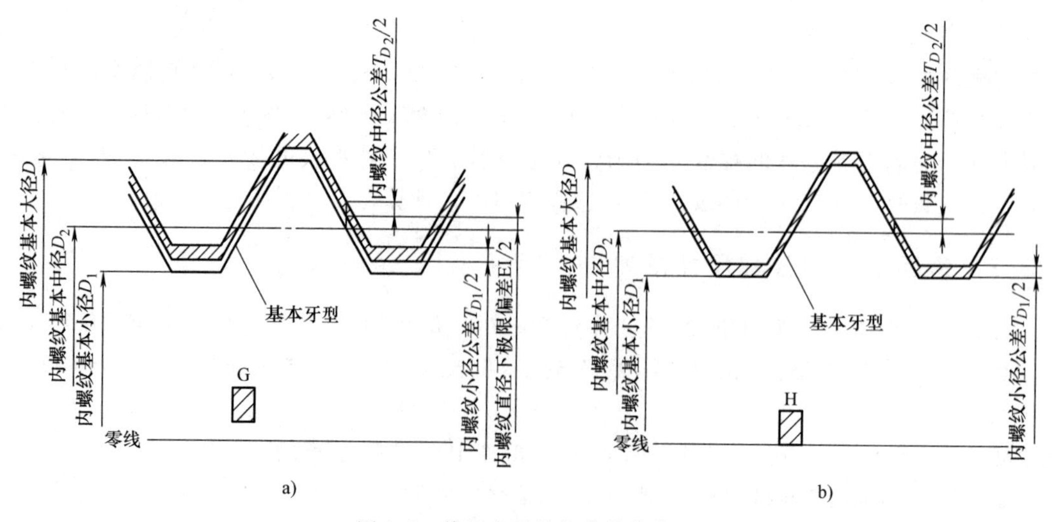

图 1-3　普通内螺纹公差带的位置

a）公差带位置为 G　b）公差带位置为 H

图 1-3a 中 EI 为内螺纹直径的基本偏差，T_{D_2} 为内螺纹中径公差，T_{D_1} 为内螺纹小径公差。

普通外螺纹的公差带位置有 e、f、g 和 h 共 4 种，其中 e、f、g 的基本偏差为负值，h 的基本偏差为零，如图 1-4 所示。

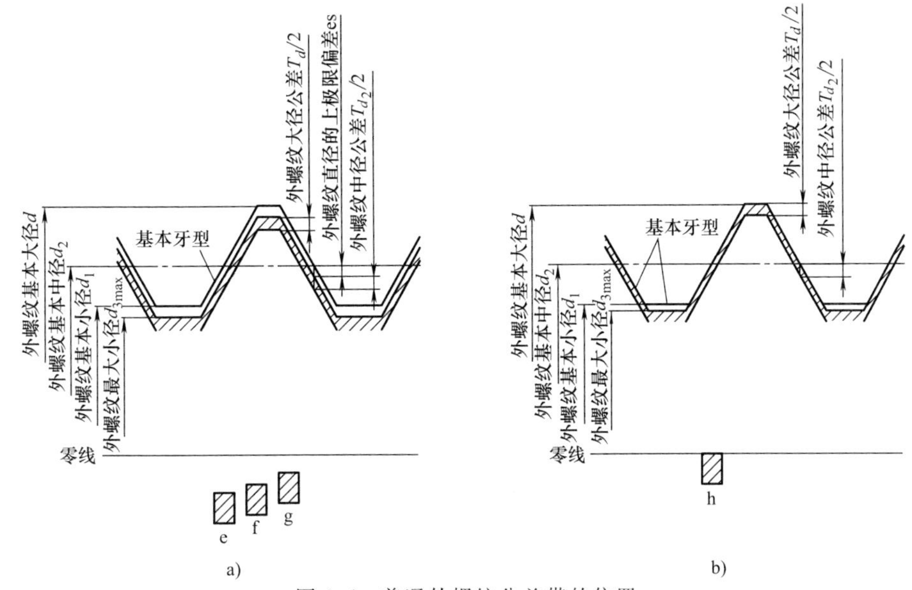

图 1-4　普通外螺纹公差带的位置

a）公差带位置为 e、f 和 g　b）公差带位置为 h

图 1-4a 中 es 为外螺纹直径的基本偏差，T_{d_2} 为外螺纹中径公差，T_d 为外螺纹大径公差，d_{3max} 为外螺纹最大小径。

常用螺距内、外螺纹的基本偏差见表 1-1。

表 1-1　常用螺距内、外螺纹的基本偏差　　（单位：μm）

螺距 P/mm	基本偏差					
	内螺纹		外螺纹			
	G EI	H EI	e es	f es	g es	h es
0.5	+20	0	-50	-36	-20	0
0.75	+22	0	-56	-38	-22	0
1	+26	0	-60	-40	-26	0
1.25	+28	0	-63	-42	-28	0
1.5	+32	0	-67	-45	-32	0
1.75	+34	0	-71	-48	-34	0
2	+38	0	-71	-52	-38	0
2.5	+42	0	-80	-58	-42	0
3	+48	0	-85	-63	-48	0

其他螺距内、外螺纹的基本偏差可参考 GB/T 197—2003 标准的表 1。

2. 普通螺纹的公差和尺寸

内螺纹小径 D_1 的公差等级分为 4、5、6、7、8 五级，常用螺距内螺纹的小径公差 T_{D_1} 见表 1-2。

表 1-2　常用螺距内螺纹的小径公差（T_{D_1}）　　（单位：μm）

螺距 P/mm	公差等级				
	4	5	6	7	8
0.5	90	112	140	180	—
0.75	118	150	190	236	—
1	150	190	236	300	375
1.25	170	212	265	335	425
1.5	190	236	300	375	475
1.75	212	265	335	425	530
2	236	300	375	475	600
2.5	280	355	450	560	710
3	315	400	500	630	800

其他螺距内螺纹的小径公差可在 GB/T 197—2003 标准的表 2 中查得。

内螺纹中径 D_2 的公差等级也分为 4、5、6、7、8 五级，常用基本大径内螺纹对应的螺距和中径公差 T_{D_2} 见表 1-3。

表 1-3　常用基本大径内螺纹中径公差 T_{D_2}　　（单位：μm）

基本大径 D/mm		螺距 P/mm	公差等级				
>	≤		4	5	6	7	8
2.8	5.6	0.35	56	71	90	—	—
		0.5	63	80	100	125	—
		0.6	71	90	112	140	—
		0.7	75	95	118	150	—
		0.75	75	95	118	150	—
		0.8	80	100	125	160	200
5.6	11.2	0.75	85	106	132	170	—
		1	95	118	150	190	236
		1.25	100	125	160	200	250
		1.5	112	140	180	224	280
11.2	22.4	1	100	125	160	200	250
		1.25	112	140	180	224	280
		1.5	118	150	190	236	300
		1.75	125	160	200	250	315
		2	132	170	212	265	335
		2.5	140	180	224	280	355
22.4	45	1	106	132	170	212	—
		1.5	125	160	200	250	315
		2	140	180	224	280	355
		3	170	212	265	335	425
		3.5	180	224	280	355	450
		4	190	236	300	375	475
		4.5	200	250	315	400	500

其他基本大径内螺纹的中径公差 T_{D_2} 可在 GB/T 197—2003 标准的表 4 中查得。

外螺纹大径 d 的公差等级分为 4、6、8 三级，常用螺距外螺纹的大径公差 T_d 见表 1-4。

表 1-4　常用螺距外螺纹的大径公差（T_d）　　（单位：μm）

螺距 P/mm	公差等级		
	4	6	8
0.5	67	106	—
0.75	90	140	—
1	112	180	280
1.25	132	212	335
1.5	150	236	375
1.75	170	265	425
2	180	280	450
2.5	212	335	530
3	236	375	600

其他螺距外螺纹的大径公差可在 GB/T 197—2003 标准内的表 3 中查得。

外螺纹中径 d_2 的公差等级分为 3、4、5、6、7、8、9 七级，常用螺距外螺纹的中径公差 T_{d_2} 见表 1-5。

表 1-5　常用螺距外螺纹中径公差 T_{d_2}　　（单位：μm）

基本大径 d/mm		螺距 P/mm	公差等级						
>	≤		3	4	5	6	7	8	9
2.8	5.6	0.35	34	42	53	67	85	—	—
		0.5	38	48	60	75	95	—	—
		0.6	42	53	67	85	106	—	—
		0.7	45	56	71	90	112	—	—
		0.75	45	56	71	90	112	—	—
		0.8	48	60	75	95	118	150	190
5.6	11.2	0.75	50	63	80	100	125	—	—
		1	56	71	90	112	140	180	224
		1.25	60	75	95	118	150	190	236
		1.5	67	85	106	132	170	212	265
11.2	22.4	1	60	75	95	118	150	190	236
		1.25	67	85	106	132	170	212	265
		1.5	71	90	112	140	180	224	280
		1.75	75	95	118	150	190	236	300
		2	80	100	125	160	200	250	315
		2.5	85	106	132	170	212	265	335
22.4	45	1	63	80	100	125	160	200	250
		1.5	75	95	118	150	190	236	300
		2	85	106	132	170	212	265	335
		3	100	125	160	200	250	315	400
		3.5	106	132	170	212	265	335	425
		4	112	140	180	224	280	355	450
		4.5	118	150	190	236	300	375	475

其他基本大径外螺纹对应的螺距和中径公差可在 GB/T 197—2003 标准内的表 5 中查得。

3. 普通螺纹的标记

普通螺纹完整的标记由螺纹特征代号 M、尺寸代号、公差带代号及其他有必要做进一步说明的信息组成。对于单线螺纹，尺寸代号包括公称直径（单位：mm）和螺距（单位：mm）两项，中间用乘号隔开。其中，粗牙螺纹可省略螺距项。对于多线螺纹，尺寸代号包括公称直径、P_h 导程值和 P 螺距值三项（单位：mm），在第一项与第二项之间用乘号隔开。

公差带代号包含中径公差带代号和顶径公差带代号两项。各直径公差带代号由表示公差带等级的数字与表示公差带位置的字母组成。当中径公差带代号与顶径公差带代号相同时，应合并即只标一个公差带代号。下面举例说明。

公称直径为10mm、螺距为1.5mm、中径和顶径公差带代号均为6g的单线右旋粗牙普通外螺纹的标记为M10-6g。

公称直径为10mm、螺距为1mm、中径和顶径公差带均为6g的单线、右旋细牙普通外螺纹的标记为M10×1-6g。

公称直径为16mm、导程为3mm、螺距为1.5mm、中径公差带代号为5H、顶径公差带代号为6H的双线右旋普通内螺纹的标记为M16×Ph3P1.5-5H6H。注意中径公差带代号与顶径公差带代号是紧挨着的，二者之间没有隔开符号。

如果螺纹的旋向是左旋，那么在螺纹标记的最后应加左旋代号LH，并在此代号前加横线“-”，与前面的代号隔开。例如，公称直径为10mm、螺距为1mm、中径公差带代号为5g、顶径公差带代号为6g的左旋普通单线外螺纹的标记为M10×1-5g6g-LH。

1.3　管螺纹

管螺纹分为非密封管螺纹和密封管螺纹两大类。第一类只有55°非密封管螺纹一种。顾名思义，这类螺纹不具有密封性。第二类又分为米制密封螺纹、60°密封管螺纹和55°密封管螺纹三种。这三种螺纹又分为圆柱外螺纹、圆锥外螺纹、圆锥内螺纹和圆柱内螺纹。这三种螺纹各有两种配合形式。一种是“柱/锥”配合，另一种是“锥/锥”配合。其中“锥/锥”配合形式用得较多。在这三种密封管螺纹中，米制密封管螺纹用得很少。

1.3.1　55°非密封管螺纹

55°非密封管螺纹原来是英制螺纹中的一种。这种螺纹在我国也使用，所以也制订了相应的国家标准（GB/T 7307—2001）。55°非密封管螺纹是圆柱螺纹。

1. 55°非密封管螺纹的设计牙型

55°非密封管螺纹的设计牙型如图1-5所示，其中 $H=0.960491P$。

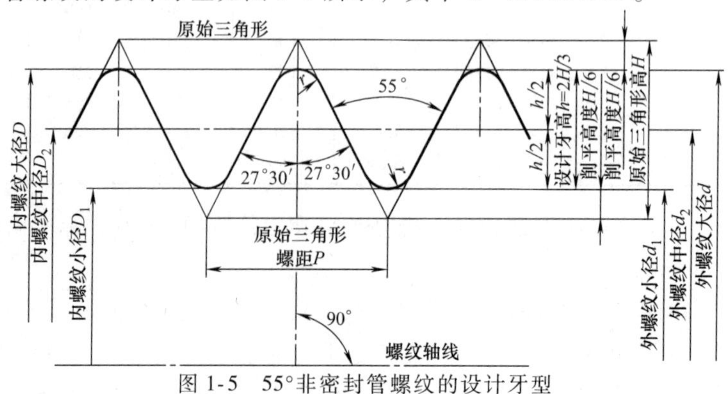

图1-5　55°非密封管螺纹的设计牙型

55°非密封管螺纹的设计牙型有如下特点：

1）内、外螺纹的上、下削平高度相同，都为原始三角形高度 H 的六分之一，所以内、外螺纹的设计牙高都为原始三角形高度 H 的 2/3，即 $h=0.640327P$，牙顶高和牙底高均为 $0.160082P$。

2）内、外螺纹的牙顶和牙底有相同的圆弧，其半径 r 值有规定，为 $0.137329P$。此圆弧与左、右牙侧面相切，还与削平线相切，而且位于削平线的牙型侧，相当于削平后再倒圆角，这点与普通螺纹不同。

2. 55°非密封管螺纹的公差和尺寸

55°非密封管螺纹的公差带分布如图 1-6 所示。

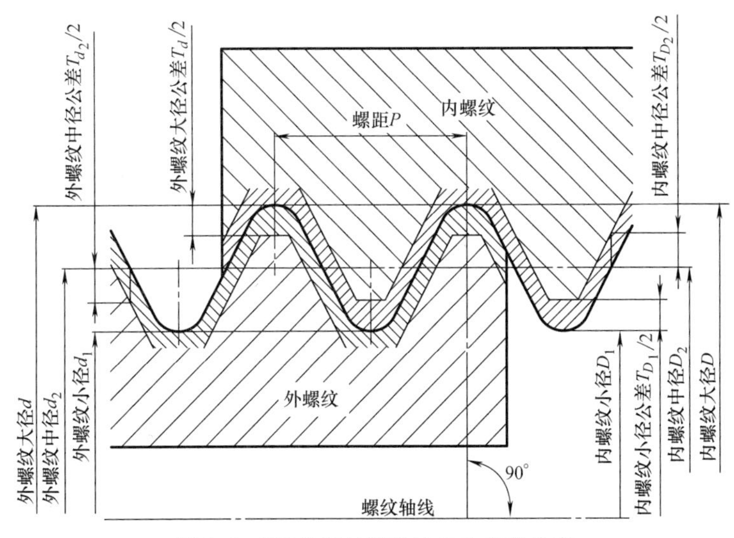

图 1-6　55°非密封管螺纹的公差带分布

内螺纹的下极限偏差 EI 和外螺纹的上极限偏差 es 为基本偏差，基本偏差值为零。

内螺纹的中径、内螺纹的小径和外螺纹的大径各只有一种公差等级，外螺纹的中径有 A 级和 B 级两种公差等级。

在内螺纹小径（顶径）和外螺纹大径（顶径）各自的公差带范围内，允许把牙顶圆弧削平。

55°非密封管螺纹的基本尺寸及其公差见表 1-6。

表 1-6　55°非密封管螺纹的基本尺寸及其公差

尺寸代号	每 25.4mm 内所包含的牙数 n	螺距 P/mm	牙高 h/mm	基本直径			中径公差①					小径公差		大径公差	
							内螺纹		外螺纹			内螺纹		外螺纹	
				大径 /mm $d=D$	中径 /mm $d_2=D_2$	小径 /mm $d_1=D_1$	下极限偏差 /mm	上极限偏差 /mm	下极限偏差 /mm A 级	下极限偏差 /mm B 级	上极限偏差 /mm	下极限偏差 /mm	上极限偏差 /mm	下极限偏差 /mm	上极限偏差 /mm
1/16	28	0.907	0.581	7.723	7.142	6.561	0	+0.107	−0.107	−0.214	0	0	+0.282	−0.214	0
1/8	28	0.907	0.581	9.728	9.147	8.566	0	+0.107	−0.107	−0.214	0	0	+0.282	−0.214	0
1/4	19	1.337	0.856	13.157	12.301	11.445	0	+0.125	−0.125	−0.250	0	0	+0.445	−0.250	0
3/8	19	1.337	0.856	16.662	15.806	14.950	0	+0.125	−0.125	−0.250	0	0	+0.445	−0.250	0

（续）

尺寸代号	每25.4mm内所包含的牙数 n	螺距 P/mm	牙高 h/mm	基本直径 大径/mm $d=D$	基本直径 中径/mm $d_2=D_2$	基本直径 小径/mm $d_1=D_1$	中径公差① 内螺纹 下极限偏差/mm	中径公差① 内螺纹 上极限偏差/mm	中径公差① 外螺纹 下极限偏差/mm A级	中径公差① 外螺纹 下极限偏差/mm B级	中径公差① 外螺纹 上极限偏差/mm	小径公差 内螺纹 下极限偏差/mm	小径公差 内螺纹 上极限偏差/mm	大径公差 外螺纹 下极限偏差/mm	大径公差 外螺纹 上极限偏差/mm
1/2	14	1.814	1.162	20.955	19.793	18.631	0	+0.142	-0.142	-0.284	0	0	+0.541	-0.284	0
5/8	14	1.814	1.162	22.911	21.749	20.587	0	+0.142	-0.142	-0.284	0	0	+0.541	-0.284	0
3/4	14	1.814	1.162	26.441	25.279	24.117	0	+0.142	-0.142	-0.284	0	0	+0.541	-0.284	0
7/8	14	1.814	1.162	30.201	29.039	27.877	0	+0.142	-0.142	-0.284	0	0	+0.541	-0.284	0
1	11	2.309	1.479	33.249	31.770	30.291	0	+0.180	-0.180	-0.360	0	0	+0.640	-0.360	0
1⅛	11	2.309	1.479	37.897	36.418	34.939	0	+0.180	-0.180	-0.360	0	0	+0.640	-0.360	0
1¼	11	2.309	1.479	41.910	40.431	38.952	0	+0.180	-0.180	-0.360	0	0	+0.640	-0.360	0
1½	11	2.309	1.479	47.803	46.324	44.845	0	+0.180	-0.180	-0.360	0	0	+0.640	-0.360	0
1¾	11	2.309	1.479	53.746	52.267	50.788	0	+0.180	-0.180	-0.360	0	0	+0.640	-0.360	0
2	11	2.309	1.479	59.614	58.135	56.656	0	+0.180	-0.180	-0.360	0	0	+0.640	-0.360	0
2¼	11	2.309	1.479	65.710	64.231	62.752	0	+0.217	-0.217	-0.434	0	0	+0.640	-0.434	0
2½	11	2.309	1.479	75.184	73.705	72.226	0	+0.217	-0.217	-0.434	0	0	+0.640	-0.434	0
2¾	11	2.309	1.479	81.534	80.055	78.576	0	+0.217	-0.217	-0.434	0	0	+0.640	-0.434	0
3	11	2.309	1.479	87.884	86.405	84.926	0	+0.217	-0.217	-0.434	0	0	+0.640	-0.434	0
3½	11	2.309	1.479	100.330	98.851	97.372	0	+0.217	-0.217	-0.434	0	0	+0.640	-0.434	0
4	11	2.309	1.479	113.030	111.551	110.072	0	+0.217	-0.217	-0.434	0	0	+0.640	-0.434	0
4½	11	2.309	1.479	125.730	124.251	122.772	0	+0.217	-0.217	-0.434	0	0	+0.640	-0.434	0
5	11	2.309	1.479	138.430	136.951	135.472	0	+0.217	-0.217	-0.434	0	0	+0.640	-0.434	0
5½	11	2.309	1.479	151.130	149.651	148.172	0	+0.217	-0.217	-0.434	0	0	+0.640	-0.434	0
6	11	2.309	1.479	163.830	162.351	160.872	0	+0.217	-0.217	-0.434	0	0	+0.640	-0.434	0

① 对薄壁件，此公差适用于平均中径，该中径是测量两个相互垂直直径的算术平均值。

3. 55°非密封管螺纹的标记

55°非密封管螺纹的外螺纹标记由螺纹特征代号 G、尺寸代号和公差等级代号三部分组成，内螺纹由螺纹特征代号 G 和尺寸代号两部分组成。如果螺纹的旋向是左旋，那么在螺纹标记的最后加左旋代号 LH，并在此代号前加符号“-”与前面的代号隔开。标记举例如下：

尺寸代号为 1/2、A 级右旋 55°非密封外管螺纹的标记是 G1/2A。

尺寸代号为 1、B 级右旋 55°非密封外管螺纹的标记是 G1B。

尺寸代号为 1½的右旋 55°非密封内管螺纹的标记为 G1½。

尺寸代号为 2、B 级左旋 55°非密封外管螺纹的标记为 G2B-LH。

可以看出，标记中有“A”或“B”的是外螺纹，标记中没有“A”或“B”的是内螺纹。

由于管螺纹的尺寸代号与螺距（每英寸内包含的牙数）是一一对应的，所以管螺纹标记中不需要标注螺距。

1.3.2　60°密封管螺纹

60°密封管螺纹，顾名思义，其牙型角为 60°。它原来是用英制螺纹中的一种，在国内早就使用（是三种密封管螺纹中用得最多的一种），所以有相应的国家标准（GB/T 12716—2011）。

60°密封管螺纹的特征代号有 NPT（圆锥管螺纹）和 NPSC（圆柱内螺纹）。我国早期标准规定用特征代号是 Z，现行国标规定用的特征代号已与国际统一了。在企业里，这种螺纹早期称为布氏锥管螺纹。

1. 60°密封管螺纹的设计牙型

图 1-7 所示为 60°密封管螺纹的设计牙型，其中 1-7a 所示为圆柱内螺纹的设计牙型，图 1-7b 所示为圆锥内、外螺纹的设计牙型。

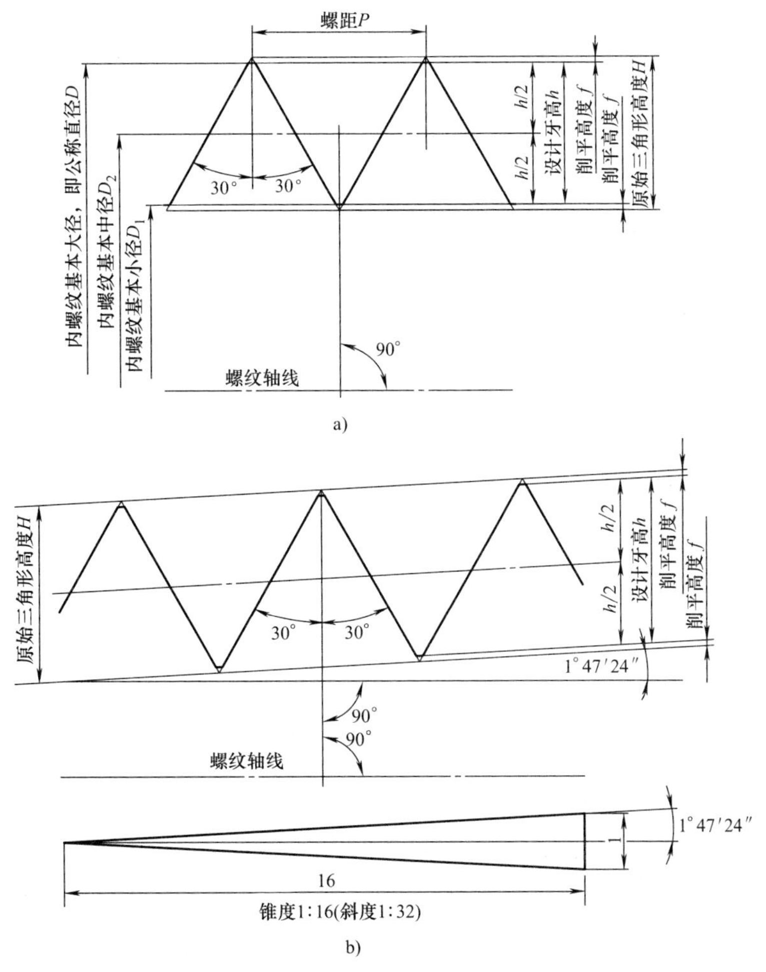

图 1-7　60°密封管螺纹的设计牙型

a）圆柱内螺纹的设计牙型　b）圆锥内、外螺纹的设计牙型

图 1-7 中的螺距 P 等于 25.4 除以 1in（25.4mm）内包含的牙数 n。另有

$$原始三角形高度\ H=0.866025P$$

$$设计牙高\ h=0.8P$$

牙顶削平高度与牙底削平高度相等，用 f 表示，$f=0.033P$。

60°密封管螺纹设计牙型的特点之一是平顶平底；特点之二是削平高度 f 占原始三角形高度的比例很小，即这种螺纹的牙顶和牙底都很尖。60°密封管螺纹中的圆锥内、外螺纹的锥度是 1∶16，斜度是 1∶32。

2. 60°密封管螺纹的公差和尺寸

60°密封管螺纹牙顶高和牙底高的公差带分布位置如图 1-8 所示。其公差值见表 1-7。

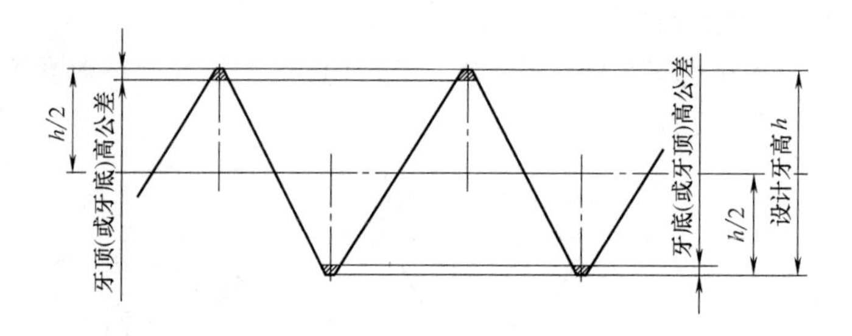

图 1-8　60°密封管螺纹的牙顶高和牙底高公差带分布位置

表 1-7　60°密封管螺纹牙顶高和牙底高的公差

每英寸轴向长度内所包含的牙数 n	牙顶高和牙底高公差/mm
27	0.061
18	0.079
14	0.081
11.5	0.086
8	0.094

60°密封管螺纹中圆锥内、外螺纹的基本尺寸如图 1-9 所示。

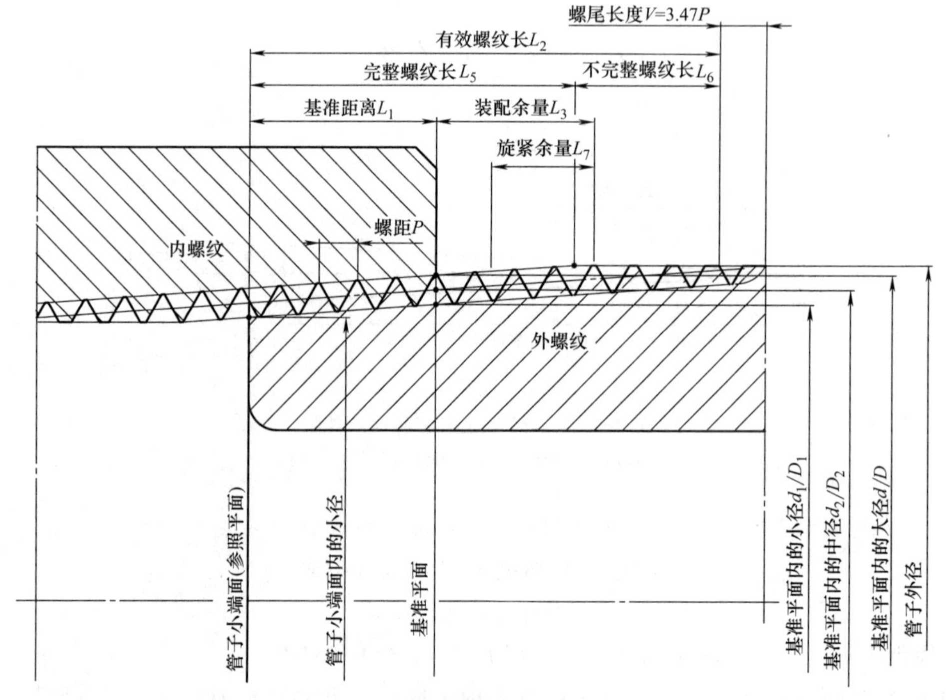

图 1-9　60°密封管螺纹中圆锥内、外螺纹的基本尺寸

60°密封管螺纹中圆锥内、外螺纹的基本尺寸值见表 1-8。

表 1-8　60°密封管螺纹中圆锥内、外螺纹的基本尺寸

1	2	3	4	5	6	7	8	9	10	11	12
螺纹尺寸代号	牙数 n	螺距 P/mm	牙型高度 h/mm	基准平面内的基本直径/mm			基准距离 L_1		装配余量 L_3		外螺纹小端面内的基本小径/mm
				大径 D、d	中径 D_2、d_2	小径 D_1、d_1	mm	牙数	mm	牙数	
1/16	27	0.941	0.753	7.895	7.142	6.389	4.064	4.32	2.822	3	6.137
1/8	27	0.941	0.753	10.242	9.489	8.736	4.102	4.36	2.822	3	8.481
1/4	18	1.411	1.129	13.616	12.487	11.358	5.786	4.10	4. 234	3	10.996
3/8	18	1.411	1.129	17.055	15.926	14.797	6.096	4.32	4.234	3	14.417
1/2	14	1.814	1.451	21.223	19.772	18.321	8.128	4.48	5.443	3	17.813
3/4	14	1.814	1.451	26.568	25.117	23.666	8.611	4.75	5.443	3	23.127
1	11.5	2.209	1.767	33.228	31.461	29.694	10.160	4.60	6.627	3	29.060
1¼	11.5	2.209	1.767	41.985	40.218	38.451	10.668	4.83	6.627	3	37.785
1½	11.5	2.209	1.767	48.054	46.287	44.520	10.668	4.83	6.627	3	43.853
2	11.5	2.209	1.767	60.092	58.325	56.558	11.074	5.01	6.627	3	55.867
2½	8	3.175	2.540	72.699	70.159	67.619	17.323	5.46	6.350	2	66.535
3	8	3.175	2.540	88.608	86.068	83.528	19.456	6.13	6.350	2	82.311
3½	8	3.175	2.540	101.316	98.776	96.236	20.853	6.57	6.350	2	94.933
4	8	3.175	2.540	113.973	111.433	108.893	21.438	6.75	6.350	2	107.554
5	8	3.175	2.540	140.952	138.412	135.872	23.800	7.50	6.350	2	134.384
6	8	3.175	2.540	167.792	165.252	162.712	24.333	7.66	6.350	2	161.191
8	8	3.175	2.540	218.441	215.901	213.361	27.000	8.50	6.350	2	211.673
10	8	3.175	2.540	272.312	269.772	267.232	30.734	9.68	6.350	2	265.311
12	8	3.175	2.540	323.032	320.492	317.952	34.544	10.88	6.350	2	315.793
14	8	3.175	2.540	354.905	352.365	349.825	39.675	12.50	6.350	2	347.345
16	8	3.175	2.540	405.784	403.244	400.704	46.025	14.50	6.350	2	397.828
18	8	3.175	2.540	456.565	454.025	451.485	50.800	16.00	6.350	2	448.310
20	8	3.175	2.540	507.246	504.706	502.166	53.975	17.00	6.350	2	498.793
24	8	3.175	2.540	608.608	606.068	603.528	60.325	19.00	6.350	2	599.758

注：1. 可参照表中第 12 栏数据选择攻螺纹前的麻花钻直径。
2. 螺尾长度 $V=3.47P$。

60°密封管螺纹（NPT）的单项极限偏差见表 1-9。

表 1-9　60°密封管螺纹（NPT）的单项要素极限偏差

在 25.4mm 轴向长度内所包含的牙数 n	中径线锥度(1∶16)的极限偏差	有效螺纹的导程累积偏差/mm	牙侧角偏差/(°)
27	+1/96 −1/192	±0.076	±1.25
18,14			±1
11.5,8			±0.75

注：对有效螺纹长度大于 25.4mm 的螺纹，其导程累积误差的最大测量跨度为 25.4mm。

60°密封管螺纹中的圆柱内螺纹的大径、中径和小径的基本尺寸分别与圆锥螺纹在基准平面内的大径、中径和小径的基本尺寸相等，具体值见表 1-8 中 5、6、7 列。

60°密封管螺纹中的圆柱内螺纹（NPSC）的径向极限尺寸见表 1-10。

表 1-10　圆柱内螺纹（NPSC）的径向极限尺寸

螺纹的尺寸代号	在 25.4mm 长度内所包含的牙数 n	中径/mm		小径/mm
		max	min	min
1/8	27	9.578	9.401	8.636
1/4	18	12.619	12.355	11.227
3/8	18	16.058	15.794	14.656
1/2	14	19.942	19.601	18.161
3/4	14	25.288	24.948	23.495
1	11.5	31.669	31.255	29.489
1¼	11.5	40.424	40.010	38.252
1½	11.5	46.495	46.081	44.323
2	11.5	58.532	58.118	56.363
2½	8	70.457	69.860	67.310
3	8	86.365	85.771	83.236
3½	8	99.073	98.478	95.936
4	8	111.730	111.135	108.585

注：可参照最小小径数据选择攻螺纹前的麻花钻直径。

圆锥外螺纹的有效螺纹长度不应小于其基准距离的实际尺寸与装配余量之和。圆锥内螺纹的有效螺纹长度不应小于其基准平面位置的实际偏差、基准距离的基本尺寸与装配余量之和。

3. 60°密封管螺纹的标记

60°密封管螺纹的标记由螺纹特征代号、螺纹尺寸代号和螺纹牙数组成。对于标准螺纹，允许省略标记内的螺纹牙数项。其中，圆锥内、外管螺纹的特征代号是 NPT、圆柱内螺纹的特征代号是 NPSC。螺纹尺寸代号见表 1-8 中的第 1 列。例如尺寸代号为 1/2 的右旋圆柱内螺纹的标记是 NPSC½，尺寸代号为¾的右旋基圆锥内、外螺纹的标记均为 NPT½。当螺纹为左旋时，在尺寸代号后面加注“LH”，并用“-”与前一项隔开。

1.3.3　55°密封管螺纹

55°密封管螺纹的牙型角为 55°，它原来也是英制螺纹中的一种，在欧美和我国都使用，因此我国也制订了相应的国家标准（GB/T 7306.1～2—2000）。我国早期标准规定螺纹特征代号用 G（圆柱外螺纹）和 ZG（圆锥内、外螺纹）表示，现行国标规定的螺纹特征代号与国际标准规定一致。在企业里，55°密封管螺纹过去也称为惠氏锥管螺纹。

1. 55°密封管螺纹的设计牙型

55°密封管螺纹分为圆柱内螺纹和圆锥内、外螺纹三种。圆柱内螺纹的设计牙型如图 1-10a所示，圆锥内、外螺纹的设计牙型如图 1-10b 所示。

图中的螺距 P（单位为 mm）等于 25.4 除以 1in 内包含的牙数 n。另有

原始三角形高度　　$H=0.960237P$

设计牙高　　$h=\dfrac{2H}{3}=0.640327P$

牙顶和牙底圆弧半径　　$r=0.137278P$

55°密封管螺纹中的圆锥内、外螺纹的锥度也是 1∶16。

2. 55°密封管螺纹的尺寸及公差

55°密封管螺纹中的圆锥外螺纹上各主要尺寸的分布位置如图 1-11 所示，T_1 是外螺纹基准距离公差。

55°密封管螺纹中的圆柱内螺纹上各主要尺寸的分布位置如图 1-12 所示，T_2 是圆柱内螺纹基准平面位置公差。

55°密封管螺纹的“柱/锥”配合中内、外螺纹的基本尺寸及其公差见表 1-11。

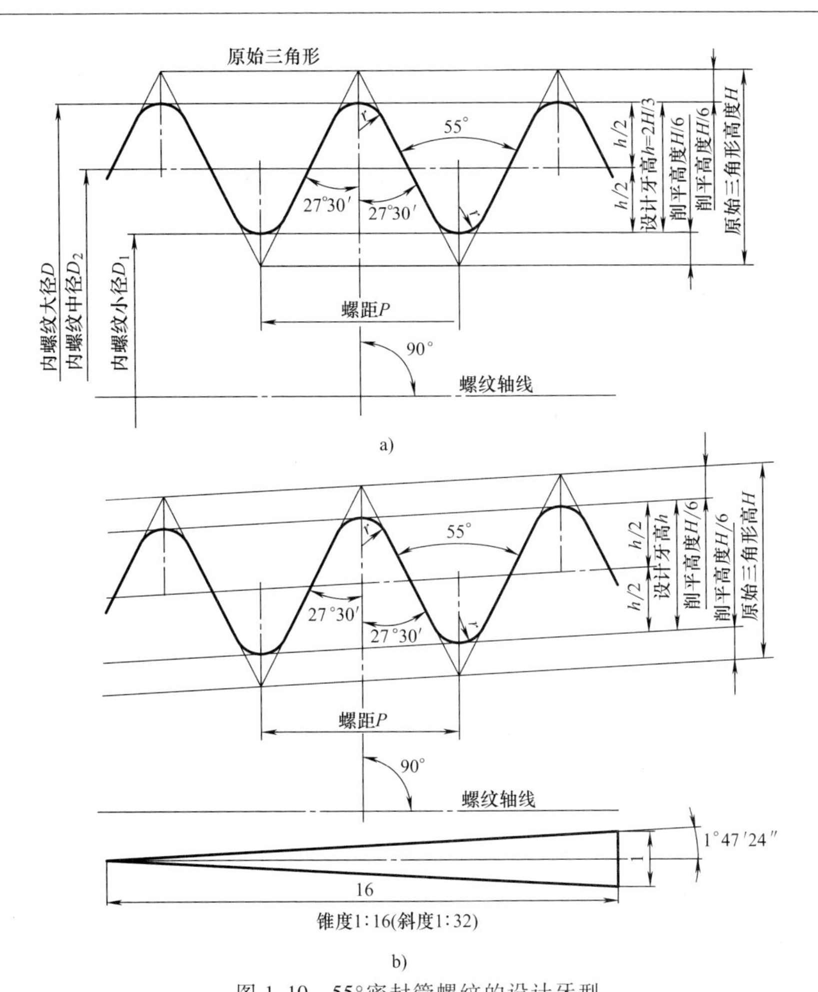

图 1-10　55°密封管螺纹的设计牙型

a）圆柱内螺纹的设计牙型　b）圆锥内、外螺纹的设计牙型

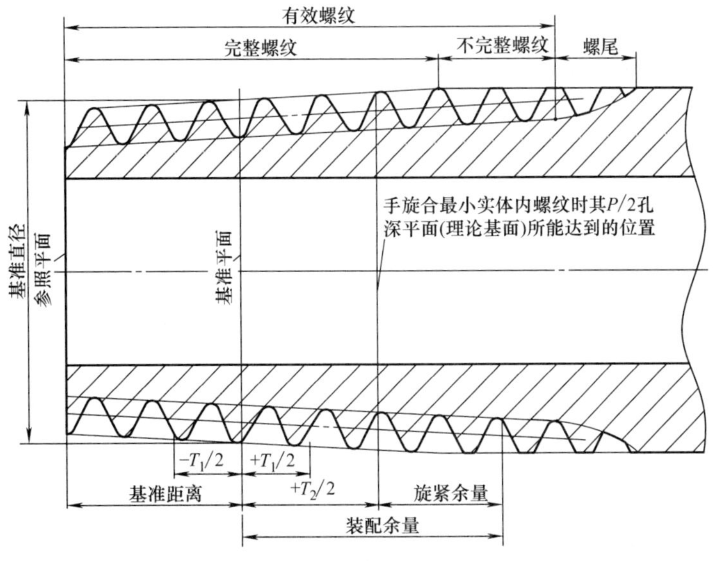

图 1-11　55°密封外圆锥管螺纹上各主要尺寸的分布位置

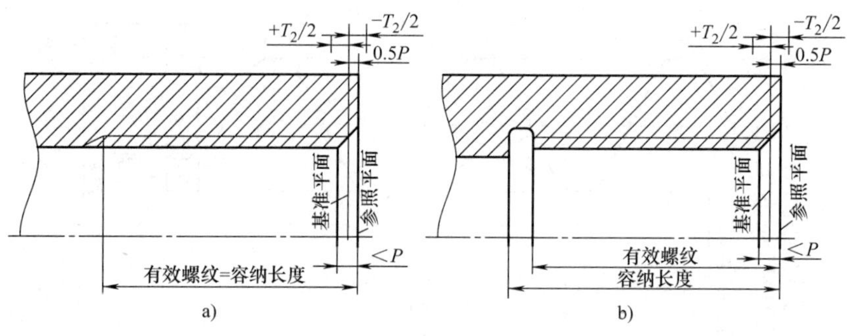

图 1-12　55°内密封圆柱管螺纹上各主要尺寸的分布位置

a）无退刀槽时各主要尺寸的分布位置　b）有退刀槽时各主要尺寸的分布位置

表 1-11　55°密封管螺纹“柱/锥”配合中内、外螺纹的基本尺寸及其公差

1	2	3	4	5	6	7	8	9	10	11	12	13	14	15	16	17	18	19
尺寸代号	每25.4mm内所包含的牙数 n	螺距 P /mm	牙高 h /mm	基准平面内的基本直径			基准距离					装配余量		外螺纹的有效螺纹不小于基准距离分别为			圆柱内螺纹直径的极限偏差±	
				大径（基准直径）/mm $d=D$	中径 /mm $d_2=D_2$	小径 /mm $d_1=D_1$	基本 mm	极限偏差 $\pm T_1/2$ mm	极限偏差 $\pm T_1/2$ 圈数	最大 mm	最小 mm	mm	圈数	基本 mm	最大 mm	最小 mm	径向 mm	轴向圈数 $T_2/2$
1/16	28	0.907	0.581	7.723	7.142	6.561	4	0.9	1	4.9	3.1	2.5	2¾	6.5	7.4	5.6	0.071	1¼
1/8	28	0.907	0.581	9.728	9.147	8.566	4	0.9	1	4.9	3.1	2.5	2¾	6.5	7.4	5.6	0.071	1¼
1/4	19	1.337	0.856	13.157	12.301	11.445	6	1.3	1	7.3	4.7	3.7	2¾	9.7	11	8.4	0.104	1¼
3/8	19	1.337	0.856	16.662	15.806	14.950	6.4	1.3	1	7.7	5.1	3.7	2¾	10.1	11.4	8.8	0.104	1¼
1/2	14	1.814	1.162	20.955	19.793	18.631	8.2	1.8	1	10.0	6.4	5.0	2¾	13.2	15	11.4	0.142	1¼
3/4	14	1.814	1.162	26.441	25.279	24.117	9.5	1.8	1	11.3	7.7	5.0	2¾	14.5	16.3	12.7	0.142	1¼
1	11	2.309	1.479	33.249	31.770	30.291	10.4	2.3	1	12.7	8.1	6.4	2¾	16.8	19.1	14.5	0.180	1¼
1¼	11	2.309	1.479	41.910	40.431	38.952	12.7	2.3	1	15.0	10.4	6.4	2¾	19.1	21.4	16.8	0.180	1¼
1½	11	2.309	1.479	47.803	46.324	44.845	12.7	2.3	1	15.0	10.4	6.4	2¾	19.1	21.4	16.8	0.180	1¼
2	11	2.309	1.479	59.614	58.135	56.656	15.9	2.3	1	18.2	13.6	7.5	3¼	23.4	25.7	21.1	0.180	1¼
2½	11	2.309	1.479	75.184	73.705	72.226	17.5	3.5	1½	21.0	14.0	9.2	4	26.7	30.2	23.2	0.216	1½
3	11	2.309	1.479	87.884	86.405	84.926	20.6	3.5	1½	24.1	17.1	9.2	4	29.8	33.3	26.3	0.216	1½
4	11	2.309	1.479	113.030	111.55	110.072	25.4	3.5	1½	28.9	21.9	10.4	4½	35.8	39.3	32.3	0.216	1½
5	11	2.309	1.479	138.430	136.951	135.472	28.6	3.5	1½	32.1	25.1	11.5	5	40.1	43.6	36.6	0.216	1½
6	11	2.309	1.479	163.830	162.351	160.872	28.6	3.5	1½	32.1	25.1	11.5	5	40.1	43.6	36.6	0.216	1½

55°密封管螺纹中的圆锥内螺纹上各主要尺寸的分布位置如图 1-13 所示。

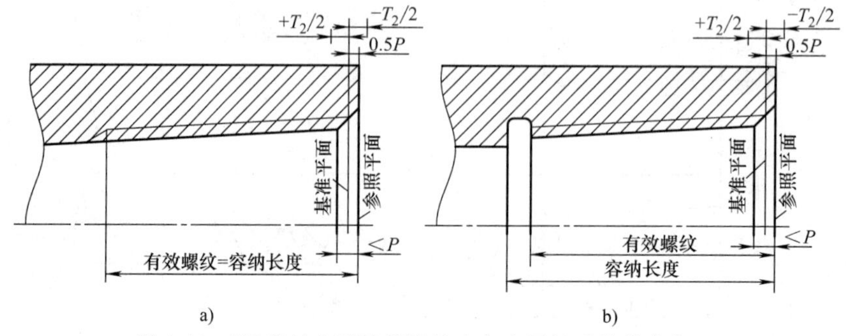

图 1-13　55°密封内圆锥管螺纹上各主要尺寸的分布位置

a）无退刀槽时各主要尺寸的分布位置　b）有退刀槽时各主要尺寸的分布位置

55°密封管螺纹的“锥/锥”配合中内、外螺纹的基本尺寸及其公差见表 1-12。

表 1-12　55°密封管螺纹“锥/锥”配合中内、外螺纹的基本尺寸及其公差

1	2	3	4	5	6	7	8	9	10	11	12	13	14	15	16	17	18	19
尺寸代号	每 25.4mm 内所包含的牙数 n	螺距 P /mm	牙高 h /mm	基准平面内的基本直径			基准距离					装配余量		外螺纹的有效螺纹不小于			圆柱内螺纹基准平面轴向位置的极限偏差 $\pm T_2/2$	
				大径（基准直径）/mm $d=D$	中径 /mm $d_2=D_2$	小径 /mm $d_1=D_1$	基本 mm	极限偏差 $\pm T_1/2$		最大 mm	最小 mm			基准距离分别为				
								mm	圈数			mm	圈数	基本 mm	最大 mm	最小 mm	mm	圈数
1/16	28	0.907	0.581	7.723	7.142	6.561	4	0.9	1	4.9	3.1	2.5	2¾	6.5	7.4	5.6	1.1	1¼
1/8	28	0.907	0.581	9.728	9.147	8.566	4	0.9	1	4.9	3.1	2.5	2¾	6.5	7.4	5.6	1.1	1¼
1/4	19	1.337	0.856	13.127	12.301	11.445	6	1.3	1	7.3	4.7	3.7	2¾	9.7	11	8.4	1.7	1¼
3/8	19	1.337	0.856	16.662	15.806	14.950	6.4	1.3	1	7.7	5.1	3.7	2¾	10.1	11.4	8.8	1.7	1¼
1/2	14	1.814	1.162	20.955	19.793	18.631	8.2	1.8	1	10.0	6.4	5.0	2¾	13.2	15	11.4	2.3	1¼
3/4	14	1.814	1.162	26.441	25.279	24.117	9.5	1.8	1	11.3	7.7	5.0	2¾	14.5	16.3	12.7	2.3	1¼
1	11	2.309	1.479	33.249	31.770	30.291	10.4	2.3	1	12.7	8.1	6.4	2¾	16.8	19.1	14.5	2.9	1¼
1¼	11	2.309	1.479	41.910	40.431	38.952	12.7	2.3	1	15.0	10.4	6.4	2¾	19.1	21.4	16.8	2.9	1¼
1½	11	2.309	1.479	47.803	46.324	44.845	12.7	2.3	1	15.0	10.4	6.4	2¾	19.1	21.4	16.8	2.9	1¼
2	11	2.309	1.479	59.614	58.135	56.656	15.9	2.3	1	18.2	13.6	7.5	3¼	23.4	25.7	21.1	2.9	1¼
2½	11	2.309	1.479	75.184	73.705	72.226	17.5	3.5	1½	21.0	14.0	9.2	4	26.7	30.2	23.2	3.5	1½
3	11	2.309	1.479	87.884	86.405	84.926	20.6	3.5	1½	24.1	17.1	9.2	4	29.8	33.3	26.3	3.5	1½
4	11	2.309	1.479	113.030	111.551	110.072	25.4	3.5	1½	28.9	21.9	10.4	4½	35.8	39.3	32.3	3.5	1½
5	11	2.309	1.479	138.430	136.954	135.472	28.6	3.5	1½	32.1	25.1	11.5	5	40.1	43.6	36.6	3.5	1½
6	11	2.309	1.479	163.830	162.351	160.872	28.6	3.5	1½	32.1	25.1	11.5	5	40.1	43.6	36.6	3.5	1½

3. 55°密封管螺纹的标记

55°密封管螺纹的标记由螺纹特征代号和螺纹尺寸代号两部分组成。圆柱内螺纹的特征代号是 Rp，圆锥内螺纹的特征代号是 Rc；与圆柱内螺纹配合的圆锥外螺纹的特征代号是 R_1，与圆锥内螺纹配合的圆锥外螺纹的特征代号是 R_2。标记举例如下：

尺寸代号为 3/4 的右旋 55°密封内圆柱管螺纹的标记是 Rp3/4。

尺寸代号为 1/2 的右旋 55°密封内圆锥管螺纹的标记是 Rc1/2。

尺寸代号为 1 的与圆柱内螺纹配合的右旋圆锥外螺纹的标记是 $R_1 1$。

尺寸代号为 1 的与圆锥内螺纹配合的右旋圆锥外螺纹的标记是 $R_2 1$。

当螺纹为左旋时，在尺寸代号后加注“LH”。表示螺纹副时，“柱/锥”配合用“Rp/R_1”，“锥/锥”配合用“Rc/R_2”，其中斜线前是内螺纹的特征代号，斜线后是外螺纹的特征代号。

1.3.4　米制密封螺纹

米制密封螺纹实际是一种管螺纹，其牙型角是 60°，相应的国家标准是 GB/T 1415—2008。其内螺纹有圆柱内螺纹和圆锥内螺纹两种，其外螺纹只有圆锥外螺纹一种。配合形式有“柱/锥”配合和“锥/锥”配合两种。圆锥内、外螺纹的锥度都是 1 : 16。

1. 米制密封螺纹的基本牙型

米制密封圆柱内螺纹的基本牙型与普通螺纹的基本牙型相同（见图 1-1a）。这种螺纹的

圆锥螺纹的基本牙型如图 1-14 所示。

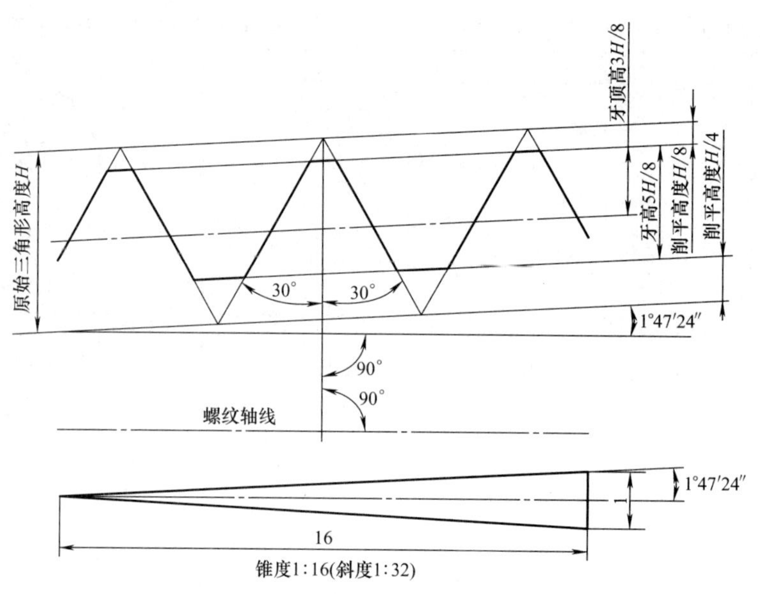

图 1-14　米制密封圆锥螺纹的基本牙型

2. 米制密封螺纹的尺寸及公差

米制密封螺纹上各主要尺寸的分布位置如图 1-15 所示。

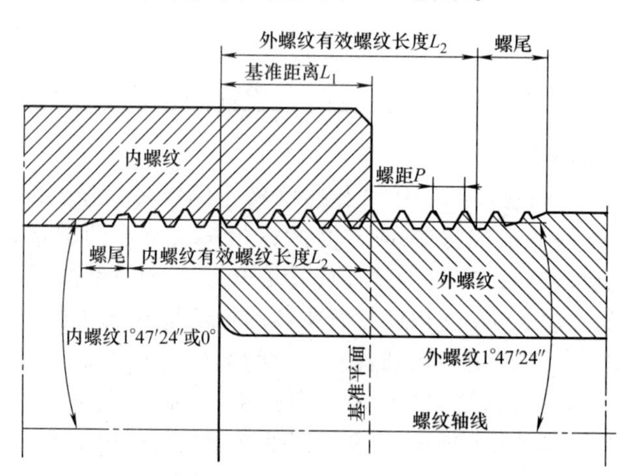

图 1-15　米制密封螺纹上各主要尺寸的分布位置

米制密封螺纹的基本尺寸见表 1-13。

表 1-13　米制密封螺纹的基本尺寸　　　　（单位：mm）

公称直 D,d	螺距 P	基准平面内的直径			基准距离		最小有效螺纹长度	
		大径 D,d	中径 D_1,d_1	小径 D_1,d_1	标准型 L_1	短型 L_1 短	标准型 L_2	短型 L_2 型
8	1	8.000	7.350	6.917	5.500	2.500	8.000	5.500
10	1	10.000	9.350	8.917	5.500	2.500	8.00	5.500
12	1	12.000	11.350	10.917	5.500	2.500	8.000	5.500
14	1.5	14.000	13.026	12.376	7.500	3.500	11.000	8.500

（续）

公称直 D,d	螺距 P	基准平面内的直径			基准距离		最小有效螺纹长度	
		大径 D,d	中径 D_1,d_1	小径 D_1,d_1	标准型 L_1	短型 L_1 短	标准型 L_2	短型 L_2 型
16	1	16.000	15.350	14.917	5.500	2.500	8.000	5.500
	1.5	16.000	15.026	14.376	7.500	3.500	11.000	8.500
20	1.5	20.000	19.026	18.376	7.500	3.500	11.000	8.500
27	2	27.000	25.701	24.835	11.000	5.000	16.000	12.000
33	2	33.000	31.701	30.835	11.000	5.000	16.000	12.000
42	2	42.000	40.701	39.835	11.000	5.000	16.000	12.000
48	2	48.000	46.701	45.835	11.000	5.000	16.000	12.000
60	2	60.000	58.701	57.835	11.000	5.000	16.000	12.000
72	3	72.000	70.051	68.752	16.500	7.500	24.000	18.000
76	2	76.000	74.701	73.835	11.000	5.000	16.000	12.000
90	2	90.000	88.701	87.835	11.000	5.000	16.000	12.000
	3	90.000	88.051	86.752	16.500	7.500	24.000	18.000
115	2	115.000	113.701	112.835	11.000	5.000	16.000	12.000
	3	115.000	113.051	111.752	16.500	7.500	24.00	18.000
140	2	140.000	138.701	137.835	11.000	5.000	16.000	12.000
	3	14.000	138.051	136.752	16.500	7.500	24.000	18.000
170	3	170.000	168.051	166.752	16.500	7.500	24.000	18.000

米制密封螺纹中的圆锥内、外螺纹基准平面位置的极限偏差见表 1-14。

表 1-14　圆锥螺纹基准平面位置的极限偏差　　（单位：mm）

螺距 P	圆锥外螺纹基准平面的极限偏差 $(\pm T_1/2)$	圆锥内螺纹基准平面的极限偏差 $(\pm T_2/2)$
1	0.7	1.2
1.5	1	1.5
2	1.4	1.8
3	2	3

米制密封螺纹（包括圆柱螺纹和圆锥螺纹）的牙顶高和牙底高的极限偏差见表 1-15。

表 1-15　螺纹牙顶高和牙底高的极限偏差　　（单位：mm）

螺距 P	外螺纹极限偏差		内螺纹极限偏差	
	牙顶高	牙底高	牙顶高	牙底高
1	0 -0.032	-0.015 -0.050	±0.030	±0.030
1.5	0 -0.048	-0.020 -0.065	±0.040	±0.040
2	0 -0.050	-0.025 -0.075	±0.045	±0.045
3	0 -0.055	-0.030 -0.085	±0.050	±0.050

米制密封螺纹中的圆锥内、外螺纹的牙侧角、螺距和中径锥角的极限偏差见表 1-16。

表 1-16 圆锥螺纹的牙侧角、螺距和中径锥角极限偏差

螺距 P/mm	牙侧角 /(′)	螺距累积/mm		中径锥角①/(′)	
		在 L_1 范围内	在 L_2 范围内	外螺纹	内螺纹
1	±45	±0.04	±0.07	+24 -12	+12 -24
1.5					
2					
3					

① 测量中径锥角的测量跨度为 L_1。

米制密封螺纹中圆柱内螺纹中径公差带为5H，其公差值与普通螺纹的中径公差值相同，见表 1-3。

3. 米制密封螺纹的标记

米制密封螺纹的标记由螺纹特征代号、尺寸代号和基准距离代号三部分组成。圆锥内、外螺纹的特征代号为 Mc；圆柱内螺纹的特征代号为 Mp。标准型基准距离组别代号为 N（可省略）；短型基准距离的组别代号为 S。标记示例如下：

公称直径为 12mm、螺距为 1mm、标准型基准距离的右旋圆锥外螺纹的标记为Mc12×1。

公称直径为 12mm、螺距为 1mm、标准型基准距离的右旋圆锥内螺纹的标记为Mc12×1。

公称直径为 20mm、螺距为 1.5mm、短型基准距离的右旋圆锥外螺纹的标记为Mc20×1.5-S。

公称直径为 42mm、螺距为 2mm、短型基准距离的右旋圆锥内螺纹的标记为Mp42×2-S。

当螺纹为左旋时，在基准距离组别代号后加注“LH”，并用“-”符号隔开。右旋螺纹不标注旋向代号。

对于螺纹副，标准型基准距离的“锥/锥”配合的标记同圆锥内、外螺纹的标记，示列如下：

公称直径为 12mm、螺距为 1mm、标准型基准距离的右旋圆锥螺纹副的标记为Mc12×1。

短型基准距离的“柱/锥”配合螺纹副的特征代号用“Mp/Mc”，标记示例如下：

公称直径为 20mm、螺距为 1.5mm、短型标准距离的右旋圆柱内螺纹与圆锥外螺纹副的标记为 Mp/Mc20×1.5-S。

1.4 梯形螺纹

1. 梯形螺纹的基本牙型

梯形螺纹的基本牙型如图 1-16 所示。从图中可以看到，梯形螺纹的牙型角是 30°，因此，原始三角形高度 H 等于原始三角形底边即螺距 P 长的 1.866 倍。在梯形螺纹的基本牙型上，牙高 H_1 取螺距 P 的 1/2，且牙顶高和牙底高相等，各为 $P/4$。这样，牙顶宽就等于牙底宽，也就等于 $0.366P$。

部分规格梯形螺纹的基本牙型尺寸见表 1-17。

表 1-17 中列出的螺距是常用规格，小螺距（螺距为 1.5mm 和 2mm）和大螺距（螺距为 14~44mm）梯形螺纹的基本牙型尺寸见 GB/T 5796.1—2005 标准的表 1。

2. 梯形螺纹的设计牙型及尺寸公差

梯形螺纹的设计牙型如图 1-17 所示。从图中可以看到，设计牙型上的内、外螺纹中径

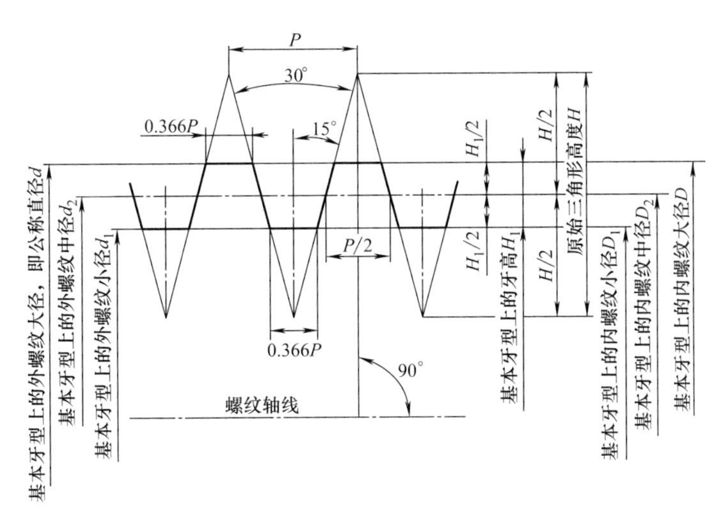

图 1-16　梯形螺纹的基本牙型

表 1-17　部分规格梯形螺纹的基本牙型尺寸　　（单位：mm）

螺距 P	H $1.866P$	$H/2$ $0.933P$	H_1 $0.5P$	牙顶宽 $0.366P$
3	5.598	2.799	1.5	1.098
4	7.464	3.732	2	1.464
5	9.330	4.665	2.5	1.830
6	11.196	5.598	3	2.196
7	13.062	6.531	3.5	2.562
8	14.928	7.464	4	2.928
9	16.794	8.397	4.5	3.294
10	18.660	9.330	5	3.660
12	22.392	11.196	6	4.392

与基本牙型上的内、外螺纹中径相同。与基本牙型相比，设计牙型的外螺纹牙顶与内螺纹牙底间增加了一个牙顶间隙 a_c，内螺纹牙顶与外螺纹牙底间也增加了一个牙顶间隙 a_c（这两

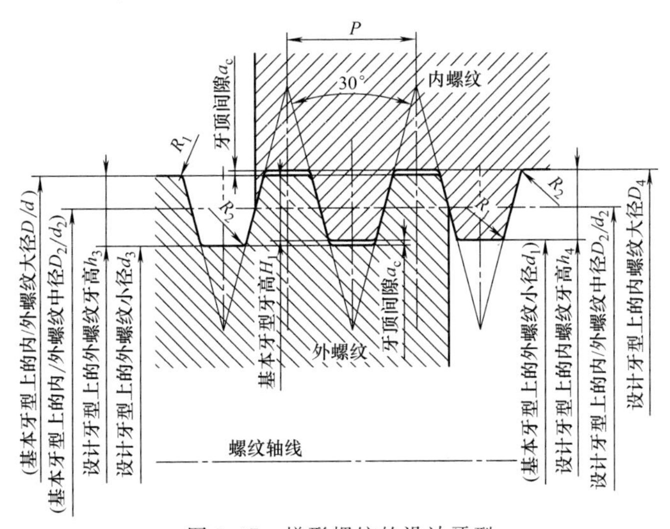

图 1-17　梯形螺纹的设计牙型

个牙顶间隙大小相同）。此外，设计牙型中内外螺纹还增加了牙顶倒角 R_1 和牙底倒角 R_2。部分规格梯形螺纹的设计牙型尺寸见表 1-18。小螺距（1.5mm 和 2mm）和大螺距（14～44mm）梯形螺纹的设计牙型尺寸见 GB/T 5796.1—2005 标准内的表 2。从国家标准中可以看到，牙顶间隙值分四档：螺距为 1.5mm 时 $a_c = 0.15$mm，螺距为 2～5mm 时 $a_c = 0.25$mm，螺距为 14～44mm 时 $a_c = 1$mm。

表 1-18　部分规格梯形螺纹的设计牙型尺寸　　（单位：mm）

螺距 P	a_c	$H_4 = h_3$	R_1 max	R_2 max
3	0.25	1.75	0.125	0.25
4	0.25	2.25	0.125	0.25
5	0.25	2.75	0.125	0.25
6	0.5	3.5	0.25	0.5
7	0.5	4	0.25	0.5
8	0.5	4.5	0.25	0.5
9	0.5	5	0.25	0.5
10	0.5	5.5	0.25	0.5
12	0.5	6.5	0.25	0.5

部分规格梯形螺纹直径与螺距的标准组合系列见表 1-19。

表 1-19　部分规格梯形螺纹直径与螺距的标准组合系列　　（单位：mm）

公称直径			螺距																					
第一系列	第二系列	第三系列	44	40	36	32	28	24	22	20	18	16	14	12	10	9	8	7	6	5	4	3	2	1.5
16																					4		2	
	18																				4		2	
20																					4		2	
	22																8			5		3		
24																	8			5		3		
	26																8			5		3		
28																	8			5		3		
	30														10				6			3		
32															10				6			3		
	34														10				6			3		
36															10				6			3		
	38														10			7				3		
40															10			7				3		
	42														10			7				3		
44														12				7				3		
	46													12			8					3		
48														12			8					3		
	50													12			8					3		

公称直径为 8～14mm 和 52～300mm 的梯形螺纹直径与螺距的标准组合系列见 GB/T 5796.2—2005 标准的表 1。

部分规格梯形螺纹的基本尺寸见表 1-20。

表 1-20　部分规格梯形螺纹的基本尺寸　（单位：mm）

公称直径 d			螺距	中径	大径	小径	
第一系列	第二系列	第三系列	P	$d_2=D_2$	D_4	d_3	D_1
	30		3	28.500	30.500	26.500	27.000
			6	27.000	31.000	23.000	24.000
			10	25.000	31.000	19.000	20.000
32			3	30.500	32.500	28.500	29.000
			6	29.000	33.000	25.000	26.000
			10	27.000	33.000	21.000	22.000
	34		3	32.500	34.500	30.500	31.000
			6	31.000	35.000	27.000	28.000
			10	29.000	35.000	23.000	24.000
36			3	34.500	36.500	32.500	33.000
			6	33.000	37.000	29.000	30.000
			10	31.000	37.000	25.000	26.000
	38		3	36.500	38.500	34.500	35.000
			7	34.500	39.000	30.000	31.000
			10	33.000	39.000	27.000	28.000
40			3	38.500	40.500	36.500	37.000
			7	36.500	41.000	32.000	33.000
			10	35.000	41.000	29.000	30.000
	42		3	40.500	42.500	38.500	39.000
			7	38.500	43.000	34.000	35.000
			10	37.000	43.000	31.000	32.000
44			3	42.500	44.500	40.500	41.000
			7	40.500	45.000	36.000	37.000
			12	38.000	45.000	31.000	32.000
	46		3	44.500	46.500	42.500	43.000
			8	42.000	47.000	37.000	38.000
			12	40.000	47.000	33.000	34.000
48			3	46.500	48.500	44.500	45.000
			8	44.000	49.000	39.000	40.000
			12	42.000	49.000	35.000	36.000
	50		3	48.500	50.500	46.500	47.000
			8	46.000	51.000	41.000	42.000
			12	44.000	51.000	37.000	38.000
52			3	50.500	52.500	48.500	49.000
			8	48.000	53.000	43.000	44.000
			12	46.000	53.000	39.000	40.000

公称直径为 8～12mm 和 52～300mm 的梯形螺纹的基本尺寸见 GB/T 5796.3—2005 标准的表 1。

3. 梯形螺纹的公差

内螺纹大径 D_4、中径 D_2 和小径 D_1 的公差带位置为 H，其基本偏差 EI 为零，如图 1-18a所示。

外螺纹中径 d_2 的公差带位置为 e 和 c，其基本偏差 es 均为负值；外螺纹大径 d 和小径 d_3 的公差带位置为 h，其基本偏差 es 为零，如图 1-18b 所示。

外螺纹大径和小径公差带的基本偏差为零，与中径公差带位置无关。

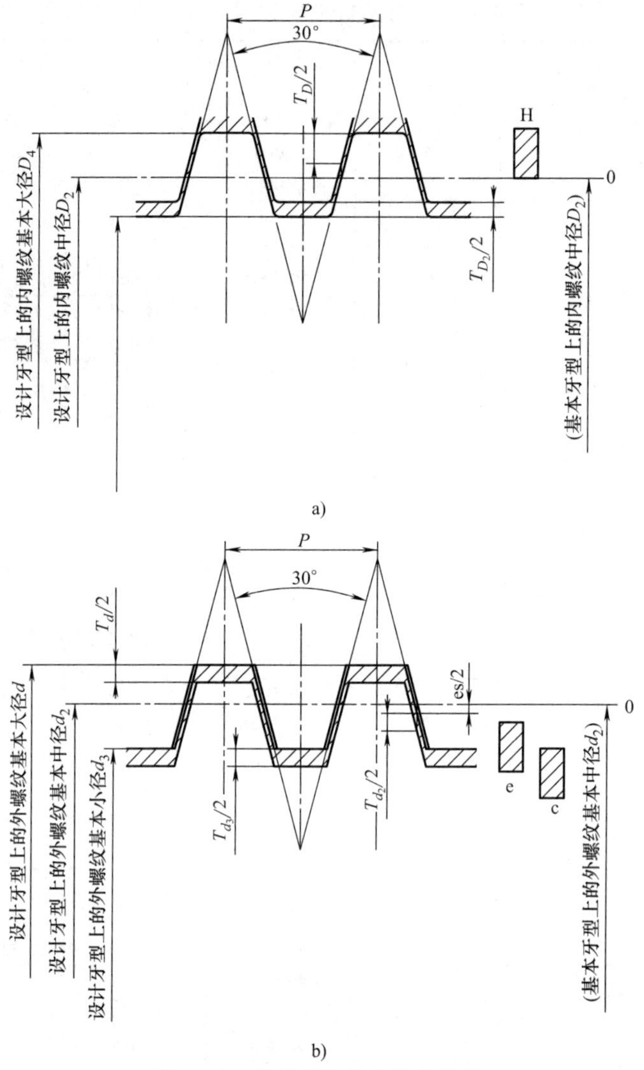

图 1-18　梯形螺纹的公差带位置

a）梯形内螺纹的公差带位置　b）梯形外螺纹的公差带位置

部分规格梯形螺纹中径的基本偏差见表 1-21。

表 1-21　部分规格梯形螺纹中径的基本偏差　（单位：μm）

螺距 P/mm	内螺纹 D_2	外螺纹 d_2	
	H	c	e
	EI	es	es
3	0	-170	-85
4	0	-190	-95
5	0	-212	-106
6	0	-236	-118
7	0	-250	-125
8	0	-265	-132
9	0	-280	-140
10	0	-300	-150
12	0	-335	-160

小螺距（1.5mm 和 2mm）和大螺距（14~44mm）梯形螺纹中径的基本偏差见 GB/T 5796.4—2005 标准的表 1。

按如下规定选取各直径梯形螺纹的公差等级：

螺纹直径	公差等级
内螺纹小径 D_1	4
外螺纹大径 d	4
内螺纹中径 D_2	7、8、9
外螺纹中径 d_2	7、8、9
外螺纹小径 d_3	7、8、9

其中，外螺纹的小径 d_3 和它的中径 d_2 应选取相同的公差等级。

部分规格梯形内螺纹小径 D_1 的公差 T_{D_1} 见表 1-22。

表 1-22　部分规格梯形内螺纹的小径公差 T_{D_1}　（单位：μm）

螺距 P/mm	4 级公差
3	315
4	375
5	450
6	500
7	560
8	630
9	670
10	710
12	800

小螺距（1.5mm 和 2mm）和大螺距（14~44mm）梯形内螺纹的小径公差见 GB/T 5796.4—2005 标准的表 2。

部分规格梯形外螺纹大径 d 的公差 T_d 见表 1-23。

表 1-23　部分规格梯形外螺纹的大径公差 T_d　（单位：μm）

螺距 P/mm	4 级公差
3	236
4	300
5	335
6	375
7	425
8	450
9	500
10	530
12	600

小螺距（1.5mm 和 2mm）和大螺距（14~44mm）梯形外螺纹的大径公差见 GB/T 5796.4—2005 标准的表 3。

部分基本大径梯形外螺纹的小径 d_3 的公差 T_{d_3} 见表 1-24。

表 1-24　部分基本大径梯形外螺纹的小径公差 T_{d_3}　　（单位：μm）

基本大径 d/mm		螺距 P/mm	中径公差带位置为 c			中径公差带位置为 e		
			公差等级			公差等级		
>	≤		7	8	9	7	8	9
11.2	22.4	2	400	462	544	321	383	465
		3	450	520	614	365	435	529
		4	521	609	690	426	514	595
		5	562	656	775	456	550	669
		8	709	828	965	576	695	832
22.4	45	3	482	564	670	397	479	585
		5	587	681	806	481	575	700
		6	655	767	899	537	649	781
		7	694	813	950	569	688	825
		8	734	859	1015	601	726	882
		10	800	925	1087	650	775	937
		12	866	998	1223	691	823	1048
45	90	3	501	589	701	416	504	616
		4	565	659	784	470	564	689
		8	765	890	1052	632	757	919
		9	811	943	1118	671	803	978
		10	831	963	1138	681	813	988
		12	929	1085	1273	754	910	1098
		14	970	1142	1355	805	967	1180
		16	1038	1213	1438	853	1028	1253
		18	1100	1288	1525	900	1088	1320

基本大径大于 5.6mm 且小于或等于 11.2mm，以及基本大径大于 90mm 且小于或等于 355mm 的梯形外螺纹的小径公差见 GB/T 5796.4—2005 标准的表 4。

部分基本大径梯形内螺纹中径 D_2 的公差 T_{D_2} 见表 1-25。

表 1-25　部分基本大径梯形内螺纹的中径公差 T_{D_2}　　（单位：μm）

基本大径 d/mm		螺距 P/mm	公差等级		
>	≤		7	8	9
11.2	22.4	2	265	335	425
		3	300	375	475
		4	355	450	560
		5	375	475	600
		8	475	600	750
22.4	45	3	335	425	530
		5	400	500	630
		6	450	560	710
		7	475	600	750
		8	500	630	800
		10	530	670	850
		12	560	710	900
45	90	3	355	450	560
		4	400	500	630
		8	530	670	850
		9	560	710	900
		10	560	710	900
		12	630	800	1000
		14	670	850	1060
		16	710	900	1120
		18	750	950	1180

基本大径大于 5.6mm 且小于或等于 11.2mm，以及基本大径大于 90mm 且小于或等于 355mm 的梯形内螺纹的中径公差见 GB/T 5796.4—2005 标准的表 5。

部分基本大径梯形外螺纹中径公差 T_{d_2} 见表 1-26。

表 1-26　部分基本大径梯形外螺纹的中径公差 T_{d_2}　（单位：μm）

基本大径 *d*/mm		螺距 *P*/mm	公差等级		
>	≤		7	8	9
11.2	22.4	2	200	250	315
		3	224	280	355
		4	265	335	425
		5	280	355	450
		8	355	450	560
22.4	45	3	250	315	400
		5	300	375	475
		6	335	425	530
		7	355	450	560
		8	375	475	600
		10	400	500	630
		12	425	530	670
45	90	3	265	335	425
		4	300	375	475
		8	400	500	630
		9	425	530	670
		10	425	530	670
		12	475	600	750
		14	500	630	800
		16	530	670	850
		18	560	710	900

基本大径大于 5.6mm 且小于或等于 11.2mm，以及基本大径大于 90mm 且小于或等于 355mm 的梯形外螺纹的中径公差见 GB/T 5796.4—2005 标准的表 6。

梯形螺纹旋合长度分为两组。一组是中等旋合长度组 N，另一组是长旋合长度组 L。各组的旋合长度范围见表 1-27。

表 1-27　部分基本大径梯形螺纹的旋合长度　（单位：mm）

基本大径 *d*		螺距 *P*	旋合长度		
			N		L
>	≤		>	≤	>
11.2	22.4	2	8	24	24
		3	11	32	32
		4	15	43	43
		5	18	53	53
		8	30	85	85
22.4	45	3	12	36	36
		5	21	63	63
		6	25	75	75
		7	30	85	85
		8	34	100	100
		10	42	125	125
		12	50	150	150

（续）

基本大径 d		螺距 P	旋合长度		
			N		L
>	≤		>	≤	>
45	90	3	15	45	45
		4	19	56	56
		8	38	118	118
		9	43	132	132
		10	50	140	140
		12	60	170	170
		14	67	200	200
		16	75	236	236
		18	85	265	265

基本大径大于 5.6mm 且小于或等于 11.2mm，以及基本大径大于 90mm 且小于或等于 355mm 的梯形螺纹的旋合长度见 GB/T 5796.4—2005 标准的表 7。

应优先按表 1-28 和表 1-29 内的规定选取梯形螺纹的公差带。

表 1-28　梯形内螺纹推荐公差带

公差精度	中径公差带	
	N	L
中等	7H	8H
粗糙	8H	9H

表 1-29　梯形外螺纹推荐公差带

公差精度	中径公差带	
	N	L
中等	7e	8e
粗糙	8c	9c

对于梯形多线螺纹，其顶径和底径公差与具有相同螺距单线螺纹的顶径和底径公差相等。其中径公差等于具有相同螺距单线螺纹的中径公差（见表 1-23 和表 1-24）乘以修正系数。修正系数见表 1-30。

表 1-30　梯形多线螺纹的中径公差修正系数

线数	2	3	4	≥5
修正系数	1.12	1.25	1.4	1.6

使用时，应根据使用场合选择梯形螺纹的公差精度等级："中等"精度用于一般用途的梯形螺纹；"粗糙"精度用于制造梯形螺纹有困难的场合。

4. 梯形螺纹的标记

完整的梯形螺纹标记包括螺纹特征代号、尺寸代号、公差带代号和旋合长度代号四部分。梯形螺纹的特征代号是 Tr。尺寸代号包含公称直径（单位为 mm）、导程（单位为 mm）、螺距代号 P 和螺距值（单位为 mm）。单线梯形螺纹的尺寸代号只有公称直径和螺距值两项。公差带代号仅包含中径公差带代号，由公差带等级和公差带位置字母组成。中等旋合长度组的代号 N 可不标注。对于长旋合长度组的螺纹，应在公差带代号后标注 L，且与公差带之间用"-"号隔开。

例如，公称直径为 20mm，螺距为 4mm、中径公差带为 7H、中等旋合长度（组）的单线右旋梯形内螺纹的标记为：Tr20×4-7H；公称直径为 20mm、导程为 4mm、螺距为 2mm、中径公差带为 7h、中等旋合长度（组）的双线梯形外螺纹的标记为：Tr20×4（P2）-7h；公称直径为 40mm、螺距为 7mm、内/外螺纹公差带为 7H/7e、长旋合长度（组）的单线右旋配合梯形螺纹的标记为：Tr40×7-7H/7e-L。

当旋向为左旋时，在尺寸代号后加注“LH”。例如，公称直径为 20mm、导程为 4mm、螺距为 2mm、左旋、中径公差带为 7h 的双线梯形外螺纹的标记为：Tr20×4（P2）LH-7h。注意尺寸代号与左旋代号“LH”之间不加横线。

1.5　锯齿形螺纹

我国的锯齿形螺纹有两种。一种是 3°、30°锯齿形螺纹。这种锯齿形螺纹的牙型角为 33°，一侧牙型线与原始三角形顶点到螺纹轴线垂线间的夹角为 3°，另一侧牙型线与该线的夹角为 30°。3°、30°锯齿形螺纹对应的标准是 GB/T 13576.1～4—2008，主要用于机械传动和紧固联接。另一种是 0°、45°锯齿形螺纹。这种锯齿形螺纹的牙型角是 45°，其原始三角形是 45°直角三角形。0°、45°锯齿形螺纹只有机械行业标准（JB/T 2001.73—1999），主要用在压力机立柱上，所以又称水系统 45°锯齿形螺纹。

1.5.1　3°、30°锯齿形螺纹

1. 3、30°锯齿形螺纹的牙型

3°、30°锯齿形螺纹的基本牙型如图 1-19 所示。

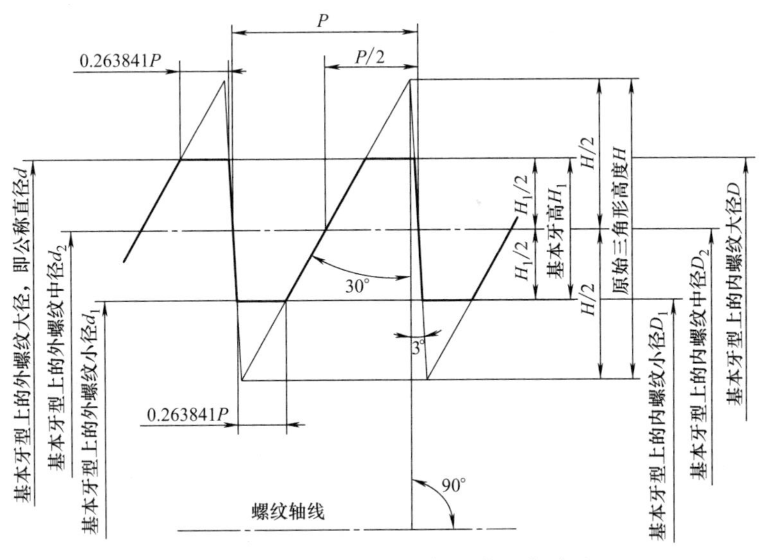

图 1-19　3°、30°锯齿形螺纹的基本牙型

基本牙型上的原始三角形高度 $H=1.5879P$，牙高 $H_1=0.75P$。中径线把牙高平分，所以牙顶宽等于牙底宽，都等于 0.263841P。部分规格的 3°、30°锯齿形螺纹的基本牙型尺寸见表 1-31。

表 1-31 部分规格 3°、30°锯齿形螺纹的基本牙型尺寸 （单位：mm）

螺距 P	H $1.587911P$	$H/2$ $0.793956P$	H_1 $0.75P$	牙底和牙底宽 $0.263841P$
2	3.176	1.588	1.500	0.528
3	4.764	2.382	2.250	0.792
4	6.352	3.176	3.000	1.055
5	7.940	3.970	3.750	1.319
6	9.527	4.764	4.500	1.583
7	11.115	5.558	5.250	1.847
8	12.703	6.352	6.000	2.111
9	14.291	7.146	6.750	2.375
10	15.879	7.940	7.500	2.638
12	19.055	9.527	9.000	3.166

螺距为 14~40mm 的 3°、30°锯齿形螺纹的基本牙型尺寸见 GB/T 13576.1—2008 标准的表 1。

3°、30°锯齿形螺纹的设计牙型如图 1-20 所示。

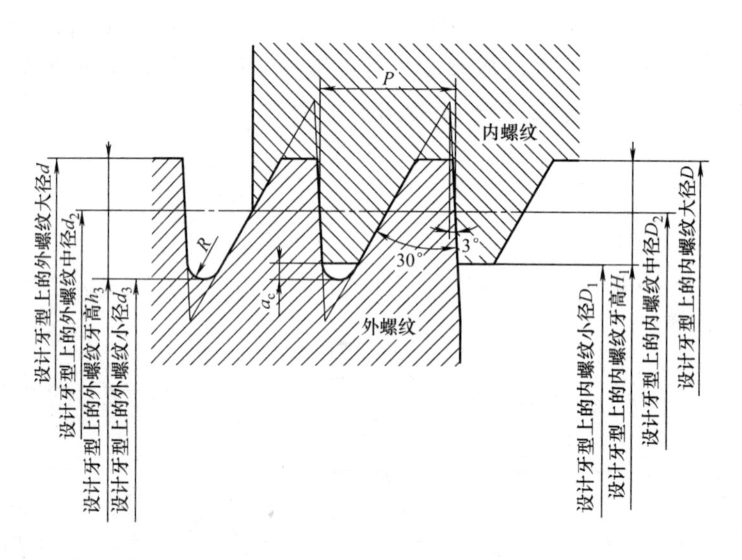

图 1-20 3°、30°锯齿形螺纹的设计牙型

设计牙型上的内螺纹大径 D 等于基本牙型上的内螺纹大径 D。

设计牙型上的外螺纹大径 d 等于基本牙型上的外螺纹大径 d（公称直径）。

设计牙型上的内/外螺纹中径 D_2/d_2 等于基本牙型内/外螺纹的中径 D_2/d_2。

设计牙型上的内螺纹小径 D_1 等于基本牙型上的内螺纹小径 D_1。

设计牙型上的牙高 H_1 等于基本牙型上的牙高 H_1。

设计牙型与基本牙型相比，两者内螺纹相同，但设计牙型上外螺纹的牙底（即槽底）处多了一个圆弧，配合时其与内螺纹牙顶之间形成一个空隙。由于这个圆弧与牙侧面（延长线）相切，所以其半径 $R=0.124271P$，间隙的径向尺寸 $a_c=0.117767P$，此尺寸也是设计牙型中外螺纹牙高比内螺纹牙高高出的尺寸。

部分规格 3°、30°锯齿形螺纹的设计牙型尺寸见表 1-32。

表 1-32　部分规格 3°、30°锯齿形螺纹的设计牙型尺寸　（单位：mm）

螺距 P	$a_c=0.117767P$	$h_3=0.867767P$	$R=0.124271P$
2	0.236	1.736	0.249
3	0.353	2.603	0.373
4	0.471	3.471	0.497
5	0.589	4.339	0.621
6	0.707	5.207	0.746
7	0.824	6.074	0.870
8	0.942	6.942	0.994
9	1.060	7.810	1.118
10	1.178	8.678	1.243
12	1.413	10.413	1.491

螺距为 14~44mm 的 3°、30°锯齿形螺纹的设计牙型尺寸见 GB/T 13576.1—2008 标准的表 2。

2. 3°、30°锯齿形螺纹的尺寸

部分公称直径 3°、30°锯齿形螺纹的基本尺寸见表 1-33。

表 1-33　部分公称直径 3°、30°锯齿形螺纹的基本尺寸　（单位：mm）

公称直径 d			螺距	中径	小径	
第一系列	第二系列	第三系列	P	$d_2=D_2$	d_3	D_1
20			2	18.500	16.529	17.000
			4	17.000	13.058	14.000
	22		3	19.750	16.793	17.500
			5	18.250	13.322	14.500
			8	16.000	8.116	10.000
24			3	21.750	18.793	19.500
			5	20.250	15.322	16.500
			8	18.000	10.116	12.000
	26		3	23.750	20.793	21.500
			5	22.250	17.322	18.500
			8	20. 000	12.116	14.000
28			3	25.750	22.793	23.500
			5	24.250	19.322	20.500
			8	22.000	14.116	16.000
	30		3	27.750	24.793	25.500
			6	25.500	19.587	21.000
			10	22.500	12.645	15.000
32			3	29.750	26.793	27.500
			6	27.500	21.587	23.000
			10	24.500	14.645	17.000
	34		3	31.750	28.793	29.500
			6	29.500	23.587	25.000
			10	26.500	16.645	19.000
36			3	33.750	30.793	31.500
			6	31.500	25.587	27.000
			10	28.500	18.645	21.000
	38		3	35.750	32.793	33.500
			7	32.750	25.851	27.500
			10	30.500	20.645	23.000
40			3	37.750	34.793	35.500
			7	34.750	27.851	29.500
			10	32.500	22.645	25.000

公称直径为 10～18mm，以及公称直径为 42～640mm 的 3°、30°锯齿形螺纹的基本尺寸见 GB/T 13576. 2—2008 标准的表 1。

部分规格的 3°、30°锯齿形螺纹直径与螺距的标准组合系列见表 1-34。

表 1-34 部分规格 3°、30°锯齿形螺纹直径与螺距的标准组合系列 （单位：mm）

公径直径			螺距																				
第一系列	第二系列	第三系列	44	40	36	32	28	24	22	20	18	16	14	12	10	9	8	7	6	5	4	3	2
20																					4		2
	22																8			5		3	
24																	8			5		3	
	26																8			5		3	
28																	8			5		3	
	30														10				6			3	
33															10				6			3	
	34														10				6			3	
36															10				6			3	
	38														10			7				3	
40															10			7				3	
	42														10			7				3	
44														12				7				3	
	46													12			8					3	
48														12			8					3	
	50													12			8					3	
52														12			8					3	

公称直径为 10～14mm，以及公称直径为 55～640mm 的 3°、30°锯齿形螺纹直径与螺距的标准组合系列见 GB/T 13756. 2—2008 标准的表 1。

3. 3°、30°锯齿形螺纹的公差

3°、30°锯齿形螺纹的公差带位置如图 1-21 所示。

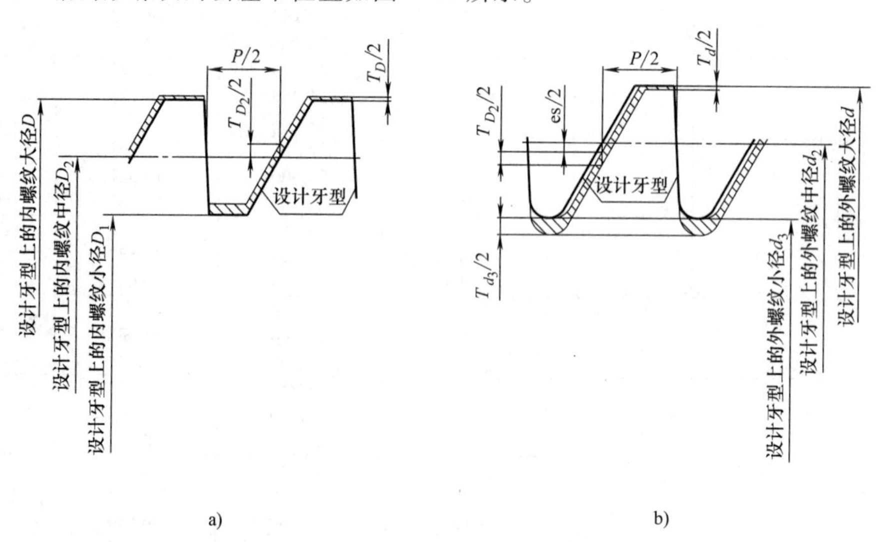

图 1-21 3°、30°锯齿形螺纹的公差带位置

a）内螺纹的公差带位置 b）外螺纹的公差带位置

其中，图 1-21a 所示为内螺纹的公差带位置。内螺纹大径 D、中径 D_2 和小径 D_3 的公差带位置为 H，其基本偏差 EI 为零。图 1-21b 所示为外螺纹的公差带位置。外螺纹大径 d 和小径 d_3 的公差带位置为 h，其基本偏差 es 为零；外螺纹中径 d_2 的公差带位置为 e 和 c，两者的基本偏差 es 均为负值。外螺纹大径和小径公差带的基本偏差均为零，与中径公差带位置无关。

部分规格的 3°、30°锯齿形螺纹中径的基本偏差见表 1-35。

表 1-35　部分规格的 3°、30°锯齿形螺纹中径的基本偏差　（单位：μm）

螺距 P/mm	内螺纹 D_2	外螺纹 d_2	
	H EI	c es	e es
2	0	-150	-71
3	0	-170	-85
4	0	-190	-95
5	0	-212	-106
6	0	-236	-118
7	0	-250	-125
8	0	-265	-132
9	0	-280	-140
10	0	-300	-150
12	0	-335	-160

螺距为 14~44mm 的 3°、30°锯齿形螺纹中径的基本偏差见 GB/T 13576.4—2008 标准的表 1。

实际应用中，按下面规定选取 3°、30°锯齿形螺纹中径和小径的公差等级。其中外螺纹的小径 d_3 与其中径 d_2 应选取相同的公差等级。

螺纹直径	公差等级
内螺纹中径 D_2	7、8、9
外螺纹中径 d_2	7、8、9
外螺纹小径 d_3	7、8、9
内螺纹小径 D_1	4

3°、30°锯齿形内螺纹大径和外螺纹大径的公差等级分别为 GB/T 1800.1—2009 所规定的 IT10 和 IT9。

部分内螺纹的小径公差 T_{D_1} 见表 1-36。

表 1-36　部分规格的 3°、30°锯齿形内螺纹小径公差 T_{D_1}　（单位：μm）

螺距 P/mm	4 级公差	螺距 P/mm	4 级公差
2	236	7	560
3	315	8	630
4	375	9	670
5	450	10	710
6	500	12	800

螺距为 14~44mm 的 3°、30°锯齿形内螺纹的小径公差见 GB/T 13576.4—2008 标准的表 2。

部分公称直径的 3°、30°锯齿形内、外螺纹的大径 D、d 的公差见表 1-37。

表 1-37　部分公称直径的 3°、30°锯齿形内、外螺纹的大径公差　（单位：μm）

公称直径 d/mm		内螺纹大径公差 T_D	外螺纹大径公差 T_d
>	≤	H10	h9
6	10	58	36
10	18	70	43
18	30	84	52
30	50	100	62
50	80	120	74
80	120	140	87

公称直径为 180～630mm 的 3°、30°锯齿形内、外螺纹的大径公差见 GB/T 13576.4—2008 标准的表 3。

部分公称直径的 3°、30°锯齿形外螺纹的小径公差 T_{d_3} 见表 1-38。

表 1-38　部分公称直径的 3°、30°锯齿形外螺纹小径公差 T_{d_3}　（单位：μm）

基本大径 d/mm		螺距 P/mm	中径公差带位置为 c			中径公差带位置为 e		
			公差等级			公差等级		
>	≤		7	8	9	7	8	9
11.2	22.4	2	400	462	544	321	383	465
		3	450	520	614	365	435	529
		4	521	609	690	426	514	595
		5	562	656	775	456	550	669
		8	709	828	965	576	695	832
22.4	45	3	482	564	670	397	479	585
		5	587	681	806	481	575	700
		6	655	767	899	537	649	781
		7	94	813	950	569	688	825
		8	734	859	1015	601	726	882
		10	800	925	1087	650	775	937
		12	866	998	1223	691	823	1048
45	90	3	501	589	701	416	504	616
		4	565	659	784	470	564	689
		8	765	890	1052	632	757	919
		9	811	943	1118	671	803	978
		10	831	963	1138	681	813	988
		12	929	1085	1273	754	910	1098
		14	970	1142	1355	805	967	1180
		16	1038	1213	1438	853	1028	1253
		18	1100	1288	1525	900	1088	1320

公称直径大于 90mm、直到 640mm 的 3°、30°锯齿形外螺纹的小径公差见 GB/T 13576.4—2008 标准的表 4。

部分公称直径的 0°、30°锯齿形内螺纹的公差中径 T_{D_2} 见表 1-39。

表 1-39　部分公称直径的 0°、30°锯齿形内螺纹中径公差 T_{D_2}　（单位：μm）

基本大径 d/mm		螺距 P/mm	公差等级		
>	≤		7	8	9
11.2	22.4	2	265	335	425
		3	300	375	475
		4	355	450	560
		5	375	475	600
		8	475	600	750

（续）

基本大径 d/mm		螺距 P/mm	公差等级		
>	≤		7	8	9
22.4	45	3	335	425	530
		5	400	500	630
		6	450	560	710
		7	475	600	750
		8	500	630	800
		10	530	670	850
		12	560	710	900
45	90	3	355	450	560
		4	400	500	630
		8	530	670	850
		9	560	710	900
		10	560	710	900
		12	630	800	1000
		14	670	850	1060
		16	710	900	1120
		18	750	950	1180

公称直径大于 90mm、直到 640mm 的 3°、30°锯齿形内螺纹的中径公差见 GB/T 13576.4—2008 标准的表 5。

部分公称直径的 3°、30°锯齿形外螺纹的中径公差 T_{d_2} 见表 1-40。

表 1-40　部分公称直径的 3°、30°锯齿形外螺纹中径公差 T_{d_2}　（单位：μm）

基本大径 d/mm		螺距 P/mm	公差等级		
>	≤		7	8	9
11.2	22.4	2	200	250	315
		3	224	280	355
		4	265	335	425
		5	280	355	450
		8	355	450	560
22.4	45	3	250	315	400
		5	300	375	475
		6	355	425	530
		7	355	450	560
		8	375	475	600
		10	400	500	630
		12	425	530	670
45	90	3	265	335	425
		4	300	375	475
		8	400	500	630
		9	425	530	670
		10	425	530	670
		12	475	600	750
		14	500	630	800
		16	530	670	850
		180	560	710	900

公称直径大于 90mm、直到 640mm 的 3°、30°锯齿形外螺纹的中径公差见 GB/T 13576.4—2008 的表 6。

3°、30°锯齿形螺纹的旋合长度分为两组。一组是中等旋合长度组 N，另一组是长旋合长度组 L。各组的旋合长度范围见表 1-41。

表 1-41　部分公称直径的 3°、30°锯齿形螺纹的旋合长度　　　　（单位：mm）

基本大径 d/mm		螺距 P/mm	旋合长度		
			N		L
>	≤		>	≤	>
11.2	22.4	2	8	24	24
		3	11	32	32
		4	15	43	43
		5	18	53	53
		8	30	85	85
22.4	45	3	12	36	36
		5	21	63	63
		6	25	75	75
		7	30	85	85
		8	34	100	100
		10	42	125	125
		12	50	150	150
45	90	3	15	45	45
		4	19	56	56
		8	38	118	118
		9	43	132	132
		10	50	140	140
		12	60	170	170
		14	67	200	200
		16	75	236	236
		8	85	265	265

大于 5.6mm 且小于或等于 11.2mm 组和超过 90mm 以上各组别的旋合长度范围见 GB/T 13576.4—2008 标准的表 7。

关于推荐公差带应优先按表 1-42 和表 1-43 的规定选取 3°、30°锯齿形螺纹的公差带。

表 1-42　3°、30°锯齿形内螺纹推荐公差带

精度等级	中径公差带	
	N	L
中等	7H	8H
粗糙	8H	9H

表 1-43　3°、30°锯齿形外螺纹推荐公差带

精度等级	中径公差带	
	N	L
中等	7e	8e
粗糙	8c	9c

应根据使用场合选择这种螺纹的精度等级。其中，“中等”精度用于一般用途螺纹；“粗糙”精度用于制造螺纹有困难的场合。

对于3°、30°锯齿形多线螺纹，其顶径和底径公差与具有相同螺距的3°、30°锯齿形单线螺纹的顶径和底径公差相等；中径公差等于具有相同螺距的3°、30°锯齿形单线螺纹的中径公差（见表1-39）乘以一个修正系数，这个修正系数见表1-44。

表1-44 3°、30°锯齿形多线螺纹中径公差的修正系数

线数	2	3	4	≥5
修正系数	1.12	1.25	1.4	1.6

4. 3°、30°锯齿形螺纹的标记

3°、30°锯齿形螺纹的完整标记包括螺纹特征代号B、尺寸代号、公差带代号和旋合长度代号四部分。

尺寸代号包含公称直径（单位：mm）、导程（单位：mm）、螺距代号P和螺距值（单位mm），单线螺纹只包含公称直径和螺距值两项。公差带代号仅包含中径公差带代号。公差带代号由公差带等级数字和公差带位置字母组成。中等旋合长度组螺纹的代号是N（不标注），长旋合长度组螺纹的代号是L（必须标注）。标记举例如下：

公称直径为20mm，螺距为4mm，中径公差带为7H的单线右旋，3°、30°锯齿形内螺纹的标记是B20×4-7H。

公称直径为20mm，导程为4mm，中径公差带为7h的双线右旋，3°、30°锯齿形外螺纹的标记是B20×4（P2）-7h。

公称直径为40mm，螺距为7mm，内/外螺纹公差等级均为7级，公差带位置字母分别为H/e，长旋合长度配合的单线3°、30°锯齿形螺纹的标记为B40×7-7H/7e-L。

1.5.2 0°、45°锯齿形螺纹

1. 0°、45°锯齿形螺纹的牙型及尺寸

0°、45°锯齿形螺纹一般用于压力机，它的牙型如图1-22所示。这种螺纹的牙型不像3°、30°锯齿形螺纹那样有基本牙型和设计牙型之分。

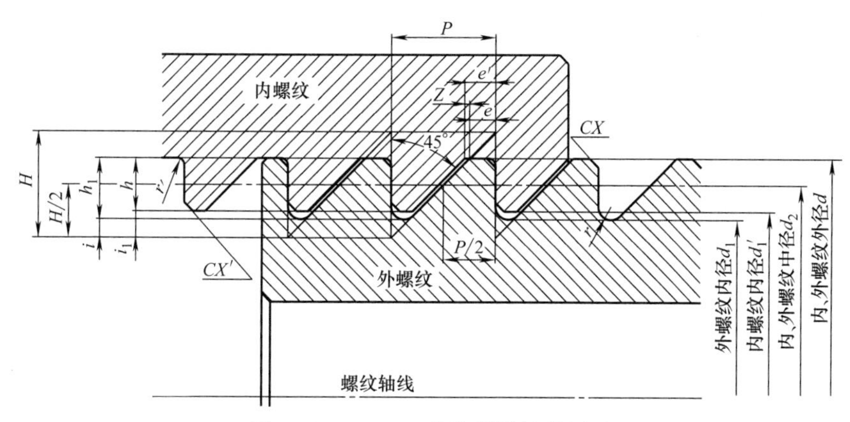

图1-22 0°、45°锯齿形螺纹的牙型

在0°、45°锯齿形螺纹的牙型中有如下关系：

原始三角形高度 H=螺距 P

内螺纹牙高 $h=0.5P$

外螺纹齿顶宽度 $e=0.25P$

45°侧纵向间隙 $Z=0.02P+0.16\text{mm}$

外螺纹牙高 $h_1=0.575P$

外螺纹牙底到理论三角形顶点的距离 $i=0.175P$

外螺纹牙底圆弧半径 $r=\sqrt{\dfrac{i}{2}}$

内螺纹牙顶到理论三角形顶点的距离 $i_1=0.25P$

0°、45°锯齿形螺纹的螺距系列和对应的牙型尺寸见表 1-45。

表 1-45　0°、45°锯齿形螺纹的螺距系列和对应的牙型尺寸　　（单位：mm）

螺距 P	外螺纹				间隙 Z	内螺纹			
	螺纹高度 h_1	齿顶宽度 e	圆角半径 r	倒角 x		螺纹高度 h	齿顶宽度 e'	圆角半径 r'	倒角 x'
6	3.45	1.50	0.74	0.5	0.28	3.0	1.78	0.4	0.5
8	4.60	2.0	0.99	0.5	0.32	4.0	2.32	0.4	0.5
10	5.75	2.5	1.24	1.0	0.36	5.0	2.86	0.8	1.0
12	6.90	3.0	1.49	1.0	0.40	6.0	3.40	0.8	1.0
16	9.20	4.0	1.98	1.0	0.48	8.0	4.48	0.8	1.0
20	11.50	5.0	2.48	1.5	0.56	10.0	5.56	1.2	1.5
24	13.80	6.0	2.97	1.5	0.64	12.0	6.64	1.2	1.5
32	18.40	8.0	3.96	1.5	0.80	16.0	8.80	1.2	1.8
40	23.00	10.0	4.95	1.5	0.96	20.0	10.96	1.2	2.0

螺距为 6~12mm 的 0°、45°锯齿形螺纹的基本尺寸见表 1-46。

表 1-46　部分螺距的 0°、45°锯齿形螺纹的基本尺寸　　（单位：mm）

螺距	内外螺纹		外螺纹	内螺纹	外螺纹
	外径 d	中径 d_2	内径 d_1	内径 d_1'	截面积 F/cm^2
6	150	147	143.1	144	160.8
	160	157	153.1	154	184.1
	170	167	163.1	164	208.9
	180	177	173.1	174	236.3
	190	187	183.1	184	263.3
8	200	196	190.8	192	285.9
	210	206	200.8	202	316.5
	220	216	210.8	212	348
	250	246	240.8	242	455.4
10	280	275	268.5	270	566.2
	300	295	288.5	290	653.7
	320	315	308.5	310	747.1
12	350	344	336.2	338	887.3
	380	374	366.2	368	1052.7

螺距为 16~40mm 的 0°、45°锯齿形螺纹的基本尺寸见 JB/T 2001.73—1999 标准的表 2。

2. 0°、45°锯齿形螺纹的标记

0°、45°锯齿形螺纹标记由螺纹特征代号、尺寸代号两部分组成。特征代号是 YS。尺寸代号包含如下 4 项：直径、螺距、线数和旋向。单线螺纹不必标注线数，右旋螺纹不必标注旋向。直径与螺距之间加“×”号，螺距与线数之间加斜线，如果是左旋螺纹，旋向标记“左”前空一格。标记举例如下：

外径为 250mm、螺距为 8mm 的右旋单线 0°、45°锯齿形螺纹的标记为：YS 250×8 JB/T 2001.73—1999。

外径为 300mm、螺距为 10mm 的左旋单线 0°、45°锯齿形螺纹的标记为：YS 300×10 左 JB/T 2001.73—1999。

注意此处左旋的标记是“左”字，而不是“LH”。

3°、45°和 7°、45°锯齿形螺纹在国外有对应标准，但在我国尚无这两种螺纹的标准。

1.6 统一英制螺纹

紧固联接螺纹有三种制式（标准）：米制螺纹、英制螺纹和统一英制螺纹。米制螺纹在我国广泛使用（不包括米制锥管螺纹）。英制螺纹标准是世界上现行各种螺纹标准的祖先。随着英国当时的强盛，英制螺纹在世界上得到广泛应用（在我国仅英制管螺纹用得广泛）。统一英制螺纹标准（UN）是由美国独立制订出来的，在包括日本在内的一些国家用得较广泛（在我国用得不多）。

随着国际贸易和国际技术交流的增加，在国内也常遇到加工统一英制螺纹的情况，所以对统一英制螺纹做简单介绍。

1. 统一英制螺纹的牙型及尺寸

统一英制螺纹中的外螺纹有 UN 和 UNR 两种牙型，内螺纹只有 UN 一种牙型。UN 牙型和 UNR 牙型的基本牙型与普通螺纹的基本牙型（见图 1-1a）是完全一致的。UN 内、外螺纹的设计牙型和 UNR 外螺纹设计牙型都为平顶。UN 外螺纹设计牙型的牙底是平底，而 UNR 外螺纹设计牙型的牙底是曲率半径不小于 0.10825P 的连续圆形。UN 牙型和 UNR 牙型的主要区别就在这里。

统一英制螺纹的公称规格（直径）的单位是 in（1in=25.4mm），其螺距是以每英寸长度包含多少牙数来定义的。统一英制螺纹的“直径-螺距”组合尺寸系列分为标准系列和特殊系列两类。分级螺距系列分为粗牙、细牙和超细牙三种，分别用 UNC、UNF 和 UNEF 表示。

表 1-47 是部分规格统一英制螺纹标准尺寸系列内公称直径与分级螺距系列以及等螺距系列的关系。

表 1-47　部分规格统一英制螺纹标准尺寸系列内公称直径与分级螺距系列以及等螺距系列的关系

公称直径/in		基本大径/mm	牙/in										
			分级螺距系列			等螺距系列							
第一系列	第二系列		粗牙 UNC	细牙 UNF	超细牙 UNEF	4-UN	6-UN	8-UN	12-UN	16-UN	20-UN	28-UN	32-UN
¼	…	0.2500	20	28	32	…	…	…	…	…	UNC	UNF	UNEF
5/16	…	0.3125	18	24	32	…	…	…	…	…	20	28	UNEF
⅜	…	0.3750	16	24	32	…	…	…	…	UNC	20	28	UNEF
7/16	…	0.4375	14	20	28	…	…	…	…	16	UNF	UNEF	32
½	…	0.5000	13	20	28	…	…	…	…	16	UNF	UNEF	32

（续）

公称直径 /in		基本大径 /mm	牙/in										
			分级螺距系列			等螺距系列							
第一系列	第二系列		粗牙 UNC	细牙 UNF	超细牙 UNEF	4-UN	6-UN	8-UN	12-UN	16-UN	20-UN	28-UN	32-UN
$\frac{9}{16}$	…	0.5625	12	18	24	…	…	…	UNC	16	20	28	32
$\frac{5}{8}$	…	0.6250	11	18	24	…	…	…	12	16	20	28	32
…		0.6875	…	…	24	…	…	…	12	16	20	28	32
$\frac{3}{4}$	…	0.7500	10	16	20	…	…	…	12	UNF	UNEF	28	32
…		0.8125	…	…	20	…	…	…	12	16	UNEF	28	32
$\frac{7}{8}$	…	0.8750	9	14	20	…	…	…	12	16	UNEF	28	32
…	$\frac{15}{16}$	0.9375	…	…	20	…	…	…	12	16	UNEF	28	32
1	…	1.0000	8	12	20	…	…	UNC	UNF	16	UNEF	28	32
…	$1\frac{1}{16}$	1.0625	…	…	18	…	…	8	12	16	20	28	…
$1\frac{1}{8}$	…	1.1250	7	12	18	…	…	8	UNF	16	20	28	…
:::	$1\frac{3}{16}$	1.1875	…	…	18	…	…	8	12	16	20	28	…
$1\frac{1}{4}$	…	1.2500	7	12	18	…	…	8	UNF	16	20	28	…
…	$1\frac{5}{16}$	1.3125	…	…	18	…	…	8	12	16	20	28	…
$1\frac{3}{8}$	…	1.3750	6	12	18	…	UNC	8	UNF	16	20	28	…
…	$1\frac{7}{16}$	1.4375	…	…	18	…	6	8	12	16	20	28	…
$1\frac{1}{2}$	…	1.5000	6	12	18	…	UNC	8	UNF	16	20	28	…
…	$1\frac{9}{16}$	1.5625	…	…	18	…	6	8	12	16	20	…	…
$1\frac{5}{8}$	…	1.6250	…	…	18	…	6	8	12	16	20	…	…
…	$1\frac{11}{16}$	1.6875	…	…	18	…	6	8	12	16	20	…	…
$1\frac{3}{4}$	…	1.7500	5	…	…	…	6	8	12	16	20	…	…
…	$1\frac{13}{16}$	1.8125	…	…	…	…	6	8	12	16	20	…	…
$1\frac{7}{8}$	…	1.8750	…	…	…	…	6	8	12	16	20	…	…
…	$1\frac{15}{16}$	1.9375	…	…	…	…	6	8	12	16	20	…	…
2	…	2.0000	$4\frac{1}{2}$	…	…	…	6	8	12	16	20	…	…

公称直径小于 1/4in 和大于 2in 的统一英制螺纹标准尺寸系列内公称直径与分级螺距系列以及等螺距系列的关系见 ASME B1. 1—2003 美国国家标准的表 1。

2. 统一英制螺纹的公差

统一英制外螺纹的公差等级分 1A、2A 和 3A 三级，其中 2A 为普通级；内螺纹的公差等级分 1B、2B 和 3B 三级，其中 2B 为普通级。各公称规格与各公差等级对应的公差值可在 ASME B1. 1—2003 标准中查到。

3. 统一英制螺纹的标记

统一英制螺纹的标记由公称直径、螺距及其系列代号和公差等级三部分组成，各部分之间用“-”隔开。公称直径单位是 in，螺距单位是“牙/in”。公称直径中的非整数部分可以用分数表示，也可以用小数点表示。第二部分中的“螺距系列”标记分两种情况。一种是螺距（值）在该公称直径的分级螺距系列内，此时的标记为 UNC、UNF 和 NFEF 三者之一。例如公称直径为 1in 的统一英制螺纹的螺距为 12 牙/in 时，螺距系列标记为“UNF”（粗牙）。另一种情况是螺距值不在该公称直径的分级螺距系列内（当然应在等螺距系列内），此时的标记为“UN”。例如公称直径为 1in 的统一英制螺纹的螺距为 16 牙/in 时，螺距系列标记为“UN”。此螺纹称为等螺距螺纹（Unified Screw Thread）。

标记举例如下：

公称直径为 1.5in、螺距为 6 牙/in、普通公差级统一英制外螺纹的标记为 1½-6UNC-2A 或 1.500-6UNC-2A。

公称直径为 1.5in、螺距为 8 牙/in、3A 公差级统一英制外螺纹的标记为：1½-8UN-3A 或 1.500-8UN-3A。

公称直径 2in、螺距为 6 牙/in、1B 公差级统一英制内螺纹的标记为：2-6UN-1B 或 2.000-6UN-1B。

在看图样上统一英制螺纹的标记时，可从公差等级标记中判断出是内螺纹还是外螺纹。

第2章　螺纹数控车加工基础

螺纹有标准螺纹和非标准螺纹。符合国家标准和行业标准的螺纹称为标准螺纹，不符合的称为非标准螺纹。

2.1　数控车削螺纹用的刀具

车削大多数标准螺纹（如普通螺纹、统一英制螺纹、60°密封管螺纹、55°密封管螺纹和梯形螺纹等）用的机夹刀片和相应的刀体都可以购买到。车削非标准螺纹和一些较为少见的标准螺纹所用的刀具一般需要定制或自制。

2.1.1　车削普通螺纹用的定螺距全牙型可转位刀片

定螺距刀片也称全牙型刀片。一种定螺距刀片对应一个（数据的）螺距。从理论上说，一种制式的螺纹有多少种螺距，就要有多少种内螺纹刀片和多少种外螺纹刀片。例如普通螺纹的螺距从0.2mm到8mm共有25种，那么内、外螺纹刀片就要有50种。事实上，制造商只生产常用螺距的螺纹刀片，如普通螺纹螺距为0.5m、1mm、1.25mm、1.5mm、1.75mm、2mm、2.5mm、3mm、3.5mm、4mm、4.5mm、5mm、5.5mm、6mm的内、外螺纹刀片。对于其他螺距（如0.35mm和0.45mm），即使符合标准，但加工刀片一般是买不到的，除非定制。其他制式螺纹的刀片也存在这种情况。

定螺距刀片是按标准规定的牙型制造的。这种刀片只要使用得当，切削出来的螺纹牙型在正常情况下是正确的。定螺距刀片一般有三个角，每个角上的刃口由三部分组成（见图2-1a、b）：前、后侧刃，切根刃和修顶刃。其中，前、后侧刃和切根刃每次都参加切削（见图2-1c、d），这时牙顶两侧都有圆角。当外螺纹坯径过大或内螺纹坯径过小时，会发生粗车时修顶刃也参加切削的情况；而当外螺纹坯径小少许或内螺纹坯径大少许时，修顶刃根部不参加切削，而其两侧一小段刃口参加切削（把牙顶两侧倒部分圆角，可起到去毛刺作用）；当外螺纹坯径过小或内螺纹坯径过大时，修顶刃到精车最后一刀仍没有参加切削。在前述四种情况中，第四种情况中牙顶不全会影响螺纹强度；第三种情况中虽然牙顶也不全但不影响螺纹强度，所以是允许的；第二种情况中切出的牙型是全的，但影响刀片寿命。当然，最好的是第一种情况：坯径留量合适，即车最后一刀时修顶刃才全部参加切削。要做到这点不能全靠计算（坯径的尺寸），还要在加工现场进行试切并观察。在现场确定坯料后，再向实体方向加（标注）公差。这样在批量生产中可保证大部分工件的螺纹车削时符合第一种情况，小部分工件的螺纹车削时符合第三种情况。

在车削尤其是批量车削螺纹时，应选用定螺距全牙型刀片。在车削重要用途的螺纹和精密螺纹时，必须使用定螺距全牙型刀片。

2.1.2　泛螺距V形可转位刀片

所谓泛螺距刀片，是指可用于车削多种螺距螺纹的刀片。这种刀片的刃口部分只有前、

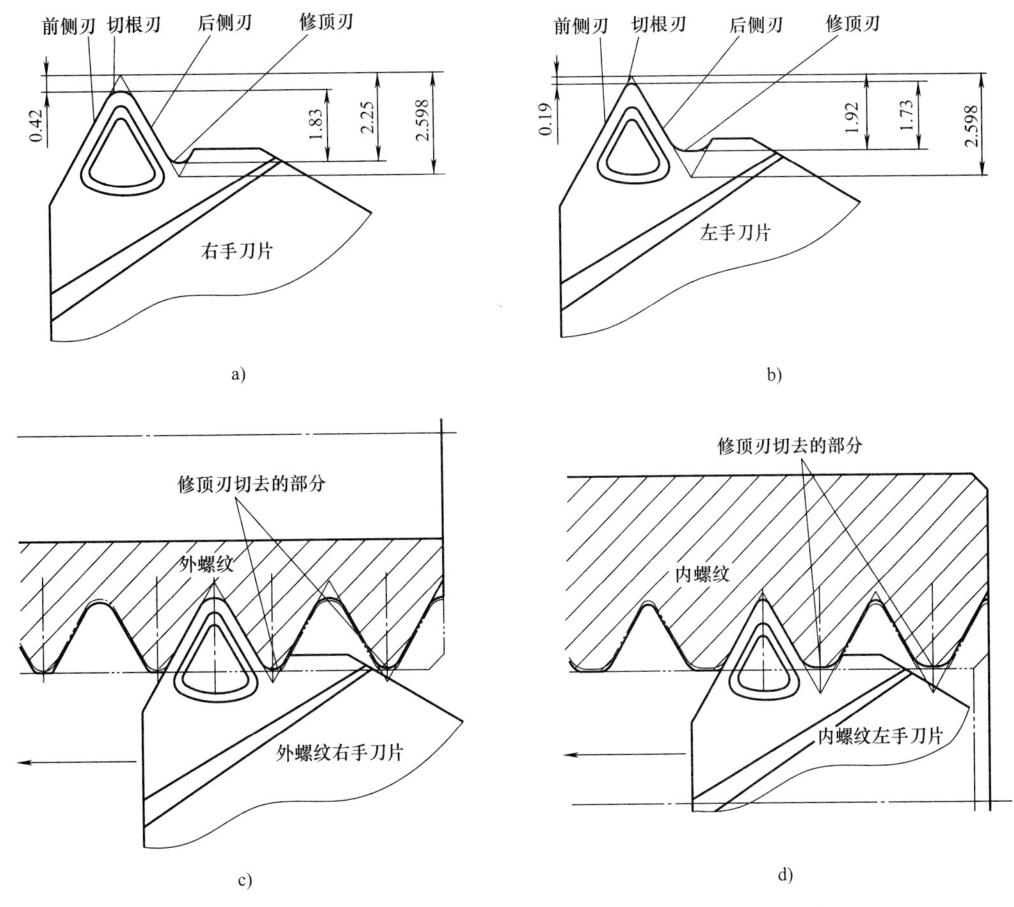

图 2-1　内、外定螺距刀片的刃口及用其车螺纹最后一刀的示意图

a）3mm 定螺距外螺纹刀片刃口放大图　b）3mm 定螺距内螺纹刀片刃口放大图

c）用定螺距刀片车外螺纹最后一刀示意图　d）用定螺距刀片车内螺纹最后一刀示意图

后侧刃和切根刃，没有修顶刃。由于其刃口呈 V 形，所以也称 V 形螺纹刀片。

这里用一种泛螺距刀片来说明这类刀片的使用情况。图 2-2a、b 所示为某国际著名品牌：一种可车 1.5～3mm 螺距普通螺纹的泛螺距刀片（刃口是按比例画的）。3mm 螺距螺纹的牙底要比 1.5mm 螺距螺纹的牙底宽一倍。由于螺纹的牙底不允许太浅，所以这种泛螺纹刀片的切根刃只能按 1.5mm 螺距螺纹的牙底来设计和制造，从而造成该刀片在使用时出现下列三种情况。第一种情况是用它车削 1.5mm 螺距的螺纹，如图 2-2c、d 所示。这时切出的牙底是符合设计牙型的，只是牙顶两侧没有倒角（在顶部可能会有毛刺）；第二种情况是用它车削 3mm 螺距的螺纹，如图 2-2e、f 所示。这时切出的牙底要比设计牙型的牙底深（多出的部分见图中涂黑部分），且牙顶两侧也没有倒角。尽管牙底深不影响配合，但会影响螺纹的强度，也容易在牙根处出现应力集中。第三种情况是用它车削 1.75mm、2mm、2.5mm 这三种螺距的螺纹，这时的情况介于第一、二种情况之间（未画图）。各厂家生产的泛螺距刀片对应的螺距分档不尽相同。

泛螺距刀片只适用于车削对强度没有特别要求的螺纹和用于学员实训中。在车削批量产品上的螺纹时不应选用泛螺距刀片，在车削重要用途的螺纹和精密螺纹时，不能使用这种泛

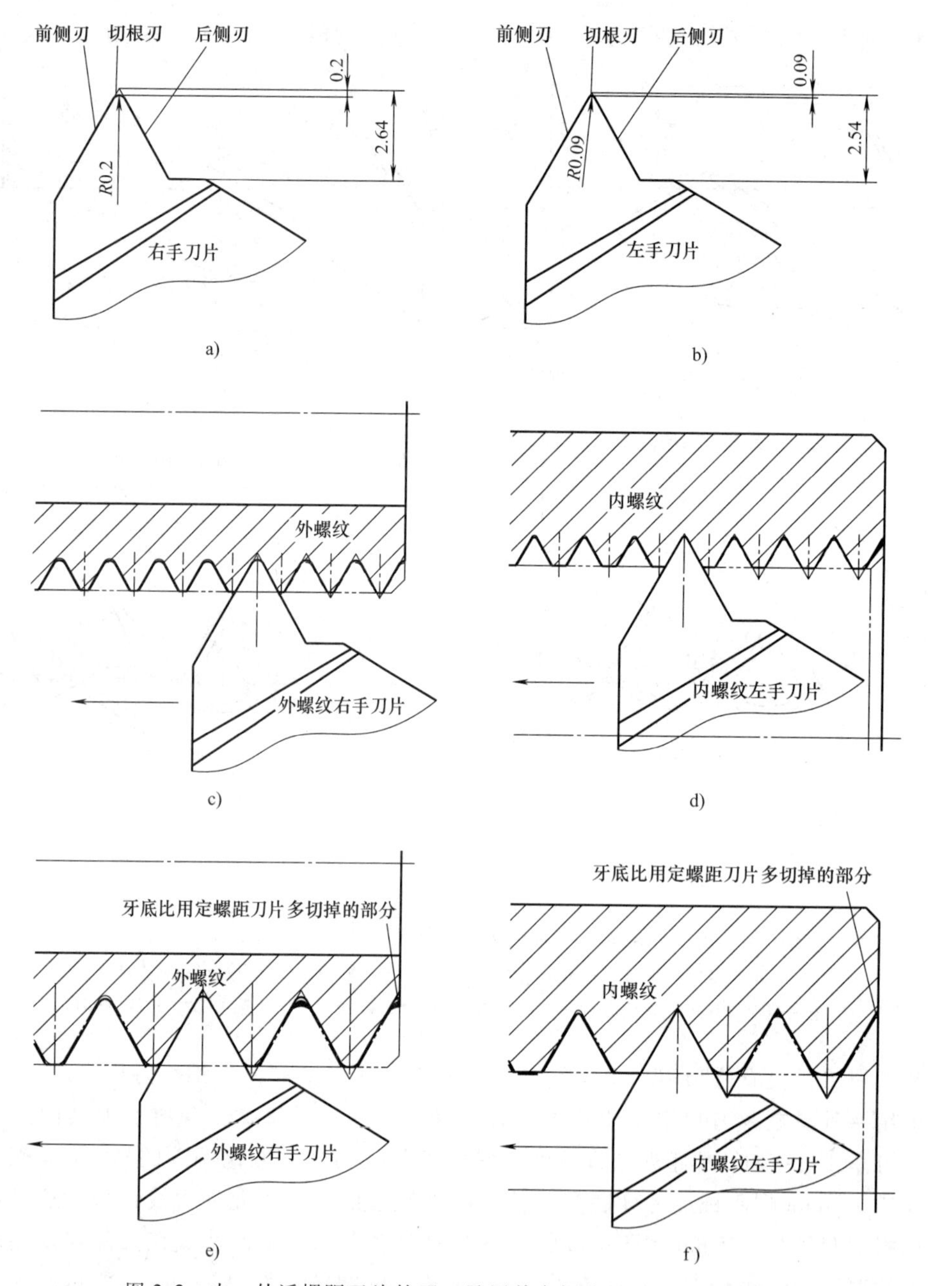

图 2-2　内、外泛螺距刀片的刃口及用其车螺纹最后一刀的示意图

a）1.5~3mm 泛螺距外螺纹刀片刃口放大图　b）1.5~3mm 泛螺距内螺纹刀片刃口放大图

c）用 1.5~3mm 螺距刀片车削 1.5mm 螺距外螺纹最后一刀示意图

d）用 1.5~3mm 螺距刀片车削 1.5mm 螺距内螺纹最后一刀示意图

e）用 1.5~3mm 螺距刀片车削 3mm 螺距外螺纹最后一刀示意图

f）用 1.5~3mm 螺距刀片车削 3mm 螺距内螺纹最后一刀示意图

螺距刀片。

如图 2-3 所示，左上和右上分别是进口某品牌 1.5mm 螺距规格的右手外、内螺纹刀片，左下和右下分别是国产 1.5~3mm 螺距规格的右手外、内螺纹刀片。

2.1.3 装可转位刀片的螺纹车刀

在多工位刀架上常用的螺纹车刀有四种，分别是左、右手内螺纹车刀和左、右手外螺纹车刀（见图 2-4）。这四种车刀分别装内螺纹左、右手刀片和外螺纹左、右手刀片。注意这四种刀片刃口的旋向：外螺纹右手刀片和内螺纹左手刀片的刃口方向是顺时针方向；外螺纹右手刀片和内螺纹右手刀片的刃口方向是逆时针方向。

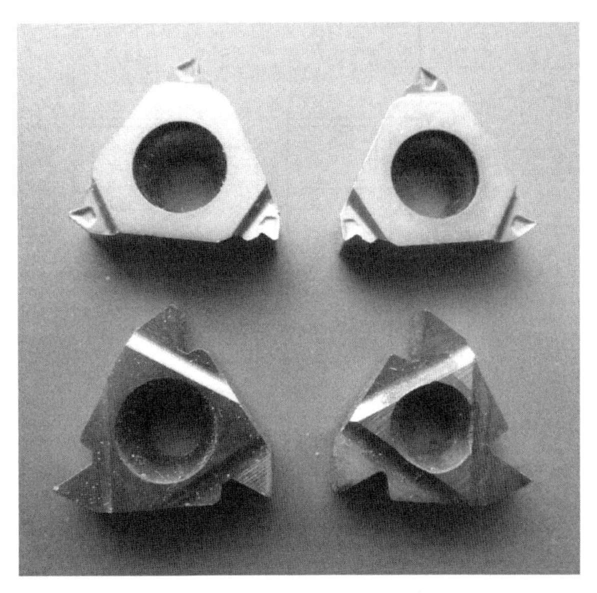

图 2-3 外、内定螺距刀片和外、内泛螺距刀片

装在四方刀架上常用的装可转位刀片的螺纹车刀也有四种。前两种同装在多工位刀架上常用的两种装可转位刀片的外螺纹车刀。第三种是 Z 形外螺纹车刀（见图 2-5a）。这种 Z 形螺纹车刀用于正向（朝卡盘方向）切削左旋螺纹。第四种是方杆内螺纹车刀（见图 2-5b）。

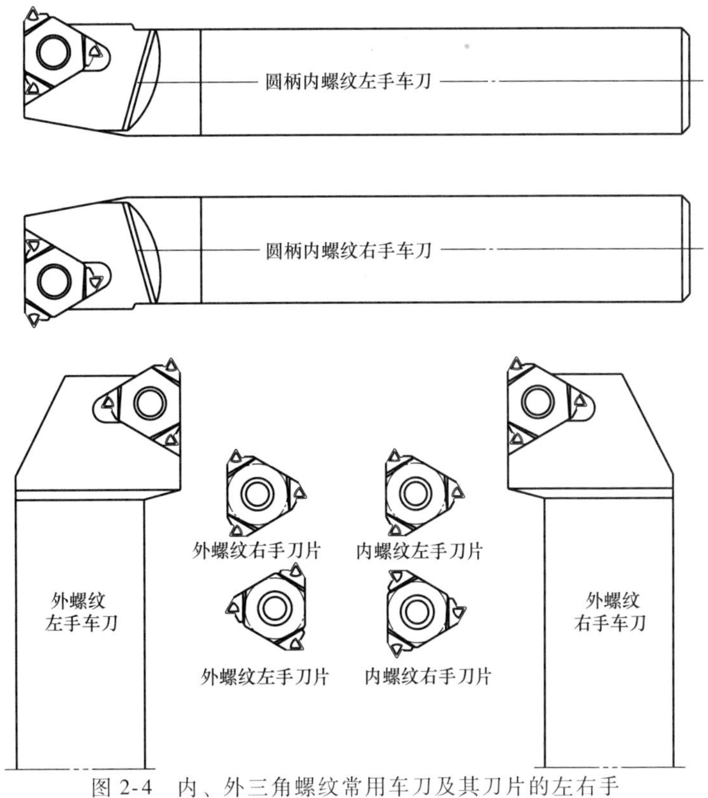

图 2-4 内、外三角螺纹常用车刀及其刀片的左右手

常用可转位螺纹刀片的边长有 11mm、16mm 和 22mm 三种。显然，装可转位刀片的车刀刀头上相应部分的尺寸也有三种。装 11mm 边长刀片的内螺纹车刀接近头部那段的最小直

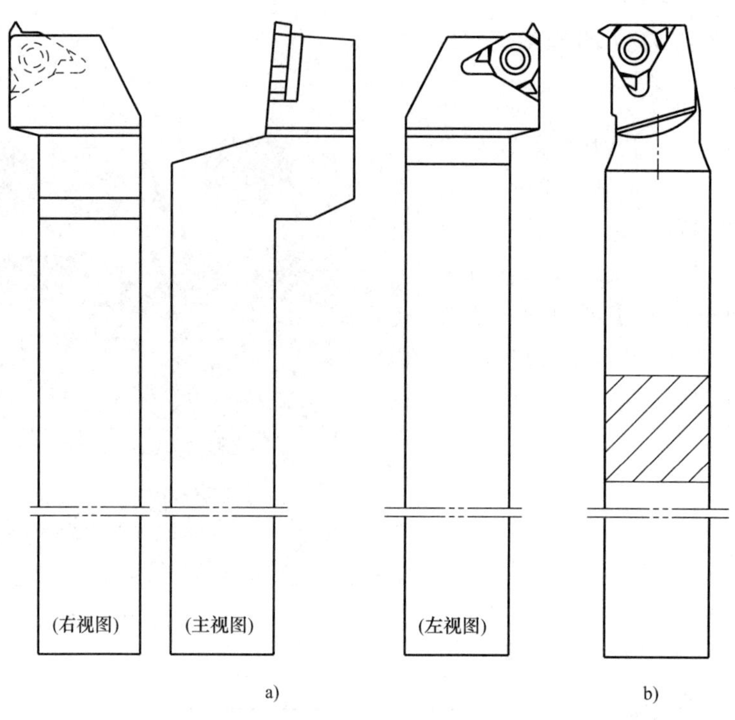

图 2-5 用于四方刀架的两种螺纹车刀
a）Z 形外螺纹车刀　b）方杆内螺纹车刀

径是 ϕ11mm（有的刀杆头尾一样粗都为 ϕ11mm），可车削的内螺纹小径不能小于 ϕ12mm。也就是说，这种刀具只能用于车削 M15 以上的内螺纹（勉强可用于车削 M14 的细牙螺纹），不能用于车削 M14 的粗牙螺纹和 M12 及以下的螺纹。

要车削 M12 的内螺纹怎么办，可用一种刀片上只有一个刃尖的小内螺纹车刀（见图 2-6）。还可以用这种车刀车削 1/4in 的内圆锥管螺纹。

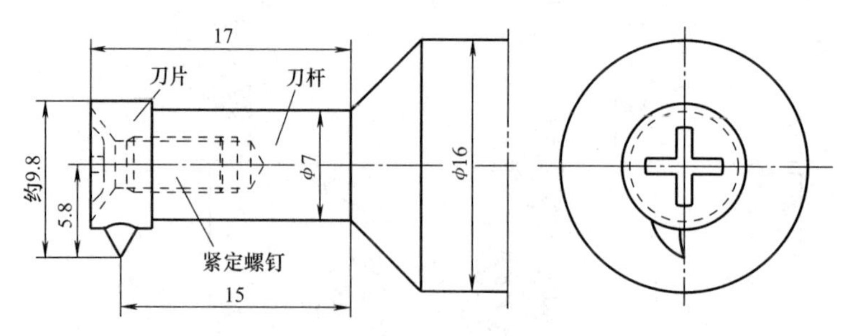

图 2-6　用于车削小直径内螺纹的车刀

2.1.4　车螺纹用的焊接式车刀和成形车刀

在普通车床上使用的焊接式螺纹车刀也可以在数控车床上使用。焊接式螺纹车刀一般是指先把硬质合金块焊接到钢质车刀体上，再刃磨出刃口。车普通螺纹的焊接式车刀一般在如下三种情况下使用：一种是标准（螺距）系中虽有，但没有厂家生产这种螺距的刀片；第二种是样本上有这种螺距的刀片，但来不及采购；第三种情况是用于学员实操训练。

对于异形螺纹，大多数要用成形车刀来车。这种成形车刀可以是焊接式车刀，也可以是整体式车刀，还可以是用别的标准车刀（包括可转位车刀）改制（磨）成的车刀。

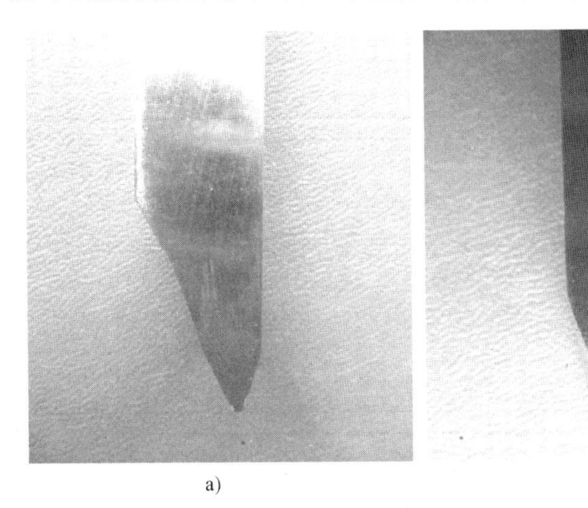

a)　　b)

图 2-7　一种成形螺纹车刀的照片

a）正面照片　b）背面照片

图 2-7 所示为一种高速钢材质整体式螺纹（螺旋槽）成形车刀。此刀顶刃宽为 2mm，两侧刃夹角为 40°，左、右侧刃的后角都是 8°。用这把车刀可车削夹角为 40°、底宽不小于 2mm、螺纹升角小于 8°的螺旋槽。对这样的螺旋槽，用此刀既可从右往左车削，也可从左往右车削。

图 2-8　用梯形螺纹可转位刀片磨成的车削阿基米德蜗杆的成形车刀刀片

图 2-8 所示为用梯形螺纹可转位（标准）刀片刃磨成的用于车削阿基米德蜗杆的成形车刀刀片的照片。

由于使用成形车刀时切削力大（因全刃参加切削），以及用其切出的牙型精度取决于成形车刀的制造精度，所以在数控车床上只有不得已时才使用它。

2.2　车螺纹时的升、降速段和螺纹的尾退

为了保证螺纹的使用部分（段）的螺距精度，加工时在使用段前必须有一段升速（空刀）段 δ_1，在使用段后必须有一段降速段 δ_2，如图 2-9a、b 所示。当有退刀槽时，降速段中不切削；当无退刀槽时，降速段中也切削。

道理很简单。每车削一刀，刀具从 A 点运动到 B 点，在此过程中刀具（刀架）纵向移动速度可分为三个阶段：速度从零上升到指令速度，维持指令速度和减速到零。在这三个阶段中，只有在第二阶段切出螺纹的螺距才在理论上符合指令要求。在第一阶段和第三阶段内，越接近第二阶段的部分，切出螺纹的螺距理论上越接近指令要求。

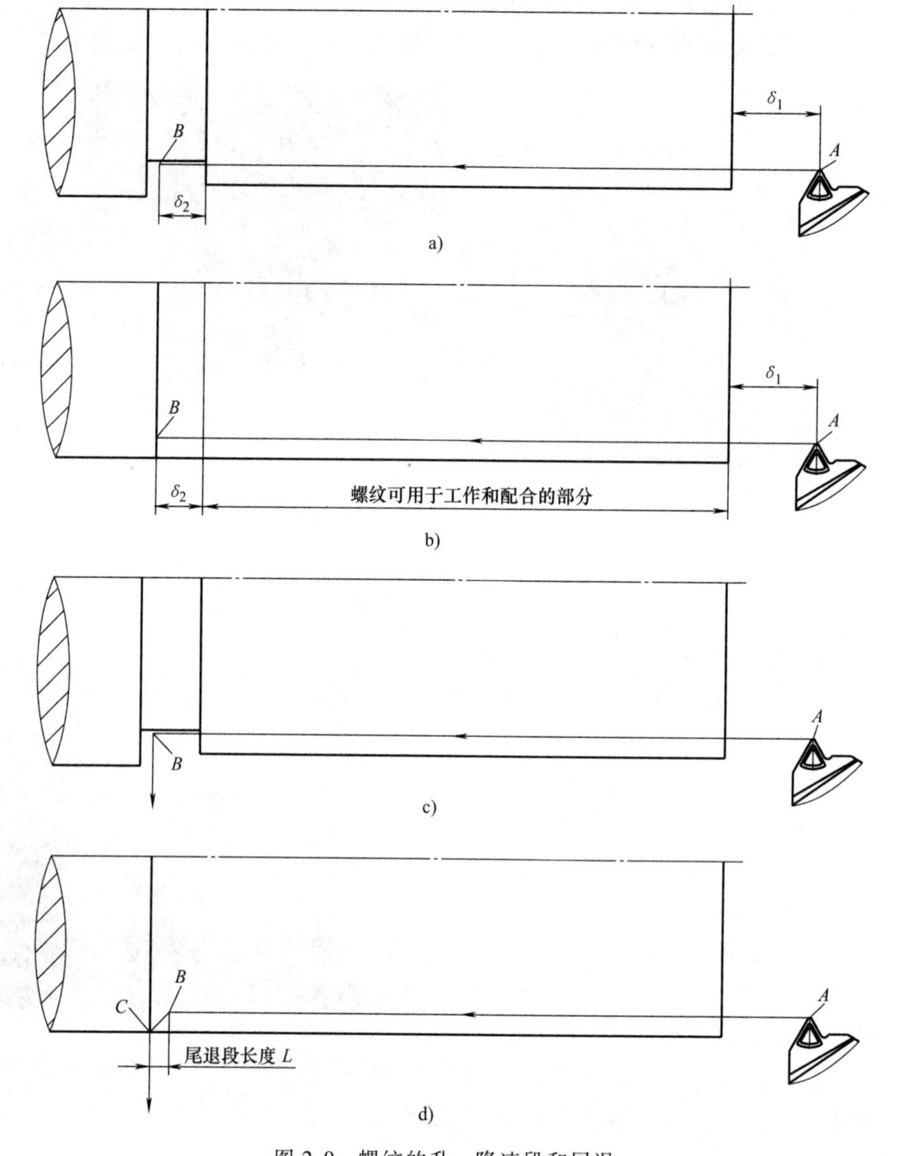

图 2-9　螺纹的升、降速段和尾退

a）车螺纹有退刀槽时升、降速段　b）车螺纹无退刀槽时升、降速段

c）车螺纹有退刀槽时可没有尾退　d）车螺纹无退刀槽时有尾退

那么在导程和主轴转速已知的前提下，δ_1 和 δ_2 的值与螺距的理论精度有什么关系呢？下面进行介绍。

设螺纹的导程为 P_h（mm），主轴转速为 n（r/min），那么降速段 δ_2（mm）与 P_h 和 n 的关系为

$$\delta_2 = T_1 n P_h / 60$$

式中，T_1 为伺服系统的时间常数（s），其值可在说明书中查到，现有数控系统中此值多为 0.033。

在时间常数为 0.033 时，δ_2（mm）与 P_h 和 n 的关系为

$$\delta_2 = nP_h/1818$$

编程和加工时所取降速段的长度不应小于用此式计算出的 δ_2 值。

升速段 δ_1 是降速段 δ_2 乘以一个系数，这个系数是（$-\ln a-1$），即

$$\delta_1 = (-\ln a-1)\delta_2 = (-\ln a-1)T_1 nP_h/60$$

当时间常数为 0.033 时，此式可改写为

$$\delta_1 = (-\ln a-1)nP_h/1818$$

式中，a 为此螺纹允许的导程误差（百分比），它等于导程误差 ΔP_h 除以导程 P_h。

当 $a=0.005$ 即 0.5%时，系数（$-\ln a-1$）$=4.289\approx4.3$；当 $a=0.01$ 即 1%时，系数（$-\ln a-1$）$=3.605\approx3.6$；当 $a=0.015$ 即 1.5%时，系数（$-\ln a-1$）$=3.200\approx3.2$；当 $a=0.02$ 即 2%时，系数（$-\ln a-1$）$=2.912\approx2.9$。

可见，在螺纹导程和主轴转速确定的前提下，螺纹导程的精度要求越高，应选取的 δ_1 就越长。此精度是指第一圈，更确切说是起始处的导程精度。

【例 1】 欲加工螺距 P 为 1.5mm 的单线螺纹，主轴转速为 500r/min，螺距误差要求不超过 1%，求 δ_2 和 δ_1 最小应取的长度。

解：

$$\delta_2 = 500\text{r/min}\times1.5\text{mm}/1818 = 0.412\text{mm}$$

$$\delta_1 = 3.605\delta_2 = 1.485\text{mm}$$

说明此处升速段不能小于 1.485mm，降速段不能小于 0.412mm（取三分之一螺距长即 0.5mm 就可以了）。

下面介绍车螺纹时“尾退”的概念。每车削一刀螺纹，到 B 点后可直接退刀，如图 2-9c所示，这时没有尾退，即螺纹没有尾退段。车削有退刀槽的螺纹时可以没有尾退。车削螺纹时有尾退如图 2-9d 所示，每车削一刀，到 B 点后开始斜向走刀（大约 45°），到 C 点后再横向退刀。从 B 点到 C 点的纵向距离 l 称为尾退（段）长度。车削无退刀槽的螺纹时最好用有尾退的方法。

2.3 粗车三角形螺纹的两个重要原则

粗车三角形螺纹有两个重要原则：一个是等截面积切削，另一个是沿牙侧面进给。

2.3.1 等截面积切削

在粗车三角形螺纹时如果等深度进给，那么后一刀切去的面积为前一刀的四倍，相应地后一刀的切削力也会比前一刀增大很多。这显然是不可取的。定性地说，切削深度应该一刀比一刀小。这里来进行定量的讨论。

粗车时理想的进给是每刀切削力相等。可以把每刀切去的截面积相等看作是每刀切削力大体相等。下面介绍粗车时如何进给才能达到每刀切去的截面积相等。

如图 2-10 所示牙高为 h，精车留量为 d。这样粗车的总深 $h'=h-d$。如果粗车总共分 N 刀切削，那么每刀应车去粗车总面积的 N 分之一。按此要求可得

$$d_1 = h'/\sqrt{N} \tag{2-1}$$

式中，d_1 为第 1 刀的累计背吃刀量（见图 2-10）。

为了使每刀的单刀背吃刀量相等，第 2，3，4，…，n 刀的累计背吃刀量应分别为

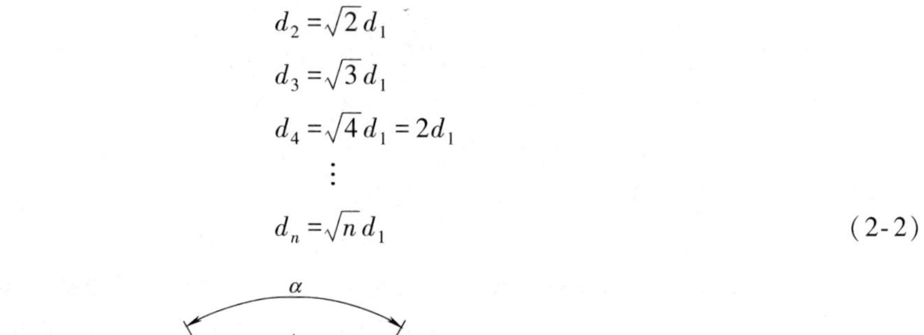

$$d_2 = \sqrt{2}\, d_1$$
$$d_3 = \sqrt{3}\, d_1$$
$$d_4 = \sqrt{4}\, d_1 = 2d_1$$
$$\vdots$$
$$d_n = \sqrt{n}\, d_1 \tag{2-2}$$

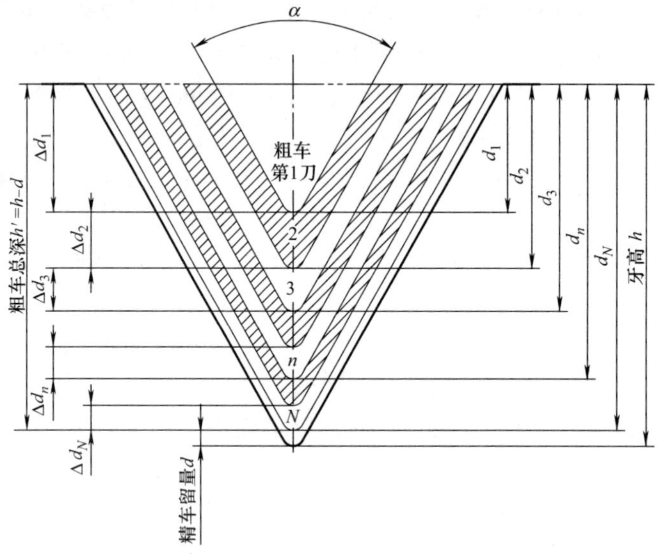

图 2-10　三角形螺纹的粗车等截面积切削

相应地，第 2，3，4，…，n 刀的单刀背吃刀量分别为

$$\Delta d_2 = (\sqrt{2}-1)\, d_1$$
$$\Delta d_3 = (\sqrt{3}-\sqrt{2})\, d_1$$
$$\Delta d_4 = (\sqrt{4}-\sqrt{2})\, d_1$$
$$\vdots$$
$$\Delta d_n = (\sqrt{n}-\sqrt{n-1})\, d_1 \tag{2-3}$$

反过来说，每刀的累计背吃刀量（或单刀背吃刀量）只要符合上述算式，粗车每刀切去的面积就相等。式（2-1）和式（2-2）是粗车三角螺纹时实现等截面积切削的两个基本算式。

2.3.2　沿牙侧面进给

1. 进给方向

三角形螺纹刀片的刀尖刃口由三部分组成：切根（圆弧）刃、前侧刃和后侧刃。粗车三角形螺纹常用的进给方式有四种：垂直进给、沿右牙侧面进给、沿左牙侧面进给和左右交叉进给，分别如图 2-11a、b、c、d 所示。采用第一种进给方式时，每一刀刃口的三部分都参加切削，对刀尖很不利。采用第二、三种进给方式时，只有在第 1 刀时刀尖刃口的三部分都参加切削，之后各刀切削中只有切根刃和一个侧刃参加切削，可减少崩刃的可能。显然，在正向即从右向左走刀时采用第二种方式，而反向走刀时用第三种方式。采用第四种方式可使刀尖的左、右侧刃磨损趋于平均。

粗车三角形螺纹还有一种（第五种）进刀方式，即沿修正牙侧面进给，如图 2-11f 所示。大量试切表明，沿修正牙侧面进给比严格沿牙侧面进给对螺纹质量和刀片寿命都有利。所谓“修正牙侧面”，是指进给方向与螺纹轴线垂直面的夹角比牙型半角略小，或者说进给方向与牙侧面之间有一个小夹角。试验表明，这个小夹角以 3°~5°为宜。作者在加工三角形螺纹时采用了图 2-11f 中的角度，即夹角为 3. 43495°。取这个带小数点的角度，是因为牙型半角 30°减去此小夹角后为 26. 56505°，而这个角度的正切值正好是 0. 5。

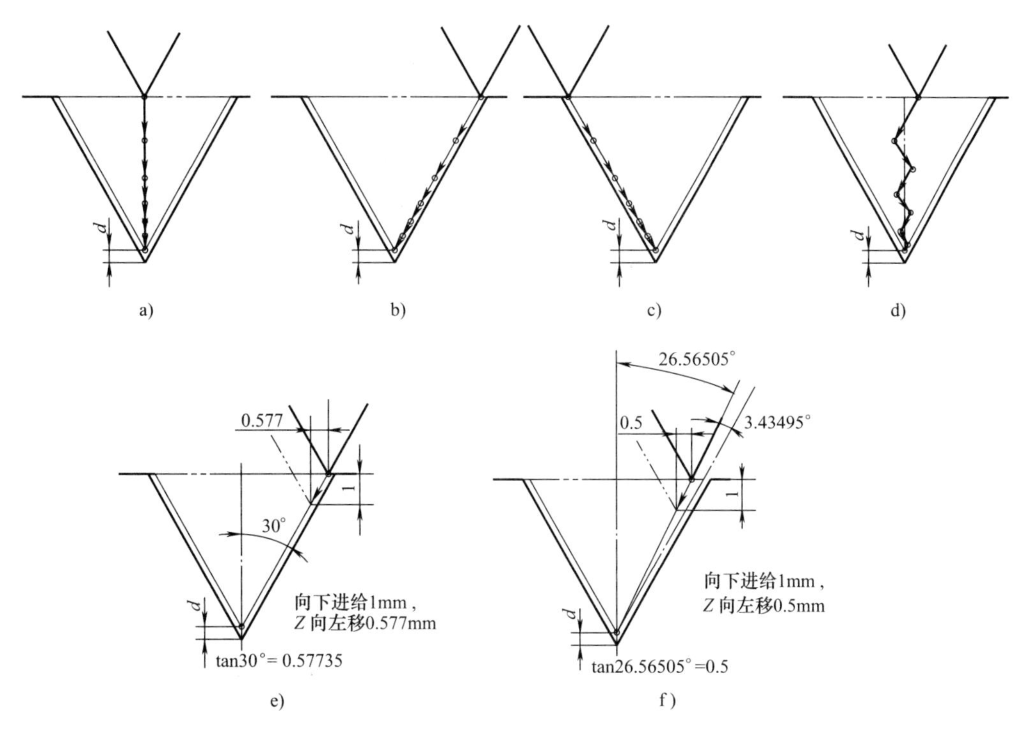

图 2-11　粗车三角形螺纹时的进给方向和尺寸关系

a）垂直进给　b）沿右牙侧面进给　c）沿左牙侧面进给　d）左右交叉进给

e）严格沿牙侧面进刀的尺寸关系　f）沿修正牙侧面进刀的尺寸关系

2. 沿牙侧面进给和沿修正牙侧面进给的关系

图 2-12 所示为沿右牙侧面进给示意。从图中可以看出，同一刀累计背吃刀量 d_n 与纵向累计位移 Z_n 的关系为

$$Z_n = d_n \tan(\alpha/2) \tag{2-4}$$

式中，α 为牙型角，当牙型角用为 60°时，有

$$Z_n = 0.57735 d_n$$

如果某一刀的累计背吃刀量是 1mm，那么刀具同时应向负 Z 方向移动约 0. 577mm。

从理论上说，采用沿右牙侧面进给方式时刀尖的后侧刃不参加切削（不出切屑）。

粗车牙型角为 60°的普通螺纹，选择沿修正牙侧面进给时，如果取图 2-11f 中所示的修正角度值，那么同一刀纵向累计位移 Z_n 与累计背吃刀量 d_n 的关系为

$$Z_n = 0.5 d_n$$

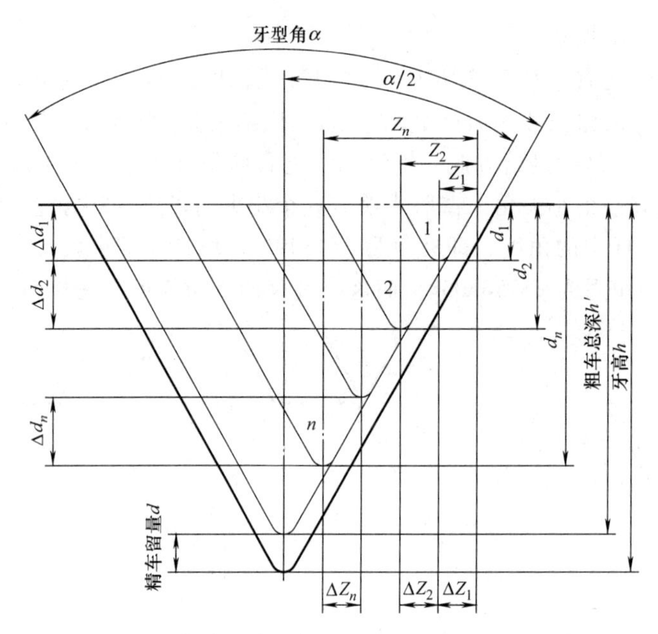

图 2-12　粗车三角形螺纹时沿右牙侧面进给示意

如果某一刀的累计背吃刀量是 1mm，那么刀具同时应向负 Z 方向移动 0.5mm。

不用担心沿 26.56505°进刀切出的牙型不是 60°，因为这种刀片前、后侧刃的夹角是 60°。采用沿修正右牙侧面进给方式切削时，刀尖的后侧刃也出少许切屑。

当牙型角为 55°，且严格沿牙侧面进给时，同一刀纵向累计位移 Z_n 与累计背吃刀量 d_n 的关系为

$$Z_n = 0.52057d_n$$

如果取 $Z_n = 0.45d_n$，那么此时进给方向比半牙型角小 3.27°，即修正 3.27°。

2.3.3　两个原则的综合使用

粗车三角形螺纹时，可以单独使用沿牙侧面进给和用等截面积切削这两个原则中的一个，但正确的选择应该是同时使用这两个原则。图 2-13 所示为同时使用这两个原则的示意图。下面介绍此时的尺寸关系。

1. 横向

横向第 1 刀的背吃刀量 d_1 与粗车总深 h'、粗车总刀数 N 的关系还是用前述式（2-1），即

$$d_1 = h'/\sqrt{N}$$

第 n 刀的累计背吃刀量 d_n 还是用前述式（2-2），即

$$d_n = \sqrt{n}\, d_1$$

第 n 刀的单刀背吃刀量 Δd_n 还是用前述式（2-3），即

$$\Delta d_n = (\sqrt{n} - \sqrt{n-1})\, d_1$$

2. 纵向

某一刀的累计纵向位移 Z_n 与横向累计背吃刀量 d_n 的关系还是用前述式（2-4），即

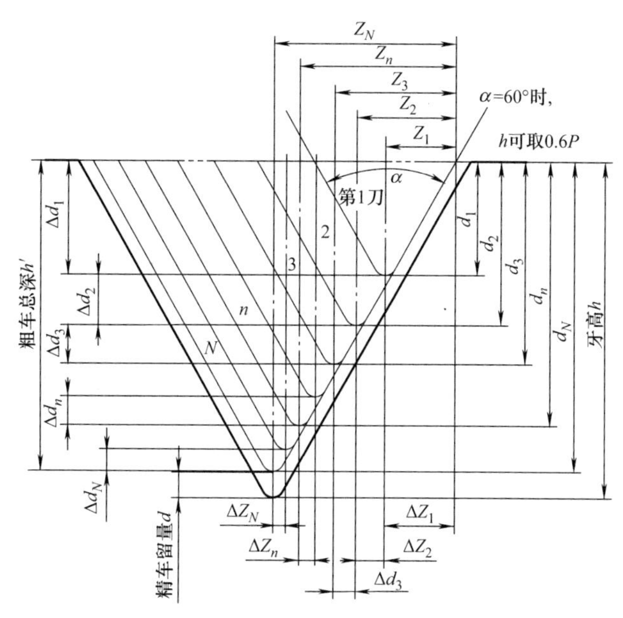

图 2-13 粗车三角形螺纹时同时使用两个原则示意

$$Z_n = d_n \tan(\alpha/2)$$

某一刀的单刀纵向位移 ΔZ_n 与横向单刀背吃刀量 Δd_n 的关系为

$$\Delta Z_n = \Delta d_n \tan(\alpha/2) \qquad (2\text{-}5)$$

【例 2】 车 M24 普通内螺纹或外螺纹，螺距为 3mm，牙高 h 取螺距的 0.6 倍，为 1.8mm。如果精车留量为 0.05mm，那么粗车总深 h'为 1.75mm。

首先根据工艺需要确定粗车刀（次）数。假如选定粗车用 5 刀，即 $N=5$，那么第 1 刀的横向背吃刀量 d_1 为

$$d_1 = 1.75\text{mm}/\sqrt{5} = 0.7826\text{mm}$$

第 1~5 刀粗车及第 6 刀精车的横向累计背吃刀量、横向单刀背吃刀量、纵向累计位移和纵向单刀位移数据见表 2-1。

表 2-1 M24 螺纹精车留量取 0.05mm、粗车分 5 刀车的数据

切削刀序号	横向累计背吃刀量/mm	横向单刀背吃刀量/mm	纵向累计位移/mm	纵向单刀位移/mm
1	0.7826	0.7826	0.4518	0.4518
2	1.1068	0.3242	0.6390	0.1872
3	1.3555	0.2487	0.7826	0.1436
4	1.5652	0.2097	0.9037	0.1211
5	1.75	0.1848	1.0104	0.1067
6	1.80	0.05	1.0104	0

这些数据的位置如图 2-14 所示。编程时这四组数据一般不需要全用，有时用第 1、3 组数据，有时用第 2、4 组数据。

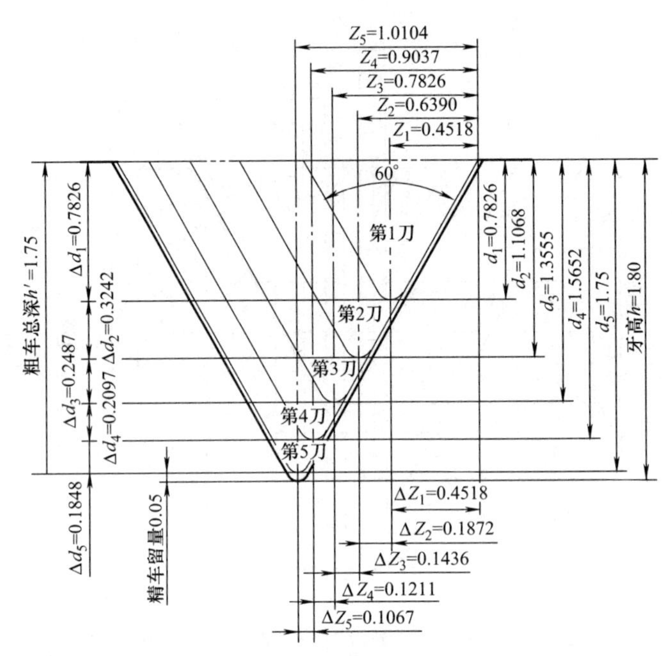

图 2-14　分 5 刀粗车 M24 螺纹时沿牙侧面用等截面积切削的尺寸

2.4 粗车梯形螺纹和半圆形螺旋槽的等截面积切削

等截面积切削是粗车螺纹和螺旋槽的通用原则，它在粗车梯形螺纹和粗车截面为半圆形的螺旋槽时也适用。

2.4.1 粗车梯形螺纹的等截面积切削

图 2-15a 所示为粗车梯形螺纹的等截面积切削。螺距 P 是已知条件。粗车总共用 N 刀完成。

在标准中牙顶间隙 a_c 的规定是：$P=2\sim5\text{mm}$ 时 $a_c=0.25\text{mm}$；$P=6\sim12\text{mm}$ 时，$a_c=0.5\text{mm}$；$P=16\sim48\text{mm}$ 时，$a_c=1$。

牙底宽 $B=0.366P-0.536a_c$，牙高 $H=P/2+a_c$，选定精车留量 d 后，粗车总深 $h'=H-d$。

粗车总面积 S 由一个平行四边形面积和一个等腰三角形面积两部分组成，即

$$S=Bh'+\tan15°h'^2$$

第 n 刀的累计切削面积也由两部分组成（见图 2-15b），为

$$S_n=Bh_n+\tan15°h_n^2$$

第 n 刀的累计切削面积 S_n 又等于总面积 S 除以 N 乘以 n，为

$$Bh_n+\tan15°h_n^2=(Bh'+\tan15°h'^2)/Nn$$

即

$$Bh_n+0.26795h_n^2=(Bh'+0.26795h'^2)/Nn$$

$$0.26795h_n^2+Bh_n-(Bh'+0.26795h'^2)/Nn=0$$

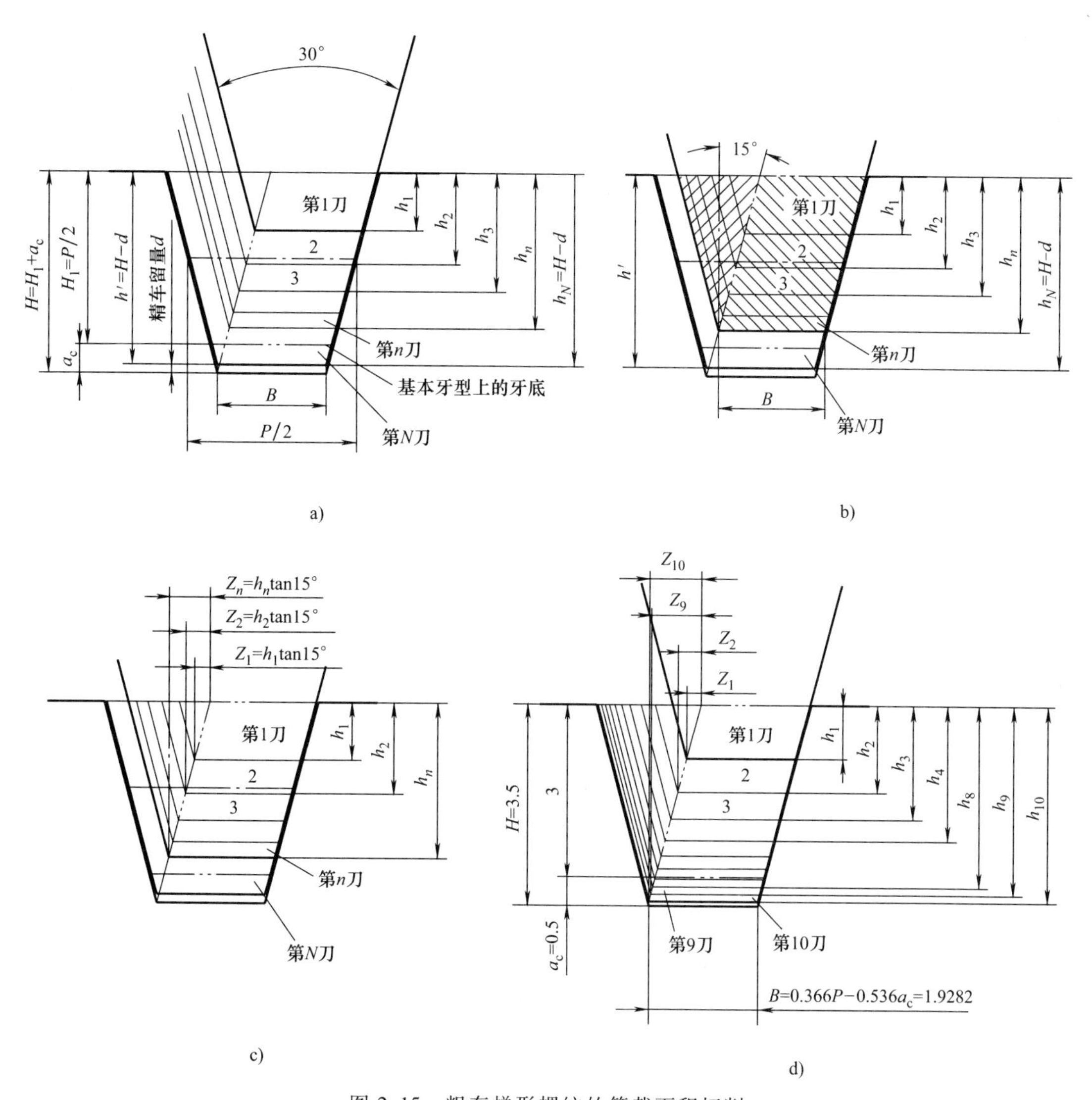

图 2-15　粗车梯形螺纹的等截面积切削

a）梯形螺纹的等截面积切削　b）第 n 刀的截面积由两部分组成

c）等截面积切削时刀具的 Z 向移动值　d）螺距 $P=6$mm，分 10 刀车成的例子

解这个一元二次方程，得

$$h_n=[-B+\sqrt{B^2+1.0718(B+0.26795h')h'/Nn}]/0.5359$$

$$h_n=1.866\sqrt{B^2+1.0718(B+0.26795h')h'/Nn}-1.866B \tag{2-6}$$

这就是计算第 n 刀累计背吃刀量的公式。

把第 n 刀的累计背吃刀量减去上一刀，即第（$n-1$）刀的累计背吃刀量，就是这一刀的单刀背吃刀量，即

$$\Delta h_n=h_n-h_{n-1}$$

第 n 刀累计 Z 向移动值 Z_n（见图 2-15c）为

$$Z_n=h_n\tan15°=0.26975h_n \tag{2-7}$$

以加工 $P=6\text{mm}$ 的梯形螺纹，分 10 刀车成为例，计算如下：

牙顶间隙 $a_c=0.5\text{mm}$。

牙高 $H=P/2+a_c=3.5\text{mm}$，若选定精车留量 $d=0.05\text{mm}$，那么粗车总深 $h'=3.45\text{mm}$。

牙底宽 $B=0.366P-0.536a_c=1.928\text{mm}$。

将 h'、B 值代入式（2-6）后得

$$h_n=1.866\times\sqrt{3.718+1.0548n}-3.598$$

所以第 1~10 刀的累计背吃刀量和 Z 向累计移动值分别为

$$h_1=0.4786\text{mm}\qquad Z_1=0.1291\text{mm}$$
$$h_2=0.9066\text{mm}\qquad Z_2=0.2446\text{mm}$$
$$h_3=1.2973\text{mm}\qquad Z_3=0.3499\text{mm}$$
$$h_4=1.6591\text{mm}\qquad Z_4=0.4475\text{mm}$$
$$h_5=1.9975\text{mm}\qquad Z_5=0.5388\text{mm}$$
$$h_6=2.3166\text{mm}\qquad Z_6=0.6249\text{mm}$$
$$h_7=2.6193\text{mm}\qquad Z_7=0.7006\text{mm}$$
$$h_8=2.9080\text{mm}\qquad Z_8=0.7844\text{mm}$$
$$h_9=3.1844\text{mm}\qquad Z_9=0.8590\text{mm}$$
$$h_{10}=3.450\text{mm}\qquad Z_{10}=0.9306\text{mm}$$

2.4.2 用成形车刀粗车半圆形螺旋槽的等截面积切削

有一类螺旋槽的轴向剖面呈半圆形（如滚珠丝杠和滚珠丝杠螺母上的螺旋槽）。这类螺旋槽在半径较小时，常采用半圆头成形车刀（包括装圆刀片的可转位车刀和手工刃磨的车刀）车削。下面讨论用半径与槽半径相同的车刀进行粗车的等截面积切削（见图 2-16）数据。

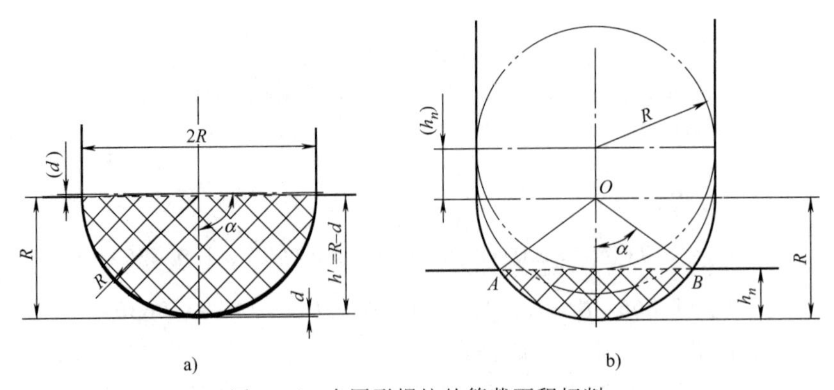

图 2-16　半圆形螺纹的等截面积切削

a）半圆形螺纹的粗车总截面积　b）半圆形螺纹的某刀累计切去面积

如图 2-16a 所示，先计算粗车应切去的总面积 S_3 和粗车各刀应切去的面积 S_4。

当圆半径为 R 时，半圆面积 $S=\dfrac{\pi}{2}R^2$。

确定精车留量 d 后，粗车总深 $h'=R-d$。

扇形半角 $\alpha=\arccos\left(\dfrac{d}{R}\right)$。

扇形面积 $S1=\dfrac{2\alpha}{360}\pi R^2$

等腰三角形面积 $S2=dR\sin\alpha$

粗车总面积 $S3=S1-S2$。

如果 $N=10$，即分 10 刀车，则每刀应车面积 $S4=S3/N$。

第 n 刀累计切去的面积 $S_n=nS4$。

【例 3】 当槽和刀的 R 都等于 5mm 时：

半圆面积 $S=\dfrac{\pi}{2}25\text{mm}^2=39.270\text{mm}^2$。

如确定精车留量 $d=0.04\text{mm}$，那么粗车总深 $h'=R-d=4.96\text{mm}$。

扇形半角 $\alpha=\arccos\left(\dfrac{d}{R}\right)=89.5416°$。

扇形面积 $S1=\dfrac{2\alpha}{360}\pi R^2=39.07\text{mm}^2$。

等腰三角形面积 $S2=dR\sin\alpha=0.04\text{mm}\times5\text{mm}\times\sin89.5416°=0.2\text{mm}$。

粗车总面积 $S3=S1-S2=38.87\text{mm}^2$。

如果 $N=10$，即分 10 刀车，每刀应车面积 $S4=S3/N=3.887\text{mm}^2$。

第 n 刀累计切去的面积 $S_n=nS4=3.887n$。

那么 10 刀切去的累计面积应分别为：

$$S_1=3.887\text{mm}^2$$

$$S_2=7.774\text{mm}^2$$

$$S_3=11.661\text{mm}^2$$

$$S_4=15.548\text{mm}^2$$

$$S_5=19.435\text{mm}^2$$

$$S_6=23.322\text{mm}^2$$

$$S_7=27.209\text{mm}^2$$

$$S_8=31.096\text{mm}^2$$

$$S_9=34.983\text{mm}^2$$

$$S_{10}=38.87\text{mm}^2$$

下面推导第 n 刀累计背吃刀量 h_n 与累计切去面积 S_n 的关系式（见图 2-16b）。

等腰三角形 OAB 的面积 $S2=(R-h_n)\sqrt{2Rh_n-h_n^2}$

扇形半角 $\alpha=\arccos\left(\dfrac{R-h_n}{R}\right)$

扇形面积 $S1=\dfrac{2\alpha}{360}\pi R^2$。

阴影面积 $S_n = S1 - S2$。

$$S_n = \frac{\pi}{180}\arccos\left(\frac{R-h_n}{R}\right) R^2 - (R-h_n)\sqrt{2Rh_n - h_n^2}。$$

$$S_n = 0.0349 \times \arccos\left(\frac{R-h_n}{R}\right) R^2 - (R-h_n)\sqrt{2Rh_n - h_n^2} \tag{2-8}$$

这就是第 n 刀累计背吃刀量 h_n 与累计切去面积 S_n 的关系式。

第 n 刀累计切去面积又等于 $nS4$（每刀切去面积），所以有

$$0.0349 \times \arccos\left(\frac{R-h_n}{R}\right) R^2 - (R-h_n)\sqrt{2Rh_n - h_n^2} = nS4$$

$$0.0349 \times \arccos\left(\frac{R-h_n}{R}\right) R^2 - (R-h_n)\sqrt{2Rh_n - h_n^2} - nS4 = 0 \tag{2-9}$$

用普通数学解这个方程（即求累计背吃刀量 h_n 与刀序 n 的关系）有困难。

下面介绍两种方法来得到各刀的累计背吃刀量。

第一种是用作圆法来获取各刀累计背吃刀量的近似值。以半径等于 5mm、精车留量取 0.04mm、共 10 刀粗车的例子来说明具体的做法。

如图 2-17a 所示，例子中的 AB 长 4.96mm。此法分两步。第一步是作各刀背吃刀量 h 与切去面积 S 之间的关系曲线。先为作曲线准备一组（10 对）数据。把线段 AB 平移复制到右侧，成为线段 CD。从 C 点向右作一段长度等于 CD 的水平线 CE，并连接 D、E 两点。直接用作图法把∠CED 10 等分。这 9 条等分线与 CD 线有 9 个交点。从这 9 个交点和 C 点作水平线与 AB 线相交，生成 10 个交点（含 A 点）。依次标注出各交点与 B 点之间的距离，此距离即为 10 个累计背吃刀量（注意此时尚不是等截面积）。把这 10 点作为下象限点作 10 个 R5mm 半圆，再用“查询”工具查得这 10 个半圆在 BD 线之下（即累计切去）的面积。图中的 $S_1 \sim S_{10}$ 是查得的数据。这样就可得到依次 10 个累计背吃刀量和依次 10 个切去面积组成的 10 组数据。

再作关系曲线，如图 2-17b 所示。面积 S 作为横坐标轴，各刀背吃刀量 h 作为纵坐标轴，建立一个直角坐标系。用刚得到的 10 组数据作图可得到 10 个交点，用作图中的“样条”从零点开始依次连接这 10 个点，就可得到各刀背吃刀量 h 与切去面积 S 之间的关系曲线。

第二步是利用刚才得到的关系曲线来获取等截面积切削条件下的各刀背吃刀量。如图 2-18 所示，先把图 2-17b 复制过来，删去 20 条细实线和 20 个数据，仅保留坐标轴和关系曲线，用前面算得的等截面积切削条件下 10 刀应切去面积值作为横轴上的 10 个点，通过这 10 个点作铅垂线与曲线相交，再通过这 10 交点作水平线与纵坐标轴相交，标出纵坐标轴上 10 个点对应的 h 值，即为等截面积切削条件下 10 刀各自的累计背吃刀量。此数据精度可达 0.01mm，在此已足够了。

这种作图法叙述起来好像较复杂，但实际做起来很简单，也很快。

第二种是用宏程序协助计算来获取各刀累计背吃刀量的近似值。

O201 程序是作者开发出的可直接用于这种计算的宏程序。使用时，只要把槽半径（即刀头半径）R、精车留量 d 和粗车刀数这 3 个数据分别赋给变量#1、#2 和#3 后运行，就可以从#131～#140 变量位逐个查询得到各刀的累计背吃刀量。所编程序数据的精度也是 0.01mm，

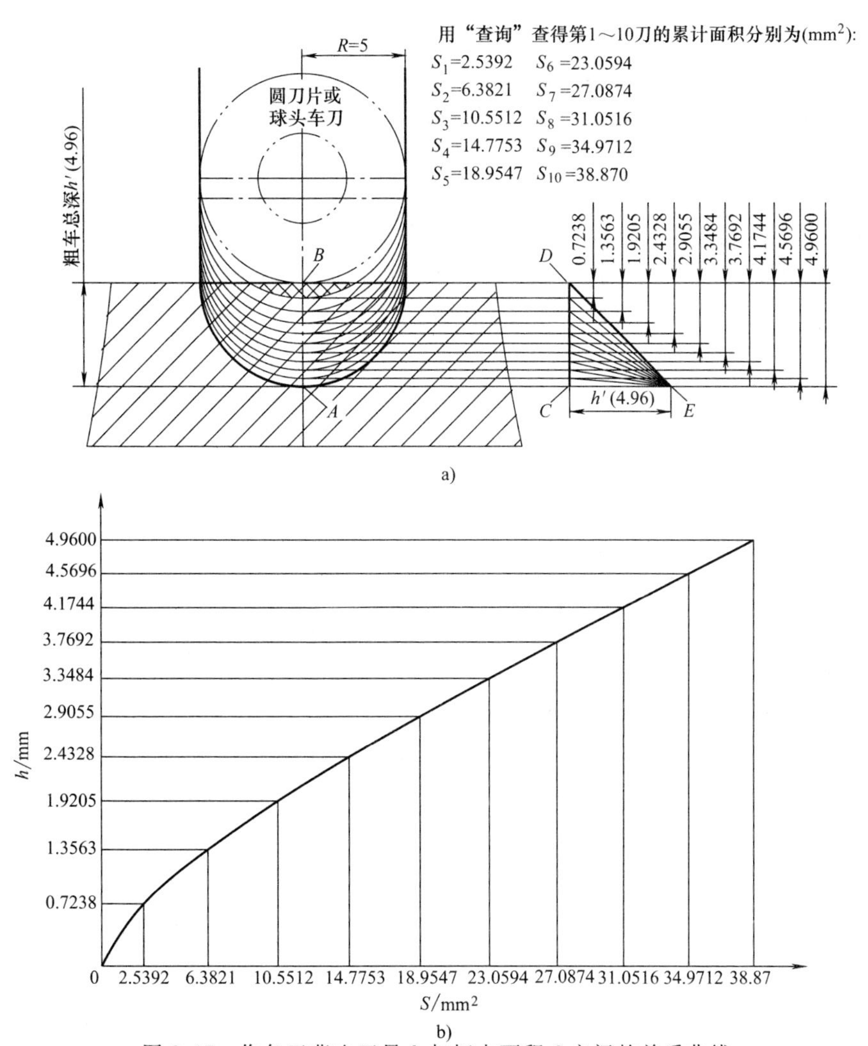

图 2-17　作各刀背吃刀量 h 与切去面积 S 之间的关系曲线

a）为作各刀背吃刀量 h 与切去面积 S 之间的关系曲线准备数据　b）利用 a 图中所得数作 $h=f(s)$ 的关系曲线

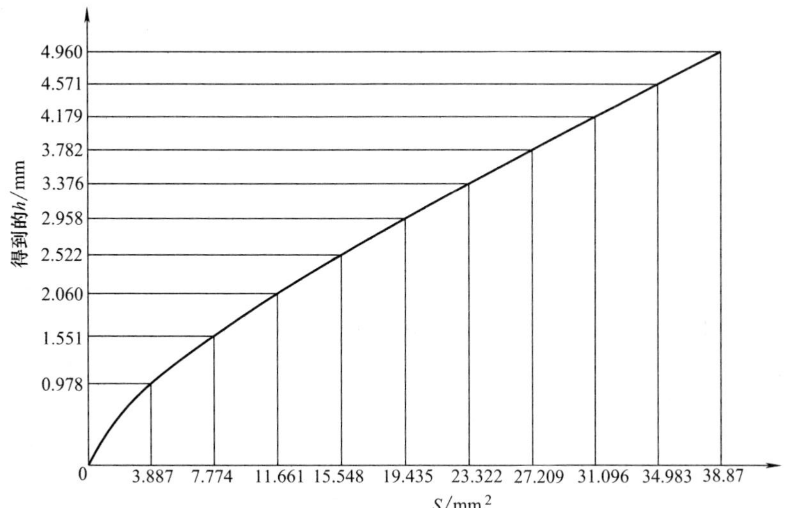

图 2-18　用 h 与 S 的关系曲线获取各刀的累计背吃刀量

足够使用。

图 2-19 所示为用图 2-16 所示半圆形螺纹的 3 个已知数据代入 O201 程序后的运行结果，图中右侧最下部的#131～#140 位上显示的就是第 1～10 刀依次的累计背吃刀量。

下面对 O201 宏程序做简单介绍，供有兴趣的读者参考。

此宏程序由四部分组成。N1～N3 为第一部分，赋已知条件的值。N10～N22 为第二部分，先把粗车总深均分 500 档（段），再计算各档（刀）的累计切去面积，并依次存入#500～#999 变量内，本例中每段的长度为 0.0092mm。图 2-19 中显示的#982～#999 值是最后 18 档的累计切去面积。N30～N34 为第三部分，用于计算在等截面积切削条件下各刀应切去的累计面积，并将其分别存入变量#101～#110 中（结果在图 2-19 中）。N40～N53 为第四部分，是找出等截面积切削条件下多刀的累计背吃刀量（精确到 0.01mm），并将其存在#131 开始的变量中。

第四部分分两步。第一步是分别找出与等截面积切削条件下各刀应切去面积最接近的档面积对应的档序号，该任务由 N44～N50 段内循环完成；第二步是依次算出这 10 个档序号对应的累计背吃刀量，该任务由 N41～N53 段外循环完成。

此宏程序的原理有一定的普遍适用性。至于手段，可以用宏程序，也可以 c 语言或别的高级语言程序。用 c 语言等高级语言编制的程序在计算机上的运算速度更快。

```
O201;
N1   #1=5;                    (#1 代表槽的半径和车刀刀头半径 R,是已知条件,本例中为 5mm)
N2   #2=0.04;                 (#2 代表精车留量 d,是已知条件,本例中为 0.04mm)
N3   #3=10;                   (#3 代表粗车总刀数 N,是已知条件,本例中为 10)
N10  #4=500;                  (#4 代表粗车总深分档数 N2,此值仅用于计算)
N11  #5=1;                    (#5 代表第 n 档,赋初始值 1)
N12  #6=[#1-#2]/#4;           (#6 代表每档的深度 Δh 值)
N13  #7=#6;                   (#7 代表本档的深度 hn 值,赋初始值)
N14  WHILE[#5 LE #4]DO 1;     (计算各档累计面积循环的循环头)
N15  #8=ACOS[[#1-#7]/#1];     (#8 代表本档的扇形半角 α)
N16  #9=3.1416*#1*#1*#8/180;  (#9 代表本档的扇形面积 S1)
N17  #10=[#1-#7]*#1*SIN[#8];  (#10 代表本档的等腰三角形面积 S2)
N18  #11=#9-#10;              (#11 代表本档的累计切削面积 S3)
N19  #[499+#5]=ROUND[#11*1000]/1000;   (把各档的累计切削面积存起来)
N20  #7=#7+#6;                (深度 h 增加一个档深 Δh)
N21  #5=#5+1;                 (档序号增加 1)
N22  END 1;                   (计算各档累计面积循环的循环尾)
N30  #100=#999/#3;            (把粗车总面积转存入#100 变量中)
N31  #12=1;                   (#12 代表粗车分刀序号,赋初始值)
N32  #[100+#12]=ROUND[#100*#12*1000]/1000;   (把本刀的累计应切面积存起来)
N33  #12=#12+1;               (粗车分刀序号增加 1)
N34  IF [#12 LE #3] GOTO32;   (如果粗车分刀序号不超过粗车总刀数 N,那么返回执行 N32 段)
N40  #12=1;                   (#12 代表粗车分刀序号,此重赋初始值)
N41  WHILE[#12 LE #3]DO 3;
     (算出与本刀应切面积最接近那个数对应的档序号所对应的切削深度循环的循环头)
```

```
N42  #5=1;                                    (#5 代表第 n 档,重赋初始值 1)
N43  #13=1000000;              (#13 代表一个库,在库里预存一个足够大的值)
N44  WHILE[#5 LE #4]DO 2;  (寻找与本刀应切面积最接近那个数对应的档序号循环的循环头)
N45  #14=#[499+#5];                 (把本档的累计切削面积存放到#14 变量中)
N46  IF[ABS[#14-#[100+#12]]LT ABS[#14-#13]]THEN #13=#14;
                                     (找 500 个数中与本刀应切面积最接近的数)
N47  IF [#14 EQ #13]THEN #15=#5;  (#15 代表与本刀应切面积最接近那个数对应的档序号)
N48  IF [#13 GT #14] GOTO 51;  (如算出的本档累计切削面积已比库里的大,就跳出循环)
N49  #5=#5+1;                                               (档序号增加 1)
N50  END 2;             (寻找与本刀应切面积最接近那个数对应的档序号循环的循环尾)
N51  #[130+#12]=ROUND[#15*#6*1000]/1000;
                  (计算并存储与本刀应切面积最接近那个数的档序号对应的切削深度)
N52  #12=#12+1;                                         (粗车分刀序号增加 1)
N53  END 3;     (算出与本刀应切面积最接近那个数的档序号对应的切削深度循环的循环尾)
N99  M00;
```

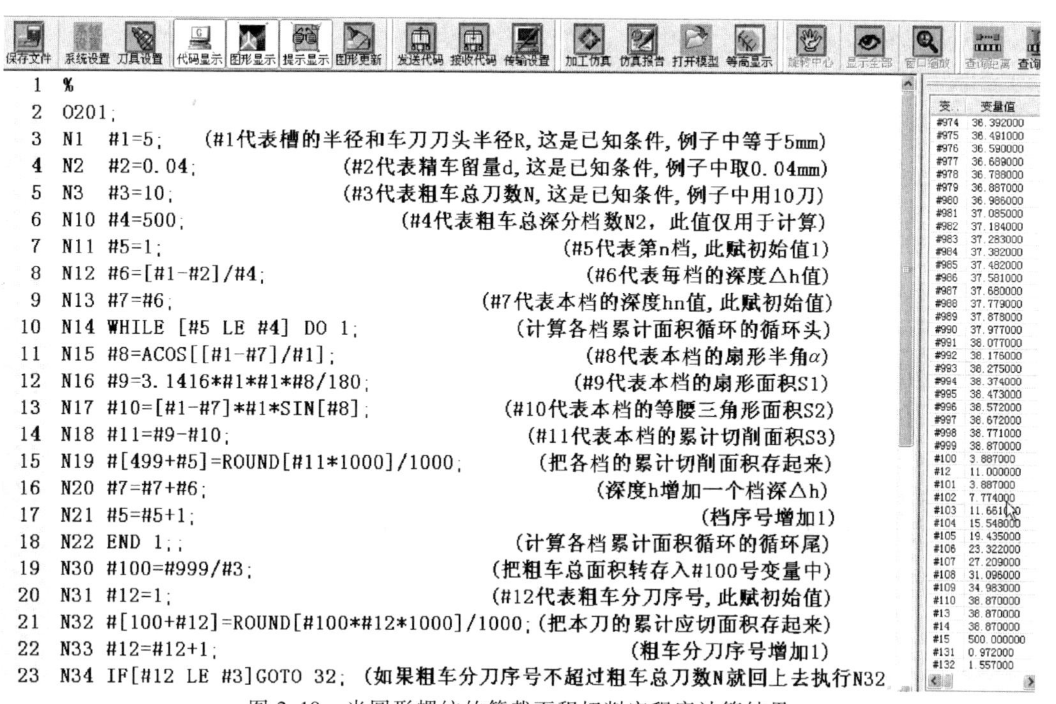

图 2-19　半圆形螺纹的等截面积切削宏程序计算结果

2.5　车螺纹时的主轴转速和切削线速度

车螺纹时应先确定切削线速度。螺纹的切削线速度主要取决于工件条件（材质和热处理状态，即硬度）、刀具条件（刀片材质和涂层）和机床条件。如果是标准刀片，那么厂家一般会针对不同的材质（包括热处理状态）推荐不同的切削线速度。由于工件的形状不同和机床条件的不同，推荐的线速度只能作为参考。在工艺条件许可的前提下，应适当提高切削线速度。这样既可缩短加工时间，又可提高螺纹的表面质量。当然，提高切削线速度会相应降低刀片寿命。

在批量生产尤其是大批量生产场合，要用试切法找出最优的切削线速度。最优切削线速度必定是考虑了质量、效率和成本三个因素得出的。

切削线速度 v_c 与主轴转速 n 的关系为

$$v_c = \pi Dn/1000 \ (\mathrm{m/min}) \tag{2-10}$$

式中，D 为螺纹大径（mm）；n 为主轴转速（r/min）。

从式（2-10）可知，当切削线速度确定后，主轴转速 n 与螺纹的大径 D 成反比关系。因此，当车削小直径螺纹时，常出现因机床转速的限制而限制切削线速度的情况。例如，在 35 钢材质工件上车削 M24 螺纹，如果使用螺距为 3mm 的全牙型刀片，而对这种材质（低碳钢）的推荐线速度是 250m/min，则如何确定工艺线速度和转速？

首先计算如按相应线速度加工时主轴应有的转速 n：

$$n = \frac{1000v_c}{\pi D} = \frac{1000 \times 250\mathrm{m/min}}{3.1416 \times 24\mathrm{mm}} \approx 3316 \ (\mathrm{r/min})$$

假如在某台转速不能超过 2500r/min 的经济型数控车床上加工，那么车削 M24 螺纹的最大线速度 v_c 只能为

$$v_c = \frac{\pi D v_c}{1000} = \frac{3.1416 \times 24\mathrm{mm} \times 2500\mathrm{r/min}}{1000} \approx 188 \ (\mathrm{m/min})$$

可见，在此车床上车 M24 螺纹的切削线速度不能超过 188m/min。

假如用某台转速不能超过 5000r/min 的全功能数控车床来加工，那就可以用主轴转速 3316r/min 来切削，即在此车床上可用推荐线速度来（试）车。

换种说法，如果直径较小的螺纹有较高的表面粗糙度要求，那么就应选择在允许转速较高的数控车床上加工该螺纹。

此外，车削螺纹时还有一种限制，即螺纹的导程乘以主轴转速不能超过数控车床直线插补（G01）的最高限速。若某台经济型数控车床的 G01 最高限速是 4m/min，那么车导程为 15mm 螺纹的最高转速 n 为

$$n = \frac{4000\mathrm{mm/min}}{15\mathrm{mm}} = 267\mathrm{r/min}$$

因此，在此车床上用 300r/min 加工螺纹时，机床不报警，但车出螺纹的导程只有 13.333mm 左右（当然是指程序指令是 F15 的前提下）。

关于螺纹车削时的主轴转速和切削线速度还有如下三点需要说明：

第一点，在执行螺纹车削指令时，主轴转速修调旋钮失效，主轴转速被固定在 100%倍率上。

第二点，在车削端面螺纹和锥螺纹时，恒表面切削指令 G96 有效。但由于此时主轴转速发生变化，有可能车不出正确的螺距，所以建议在车螺纹时不要使用 G96 指令，而使用恒角速度控制指令 G97。

第三点，普通车削时，一般粗车用较慢转速和较大背吃刀量及较大进给量，精车用较快转速和较小背吃刀量及较小进给量。前者是为了提高切削效率，后者主要是为了提高被加工

表面质量。但是，这个原则在车削螺纹时无法使用。

车削螺纹是在升速段内逐步接近目标导程。对于同一个（导程的）螺纹，主轴转速越高，达到目标导程（当然是在一定误差内）所需用的升速段 δ_1 越长。如果车削同一个螺纹不进刀连续车两刀，而这两刀用不同的主轴转速，那么车出的这两条螺旋线并不重合，而是在纵向有少许偏离。前、后两刀主轴转速相差越多，这个偏离值也就越大。正是由于这个原因，螺纹的粗、精车原则上应使用同样的主轴转速。

然而，这也不是绝对的。如果精车留量不是很小，精车时的转速比粗车时的转速略高一些也是可以的。作者曾试过，在车 M24 螺纹、精车留量取 0.05mm 时，精车的转速比粗车的转速高 20%，不影响加工质量。在粗车大截面的螺纹和螺旋槽时，往往需要分若干层，每层又要分若干刀。在这种场合，为提高效率粗车时可使用较快的转速，但精车留量不能太小。

2.6 车螺纹时的起始角

起始角又叫相移角。假如一段螺纹能一刀车成，那么用 G01 直线插补指令就可以了。但如果要分两刀车成，那用 G01 指令就不行了，因为第 2 刀入不了第 1 刀车出的槽（通常称之为“乱扣”）。而用螺纹车削指令分多少刀车成都可以，第 2 刀，第 3 刀，第 4 刀，…，第 n 刀会准确地进入第 1 刀车出的槽，即不会乱扣。

数控车床的主轴上装有旋转（角度）编码器。旋转编码器旋转一周为 360°，其精度为 0.001°。它与主轴同步，主轴转一周，旋转编码器也转一周。执行直线插补指令 G01 和圆弧插补指令 G02/G03 时，每转进给指令 F 是靠它来实现的，执行螺纹车削指令时导程 F 或 E 也是靠它来实现的。

想象在主轴箱主轴端有一条通过主轴中心的向上铅垂刻线，假设旋转编码器 0°时在卡盘（或主轴端面）上刻一条通过主轴中心的向上铅垂刻线（见图 2-20a）。机床在某瞬时开始执行直线插补或圆弧插补指令时，刀架立即开始移动。由于主轴在此瞬时前已经在转动，所以此瞬时上述两条线间的夹角 α 的大小是随机的（见图 2-20b）。如果用 G01 指令车螺纹，车第 1 刀的开始时 α 有一个值，车第 2 刀时 α 又有另一个值，这就乱扣了。用螺纹车削指令则不同。

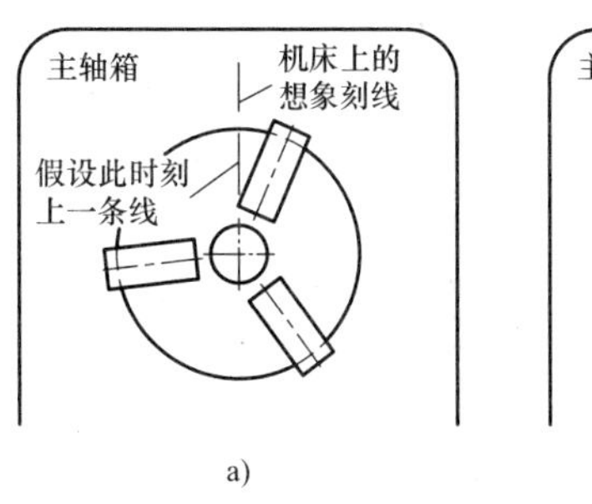

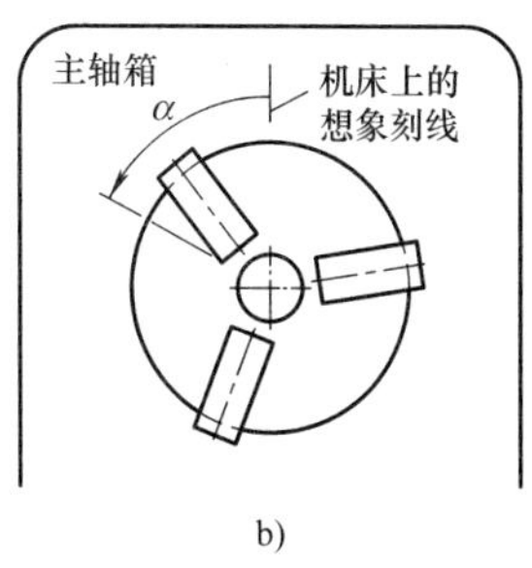

图 2-20 车削螺纹时起始角

a）旋转位置编码器 0°时卡盘的角度位

b）旋转位置编码器转到 α 时卡盘的角度位

螺纹车削指令（段）中包含一个起始角程序字，该程序字用来指令这一刀开始时的 α 角度值。当指令的 α 角度值为 0 时，该程序字可省略。换句话说，如果在螺纹车削指令程序段中没有起始角程序字，那么执行时默认起始角为零度。机床在某瞬时开始执行螺纹车削指令时，刀架不“立即”移动，而是等待主轴带着卡盘转到卡盘上的（上述）刻度线与机床上的（上述）刻度线间的夹角 α 与指令起始角值相等时才开始移动。这就是执行螺纹车削指令时不管用多少刀车都不会乱扣的原因。

对普通数控车床，卡盘（或主轴端）并没有零度刻线，机床主轴箱上也没有零度刻线。

但是，对于某台具体的数控车床，当旋转编码器处在零度位置时，卡盘（主轴）与机床主轴孔的角度位是固定的，或者说旋转编码器所处位置的角度值与卡盘（主轴）的角度位是一一对应的。一般的数控车床不配置准停功能，所以主轴停止时的角度是随机的。用户想要配置准停功能，必须在采购机床时提出要求。

2.7　组合螺纹和数控车床的连续螺纹切削功能

2.7.1　组合螺纹简介

所谓组合螺纹，是指两段或两段以上紧接着的不同螺距或不同角度，或者螺距和角度都不同的螺纹（最后一种很少见到）。

图 2-21 所示为一个由两段不同螺距螺纹组成的组合螺纹——小钢丝绳卷筒。

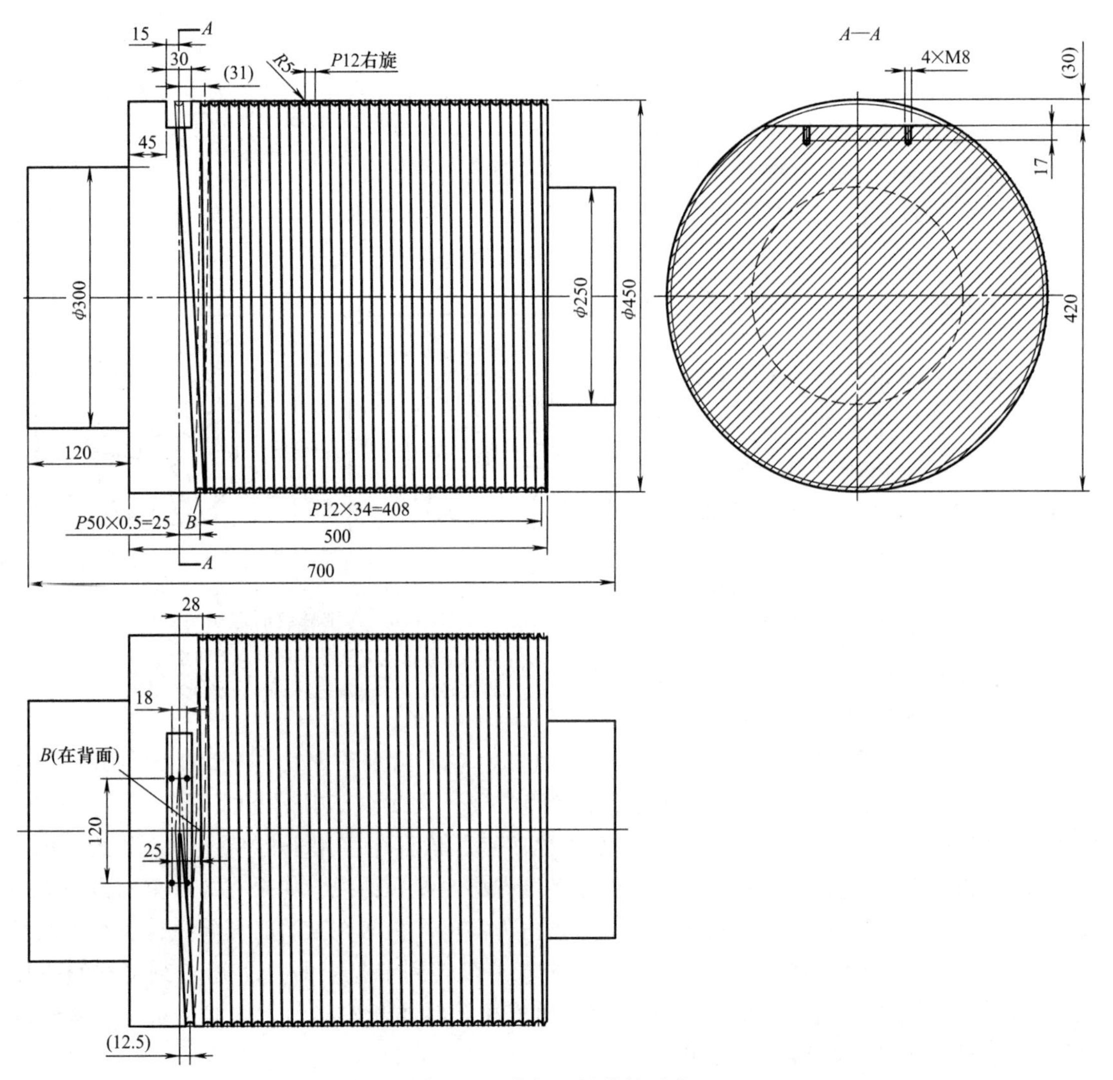

图 2-21　小钢丝绳卷筒示意

钢丝绳卷筒为单线，右旋。绳槽由一段 34 扣（圈）、螺距 12mm 的 $R5$mm 半圆槽和一段半扣（圈）螺距 50mm 的 $R5$mm 半圆槽组成。

图 2-22 所示为由 4 段等螺距不等角度螺纹组成的组合螺纹。

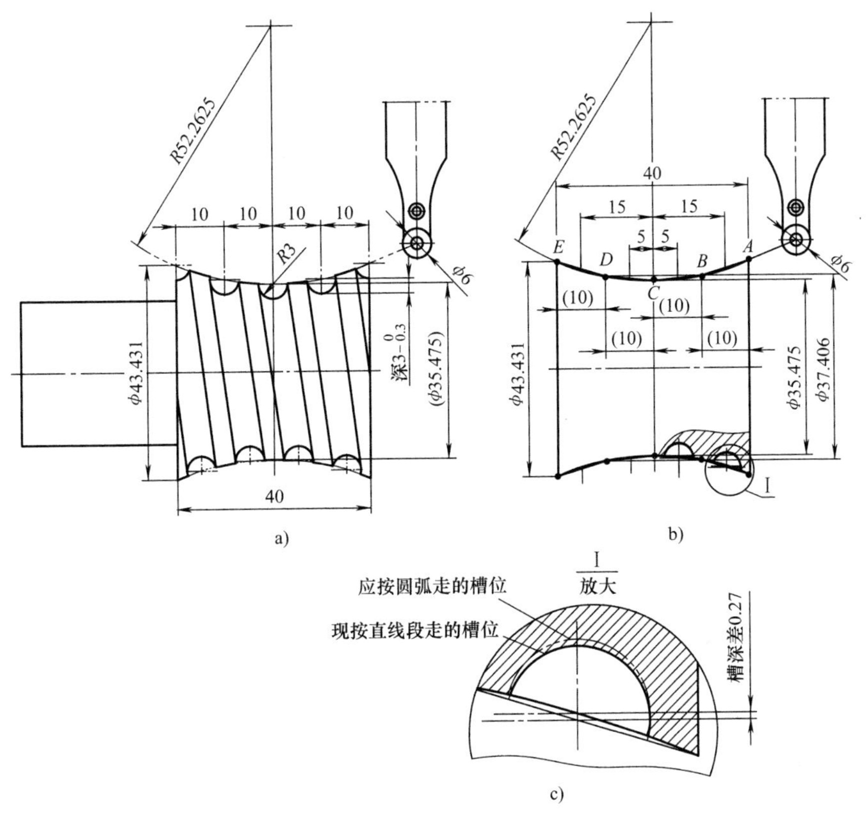

图 2-22　包含几段等螺距不等角度螺纹的组合螺纹

a）想在一段圆弧上车等螺距等深度的螺纹

b）用车削 4 段锥螺纹来近似替代　c）最大槽深差未超过 0. 3mm

加工时，在工件的外表面上要车一条等螺距、等深度 $R3$mm 的半圆螺旋槽（见图 2-22a）。鉴于槽深公差较大（0. 3mm），可用 4 段锥螺纹来近似替代（见图 2-22b）。因为替代后的最大槽深误差（0. 27mm）（见图 2-22c）未超过公差。当然，分段数越多，替代后的最大，槽深误差就越小。例如此处用 8 段锥螺纹替代时，最大槽深误差就缩短到 0. 07mm（不另图）。

2. 7. 2　数控车床的连续螺纹切削功能

现代数控系统有一种功能，称为“连续螺纹切削”功能。该功能主要用于车削组合螺纹，没有也不用相应的 G 指令。但是，一个数控系统有没有这个功能，要查系统说明书。如果系统有这个功能，那么在执行紧挨着的两段或多段普通螺纹车削指令时该功能会自动起作用。

连续螺纹切削功能是执行时在交界处使前程序段末尾的少量脉冲输出与下程序段开头的脉冲处理与输出重叠，因此，连续程序段加工时因运动中断所引起的断续加工被消除，于是可以连续指令若干段螺纹切削程序段。

通俗地讲，连续螺纹切削功能可以使车出的组合螺纹不会在各段螺纹的连接处乱扣，还可以使连接处螺纹过渡平滑。过渡平滑就是不在连接处突变，包括螺距过渡平滑和角度过渡平滑。例如，此功能可使图 2-21 中 *B* 点处螺距平滑过渡，使图 2-22 中 *B*、*C*、*D* 点处角度平滑过渡。

2.8 数控系统中用于车螺纹的指令

数控系统中用于车削螺纹的指令一般分两类：用于车定螺距螺纹的指令和用于车变螺距螺纹的指令。第一类一般又分为三种指令：普通车螺纹指令、车螺纹单循指令和车螺纹复合循环指令。执行一段普通车削螺纹指令只走一步（当然是指车螺纹），即刀架只走一个直线段。这段直线可以与轴线平行（车圆柱螺纹），也可以与轴线垂直（车端面螺纹，即涡形螺纹），还可以与负 *X* 轴线成大于 0°、小于或等于 45°夹角（车锥螺纹）。车削夹角大于 45°、小于 90°的螺纹理论上也可以，但实际很少见到。

执行一段车螺纹单循环指令可完成车一刀螺纹的 4 步动作：（从某点起）引刀、车一段螺纹、退刀和回到出发点。第 2 步相当于执行一段普通（单）螺纹车削指令，其余 3 步是 G00 快移。第 1 步和第 3 步的轨迹与螺纹轴线垂直，第 4 步的轨迹与螺纹轴线平行。第 2 步的轨迹在车圆柱螺纹时与轴线平行，在车端面螺纹时与轴线垂直，在车削圆锥螺纹时与轴线成一个夹角。

车螺纹的复合循环指令是用一个或两个程序段的指令车一种螺纹的全部动作，包括粗车若干刀和精车若干刀的所有动作。

2.8.1 发那科系统中用于车螺纹的指令

1. 等螺距螺纹车削指令 G32

G32 是单螺纹车削指令，即它只指令车削螺纹的那一步。它的指令格式为：

(G00/G01　X*a*　Z*a*;)

G32　X*b*　Z*b*　Q*q*　F*L*;

其中，X*a* 和 Z*a* 是起点 *A* 的坐标值；X*b* 和 Z*b* 是终点 *B* 的坐标值；F 字中的 *L* 是螺纹的导程；Q 字中的 *q* 是起始时主轴的位移角，位移角 0°时 Q 字可省略。所以在车位移角为 0°的单线螺纹时，G32 的指令格式为：

(G00/G01　X*a*　Z*a*;)

G32　X*b*　Z*b*　F*P*;

其中，F 字中的 *P* 是螺纹的螺距。

在车位移角为 0°的圆柱单线螺纹时，由于 X*b* = X*a*，所以 G32 的指令格式为：

(G00/G01　X*a*　Z*a*;)

G32　Z*b*　F*P*;

上述 X、Z 指令字可用相应的 U、W 字替代。

G32 是模态指令，可用于车削内、外圆柱螺纹，内、外圆锥螺纹和端面螺纹，并且可用于正向走刀和反向走刀。图 2-23 所示为用 G32 指令车圆柱外螺纹、圆锥外螺纹和端面螺纹的示意。

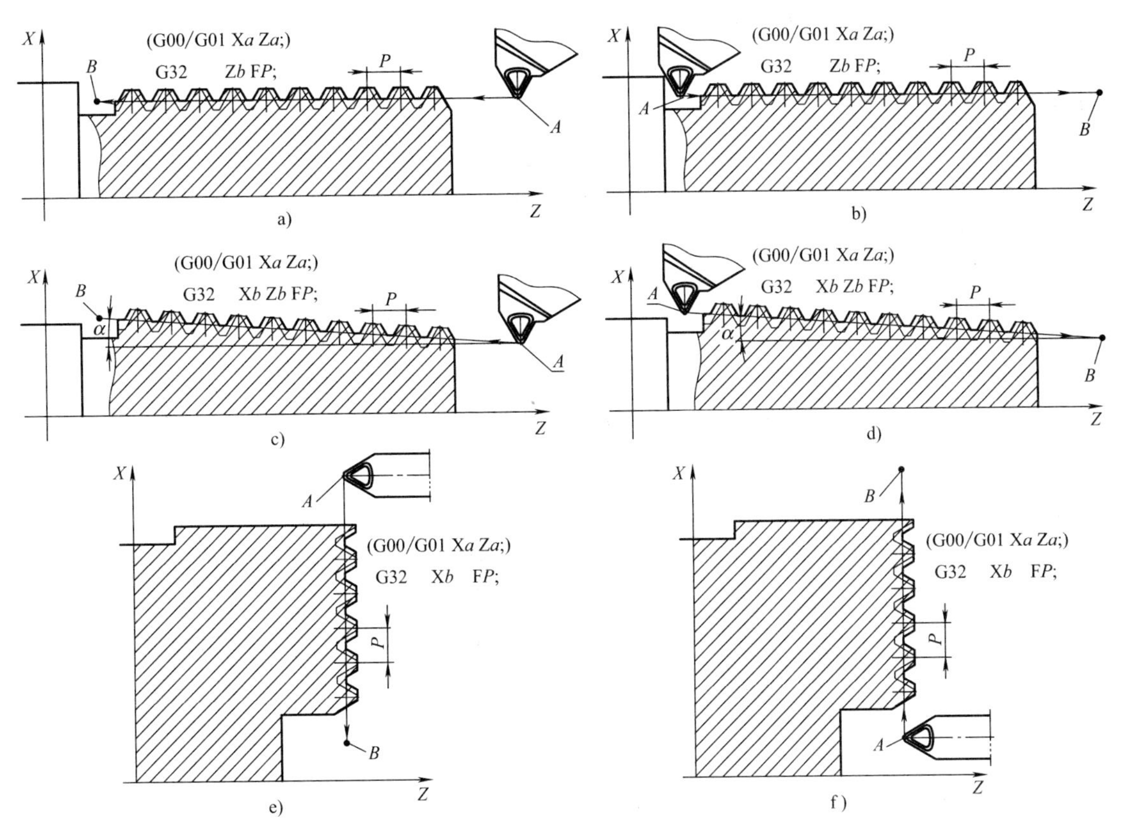

图 2-23 发那科系统中 G32 指令用于车削外螺纹和端面螺纹示意图

a) $\alpha=0°$，顺向走刀 b) $\alpha=0°$，逆向走刀 c) $0°<\alpha\leqslant45°$，顺向走刀

d) $0°<\alpha\leqslant45°$，逆向走刀 e) $\alpha=90°$，顺向走刀 f) $\alpha=90°$，逆向走刀

2. 等螺距螺纹车削单循环指令 G92

G92 可指令车一刀螺纹的一个循环的 4 个动作。它的指令格式为：

(G00/G01 X*a* Z*a*;)

G92 X*c* Z*c* R*r* Q*q* F*L*;

其中，X*a* 和 Z*a* 是循环起点兼循环终点 *A* 的坐标值；X*c* 和 Z*c* 是这一刀（螺纹）终点 *C* 的坐标值。r 是这一刀尾退为零时终点相对于起点的单向坐标差，角度小于或等于 45°的螺纹是 $\Delta x/z$，角度大于 45°、小于或等于 90°的（端面）螺纹是 Δz。注意 *r* 值有正、负之分。圆柱螺纹的 $r=0$，此时 R 字可省略。*q* 是开始时主轴的起始角，不能用小数点，即其单位为 0.001°，范围是 0~360000。Q 指令是非模态指令，只在本程序段中有效，如果连续若干个程序段都是 G92 指令（段）或都是 G32 指令（段），那么在第一个程序段之外的程序段中若有 Q 指令，这（些）Q 指令无效，系统执行到此处时无视第一段之外的 Q 字，但不报警。开始时的起始角为 0°时，Q 字可省略。F 字中的 *L* 是螺纹的导程。单线螺纹时用 F*P*，*P* 代表螺纹的螺距。因此，车位移角为 0°的圆柱单线螺纹时，G92 的指令格式为：

(G00/G01 X*a* Z*a*;)

G92 X*c* Z*c* F*P*;

上述指令中的 X、Z 字可用相应的 U、W 字代替。

G92 是模态指令，可用于车内、外圆柱螺纹，圆锥螺纹和端面螺纹，并且可用于正车和反车。图 2-24 所示为用 G92 指令的多种主要循环示意。图 2-25 所示为 G92 指令用于正车 6 种螺纹的示意。

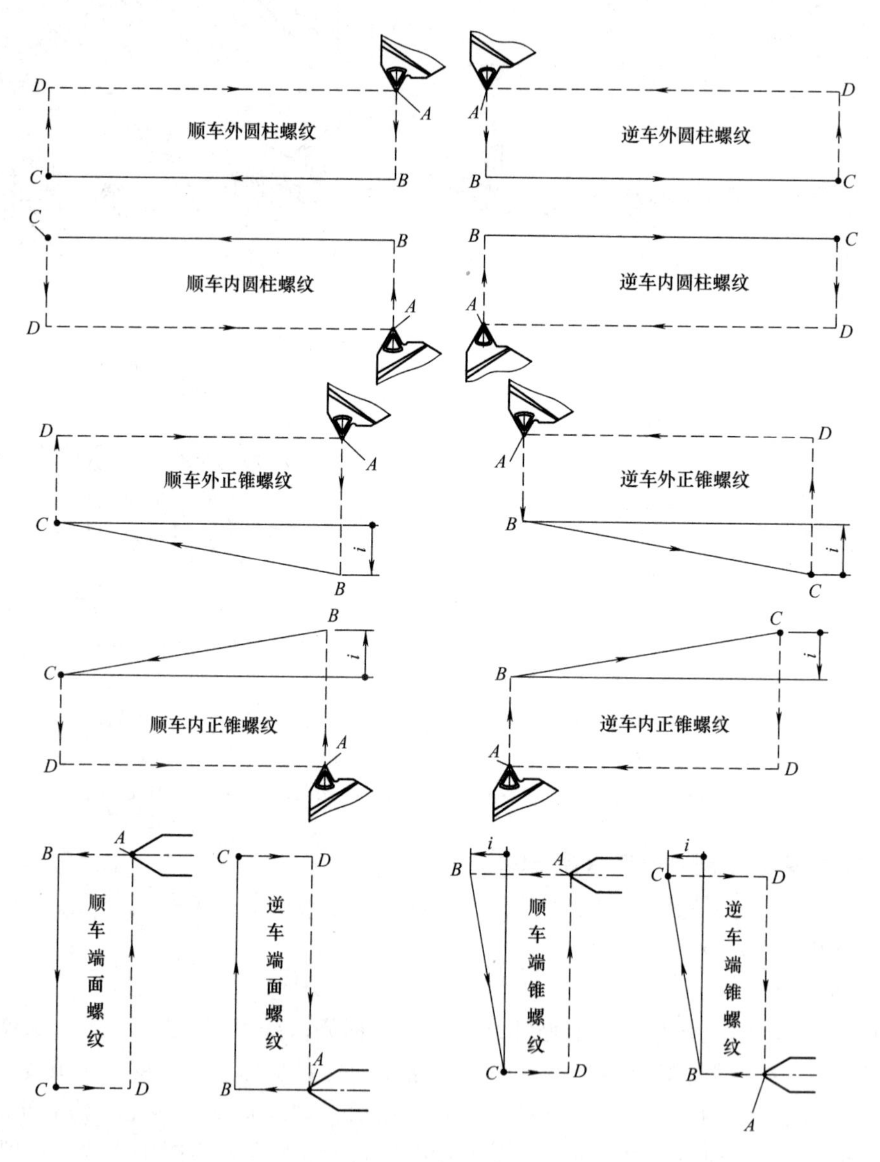

图 2-24 发那科系统中 G92 指令的多种主要循环（图示为后置刀架）

20 世纪 90 年代之前出的老数控系统（如 5T、6T、7T）中用的 G92 指令格式与上述新数控系统中的指令格式有一点不同：新数控系统中的 R 字在老数控系统中用 I 字替换，即老系统中 G92 指令格式为：

（G00/G01 Xa Za；）

G92 Xc Zc Ii Qq FL；

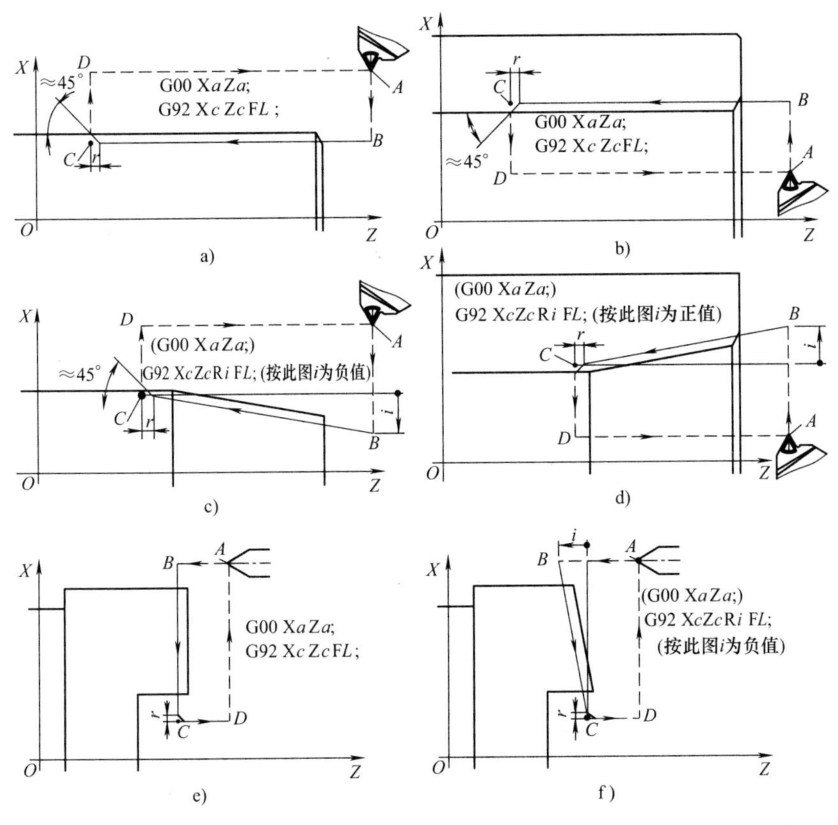

图 2-25　发那科系统中 G92 指令用于正车 6 种螺纹（图示用后置刀架）

a）顺车外圆柱螺纹　b）顺车内圆柱螺纹　c）顺车外圆锥螺纹

d）顺车内圆锥螺纹　e）顺车端面螺纹　f）面车端面锥螺纹

其中，i 的含义和正、负号规定与新数控系统的 r 相同。

新、老数控系统中用 G92 指令车螺纹时都可以有尾退。尾退长度不在程序中指定，而是用参数设定。新数控系统中用 5130 号参数设定，老数控系统中用 064 号参数设定。设定值的单位是导程的 1/10。

3. 等螺距螺纹车削复合循环指令 G76

发那科系统的 G76 指令在 20 世纪 90 年代之前出的数控系统（如 5T、6T、7T）中是一个程序段，而在 90 年代开始出的新数控系统（从 0TA 开始）中改成用紧挨着的两个程序段来指令。新数控系统中的指令格式为：

(G00/G01　X(U)a　Z(W)a;)

G76　P$mr\alpha$　Q$\Delta d_{\min}$　Rd;

G76　X(U)g　Z(W)g　Ri　Ph　Qd_1　FL;

其中，A 点是循环起点（兼终点），G 点是不考虑尾退的精车螺纹的终点，如图 2-26 所示。

P 字后的 m 为精车重复次数，范围是 01 ~ 99（一般用 01 或 02）。此值可用 5142 号参数设定。既用参数设定又用程序指令时，后者优先。

P 字中的 r 为尾退的 Z 向长度是十分之一导程的倍数，范围是 01 ~ 99（一般用 06）。此值可用 5130 号参数设定。既用参数设定又用程序指令时，后者优先。

P 字中的 α 为牙型角，可用 00、29、30、55、60 和 80 六种，分别表示牙型角为 0°、29°、30°、55°、60°和 80°。此值可用 5143 号参数设定。既用参数设定又用程序指令时，后者优先。

Q 字中的 Δd_{min} 代表最小单刀背吃刀量。当自动算出的某刀单刀背吃刀量小于此值时，从这刀开始以此值为单刀背吃刀量（除最后一刀外），直到完成粗车，也就是说从这刀开始不以等截面积而以等深度（除最后一刀外）切削，直到完成粗车。此值用半径指定，不能用小数点（米制时以 μm 单位）。此值可用 5140 号参数设定。既用参数设定又用程序指令时，后者优先。

上行 R 字后的 d 为精车留量，恒为正值（无论用于内螺纹或外螺纹）；下行 X(U) 字后的 g 为不考虑尾退的精车终点的 X 向绝对坐标值或增量值（直径指定时为坐标值的 2 倍）；下行 Z(W) 字后的 g 为不考虑尾退的精车终点的 Z 向绝对坐标值或增量值。

下行 R 字后的 i 为每刀切螺纹尾退为 0 时的起点到每刀切螺纹终点的半径差，有正、负之分（外正锥螺纹为负/内正锥螺纹为正）。i 等于零时可不写入 R 字。

P 字后的 h 为牙高，用半径指定，恒为正值，不能用小数点（米制时以 μm 单位）；下行中 Q 字后的 d_1 为第一刀的背吃刀量，恒为正值，不能用小数点（米制时以 μm 单位）；F 字后的 L 为螺纹的导程，在单线螺纹时为螺距 P。图 2-26 所示为用发那科系统中的 G76 指令车削外正锥螺纹的轨迹。

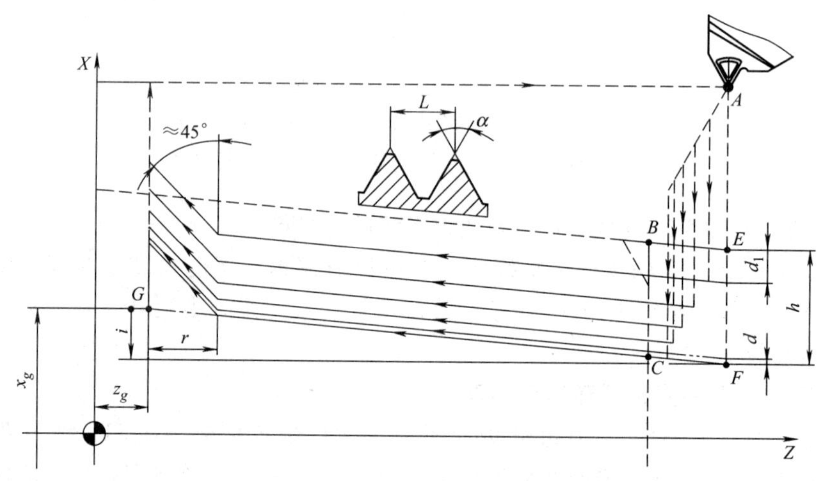

图 2-26　用发那科系统中 G76 指令车削外正锥螺纹的轨迹

车削单线圆柱螺纹时，G76 的指令格式为：

(G00/G01　Xa　Za;)

G76　P$mr\alpha$　QΔd_{min}　Rd;

G76　X(U)x_g　Z(W)z_g　Ph　Qd_1　FP;

20 世纪 90 年代之前的老数控系统中的 G76 指令格式为：

(G00/G01　Xa　Za;)

G76　X(U)x_g　Z(W)z_g　Ii　Kk　Dd_1　FL　Aα;

其中，X(U) 和 Z(W) 字同新系统指令中的 X(U) 和 Z(W) 字；I 字的含义同新系统

G76 内下行中的 R 字；K 字的含义同新系统 G76 内下行中的 P 字，但此处可用小数点；D 字的含义同新系统 G76 内下行中的 Q 字，但此处可用小数点；F 字的含义同新系统 G76 内下行中的 F 字；A 字中的 α 为牙型角，可用 0、29、30、55、60 和 80 六种，分别代表 0°、29°、30°、55°、60°和 80°。

尾退（*Z* 向）长度不在程序中指令，而是用参数设定。当时用得最多的 6T 数控系统中在 066 号参数内设定，设定单位是导程的 1/10，设定范围为 0~31。

精车单向留量 *d* 也不在程序中指令，而是用参数设定。6T 系统中也是在 066 号参数内设定。无论是加工外螺纹还是内螺纹，都设定为正值。

无论是新数控系统还是老数控系统，螺纹车削复合循环指令 G76 中都不能指定（令）位移角，即程序（段）中没有对应的指令字，参数中也没有对应的参数号。

4. G32/G92/G76 指令用于车削 M24 螺纹例

作为对比，这里分别用 G32、G92、G76 指令编制车削 M24 螺纹的程序。这里均采用沿右牙侧面进给和等截面积切削。牙高都取螺距的 0.6 倍，精车留量都取 0.05mm，粗车都分 5 刀，即都用表 2-1 中的数据（示意图如图 2-14 所示）。

用 G32 指令并用绝对值编程编制的程序如下：

```
O202;
    (T-S-M-);
N11  G00  X124       Z6;
N12                  Z5.548;     (6-0.452)
N13  G00  X22.434;               (24-0.783×2)
N14  G32             Z-32  F3;
N15  G00  X124;
N16                  Z5.361      (6-0.639)
N17       X21.786;               (24-1.107×2)
N18  G32             Z-32;
N19  G00  X124;
N20                  Z5.217;     (6-0.783)
N21       X21.288;               (24-1.356×2)
N22  G32             Z-32;
N23  G00  X124;
N24                  Z-5.096;    (6-0.904)
N25       X20.87;                (24-1.565×2)
N26  G32             Z-32;
N27  G00  X124;
N28                  Z4.99;      (6-1.010)
N29       X20.5                  (24-1.75×2)
N30  G32             Z-32;
N31  G00  X124;
N32                  Z4.99;
```

```
N33          X20. 4;                        (24-1. 8×2)
N34   G32                Z-32;
…
```

执行该程序的轨迹和相应的尺寸如图 2-27 所示。

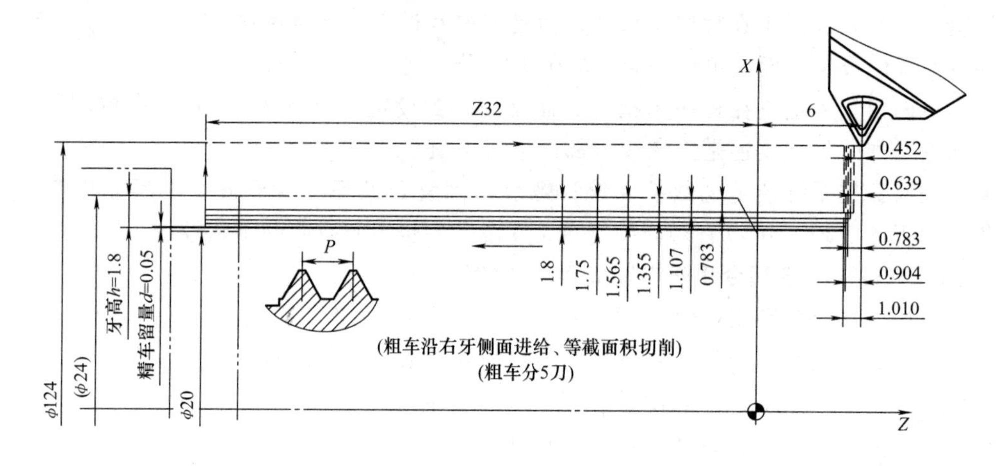

图 2-27　用发那科系统中 G32 和 G92 指令车削 M24 螺纹的编程用图（一）

用 G32 指令并用增量值编程编出的程序如下：

```
O203;
    (T-S-M-);
N11   G00   X124          Z6;
N12                       W-0. 452;
N13         U-101. 566;                         (-100-0. 783×2)
G14   G32                 Z-32        F3;
N15   G00   X124;
N16                       W37. 361;          (38-0. 639)
N17         U-102. 214;                      (-100-1. 107×2)
N18   G32                 Z-32;
N19   G00   X124;
N20                       W37. 217;          (38-0. 783)
N21         U-102. 712                       (-100-1. 356×2)
N22   G32                 Z-32;
N23   G00   X124;
N24                       W37. 096;          (38-0. 904)
N25         U-103. 13;                       (-100-1. 565×2)
N26   G32                 Z-32;
N27   G00   X124;
N28                       W36. 99;           (38-1. 010)
N29         U-103. 5                         (-100-1. 75×2)
```

```
N30  G32              Z-32;
N31  G00  X124;
N32                   W36.99;
N33       U-103.6                       (-100-1.8×2)
N34  G32              Z-32;
N35  G00  X124;
N36                   Z6;
…
```

执行此程序的轨迹如图 2-27 所示。

用 G92 指令并用绝对值编程编出的程序如下：

```
O204;
    (T-S-M-);
N10  G00  X124       Z6;
N11                  Z5.548;              (6-0.452)
N12  G92  X22.434    Z-32     F3;         (24-0.783×2)
N13  G00             Z5.361;              (6-0.639)
N14  G92  X21.786    Z-32;                (24-1.107×2)
N15  G00             Z5.217;              (6-0.783)
N16  G92  X21.288;                        (24-1.356×2)
N17  G00             Z5.096;              (6-0.904)
N18  G92  X20.87;                         (24-1.565×2)
N19  G00             Z4.990;              (6-1.010)
N20  G92  X20.5;                          (24-1.750×2)
N21       X20.4;                          (24-1.8×2)
…
```

执行此程序段的轨迹和相应的尺寸如图 2-28 所示。

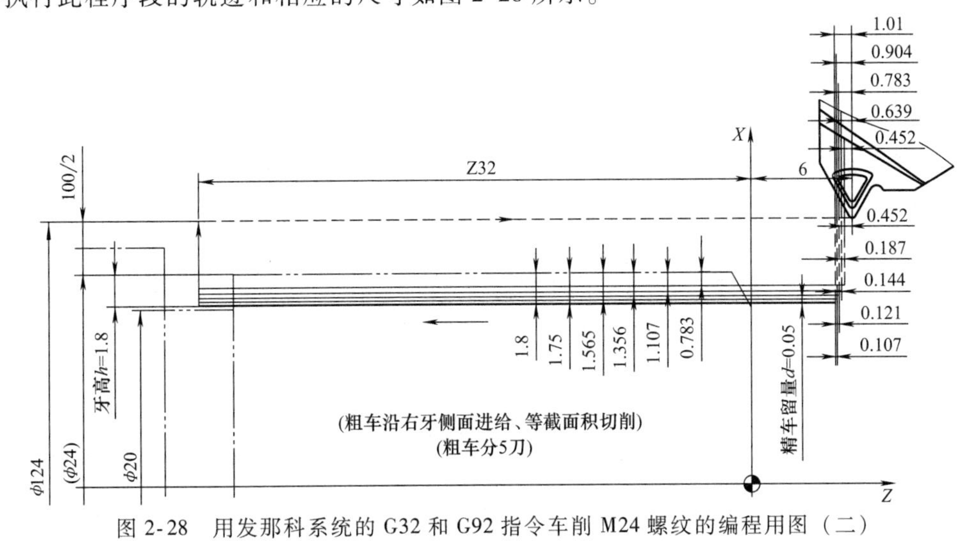

图 2-28　用发那科系统的 G32 和 G92 指令车削 M24 螺纹的编程用图（二）

用 G92 指令并用增量值编程编出的程序如下：

```
O205;
    (T-S-M-);
N10  G00  X124        Z6;
N11                   W-0.452;
N12  G92  U-101.566   Z-32     F3;     (-100-0.783×2)
N13  G00              W-0.187;
N14  G92  U-102.214   Z-32;            (-100-1.107×2)
N15  G00              W-0.144;
N16  G92  U-102.712;                   (-100-1.356×2)
N17  G00              W-0.121;
N18  G92  U-103.13;                    (-100-1.565×2)
N19  G00              W-0.107;
N20  G92  U-103.5;                     (-100-1.75×2)
N21       U-103.6;                     (-100-1.80×2)
…
```

执行此程序段的轨迹仍如图 2-28 所示。此图中的尾退为零，即相应的参数为 0。

用 G76 指令并用绝对值编程编出的相关程序段如下：

```
G00  X124  Z6;
G76  P010660  Q50  R0.05;
G76  X20.4  Z-32  P1800  Q783  F3;
```

用 G76 指令并用增量值编程编出的相关程序段如下：

```
G00  Ua  Wa;（到达 A 点）
G76  P010660  Q50  R0.05;
G76  U-127.6  W-38  P1800  Q783  F3;
```

上述程序段的相关数据和执行轨迹如图 2-29 所示。

这里尾退的 Z 向长度取 0.6 倍螺距长，最小单刀背吃刀量取 0.05mm。

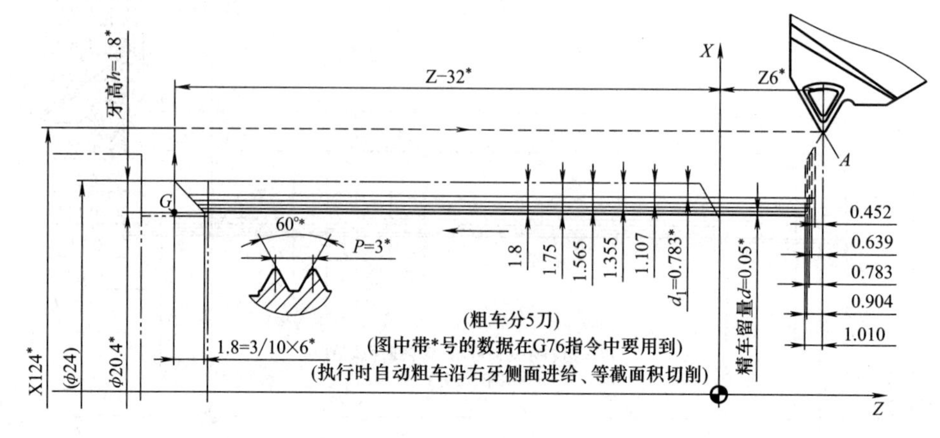

图 2-29　车削 M24 螺纹用发那科系统 G76 指令编程用数据和执行轨迹

5. 发那科系统中三种车等螺距螺纹指令的使用原则

前面用 G32、G92 和 G76 指令分别车 M24 螺纹的编程仅仅是为了对这三种指令的使用方法和执行轨迹做对比。尽管用这三种指令编写出的程序都可以车出 M24 螺纹，但为了节省（编程）时间和篇幅，还是应使用 G76 指令来编程。

发那科系统中 3 种车等螺距螺纹指令的使用原则是：可用 G76 指令编程时不用 G92 和 G32 指令；可用 G92 指令编程时不用 G32 指令；只有在无法使用 G92 和 G76 指令编程的情况下才使用 G32 指令。

什么样的螺纹车削可以使用 G76 指令编程？各种方向、各种制式的等螺距三角螺纹的车削都可以用 G76 指令编程。

什么样的螺纹车削应使用 G92 指令编程？各种方向、各种制式的等螺距非三角螺纹车削应使用 G92 指令编程。这些螺纹包括梯形螺纹、锯齿形螺纹、半圆形截面螺纹和各种异形截面螺纹等。

什么样的螺纹车削应使用 G32 指令编程？由两段或两段以上（在各自段内）等螺距螺纹组成的组合螺纹应使用 G32 指令编程；由两段或两段以上不同角度的等螺距螺纹组成的组合螺纹应使用 G32 指令编程。

有一点要注意，起始角指令字 Q 只在 G32 和 G92 指令（段）内使用。在 G76 指令段内不能使用起始角指令字 Q，G76 两个指令段内的两个 Q 字不是用来指令起始角的。

6. 变螺距螺纹车削指令 G34

变螺距螺纹车削指令 G34 是与等螺距螺纹车削指令并列的第二类螺纹车削指令。G34 指令既可用于车削增螺距螺纹，也可用于车削减螺距螺纹。G34 的指令格式为：

G00　X(U)a　Z(W)a;(到达起点 A)

G34　Xb　Zb　FL　Kk;

其中，Xa 和 Za 分别为起点 A 的横向坐标值（直径指定时是 2 倍）和纵向坐标值；Xb 和 Zb 分别为终点 B 的横向坐标值（直径指定时是 2 倍）和纵向坐标值。指令格式中的 X、Z 指令字可用相应的 U、W 字代替。

FL 为起点 A 处在长轴方向上的螺距（多线螺纹时为导程）。

Kk 为主轴每旋转一周的螺距增减量。增加时 k 用正值，减小时 k 用负值。

变螺距螺纹相关尺寸有一个重要公式，这就是起点螺距 f_1、终点螺距 f_2、终点与起点之间的距离 L 和主轴转一周螺距的变化量 k 这四个量之间存在如下关系：

$$k=\frac{f_2^2-f_1^2}{2L}$$

即主轴转一周螺距的变化量等于终点处螺距的平方与起点处螺距平方之差除以 2 倍距离。

当终点处的螺距大于起点处的螺距时，k 为正值，是增螺距螺纹；反之 k 为负值，是减螺距螺纹。

为了便于理解 G34 指令的含义，作者编了一个例子。图 2-30 所示工件上有一段变螺距锥螺纹。假如此工件坯料的直径是 100mm，材质是石蜡，并用图示的刀具把螺纹部分一刀车成。此螺纹端面位置的螺距是 4. 75mm。

O206 程序是包含外圆两刀粗车和一刀精车在内的加工程序，内容如下：

```
O206;
N01  G97    T0101  S500  M03;
N02  G00  X95       Z12;
N03  G01            Z-50   F0.5;
N04       X100      Z-91.667;
N05  G00            Z12;
N06       X90;
N07  G01            Z-8.333;
N08       X95       Z-50;
N09  G00            Z12;
N10       X86.56;
N11  G01  X100.72   Z-106  F0.25;
N12  G00  X140      Z12   S300;
N13       X83;
N14  G34            Z-106  F3.25  K0.5;
N15  G00  X140;
N16                 Z100   M05;
N17  M30;
```

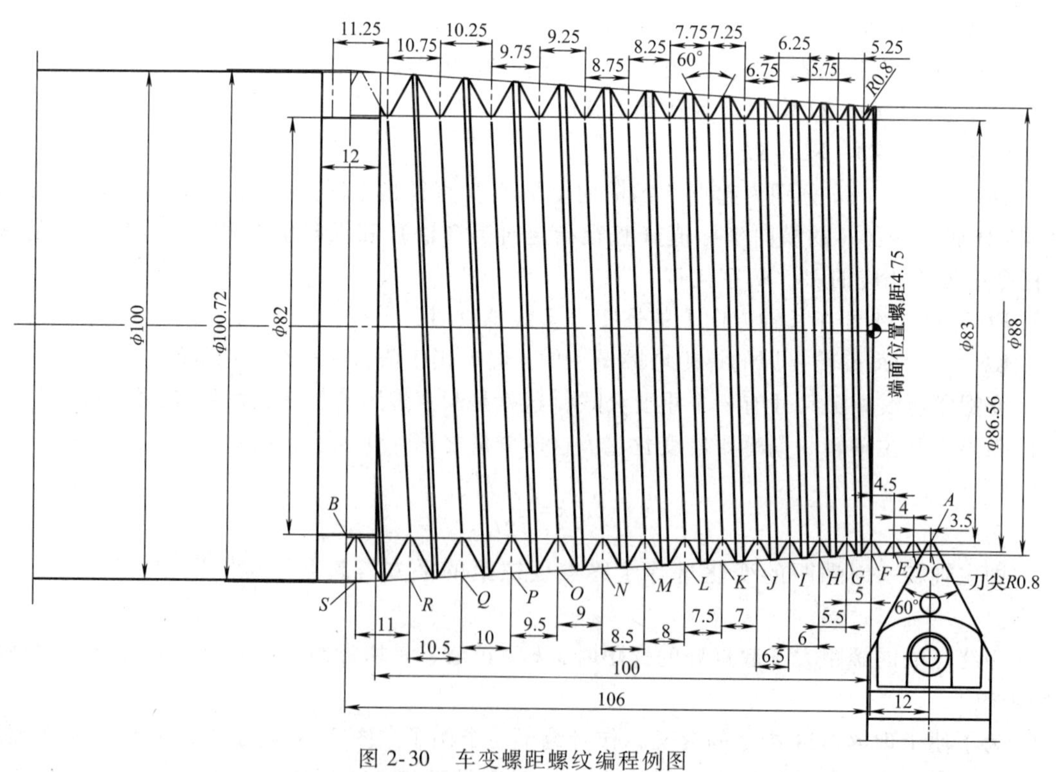

图 2-30　车变螺距螺纹编程例图

其中 N13 段是指令刀具到达变螺距螺纹的车削起点 *A*。N14 段是车这个变螺距螺纹的程序段。此段中的 K0.5 表示主轴每旋转一周螺距就增加 0.5mm。此段中的 F 指令值应该是起刀点即切螺纹始点处的螺距。这里起刀点 A 取在端面右侧 12mm 处，此外的螺距 f_1 可用前述公式算出来：

$$(4.75\text{mm})^2 - f_1^2 = 0.5\text{mm}\times 2\text{mm}\times 12\text{mm}$$

$$f_1^2 = 22.5625\text{mm}^2 - 12\text{mm}^2 = 10.5625\text{mm}^2$$

$$f_1 = 3.25\text{mm}$$

这就是 N14 段中 F3.25 指令的来由。如果 A 点取得稍向左一些或者向右一些，此指令值的大小就要做相应的改变。圆柱和圆锥变螺距螺纹的螺距在 Z 向是不断变化的。注意 N14 段中的 K3.25 是指 A 点处的（Z 向）即面螺距。从 A 点起的第一圈的 Z 向长度是 3.5mm（此值不能称为螺距），而图中 D 点的即面螺距是 3.75mm。

在圆柱形零件外圆上的变螺距螺旋槽有两种：一种是等槽宽变螺距螺旋槽，另一种是等牙宽变螺距螺旋槽。车削这两种螺旋槽的方法是不同的。

2.8.2 西门子系统中用于车螺纹的指令

1. 等螺距螺纹车削指令 G33

西门子系统中的 G33 指令与发那科系统中的 G32 指令的使用场合和使用方法基本相同。

共同点：都用于车削等螺距螺纹；都只指令车削螺纹的那一步；都是模态指令；都可用于车削圆柱螺纹、圆锥螺纹和端面螺纹；都可用于车削组合螺纹（又称链螺纹）；都可用于车削左/右旋螺纹；都可用于车削多线螺纹。

图 2-31 中所示的螺纹用西门子系统中的 G33 指令都可以加工（注意指令格式不一样）。

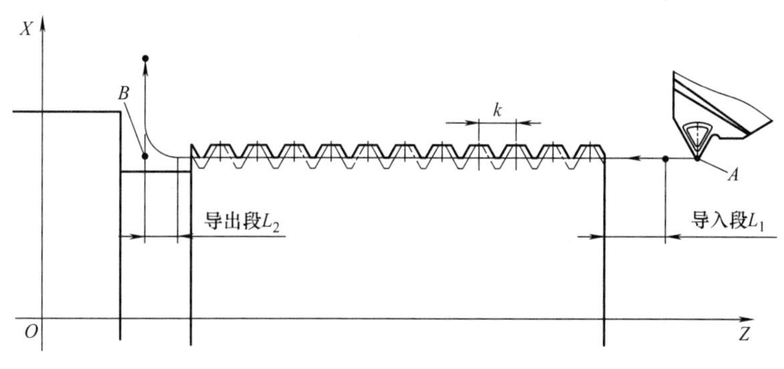

a)

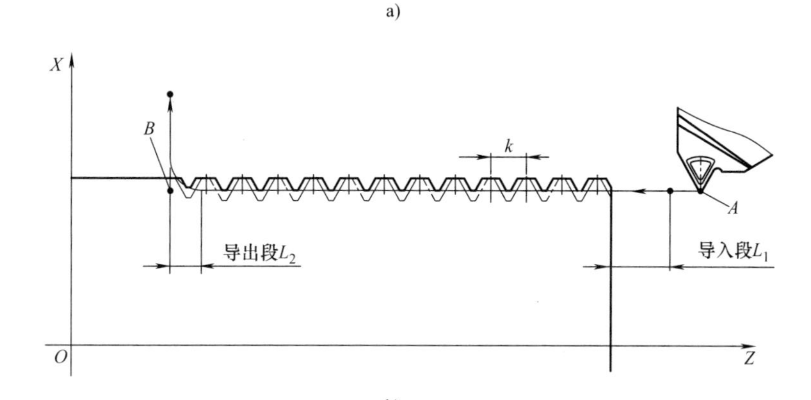

b)

图 2-31　西门子系统车螺纹指令中的导入段和导出段

a）有退刀槽时　b）无退刀槽时

不同点：

① 指令格式不一样。G33 的指令格式为：

(G00/G01　X*a*　Z*a*)

G33　X*b*　Z*b*　K*k*/I*i*　SF = θ

其中，K 字在圆柱螺纹和半锥角小于或等于 45°时使用，*k* 为纵向导程值；I 字在端面螺纹和半锥角大于或等于 45°时使用，*i* 为径向导程值。

θ 为起点的位移角。此数据的单位是（°）（注意发那科系统位移角指令值的单位是 1°/1000）。θ 值的范围是 0~359.999。

当 G33 程序段中没有"SF ="字时，执行时默认位移角为 0°。

② G33 指令（段）中可加入（指令）螺纹的导入段和导出段行程长度。在车圆柱螺纹时，G33 指令（段）中包含螺纹的导入段和导出段的指令格式为：

(G00/G01　X*a*　Z*a*)

G33　X*b*　Z*b*　K*k*　SF = θ　DITS = *l*1　DITF = *l*2

其中，DITS 指令导入段的长度；DITE 指令导出段的长度。

导入段可理解为升速段，导出段可理解为减速（制动）段。导入段和导出段的路径如图 2-31 所示。从图中可看出，虽然西门子系统中的导出段与发那科系统中的尾退段功能相同，但路径不一样：发那科系统中的尾退路径是一段与 *Z* 轴成大约 45°夹角的直线段，而西门子系统中的导出路径是一段近似圆弧。

2. 等螺距螺纹的车削循环指令

西门子系统中的等螺距螺纹车削循环指令有两种：螺纹车削循环和链螺纹车削循环。这两种都属于复合循环指令。前者的功能与发那科系统的 G76 指令相类似，而后者在发那科系统中没有对应的指令。下面分别介绍。

(1) 螺纹车削循环指令　在西门子 802S、802C 系统中螺纹车削循环指令有 LCYC97，在 802D 系统中有 CYCLE97，在 808D 系统和 828D 系统中有 CYCLE99。这些螺纹车削循环指令可用于加工内外圆柱螺纹、内外圆锥螺纹、端面螺纹，包括单线螺纹和多线螺纹。

1) 螺纹车削循环指令 LCYC97 的指令格式为：

(G00/G01　X*a*　Z*a*;)　　　　(*A* 点为循环起点)

R100 = __　R101 = __　R102 = __　R103 = __　R104 = __

R105 = __　R106 = __　R109 = __　R110 = __

R111 = __　R112 = __　R113 = __　R114 = __;　　　循环参数

LCYC97;　　　调用循环

(G00　X*b*　Z*b*;)　　　*B* 点为循环终点

此循环用了 13 个参数，其含义分别为：

R100：螺纹起点直径值。

R101：螺纹起点纵向坐标值。

R102：螺纹终点直径值。

R103：螺纹终点纵向坐标值。

R104：螺纹导程值（无负值）。

R105：内外螺纹区别号，外螺纹用 1，内螺纹用 2。

R106：精车余量（无负值）。

R109：空刀导入量（无负值）。

R110：空刀退出量（无负值）。

R111：螺纹牙高（无负值）。

R112：起点处角度偏移值（无负号）。

R113：粗车分刀数（无负号）。

R114：螺纹线数（无负号）。

图 2-32 中零件上有一段双线螺纹。如果精车余量取 0.05mm，粗车分 5 刀车，导入和导出量分别取 12mm 和 3mm，那么车螺纹部分的程序段如下：

```
G00  X60  Z100
R100=42  R101=80  R102=42  R103=25  R104=4
R105=1  R106=0.05  R109=12  R110=3
R111=1.2  R112=0  R113=5  R114=2
LCYC97
G00  X60  Z100
```

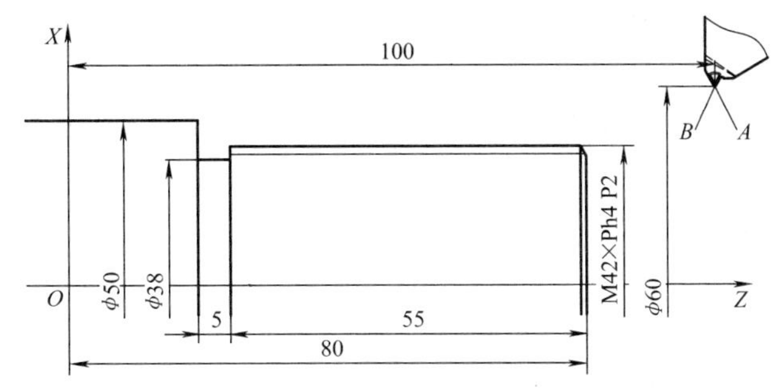

图 2-32　西门子系统车螺纹循环指令例图

2）螺纹车削循环指令 CYCLE97 的指令格式为：

CYCLE97（PIT，MPIT，SPL，FPL，DM1，DM2，APP，ROP，TDEP，FAL，IANG，NSP，NRC，NID，VARI，NUMT）

括号中 16 个参数的含义分别为：

PIT：导程（单线时为螺距），用数值直接指令，永为正值；

MPIT：螺距，用粗牙螺纹的尺寸间接指令，范围 3~60；

SPL：螺纹起点的 Z 坐标值。

FPL：螺纹终点的 Z 坐标值。

DM1：螺纹起点处的螺纹直径值。

DM2：螺纹终点处的螺纹直径值。

APP：空刀导入量，即升速段 δ_1 长，无负值。

ROP：空刀退出量，即降速段 δ_2 长，无负值。

TDEP：螺纹槽深度，即牙高，恒为正值。

FAL：精车余量，半径指定，恒为正值。

IANG：切入角。指令半牙型角的正值为沿一侧面进给，指令半牙型角的负值为交叉进给，指令 0 为直进。

NSP：切削起点处的起始角偏移量，单位为（°），范围为 0～359.9999，未定义时视为 0。

NRC：粗车分刀数。

NID：精车（重复）刀数。

VARI：粗车切削深度分配代号。1 为外螺纹等距进给；2 为内螺纹等距进给；3 为外螺纹等截面积进给；4 为内螺纹等截面积进给。

NUMT：螺纹的线数。

3）螺纹车削循环指令 CYCLE99 用了 28 个参数。这 28 个参数及其含义如下：

SPL：螺纹起点的纵向坐标值。

DM1：螺纹起点的直径值。

FPL：螺纹终点的纵向坐标值。

DM2：螺纹终点的直径值。

APP：空刀导入量，即升速段 δ_1 长。

ROP：空刀退出量，即降速段 δ_2 长。

TDEP：螺纹牙高（直径值）。

FAL：精加工余量（直径值）。

IANG：切入角，指令为正值时用于沿牙一侧面切入，指令为负值时用于沿牙两侧面交叉切入。

NSP：第一线螺纹起始点处角度偏移值，无负值。

NRC：粗车分刀数，无负值。

NID：精车重复走刀次数。

PIT：导程，单线时为螺距，其单位在 PITA 参数中设定。

VAR1：内外螺纹和粗车切削深度分配代号：300101 和 300102 分别表示外、内螺纹等深分配，300103 和 300104 分别表示外、内螺纹等截面积分配。

NUMTH：螺纹线数，无负值。

-VRT：基于初始直径的退回位移量，增量（无负值，设为 0 时退刀 1mm）。

PSYS：内部参数，只允许默认值 0（参数值为 0）。

PSYS：内部参数，只允许默认值 0（参数值为 0）。

PSYS：内部参数，只允许默认值 0（参数值为 0）。

PSYS：内部参数，只允许默认值 0（参数值为 0）。

PSYS：内部参数，只允许默认值 0（参数值为 0）。

PSYS：内部参数，只允许默认值 0（参数值为 0）。

PSYS：内部参数，只允许默认值 0（参数值为 0）。

PITA：螺距单位，即 PIT 参数值的单位：“1” 为 mm，“2” 为每英寸螺纹牙数。

PSYS：内部参数，只允许默认值 0（参数值位置空）。

PSYS：内部参数，只允许默认值 0（参数值位置空）。

PSYS：内部参数，只允许默认值 0（参数值位置空）。

PSYS：内部参数，“0” 代表纵向螺纹，“10” 代表端面螺纹，“20” 代表锥螺纹。

（2）链螺纹车削循环指令 CYCLE98　链螺纹又称组合螺纹，它由若干段首、尾相接的不同角度和/或不同螺距的螺纹组成。此循环指令可用于由两段或三段相同螺距、不同角度螺纹组成的链螺纹车削。西门子 802S 和 802C 系统中无此指令。图 2-33 中的螺纹是一个由 3 段相同螺距、不同角度螺纹组成的链螺纹。

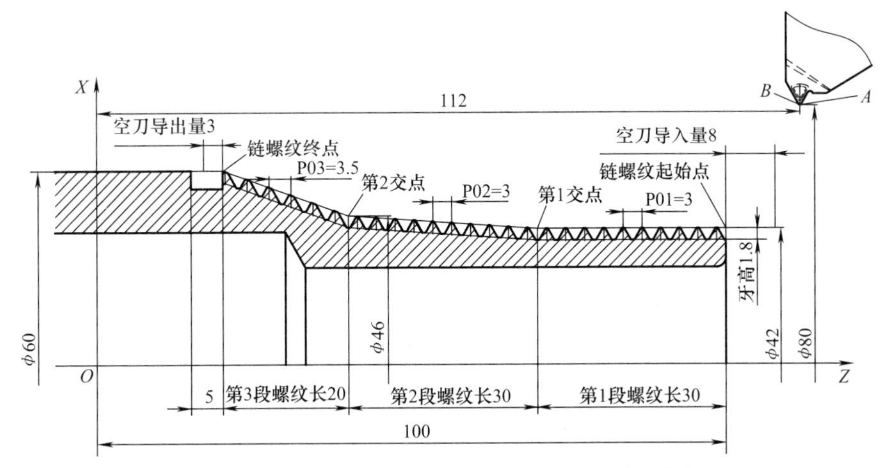

图 2-33　西门子系统车链螺纹循环指令示意及例图

链螺纹车削循环指令 CYCLE98 的指令格式为：

CYCLE98（P01，DM1，P02，DM2，P03，DM3，P04，DM4，APP，ROP，TDEP，FAL，IANG，NSP，NRC，NID，PP1，PP2，PP3，VARI，NUMT）

括号中 21 个参数的含义分别为：

P01：链螺纹起点的 Z 坐标值。

DM1：链螺纹走刀起点处的直径值。

P02：第 1 交点的 Z 坐标值。

DM2：第 1 交点处的直径值。

P03：第 2 交点的 Z 坐标值。

DM3：第 2 交点处的直径值。

P04：链螺纹终点的 Z 坐标值。

DM4：链螺纹终点处的直径值。

APP：空刀导入量，即升速段 δ_1 长，无负值。

ROP：空刀退出量，即降速段 δ_2 长，无负值。

TDEP：螺纹槽深度即牙高，三段螺纹共用，恒为正值。

FAL：精车余量，半径指定，恒为正值。

IANG：切入角。指令半牙型角的正值为沿一侧面进给，指令半牙型角的负值为交替沿两侧面进给，指令 0 为直进。

NSP：切削起点处的起始角偏移量，单位为（°），范围为 0～359.9999，未定义时视为 0。

NRC：粗车分刀数。

NID：精车（重复）刀数。

PP1：第 1 段螺纹的螺距。

PP2：第 2 段螺纹的螺距。

PP3：第 3 段螺纹的螺距。

VARI：粗车切削深度分配代号。1 为外螺纹等距进给；2 为内螺纹等距进给；3 为外螺纹等截面积进给；4 为内螺纹等截面积进给。

NUMT：螺纹的线数。

加工图 2-33 所示的链螺纹的程序段为：

N10　G00/G01　X80　Z112

N11CYCLE98(100,42,70,42,40,46,20,60,8,3,1.8,0.05,30,0,7,0,3,3,3.5,3,1)

N112　G00　X80　Z112

这里 3 段螺纹共用牙高取 1.8mm，粗车选择分 7 刀车，精车不重复走刀。粗车进给切入选择等截面积分配方式。

3. 变螺距螺纹的车削指令 G34/G35

用于增螺距螺纹车削的指令是 G34，用于减螺距螺纹车削的指令是 G35。G34 和 G35 都是模态指令。

G34 用于增螺距圆柱螺纹车削时的指令格式为：

G34　Z__　Kk　Ff

其中，k 为起点（面）的螺距值；f 为主轴旋转一周时螺距的增加值。

G34 用于半锥角小于或等于 45°的增螺距锥螺纹车削时的指令格式为：

G34　X__　Z__　Kk　Ff

其中，k 为起点（面）的螺距值；f 为主轴旋转一周时螺距的增加值。

例如车削图 2-30 所示变螺距螺纹的相关程序段为：

N13　G00　X83　Z12

N14　G34　Z-106　K4.75　F0.5

G34 用于端面增螺距螺纹车削时的指令格式为：

G34　X__　Ii　Ff

其中，i 为起点的螺距值；f 为主轴旋转一周时螺距的增加值。

G34 用于半锥角大于或等于 45°增螺距锥螺纹车削时的指令格式为：

G34　X__　Z__　Ii　Ff

其中，i 为起点的螺距值；f 为主轴旋转一周时螺距的增加值。

G35 用于减螺距螺纹切削，只要把上述 4 种指令格式中的 G34 换成 G35 就成为 G35 的指令格式，不过其中 f 的含义变成“主轴旋转一周时螺距的减小值”。

上述格式中的 f 不能用负值。

变螺距螺纹的起点螺距 k_1、终点螺距 k_2、螺纹长度 L 和主轴旋转一周时螺距的增减值 f 有如下关系：

$$f=\frac{|k_1^2-k_2^2|}{2L}$$

当 $k_1<k_2$ 时，为增螺距螺纹；当 $k_1>k_2$ 时，为减螺距螺纹。

第 3 章　螺纹的数控车削

3.1　普通圆柱螺纹的数控车削

1. 用刀

可用定螺距刀片、泛螺距刀片和手工刃磨刀三种。用这三种刀的优点和缺点分别如下：

（1）定螺距刀片的优点和适用场合　车出的牙型（包括牙底半径）规矩；在坯径正确时牙高准确，牙顶无毛刺（见图 3-1a）。主要适用于大批量生产、车削高精度螺纹和车削重要用途螺纹的场合。定螺距刀片的缺点是一种刀片只能用于车削一种制式、一种螺距的螺纹。

（2）泛螺距刀片的优点和适用场合　一种刀片可用于车多种螺距的螺纹，甚至可用于车牙型角相同的不同制式的螺纹。主要适用于教学实训、车精度要求不高的螺纹和车一般用途螺纹的场合。泛螺距刀片的缺点是：车出的螺纹牙顶有毛刺（见图 3-1b、c）；除了车最小螺距的螺纹之外，车其他螺距螺纹时（见图 3-1b），车出的螺纹牙底半径小，即牙底要比标准的深，这就会降低螺纹的强度和引起应力集中。

（3）手工刃磨螺纹车刀的优点和适用场合　成本低且灵活。主要适用于教学实训、车精度要求不高的小批量或单件螺纹，以及紧急加工但来不及采购标准刀片的场合。

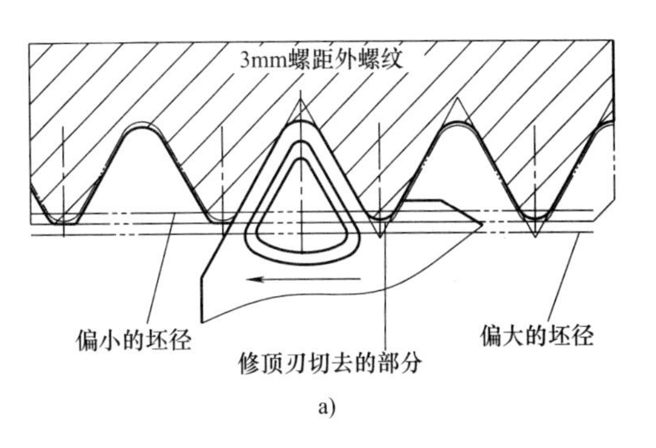

a)

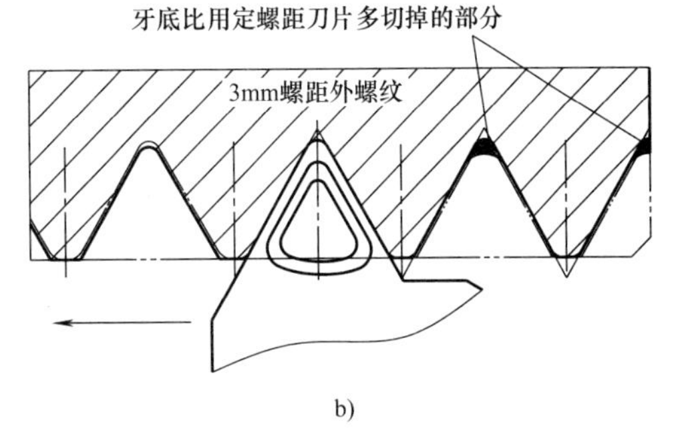

b)

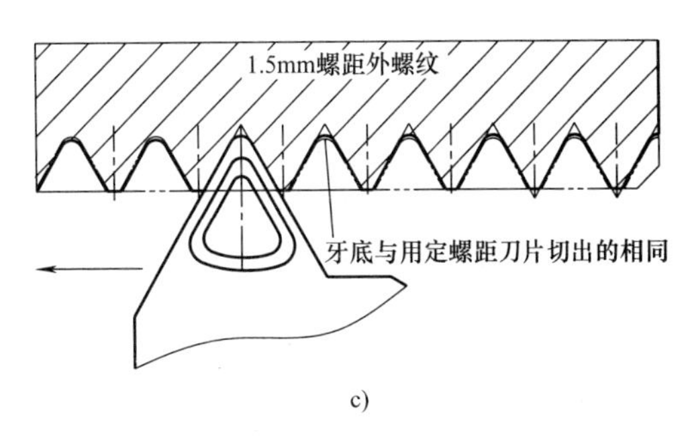

c)

图 3-1　定螺距刀片和用泛螺距刀片的区别
a）用 3mm 定螺距刀片车削外螺纹最后一刀示意　b）用 1.5~3mm 泛螺距刀片车 3mm 螺距外螺纹最后一刀示意　c）用 1.5~3mm 泛螺距刀片车 1.5mm 螺距外螺纹最后一刀示意

2. 要点和注意事项

为使每刀的切削力大体相等，在粗车时应采用等截面积切削。正向（从右向左）车削时，应采用沿右牙侧面进给或沿修正牙侧面进给。手工编程时优先使用复合循环指令，也可采用自动编程。要合理地选取升速段（又称空刀导入段）δ_1 和降速段（又称空刀退出段）δ_2 的长度。

在有同制式、同螺距的内外定螺距刀片的企业，注意内外螺纹刀片不要用错。

要注意螺纹坯径的大小。以外螺纹为例（见图 3-1a）。坯径偏小时，车出的螺纹牙高不足，而且牙顶有毛刺；坯径偏大时，刀片修顶刃的负荷会加大，影响刀片寿命。较为理想的状况是在车最后一刀时用修顶刃切去坯径 0.03～0.05mm。在大批量生产场合，应通过试切螺纹来向上一工序反馈对坯径要求的尺寸值。

3.2　圆锥管螺纹的数控车削

常见圆锥管螺纹的制式有四种：55°非密封管螺纹、60°密封管螺纹、55°密封管螺纹和米制密封管螺纹。

1. 用刀

由于不同制式的管螺纹有不同的牙型角、牙顶形状和牙底形状，所以一般应使用定螺距全牙型刀片。只有在车削要求不高的管螺纹和紧急加工而来不及购买定螺距刀片的场合才允许用同牙型角的普通螺纹泛螺距刀片或手工刃磨刀。在用普通螺纹泛螺距刀片做替代时，加工出的管螺纹的牙顶和牙底的形状与标准螺纹会有较大不符。

2. 要点和注意事项

在粗车时也应采用等截面积切削和沿牙侧面（或沿修正牙侧面）进给。手工编程时优先使用复合循环指令编程，也可采用自动编程。

国内外较常用的60°密封管螺纹（即 NPT 螺纹）的牙比普通螺纹要尖得多。车 NPT 螺纹时常犯的错误是车出的牙不够尖，从而影响密封效果。在使用 NPT 标准刀片时，既要保证牙顶宽度（标准就很小）合适，又不能使螺纹车刀的负荷太大，这就要求保证螺纹坯径的精度。

由于坯径有 1∶16 的锥度，所以用常规量具进行在机测量很不方便。在批量生产时，可制作图 3-2 所示的简易检具来进行坯径的在机检验。内外圆锥管螺纹（不仅是 NPT 螺纹）

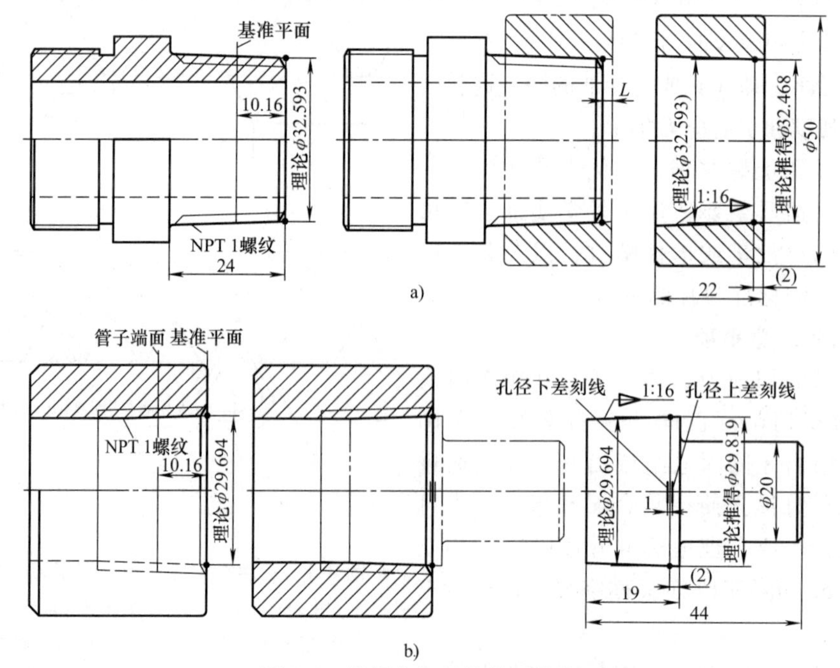

图 3-2　锥螺纹坯径的保证措施

a）内锥螺纹坯径的保证措施　b）外锥螺纹坯径的保证措施

坯径检具的锥度都是 1∶16，内圆锥管螺纹坯径检具的大外径和外圆锥管螺纹坯径检具的小内径的理论推算值只作为制作时参考。实际制作的检具的此直径值可略大或略小（此值不必精确计量出来），只要锥度准确就可以。内圆锥管螺纹坯径检具上的两条刻线的位置是首件（螺纹）试切时确定的。确定孔径下差刻线的原则是定螺距刀片的刃底正好切到孔表面。作者所用检具的上差刻线距离下差刻线 1mm，此时的公差带为 0.0625mm，读者使用时可根据具体情况缩放公差带，即缩放上差刻线与下差刻线之间的距离。检验时以工件外端面不超过这两条刻线为合格。外圆锥管螺纹坯径检具上不用刻线。用它进行检验时，用深度千分尺测量工件端面与检具外端面的距离 L。通过首件（螺纹）试切确定最小距离 L_{min}。作者选用的最大距离 L_{max} 是在最小距离的基础上加 1mm，此时的公差带也为 0.0625mm，读者使用时也可以根据具体情况缩放公差带的宽度。

若要用普通米制标准螺纹刀片来车削 NPT 锥螺纹，则不能用定螺距刀片，而应使用泛螺距刀片。例如在车图 3-3 中的尺寸代号为 1 NPT 外锥螺纹（螺距 2.209mm）时，不能用螺距为 2.5mm 的定螺距刀片，而应使用 1.5～3mm 的泛螺距刀片，因为定螺距刀片的刃尖不够尖。

用泛螺距普通米制螺纹刀片或用人工刃磨的螺纹车刀来车 NPT 锥螺纹时，为了既保证螺纹牙顶宽度（牙尖）合适又不使切削刃的负荷太大，必须采取一些操作措施。以车削图 3-3 中的 NPT 1 外锥螺纹为例，这些操作措施如下：

刀架上安装一把用于车端面、倒角和车螺纹坯径的端面外圆车刀（1 号刀）和一把装米制 1.5～3mm 泛螺距刀片的螺纹车刀或手工刃磨的螺纹车刀（2 号刀），分别对刀。按图中的尺寸（其中端面上的外径是理论尺寸）编写用 1 号刀车端面、倒角和螺纹坯径的 1 号加工程序，再编写用 2 号刀车螺纹的 2 号加工程序，然后按如下顺序操作：

① 把 01 号 X 向刀补值增加（如加 0.5），把 02 号 X 向刀补值略多增加（加 0.8），执行一遍 1 号程序和 2 号程序，这时螺纹的中径偏大、牙顶偏秃（后者可观察到）。

② 把 02 号 X 向刀补值稍减小（如减 0.15），执行一遍 2 号程序，观察牙顶的尖秃程度。如牙顶还是偏秃，

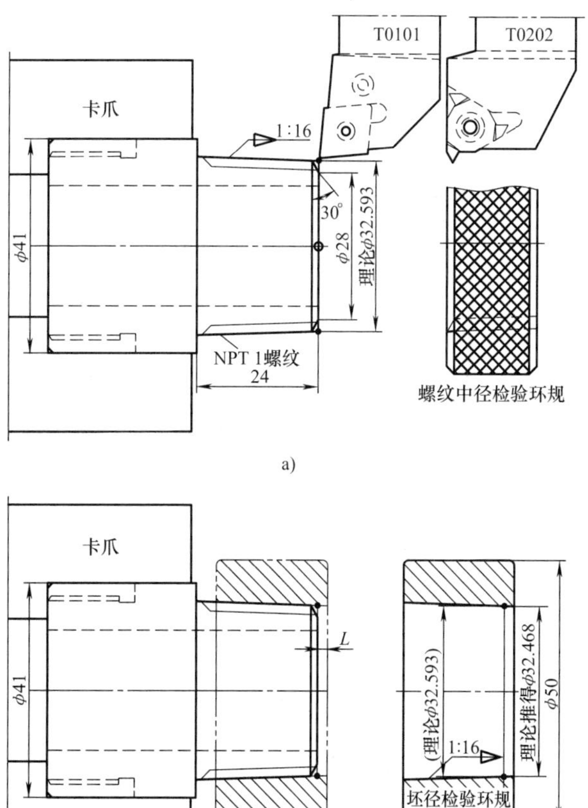

图 3-3　用泛螺距普通米制螺纹刀片车削 NPT 1 螺纹的操作
a）通过试切既保证螺纹的中径合适又保证螺纹的牙尖合适
b）再用做好的坯径检验环规测得 L 值

就再进行此项操作，直到牙顶尖秃程度合适为止。

③ 用螺纹中径环规试拧一下。在正常情况下要么能拧进去一圈，要么一圈都拧不进去。

④ 根据是否能拧进去和拧进去多长，同步减小 01 号和 02 号 *X* 向刀补值（如各减去 0.1)，执行一遍 1 号程序和 2 号程序，再用螺纹中径环规试拧。如果拧进去的深度还不够，就再做此项操作，直到螺纹中径合适为止。

⑤ 用砂布除去螺纹牙顶上的毛刺。

⑥ 如果是单件生产，操作完上述①~⑤步就结束了。如果是批量生产，再用预先做好的坯径检验环规套上去（见图 3-3b)，测得深度 *L* 值。此值可作为继续生产时检验此螺纹坯径时的参考（公差带）中值的间接值。

试车首件内圆锥管螺纹和确定检验螺纹坯径和塞规的参考（公差带）中值的间接值的方法与上述相同。

还有一个用环规和塞规检验 NPT 1 螺纹中径的变通问题。NPT 螺纹检验用的环规和塞规是按来源于 ISO 标准的国家标准制造的。以图 3-4 所示的尺寸代号为 1 的 NPT 内锥螺纹为例，通常在检验时（塞规拧进去后）工件端面位于塞规的通端面与止端面之间就为合格。其实不然，即与实际使用有矛盾。根据国家标准可知，尺寸代号为 1 的 NPT 内锥螺纹从基准平面到管子端面只有 4.6 圈 ，去掉 120°倒角大约只剩 4 圈，而当中径下差刻线即塞规通

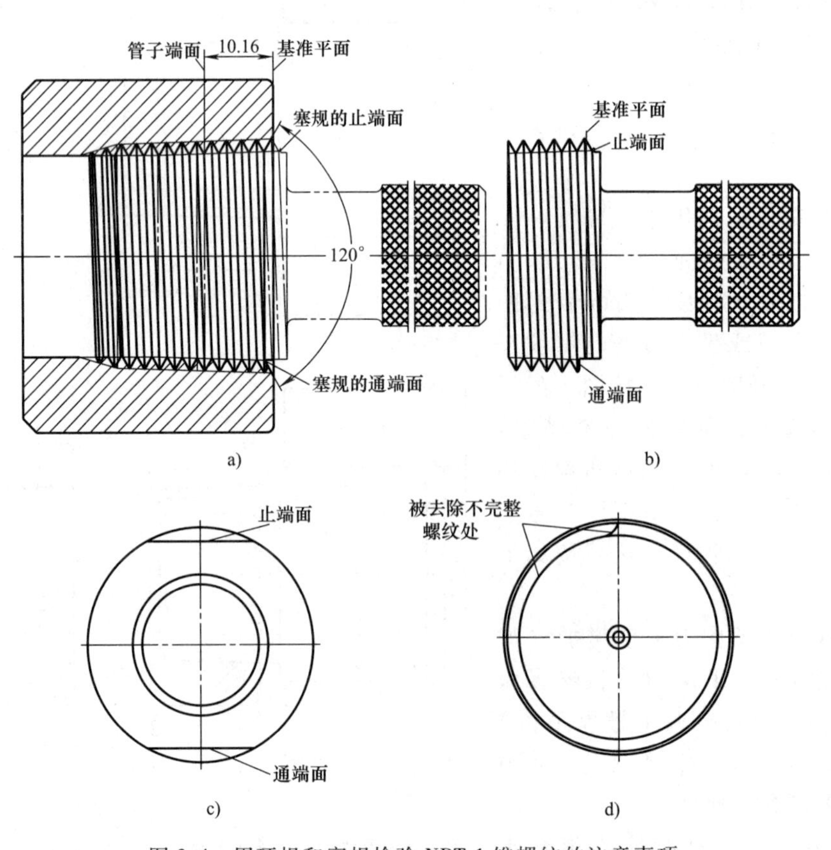

图 3-4　用环规和塞规检验 NPT 1 锥螺纹的注意事项

a）用塞规检测 NPT 1 内锥螺纹　b）NPT 1 内锥螺纹塞规主视图

c）NPT 1 内锥螺纹塞规右视图　d）NPT 1 内锥螺纹塞规左视图

端面与工件端面平齐的时候，只剩 3.5 圈左右。换句话说，在这种用塞规“检验合格”的情况下，用环规“检验合格”的管头上的外锥螺纹只能拧进去大约 3.5 圈。这显然不够。作者在加工和使用 NPT 螺纹时多次遇到这个问题。标准改不了，但可以变通。作者使用的变通办法是：把 NPT 内锥螺纹塞规（见图 3-4）上的止端面作为实际检验时的通端面，而把通端面对止端面镜像后作为实际检验时的止端面，按此加工出的 NPT 锥螺纹使用时正合适。

3.3　左旋螺纹的数控车削

在传统车床上车左旋螺纹时一般采用主轴反转、从左向右走刀的方法。在数控车床上车左旋螺纹与在传统车床上车左旋螺纹有较大的区别。

1. 用刀

可用装定螺距刀片的螺纹车刀、装泛螺距刀片的螺纹车刀和手工刃磨的螺纹车刀中的一种。各种螺纹车刀都有左、右手之分。

2. 方法

① 用装定螺距刀片的左手螺纹车刀从左向右车削（见图 3-5a）。

如果所用数控车床上配的是四方刀架，也可以用装定螺距刀片的左手螺纹车刀从左向右车。采用这种方法的条件是螺纹的左端要有较大的空间。如果所用数控车床上配的是多工位刀架，就不推荐使用这种方法加工。

② 用装定螺距刀片的左手螺纹车刀从右向左车削（见图 3-5b）。

无论所用数控车床上配的是四方刀架还是多工位刀架，都推荐使用这种方法来加工。在绝大多数多工位刀架上，外圆车刀既可以正装也可以反装，所以如图 3-5b 所示装刀没问题。而在四方刀架上，普通左手螺纹车刀如图 3-5b 所示趴着装后，刀尖高无法抬高到对准工件回转中心，所以应采用 Z 形外螺纹车刀（见图 3-6a）。这

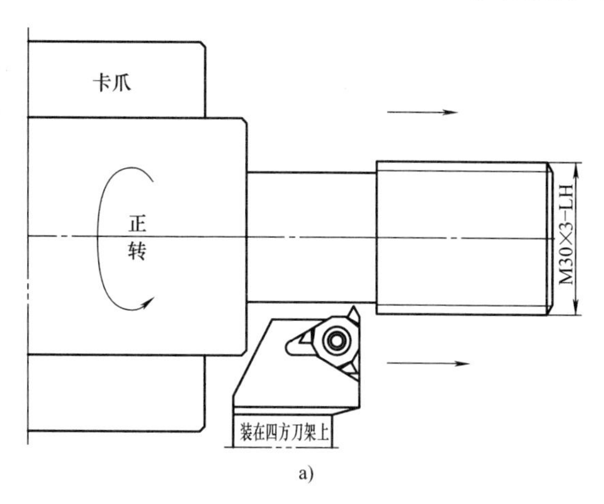

a)

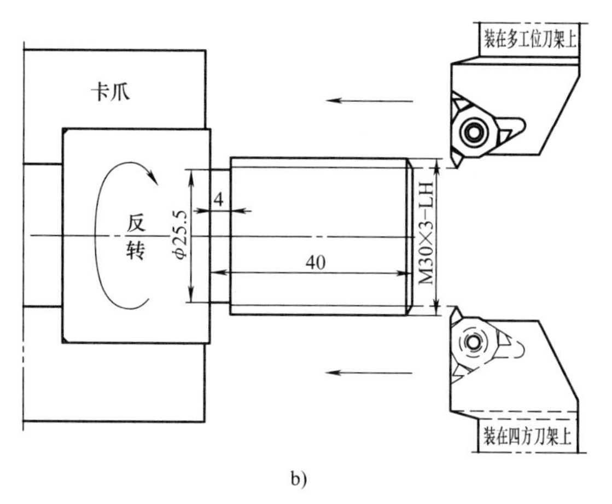

b)

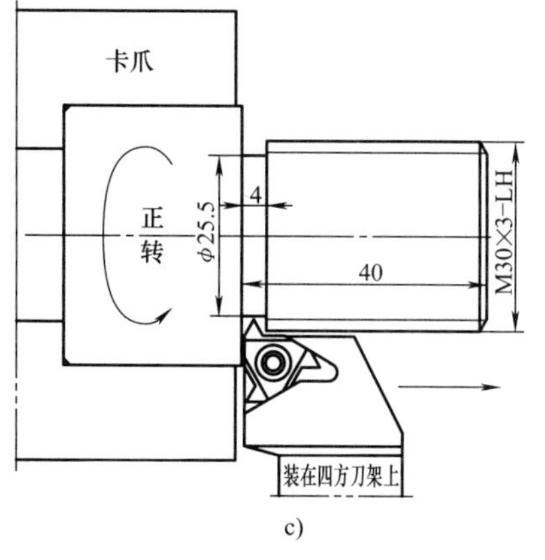

c)

图 3-5　左旋螺纹的车削加工

a）用装定螺距刀片的左手螺纹车刀从左向右车削左旋螺纹
b）用装定螺距刀片的左手螺纹车刀从右向左车削左旋螺纹
c）用装泛螺距刀片的右手螺纹车刀从左向右车削左旋螺纹

种 Z 形外螺纹车刀可以采购，也可以自制。自制的方法和步骤如图 3-6b 所示。左旋螺纹采用从右向左走刀加工的优点是不言而喻的。

③ 用装泛螺距刀片的右手螺纹车刀从左向右车削（见图 3-5c）。

如果所用的数控车床上配的是四方刀架，又没有 Z 形螺纹车刀，那么也可以采用此方法来车削左旋螺纹。注意这里的标准刀片只能用泛螺距刀片。当然也可以采用手工刃磨的螺纹车刀。在图 3-5b 所示螺纹左端空间不大的场合，无论用标准螺纹车刀还是手工刃磨刀来加工，都存在一个问题——升速段偏短。这会影响螺纹左端部分的螺距精度。这也是应尽量少用这种方法的原因。

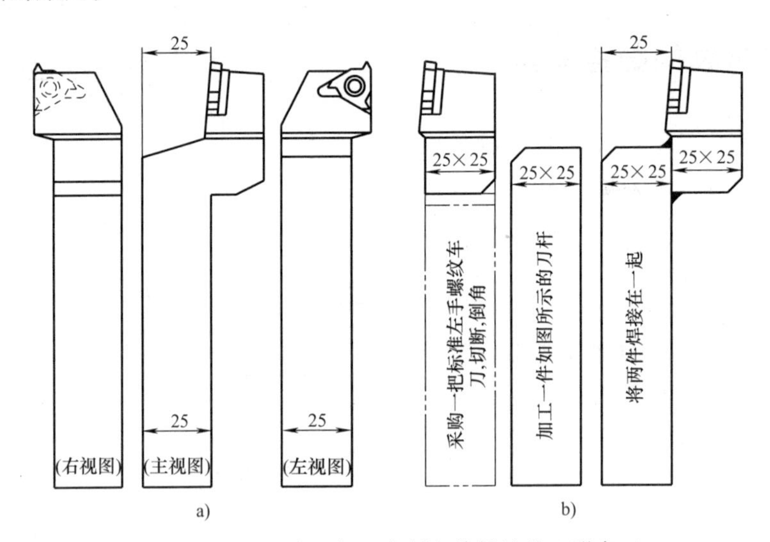

图 3-6 用于四方刀架上车削左旋螺纹的 Z 形车刀
a）采购的标准 Z 形螺纹车刀 b）自制 Z 形螺纹车刀的 3 个步骤

3.4 多线螺纹的数控车削

车削多线螺纹有两种方法。一种是先通过粗、精车把第一条线车成，再通过粗、精车把第二条线车成……直到把最后一条线车完，如图 3-7a 所示 M72×Ph9P3 的三线螺纹车削方法。另一种方法是均匀车削各线，即粗、精车的每一刀都按一、二、三…的顺序车削，如图 3-7b 所示。车螺纹时粗、精车用同一把刀。由于刃口在车削过程中有磨损，所以用第二种方法比用第一种方法对各线精度的一致性有利。

上述两种方法都可以分为从不同起点车削各线和从同一起点车削各线，如图 3-8 所示。如果升速段和降速段取得足够长，那么从不同起点车削各线和从同一起点车削各线的效果基本一样。当然，其程序是不一样的。下面以车 M72×Ph9P3 外螺纹为例介绍 3 个程序。牙高取 1.8mm，粗车分 5 刀，精车余量取 0.05mm，粗车沿牙侧面进给，等截面积切削。

从不同起点车削、依次车削三线螺纹（即用第一种方法）的发那科系统用的 O301 加工程序如下：

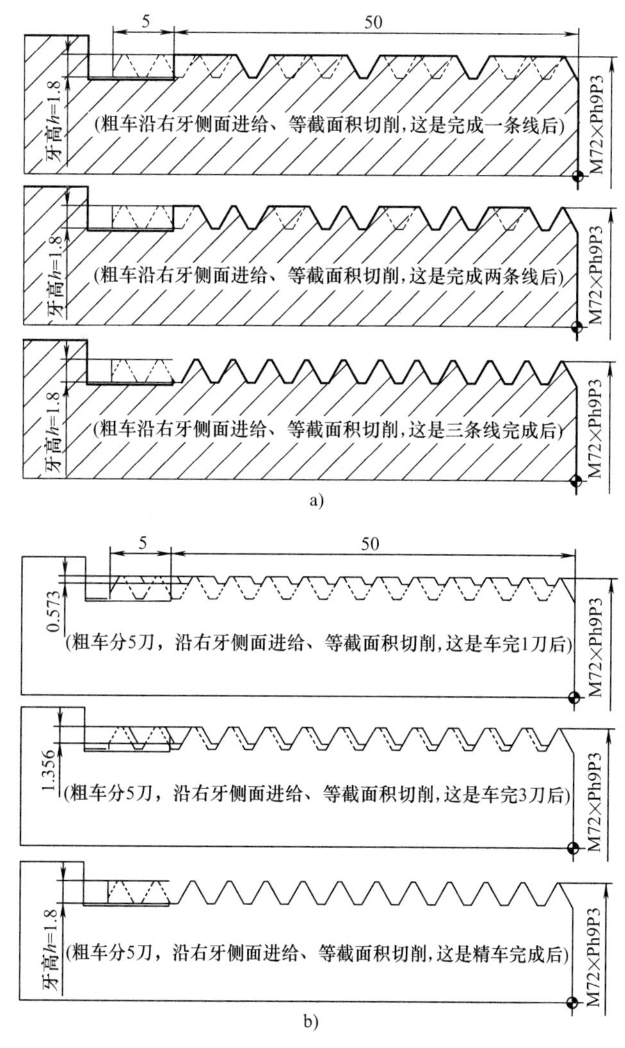

图 3-7　分 5 刀粗车 M72×Ph9P3 三线螺纹的两种方法

a）先车第一线再车第二线最后车第三线　b）三条线匀着车

```
O301;
N09   G54   S300   M03;
N10   G00   X150   Z100   T0101;
N11                Z20;
N12   G76   P010060   Q0   R0.05;
N13   G76   X68.4  Z-55   P1800   Q783   F9;
N14   G00          Z23;
N15   G76   P010060   Q0   R0.05;
N16   G76   X68.4   Z-55   P1800   Q783   F9;
N17   G00           Z26;
N18   G76   P1010060   Q0   R0.05;
N19   G76   X68.4   Z-55   P1800   Q783   F9;
```

```
N20   G00   X150   Z100   M05;
N21   M30;
```

从同一起点车削、依次车削三线螺纹（即用第一种方法）的西门子 808 系统和 828 系统用的 PP301. MPF 加工程序如下：

```
PP301. MPF
N01   R1=3;                        R1 代表螺纹的线数
N02   R2=0;                        R2 代表位移角度值
N03   G54   S300   M03
N04   T1   D1
N05   G00   X150               Z100
N06   LABE L1:G00   X150       Z20
N07   CYCLE99(0,72,-50,72,20,5,1.8,0.05,30,R2,5,1,9,300103,R1,0,0,0,0,0,0,0,0,
      1,,,,0)
N08   R2=R2+360/R1
N09   IF   R2<360   GOTOB   LABEL1
N10   G00   X150               Z100      M05
N11   M02
```

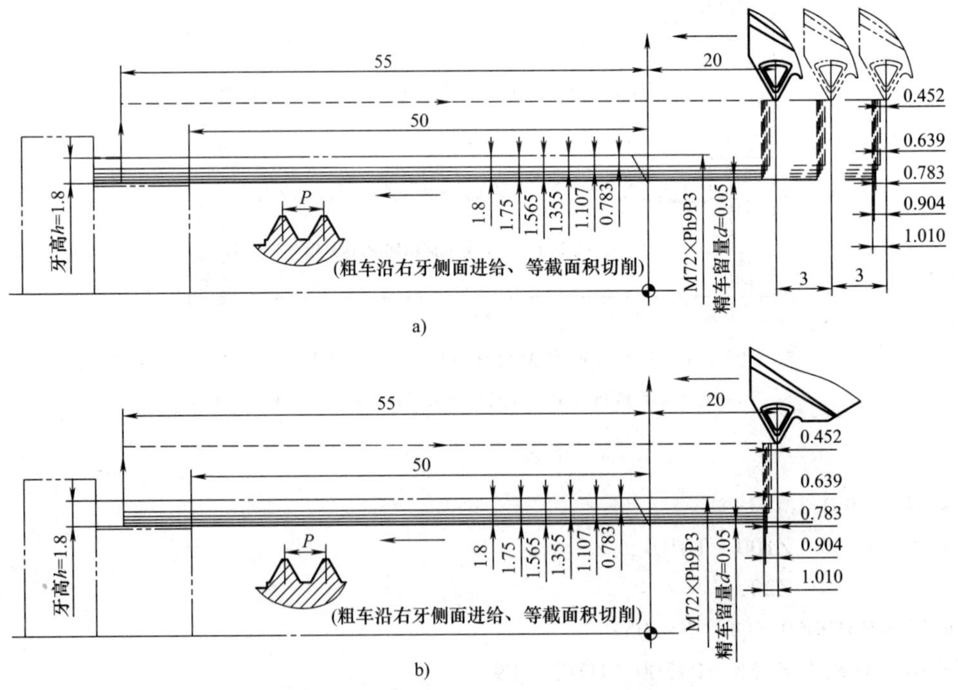

图 3-8　分 5 刀粗车 M72×Ph9P3 三线螺纹

a）从不同的起点车三条线　b）从同一个起点车三条线

从同一起点车、均匀车削三线螺纹（即用第二种方法）的发那科系统用的 O302 加工序程序如下：

```
O302;
```

```
N07  G54  S300  M03;
N08  G00  X150        Z100  T0101;
N09  #1=3;                                  (#1 代表螺纹的线数)
N10  G00  X150        Z20;
N11  #2=0;                                  (#2 代表位移角度值)
N12  G00  X150        Z19.548;              (20-0.452)
N13  G92  X70.434     Z-55  F9  Q#2;        (72-0.783×2)
N14  #2=#2+360000/#1;
N15  IF [#2 LT 360000] GOTO12;
N16  #2=0;
N17  G00              Z19.361;              (20-0.639)
N18  G92  X69.786     Z-55  F9  Q#2;        (72-1.107×2)
N19  #2=#2+360000/#1;
N20  IF [#2 LT 360000] GOTO17;
N21  #2=0;
N22  G00              Z19.217;              (20-0.783)
N23  G92  X69.288     Z-55  F9  Q#2;        (72-1.356×2)
N24  #2=#2+360000/#1;
N25  IF [#2 LT 360000] GOTO22;
N26  #2=0;
N27  G00              Z19.096;              (20-0.904)
N28  G92  X68.87      Z-55  F9  Q#2;        (72-1.565×2)
N29  #2=#2+360000/#1;
N30  IF [#2 LT 360000] GOTO27;
N31  #2=0;
N32  G00              Z18.99;               (20-1.010)
N33  G92  X68.5       Z-55  F9  Q#2;        (72-1.75×2)
N34  #2=#2+360000/#1;
N35  IF [#2 LT 360000] GOTO32;
N36  #2=0;
N37  G92  X68.4       Z-55  F9  Q#2;        (72-1.8×2)
N38  #2=#2+360000/#1;
N39  IF [#2 LT 360000] GOTO37;
N40  G00  X150        Z100  M05;
N41  M30;
```

显然，采用均匀车削多线螺纹的方法在编程时要麻烦一些，但用这种方法对多线螺纹的加工精度有利，所以还是值得采用的，尤其在批量加工时更是如此。

3.5　等槽宽变螺距螺纹的数控车削

图 3-9 所示为在外径 ϕ50mm 工件上加工一条等槽宽变螺距螺旋槽，其中图 3-9a 所示为

零件图。槽底面宽为 1.2mm，两侧圆角半径为 $R0.4$mm，右侧圆角径向中心线在工件端面位置的即面螺距是 5.75mm，主轴旋转一周时螺距增加 0.5mm。这里要注意的是，左侧圆角径向中心线在工件端面位置的即面螺距不是 5.75mm（小于 5.75mm）。

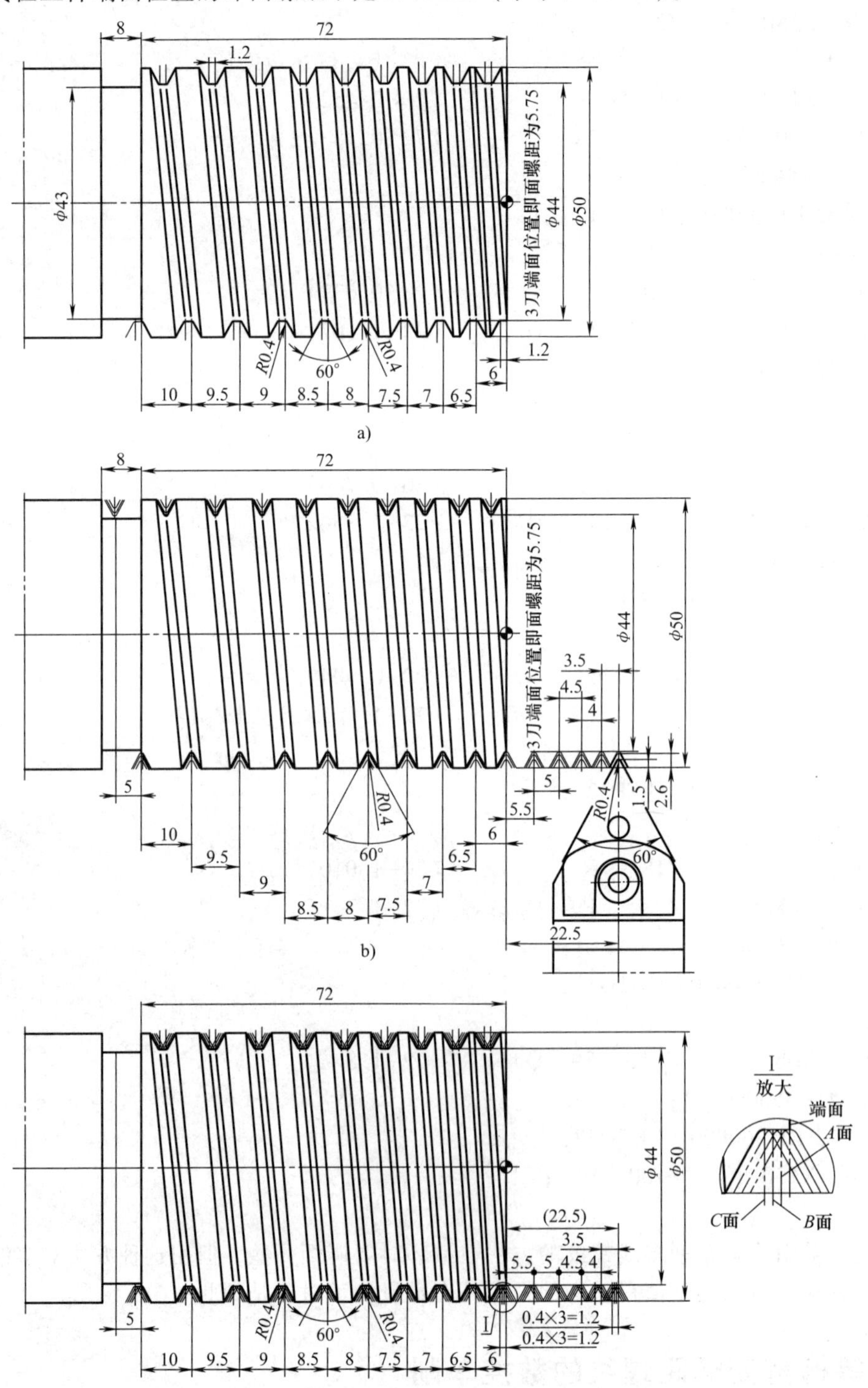

图 3-9　零件上的等槽宽变螺距螺纹的数控车削加工

a）有等槽宽变螺距螺纹的零件　b）先径向切 3 刀　c）再轴向加切 3 刀

这里用装三角形刀片的对称车刀来车削，刀片的刀尖圆弧半径为 $R0.4$mm，采用径向 3 刀和轴向 3 刀共 6 刀车成。

图 3-9b 所示为径向 3 刀的编程用图，升速段 δ_1 取 22.5mm，那么起点处的即面螺距为 3.25mm。编写的径向 3 刀程序段见适用于发那科系统的 O303 加工程序中的 N01~N14 段。

```
O303;
N01  G54         T0101  S500  M03;
N02  G00  X47    Z22.5;
N03  G34         Z-77   F3.25  K0.5;    (径向第 1 刀)
N04  G00  X150;
N05              Z22.5;
N06       X44.8;
N07  G34         Z-77   F3.25  K0.5;    (径向第 2 刀)
N08  G00  X150;
N09              Z22.5;
N10       X44;
N11  G34         Z-77   F3.25  K0.5;    (径向第 3 刀)
N12  G00  X150;
N13              Z22.1;
N14       X44;
N15  G34         Z-77   F3.25  K0.5;    (轴向加第 1 刀)
N16  G00  X150;
N17              Z21.7;
N18       X44;
N19  G34  Z-77   F3.25  K0.5;    (轴向加第 2 刀)
N20  G00  X150;
N21              Z21.3;
N22       X44;
N23  G34         Z-77   F3.25  K0.5;    (轴向加第 3 刀)
N24  G00  X150;
N25       X200   Z100          M05;
N26  M30;
```

图 3-9c 所示为轴向 3 刀的编程用图，每刀轴向间隔为 0.4mm。轴向第 1 刀在图中 A 面位置的即面螺距、第 2 刀在 B 面位置上的即面螺距及第 3 刀在 C 面位置的即面螺距均为 5.75mm。编程时，这 3 刀的升速段 δ_1 分别取 22.1mm、21.7mm 和 21.3mm 较方便（δ_1 都用 22.5mm 也可以，但计算麻烦）。编写的轴向 3 刀程序段见 O303 加工程序中的 N15~N23 段。应注意的是，只有轴向 3 刀在升速段 δ_1 分别取 22.1mm、21.7mm 和 21.3mm 的前提下，N15 段、N19 段和 N23 段的 F 值才能都指令为 3.25。

加工该等宽变螺距螺纹的西门子系统 PP303. MPF 程序如下：

```
PP303.MPF
```

```
N01  G54             S500   M03
N02  T1   D1
N03  G00  X47  Z22.5
N04  G34       Z-77  K3.25  F0.5;径向第 1 刀
N05  G00  X150
N06            Z22.5
N07       X44.8
N08  G34       Z-77  K3.25  F0.5;径向第 2 刀
N09  G00  X150
N10            Z22.5
N11       X44
N12  G34       Z-77  K3.25  F0.5;径向第 3 刀
N13  G00  X150
N14            Z22.1
N15       X44
N16  G34       Z-77  K3.25  F0.5;轴向加第 1 刀
N17  G00  X150
N18            Z21.7
N19       X44
N20  G34       Z-77  K3.25  F0.5;轴向加第 2 刀
N21  G00  X150
N22            Z21.3
N23       X44
N24  G34       Z-77  K3.25  F0.5;轴向加第 3 刀
N25  G00  X150
N26       X200 Z100         M05
N27  M02
```

图 3-10 所示为零件上的等槽宽变螺距螺纹的照片。

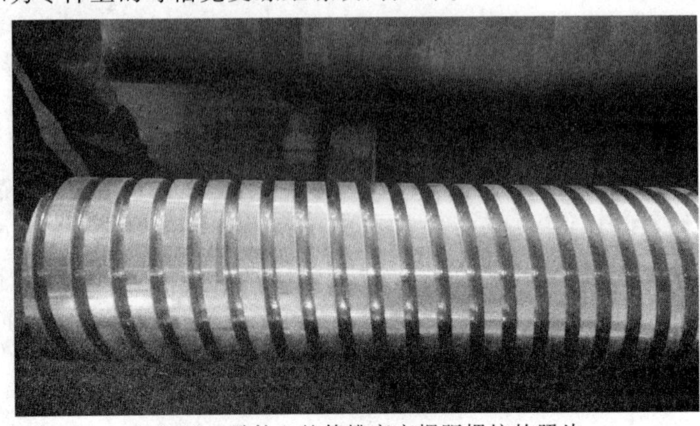

图 3-10　零件上的等槽宽变螺距螺纹的照片

3.6　等牙宽变螺距螺纹的数控车削

图 3-11a 所示为在外径 ϕ50mm 工件上车削一条等牙宽变螺距螺纹。该螺纹的牙顶宽是 2.574mm；槽底右端点在工件端面处的即面螺距是 8.25mm。主轴旋转一周时螺距增加 0.5mm。

等牙宽变螺距螺纹必须在轴向分刀车出。如果刀序从右向左排列，那么各刀在主轴旋转一周时的螺距增加值相同，但是在起刀点的即面螺距值是递增的。此例中，起刀点 A 距端面 29mm。轴向第 1 刀在径向分 3 刀（包括 2 刀粗车）车出。从图中可看出这 3 刀在 A 点处的即面螺距都是 6.25mm，主轴旋转一周时螺距都增加 0.5mm。如图 3-11b 所示，讨论轴向右起第 2 刀的相关尺寸。该刀在 A 点处的即面螺距是 6.3mm，主轴旋转一周时螺距仍增加 0.5mm。又如图 3-11c 所示，讨论最后 1 刀的相关尺寸。该刀在 A 点处的即面螺距是 6.75mm，主轴旋转一周时螺距仍增加 0.5mm。

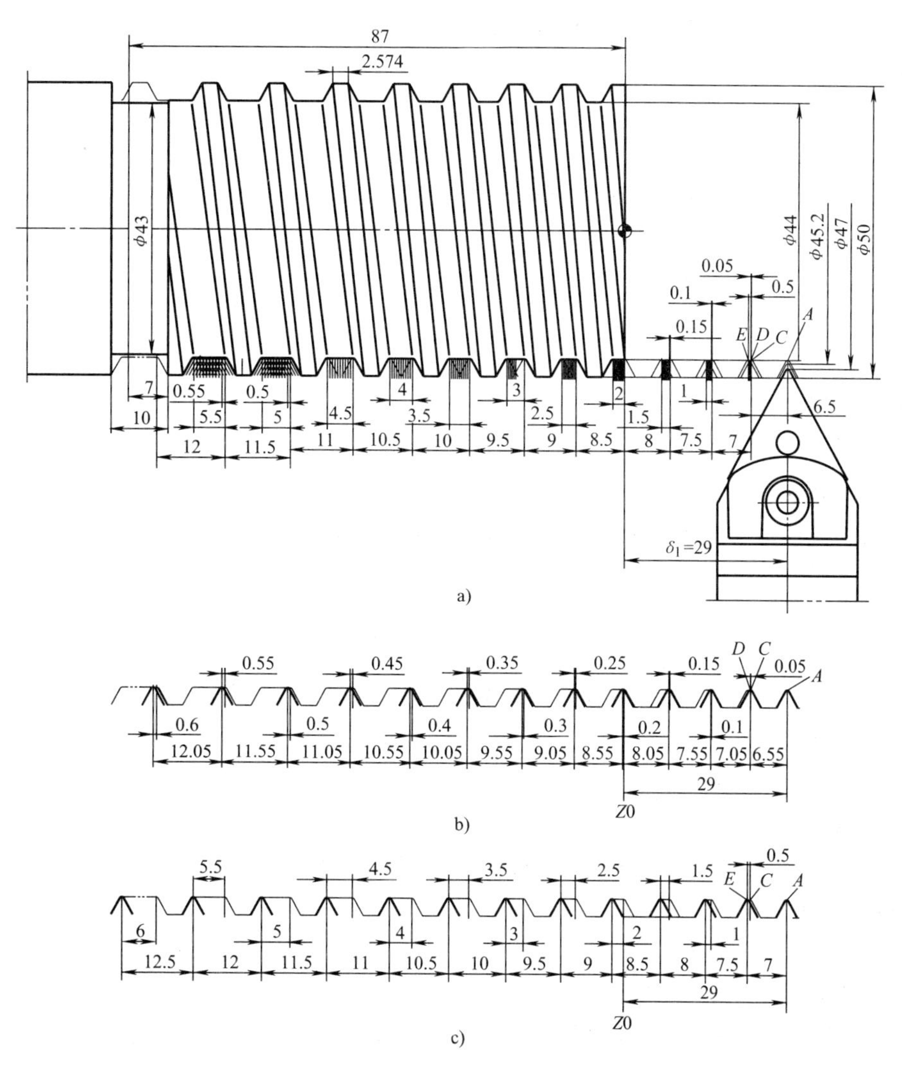

图 3-11　等牙宽变螺距螺纹的加工

a）左右分 11 刀车削等牙宽变螺距螺纹　b）右起第 2 刀的相关尺寸　c）右起第 11 刀即最后 1 刀的相关尺寸

下面的O304程序是用于车削该螺纹的普通加工程序，O305程序是引入了一个变量的宏程序。这两个程序均适用于发那科系统，其效果是一样的。

```
O304;
N01  G54  T0101  S500  M03;
N02  G00  X47         Z29;
N03  G34              Z-87  F6.25  K0.5;(右起第1刀的粗车1)
N04  G00  X150;
N05                   Z29;
N06       X45.2;
N07  G34              Z-87  F6.25  K0.5;(右起第1刀的粗车2)
N08  G00  X150;
N09                   Z29;
N10       X44;
N11  G34              Z-87  F6.25  K0.5;(右起第1刀)
N12  G00  X150;
N13                   Z29;
N14       X44;
N15  G34              Z-87  F6.3  K0.5;(右起第2刀)
N16  G00  X150;
N17                   Z29;
N18       X44;
N19  G34              Z-87  F6.35  K0.5;(右起第3刀)
N20  G00  X150;
N21                   Z29;
N22       X44;
N23  G34              Z-87  F6.4  K0.5;(右起第4刀)
N24  G00  X150;
N25                   Z29;
N26       X44;
N27  G34              Z-87  F6.45  K0.5;(右起第5刀)
N28  G00  X150;
N29                   Z29;
N30       X44;
N31  G34              Z-87  F6.5  K0.5;(右起第6刀)
N32  G00  X150;
N33                   Z29;
N34       X44;
N35  G34              Z-87  F6.55  K0.5;(右起第7刀)
N36  G00  X150;
```

```
N37                 Z29;
N38        X44;
N39   G34           Z-87   F6.6   K0.5;(右起第 8 刀)
N40   G00  X150;
N41                 Z29;
N42        X44;
N43   G34           Z-87   F6.65  K0.5;(右起第 9 刀)
N44   G00  X150;
N45                 Z29;
N46        X44;
N47   G34           Z-87   F6.7   K0.5;(右起第 10 刀)
N48   G00  X150;
N49                 Z29;
N50        X44;
N51   G34           Z-87   F6.75  K0.5;(最后 1 刀)
N52   G00  X150;
N53        X200     Z100              M05;
N54   M30;

O305;
N01   #1=6.25;                        (#1 代表右起第 1 刀在起刀点 A 处的即面螺距)
N02   G54  T0101  S500   M03;
N03   G00  X47      Z29;
N04   G34           Z-87   F#1   K0.5;(右起第 1 刀的粗车 1)
N05   G00  X150;
N06                 Z29;
N07        X45.2;
N08   G34           Z-87   F#1   K0.5;(右起第 1 刀的粗车 2)
N09   G00  X150;
N10                 Z29;
N11        X44;
N12   G34           Z-87   F#1   K0.5;(右起第 1~11 刀)
N13   #1=#1+0.05;
N14   IF [#1 LE 6.75] GOTO9;
N15   G00  X150;
N16        X200     Z100              M05;
N17   M30;
```

PP304.MPF 程序和 PP305.MPF 程序是适用于西门子系统的相应程序。前者是普通加工程序，后者是 R 参数程序，两个程序的效果是一样的。

```
PP304. MPF
N01  G54            S500  M03
N02  T1   D1
N03  G00  X47       Z29
N04  G34            Z-87  K6. 25  F0. 5;右起第 1 刀的粗车 1
N05  G00  X150
N06                 Z29
N07       X45. 2
N08  G34            Z-87  K6. 25  F0. 5;右起第 1 刀的粗车 2
N09  G00  X150
N10                 Z29
N11       X44
N12  G34            Z-87  K6. 25  F0. 5;右起第 1 刀
N13  G00  X150
N14                 Z29
N15       X44
N16  G34            Z-87  K6. 3  F0. 5;右起第 2 刀
N17  G00  X150
N18                 Z29
N19       X44
N20  G34            Z-87  K6. 35  F0. 5;右起第 3 刀
N21  G00  X150
N22                 Z29
N23       X44
N24  G34            Z-87  K6. 4  F0. 5;右起第 4 刀
N25  G34  X150
N26                 Z29
N27       X44
N28  G34            Z-87  K6. 45  F0. 5;右起第 5 刀
N29  G00  X150
N30                 Z29
N31       X44
N32  G34            Z-87  K6. 5  F0. 5;右起第 6 刀
N33  G00  X150
N34                 Z29
N35       X44
N36  G34            Z-87  K6. 55  F0. 5;右起第 7 刀
N37  G00  X150
N38                 Z29
```

```
N39          X44
N40   G34              Z-87   K6.6    F0.5;右起第 8 刀
N41   G00   X150
N42                    Z29
N43          X44
N44   G34              Z-87   K6.65   F0.5;右起第 9 刀
N45   G00   X150
N46                    Z29
N47          X44
N48   G34              Z-87   K6.7    F0.5;右起第 10 刀
N49   G00   X150
N50                    Z29
N51          X44
N52   G34              Z-87   6.75    F0.5;最后 1 刀
N53   G00   X150
N54          X200      Z100          M05
N55   M02

PP305.MPF
N01   R1=6.25;                 R1 代表右起第 1 刀在起刀点 A 处的即面螺距
N02   G54   S500   M03
N03   T1   D1
N04   G00   X47          Z29
N05   G34                Z-87   K=R1   F0.5;右起第 1 刀的粗车 1
N06   G00   X150
N07                      Z29
N08          X45.2
N09   G34                Z-87   K=R1   F0.5;右起第 1 刀的粗车 2
N10   LABEL1:G00   X150
N11                      Z29
N12          X44
N13   G34                Z-87   K=R1   F0.5;右起第 1~11 刀
N14   R1=R1+0.05
N15   IF R1<=6.75 GOTOB LABEL1
N16   G00   X150
N17          X200        Z100               M05
N18   M02
```

图 3-12 所示为零件上的等牙宽变螺距螺纹的照片。

图 3-12　零件上的等牙宽变螺距螺纹的照片

3.7　梯形螺纹的数控车削

图 3-13 所示为在外径 ϕ36mm 工件上车削一段螺距 $P=6$mm 的梯形螺纹。此螺纹中径为 ϕ33mm，可从标准中查得，牙顶间隙 $a_c=0.5$mm（所以小径即牙底径为 ϕ29mm）。此次选择精车余量 $d=0.05$mm，粗车分 11 刀沿右牙侧面进给，等截面积切削。

牙高 $H_1=P+\frac{1}{2}a_c$，此处为 3.5mm。

粗车总背吃刀量 $h'=H_1-d$，此处为 3.45mm。

牙底宽度 $B=0.366P-0.536a_c$，此处为 1.928mm。

设刀序数为 n，那么第 n 刀的累计背吃刀量 h_n 可用式（2-6）求出，第 n 刀的轴向累计位移量 Z_n 可用式（2-7）求出（求出的 $h_1 \sim h_{10}$ 和 $Z_1 \sim Z_{10}$ 这两组数据已在前述公式下列出）。

O306 程序是适用于发那科系统的普通加工程序。

```
O306;
N01G54  S800  M03;
N02  T0101;
N03  G00  X150;
N04                     Z17.871;     (18mm-0.129mm)
N05  G92  X35.042      Z-54  F6;    (36mm-0.479mm×2,第 1 刀)
N06                     Z17.755;     (18mm-0.245mm)
N07  G92  X34.186      Z-54  F6;    (36mm-0.907mm×2,第 2 刀)
N08                     Z17.650;     (18mm-0.350mm)
N09  G92  X33.406      Z-54  F6;    (36mm-1.297mm×2,第 3 刀)
N10                     Z17.552;     (18mm-0.448mm)
N11  G92  X32.682      Z-54  F6;    (36mm-1.659mm×2,第 4 刀)
N12                     Z17.461;     (18mm-0.539mm)
N13  G92  X32.004      Z-54  F6;    (36mm-1.998mm×2,第 5 刀)
```

```
N14                        Z17.375;      (18mm-0.625mm)
N15   G92   X31.366        Z-54   F6;    (36mm-2.317mm×2,第 6 刀)
N16                        Z17.299;      (18mm-0.701mm)
N17   G92   X30.762        Z-54   F6;    (36mm-2.619mm×2,第 7 刀)
N18                        Z17.216;      (18mm-0.784mm)
N19   G92   X30.184        Z-54   F6;    (36mm-2.908mm×2,第 8 刀)
N20                        Z17.141;      (18mm-0.859mm)
N21   G92   X29.632        Z-54   F6;    (36mm-3.184mm×2,第 9 刀)
N22                        Z17.069;      (18mm-0.931mm)
N23   G92   X29.1          Z-54   F6;    (36mm-3.45mm×2,第 10 刀)
N24   X29                  Z-54   F6;    (第 11 刀,即精车)
N25   G00   X200           Z100   M05;
N26   M30;
```

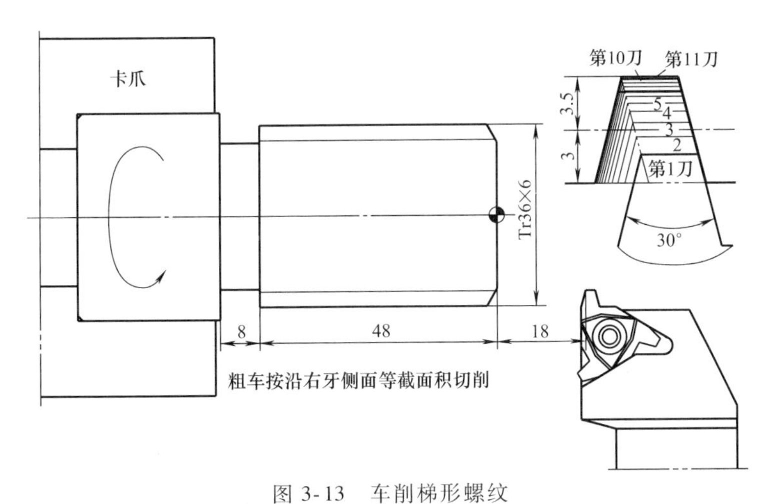

图 3-13　车削梯形螺纹

O307 程序是适用于发那科系统的梯形螺纹加工通用宏程序。当然，这里的赋值只针对该例。如果加工其他梯形螺纹，那么赋相应的值即可。

```
O307;
N01   #1=36;                          (#1 代表螺纹大径)
N02   #2=6;                           (#2 代表螺距 P)
N03   #3=0.5;                         (#3 代表牙顶间隙 a_c)
N04   #4=0.05;                        (#4 代表精车余量 d)
N05   #5=10;                          (#5 代表粗车分刀总数 N)
N06   G54   S800   M03;
N07   T0101;
N08   #6=#2/2+#3;                     (#6 代表牙高 H_1)
N09   #7=#6-#4;                       (#7 代表粗车总背吃刀量 h')
N10   #8=0.366*#2-0.536*#3;           (#8 代表牙底宽度 B)
N11   #9=1;                           (#9 代表粗车分刀序数 n,赋初始值)
```

```
N12  #10=#8 * #8+1.0718 * [#8+0.26795 * #7] * #7/#5 * #9;    (过渡值)
N13  #11=1.866 * [SQRT[#10]-#8];    (#11 代表当刀的累计背吃刀量,见式(2-6))
N14  #12=0.26975 * #11;    (#12 代表当刀的累计轴向位移值,见式(2-7))
N15  G00  X150;
N16                 Z[18-#12];    (平移到车螺纹循环起始点)
N17  G92  X[#1-2 * #11]   Z-54   F#2;    (车一刀)
N18  #9=#9+1;    (刀序数增加 1)
N19  IF [#9 LE #5] GOTO12;    (如果尚未车够刀数就继续车下一刀)
N20  G00  X200          Z100  M05;
N21  M30;
```

PP307. MPF 程序西门子 802D 系统的梯形螺纹加工通用宏程序，赋值也只针对该例子。如果加工其他梯形螺纹，那么赋相应的值即可。

```
PP307. MPF;
N01  R1=36;    R1 代表螺纹的大径
N02  R2=6  R3=0.5;    R2 代表螺距 P,R3 代表牙顶间隙 a_c
N03  R4=0.05  R5=10;    R4 代表精车余量 d,R5 代表粗车分刀总数 N
N04  G54   S800   M03
N05            T1  D1;
N06  G00  X150;
N07  R6=R2/2+R3;    R6 代表牙高 H_1
N08  R7=R6-R4;    R7 代表粗车总背吃刀量 h'
N09  R8=0.366 * R2-0.536 * R3;    R8 代表牙底宽度 B
N10  R9=1;    R9 代表粗车分刀序数 n,赋初始值
N11  LABEL1:R10=R8 * R8+1.0718 * (R8+0.26795 * R7) * R7/R5 * R9;循环开始
N12  R11=1.866 * (SQRT(R10)-R8);    R11 代表当刀的累计背吃刀量,见式(2-6)
N13  R12=0.26975 * R11;    R12 代表当刀的累计轴向位移值,见式(2-7)
N14            Z=18-R12;    平移到车螺纹起始点之上
N15    X=R1-2 * R11;    下降到车螺纹起始点
N16  G33       Z-54       K=R2;    车一刀
N17  G00  X150;    抬刀
N18  R9=R9+1;    刀序数增加 1
N19  IF R9<=R5 GOTOB LABEL1;    如果尚未车够刀数就继续车下一刀
N20  G00  X200  Z100  M05;
N21  M02;
```

注意事项：如果用发那科系统的 G76 循环指令和西门子 808 或 828D 的 CYCLE99 循环指令车削梯形螺纹，那么可以沿牙侧面进给，而且车出的牙型也是正确的，但不能等截面积切削。原因是这几种循环用的都是本书中的式（2-1）和式（2-2），而这两个公式只适用于三角形螺纹。结论是车削梯形螺纹时这几个循环指令都可以借用，但执行时不是等截面积切削。

3.8　0°、45°锯齿形螺纹的数控车削

锯齿形螺纹的轴向剖面的牙型线一侧都与轴线成 45°角，另一侧牙型线与轴线垂直线的夹角有 0°和 3°（国家标准规定）及 7°（国外标准规定）等。

车削锯齿形螺纹目前没有现成的标准车刀。可以用自制的成形车刀车削，但用成形车刀车削时由于接触面大，所以切削力也大，对工艺系统的刚性要求也高。正确的选择是用装 35°等边菱形刀片的标准外圆车刀车削锯齿形螺纹。

3.8.1　0°、45°反锯齿形螺纹的数控车削

把工件装夹在车床上后锯齿有两种朝向。作者把锯齿朝左和朝右分别称为反锯齿形螺纹和正锯齿形螺纹（只是为区分而这样称呼）。

图 3-14 所示为一种有 0°、45°反锯齿形螺纹的工件简图。螺纹的螺距 $P=10$mm。牙高 h_1 可从标准中查得，为 5.75mm。牙底圆弧半径从标准中查得为 1.24mm，但通过图上捕捉更精确，值应为 1.237mm。本螺纹外径为 ϕ72mm。

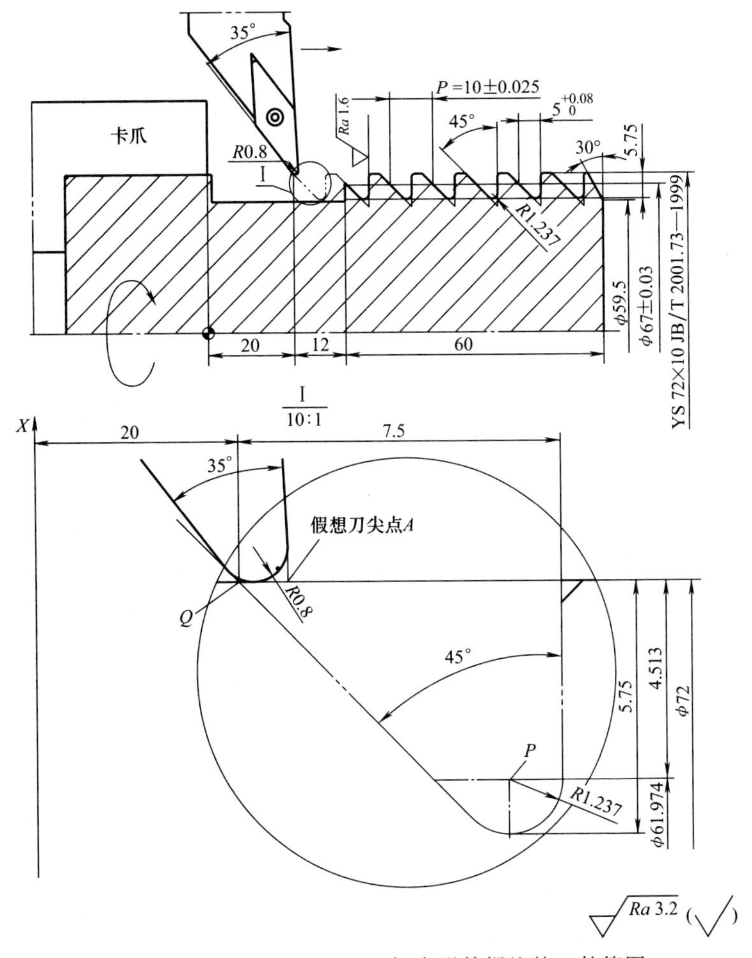

图 3-14　一种有 0°、45°反锯齿形外螺纹的工件简图

粗、精车分别使用刀尖圆弧半径 0.8mm 和 0.4mm 的左偏车刀，主轴反转，从左往右车。取卡爪端面与主轴中心线的交点为工件 Z 向原点（即 Z 向编程原点）。

先讨论粗车。粗车分 N 层（这里 $N=6$），每层分若干刀。某层分刀数的多少与 Z 向切削量（这里取 0.3mm）有直接关系。图 3-15 所示为此例的粗车编程用图。

先选定两侧的精车留量 d，这里取 0.3mm。通过槽底圆心点 P 作水平线，粗车最后一层时刀尖圆心就在这条水平线上。P 点到外圆线的距离等于牙高减去牙底半径，此处为 4.513mm。实际粗车总深还要加上刀尖圆弧半径，此处为 5.313mm。粗车总深除以分层数得每层厚，此处为 0.8855mm。

在每层左起第一刀前必须加切一刀（见图 3-15），否则整层的第一刀切去的面积会比后面各刀大得多（会打刀尖）。加刀的深度最好取层厚乘以 2 的平方根值的一半（即乘以 0.707），在此处是 0.626mm。

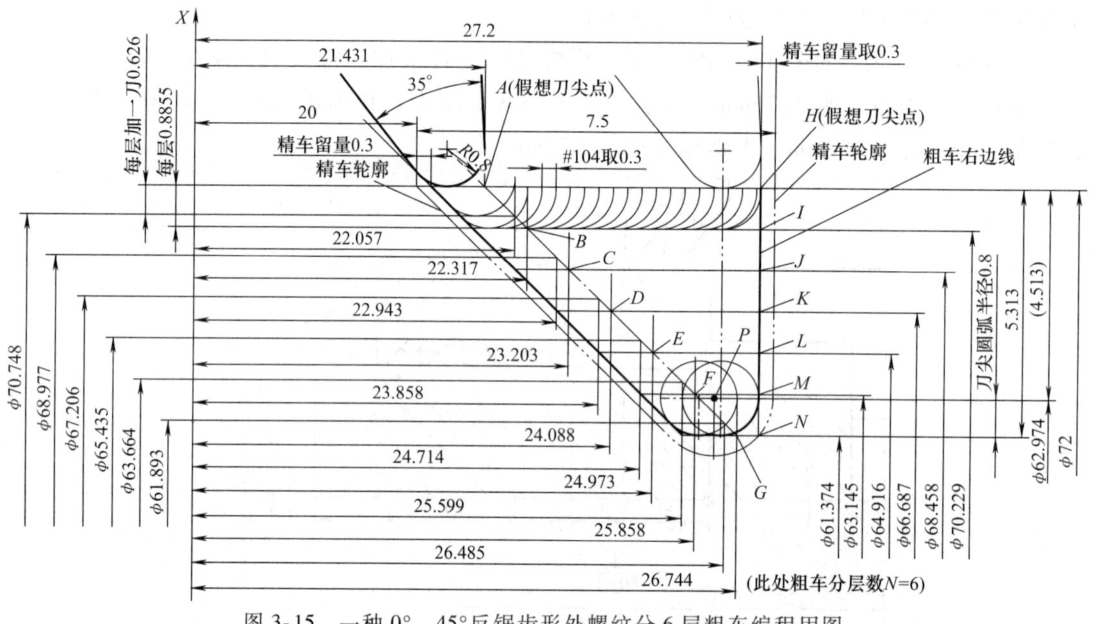

图 3-15　一种 0°、45°反锯齿形外螺纹分 6 层粗车编程用图

编制这类程序时一定要用假想刀尖点的坐标值（当然 X 向指令值应乘以 2）。A 点和 H 点分别是第 0 层的 Z 向起点和终点，B 点和 I 点分别是第 1 层 Z 向的起点和终点……最后一层的 Z 向起点和终点分别是 G 点和 N 点。上述各点的数据已标注在图中，各层前加一刀的数据也有标注。

把每层前加的那一刀称为半层，编写的主程序 O308 及其调用子程序 O309 如下：

```
O308;
N01  #104=0.3;                                (#104 代表每层共用的 Z 向切削量)
N02  G54  T0101  S400  M04;
N03  G00  X100;
N04                 Z22.057;
N05  G92  X70.748   Z102      F10;
N06  G65  P309  A70.229  B22.317;                                 (车第 1 层)
```

```
N07  G00  X100        Z22.943
N08  G92  X68.977     Z102;
N09  G65  P309  A68.458  B23.203;        (车第 2 层)
N10  G00  X100        Z23.858;
N11  G92  X67.206     Z102;
N12  G65  P309  A66.687  B24.088;        (车第 3 层)
N13  G00  X100        Z24.714;
N14  G92  X65.435     Z102;
N15  G65  P309  A64.916  B24.973;        (车第 4 层)
N16  G00  X100        Z25.599;
N17  G92  X63.664     Z102;
N18  G65  P309  A63.145  B25.858;        (车第 5 层)
N19  G00  X100        Z26.485;
N20  G92  X61.893     Z102;
N21  G65  P309  A61.374  B26.744;        (车第 6 层)
N22  G00  X150        Z200  M05;
N22  M30;

O309;
N1  G00  X100  Z#2;                      (到达本刀循环的起始点)
N2  G92  X#1  Z70  F10;                  (车一刀)
N3  #2=#2+#104;                          (计算下一刀的 Z 坐标值)
N4  IF [#2 LT 27.2] GOTO1;               (如未到右边界就转上去车下一刀)
N5  G00  X100  Z27.2;                    (到达末刀循环的起始点)
N6  G92  X#1  Z70;                       (车最后一刀)
N7  M99;
```

O308 程序是主程序，其中车每一层又各调用一次 O309 宏程序。主程序中的#104 代表各层共用的 Z 向切削量，此处取 0.3mm。由于它是公共变量，所以其值在宏程序 O309 中仍有效。用 G65 调用宏程序段中的程序字 A 值代表本层的 X 值（直径指定），它给宏程序中的#1 赋值。同段中的程序字 B 值代表本层左起第一刀起始处假想刀尖点的 Z 坐标值，也就是第一刀循环起始点的 Z 坐标值。调用一次宏程序，就能车完一整层。

宏程序 N4 段中的 27.2 是各层假想刀尖点的右边界值。此值与粗车右轮廓线的 Z 坐标值相同。宏程序中的 N5 段和 N6 段用于本层的最后一刀，这样编程可使最后一刀正好到达边界。

这种编程方法比较好理解，但通用性不好。

同样是用作本例的粗车，下面的这组程序通用性就相对好一些，而且主程序也减少 8 句。

```
O310;
N1  #101=72;                             (#101 代表螺纹外径值)
```

```
N2  #102=10;                                   (#102 代表螺距 P 值)
N3  #103=21.431;                               (此处#103 代表 0 层刀位点的起始 Z 值)
N4  #104=0.3;                                  (#104 代表每层共用的 Z 向切削量)
N5  G54  T0101  S400  M04;
N6  #101=#101-0.626*2;                         (此处#101 代表本半层的 X 指令值)
N7  #103=#103+0.626;                           (此处#103 代表本半层起始刀位点的 Z 值)
N8  G00  X100  Z#103;                          (到达车半层一刀的循环起点)
N9  G92  X#101  Z70  F#102;                    (车半层一刀)
N10  #101=#101-0.2595*2;                       (此处#101 代表本层的 X 指令值)
N11  #103=#103+0.2595;                         (此处#103 代表本层起始刀位点的 Z 值)
N12  G65  P311  A#103;                         (调用宏程序车本整层)
N13  IF [#101 GT 61.374] GOTO6;                (如果没到最后一层就转上去车下一个半层和整层)
N14  G00  X150  Z100  M05;
N15  M30;

O311;
N1  G00  X100  Z#1;                            (到达本刀循环起始点)
N2  G92  X#101  Z70  F#102;                    (执行本刀循环)
N3  #1=#1+#104;                                (为下一刀准备起始点的 Z 值)
N4  IF [#1 LT 27.2] GOTO1;                     (如下一刀仍在边界左边就转上去执行)
N5  G00  X100  Z27.2;                          (否则就到达最后一刀循环起始点)
N6  G92  X#101  Z70  F#102;                    (执行本层的最后一刀循环)
N7  M99;
```

执行 O310 程序和 O311 程序的结果与执行上组程序的结果相同。O310 程序和 O311 程序是为下组通用宏程序铺垫的，或者说它们可以升级为下组通用宏程序。

O312 程序是用装 35°菱形刀片的左偏刀从左向右分层粗车 0°、45°反锯齿形外螺纹宏程序组中的主（宏）程序，而 O313 程序是该宏程序的子宏程序。

```
O312;
N01  #1=72;                                    (#1 代表螺纹外径值)
N02  #2=10;                                    (#2 代表螺距 P 值)
N03  #3=5.75;                                  (#3 代表牙高 h1,可查到)
N04  #4=1.237;                                 (#4 代表牙底半径,可查到)
N05  #5=0.3;                                   (#5 代表所取的精车留量 d)
N06  #6=6;                                     (#6 代表粗车分层数 N)
N07  #7=0.8;                                   (#7 代表刀尖圆弧半径值)
N08  #8=20;                                    (#8 代表总起点的 Z 值,见图 3-15)
N09  #9=0.3;                                   (#9 代表每层共用的 Z 向切削量)
N10  #19=400;                                  (#19 代表主轴转速 S)
N11  #20=0101;                                 (#20 代表刀位号和刀补号)
```

```
N12  #120=102;                                  (#120 代表切削终点的 Z 值)
N13  #124=150;                                  (#124 代表刀具最后退刀点的 X 指令值)
N14  #126=200;                                  (#126 代表刀具最后退刀点的 Z 值)
N15  #100=#3-#4+#7;                             (#100 代表粗车总厚度)
N16  #101=#100/#6;                              (#101 代表粗车每层的厚度)
N17  #102=#8+#5+#7*[1+TAN[22.5]];               (此处#102 代表 0 层起始刀位点的 Z 值)
N18  #103=#8+0.75*#2-#5;                        (#103 代表各层最终刀位点的 Z 值)
N19  G54  T#20  S#19  M04;
N20  #104=#2;                                   (把螺距值转赋给公共变量#104)
N21  #105=#9;                                   (把每层共用的 Z 向切削量转赋给公共变量#105)
N22  #109=#1;                                   (把螺纹外径值保存在公共变量#109 中)
N23  #110=#1;                                   (#110 代表本层的 X 指令值,赋 0 层初始值)
N24  #110=#110-0.707*#101*2;                    (此处#110 代表本半层的 X 指令值)
N25  #102=#102+0.707*#101;                      (此处#102 代表本半层起始刀位点的 Z 值)
N26  G00  X[#110+30];                           (到达本半层一刀循环起点 X 位)
N27             Z#102;                          (到达本半层一刀循环起点 Z 位)
N28  G92  X#110  Z#120  F#2;                    (车本半层一刀)
N29  #110=#110-0.293*#101*2;                    (此处#110 代表本层的 X 指令值)
N30  #102=#102+0.293*#101;                      (此处#102 代表本层起始刀位点的 Z 值)
N31  G65  P313  A#102  B#104;(调用车削本层的宏程序并给其中的#1 变量和#2 变量赋值)
N32  IF [#110  GT [#109-2*#100]] GOTO24;        (如条件成立就转上去车下半层和下一层)
N33  G00  X#124  Z#126  M05;                    (退到最后退刀点)
N34  M30;

O313;
N1  G00  X[#110+30]  Z#1;                       (到达本刀循环起点)
N2  G92  X#110  Z#120  F#2;                     (执行本刀循环)
N3  #1=#11+#105;                                (计算下一刀循环起点的 Z 值)
N4  IF [#1 LT #103] GOTO1;                      (如未到右边界就接着车下一刀)
N5  G00  X[#110+30]  Z#103;                     (到达最后一刀的起点)
N6  G92  X#110  Z#120  F#2;                     (执行最后一刀循环)
N7  M30;
```

在 O312 中，有如下几点需要注意：

① #5 代表的精车留量和#6 代表的粗车分层数可根据需要选定。

② #8 代表的值是图 3-14 中 Q 点的 Z 坐标值，它与 Z 向原点取在何处有关。

③ 其他语句在程序中已有注释。

这组程序中，0°、45°反向锯齿形螺纹的数据和加工所用的数据都用了变量代替，所以通用性很好。读者即使暂时没有看懂这组宏程序也可以直接拿来用。当然，对程序头部 14 个变量要赋正确的值。使用时不必再用作图来获取数据。

图 3-16 所示为执行这组按本例赋值的宏程序后的仿真截屏。执行前两组程序的结果与此完全相同。截屏图中右侧牙型线与轴线垂直线的夹角不是 0°的原因是，在此仿真软件中装 35°菱形刀片的车刀中没有左偏车刀（只能用对称刀代替）。在实际加工时，加工出的右牙型线与轴线垂直线的夹角为 0°。

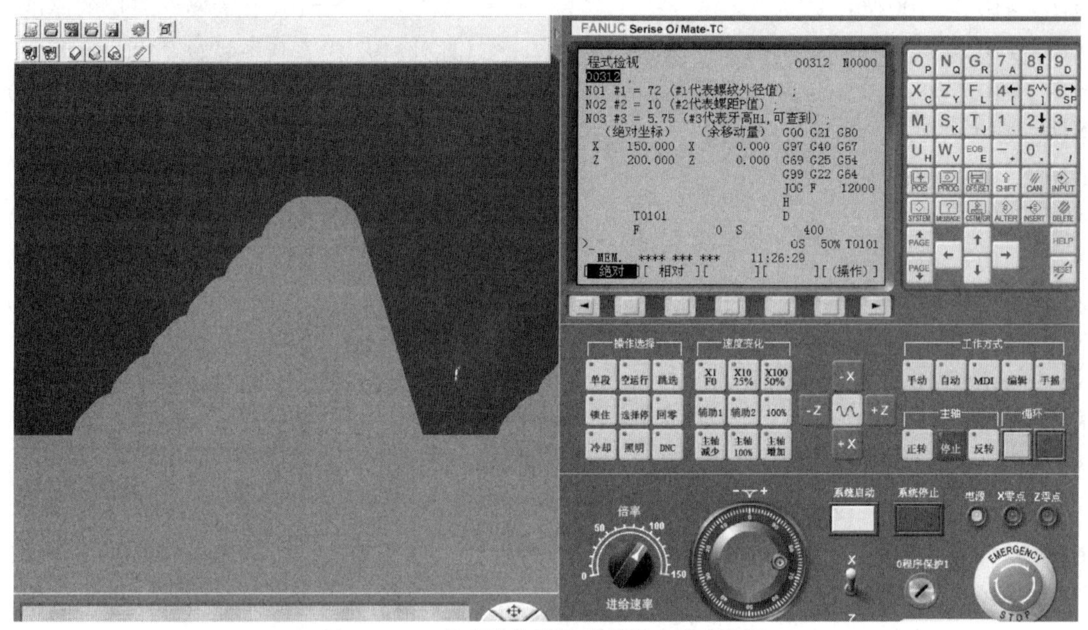

图 3-16　一种反锯齿形螺纹的粗车仿真截屏

再讨论此例中螺纹的精车，如图 3-17 所示。

这里使用 35°菱形刀片，其刀尖圆弧半径为 0.4mm。先车 45°斜面，后车 0°垂直面。图 3-17 中的 A 点和 C 点分别是车左侧时（假想刀尖点）的起点和终点，E 点和 V 点分别是车右侧时（假想刀尖点）的起点和终点。C 点的指令值可从图上获取。

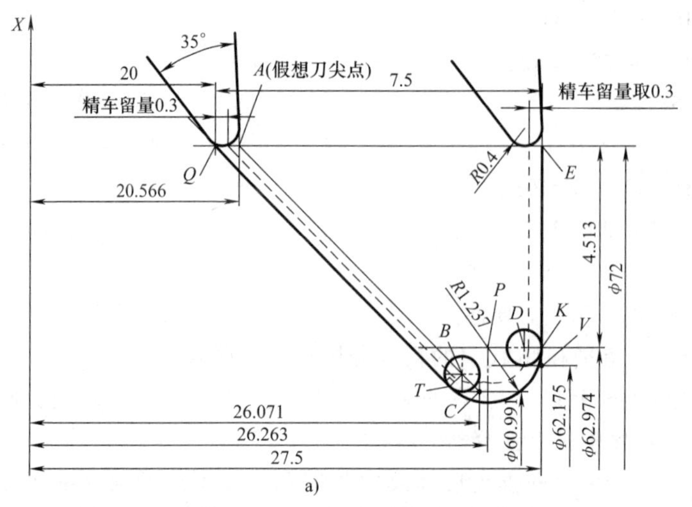

图 3-17　一种 0°、45°反锯齿形外螺纹精车编程用图

a）车 45°和 0°牙侧面数据

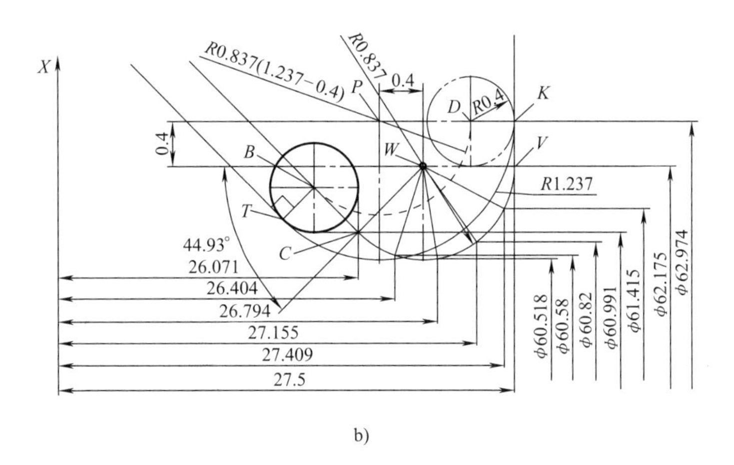

b)

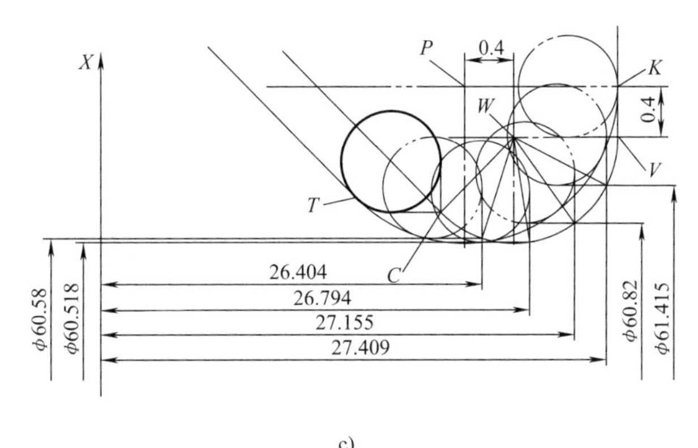

c)

图 3-17　一种 0°、45°反锯齿形外螺纹精车编程用图（续）

b）车牙底圆弧数据（例中分 4 刀）　c）车牙底圆弧示意图（例中分 4 刀）

现在讨论底部圆弧部分的加工。圆弧轮廓为 *TK* 段，半径为 1.237mm，加工时相应的假想刀尖点轨迹为 *CV* 段，半径为 0.837mm。编程时应注意以 *W* 点为圆心的这段圆弧。先决定底部分几刀车（由于底部不是配合面所以可车得略粗糙），这里选用分 4 刀车。将∠*VWC* 5 等分（注意等分数应为分刀数加 1），4 条角平分线与圆弧 *VC* 的 4 个交点就是这 4 刀的编程位置点。分别标出这 4 点的坐标值（*X* 向乘以 2），供编程时直接使用。下面是用于此例的精车程序。

```
O314;
N01  #1=72;                                  (#1 代表螺纹外径,赋初始值)
N02  #2=20.566;                              (#2 代表图上 A 点的 Z 坐标值)
N03  #103=0.15;                              (#103 代表共用吃刀量)
N04  G54  T0202  S400  M04;                  (用 2 号刀和 2 号刀补)
N05  G00  X100       Z#2;                    (到达本刀循环起点)
N06  G92  X#1        Z102  F10;              (执行本刀循环即车一刀)
N07  #1=#1-2*#103;                           (计算下一刀的 X 指令值)
N08  #2=#2+#103;                             (计算下一刀的 Z 坐标值)
N09  IF [#1 GT 60.991] GOTO05;               (如未到下限就转上去车下一刀)
```

```
N10   G00   X100        Z26.071;                  (到达最后一刀的循环起点)
N11   G92   X60.991     Z102;                     (执行最后一刀循环)
N12   G00   X100        Z26.404;                  (到达底部左一刀的循环起点)
N13   G92   X60.58      Z102;                     (车底部左起第1刀)
N14   G00   X100        Z26.794;                  (到达底部左二刀的循环起点)
N15   G92   X60.518     Z102;                     (车底部左起第二刀)
/N16                 T0212;                       (仍用2号刀但改用12号刀补)
/N17  #1=72;                                      (#1代表螺纹外径,赋初始值)
/N18  G00   X100        Z27.5;                    (到达本刀循环的起点)
/N19  G92   X#1         Z102;                     (执行本刀循环)
/N20  #1=#1-2*#103;                               (计算下一刀的X指令值)
/N21  IF [#1 GT 62.175] GOTO18;                   (如未到下限就转上去车下一刀)
/N22  G00   X100        Z27.5;                    (到达最后一刀的循环起点)
/N23  G92   X62.175     Z102;                     (执行最后一刀循环)
/N24  G00   X100        Z27.409;                  (到达底部右一刀的循环起点)
/N25  G92   X61.415     Z102;                     (车底部右起第一刀)
/N26  G00   X100        Z27.155;                  (到达底部右二刀的循环起点)
/N27  G92   X60.82      Z102;                     (车底部右起第二刀)
N28   G00   X150        Z150    M05;
N29   M30;
```

在此程序中有以下几点需要注意：

① #2代表与工件表面接触第1刀刀位点的起始 Z 值，它等于 Q 点的 Z 值加上刀尖圆弧半径，再加上刀尖圆弧半径乘以45°的半角的正切值（这是计算假想刀尖点位置的公式）。

② N10和N11段用于车斜面的最后一刀（这刀也是圆弧底左起第0刀）。

③ N16段用于改刀补号，即左右两侧虽用同一把刀但用不同的刀补号（目的是让车出的槽宽度可调）。

④ N22和N23段用于车右侧面（垂直面）的最后一刀（这刀也是圆弧底右起第0刀）。

⑤ 其他段的含义在程序中都有注释。

⑥ N16~N27段前加跳步符的目的是使修车时只修车斜面、不修车直面。因为直面是配合面（即滑动面），修车后的表面质量一般没有一次精车成的表面质量好。遇到类似加工时，可参照上述作图方法和编程方法来编写精车程序。

图3-18所示为先粗车后用O314程序精车后的仿真截屏。图中右侧牙型线与轴线夹角不是0°的原因同粗车仿真，实际加工时车出的右侧牙型线与轴线垂直线的夹角是0°。

这个精车宏程序有一定的通用性，但通用性还不高，因为使用时有些数据还要通过作图来得到。若要提高通用性，可把刀尖圆弧半径、W 点和 C 点的坐标值、CV 圆弧的半径值、车底分刀数用变量替代。但这样一来，宏程序就复杂多了。

3.8.2 0°、45°正锯齿形螺纹的数控车削

图3-19所示为一种有0°、45°正锯齿形螺纹的工件简图。工件外径和螺纹的其他尺寸同

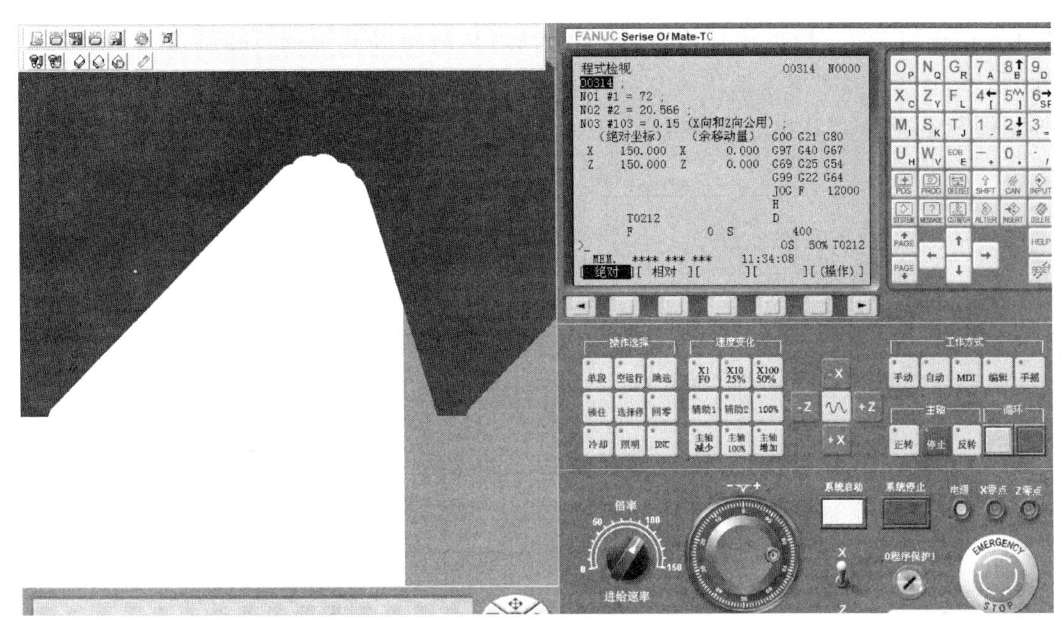

图 3-18 一种反锯齿形螺纹的精车仿真截屏

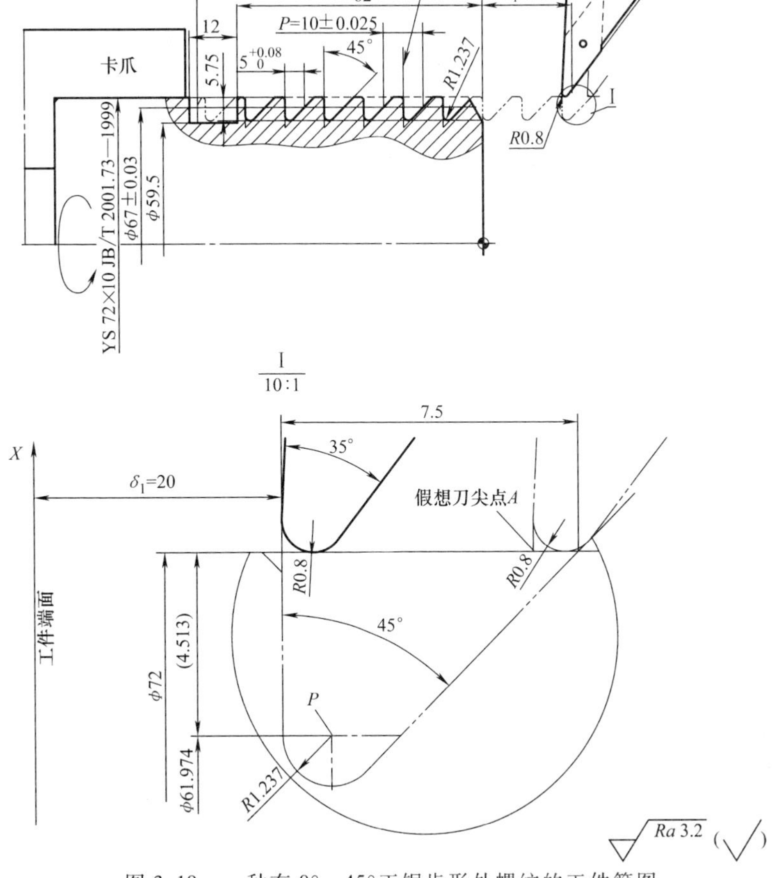

图 3-19 一种有 0°、45°正锯齿形外螺纹的工件简图

3. 8. 1 节的例子。粗、精车分别用刀尖圆弧半径为 0. 8mm 和 0. 4mm 的右偏车刀趴着装，主轴正转，从右往左车。取工件右端面为编程原点。粗车分层数和切削参数与 3. 8. 1 节的例子相同。图 3-20 所示为其粗车编程用图。

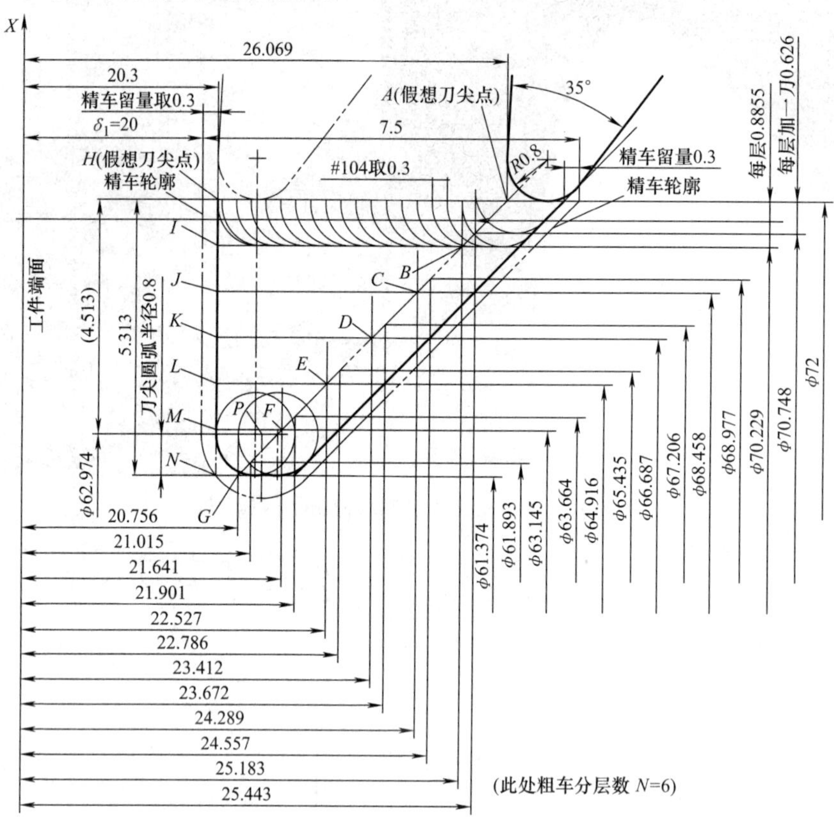

图 3-20　一种 0°、45°正锯齿形外螺纹分 N 层粗车编程图

下面是 O315 程序和 O316 程序，是一组用于粗车 0°、45°正锯齿形螺纹的通用宏程序。

O315；

N01　#1=72；　(#1 代表螺纹外径值)

N02　#2=10；　(#2 代表螺距 P 值)

N03　#3=5. 75；　(#3 代表牙高 h_1，可查到)

N04　4#=1. 237；　(#4 代表牙底半径，可查到)

N05　#5=0. 3；　(#5 代表所取的精车留量 d)

N06　#6=6；　(#6 代表粗车分层数 N)

N07　#7=0. 8；　(#7 代表刀尖圆弧半径值)

N08　#8=20；　(#8 代表所取的升速段 δ_1)

N09　#9=0. 3；　(#9 代表每层共用的 Z 向吃刀值)

N10　#19=400；　(#19 代表主轴转速 S)

N11　#20=0101；　(#20 代表刀位号和刀补号)

N12　#120=72；　(#120 代表切削终点的 Z 值)

N13　#124=150；　(#124 代表刀具最后退刀点的 X 指令值)

```
N14  #126=200;                                  (#126 代表刀具最后退刀点的 Z 值)
N15  #100=#3-#4+#7;                             (#100 代表粗车总厚度)
N16  #101=#100/#6;                              (#101 代表粗车每层的厚度)
N17  #102=#8+0.75*#2-#5-#7*[1+TAN[22.5]];
                                                (此处#102 代表 0 层起始刀位点的 Z 值)
N18  #103=#8+#5;                                (#103 代表各层最终刀位点的 Z 值)
N19  G54  T#20  S#19  M03;
N20  #104=#2;                                   (把螺距值转赋给公共变量#104)
N21  #105=#9;                                   (把每层共用的 Z 向切削量转赋给公共变量#105)
N22  #109=#1;                                   (把螺纹外径值保存在公共变量#109 中)
N23  #110=#1;                                   (#110 代表本层的 X 指令值,赋 0 层初始值)
N24  #110=#110-0.707*#101*2;                    (此处#110 代表本半层的 X 指令值)
N25  #102=#102-0.707*#101;                      (此处#102 代表本半层起始刀位点的 Z 值)
N26  G00  X[#110+30];                           (到达本半层一刀循环起点 X 位)
N27                 Z#102;                      (到达本半层一刀循环起点 Z 值)
N28  G92  X#110  Z#120   F#2;                   (车本半层一刀)
N29  #110=#110-0.293*#101*2;                    (此处#110 代表本层的 X 指令值)
N30  #102=#102-0.293*#101;                      (此处#102 代表本层起始刀位点的 Z 值)
N31  G65  P316  A#102  B#104;                   (调用车本整层的宏程序并给其中的#1 和#2 赋值)
N32  IF [#110 GT [#109-2*#100]] GOTO24;         (如条件成立就转上去车下半层和下一层)
N33  G00  #124  Z#126   M05;                    (刀具退到最后退刀点)
N34  M30;

O316;
N1  G00  X[#110+30]  Z#1;                       (到达本刀循环起点)
N2  G92  X#110  Z#120  F#2;                     (执行本刀循环)
N3  #1=#1-#105;                                 (计算下一刀循环起点的 Z 值)
N4  IF [#1GT#103] GOTO1;                        (如未到左边界就接着车下一刀)
N5  G00  X[#110+30] Z#103;                      (到达最后一刀的起点)
N6  G92  X#110  Z#120  F#2;                     (执行最后一刀循环)
N7  M99;
```

这组宏程序的通用性强。在遇到需要精车 0°、45°正锯齿形螺纹时，只要根据具体情况给 O315 程序中的 14 个变量赋值即可。

下面讨论此例螺纹的精加工，如图 3-21 所示。

这里使用 35°菱形刀片，其刀尖圆弧半径为 0.4mm。先车 45°斜面，后车 0°垂直面。图中的 *A* 点和 *C* 点分别是车右侧牙型面时（假想刀尖点）的起点和终点，*E* 点和 *V* 点分别是车左侧牙型面时（假想刀尖点）的起点和终点。*C* 点的指令值可在图上获取。车底部圆弧部分的方法和指令值获取方法同 3.8.1 节的例子。下面是本例螺纹的精车程序。

```
O317;
N01  #1=72;                                     (#1 代表螺纹外径,赋初始值)
```

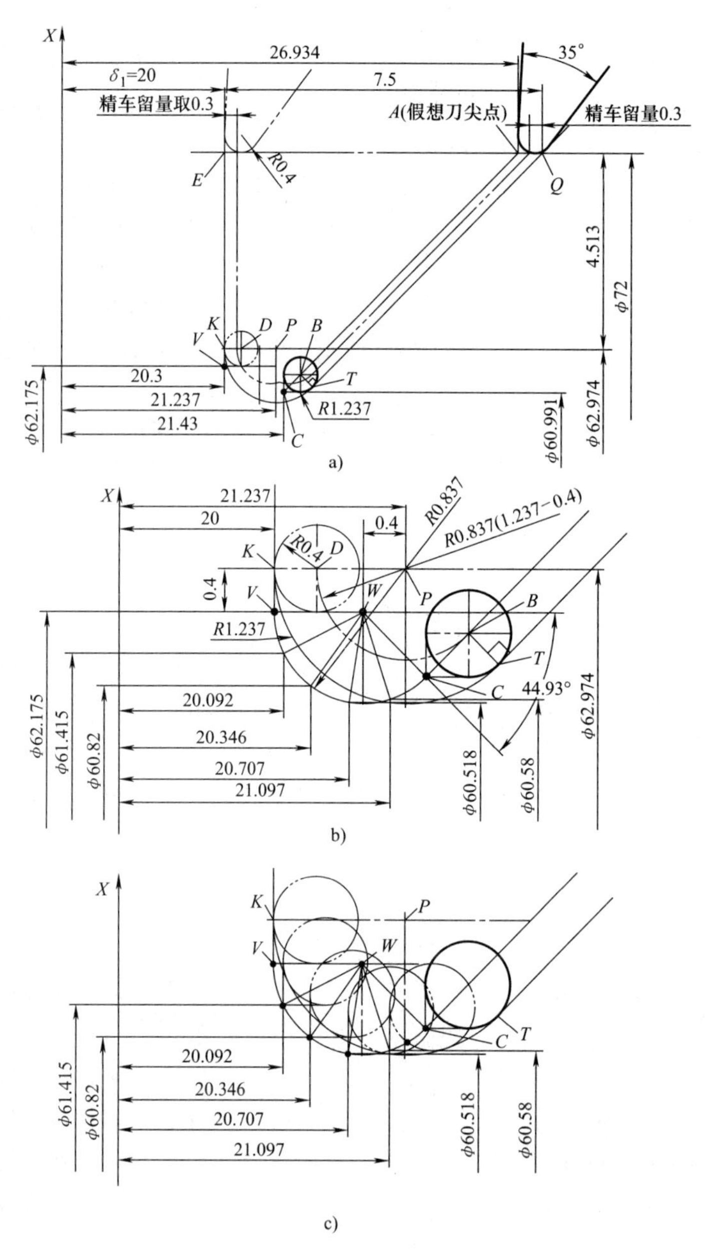

图 3-21　一种 0°、45°正锯齿形外螺纹精车编程用图

a）车 0°线和 45°侧数据　b）车牙底圆弧数据（例中分 4 刀）　c）车牙底圆弧示意图（例中分 4 刀）

```
N02  #2=26.934;                          (#2 代表图上 A 点的 Z 坐标值)
N03  #103=0.15;                          (#103 代表共用背吃刀量)
N04  G54  T0202  S400  M03;              (用 2 号刀和 2 号刀补)
N05  G00  X100      Z#2;                 (到达本刀循环起点)
N06  G92  X#1       Z-72     F10;        (执行本刀循环即车一刀)
N07  #1=#1-2*#103;                       (计算下一刀的 X 指令值)
N08  #2=#2-#103;                         (计算下一刀的 Z 坐标值)
```

```
N09  IF [#1 GT 60.991] GOTO05;          (如未到下限就转上去车下一刀)
N10  G00  X100      Z21.43;             (到达最后一刀的循环起点)
N11  G92  X60.991   Z-72;               (执行最后一刀循环)
N12  G00  X100      Z21.097;            (到达底部右一刀的循环起点)
N13  G92  X60.58    Z-72;               (车底部右起第 1 刀)
N14  G00  X100      Z20.707;            (到达底部右起第 2 刀的循环起点)
N15  G92  X60.518   Z-72;               (车底部右起第 2 刀)
/N16  T0212;                            (仍用 2 号刀但改用 12 号刀补)
/N17  #1=72;                            (#1 代表螺纹外径,赋初始值)
/N18  G00  X100     Z20;                (到达本刀循环的起点)
/N19  G92  X#1      Z-72;               (执行本刀循环)
/N20  #1=#1-2*#103;                     (计算下一刀的 X 值)
/N21  IF [#1 GT 62.175] GOTO18;         (如未到下限就转上去车下一刀)
/N22  G00  X100     Z20;                (到达最后一刀的循环起点)
/N23  G92  X62.175  Z-72;               (执行最后一刀循环)
/N24  G00  X100     Z20.092;            (到达底部左起第 1 刀的循环起点)
/N25  G92  X61.415  Z-72;               (车底部左起第 1 刀)
/N26  G00  X100     Z20.346;            (到达底部左起第 2 刀的循环起点)
/N27  G92  X60.82   Z-72;               (车底部左起第 2 刀)
/N28  G00  X150     Z150     M05;
N29  M30;
```

图 3-22 所示为粗车后用 O317 程序精车所得到的仿真截屏。

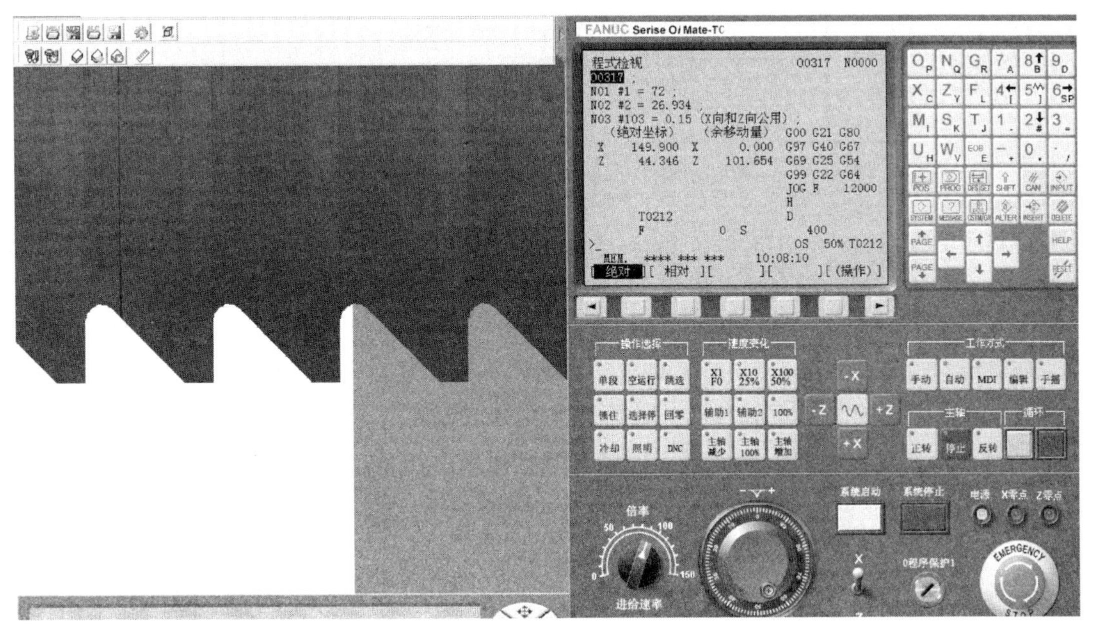

图 3-22　一种正锯齿形螺纹的精车仿真截屏

3.9 7°、45°锯齿形螺纹的数控车削

7°、45°的锯齿形螺纹是一种英制螺纹。图 3-23 所示为一种深井用的被称为“液缸”件上的这种 7°、45°锯齿形内螺纹。

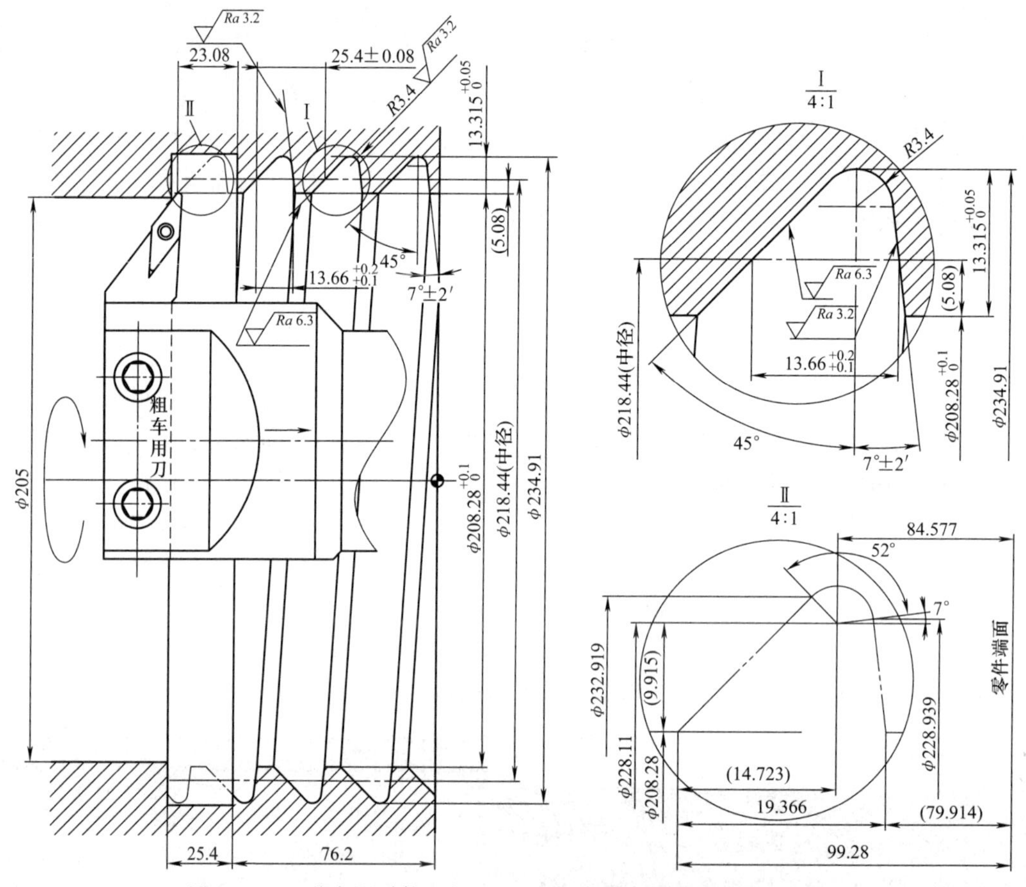

图 3-23 一种实际零件上的 7°、45°锯齿形内螺纹及其粗车用刀

此螺纹的螺距大，达 1in（25.4mm），使用成形车刀车削时不但磨刀的要求高，而且加工时振动大。这里粗、精车都采用装 35°菱形刀片的标准外圆偏刀来加工。粗车用刀尖圆弧半径为 1.2mm 的刀片，精车用刀尖圆弧半径为 0.8mm 的刀片。精车采用从里往外切削方式，所以用左偏外圆车刀，（刀片）朝天装；而精车采用从外往里切削方式，所以用右偏外圆车刀，趴着装。粗车时主轴反转，精车时主轴正转。粗、精车各用一种自制的刀夹。图 3-24 所示为这两种刀夹的头部形状。杆部的形状根据所用机床的刀架来定。此刀夹对应的外圆刀杆尺寸是 25mm×25mm。如果工件内径只有一百多毫米，可改用 20mm×20mm 刀方的外圆车刀，此时应减小相应的刀夹尺寸。

先介绍粗车。粗车分 11 层、每层又分若干刀。每层前还需要加 1 刀（作者把它称为半层）。

图 3-25a 所示为螺旋槽剖面放大图。左、右精车留量都取 0.6mm。图中的粗实线是左、

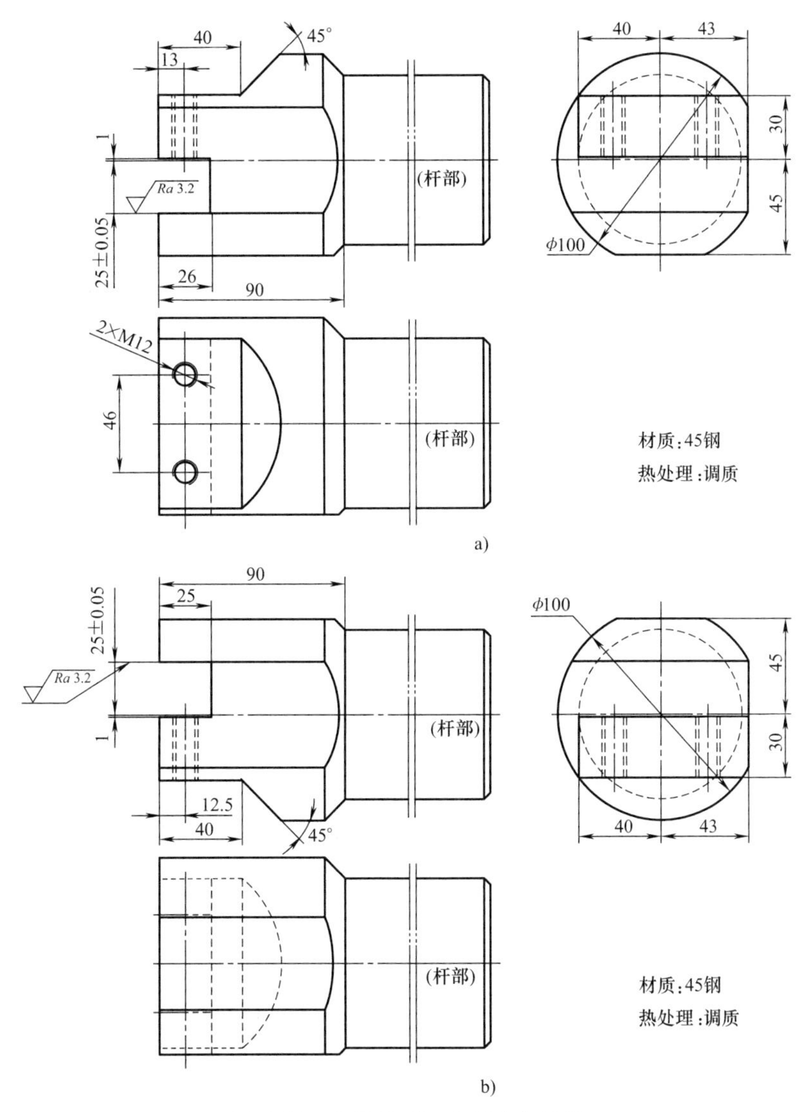

图 3-24　两种自制刀夹的头部形状

a）刀片向上装时刀夹的头部形状（此例中用于粗车）　b）趴着装时刀夹的头部形状（此例中用于精车）

右粗车轮廓线。左、右粗虚线分别是每层用于编程的假想刀尖点的左、右极限线，各层前加出那一刀的假想刀尖点都落在左粗实线上。

图 3-25b 中右部的标注尺寸是各层的 X 指令值，左部的标注尺寸是各层前加出那一刀的 X 指令值。这里半层距取层距的$\sqrt{2}/2$倍，目的是使加出这刀的去除面积与各层第 1 刀的去除面积相等。

图 3-26 中的轮廓是图 3-23 中Ⅱ处的放大。图中下部的标注尺寸是各层第 1 刀假想刀尖点到工件端面间的距离，右部的标注尺寸是各层最后一刀假想刀尖点到工件端面间的距离，顶部的标注尺寸是各层前加出那刀假想刀尖点到工件端面间的距离。

这些编程要用的数据是在精车余量、刀尖圆弧半径和精车分层数确定后用作图法得到的。这种作图的方法具有通用性。

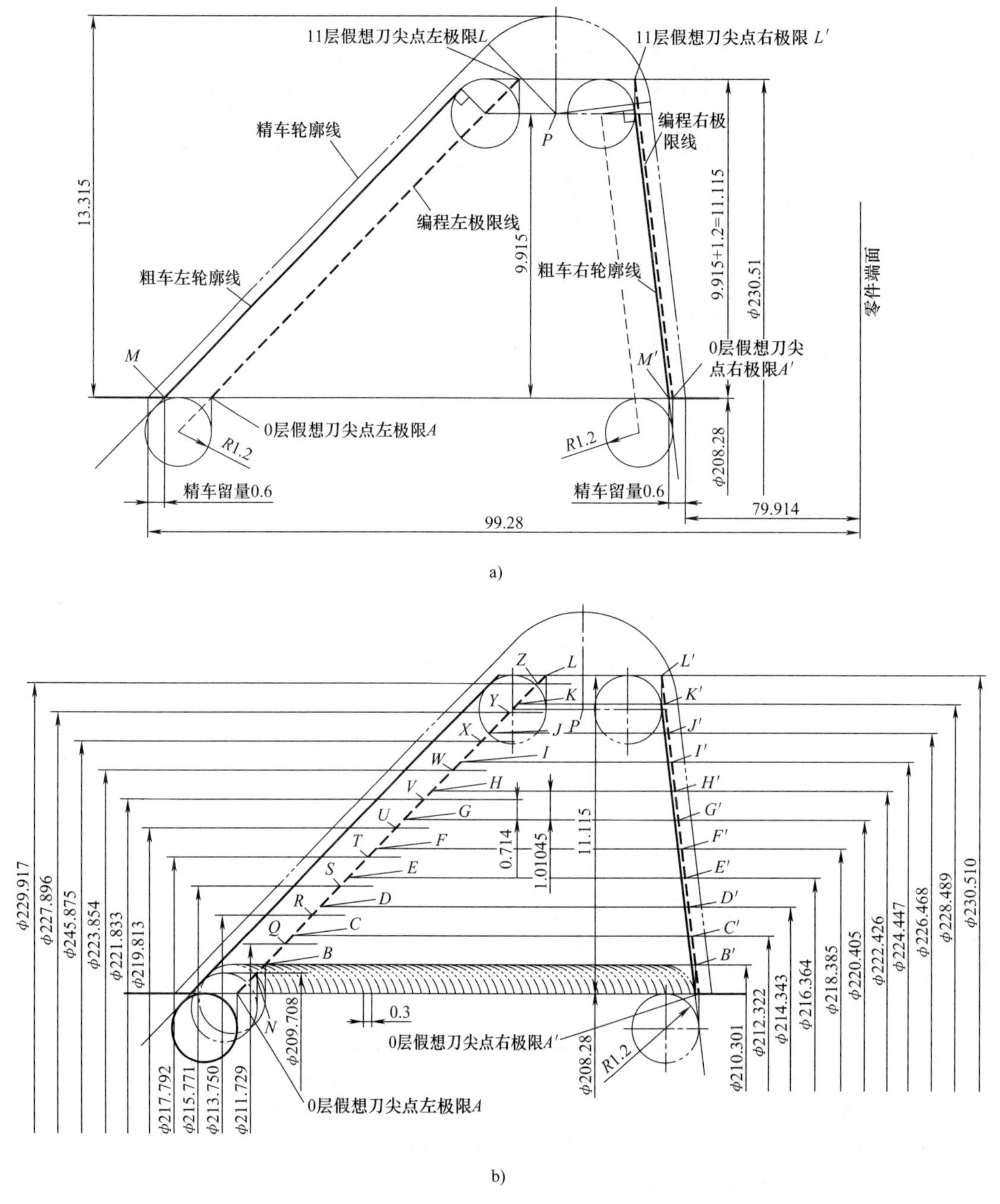

图 3-25　7°、45°锯齿形螺纹粗车编程用图（一）

a）粗车左、右轮廓线和左、右编程极限线　b）粗车各层和各半层的 X 指令值

O318 程序和 O319 程序是用前面得到的数据编制的一组粗加工程序，其中前者是主程序，后者是主程序中调用的子程序（宏程序）。

O318；

N01　#104 = 0. 3；　　（#104 代表每层共用的 Z 向切削量）

N02　G54　T0101　S150　M04；

N03　G00　X120　　Z50；　　（到达位于工件端面右侧的准备点）

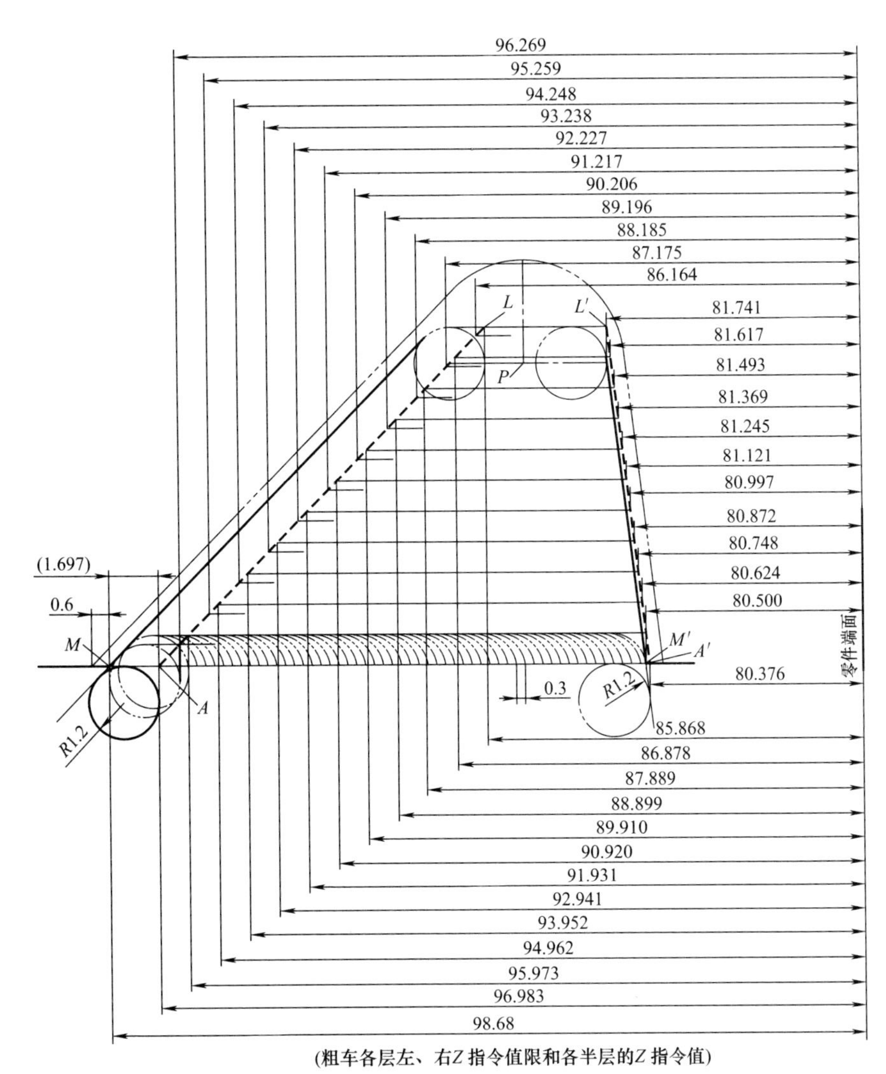

(粗车各层左、右Z 指令值限和各半层的Z 指令值)

图 3-26　7°、45°锯齿形螺纹粗车编程用图（二）

N04			Z-96.269;			（到达第 1 层前加 1 刀的循环起点）
N05	G92	X209.708	Z30	F25.4;		（车第 1 层前加 1 刀）
N06	G65	P319	A210.301	B-95.973	C-80.500;	（调用 O319 宏程序车第 1 层）
N07	G00	X120	Z-95.259;			（到达第 2 层前加 1 刀的循环起点）
N08	G92	X211.729	Z30;			（车第 2 层前加 1 刀）
N09	G65	P319	A212.322	B-94.962	C-80.624;	（调用 O319 宏程序车第 2 层）
N10	G00	X120	Z-94.248;			（到达第 3 层前加 1 刀的循环起点）
N11	G92	X213.750	Z30;			（车第 3 层前加 1 刀）
N12	G65	P319	A214.343	B-93.952	C-80.748;	（调用 O319 宏程序车第 3 层）
N13	G00	X120	Z-93.238;			（到达第 4 层前加 1 刀的循环起点）
N14	G92	X215.771	Z30;			（车第 4 层前加 1 刀）
N15	G65	P319	A216.364	B-92.941	C-80.872;	（调用 O319 宏程序车第 4 层）

```
N16  G00  X120        Z-92.227;                        (到达第 5 层前加 1 刀的循环起点)
N17  G92  X217.792    Z30;                             (车第 5 层前加 1 刀)
N18  G65  P319  A218.385  B-91.931  C-80.997;          (调用 O319 宏程序车第 5 层)
N19  G00  X120        Z-91.217;                        (到达第 6 层前加 1 刀的循环起点)
N20  G92  X219.813    Z30;                             (车第 6 层前加 1 刀)
N21  G65  P319  A220.405  B-90.920  C-81.121;          (调用 O319 宏程序车第 6 层)
N22  G00  X120        Z-90.206;                        (到达第 7 层前加 1 刀的循环起点)
N23  G92  X221.833    Z30;                             (车第 7 层前加 1 刀)
N24  G65  P319  A222.426  B-89.910  C-81.245;          (调用 O319 宏程序车第 7 层)
N25  G00  X120        Z-89.196;                        (到达第 8 层前加 1 刀的循环起点)
N26  G92  X223.854    Z30;                             (车第 8 层前加 1 刀)
N27  G65  P319  A224.447  B-88.899  C-81.369;          (调用 O319 宏程序车第 8 层)
N28  G00  X120        Z-88.185;                        (到达第 9 层前加 1 刀的循环起点)
N29  G92  X225.875    Z30;                             (车第 9 层前加 1 刀)
N30  G65  P319  A226.468  B-87.889  C-81.493;          (调用 O319 宏程序车第 9 层)
N31  G00  X120        Z-87.175;                        (到达第 10 层前加 1 刀的循环起点)
N32  G92  X227.896    Z30;                             (车第 10 层前加 1 刀)
N33  G65  P319  A228.489  B-86.878  C-81.617;          (调用 O319 宏程序车第 10 层)
N34  G00  X120        Z-86.164;                        (到达第 11 层前加 1 刀的循环起点)
N35  G92  X229.917    Z30;                             (车第 11 层前加 1 刀)
N36  G65  P319  A230.510  B-85.868  C-81.741;          (调用 O319 宏程序车第 11 层)
N37  G00  X300        Z200  M05;
N38  M30;

O319;
N1  G00  X120     Z#2;                                 (到达本刀循环的起始点)
N2  G92  X#1      Z30  F25.4;                          (车一刀)
N3  #2=#2+#104;                                        (计算下一刀的 Z 坐标值)
N4  IF [#2 LT #3] GOTO1;                               (如未到右极限就转上去车下一刀)
N5  G00  X120     Z#3;                                 (到达最后一刀循环的起始点)
N6  G92  X#1      Z30;                                 (车最后一刀)
N7  M99;
```

在这组程序中，需要注意以下几点：

① N01 段中的#104 代表各层相邻两刀间的 Z 向距离（见图 3-26），给它赋值时可根据需要进行调整。

② 含 G65 指令的程序段是调用宏程序并给其中的局部变量赋初始值。其中的 P319 是调用 O319 宏程序，A、B、C 程序字中的数据是分别给该宏程序中的#1、#2 和#3 变量赋初始值。

③ 在 N06 段中，A 字中的数据代表车第 1 层各刀的 X 指令值，B 字中的数据代表第 1

层第 1 刀起点的（假想刀夹点）坐标值，C 字中的数据代表第 1 层最后一刀起点的（假想刀夹点）Z 坐标值。下面 10 个含 G65 的程序段中的 A、B、C 字分别代表本层的 X 坐标值、第 1 刀和最后一刀的 Z 坐标值。

④ 宏程序中的 N1～N4 段用于车本层除最后一刀外的各刀，N5 和 N6 段用于车本层的最后一刀。此宏程序每车一层被调用一次。各层调出后的#1、#2 和#3 变量由主程序中相应的调用程序段赋值。

⑤ 这组粗加工程序的编制方法是通用的，但程序本身不通用，大量的数据必须通过作图来获取。

下面介绍粗车左 45°、右 α（α 可变）大锯齿形内螺纹的通用宏程序 O320 和 O321。这种螺纹的螺距一般也比较大，可以用装 35°菱形刀片的偏刀分层分刀来进行粗车。下面先列出这组程序。

```
O320;
N01  #101=25.4;                         (#101 代表螺距 P)
N02  #1=7;                              (#1 代表锯齿形螺纹小夹角 α)
N03  #2=13.315;                         (#2 代表牙总高,即槽总深)
N04  #3=3.4;                            (#3 代表槽底圆弧半径)
N05  #4=19.366;                         (#4 代表螺纹小径处的槽宽)
N06  #102=208.28;                       (#102 代表螺纹小径)
N07  #5=76.2;                           (#5 代表螺纹长度)
N08  #7=23.08;                          (#7 代表升速段 δ1 的初始值)
N09  #8=0.6;                            (#8 代表精车留量)
N10  #9=11;                             (#9 代表粗车分层数)
N11  #10=1.2;                           (#10 代表刀尖圆弧半径)
N12  #104=0.3;                          (#104 代表各层共用吃刀量)
N13  #19=150;                           (#19 代表主轴转速 S)
N14  #20=0101;                          (#20 代表用刀号和刀补号)
N15  #24=300;                           (#24 代表最后退刀位的 X 坐标值)
N16  #26=200;                           (#26 代表最后退刀位的 Z 坐标值)
N17  #11=[#2-#3+#10]/#9;                (粗车层厚)
N18  #12=0.707*#11;                     (粗车半层厚)
N19  #13=#10*[1+TAN[22.5]];             (左侧假想刀尖点偏移值)
N20  #14=#10*[1-TAN[45-#1/2]];          (右侧假想刀尖点偏移值)
N21  #105=-#5-#7+#8+#13;                (0 层第 1 刀假想刀尖点 Z 坐标值)
N22  #106=-#5-#7+#4-#8+#4;              (0 层最末刀假想刀尖点 Z 坐标值)
N23  #107=#102+2*[#2-#3+#10];           (末层的 X 指令值)
N24  G54  T#20  S#19  M04;
N25  G00  X[#102-90]  Z50;              (到达工件右侧准备点)
N26  #105=#105+#12;                     (下半层加刀假想刀尖点 Z 坐标值)
N27  #102=#102+2*#12;                   (下半层加刀 X 坐标值)
```

```
N28  G00  X[#102-90]Z#105;                    (到达下半层循环起点)
N29  G92  X#102      Z#101  F#101;            (下半层车一刀)
N30  #105=#105+0.293*#11;                     (下整层第1刀假想刀尖点Z坐标值)
N31  #102=#102+0.586*#11;                     (下整层X坐标值)
N32  #106=#106-#11*TAN[#1];                   (下整层末刀假想刀尖点Z坐标值)
N33  G65  P321  A#105  B#102  C#106;          (调用车整层宏程序并赋值)
N34  IF [#102 LT #107] GOTO26;                (如未到末层就转上去继续车)
N35  G00             Z#101;                   (退刀到工件外)
N36    X#24          Z#26  M05;               (退到最后退刀位)
N37  M30;

O321;
N1  G00  X[#2-90]   Z#1;                      (到达本刀循环的起始点)
N2  G92  X#2        Z#101  F#101;             (车一刀)
N3  #1=#1+#104;                               (计算下一刀的Z坐标值)
N4  IF [#1 LT #3] GOTO1;                      (如未到右极限就转上去车下一刀)
N5  G00  X[#2-90]   Z#3;                      (到达最后一刀循环的起始点)
N6  G92  X#2        Z#101  F#101;             (车最后一刀)
N7  M99;
```

在这组程序中，需要注意以下几点：

① O320是主宏程序，O321是主程序中N33段调用的子宏程序。

② 在主宏程序中，N01~N16段是用16个变量代表16个数据并赋具体值。

③ 前7个变量值可直接从零件图上得到。

④ N08段中的#7代表的升速段值可通过作图得到，然后在不产生干涉的前提下尽可能取得长一些。

⑤ N09~N14段中的变量值由工艺确定，N15段和N16段中的变量代表最后退刀位的位置。

⑥ N26段和N27段分别用于计算各层前加出的那刀循环起点的 Z 坐标值和 X 坐标值。

⑦ N30段和N31段分别用于计算各层第1刀循环起点的 Z 坐标值和 X 坐标值（各层其他刀循环起点的 X 指令值同第1刀）。

⑧ N33段是调用车整层的O321宏程序，并分别给该宏程序中的#1、#2和#3变量赋初始值。

⑨ 子宏程序中的N1~N4段用于车本层除最后一刀外的各刀，N5段和N6段用于车本层的最后一刀。

⑩ 使用这组宏程序时，只要将主宏程序中前16个变量赋值即可。此处给16个变量赋的值只适用于本实例。不必像使用上组宏程序那样必须事先用作图法得到那么多数据。使用时也不必读懂主宏程序中N16段之后的内容和子宏程序的内容。

下面讨论这种左45°、右 α°（α 可变）大锯齿形内螺纹的精车。

图3-27所示为 α°、45°锯齿形螺纹的精车编程用图。零件图上要求的螺距极限偏差是±

0.08mm，如果还像粗车那样从左往右加工，那么初始升速段的长度小于螺距，左端螺纹的螺距误差会超出公差范围。所以精车采用从右往左车，主轴反转，车刀趴着装。使用刀尖圆弧半径为 0.8mm 的刀片。先加工左侧面和槽底圆弧的左半部分，再加工右侧面和槽底圆弧的右半部分。

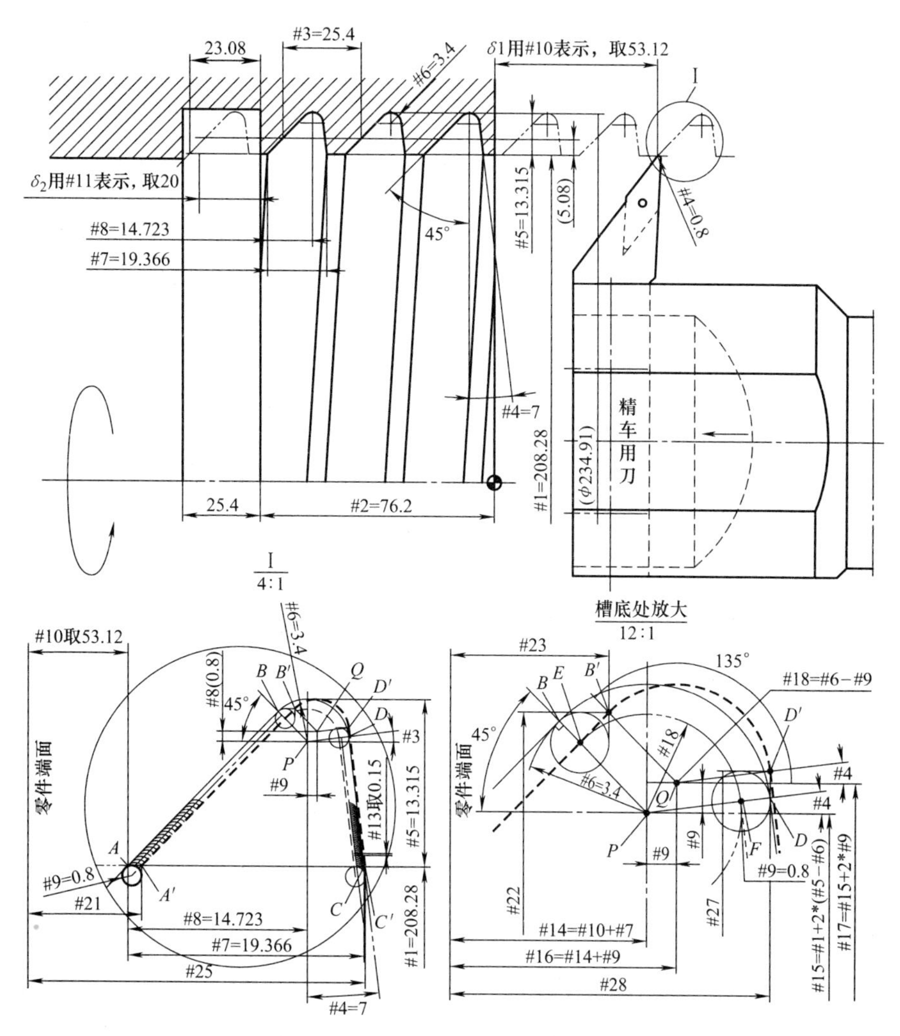

图 3-27　α°、45°锯齿形螺纹的精车编程用图

图中 A 和 B 点分别是左斜面的起点和终点，而且 B 点也是槽底圆弧的左起点。A'点是车左斜面第 1 刀（刚接触实体）时车削循环的起点，B'点是车槽底圆弧左起第 1 刀时车削循环的起点。C 点和 D 点分别是右斜面的起点和终点，而且 D 点也是槽底圆弧的右起点。C'点是车右斜面第 1 刀时车削循环的起点，D'点是车槽底圆弧右起第 1 刀时车削循环的起始点。图中 P 点是槽底圆弧的圆心，Q 点是车槽底圆弧假想刀尖点轨迹（圆弧）的圆心。假想刀尖点轨迹圆弧的半径等于槽底圆弧半径减去刀尖圆弧半径。

锯齿形螺纹的小角度面（这里是右侧面）是工作面，45°面是非工作面。为保证工作面的表面质量，应将它一次车成。而非工作面允许修车（为保螺距精度一般避免不了修车）。下面是精车左 45°、右 α（α 可变）大锯齿形内螺纹的通用宏程序 O322。

```
O322;
N01  #1=208.28;                                          (#1 代表螺纹小径,赋初始值)
N02  #2=76.2;                                            (#2 代表螺纹长度)
N03  #3=25.4;                                            (#3 代表螺距 P 值)
N04  #4=7;                                               (#4 代表锯齿形螺纹小夹角 α)
N05  #5=13.315;                                          (#5 代表牙总高即槽总深)
N06  #6=3.4;                                             (#6 代表槽底圆弧半径)
N07  #7=19.366;                                          (#7 代表槽宽)
N08  #8=14.723;                                          (#8 代表槽底圆心到槽边端距离)
N09  #9=0.8;                                             (#9 代表刀尖圆弧半径)
N10  #10=53.12;                                          (#10 代表升速段 δ1 的初始值)
N11  #11=20;                                             (#11 代表降速段 δ2 的值)
N12  #12=11;                                             (#12 代表车槽底时的分刀数)
N13  #13=0.15;                                           (#13 代表右侧吃刀量)
N14  #19=200;                                            (#19 代表主轴转速 S)
N16  #20=0202;                                           (#20 代表车左侧用刀号和刀补号)
N17  #24=300;                                            (#24 代表最后退刀位的 X 坐标值)
N18  #26=200;                                            (#26 代表最后退刀位的 Z 坐标值)
N19  #14=#10+#8;                                         (#14 代表槽底圆心处的 δ1 值,即 Z 值)
N20  #15=#1+2*[#5-#6];                                   (#15 代表槽底圆心处的 X 坐标值)
N21  #16=#14+#9;                                         (#16 代表图中 Q 点的 δ1 值,即 Z 值)
N22  #17=#15+2*#9;                                       (#17 代表图中 Q 点的 X 坐标值)
N23  #18=#6-#9;                                          (#18 代表车槽底假想刀尖点所在的圆弧半径)
N24  #21=#10+#9*[1+TAN[22.5]];                           (#21 代表左侧首刀假想刀尖点 A′的 δ1 值,即 Z 值)
N25  #22=#17+2*#18*SIN[135];                             (#22 代表左侧末刀假想刀尖点 B′的 X 坐标值)
N26  #23=#16+#18*COS[135];                               (#23 代表左侧末刀假想刀尖点 B′的 δ1 值,即 Z 值)
N27  #25=#10+#7+#9*[1-TAN[45-#4/2]];(#25 代表右侧首刀假想刀尖点 C′的 δ1 值,即 Z 值)
N28  #27=#17+2*#18*SIN[#4];                              (#27 代表右侧末刀假想刀尖点 D′的 X 指令值)
N29  #28=#16+#18*COS[#4];                                (#28 代表右侧末刀假想刀尖点 D′的 δ1 值,即 Z 值)
N30  #29=[135-#4]/[#12-1];                               (#29 代表车槽底时相邻两刀间的夹角)
N31  #30=#1;                                             (把#1 值转存入#30 中)
N32  G54  T#20  S#19  M03;                               (用 2 号刀和 2 号刀补)
N33  G00  X[#1-90]  Z#21;                                (先车左侧,到达本刀循环起点)
N34  G92  X#1       Z-[#2+#11]  F#3;                     (执行本刀循环即车一刀)
N35  #21=#21+1.2*#13;                                    (计算下一刀的 Z 坐标值)
N36  #1=#1+2*1.2*#13;                                    (计算下一刀的 X 坐标值)
N37  IF [#1 LT #22] GOTO33;                              (如未到左侧末刀就转上去车下一刀)
N38  #31=135;                                            (#31 代表动点的角度,此处赋左初始值)
N39  G00  X[#1-80]  Z[#16+#18*COS[#31]];                 (到达左侧最后一刀的循环起点)
```

```
N40  G92  X[#17+2*#18*SIN[#31]]  Z-[#2+#11];（执行左侧最后一刀,即底圆首刀循环）
N41  #31=#31-#29;                                    （计算下一刀的角度值）
N42  IF [#31 GE 90] GOTO39;                     （如未到第1象限就转上去车下一刀）
/N43          T[#20+10];                          （仍用2号刀但改用12号刀补）
/N44  G00  X[#30-90]  Z#25;                       （再车右侧,到达本刀循环起点）
/N45  G92  X#30       Z-[#2+#11]  F#3;                （执行本刀循环即车一刀）
/N46  #25=#25-#13*TAN[#4];                            （计算下一刀的Z坐标值）
/N47  #30=#30+2*#13;                                  （计算下一刀的X坐标值）
/N48  IF [#30 LT #27] GOTO44;                   （如未到右侧末刀就转上去车下一刀）
/N49  #31=#4;                                （#31代表动点的角度,此处赋右初始值）
/N50  G00  X[#30-80]  Z[#16+#18*COS[#31]];        （到达右侧最后一刀的循环起点）
/N51  G92  X[#17+2*#18*SIN[#31]]  Z-[#2+#11];（执行左侧最后一刀,即底圆首刀循环）
/N52  #31=#31+#29;                                    （计算下一刀的角度值）
/N53  IF [#31 LE 90] GOTO50;                    （如未到第2象限就转上去车下一刀）
N54  G00  X#24       Z#26     M05;                         （退到最后退刀位）
N55  M30;
```

在这个宏程序中，需要注意以下几点：

① N01~N18段是用18个变量代表18个数据并赋具体值，其中前8个变量的值可直接从零件图上得到。

② N09段中的#9值由所用的刀具决定。

③ N10段中#10代表升速段的值，此处不能随意取（否则会与粗车对不上螺纹）。此值与螺纹长度和粗车中的 δ_1 值（此例中是23.08）相加后得到的值应是螺距的整数倍（详见图3-27）。此处取53.12（也可取78.52）。

④ N11段中#11代表降速段，其取值以不发生干涉为原则，此处取20mm。

⑤ N13段中#13代表车右侧（工作面）时，相邻两刀间的横向距离。

⑥ N32~N37段用于车左斜面。此时相邻两刀间的横向距离和纵向距离都取车工作面时相应横向距离的1.2倍（在N35段和N36段中体现出来）。

⑦ N38~N42段是车圆弧槽底的左半部分。

⑧ N43段是更改刀补号，目的是通过改变刀具 Z 向补偿值来调节第一轮切削出的槽宽。

⑨ N44~N48段是车右斜面。

⑩ N49段是恢复动点角度的初始值。

⑪ N50~N53段是车圆弧槽底的右半部分。

⑫ N54段是使刀具退到最后退刀位。

使用这个宏程序时，只要将前18个变量赋值即可。此处给18个变量的赋值只适用于本实例，用户使用时可以不必读懂N18段以后的程序。

3.10　端面矩形螺纹的数控车削

车床上常用自定心卡盘装夹工件。这种卡盘的卡爪与卡盘体之间是矩形螺纹配合。卡盘体上的端面矩形螺纹的公称牙型高度是 $P/2+a_c$，公称槽宽是 $P/2$ 加牙侧间隙。图3-28所示为卡盘体及车削端面螺纹用刀，此卡盘体的端面螺纹螺距为 10mm，牙高为 5.2mm，槽宽为 5.04mm。

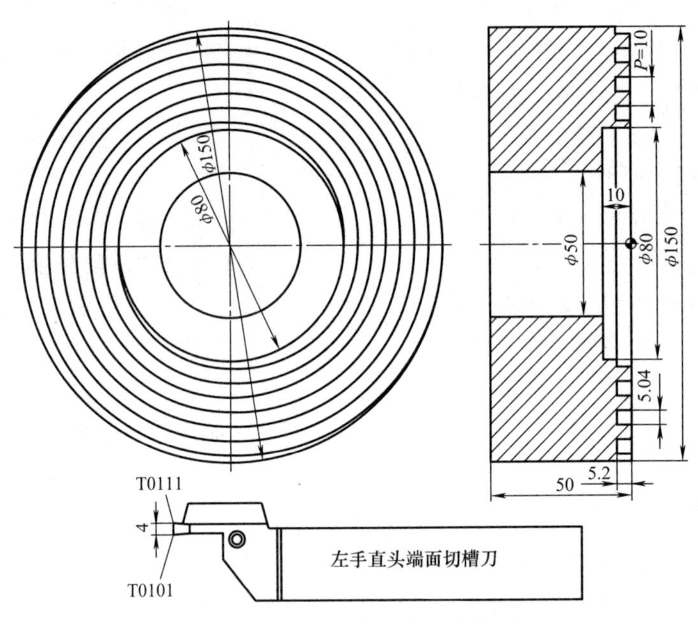

图 3-28　卡盘体及车削端面螺纹用刀

1. 用刀

用刀有两种选择。一种是使用机夹式端面切槽刀，即刃宽 4mm 的左手直头端面切槽刀，也可用价格较高的刃宽 4mm 的右手弯头端面切槽刀。要注意首切直径范围的选择。每把端面切槽刀都标有首切直径范围。这里要注意两点：一点是所标的首切直径范围是针对非螺旋槽的；另一点需要注意的是用于切削非螺旋槽时，首切直径必须在所标范围内。图 3-29a 所示为用首切直径为 $\phi80\sim\phi150$mm 端面切槽刀切削非螺旋槽。如果切削比刃口宽得多的槽，从第 2 刀开始可以超出此范围。而在切削端面矩形螺纹时，槽宽一般不会比切削刃宽宽出许多（此例中只宽出 1.04mm），所以要求整个端面矩形螺纹在规定的首切范围内。不仅如此，从图 3-29b 中还可以看到，同样使用这把刀，在车螺距较大的端面螺旋槽时，在 $\phi80$mm 处还不会发生干涉（即还可在直径更小处切），而在 $\phi150$mm 处已发生干涉（即在直径较小处才能不干涉）。这两处的差距，跟端面螺旋槽的螺旋角有关。

鉴于以上原因，此例用的端面切槽刀的首切直径范围应选择为 $\phi60\sim\phi130$mm。

另一种是使用自己刃磨的端面切槽刀。为了防止车刀的副后面与螺纹槽壁干涉，端面切槽刀的外侧副后面应刃磨成圆弧形且带有一定的后角，其圆弧半径应根据矩形螺纹的小径来确定。

2. 切削方法和加工程序

此例加工可分为 3 刀：中间 1 刀粗车，两侧各精车 1 刀。为了在加工时方便控制槽宽，编程时对同一把切槽刀用 2 个假想刀尖点和 2 个刀补号。图 3-30 所示为编程用图。

下面是分别用于发那科系统和西门子系统的加工程序。

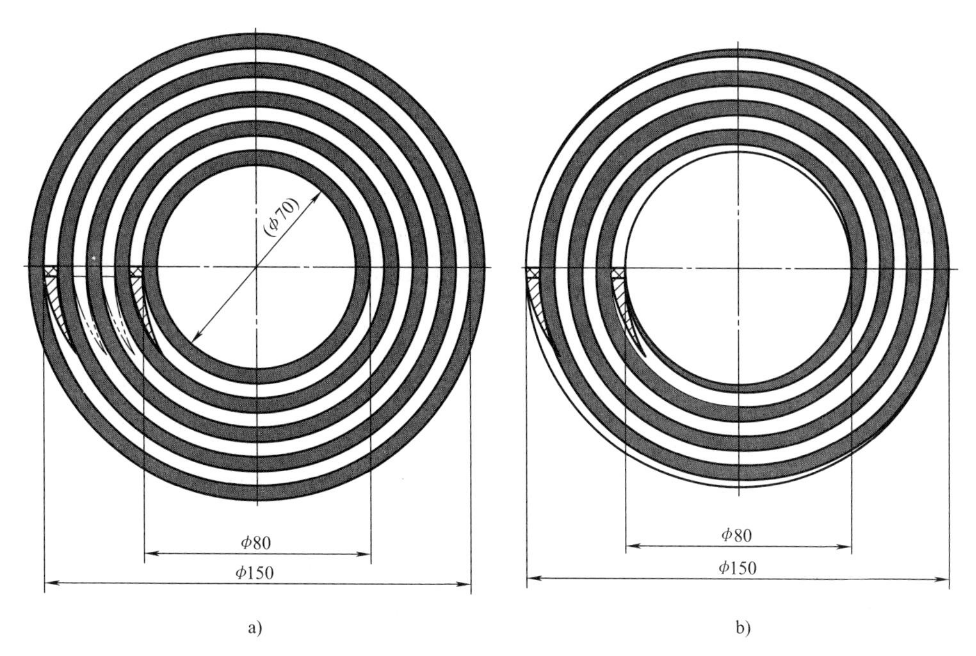

图 3-29　端面切槽刀用于车圆形槽和螺旋槽的区别

a）用首切直径范围为 $\phi80\sim\phi150$mm 的端面切槽刀切削非螺旋槽

b）用首切直径范围为 $\phi80\sim\phi150$mm 的端面切槽刀切削螺旋槽

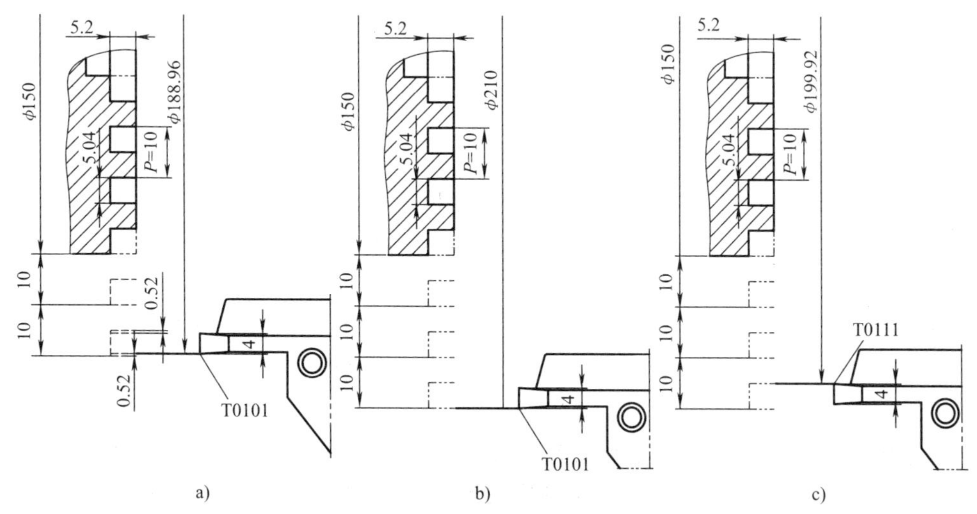

图 3-30　切削端面螺旋槽的编程用图

a）粗切端面螺旋槽　b）精切槽外侧　c）精切槽内侧

```
O323;
N01    G54    S150    M03;
N02                   T0101;
/N03    G00    X188.96    Z50;
/N04    M98    P520324;
/N05           S200    M03;
```

```
PP323. MPF
N01    G54    G90    S150    M03
N02                   T1    D1
/N03    G00    X188.96    Z50
/N04    L324    P52
/N05           S200    M03
```

```
/N06   G00   X210     Z50;
/N07   M98   P1040325;
/N08   M00;
N09       T0111;
N10   G00 X199.92   Z50;
N11   M98 P1040326;
N12   G00 X300   Z200   M05;
N13   M30;

O324;
N1   G00        W-50.1;
N2   G32   X60          F10;
N3   G00        W50;
N4     X188.96;
N5   M99;

O325;
N1   G00        W-50.05;
N2   G32   X60          F10;
N3   G00        W50;
N4     X210;
N5   M99;

O326
N1   G00        W-50.05;
N2   G32   X60          F10;
N3   G00        W50;
N4     X199.92;
N5   M99;
```

```
/N06   G00   X210     Z50
/N07   L325   P104
/N08   M00
N09       D11
N10   G00   X199.92   Z50
N11   L326   P104
N12   G00   X300   Z200   M05
N13   M02

L324
N1   G00        Z=IC(-50.1)
N2   G32          K10
N3   G00        Z=IC(50)
N4     X188.96
N5   M02

L325
N1   G00        Z=IC(-50.05)
N2   G33          K10
N3   G00        Z=IC(50)
N4     X210
N5   M02

L326
N1   G00        Z=IC(-50.05)
N2   G33          K10
N3   G00        Z=IC(50)
N4     X199.92
N5   M02
```

粗车、槽外侧精车和槽内侧精车各用一个子程序。粗车时主轴转速为 150r/min，每转切削深度为 0.1mm，用 1 号刀补，槽外侧面的升速段可取 2 倍螺距长。精车时主轴转速为 200r/min，每转切削深度为 0.05mm，外侧和内侧精车分别用 1 号刀补和 11 号刀补，精车槽外侧面时升速段 δ_1 取 3 倍螺距长度。

3. 操作方法和注意事项

先对刀。先以刃口外侧假想刀尖点对出 1 号刀补值。再把 1 号 *Z* 向刀补值转到（移入）11 号刀补内。11 号 *X* 向刀补值可以用 1 号 *X* 向刀补值减去 2 倍的切削刃实测宽度，或者也可以用刃口内侧（假想）刀尖点通过对刀得出刀补值。

在跳步开关 OFF 状态下运行程序，到 M00 处结束运行，用手动操作将刀架返回。此时已完成粗车和槽外侧精车（如果槽深不够，可减小 *Z* 向刀补值后再这样运行一遍）。

将 11 号刀补的 X 值略减小一些（例如减 0.1）后，在跳步开关有效状态下运行程序，精测槽宽。若槽宽还不够，可将 11 号刀补的 X 值稍增加一些后再运行程序。在正常情况下到此就完成了加工。

3.11　组合螺纹的数控车削

图 3-31a 所示为由一段普通螺纹 AB 和一段米制密封锥螺纹 BC 组成的组合螺纹，旋向为左旋。

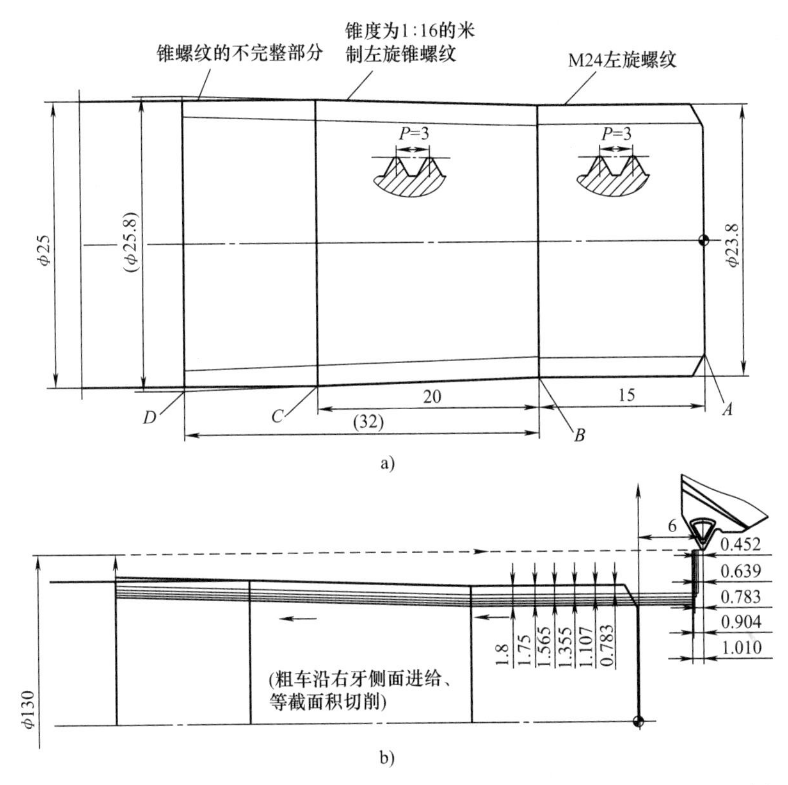

图 3-31　由一段普通螺纹和一段米制密封锥螺纹组成的组合螺纹及车削数据

a）零件（头部）　b）牙高取 1.8mm、精车留量取 0.05mm、粗车分 5 刀时的数据

如果粗车沿牙右侧面进给，等截面积切削，且牙高取 1.8mm，精车留量取 0.05mm，粗车分 5 刀，那么走刀路线和相应的数据如图 3-31b 所示。

如果升速段 $\delta_1 = 6$mm，那么用于发那科系统的程序和用于西门子系统的程序分别为 O327 和 PP327.MPF。

```
O327;
N09   G54   G90              S500   M04;
N10   T0101;
N11   G00        X130        Z6;
N12                          Z5.548;        (6-0.452)
N13              X22.434;                   (24-0.783×2)
```

```
N14  G32          Z-15    F3;
N15        U2     W-32;
N16  G00   X130;
N17               Z5.361;      (6-0.639)
N18        X21.786;            (24-1.107×2)
N19  G32          Z-15;
N20        U2     W-32;
N11  G00   X130;
N22               Z5.217;      (6-0.783)
N23        X21.29;             (24-1.355×2)
N24  G32          Z-15;
N25        U2     W-32;
N26  G00   X130;
N27               Z-5.096;     (6-0.904)
N28        X20.87;             (24-1.565×2)
N29  G32          Z-15;
N30        U2     W-32;
N31  G00   X130;
N32               Z4.99;       (6-1.010)
N33        X20.5;              (24-1.75×2)
N34  G32          Z-15;
N35        U2     W-32;
N36  G00   X130;
N37               Z4.99;
N38        X20.4;              (24-1.8×2)
N39  G32          Z-15;
N40        U2     W-32;
N41  G00   X130;
N42        X150;  Z200  M05;
N43  M30;

PP327.MPF
N09  G54  G90     S500  M04;
N10  T1   D1
N11  G00     X130       Z6
N12                     Z5.548;    (6-0.452)
N13          X22.434;              (24-0.783×2)
N14  G33                Z-15  K3
N15  G91     X2         Z-32  K3
```

```
N16  G90  G00  X130;
N17                      Z5.361;        (6-0.639)
N18            X21.786;                 (24-1.107×2)
N19  G33                 Z-15  K3
N20  G91       X2        Z-32  K3
N21  G90  G00  X130
N22                      Z5.217;        (6-0.783)
N23            X21.29;                  (24-1.355×2)
N24  G33                 Z-15  K3
N25  G91       X2        Z-32  K3
N26  G90  G00  X130;
N27                      Z-5.096;       (6-0.904)
N28            X20.87;                  (24-1.565×2)
N29  G33                 Z-15  K3
N30  G91       X2        Z-32  K3
N31  G90  G00  X130
N32                      Z4.99;         (6-1.010)
N33            X20.5;                   (24-1.75×2)
N34  G33                 Z-15  K3
N35  G91       X2        Z-32  K3
N36  G90  G00  X130
N37                      Z4.99
N38            X20.4;                   (24-1.8×2)
N39  G33                 Z-15  K3
N40  G91       X2        Z-32  K3
N41  G90  G00  X130
N42            X150      Z200  M05
N43  M02
```

如果工件材料是钢质，粗车的分刀数应比 5 大。由于现代数控系统（指用于数控车床的）都有连续螺纹切削功能，所以用此程序车出来的组合螺纹在圆柱螺纹与圆锥螺纹连接处为平滑过渡。

对于发那科系统，车此组合螺纹只能用 G32 指令，不能用 G92 指令。

下面举一个某石油机械公司用的一种组合螺纹零件实例。该零件外圆一端有一段圆锥三角螺纹和一段普通螺纹，要求这两段螺纹的连接部位圆滑过渡，并且要求有一个 45°尾退。这个组合螺纹可以看成由 3 段相同螺距、不同斜度的螺纹组成。图 3-32 所示为该零件一端外形。

工件材质是 45 钢，*Z* 向原点取在工件右端面，选择车削起点距离端面 12mm。

车削 6mm 螺距普通外螺纹的标准车刀刀片可以采购到。编程时牙高可取 3.6mm，采用等截面积切削且沿牙侧面进给。实际应分 25～30 刀来车成。为了使给出的程序既完整又不

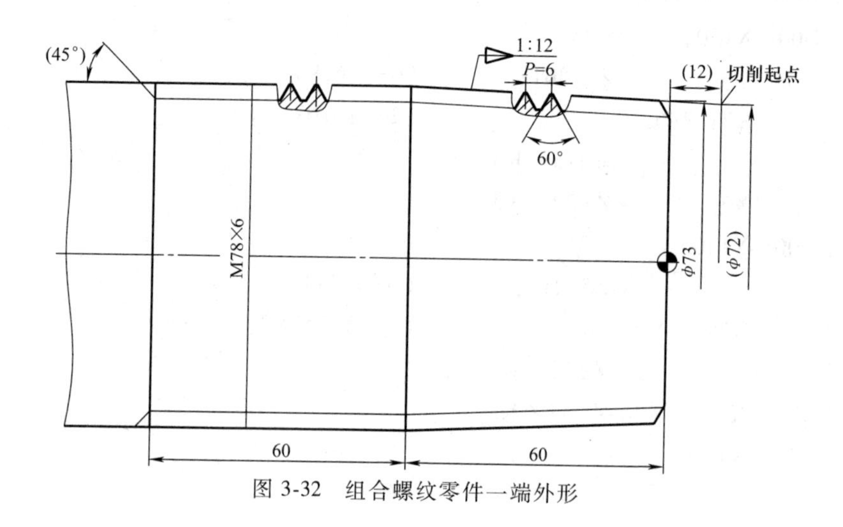

图 3-32　组合螺纹零件一端外形

太长，作者编制了粗车分 10 刀、精车 1 刀的程序。精车留量单向取 0.1mm。主程序 O328 和子程序 O329 是适用于发那科系统的车削加工程序。

```
O328;
N01  G54  G00  X200  Z12  S600  M03;
N02                   T0101  M08;
N03        X100       W2.021;        (3.5×0.57735)
N04        X69.786    W-0.639;       (72-2×1.107,-1.107×0.57735)
N05  M98   P329;                     (粗车第 1 刀)
N06        X68.870    W-0.904;       (72-2×1.565,-1.565×0.57735)
N07  M98   P329;                     (粗车第 2 刀)
N08        X68.166    W-1.107;       (72-2×1.917,-1.917×0.57735)
N09  M98   P329                      (粗车第 3 刀)
N10        X67.573    W-1.278;       (72-2×2.214,-2.214×0.57735)
N11  M98   P329;                     (粗车第 4 刀)
N12        X67.050    W-1.429;       (72-2×2.475,-2.475×0.57735)
N13  M98   P329;                     (粗车第 5 刀)
N14        X66.578    W-1.565;       (72-2×2.711,-2.711×0.57735)
N15  M98   P329;                     (粗车第 6 刀)
N16        X66.144    W-1.690;       (72-2×2.928,-2.928×0.57735)
N17  M98   P329;                     (粗车第 7 刀)
N18        X65.738    W-1.808;       (72-2×3.131,-3.131×0.57735)
N19  M98   P329;                     (粗车第 8 刀)
N20        X65.360    W-1.917;       (72-2×3.320,-3.320×0.57735)
N21  M98   P329;                     (粗车第 9 刀)
N22        X65.000    W-2.021;       (72-2×3.500,-3.500×0.57735)
N23  M98   P329;                     (粗车第 10 刀)
```

```
N22          X64.800    W-2.021;              (72-2×3.6)
N23  M98  P329;                               (精车 1 刀)
N24  G00  X200          Z200      M09;
N25  M30;

O329;
N1   G32     U6         W-72   F6;            (车圆锥螺纹段)
N2                      W-60;                 (车圆柱螺纹段)
N3           U8         W-4;                  (车 45°尾退螺纹段)
N4   G00     X100       Z14.021;              (回起始点)
N5   M99;
```

主程序 PP328. MPF 和子程序 L329. SPF 是适用于西门子 802D 系统的车削加工程序。

```
PP328.MPF
N01  G54  G90  G00  X200  Z12   S600  M03
N02       T1  D1              M08
N03       X100         Z=IC(2.021);                          +3.5×0.57735
N04       X69.786      Z=IC(-0.639);       72-2×1.107,-1.107×0.57735
N05  L329;                                 粗车第 1 刀
N06       X68.870      Z=IC(-0.904);       72-2×1.565,-1.565×0.57735
N07  L329;                                 粗车第 2 刀
N08       X68.166      Z=IC(-1.107);       72-2×1.917,-1.917×0.57735
N09  L329;                                 粗车第 3 刀
N10       X67.573      Z=IC(-1.278);       72-2×2.214,-2.214×0.57735
N11  L329;                                 粗车第 4 刀
N12       X67.050      Z=IC(-1.429);       72-2×2.475,-2.475×0.57735
N13  L329;                                 粗车第 5 刀
N14       X66.578      Z=IC(-1.565);       72-2×2.711,-2.711×0.57735
N15  L329;                                 粗车第 6 刀
N16       X66.144      Z=IC(-1.690);       72-2×2.928,-2.928×0.57735
N17  L329;                                 粗车第 7 刀
N18       X65.738      Z=IC(-1. 808);      72-2×3.131,-3.131×0.57735
N19  L329;                                 粗车第 8 刀
N20       X65. 360     Z=IC(-1. 917);      72-2×3. 320,-3. 320×0. 57735
N21  L329;                                 粗车第 9 刀
N22       X65. 000     Z=IC(-2. 021);      72-2×3. 500,-3. 500×0. 57735
N23  L329;                                 粗车第 10 刀
N22       X64. 800     Z=IC(-2. 021);      72-2×3. 6
N23  L329;                                 精车 1 刀
N24  G00 X200          Z200      M09
```

```
N25   M02

L329.SPF
N1   G91G33   X6        Z-72   K6;        车圆锥螺纹段
N2                      Z-60;             车圆柱螺纹段
N3          X8          Z-4;              车45°尾退螺纹段
N4   G90   G00   X100   Z14.021;          回起始点
N5   M17
```

在这两组程序中，有以下几点需要注意：

① 主程序 N03 段中的 2.021 是粗车总深（牙高减去精车量）与牙型半角正切函数的乘积，子程序中 N4 段内的 14.021 是 12 与粗车总深和牙型半角正切函数乘积的和。粗车最后一刀和精车那刀的起点都距端面 12mm。假如工件的材质是铜或硬铝，那就可以直接用上述程序做加工（S 值应加大）。

② 实际上，车此钢件宜用粗车 30 刀、精车 1 刀车成。精车量单向宜取 0.02~0.05mm，这里取 0.04mm，那么粗车总深是 3.56mm，它与 30°正切函数的乘积约为 2.055mm，所以上述主程序中 N03 段内的 2.021 应改为 2.055，子程序中 N4 段内的 14.021 应改为 14.055（子程序除此之外不用改）。

③ 主程序要加出 40 段（粗车时每加 1 刀则加 2 段程序），即变成 65 段。主程序中 N04 段到倒数第 8 段内的数据可按本书第 2 章 2.2、2.3、2.4 节中的公式和方法算出来。倒数第 6 段中的 65.000 和 -2.021 应分别改成 64.880 和 -2.055，倒数第 4 段中的 64.800 不变、-2.021改为-2.055。这组车钢件上组合螺纹的程序虽然较长，但编制并不难。这是一组加工效率高、加工质量好和省刀片的程序。

④ 用发那科系统加工此例时不能用 G92 和 G76 指令编程。用西门子系统加工此例时除了用 G33 指令编程外，还可以用链螺纹车削循环 CYCLE98 指令编程。

3.12　通过数控车螺纹方法来螺旋切断圆筒

圆筒螺旋切断就成两个端面凸轮。也就是说，如果螺旋端面凸轮的精度要求不高，可不用四轴铣而用车削切断的方法加工出来。在切断过程中，工件每转一周，切槽刀切出半圈右旋螺纹和半圈左旋螺纹。

作者开发了 2 个内有 7 个变量、用于螺旋切断圆筒的通用宏程序。

第一个宏程序适用于完全切断，即要切到工件一头掉下来为止。同样尺寸的圆筒，由于材质（韧性）不同，切到一头掉下时的位置是不同的，所以在程序中使用无限循环。O330 程序（适用于发那科系统）和 PP330.MPF 程序（适用于西门子系统）是适用于完全切断的通用宏程序。

```
O330;
N01   #1=a;        (#1 代表圆筒的外径值)
N02   #2=b;        (#2 代表圆筒的内径值)
N03   #3=c;        (#3 代表切断槽最左处中心与最右处中心间的 Z 向距离)
```

```
N04  #4=i;                                (#4 代表切断槽最右处的中心与端面的 Z 向距离)
N05  #5=j;                                (#5 代表每个来回径向切入的半径值)
N06  #19=s;                               (#19 代表主轴转速)
N07  #20=t;                               (#20 代表刀位号和刀补号)
N08  G54   S#19  M03;
N09        T[#20*101];
N10  G00  X200        Z-#4;               (Z 向平移到与准备点对齐)
N11    X[#1+1];                           (快速到达准备点)
N12  G01  X#1         Z-[#4+#3]  F#3;     (工进到达起始点)
N13  #6=#5;                               (#6 代表来回横向切入的累计半径值,此处赋初始值)
N14  WHILE [#6 GT 0] DO1;                 (无限循环的循环头)
N15  G32  X[#1-#6]    Z-#4       F[2*#3]; (一个来回中的从左向右走刀)
N16    X[#1-#6-#5]    Z-[#4+#3];          (一个来回中的从右向左走刀)
N17  #6=#6+2*#5;                          (此#6 代表下一个来回横向切入的累计半径值)
N18  END1;                                (无限循环的循环尾)
N20  G00  X200  Z100  M05;
N21  M30;
```

```
PP330.MPF
N01  R1=a;                                R1 代表圆筒的外径值
N02  R2=b;                                R2 代表圆筒的内径值
N03  R3=c;                                R3 代表切断槽最左处中心与最右处中心间的 Z 向距离
N04  R4=i;                                R4 代表切断槽最右处的中心与端面的 Z 向距离
N05  R5=j;                                R4 代表每个来回径向切入的半径值
N06  R19=s;                               R19 代表主轴转速
N07  R20=t;                               R20 代表刀位号及刀补号
N08  G54   S=R19  M03
N09        T=R20  D=R20
N10  G00  X200  Z=-R4;                    Z 向平移到与准备点对齐
N11    X=R1+1;                            快速到达准备点
N12  G01  X=R1  Z=-R4-R3F=R3;             工进到达起始点
N13  R6=R5;                               R6 代表来回横向切入的累计半径值,此处赋初始值
N15  MA1:G33  X=R1-R6  Z=-R4  K=2*R3;     一个来回中的从左向右走刀
N16  G33  X=R1-R6-R5  Z=-R4-R3;           一个来回中的从右向左走刀
N17  R6=R6+2*R5;                          此 R6 代表下一个来回横向切入的累计半径值
N18  GOTOB  MA1;                          无条件转回去继续切削
N20  G00  X200  Z100  M05
N21  M02
```

执行这个程序会一直切下去，所以到工件一头掉下来后要用手动操作来停止程序。

第二个宏程序适用于切到还连着少许即工件一头尚未掉下来为止。O331 程序（适用于发那科系统）和 PP331. MPF 程序（适用于西门子系统）是适用于不完全切断的通用宏程序。

```
O331;
N01  #1=a;                                  (#1 代表圆筒的外径值)
N02  #2=b;                                  (#2 代表圆筒的内径值)
N03  #3=c;            (#3 代表切断槽最左处中心与最右处中心间的 Z 向距离)
N04  #4=i;                (#4 代表切断槽最右处的中心与端面的 Z 向距离)
N05  #5=j;                          (#5 代表每个来回径向切入的半径值)
N06  #19=s;                                     (#19 代表主轴转速)
N07  #20=t;                                 (#20 代表刀位号和刀补号)
N08  G54    S#19  M03;
N09      T[#20*101];
N10  G00  X200  Z-#4;                          (Z 向平移到与准备点对齐)
N11     X[#1+1];                                      (快速到达准备点)
N12  G01  X#1   Z-[#4+#3]  F#3;                     (工进到达起始点 A)
N13  #6=#5;              (#6 代表来回横向切入的累计半径值,此处赋初始值)
N14  WHILE [#6 LE [[#1-#2]2] DO1;                              (循环头)
N15  G32  X[#1-#6]  Z-#4  F[2*#3];              (一个来回中的从左向右走刀)
N16     X[#1-#6-#5]  Z-[#4+#3];                  (一个来回中的从右向左走刀)
N17  #6=#6+2*#5;               (此#6 代表下一个来回横向切入的累计半径值)
N18  END1;                                                     (循环尾)
N19  G32  X[#1+1]   Z-#4  F[2*#3];                              (斜出)
N20  G00  X200        Z100  M05;
N21  M30;
```

```
PP331. MPF
N01  R1=a;                                          R1 代表筒件的外径值
N02  R2=b;                                          R2 代表筒件的内径值
N03  R3=c;            R3 代表切断槽最左处中心与最右处中心间的 Z 向距离
N04  R4=i;                R4 代表切断槽最右处的中心与端面的 Z 向距离
N05  R5=j;                          R5 代表每个来回径向切入的半径值
N06  R19=s;                                         R19 代表主轴转速
N07  R20=t;                                     R20 代表刀位号及刀补号
N08  G54     S=R19  M03
N09       T=R20  D=R20
N10  G00  X200        Z=-R4;                   Z 向平移到与准备点对齐
N11                   X=R1+1;                          快速到达准备点
N12  G01  X=R1  Z=-R4-R3  K=R3;                      工进到达起始点 A
```

```
N13  R6=R5;                                   R6代表来回横向切入的累计半径值,此处赋初始值
N15  MA1:G33  X=R1-R6  Z=-R4  K=2*R3;         一个来回中的从左向右走刀
N16  G33  X=R1-R6-R5  Z=-R4-R3;               一个来回中的从右向左走刀
N17  R6=R6+2*R5;                              此R6代表下一个来回横向切入的累计半径值
N18  IF R6 <=(R1-R2)/2 GOTOB  MA1;            如未少于内径就转回去继续切削
N19  G33  X=R1+1    Z=-R4  K=2*R3;            斜出
N20  G00  X200  Z100  M05
N21  M02
```

应用时，只要把圆筒的具体尺寸和切断用的具体工艺参数值赋给相应的 7 个变量就可以了。

以图 3-33 所示圆筒的切断为例，如果用 1 号刀和 1 号刀补，主轴转速确定用 120r/min，主轴转一周单向切入 0.12mm，那么对上述程序中的#1/R1 变量赋值 100，#2/R2 变量赋值 90，#3/R3 变量赋值 20，#4/R4 变量赋值 40，#5/R5 变量赋值 0.12，#19/R19 变量赋值 120，#20/R20 变量赋值 1 后，就可以进行加工。

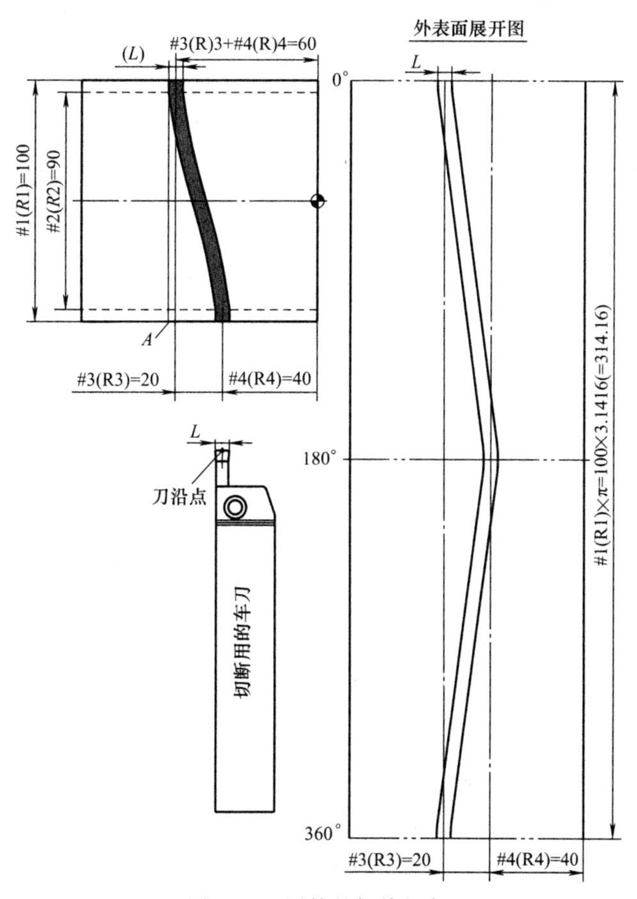

图 3-33　圆筒的螺旋切断

既可以通过改变相应变量值的方法来改变本例加工用的切削参数（例如将#5/R5 变量改赋值 0.1 后就变成主轴转一周单向切入 0.1mm），也可以通过改变相应变量值来对其他类似圆筒的进行螺旋切断。

3.13　滑动套内圆上油槽的数控车削

滑动套上一般都有油槽。这类油槽的常规加工方法是在有回转轴的数控铣床上铣削。如果用车削加工，可大大提高效率，降低成本。可以说，车削这类油槽是车螺纹指令的特殊应用。由于经常会有车削这类油槽的需求，所以这里分三步（三种情况）讨论。当然，一步比一步难。三种情况中，较为实用的大部分是第三种情况。这里只讨论车窄油槽。如果遇到宽油槽，只要在轴向多车几刀就可以了。

3.13.1　开放油槽的数控车削

所谓开放油槽，是指两端或一端有环形槽的油槽。图 3-34a 所示为零件上一端有环形槽的开放油槽。

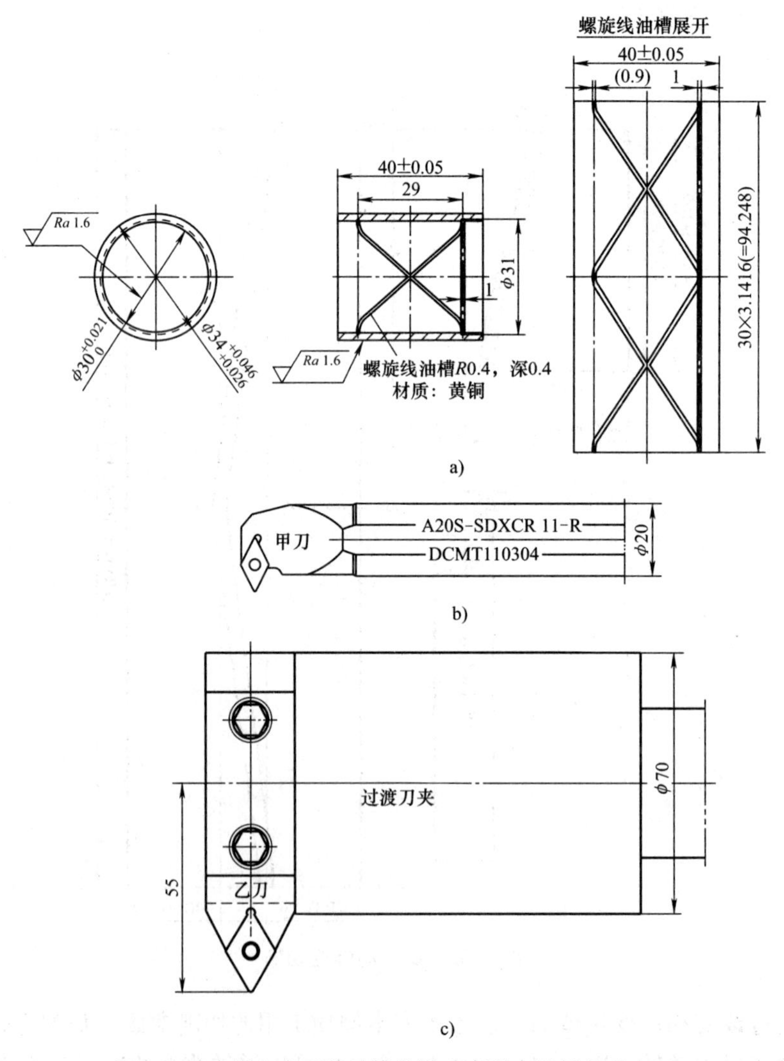

图 3-34　内圆上有开放油槽的滑动套及车油槽用的车刀

a）滑动套　b）车此滑动套上油槽用的车刀　c）滑动套内径大于 ϕ100mm 用的车刀

1. 车螺旋油槽时用的刀

刀头的形状由螺旋油槽的剖面形状决定。如果是圆弧剖面，就要用半圆头车刀来车。此油槽要求槽底部半径 R0.4mm，深度为 0.4mm，槽两侧形状未要求，所以可用刀头类似于图 3-34b 所示刀头的车刀。如果滑动套内径在 ϕ100mm 之内，可用图 3-34b 所示的机夹式车刀或自己刃磨的非机夹式车刀加工。如果滑动套的内径超过 ϕ100mm，可用图 3-34c 中的过渡刀夹夹住相应的外圆车刀加工。过渡刀夹的右侧可铣成矩形剖面（适用于四方刀架），也可车成圆柱形（适用于多工位刀架）。

2. 车螺旋油槽用刀的后角和副后角

由于这种螺旋油槽的螺旋升角都大，所以在车宽槽用刀的后角应足够大，在车窄槽用刀的后角和副后角都应足够大，否则，车削过程中会发生干涉。如果用 55°或 35°等边菱形机夹式刀片，那么情况是这样的。此类单面刃刀片各刃的后角较大的为 7°，最大为 11°。如果把后角为 7°的 55°等边菱形刀片装到图 3-34b 所示的刀体上，那么这把刀的后角和副后角都是 7°。由于主切削刃与轴线成 27.5°夹角，所以主后刀面和与主轴轴线垂直平面的夹角就不是 7°，而是约 6.2°。如果螺旋升角大于此值，就会产生干涉。此角度的正切值约为 0.109。也就是说，当油槽的螺距除以套内圆周长大于此值，切削宽槽时主后刀面会有干涉，切削窄槽时主后刀面及副后刀面都会有干涉。零件的内径是 ϕ30mm，用此刀车螺距小于 10.3mm 的螺旋油槽才不会发生干涉。而零件上螺旋油槽的螺距是 58mm，在 ϕ30mm 直径的内圆上的螺旋升角约为 31.6°，故此刀片（各刃）后角应为 35.6°。

如果用图 3-34 所示车刀车零件上形状相同的深油槽，就应把朝刀体外的两个面事先磨出（例如用工具磨床）36°~38°的后角。本例的油槽很浅，且材质为黄铜，刀片不经修磨也可以车。为了保险，可分 2 刀切成。

从图中看到，此槽由两条空间 O 形槽组成，有两个交点。每条空间 O 形槽可分解成半圈右旋螺纹和半圈左旋螺纹（或半圈左旋螺纹和半圈右旋螺纹）。这两条空间 O 形槽在圆周上相差 180°。

下面讨论编程。先编写车第 1 条 O 形槽的程序。O332 程序和 PP332.MPF 程序分别是用于发那科系统和西门子系统的车第 1 条 O 形槽的程序。

```
O332;
N01  G54       S60    M03;
N02                   T0101;
N03  G00  X100        Z10;
M04       X28
N05                   Z-5.5;
N06       X30.8;
N07  G32              Z-34.5   F58;
N08                   Z-5.5;
N12  G00  X28;
N13                   Z10;
N14       X150        Z200   M05;
N15  M30;
```

```
PP332.MPF
N01  G54  S60   M03
N02  T1   D1
N03  G00  X100  Z10
N04       X28
N05             Z-5.5
N06       X30.8
N07  G33        Z-34.5  K58
N08             Z-5.5   K58
N12  G00  X28
N13             Z10
N14       X150  Z200   M05
N15  M02
```

在这组程序中，N07 段用于车半圈右旋螺旋槽，N08 段用于车半圈左旋螺旋槽。由于来去都是半圈，所以螺距都是 58mm 而不是 29mm。如果螺距误指令为 29mm，那么会车出的一个空间“8”字形槽（把第 2 条槽车完后有 6 个交点）。走刀路线如图 3-35 所示。

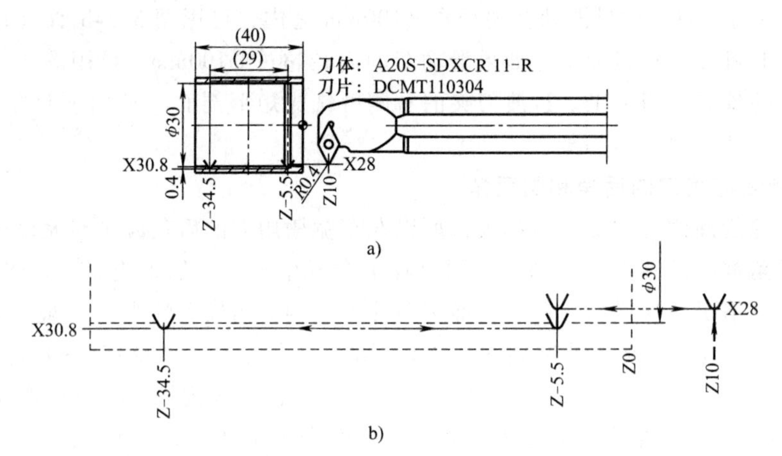

图 3-35　滑动套内圆上开放油槽的加工示意及走刀路线

a）滑动套内圆上开放油槽的加工示意　b）车开放油槽的走刀路线示意（放大）

可以再编写一个程序来车第 2 条 O 形槽。O333 程序和 PP333. MPF 程序分别是用于发那科系统和西门子系统的车第 2 条 O 形槽的程序。

```
O333;
N01  G54    S60   M03;
N02           T0101;
N03  G00  X100   Z10;
N04       X28;
N05          Z-5.5;
N06       X30.8;
N10  G32  Z-34.5  F58  Q180000;
N11          Z-5.5;
N12  G00  X28;
N13          Z10;
N14  X150   Z200   M05;
N15  M30;
```

```
PP333. MPF
N01  G54    S60   M03
N02           T1   D1
N03  G00  X100   Z10
N04       X28
N05              Z-5.5
N06       X30.8
N10  G32  Z-34.5  K58  SF=180
N11              Z-5.5
N12  G00  X28
N13              Z10
N14       X150   Z200   M05
N15  M02
```

可以看到，车第 2 条槽的程序与车第 1 条槽的程序的实质性区别是在车螺纹的程序段中指令了起始点位移角为 180°。至于车第 1 条槽的程序中顺序号 N07、N08 分别改成了车第 2 条槽的程序中的 N10 和 N11，只是为 2 条槽的程序合并做准备，对加工没有实质性影响。

车第 1 条槽的程序和车第 2 条槽的程序必须在通槽车好的前提下先后分开执行。

以上 2 个程序可以合并成 1 个程序，一次把 2 条槽都车出来。O334 程序和 PP334. MPF 程序分别是用于发那科系统和西门子系统的合并后的程序。

```
O334;
N01   G54      S60   M03;
N02                T0101;
N03   G00   X100 Z10;
N04         X28;
N05               Z-5.5;
N06         X30.8;
N07   G32         Z-34.5   F58;
N08               Z-5.5;
N09   G00   X30.8;(此步必不可少!)
N10   G32         Z-34.5   F58   Q180000;
N11               Z-5.5;
N12   G00   X28;
N13               Z10;
N14         X150Z200       M05;
N15   M30;
```

```
PP334.MPF
N01   G54      S60   M03
N02     T1      D1
N03   G00   X100   Z10
N04         X28
N05                Z-5.5
N06         X30.8
N07   G33   X30.8  Z-34.5   K58
N08                Z-5.5    K58
N09   G00   X30.8;此步必不可少!
N10   G33          Z-34.5   K58   SF=180
N11                Z-5.5    K58
N12   G00   X28
N13                Z10
N14         X150   Z200     M05
N15   M02
```

特别要注意的是，把 O332 与 O333 或 PP332 与 PP332 程序合并时，必须在 O334 或 PP334 程序中加 N09 段，因为无论是在发那科数控中系统还是在西门子数控系统中，螺纹起始点位移角指令只在第一程序段指令中有效。也就是说，如果在程序中连续指令若干段螺纹切削程序段，只有第一段中的螺纹起始点位移角指令有效，其他程序段中的这个指令无效。如果其他程序段中写入了这个指令，执行时忽略，不报警。如果在 O334 或 PP334 程序中没有加 N09 段，那么执行时 N10 段中的 Q18000 或 SF=180 就不会起作用，其结果是车削 2 次第 1 条槽，没有车出第 2 条槽。在程序中加入 N09 段后，执行到此段时刀架未做移动，但主轴停转半周。

用 O334 或 PP334 程序做加工应在内圆有少许留量的前提下进行（例如直径方向留 0.2mm），车出槽后再把内圆精车到要求尺寸，因为在此例中车出槽的毛刺较大（即使在刀具不干涉的情况下也有毛刺）。

在有留量的条件下车槽时，槽深（指当时的）应相应加深。此例在深度方向可分 2 次或 3 次车出。具体操作时可用修改 X 向刀补值来实现。

3.13.2　封闭油槽的数控车削

所谓封闭油槽，是指两端都没有环形槽的油槽，如图 3-36a 所示。

对其进行车削时用刀的情况和要求与开放油槽车削相同。

下面讨论封闭车削油槽的编程。通过对比可以看到，图 3-36a 仅比图 3-34a 在内圆上少一条环形槽（沟）。但在实际加工中，走刀路线和程序与车开放油槽大不一样。

加工开放油槽的走刀路线和程序与车普通内螺纹的走刀路线和程序是一样的（唯一区别是加工开放油槽时的升速段 δ_1 很小），而加工封闭油槽时要用特殊的走刀路线和相应的程序。图 3-37 所示为加工第 1 条空间 O 形槽的走刀路线。加工第 2 条空间 O 形槽的走刀路线与加工第 1 条时相同，只是在圆周方向相差 180°。

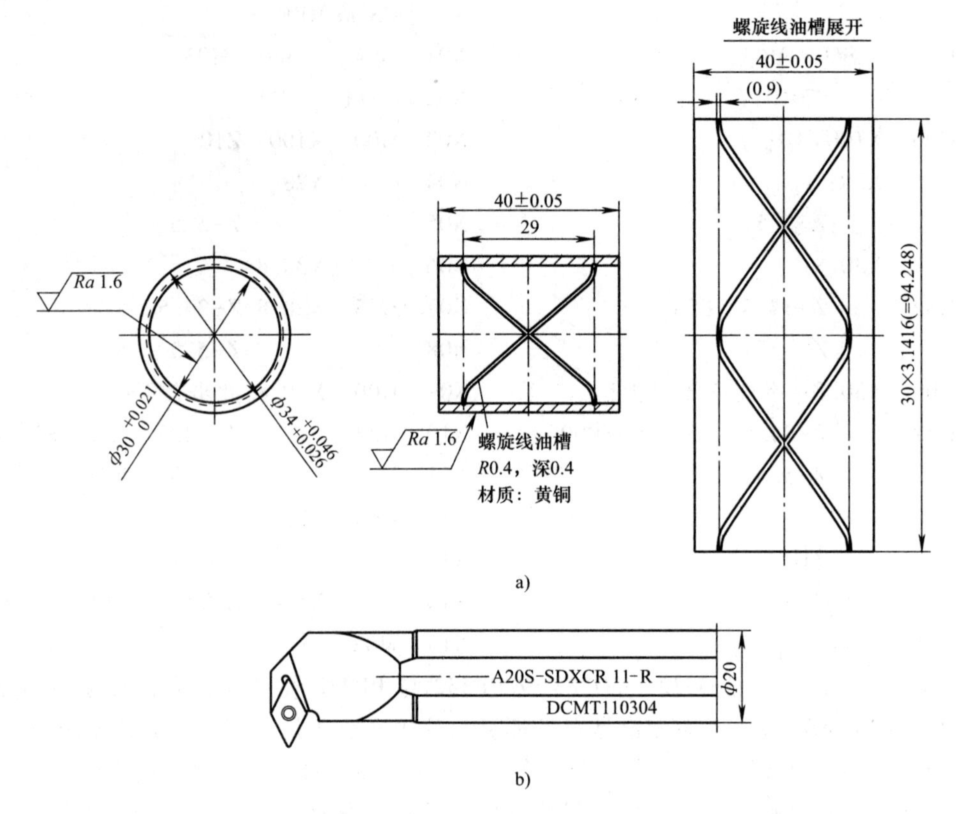

图 3-36　内圆上有封闭油槽的滑动套及车油槽用的车刀

a）滑动套　b）车此封闭油槽用的车刀

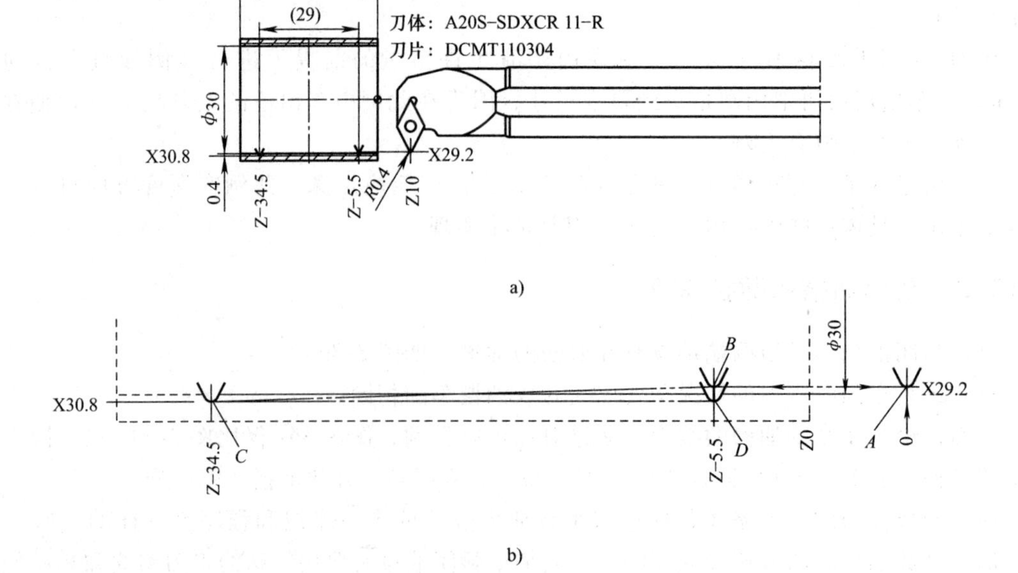

图 3-37　滑动套内圆上封闭油槽的加工及走刀路线

a）滑动套内圆上封闭油槽的加工示意　b）车封闭油槽的走刀路线（放大）

车封闭油槽的走刀特点是斜进、斜出。刀具先快进到达 *A* 点，再快进（或工进）到 *B* 点，再车削半圈右旋锥螺纹到 *C* 点，再车削半圈圆柱左旋螺纹到 *D* 点，再车削半圈圆柱右旋螺纹到 *C* 点，再车削半圈左旋锥螺纹到 *B* 点，最后快退到 *A* 点。O335 程序和 PP335. MPF 程序分别是用于发那科系统和西门子系统的车第 1 条 O 形槽的程序。

```
O335;
N01  G54       S60   M03;
N02                  T0101;
N03  G00   X100      Z10;
N04        X29.2;
N05              Z-5.5;
N06  G32   X30.8 Z-34.5   F58;
N07              Z-5.5;
N08              Z-34.5;
N09        X29.2 Z-5.5;
N19  G00         Z10;
N20        X150  Z20   M05;
N21  M30;
```

```
PP335.MPF
N01  G54   S60   M03
N02  T1    D1
N03  G00   X100  Z10
N04        X29.2
N05              Z-5.5
N06  G33   X30.8 Z-34.5   K58
N07              Z-5.5    K58
N08              Z-34.5   K58
N09        X29.2 Z-5.5    K58
N19  G00         Z10
N20        X150  Z20   M05
N21  M02
```

N06 段程序可看作是入刀，N09 段程序可看作是出刀。执行 N06 段程序过程中，前半段（或近半段）是空走，后半段（或大半段）才从浅到深进行切削。执行 N09 段出刀程序段时全部是空走。可再编写一个程序来车第 2 条 O 形槽。

O336 程序和 PP336. MPF 程序分别是用于发那科系统和西门子系统车第 2 条 O 形槽的程序。

```
O336;
N01  G54       S60   M03;
N02            T0101;
N03  G00   X100  Z10;
N04        X29.2;
N05              Z-5.5;
N15  G32   X30.8  Z-34.5   F58   Q180000;
N16              Z-5.5;
N17              Z-34.5;
N18        X29.2 Z-5.5;
N19  G00         Z10;
N20        X150  Z200   M05;
N21  M30;
```

```
PP336.MPF
N01  G54       S60   M03
N02  T1    D1
N03  G00   X100  Z10
N04        X29.2
N05                 Z-5.5
N15  G33   X30.8    Z-34.5   K58   SF=180
N16                 Z-5.5    K58
N17                 Z-34.5   K58
N18        X29.2    Z-5.5    K58
N19  G00            Z10
N20        X150     Z200   M05
N21  M02
```

可以看到，车第 2 条 O 形槽的程序只是在车第 1 条 O 形槽程序的基础上在车螺纹的第一个程序段中指令起始点位移角为 180°。至于车第 1 条 O 形槽的程序中顺序号 N06、N07、N08 和 N09 分别改成车第 2 条 O 形槽的程序中 N11、N12、N13 和 N14，只是为两条槽的合并做准备，对加工没有实质性影响。

车第 1 条 O 形槽的程序和车第 2 条槽的程序必须先后分开执行。

这里讨论一下车封闭油槽时不用斜进、斜出时会发生什么情况。O337 程序和 PP337. MPF 程序分别是用于发那科系统和西门子系统车第 1 条 O 形槽的比较典型的错误程序。

```
O337;
N01  G54       S60   M03;
N02            T0101;
N03  G00  X100  Z10;
N04       X29.2;
N05             Z-5.5;
N06  G01  X30.8           F0.8;
N07  G32        Z-34.5   F58;
N08             Z-5.5;
N09  G00  X29.2;
N10             Z10;
N11       X150  Z200   M05;
N12  M30;
```

```
PP337.MPF
N01  G54       S60   M03
N02  T1   D1
N03  G00  X100  Z10
N04       X29.2
N05             Z-5.5
N06  G01  X30.8;          F0.8;
N07  G33        Z-34.5   K58
N08             Z-5.5    K58
N09  G00  X29.2
N10             Z10
N11       X150  Z200   M05
N12  M02
```

在这组程序中，执行 N06 段时行程为 0.8mm，而进给速度为 0.8mm/r，所以主轴正好转一周。如果滑动套的内径正好是 ϕ30mm，那么前半周空走刀，后半周在内圆上切出半圈从浅到深的环形槽。从 N6 段执行结束到 N7 段开始执行之间，刀架停止，等待主轴转到 0°位移角处。此等待时间的长短是随机的（范围是从 0 到主轴转一周用的时间）。在刀架等待的时间内主轴继续转动，这就会在内圆上切出一段随机长度的等深环形槽（0°~360°）。这与加工要求不符。如果第 2 条槽也用此方法车，那么结果就是车出有点像图 3-34 所示那样的开放油槽。

可以将车第 1 条 O 形槽的 O335（或 PP335. MPF）程序与车第 2 条 O 形槽的 O336（或 PP336. MPF）程序合并，执行合并后的程序可把 2 条槽一次车出。O338 程序和 PP338. MPF 程序分别是用于发那科系统和西门子系统的合并后的程序。

```
O338;
N01  G54  S60  M03;
N02  T0101;
N03  G00 X100  Z10;
N04      X29.2;
N05            Z-5.5;
N06  G32 X30.8 Z-34.5  F58;
N07            Z-5.5;
N08            Z-34.5;
N09      X29.2 Z-5.5;
N10  G00 X29.2;
N15 G32  X30.8 Z-34.5  F58  Q180000;
```

```
PP338.MPF
N01  G54            S60  M03
N02  T1   D1
N03  G00 X100       Z10
N04      X29.2
N05                 Z-5.5
N06  G33 X30.8      Z-34.5  K58
N07                 Z-5.5   K58
N08                 Z-34.5  K58
N09      X29.2      Z-5.5   K58
N10  G00 X29.2
N15  G33  X30.8     Z-34.5  F58  SF=180
```

N16 Z-5.5;	N16 Z-5.5 K58
N17 Z-34.5;	N17 Z-34.5 K58
N18 X29.2 Z-5.5;	N18 X29.2 Z-5.5 K58
N19 G00 Z10;	N19 G00 Z10
N20 150 Z200 M05;	N20 X150 Z200 M05
N21 M30;	N21 M02

注意在合并后的程序中必须加 N10 段，否则 N11 段的起始点位移指令在执行时会不起作用，执行 N11~N14 段时又在车好的第 1 条螺旋槽内空走一遍。

3.13.3 对孔封闭油槽的数控车削

所谓对孔封闭油槽，是指封闭油槽的两个交叉点中有一个要通过套上预制的进油孔。进油孔一般位于油沟的轴向对称面上，这里先讨论这种情况。

图 3-38a 所示为有对孔封闭油槽的滑动套图样。用刀的情况和要求与前两例一样，如图 3-38b 所示。下面讨论对孔封闭油槽的编程和操作。

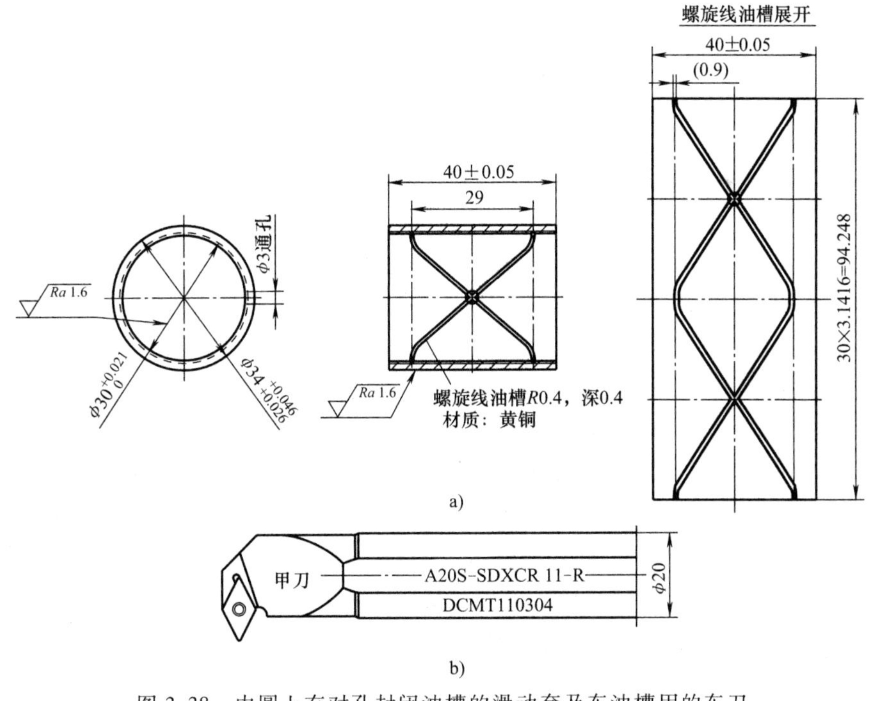

图 3-38 内圆上有对孔封闭油槽的滑动套及车油槽用的车刀

a）滑动套 b）车此滑动套上对孔封闭油槽的车刀

对孔封闭油槽的编程方法与不用对孔的封闭油槽的编程方法相差不多，但操作方法相差较大。编程时最好使用一个变量（参数）。O339 程序和 PP339. MPF 程序是分别用于发那科系统和西门子系统的程序。

O339;	PP339. MPF
#1=____; （#1 可先置零）	R1=____; R1 可先置零
N01 G54 S60 M03;	N01 G54 S60 M03

```
N02  T0101;
N03  G00  X100  Z10;
N04       X29.2;
N05            Z-5.5;
N06  G32  X30.8 Z-34.5  F58;
N07            Z-5.5;
N08            Z-34.5;
N09       X29.2 Z-5.5;
N10  G00  X29.2;
N11  IF [#1 LT 180000] GOTO14;
N12  #1=#1-180000;
N13  GOTO  15;
N14  #1=#1+180000;
N15  G32  X30.8Z-34.5  F58  Q#1;
N16           Z-5.5;
N17           Z-34.5;
N18       X29.2Z-5.5;
N19  G00      Z10;
N20       X150 Z200  M05;
N21  M30;
```

```
N02  T1  D1
N03  G00  X100  Z10
N04       X29.2
N05             Z-5.5
N06  G32  X30.8 Z-34.5  K58
N07             Z-5.5  K58
N08             Z-34.5  K58
N09       X29.2 Z-5.5  K58
N10  G00  X29.2
N11  IF R1<180  GOTOF MA1
N12  R1=R1-180
N13  GOTOF MA2
N14  MA1:R1=R1+180
N15  MA2:G33  X30.8  Z-34.5  K58  SF=R1
N16                  Z-5.5  K58
N17                  Z-34.5  K58
N18            X29.2 Z-5.5  K58
N19  G00             Z10
N20            X150  Z200  M05
N21  M02
```

此程序中的#1 和 R1 代表车第 1 条槽时起始点的位移角，开始时可令其等于 0。

操作分为两个阶段。第一阶段是用试切法确定 2 条槽某一交点通过孔时的起始点位移角值。方法如下：在滑动套内孔留量（例如直径方向留 1mm 量）的条件下，X 向减去相应刀补值（例如减 1.4mm）后执行一遍变量（参数）置 0 后的上述程序，观察（槽）的两个交点中离进油孔较近的那个交点，估计其离进油孔在圆周上大约有多少度。将变量（参数）值改赋为 90，并将第一次车出的槽涂上颜色后再执行一遍程序。观察这两次车削后交点与进油孔的位置关系，可大致确定交点通过进油孔时的变量（参数）值（应在 0~180 之间）。修改变量（参数）值后再执行一遍程序。如果还差一点没有对上，再修改一次变量（参数）值和试切一遍就可以。在滑动套一次装夹的条件下，此时的变量（参数）值应是一个定数。第二阶段是把半精车滑动套的内圆（例如内径车到 ϕ29.8mm）后执行一遍程序，完成对孔油槽的加工。再精车内圆，内圆方向无毛刺的对孔油槽即可加工完成。

图 3-39 所示为内圆上有对孔油槽的滑动套照片。

图 3-40 所示为一种实用的对孔油槽滑动套。如果孔位置不在内圆的轴向对称中心，那么应使用 O340 程序或 PP340.MPF 程序。操作还是分两个阶段。第一阶段又分两步。第一步是用试切法确定第 1 条槽通过孔心时的 Q 值（或 SF 值），在此程序中是找此时的#1 值（或 R1 值）。具体方法为：将操作面板上的跳步开关置于 ON 状态，从#1=0 开始在有留量的内圆上试切，调整#1 值直到此槽通过孔中心为止。第二步是用试切法确定车第 2 条槽通过孔中心时的 Q 值（或 SF 值），在此程序中是找此时的#2 值（或 R2 值）。具体方法为：将跳步开关置于 OFF 状态，从#1=180000 开始在有留量的内圆上试切，调整#2 值直到此槽通过孔中心为止。

图 3-39 内圆上有对孔油槽的滑动套照片

图 3-40 一种实用的对孔油槽滑动套

第二阶段是半精车此滑动套的内圆后执行一遍程序，就可车出对孔油槽。再精车内圆，内圆方向无毛刺的对孔油槽加工完成。

```
O340;
  #1=__;        (#1 可先置零)
  #2=__;        (#2 可先置 180000)
N01   G54        S60   M03;
N02              T0101;
N03   G00   X100   Z10;
N04         X29.2;
N05                Z-5.5;
N06   G32   X30.8  Z-34.5   F58;
N07                Z-5.5;
N08                Z-34.5;
N09         X29.2  Z-5.5;
/N10   G00  X29.2;
/N11   IF [#1 LT 180000] GOTO14;
/N12   #1=#1-#2;
/N13   GOTO   15;
/N14   #1=#1+#2;
/N15   G32  X30.8  Z-34.5   F58   Q#1;
/N16               Z-5.5;
/N17               Z-34.5;
/N18        X29.2  Z-5.5;
N19   G00          Z10;
N20         X150   Z200           M05;
N21   M30;
```

```
PP340.MPF
   R1=__;          R1 可先置零
   R2=__;          R2 可先置 180
N01   G54        S60   M03
N02          T1   D1
N03   G00   X100     Z10
N04         X29.2
N05                  Z-5.5
N06   G33   X30.8    Z-34.5    K58
N07                  Z-5.5     K58
N08                  Z-34.5    K58
N09         X29.2    Z-5.5     K58
/N10   G00  X29.2
/N11   IF R1<180 GOTOF MA1
/N12   R1=R1-R2
/N13   GOTOF   MA2
/N14   MA1:R1=R1+R2
/N15   MA2:G33   X30.8   Z-34.5   K58   SF=R1
/N16                 Z-5.5     K58
/N17                 Z-34.5    K58
/N18        X29.2    Z-5.5     K58
N19   G00            Z10
N20         X150     Z200   M05
N21   M02
```

3.14　交叉封闭螺旋引导槽的数控车削

在往卷筒上收绕电缆过程中，为了使电缆在每层整齐排列，并在换层时自动换向，需要前置一个图 3-41 中的引导棍做引导。在这种引导棍的外圆上有交叉的左旋和右旋引导槽。左、右旋引导槽首、尾相接，其轴向剖面类似于梯形外螺纹的槽，但两侧面夹角有 30°、35°和 40°三种，而梯形螺纹的牙型角是固定的 30°。由于后者是配合螺纹，所以其槽宽、槽深与螺距之间有固定的比例，而引导槽的这三个值之间没有固定的比例。

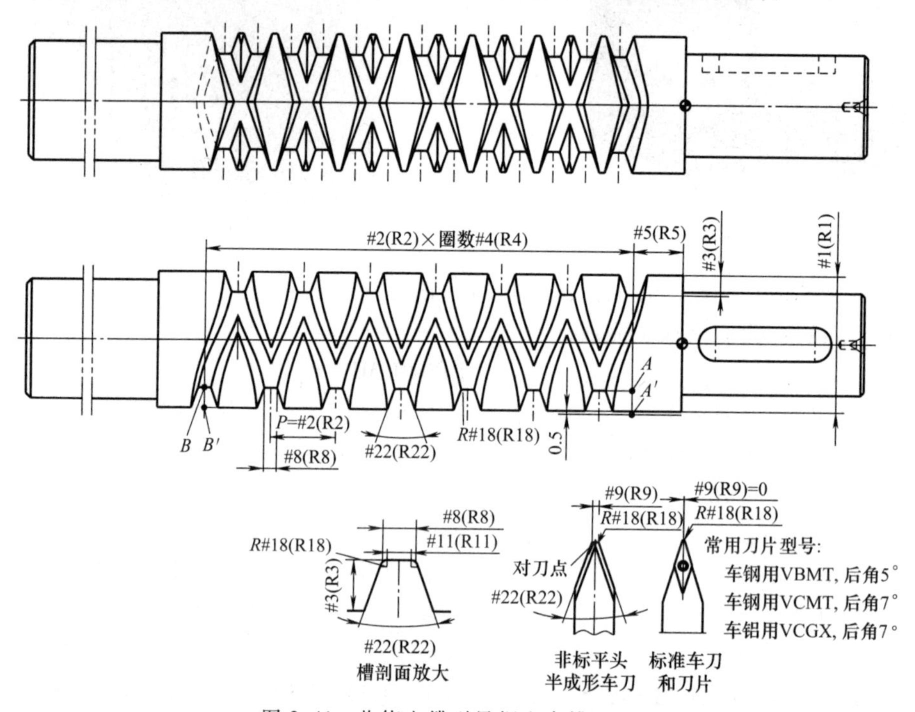

图 3-41　收绕电缆引导棍和车槽用的刀

引导槽与梯形螺纹螺旋槽还有两点更重要的区别：一是后者要么右旋要么左旋，而对前者在一个引导棍上左、右旋都有；二是后者至少有一端与外侧相通，而前者两端与外侧都不通。这也是引导槽在普通数控车床不容易加工的原因。

据作者了解，迄今为止，我国生产军、民品引导棍的企业都是用成形铣刀在四轴加工中心或车铣中心上加工引导槽的。这种铣加工除了对机床要求高之外，还有刀具费用高和加工效率低的明显缺点。作者见过一种不锈钢质细长军品引导轮在车铣中心上加工，每加工一根要铣两个班次，消耗两把国产硬质合金成形刀。

在数控车床上如何车这种引导槽？作者做了成功的尝试，在试车过程中克服了三个难题。第一个难题是使用基础螺纹指令 G32 编程，但引导槽两头都不通，如何进刀和出刀。作者的对策是采用斜进、斜出来进刀和出刀，其基础原理是 G32 指令可用于切削正锥螺纹和倒锥螺纹。第二个难题是槽深方向分几刀车如何进给。在车与外端相通的螺旋槽过程中，可以在实体外的车削起点处用 G00 或 G01 指令车刀向负 X 方向移一点后再车下一刀，并多次重复，直到达到足够深度。而此处无法使用这种常规做法。针对引导槽与外端不通的实际情况，作者的对策是采用“之”字形向槽深方向进给。图 3-42 所示为斜向入刀、“之”字形向槽深方向进给和斜向出刀路线。

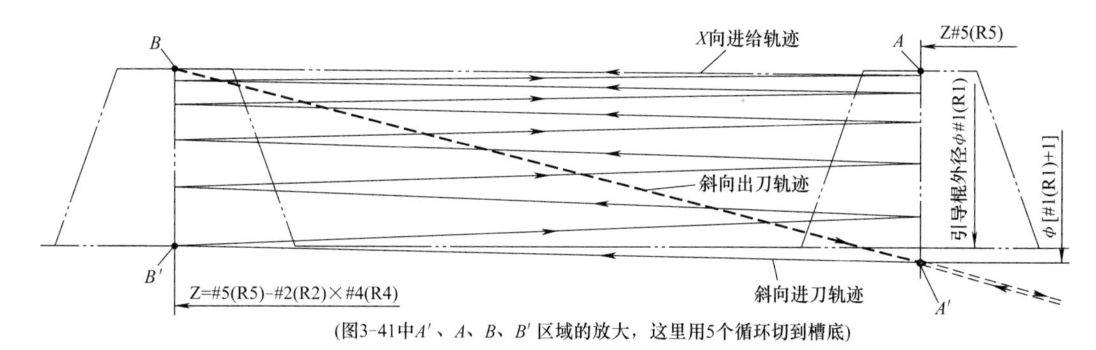

图 3-42　车引导槽的进刀、X 向进给和出刀路线示意

第三个难题是槽宽方向分几刀拓宽如何进刀。在车与外端相通的螺旋槽过程中，也可以在实体外的车削起点处用 G00 和 G01 指令车刀向正 Z 或负 Z 方向移一点后再车下一刀，并多次重复，直到达到足够的宽度。针对引导槽与外端不通的实际情况，作者的对策是分多刀、每刀又用三个循环车削。

在这三个难题中，最后这个难题的解决是试切成功的关键。

车引导槽所用的刀具有两种。一种是非标准平头半成形车刀（见图 3-41），它的左、右切削刃夹角与引导槽夹角相等，但刀头宽小于槽底宽。由于来回都有切削，所以两侧刃的后角都应大于引导槽的螺旋升角。这种半成形车刀平头两端的圆角都比较小（一般为 0.1～0.2mm）。另一种是装 35°刀片的对称外圆车刀（见图 3-41）。在单、双面刃刀片中，应采用单面刃刀片。这种单面刃刀片左、右刃的后角有 5°和 7°两种，分别用于切削螺旋升角小于 5°和 7°的引导槽。如果要直接车成引导槽，且选择使用这种单面刃刀片，那么只能车出 35°夹角的引导槽。对于夹角为 30°和 40°、螺旋升角小于 7°的引导槽，也可用这种刀预切，然后再用平头半成形车刀来车成。

车铝合金材质引导棍或虽为钢质、但槽较浅的引导棍时，只用两大步。第一步是用“之”字形走刀路线切到槽底，第二步是左右拓宽到槽宽。O341 程序是作者开发的用 35°标准刀或平头半成形非标刀车引导棍上引导槽且适用于发那科系统的通用宏程序。程序注释中提到点 1～18 见图 3-43 和图 3-44。

```
O341;
N01  #1=a;                     (#1 代表外径值);
N02  #2=b;                     (#2 代表螺距)
N03  #3=c;                     (#3 代表单向深度)
N04  #4=i;                     (#4 代表螺纹的圈数)
N05  #5=j;                     (#5 代表螺纹外端槽中心的 Z 坐标值)
N06  #6=k;                     (#6 代表第 0 层的直径方向切削深度)
N07  #7=d;                     (#7 代表下一层比上一层直径方向切削深度减少量)
N08  #8=e;                     (#8 代表槽底宽,指左、右壁线与底线两交点间的距离)
N09  #9=f;
(#9 为刀头宽,对非标小 R 平头半成形车刀,代表头部直线部分长度;对 35°标准刀,它等于 0)
N10  #10=m;                    (#10 代表拓宽分刀数)
```

```
N11  #18=r;
(对35°对称标准车刀,代表刀片刀尖圆弧半径;对非标小R平头半成形车刀,代表两侧的刀尖圆弧半径值)
N12  #19=s;                                            (#19代表主轴转速)
N13  #20=t;                                            (#20代表刀位号和刀补号)
N14  #22=v;                                            (#22代表引导槽夹角,即车刀的夹角)
N16  #24=x;                                            (#24代表最后退刀点的X坐标值)
N17  #26=z;                                            (#26代表最后退刀点的Z坐标值)
N18  #11=#8-#9-2*[#18*COS[#22/2]-#18*[1-SIN[#22/2]]*TAN[#22/2]];
                                                       (#11代表双向拓宽值之和)
N20  G54  S#19  M03;
N21  T[#20*101]  M08;
N22  G00  X(#1+50]  Z#5;
N23       X[#1+#1];                                    (快速到达准备点A′)
N25  G32  X#1  Z[#5-#2*#4]  F[#2/2];                   (斜向到达起始点B′)
N26  #13=#6-#7;                  (#13代表下一层的直径方向切削深度,此处计算第1层的值)
N27  #14=0;                      (#14代表累计直径方向切削深度,此处赋初始值)
N28  #30=#1;                     (#30代表本层的X指令值,此处赋初始值)
N29  WHILE [[#14+#13] LT [2*#3]] DO1;                  (车削槽深的循环头)
N30  #14=#14+#13;                (#14代表本层的累计直径方向切削深度)
N31  #30=#1-#14;                 (此#30代表本层最终的X指令值)
N32  G32  X[#30+#13/2]  Z#5  F#2;                      (一个来回中的从左向右走刀)
N33       X#30  Z[#5-#2*#4];                           (一个来回中的从右向左走刀)
N34  #13=#13-#7;                 (#13代表下一层的直径方向切削深度)
N35  END1;                                             (车削槽的循环尾)
N36  #15=#11/2/#10;              (#15代表每个循环单面累计拓宽值)
N37  #16=#15;                    (#16代表单面累计拓宽值,此处赋初始值)
N38  G32  X[#1-2*#3]  Z[#5+#16]  F[#2+#16/#4];
                 (开始切拓宽第1刀,沿槽底从左向右渐进车前半右侧面:点B→点1)
N39  Z[#5-#2*#4+#16]  F#2;       (沿槽底从右向左车后半右侧面:点1→点2)
N40  Z[#5+#16];                  (沿槽底从左向右车前半右侧面:点2→点3)
N41  Z[#5-#2*#4-#16]F[#2+2*#16/#4];  (沿槽底从右向左渐进车后半左侧面:点3→点4)
N42  Z[#5-#16]  F#2;             (沿槽底从左向右车前半左侧面:点4→点5)
N43  Z[#5-#2*#4-#16];            (沿槽底从右向左车后半左侧面:点5→点6)
N44  WHILE [#16 LT #11/2] DO2;                         (拓宽从第2刀开始的循环头)
N45  #16=#16+#15;                (计算下一刀的单面累计拓宽值)
N46  G32  X[#1-2*#3]  Z[#5+#16]  F[#2+2*#16/#4-#15/#4];
                 (沿槽底从左向右渐进车前半右侧面:点6→点7;点12→点13……)
N47  Z[#5-#2*#4+#16]  F#2;(沿槽底从右向左车后半右侧面:点7→点8;点13→点14……)
N48  Z[#5+#16];          (沿槽底从左向右车前半右侧面:点8→点9;点14→点15……)
```

```
N49  Z[#5-#2＊#4-#16]  F[#2+2＊#16/#4];
                    (沿槽底从右向左渐进车后半左侧面:点 9→点 10;15→点 16……)
N50  Z[#5-#14]  F#2;        (沿槽底从左向右车前半左侧面:点 10→点 11;点 16→点 17……)
N51  Z[#5-#2*#4-#16];       (沿槽底从右向左车后半左侧面:点 11→点 12;点 17→点 18……)
N52  END2;                                        (拓宽从第 2 刀开始的循环尾)
N53  G32  X[#1+1]  Z#5  F#2  M09;                                  (斜向退出)
N54  G00  X#24     Z#26     M05;
N55  M30;
```

PP341.MPF 程序是用 35°标准车刀或非标平头半成形车刀车引导槽且适用于西门子 802D 系统的通用宏程序。

```
PP341.MPF
N01  R1=a;     R1 代表外径值
N02  R2=b;     R2 代表螺距
N03  R3=c;     R3 代表单向深度
N04  R4=i;     R4 代表螺纹的牙数
N05  R5=j;     R5 代表螺纹外端槽中心的 Z 坐标值
N06  R6=k;     R6 代表第 0 层的直径方向切削深度
N07  R7=d;     R7 代表下一层比上一层直径方向切削深度减少量
N08  R8=e;     R8 代表槽底宽,指左、右壁线与底线两交点间的距离
N09  R9=f;     R9 为刀头宽,对非标小 R 平头半成形车刀,代表头部直线部分长度,对 35°
               标准车刀,它等于 0
N10  R10=m;    R10 代表拓宽分刀数
N11  R18=r;    对 35°对称标准车刀,代表刀片刀尖圆弧半径,对非标小 R 平头半成形车刀,
               代表两侧的刀尖圆弧半径值
N12  R19=s;    R19 代表主轴转速
N13  R20=t;    R20 代表刀补号
N14  R22=v;    R22 代表引导槽夹角,即车刀的夹角
N16  R24=x;    R24 代表最后退刀点的 X 坐标值
N17  R26=z;    R26 代表最后退刀点的 Z 坐标值
N18  R11=R8-R9-2＊(R18＊COS(R22/2)-R18＊(1-SIN(R22/2))＊TAN(R22/2));
                                                       R11 代表双向拓宽值之和
N20  G54         S=R19   M03
N21  T1   D=R20   M08
N22  G00   X=R1+50   Z=R5
N23        X=R1+1;                                          快速到达准备点 A′
N25  G33   X=R1      Z=R5-R2＊R4   K=R2/2;                  斜向进到达起始点 B′
N26  R13=R6-R7;                   R13 代表下一层的直径方向切削深度,此计算第 1 层的值
N27  R14=0;                             R14 代表累计直径方向切削深度,此处赋初始值
N28  R30=R1;                                   R30 代表本层的 X 指令值,此处赋初始值
N29  WHILE  (R14+R13)<(2＊R3);                                      切削槽的循环头
```

```
N30  R14=R14+R13;                                R14代表本层的累计直径方向切削深度
N31  R30=R1-R14;                                 此R30代表本层最终的X指令值
N32  G33  X=R30+R13/2  Z=R5    K=R2;             一个来回中的从左向右走刀
N33       X=R30        Z=R5-R2*R4;               一个来回中的从右向左走刀
N34  R13=R13-R7;                                 R13代表下一层的直径方向切削深度
N35  ENDWHILE;                                   切削槽的循环尾
N36  R15=R11/2/R10;                              R15代表每个循环单面累计拓宽值
N37  R16=R15;                                    R16代表单面累计拓宽值,此处赋初始值
N38  G33  X=R1-2*R3   Z=R5+R16   K=R2+R16/R4;
                      开始切拓宽第1刀,沿槽底从左向右渐进车前半右侧面:点B走到点1
N39            Z=R5-R2*R4+R16   K=R2;沿槽底从右向左车后半右侧面:点1→点2
N40                   Z=R5+R16;          沿槽底从左向右车前后右侧面:点2→点3
N41                   Z=R5-R2*R4-R16   K=R2+2*R16/R4;
                                         沿槽底从右向左渐进车后半左侧面:点3→点4
N42                   Z=R5-16   K=R2;   沿槽底从左向右车前半左侧面:点4→点5
N43                   Z=R5-R2*R4-R16;   沿槽底从右向左车后半左侧面:点5→点6
N44  WHILE R16<(R11/2);                          拓宽从第2刀开始的循环头
N45  R16=R16+R15;                                计算下一刀的单面累计拓宽值
N46  G33  X=R1-2*R3   Z=R5+R16   K=R2+2*R16/R4-R15/R4;
                   沿槽底从左向右渐进车前半右侧面:点6→点7;点12→点13……
N47                   Z=R5-R2*R4+R16   K=R2;
                      沿槽底从右向左车后半右侧面:点7→点8;点13→点14……
N48                   Z=R5+R16;
                      沿槽底从左向右车前半右侧面:点8→点9;点14→点15……
N49                   Z=R5-R2*R4-R16   K=R2+2*16/R4;
                   沿槽底从右向左渐进车后半左侧面:点9→点10;15→点16……
N50                   Z=R5-R14   K=R2;
                   沿槽底从左向右车前半左侧面:点10→点11;点16→点17……
N51                   Z=R5-R2*R4-R16;
                   沿槽底从右向左车后半左侧面:点11→点12;点17→点18……
N52  ENDWHILE;                                   拓宽从第2刀开始的循环尾
N53  G33  X=R1+1   Z=R5   K=R2 M09;              斜向退出
N54  G00  X=R24    Z=R26     M05
N55  M02
```

这两个宏程序中都有16个变量需要在使用时赋值。#1~#5/R1~R5、#8/R8、#9/R9、#18/R18和#22/R22变量可在图3-41和图3-42中找到相应的含义。#6/R6和#7/R7变量是第一大步中的两个切削参数，其中#7/R7变量值取#6/R6变量值的1%~2%为宜。#10/R10变量是第二大步用的数据，它代表的拓宽分刀数中每刀又分为三个来回走刀来完成。

在这两个宏程序中，N25段是进刀指令，N53段是出刀指令。N29~N35段是向槽底方向进给的切削循环指令（第一大步），在循环过程中一刀比一刀进（吃）得少。从N38段开

始是拓宽指令。由于拓宽第 1 刀的规律与从拓宽第 2 刀开始各刀的规律不一样，所以先用 N38～N42 段指令拓宽第 1 刀。图 3-43 所示为拓宽第 1 刀的三个来回示意。

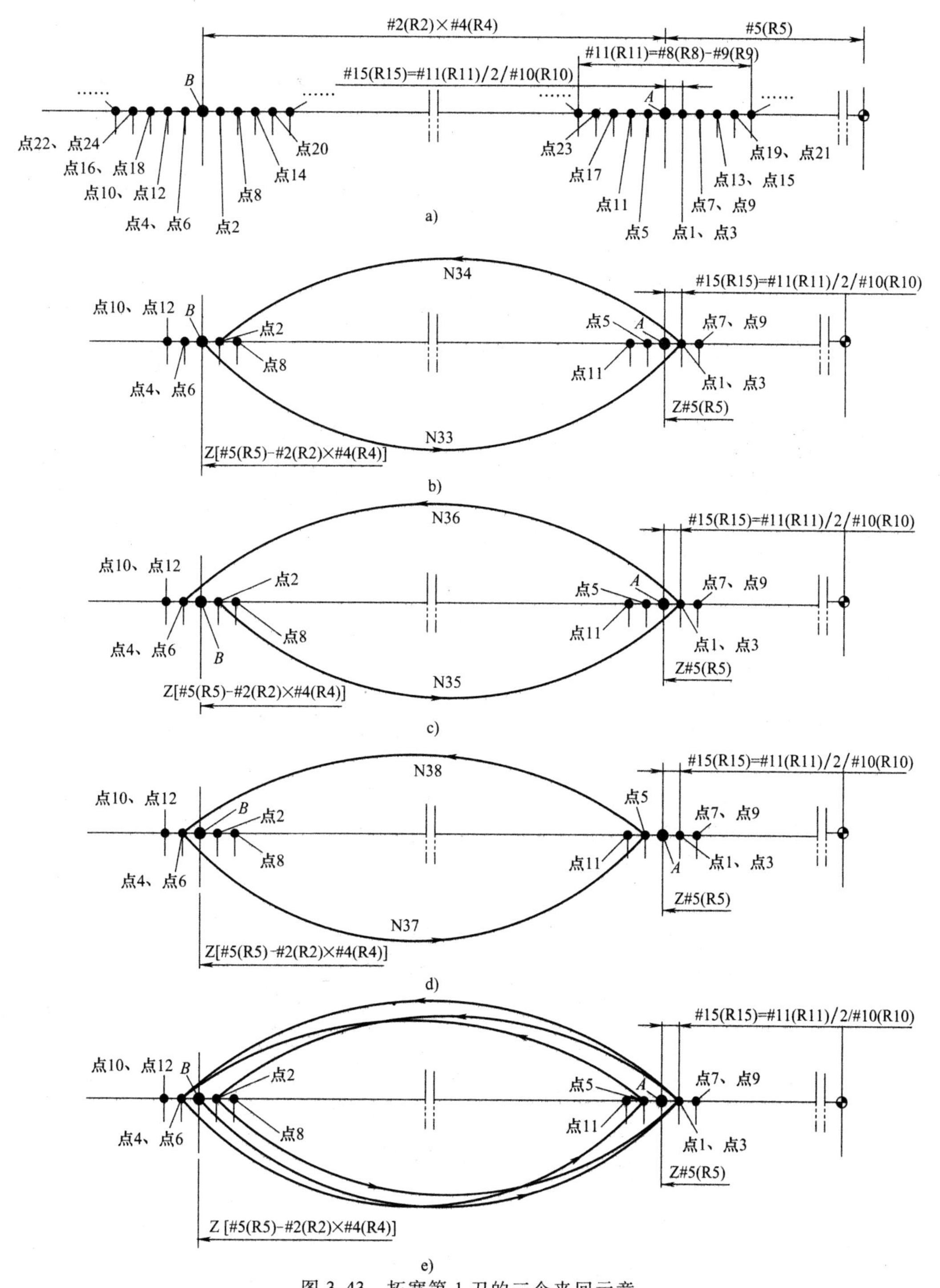

图 3-43　拓宽第 1 刀的三个来回示意

a）拓宽点位放大　b）拓宽第 1 刀的第 1 个来回（点 B→点 1→点 2）
c）拓宽第 1 刀的第 2 个来回（点 2→点 3→点 4）　d）拓宽第 1 刀的第 3 个来回（点 4→点 5→点 6）
e）拓宽第 1 刀用的三个来回的轨迹合在一起（点 B→点 1→点 2→点 3→点 4→点 5→点 6）

N44～N52 段是第 2 刀开始各刀的拓宽循环指令。图 3-44 所示为拓宽第二刀的三个来回

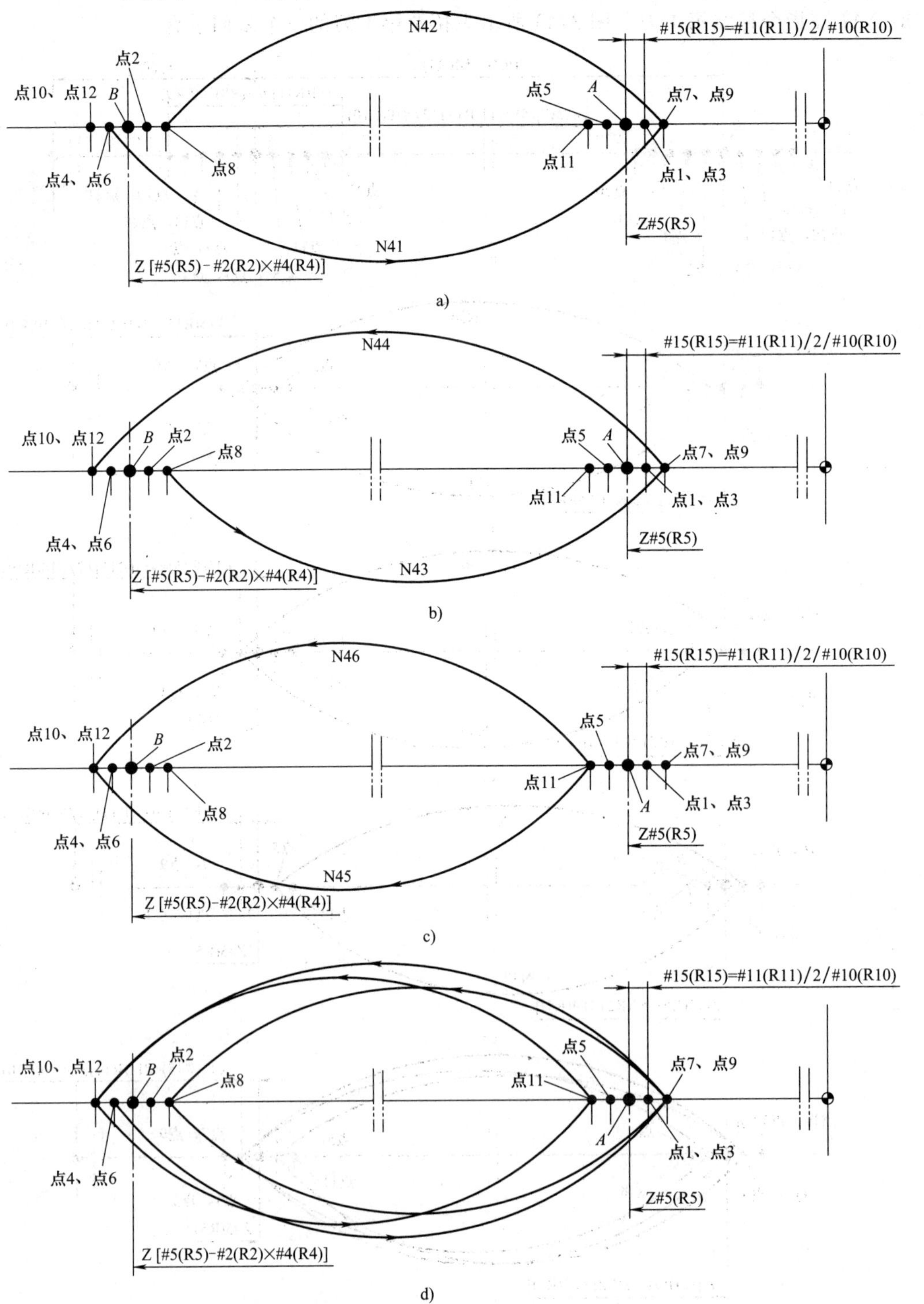

图 3-44　拓宽第 2 刀的三个来回示意

a）拓宽第 2 刀的第 1 个来回（点 6→点 7→点 8）　b）拓宽第 2 刀的第 2 个来回（点 8→点 9→点 10）

c）拓宽第 2 刀的第 3 个来回（点 10→点 11→点 12）　d）拓宽第 2 刀用的三个来回的

轨迹合在一起（点 6→点 7→点 8→点 9→点 10→点 11→点 12）

示意图。拓宽第 3 刀到拓宽最后一刀的走刀路线与此图一样，只是点序号要逐步增加。编制宏程序的难点在于拓宽部分，因为在拓宽过程中不但每刀而且每个来回螺距都在变化。

使用时，只要根据图样、坯料尺寸、材质、机床、刀具和夹具的具体情况给其中的 16 个变量赋值即可。下面用试件 1 做具体说明。

试件 1 的材质为 2A12，外径为 ϕ80mm，螺距为 20mm，槽深为 6mm，共 4.5 牙，槽头中心在 Z-15 处，槽底宽为 4mm，刀位号与刀补号都为 1，引导槽夹角为 40°。用头宽为 2mm、两刃夹角为 40°、两刃后角各为 8°、刀头两端处 R0.1mm 的高速钢自磨刀（见图 3-45 的正面照片和反面照片）。

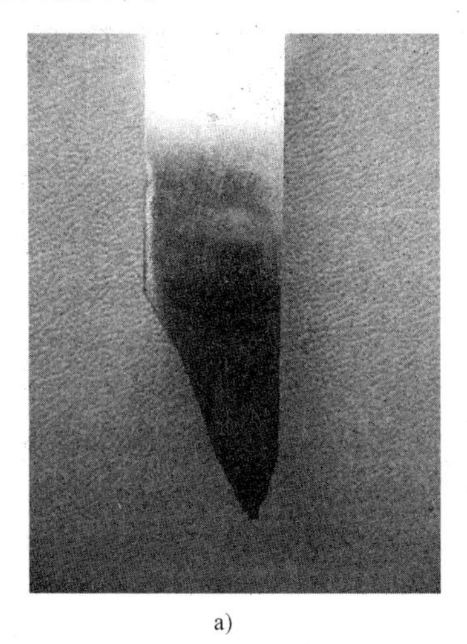
a)

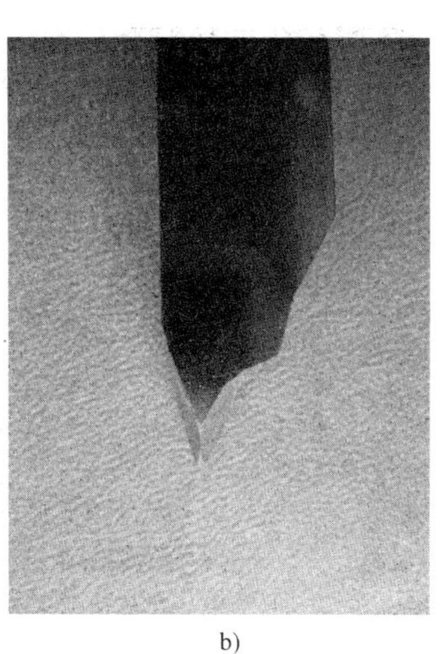
b)

图 3-45　车试件 1 用的高速钢自磨刀的照片
a）正面照片　b）反面照片

选择第 0 层直径方向切削深度为 0.4mm，下一层比上一层双向少切削 0.004mm，左、右拓宽分 20 刀，主轴转速取 60r/min，最后退到（X150，Z200）处。把这 16 个数据赋给 O341 通用宏程序中相应的 16 个变量后，该程序的前 16 段如下：

N01　#1 = 80;　（#1 代表外径值）
N02　#2 = 20;　（#2 代表螺距）
N03　#3 = 6;　（#3 代表单向深度）
N04　#4 = 4.5;　（#4 代表螺纹的牙数）
N05　#5 = -15;　（#5 代表螺纹外端槽中心的 Z 坐标值）
N06　#6 = 0.4;　（#6 代表第 0 层的直径方向切削深度）
N07　#7 = 0.004;　（#7 代表下一层比上一层少切削深度）
N08　#8 = 4;　（#8 代表槽底宽，指左右壁线与底线两交点间的距离）
N09　#9 = 2;
（#9 为刀头宽，对非标小 R 平头半成形车刀，代表头部直线部分长；对 35°对称标准车刀，它等于 0）
N10　#10 = 20;　（#10 代表拓宽分刀数）
N11　#18 = 0.1;
（对 35°对称标准车刀，代表刀片刀尖圆弧半径，用非标小 R 平头半成形车刀，代表两小刀尖圆弧半径值）
N12　#19 = 60;　（#19 代表主轴转速）

N13　#20 = 1;　　　　(#20 代表刀位号和刀补号)
N14　#22 = 40;　　　　(#22 代表引导槽夹角,即车刀的夹角)
N16　#24 = 150;　　　　(#24 代表最后退刀点的 X 坐标值)
N17　#26 = 200;　　　　(#26 代表最后退刀点的 Z 坐标值)

以工件右端面为 Z 向原点对刀和设定坐标系后，就可进行车削。车试件 1 用的是 CKA6150 经济型数控车床，此车床配置的是发那科 0i-Mate TC 系统。在车削过程中，前阶段（第一大步）向深度方向走刀，切削顺畅，后阶段（第二大步）左、右均匀切削，全过程排屑流畅。图 3-46 所示为在经济型数控车床上加工试件 1 的照片。

图 3-46　在经济型数控车床上加工试件 1 的照片

图 3-47 所示为用头宽为 2mm 的高速钢车刀车出的试件 1 的照片。

图 3-47　用头宽为 2mm 高速钢车刀车出的试件 1 的照片

车钢质尤其是不锈钢细长引导棍时，应分两大层四（大）步来车。这四步分别如图 3-48c、d、e、f 所示。

O342 程序是用 35°标准车刀或平头半成形非标车刀分两大层车削引导棍上引导槽，适用于发那科科系统的通用宏程序。

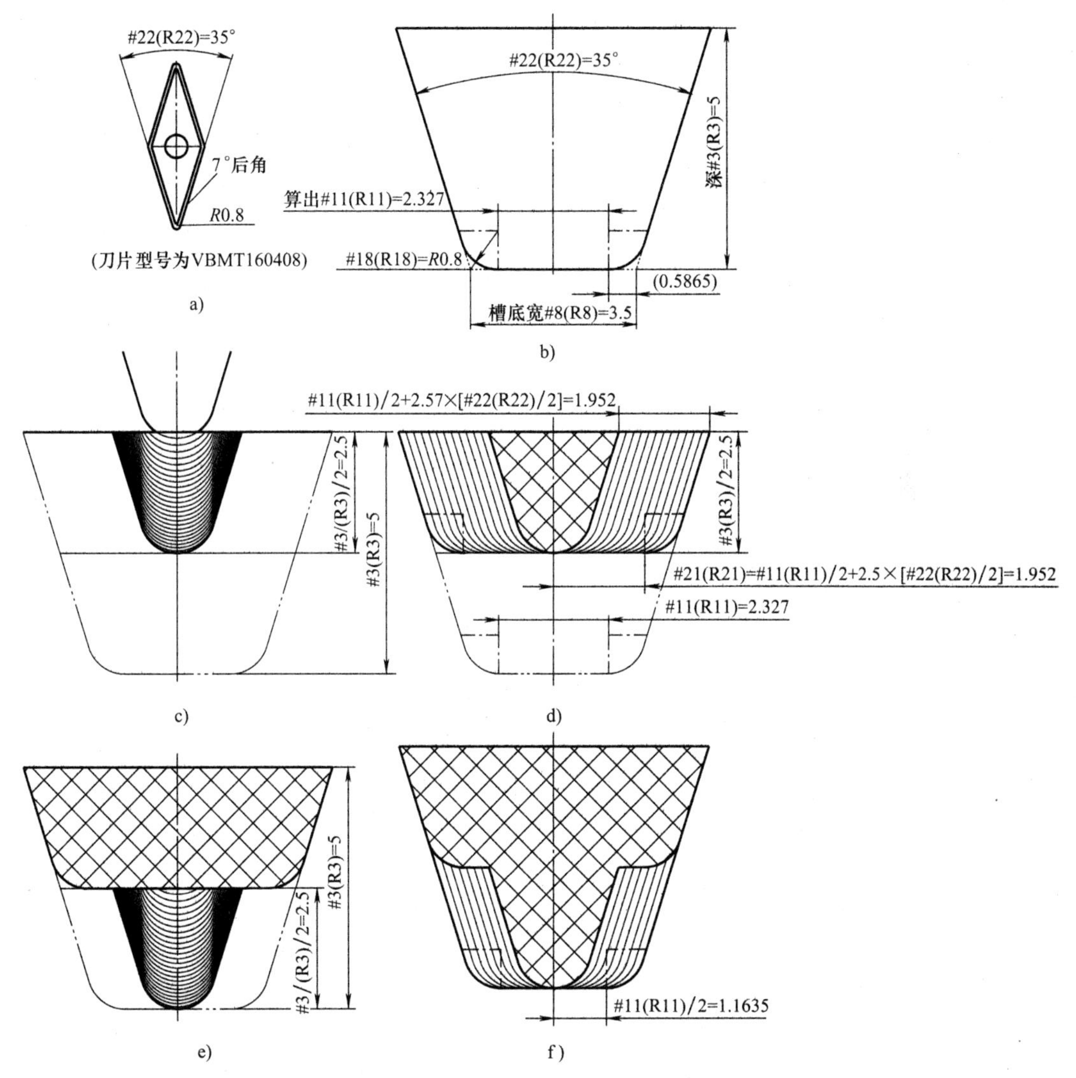

图 3-48　钢质试件 2 上的引导槽车削用刀、引导槽剖面和分两大层四大步车削示意

a）车引导棍 2 上引导槽用的标准刀（片）　b）引导槽用放大　c）上大层“之”字形走刀切削槽深
d）上大层左、右拓宽　e）下大层“之”字形走刀切削槽深　f）下大层左、右拓宽

```
O342;
N01  #1=a;                    (#1 代表引导棍外径)
N02  #2=b;                    (#2 代表引导槽螺距)
N03  #3=c;                    (#3 代表引导槽深度)
N04  #4=i;                    (#4 代表引导槽牙数)
N05  #5=i;                    (#5 代表引导槽右端中心线的 Z 坐标值)
N06  #6=k;                    (#6 代表第 0 个来回的直径方向切削深度)
N07  #7=d;                    (#7 代表下一个来回比上一个来回少切削的深度)
N08  #8=e;                    (#8 代表槽底宽,指左、右壁线与底线两交点间的距离)
N09  #9=f;
```

```
(#9 为刀头宽,对非标小 R 平头半成形车刀,代表头部直线部分长;对 35°标准车刀,它等于 0)
N11  #18=r;          (#18 代表 35°对称标准车刀的刀尖圆弧半径,用平头半成形车刀时赋值 0.1)
N12  #19=s;                                                  (#19 代表主轴转速)
N13  #20=t;                                                (#20 代表刀位号和刀补号)
N14  #22=v;                                          (#22 代表引导槽夹角,即车刀夹角)
N15  #23=w;                  (#23 代表计划上、下大层共用每个拓宽小循环的双向拓宽计划值)
N16  #24=x;                                           (#24 代表最后退刀点的 X 坐标值)
N17  #26=z;                                           (#26 代表最后退刀点的 Z 坐标值)
N18  #11=#8-#9-2*[#18*COS[#22/2]-#18*[1-SIN[#22/2]]*TAN[#22/2]];
                                                          (#11 代表下大层双向拓宽值)
N19  #21=#11+2*#3/2*TAN[#22/2];                           (#21 代表上大层双向拓宽值)
N20  G54        S#19       M03;
N21     T[#20*101]         M08;
N22  G00  X[#1+50]    Z#5;
N23       X[#1+1]                                             (快速到达准备点 A')
N124  #10=ROUND[#21/#23];                             (此#10 为上大层的拓宽刀数)
N125  G32  X#1    Z[#5-#2*#4]   F[#2/2];                     (斜向工进到达起点 B')
N126  #13=#6-#7;          (#13 代表上大层下一小层的直径方向切削深度,此计算第 1 小层的值)
N127  #14=0;                       (#14 代表上大层累计直径方向切削深度,此处赋初始值)
N128  #30=#1;                          (#30 代表上大层本小层的 X 指令值,此处赋初始值)
N129  WHILE [[#14+#13] LT #3] DO1;                          (上大层往槽深车的循环头)
N130  #14=#14+#13;                               (#14 代表本小层的累计直径方向切削深度)
N131  #30=#1-#14;                               (此#30 代表上大层本小层最终的 X 指令值)
N132  G32  X[#30+#13/2]  Z#5     F#2;                     (一个来回中的从左向右走刀)
N133       X#30          Z[#5-#2*#4];                      (一个来回中的从右向左走刀)
N134  #13=#13-#7;                                   (#13 代表下一小层的直径方向切削深度)
N135  END1;                                                 (上大层往槽深车的循环尾)
N136  #15=#21/2/#10;                         (#15 代表上大层每个小循环单面累计实际拓宽值)
N137  #16=#15;                                (#16 代表上大层单面累计拓宽值,此处赋初始值)
N138  G32  X[#1-#3]       Z[#5+#16]    F[#2+#16/#4];
                  (开始切上大层拓宽第 1 刀,沿槽底从左向右渐进车前半右侧面:点 B→点 1)
N139                Z[#5-#2*#4+#16]    F#2;(沿槽底从右向左车后半右侧面:点 1→点 2)
N140                    Z[#5+#16]      F#2;(沿槽底从左向右车前半右侧面:点 2→点 3)
N141  Z(#5-#2*#4-#16]   F[#2+2*#16/#4];
                                 (沿槽底从右向左渐进车后半左侧面:点 3→点 4)
N142                      Z(#5-#16]    F#2;(沿槽底从左向右车前半左侧面:点 4→点 5)
N143                Z[#5-#2*#4-#16]    F#2;(沿槽底从右向左车后半左侧面:点 5→点 6)
N144  WHILE [#16 LT [#21/2-0.01]] DO2;                 (上大层拓宽从第 2 刀开始的循环头)
N145  #16=#16+#15;                                      (计算下一刀的单面累计拓宽值)
```

```
N146  G32  X[#1-#3]      Z(#5+#16]  F[#2+2 * #16/#4-#15/#4];
                    (沿槽底从左向右渐进车前半右侧面:点 6→点 7;点 12→点 13……)
N147                     Z[#5-#2 * #4+#16]   F#2;
                         (沿槽底从右向左车后半右侧面:点 7→点 8;点 13→点 14……)
N148                     Z[#5+#16]    F#2;
                         (沿槽底从右向左车后半右侧面:点 8→点 9;点 14→点 15……)
N149                     Z[#5-#2 * #4-#16]   F[#2+2 * #16/#4];
                         (沿槽底从右向左车后半左侧面;点 9→点 10;点 15→点 16……)
N150                     Z[#5-#16]    F#2;
                         (沿槽底从左向右车前半左侧面;点 10→点 11;点 16→点 17……)
N151                     Z[#5-#2 * #4-#16]   F#2;
                         (沿槽底从右向左车后半左侧面:点 11→点 12;点 17→点 18……)
N152  END 2;                                         (上大层拓宽从第 2 刀开始的循环尾)
N153  G32  X[#1+1]       Z#5      F#2;                           (切完上大层后斜向退刀)
N224  #10=ROUND[#11/#23];                                    (此#10 为下大层的拓宽刀数)
N225  G32  X[#1-#3]      Z[#5-#2 * #4]   F#2;                           (下大层斜向入刀)
N226  #13=#6-#7;     (#13 代表下大层中下一小层的直径方向切削深度,此计算第 1 小层的值)
N227  #14=0;                     (#14 代表下大层中的累计直径方向切削深度,此处赋初始值)
N228  #30=#1-#3;                       (#30 代表下大层中本小层的 X 指令值,此处赋初始值)
N229  WHILE[[#14+#13]LT#3]DO  3;                                (下大层往槽深车循环头)
N230  #14=#14+#13;                         (#14 代表下大层本小层的累计直径方向切削深度)
N231  #30=#1-#3-#14;                             (此#30 代表下大层本小层最终的 X 指令值)
N232  G32  X[#30+#13/2]  Z#5      F#2;                           (一个来回中的从左向右走刀)
N233    X#30             Z[#5-#2 * #4];                           (一个来回中的从右向左走刀)
N234  #13=#13-#7;                                (#13 代表下一小层的直径方向切削深度)
N235  END  3;                                                   (下大层往槽深车循环尾)
N236  #15=#11/2/#10;                           (#15 代表下大层每个小循环单面累计实际拓宽值)
N237  #16=#15;                                (#16 代表下大层单面累计拓宽值,此处赋初始值)
N238  G32  X[#1-2 * #3]   Z[#5+#16]   F[#2+#16/#4];
          (开始切下大层拓宽第一刀,沿槽底从左向右渐进车前半右侧面:点 B→点 1)
N239              Z[#5-#2 * #4+#16]   F#2;(沿槽底从右向左车后半右侧面:点 1→点 2)
N240                     Z[#5+#16]    F#2;  (沿槽底从左向右车前半右侧面:点 2→点 3)
N241                     Z[#5-#2 * #4-#16]   F[#2+2 * #16/#4];
                                           (沿槽底从右向左车后半左侧面:点 3→点 4)
N242                     Z(#5-#16]   F#2;(沿槽底从左向右车前半左侧面:点 4→点 5)
N243              Z[#5-#2 * #4-#16]   F#2;(沿槽底从右向左车后半左侧面:点 5→点 6)
N244  WHILE [#6 LT [#11/2]] DO4;                          (下大层拓宽从第 2 刀开始的循环头)
N245  #16=#16+#15;                                        (计算下一刀的单面累计拓宽值)
N246  G32  X[#1-2 * #3]   Z[#5+#16]   F[#2+2 * #16/#4-#15/#4];
```

```
                                  （沿槽底从左向右渐进车前半右侧面：点 6→点 7；点 12→点 13……）
N247                    Z[#5-#2*#4+#16]  F#2;
                                  （沿槽底从右向左车后半右侧面：点 7→点 8；点 13→点 14……）
N248                    Z[#5+#16]  F#2;
                                  （沿槽底从右向左车后半右侧面：点 8→点 9；点 14→点 15……）
N249                    Z[#5-#2*#4-#16]  F[#2+2*#16/#4];
                                  （沿槽底从右向左渐进车后半左侧面：点 9→点 10；15→点 16……）
N250                    Z[#5-#16]  F#2;
                                  （沿槽底从左向右车前半左侧面：点 10→点 11；点 16→点 17……）
N251                    Z[#5-#2*#4-#16]  F#2;
                                  （沿槽底从右向左车后半左侧面：点 11→点 12；点 17→点 18……）
N252  END 4;                                        （下大层拓宽从第 2 刀开始的循环尾）
N253  G32  X[#1+1]  Z#5  F#2  M09;                         （切完下大层后斜向退刀）
N83 G00  X#24      Z#26      M05;
N84 M30;
```

PP342. MPF 是用 35°标准车刀或平头半成形非标车刀分两大层车引导棍上引导槽的适用于西门子 802D 系统的通用宏程序。

```
PP342. MPF
N01  R1=a;     R1 代替外径值
N02  R2=b;     R2 代表螺距
N03  R3=c;     R3 代表单向深度
N04  R4=i;     R4 代表螺纹的牙数
N05  R5=j;     R5 代表螺纹外端槽中心的 Z 坐标值
N06  R6=k;     R6 代表第 0 层的直径方向切削深度
N07  R7=d;     R7 代表下一层比上一层少切削的直径方向切削深度
N08  R8=e;     R8 代表槽底宽，指左、右壁线与底线两交点间的距离
N09  R9=f;     R9 为刀头宽，对非标小 R 平头半成形车刀，代表头部直线部分长，对 35°标准车刀，它等于 0
N11  R18=r;    R18 代表 35°对称标准车刀的刀尖圆弧半径，用平头半成形刀时赋值 0.1
N12  R19=s;    R19 代表主轴转速
N13  R20=t;    R20 代表刀位号和刀补号
N14  R22=v;    R22 代表引导槽夹角，即车刀夹角
N15  R23=w;               R23 代表计划上、下大层共用每个拓宽小循环的双向拓宽计划值
N16  R24=x;                                      R24 代表最后退刀点的 X 坐标值
N17  R26=z;                                      R26 代表最后退刀点的 Z 坐标值
N18  R11=R8-R9-2*(R18*COS(R22/2)-R18*(1-SIN(R22/2))*TAN(R22/2));
                                                  R11 代表下大层双向拓宽值
N19  R21=R11+2*R3/2*TAN(R22/2);                   R21 代表上大层双向拓宽值
N20  G54                 S=R19   M03
N21         T1      D=R20        M08
```

```
N22   G00   X=R1+50    Z=R5
N23   X=R1+1;                                                快速到达准备点 A′
N124  R10=ROUND(R21/R23);                                    此 R10 为上大层的拓宽刀数
N125  G33   X=R1         Z=R5-R2 * R4   K=2/2;               斜向工进到达起点 B′
N126  R13=R6-R7;   R13 代表上大层下一小层的直径方向切削深度,此计算第 1 小层的值
N127  R14=0;                         R14 代表上大层累计直径方向切削深度,此处赋初始值
N128  R30=R1;                        此 R30 代表上大层本小层的 X 指令值,此处赋初始值
N129  WHILE (R14+R13)<R3;                                    上大层往槽深车的循环头
N130  R14=R14+R13;                               R14 代表本小层的累计直径方向切削深度
N131  R30=R1-R14;                                此 R30 代表上大层本小层最终的 X 坐标值
N132  G33   X=R30+R13/2   Z=R5      K=2;                    一个来回中的从左向右走刀
N133        X=R30         Z=R5-R2 * R4;                      一个来回中的从右向左走刀
N134  R13=R13-R7;                                此 R13 代表下一小层的直径方向切削深度
N135  ENDWHILE;                                              上大层往槽深车的循环尾
N136  R15=R21/2/R10;                       R15 代表上大层每个小循环单面累计实际拓宽值
N137  R16=R15;                             R16 代表上大层单面累计拓宽值,此处赋初始值
N138  G33   X=R1-R3   Z=R5+R16     K=R2+R16/R4;
                    开始切上大层拓宽第 1 刀,沿槽底从左向右渐进车前右侧面;点 B→点 1
N139        Z=R5-R2 * R4+R16   K=R2;           沿槽底从右向左车后半右侧面:点 1→点 2
N140        Z=R5+R16;                          沿槽底从左向右车前半右侧面:点 2→点 3
N141        Z=R5-R2 * R4-R16   K=R2+2 * R16/R4;
                                           沿槽底从右向左渐进车后半左侧面:点 3→点 4
N142        Z=R5-R16           K=R2;           沿槽底从左向右车前半左侧面:点 4→点 5
N143        Z=R5-R2 * R4-R16;                  沿槽底从右向左车后半左侧面;点 5→点 6
N144  WHILE R16<(R21/2-0.01);                          上大层拓宽从第 2 刀开始的循环头
N145  R16=R16+R15;                                         计算下一刀的单面累计拓宽值
N146  G33   X=R1-2 * R3   Z=R5+R16   K=R2+2 * R16/R4-R15/R4;
                         沿槽底从左向右渐进车前半右侧面:点 6→点 7;点 12→点 13……
N147        Z=R5-R2 * R4+R16   K=R2;
                            沿槽底从右向左车后半右侧面:点 7→点 8;点 13→点 14……
N148        Z=R5+R16;         沿槽底从右向左车后半右侧面:点 8→点 9;点 14→点 15……
N149  Z=R5-R2 * R4-R16   K=R2+2 * R16/R4;
                             沿槽底从右向左车后半左侧面:点 9→点 10;15→点 16……
N150    Z=R5-R16   K=R2;沿槽底从左向右车前半左侧面:点 10→点 11;点 16→点 17……
N151    Z=R5-R2 * R4-R16;沿槽底从右向左车后半左侧面:点 11→点 12;点 17→点 18……
N152  ENDWHILE;                                        上大层拓宽从第 2 刀开始的循环尾
N153  G33   X=R1+1      Z=R5    K=R2;                            切完上大层后斜向退刀
N224  R10=ROUND(R11/R23);                                  此 R10 代表下大层的拓宽刀数
N225  G33   X=R1-R3   Z=R5-R2 * R4   K=R2;                             下大层斜向入刀
```

```
N226  R13=R6-R7;          此 R13 代表下大层中下一小层的直径吃深,此计算第 1 小层的值
N227  R14=0;              R14 代表下大层中的累计直径方向切削深度,此处赋初始值
N228  R30=R1-R3;          此 R30 代表下大层中本小层的 X 指令值,此处赋初始值
N229  WHILE (R14+R13)<R3;                                下大层往槽深车循环头
N230  R14=R14+R13;                     R14 代表下大层本小层的累计直径方向切削深度
N231  R30=R1-R3-R14;                        此 R30 代表下大层本小层最终的 X 坐标值
N232  G33  X=R30+R13/2  Z=R5    K=R2;                   一个来回中的从左向右走刀
N233     X=R30         Z=R5-R2*R4;                      一个来回中的从右向左走刀
N234  R13=R13-R7;                            R13 代表下一小层的直径方向切削深度
N235  ENDWHILE;                                          下大层往槽深车循环尾
N236  R15=R11/2/R10;                   R15 代表下大层每个小循环单面累计实际拓宽值
N237  R16=R15;                           R16 代表下大层单面累计拓宽值,此赋初始值
N238  G33  X=R1-2*R3  Z=R5+R16  K=R2+R16/R4;
            开始切下大层拓宽第 1 刀,沿槽底从左向右渐进车前半右侧面:点 B→点 1
N239     Z=R5-R2*R4+#16  K=R2;            沿槽底从右向左车后半右侧面:点 1→点 2
N240     Z=R5+R16;                        沿槽底从左向右车前半右侧面:点 2→点 3
N241   Z=R5-R2*R4-R16  K=R2+2*R16/R4;沿槽底从右向左车后半左侧面:点 3→点 4
N242     Z=R5-R16     K=R2;               沿槽底从左向右车前半左侧面:点 4→点 5
N243     Z=R5-R2*R4-R16;                  沿槽底从右向左车后半左侧面:点 5→点 6
N244  WHILE R16<(R11/2);                           下大层拓宽从第 2 刀开始的循环头
N245  R16=R16+R15;                                     计算下一刀的单面累计拓宽值
N246  G33  X=R1-2*R3  Z=R5+R16  K=R2+2*R16/R4-R15/R4;
               沿槽底从左向右渐进车前半右侧面:点 6→点 7;点 12→点 13……
N247  Z=R5-R2*R4+R16  K=R2;
                  沿槽底从右向左车后半右侧面;点 7→点 8;点 13→点 14……
N248    Z=R5+R16;         沿槽底从右向左车后半右侧面:点 8→点 9;点 14→点 15……
N249    Z=RS-R2*R4-R16  K=R2+2*R16/R4;
              沿槽底从右向左渐进车后半左侧面:点 9→点 10;点 15→点 16……
N250    Z=R5-R16  K=R2;沿槽底从左向右车前半左侧面:点 10→点 11;点 16→点 17……
N251   Z=R5-R2*R4-R16;沿槽底从右向左车后半左侧面:点 11→点 12;点 17→点 18……
N252  ENDWHILE;                                下大层拓宽从第二刀开始的循环尾
N253  G33  X=R1+1       Z=R5    K=R2  M09;               切完下大层后斜向退刀
N83  G00 X=R24          Z=R26         M05
N84  M02
```

与前一组程序相比，这一组程序中少了#10/R10 变量，多了#23/R23 变量，所以还是有 16 个变量需要赋值。前一组程序是车引导棍上引导槽的基础程序，其中的 N25~N53 段在这一组程序中用了两遍：第一遍是 N125~N153 段，第二遍是 N225~N253 段。N18、N20~N23 段和最后 2 段也是从前一组程序中移过来的。这一组程序中加了 N19（#21/R21 变量）、N124 和 N224 段。N124 段中的#10（/R10）变量代表上大层的拓宽刀数，而 N224 中的#10

(/R10) 变量代表下大层的拓宽刀数。只要看懂前一组基础程序，再来看这一组分两大层车的程序就不难了。

试件 2 的材质为 45 钢，外径为 ϕ56mm，螺距为 16mm，槽深为 5mm，共 5.5 圈，槽头中心在 Z-15 处，槽底宽为 3.5mm，刀位号与刀补号都为 1，引导槽夹角为 35°。用全功能数控车床和装有型号为 VBMT160408 的 35°刀片（刀尖圆弧半径为 R0.8mm）的对称车刀。选择第 0 层直径方向切削深度为 0.254mm，下一小层比上一小层双向切削 0.004mm，上、下大层每个拓宽小循环计划拓宽 0.16mm 左右，主轴转速取 300r/min，最后退到（X150，Z200）处。把这 16 个数据赋给 O342 通用宏程序中相应的 16 个变量后，前 16 段如下：

```
N01  #1=56;          (#1 代表引导棍外径)
N02  #2=16;          (#2 代表引导槽螺距)
N03  #3=5;           (#3 代表引导槽深度)
N04  #4=5.5;         (#4 代表引导槽牙数)
N05  #5=-15;         (#5 代表引导槽右端中心线的 Z 值)
N06  #6=0.254;       (#6 代表第 0 个来回的直径方向切削深度)
N07  #7=0.004;       (#7 代表下一个来回比上一个来回少的切削量)
N08  #8=3.5;         (#8 代表槽底宽,指左、右壁线与底线两交点间的距离)
N09  #9=0;   (#9 为刀头宽,对非标小刀尖圆弧半径平头半成形车刀,代表头部直线部分长;对 35°标准车刀,它等于 0)
N11  #18=0.8;        (#18 代表 35°对称标准车刀的刀尖圆弧半径,用平头刀时赋值 0.1)
N12  #19=300;        (#19 代表主轴转速)
N13  #20=1;          (#20 代表刀位号和刀补号)
N14  #22=35;         (#22 代表引导槽夹角,即车刀夹角)
N15  #23=0.16;       (#23 代表计划上、下大层共用每个拓宽小循环的双向拓宽计划值)
N16  #24=150;        (#24 代表最后退刀点的 X 坐标值)
N17  #26=200;        (#26 代表最后退刀点的 Z 坐标值)
```

试件 2 的槽剖面放大如图 3-48 所示。从图 3-48d 中可看到#21 变量的含义和计算式。

以工件右端面为 Z 向原点对刀和设定坐标系后，就可进行车削。车削过程中必须加切削液。车此试件用的是全功能数控车床，配置的是发那科 0i-TD 系统。图 3-49 所示为车试件 2 用的 35°标准对称车刀的照片。

图 3-49　车试件 2 用的 35°标准对称车刀照片

图 3-50 所示为试件 2 车完后的照片。现场观察到，车削过程中走刀轻快，排屑流畅。

可以把基础程序 O341 和 PP341.MPF 看作是不分大层车引导槽的固定循环，只要弄清其中 16 个变量的含义并且会赋值，就可以轻松使用。

图 3-50　在全功能数控车床上车出试件 2 的照片

也可以把程序 O342 和 PP342. MPF 看作是分两大层车引导槽的固定循环，同样也是只要弄清其中 16 个变量的含义并且会赋值，就可以轻松使用。

以上两组通用宏程序为引导槽的以车代铣加工提供了基础条件。

对不锈钢材质和形状细长的引导棍，一般采用一夹一顶的装夹方式。振动是车削这类引导棍时最容易发生的问题。应采用多种措施来减小振动，包括分层车削、正确选用（标准）车刀和不断改进非标平头半成形车刀。有条件的还可使用 120°中心支承（相当于中心架沿圆周三点支承的三分之二）来增加工艺系统的刚性。引导棍上引导槽的加工从铣削改成车削后，可提高效率 4~5 倍。

3.15　半圆弧剖面螺旋槽的数控车削及相应宏程序的开发过程

剖面为半圆弧形的螺纹见得较多（如滚珠丝杠），其上螺旋槽的粗车可以用平头槽刀，也可以用圆头车刀。这类螺旋槽的精车应采用圆头车刀，而且应尽可能采用装圆刀片的标准机夹式车刀。这种圆刀片常见的最小直径是 ϕ6mm，个别生产厂也可提供直径 ϕ5mm 的圆刀片。

与前几节一样，本节中介绍和提供车加工的通用宏程序。与前几节不同的是，本节中还介绍车螺纹宏程序的开发过程：从不用变量的 NC 程序升级到用 1 个变量的宏程序，再升级到用 2 个变量的宏程序，再升级到用 3 个变量的宏程序，最终升级到用 15 个需要赋值变量的通用宏程序。增加和展示开发过程，是想让读者了解较为复杂的通用宏程序是如何开发出来的。

3.15.1　车削半圆弧剖面螺旋槽的 NC 程序和用 1~3 个变量的宏程序

图 3-51 中左图是一个半圆形螺旋槽零件，图中的虚线是粗车后、精车前的轮廓线。如果使用 R3mm 的圆头车刀，升速段的长度取螺距的 2 倍即 50mm，精车分 25 刀（这时相邻两刀间的夹角是 7.5°）。在用刀尖圆心（即刀心）做对刀点亦即编程用点的前提下，适用于

发那科系统的不用变量的精车 NC 加工程序为 O343。

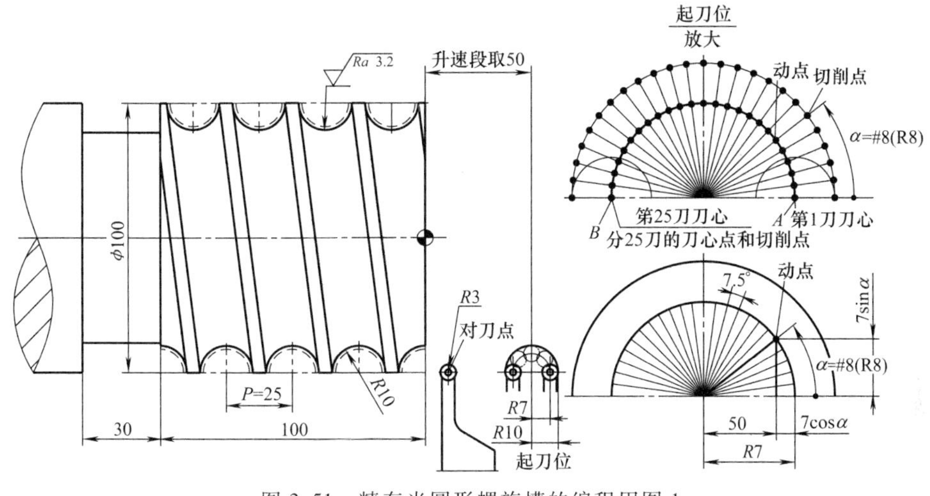

图 3-51　精车半圆形螺旋槽的编程用图 1

```
O343;
N08   G54               S160   M03;
N09                     T0101;
N10   G00   X200          Z180;
N11   G00   X140;
N12                       Z57;            (Z1 = 50+7×cos0°)
N13         X100;                         (X1 = 100-14×sin0°)
N14   G32                 Z-118      F25;
N16   G00  X140;
N16                       Z56.940;        (Z2 = 50+7×cos7.5°)
N17         X98.173;                      (X2 = 100-14×sin7.5°)
N18   G32                 Z-118;
……(隐去 N19~N102 段)
N103   G00 X140;
N104                      Z43.069;        (Z24 = 50+7×cos172.5°)
N105        X98.173;                      (X24 = 100-14×sin172.5°)
N106   G32                Z-118;
N107   G32 X140;
N108                      Z43;            (Z25 = 50+7×cos180°)
N109        X100;                         (X25 = 100-14×sin180°)
N110   G32                Z-118;
N111   G00 X200;
N112                      Z180      M05;
N113     M30;
```

这里不用 G92 指令而用 G32 指令编程，是为了便于转换成适用于西门子数控系统的程序。

PP343. MPF 是适用于西门子系统的不用 R 参数的精车 NC 加工程序。

```
PP343. MPF
N08   G54                     S160   M03
N09                           T1     D1
N10   G00     X200           Z180
N11   G00     X140
N12                          Z57;            Z1 = 50+7×cos0°
N13      X100;                               X1 = 100-14×sin0°
N14   G33                    Z-118     K25
N15   G00     X140
N16                          Z56. 940;       Z2 = 50+7×cos7. 5°
N17      X98. 173;                           X2 = 100-14×sin7. 5°
N18   G33                    Z-118
 ……(隐去 N19~N102 段)
N103   G00   X140;
N104                         Z43. 069;       Z24 = 50+7×cos172. 5°
N105       X98. 173;                         X24 = 100-14×sin172. 5°
N106   G33                   Z-118
N107   G00      X140
N108                         Z43;            Z25 = 50+7×cos180°
N109       X100;                             X25 = 100-14×sin180°
N110   G33                   Z-118
N111   G00      X200
N112                         Z180   M05
N113   M02
```

以上两个程序很长，各有 106 个程序段。试切后如果觉得分刀数偏多或偏少，重定分刀数后又要重算重编，非常麻烦。此外，这两个程序只适用于精车。

如果引入变量，把 NC 程序改成宏程序，不但可大大减少程序段，而且使用也更方便灵活。这就上升到一个新的平台。变量越少，编程越简单，但宏程序的通用性也越差。这里分别介绍用 1 个变量、2 个变量和 3 个变量的加工宏程序。

先介绍用 1 个变量的宏程序。O344 程序和 PP344. MPF 程序分别是适用于发那科系统和西门子系统的使用 1 个变量的加工宏程序。

```
O344;
N05   #8=0;                         (#8 代表刀尖圆心点所在的角度 α,此赋初始值)
N08   G54        S160   M03;                    (设定坐标系指定转速指定主轴正转)
N09              T0101;                                  (指令刀位号和刀补号)
N10   G00   X200      Z180;                                    (到达总出发点)
N11   G00   X140;                    (X 向到达车螺纹每刀出发点,此段中的 G00 不可省)
```

```
N12          Z[50+7 * COS[#8]];                    (动点的 Z 坐标值)
N13      X[100-14 * SIN[#8]];                      (动点的 X 坐标值)
N14  G32    Z-118           F25;                   (车一刀)
N15    #8=#8+7.5;                                  (计算下一刀的 α 值)
N16    IF [#8 LE 180] GOTO11;                      (如果 α 未超过 180°就继续车)
N17  G00   X200;                                   (X 向回到总退回点)
N18          Z180   M05;                           (Z 向回到总退回点)
N19  M30;

PP344.MPF
N05  R8=0;                                         R8 代表刀尖圆心点所在的角度 α,此处赋初始值
N08  G54         S160   M03;                       设定坐标系指定转速指定主轴正转
N09              T1      D1;                       指令刀位号和刀补号
N10  G00   X200   Z180;                            到达总出发点
N11  MA1:G00   X140;                               X 向到达车螺纹每刀出发点,此段中的 G00 不可省
N12          Z=50+7 * COS(R8);                     动点的 Z 坐标值
N13      X=100-14 * SIN(R8);                       动点的 X 坐标值
X14  G33    Z-118      K25;                        车一刀
N15  R8=R8+7.5;                                    计算下一刀的 α 值
N16  IF R8<=180 GOTOB MA1;                         如果 α 未超过 180°就继续车
N17  G00   X200;                                   X 向回到总退回点
N18          Z180   M05;                           Z 向回到总退回点
N19  M02
```

这两个程序各有 13 个程序段。变量#8/R8 代表车螺旋槽起始处刀尖圆心点所在的角度 α，令其等于 0 是初始值，即第 1 刀的值。N15 段中的 7.5 是分 25 刀时相邻两刀间的角度间隔值。试切后如果想改成分 31 刀车，把此值改成 6 即可。

改变分刀数就必须改变程序中某段等式中的一个数据，这在更改过程中容易出错。如果再增加一个变量，情况就会改善。O345 程序和 PP345.MPF 程序分别是适用于发那科系统和西门子系统的使用 2 个变量的加工宏程序。

```
O345;
N05  #8=0;                                         (#8 代表刀尖圆心点所在的角度 α,此处赋初始值)
N07  #15=7.5;                                      (两刀间的角度间隔 Δα,它必须能把 180 除尽)
N08  G54           S160   M03;                     (设定坐标系,指定主轴转速且主轴正转)
N09               T0101;                           (指令刀位号和刀补号)
N10  G00   X200      Z180;                         (到达总出发点)
N11  G00   X140;                                   (X 向到达车螺纹每刀出发点)
N12          Z[50+7 * COS[#8]];                    (动点的 Z 坐标值)
N13      X[100-14 * SIN[#8]];                      (动点的 X 坐标值)
N14  G32    Z-118           F25;                   (车一刀)
```

```
N15  #8=#8+#15;                                   (计算下一刀的α值)
N16  IF [#8 LE 180] GOTO11;                       (如果α未超过180°就继续车)
N17  G00  X200;                                   (X向回到总退回点)
N18            Z180    M05;                       (Z向回到总退回点)
N19  M30;
```

```
PP345.MPF
N05  R8=0;                          R8代表刀尖圆心点所在的角度α,此处赋初始值
N07  R15=7.5;                       两刀间的角度间隔Δα,它必须能把180除尽
N08  G54           S160  M03;       设定坐标系,指定主轴转速且主轴正转
N09               T1   D1;          指令刀位号和刀补号
N10  G00  X200  Z180;               到达总出发点
N11MA1:G00  X140;                   X向到达车螺纹每刀出发点
N12              Z=50+7*COS(R8);    动点的Z坐标值
N13     X=100-14*SIN(R8);           动点的X坐标值
N14  G33         Z-118     K25;     车一刀
N15  R8=R8+R15;                     计算下一刀的α值
N16  IF R8<=180 GOTOB MA1;          如果α未超过180°就继续车
N17  G00  X200;                     X向回到总退回点
N18              Z180       M05;    Z向回到总退回点
N19    M02
```

新增加的变量#15（R15）代表起始处相邻两刀间的间隔角度值，令此角度为7.5°对应的是车25刀。用2个变量后，要想改变分刀数，只需改变程序中N07段内等号后的数据即可。这两个程序各有14个程序段。

这里还有一个小小的限制，那就是所赋的数值必须能把180除尽。而要想把这个限制去掉，就得再引入一个变量。O346程序和PP346.MPF程序分别是适用于发那科系统和西门子系统的使用3个变量的加工宏程序。

```
O346;
N05  #8=0;                          (#8代表刀尖圆心点所在的角度α,此处赋初始值)
N06  #7=25;                         (#7代表精车分刀数N)
N07  #15=180/[#7-1];                (#15代表两刀间的角度间隔Δα)
N08  G54             S160  M03;     (设定坐标系,指定主轴转速,指定主轴正转)
N09                  T0101;         (指令刀位号和刀补号)
N10  G00  X200    Z180;             (到达总出发点)
N11  G00  X140;                     (X向到达车螺纹每刀出发点)
N12              Z[50+7*COS[#8]];   (动点的Z坐标值)
N13     X[100-14*SIN[#8]];          (动点的X坐标值)
N14  G32         Z-118     F25;     (车一刀)
N15  #8=#8+#15;                     (计算下一刀的α值)
```

```
N16  IF [#8 LE 180] GOTO11;                    (如果 α 未超过 180°就继续车)
N17  G00  X200;                                (X 向回到总退回点)
N18            Z180    M05;                    (Z 向回到总退回点)
N19  M30;
```

```
PP346.MPF
N05  R8=0;                      R8 代表刀尖圆心点所在的角度 α,此处赋初始值
N06  R7=25;                     R7 代表精车分刀数 N
N07  R15=180/(R7-1);            R15 代表两刀间的角度间隔 Δα
N08  G54          S160  M03;    设定坐标系,指定主轴转速,指定主轴正转
N09               T1   D1;      指令刀位号和刀补号
N10  G00  X200  Z180;           到达总出发点
N11MA1:G00  X140;               X 向到达车螺纹每刀出发点
N12          Z=50+7*COS(R8);    动点的 Z 坐标值
N13     X=100-14*SIN(R8);       动点的 X 坐标值
N14  G33         Z-118   K25;   车一刀
N15  R8=R8+R15;                 计算下一刀的 α 值
N16  IF R8<=180 GOTOB MA1;      如果 α 未超过 180°就继续车
N17  G00  X200;                 X 向回到总退回点
N18          Z180    M05;       Z 向回到总退回点
N19  M02
```

新增加的变量#7/R7 代表分刀数。原来需要赋值的变量#15/R15 这里不用赋值（已经用已知值变量的算式给它赋值了），所以需要赋值的仍然是两个变量。改用 3 个变量后，分刀数就不受限制了。这两个程序各有 15 个程序段。

变量还可以一个一个地增加，这里不再详列。变量数越多，宏程序的通用性越好。

3.15.2　车削半圆弧剖面螺旋槽的通用宏程序

当需要赋值的变量增加到 10 个时，宏程序的通用性就比较好了。图 3-52 所示为编制半圆形螺旋槽车削通用宏程序用图。该程序适用于发那科系统。

O347 是适用于发那科系统的使用 10 个需赋值变量的通用性较好的宏程序。

```
O347;
N01  #1=100;                    (#1 代表螺纹外径)
N02  #2=118;                    (#2 代表含 δ2 在内的螺纹长度)
N03  #3=25;                     (#3 代表螺距)
N04  #4=10;                     (#4 代表圆弧槽的半径)
N05  #5=3;                      (#5 代表刀头半径)
N06  #6=50;                     (#6 代表升速段 δ1 的长度)
N07  #7=25;                     (#7 代表精车分刀数)
N08  #8=0;                      (#8 代表刀尖圆心点所在的角度 α,此处赋初始值)
```

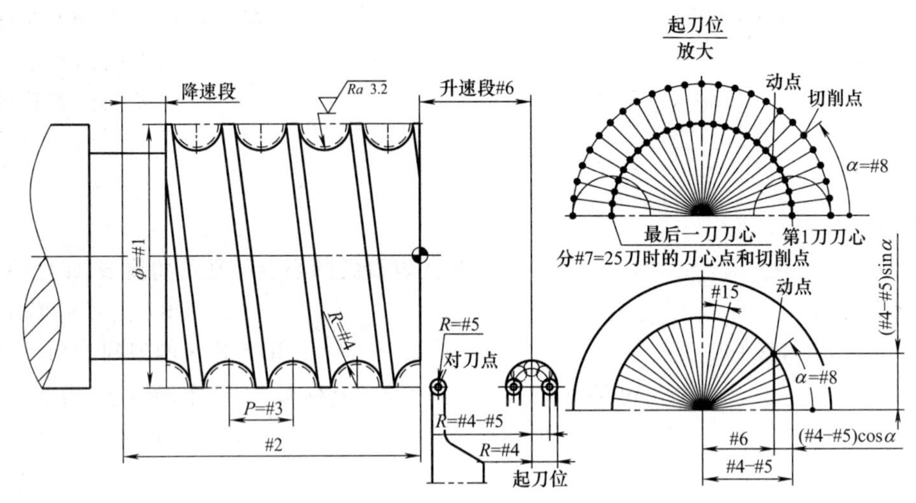

图 3-52　精车半圆形螺旋槽的编程用图 2

```
N09  #19=160;                                   (#19代表主轴转速)
N10  #20=1;                                     (#20代表刀号及刀补号)
N11  #15=180/[#7-1];                            (#15代表相邻两刀间的角度间隔Δα)
N12  G54      S#19  M03;                        (设定坐标系,指定主轴转速,指定主轴正转)
N13           T[#20*101];                       (指令刀位号和刀补号)
N14  G00  X142    Z100;                         (到达总出发点)
N15  G00  X140;                                 (X向到达车螺纹每刀出发点)
N16               Z[#6+[#4-#5]*COS[#8]];        (动点的Z坐标值)
N17    X[#1-2*[#4-#5]*SIN[#8]];                 (动点的X坐标值)
N18  G32      Z-#2     F#3;                     (车一刀)
N19  #8=#8+#15;                                 (计算下一刀的α值)
N20  IF [#8 LE 180] GOTO15;                     (如果α未超过180°就继续车)
N21  G00  X142;                                 (X向回到总退回点)
N22           Z100  M05;                        (Z向回到总退回点)
N23  M30;
```

图 3-53 所示为编制半圆形螺旋槽车削通用宏程序用图。该程序适用于西门子系统。

PP347. MPF 是适用于西门子系统的使用 10 个需要赋值 R 参数的通用性较好的宏程序。

```
PP347. MPF
N01  R1=100;                  R1代表螺纹外径
N02  R2=118;                  R2代表含在δ2内的螺纹长度
N03  R3=25;                   R3代表螺距
N04  R4=10;                   R4代表圆弧槽的半径
N05  R5=3;                    R5代表刀头半径
N06  R6=50;                   R6代表升速段δ1的长度
N07  R7=25;                   R7代表精车分刀数
```

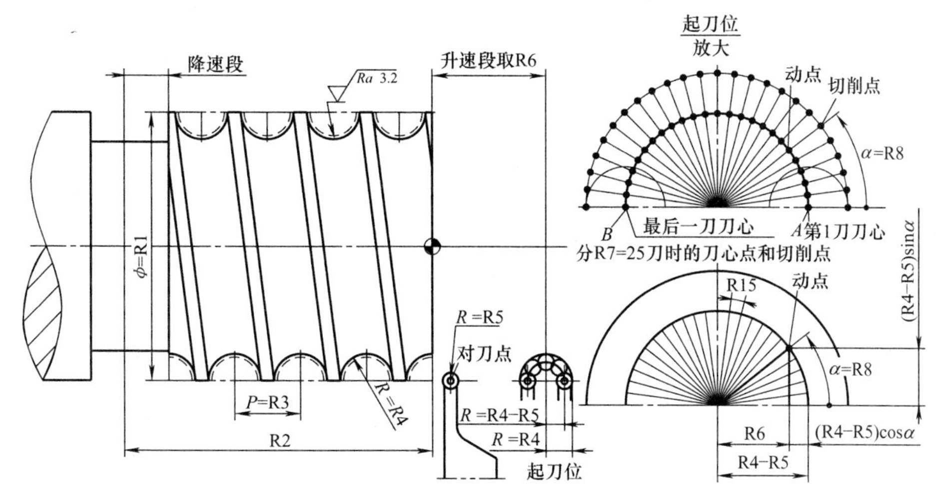

图 3-53　编制半圆形螺旋槽车削通用宏程序用图 2

N08　R8=0;	R8 代表刀尖圆心点所在的角度 α，此处赋初始值
N09　R19=160;	R19 代表主轴转速
N10　R20=1;	R20 代表刀号及刀补号
N11　R15=180/(R7−1);	R15 代表相邻两刀间的角度间隔 Δα
N12　G54　S=R19　M03;	设定坐标系，指定主轴转速，指定主轴正转
N13　T=R20　D=R20;	指令刀位号和刀补号
N14　G00　X142　Z100;	到达总出发点
N15MA1:G00　X140;	X 向到达车螺纹每刀出发点
N16　Z=R6+(R4−R5) * COS(R8);	动点的 Z 坐标值
N17　X=R1−2 * (R4−#5) * SIN(R8);	动点的 X 坐标值
N18　G33　Z=−R2　K=R3;	车一刀
N19　R8=R8+R15;	计算下一刀的 α 值
N20　IF R8<=180 GOTOB MA1;	如果 α 未超过 180°就继续车
N21　G00　X142;	X 向回到总退回点
N22　Z100　M05;	Z 向回到总退回点
N23　M02	

变量数还可以增加。当增加到 15 个需要赋值的变量时，所编程序中就没有具体的数据了。这才是真正的通用宏程序。

O348 是适用于发那科系统的车半圆弧形剖面螺旋槽的通用宏程序。

O348;

N01　#1=a;	(#1 代表螺纹外径)
N02　#2=b;	(#2 代表含在 δ_2 内的螺纹长度)
N03　#3=c;	(#3 代表螺距)
N04　#4=i;	(#4 代表圆弧槽的半径)
N05　#5=j;	(#5 代表刀头半径)

```
N06  #6=k;                                      (#6 代表升速段δ1 的长度)
N07  #7=d;                                      (#7 代表精车分刀数)
N08  #8=m;                  (#8 代表刀尖圆心点所在的角度α,此处赋初始值)
N09  #9=f;                            (#9 代表最后一刀起点圆心所在的角度)
N10  #10=w;     (#10 代表主轴正反转的 M 代码,右旋螺纹用 3,左旋螺纹用 4)
N11  #11=h;                           (#11 代表出发点兼退回点的 X 坐标值)
N12  #12=g;                         (#12 代表总出发点兼退回点的 Z 坐标值)
N13  #13=p;                   (#13 代表车螺纹每刀出发点兼退回点的 X 坐标值)
N14  #19=s;                                     (#19 代表主轴转速)
N15  #20=t;                                     (#20 代表刀号及刀补号)
N16  #15=[#9-#8]/[#7-1];              (#15 代表相邻两刀间的角度间隔Δα)
N17  G54      S#19  M#10;             (设定坐标系,指定主轴转速,指定主轴正转)
N18           T[#20*101];                       (指令刀位号和刀补号)
N19  G00  X#11  Z#12                            (到达总出发点)
N20  G00  X#13;                                 (X 向到达车螺纹每刀出发点)
N21             Z[#6+[#4-#5]*COS[#8]];          (动点的 Z 坐标值)
N22        X[#1-2*[#4-#5]*SIN[#8]];             (动点的 X 坐标值)
N23  G32        Z-#2     F#3;                   (车一刀)
N24  #8=#8+#15;                                 (计算下一刀的α值)
N25  IF [#8 LE #9] GOTO20;                      (如果α未超过#9 就继续车)
N26  G00  X#11;                                 (X 向回到总退回点)
N27             Z#12        M05;                (Z 向回到总退回点)
N28  M30;
```

PP348. MPF 是适用于西门子系统的车削半圆弧剖面螺旋槽的通用宏程序。

```
PP348. MPF
N01  R1=a;                                      R1 代表螺纹外径
N02  R2=b;                                      R2 代表含在δ2 内的螺纹长度
N03  R=c;                                       R3 代表螺距
N04  R4=i;                                      R4 代表圆弧槽的半径
N05  R5=j;                                      R5 代表刀头半径
N06  R6=k;                                      R6 代表升速段δ1 的长度
N07  R7=d;                                      R7 代表精车分刀数
N08  R8=e;                      R8 代表刀尖圆心点所在的角度α,此处赋初始值
N09  R9=f;                                R9 代表最后一刀起点圆心所在的角度
N10  R10=w;         R10 代表主轴正反转的 M 代码,右旋螺纹用 3,左旋螺纹用 4
N11  R11=h;                               R11 代表出发点兼退回点的 X 坐标值
N12  R12=g;                             R12 代表总出发点兼退回点的 Z 坐标值
N13  R13=p;                       R13 代表车螺纹每刀出发点兼退回点的 X 坐标值
N14  R19=s;                                     R19 代表主轴转速
```

```
N15  R20=t;                                     R20 代表刀号及刀补号
N16  R15=(R9-R8)/(R7-1);                        R15 代表相邻两刀间的角度间隔 Δα
N17  G54          S=R19   M=R10;                设定坐标系,指定主轴转速,指定主轴正转
N18               T=R20   D=R20;                指令刀位号和刀补号
N19  G00  X1=R11   Z=R12;                       到达总出发点
N20MA1:G00  X=R13;                              X 向到达车螺纹每刀出发点
N21               Z=R6+(R4-R5)*COS(R8);         动点的 Z 坐标值
N22    X=R1-2*(R4-#5)*SIN(R8);                  动点的 X 坐标值
N23  G33          Z=-R2        K=R3;            车一刀
N24  R8=R8+R15;                                 计算下一刀的 α 值
N25  IF R8<=R9 GOTOB MA1;                       如果 α 未超过 180°就继续车
N26  G00  X=R11;                                X 向回到总退回点
N27               Z=R12      M05;               Z 向回到总退回点
N28  M02
```

只要是在外圆上车半圆弧螺旋槽，不管工件和半圆弧槽的尺寸如何，不管升速段的长度取多少，不管刀头半径多大，不管分多少刀车，不管槽的旋向是右旋还是左旋，不管总出发点兼总退回点取在何处，不管主轴转速取多少，不管刀位号和刀补号用多少号，都可以用这组通用宏程序给变量赋值后直接车。

例如，这组通用宏程序用于精车图 3-51 所示工件上的螺旋槽时，对所使用变量赋值后就得到 O349 程序，它们和 PP349. MPF 程序，它们分别适用于发那科系统和西门子系统。

```
O349;
N01  #1=100;                     (#1 代表螺纹外径)
N02  #2=118;                     (#2 代表含在 δ2 内的螺纹长度)
N03  #3=25;                      (#3 代表螺距)
N04  #4=10;                      (#4 代表圆弧槽的半径)
N05  #5=3;                       (#5 代表刀头半径)
N06  #6=50;                      (#6 代表升速段 δ1 的长度)
N07  #7=25;                      (#7 代表精车分刀数)
N08  #8=0;                       (#8 代表刀尖圆心点所在的角度 α,此处赋初始值)
N09  #9=180;                     (#9 代表最后一刀起点圆心所在的角度)
N10  #10=3;                      (#10 代表主轴正反转的 M 代码,右旋螺纹用 3,左旋螺纹用 4)
N11  #11=200;                    (#11 代表出发点兼退回点的 X 坐标值)
N12  #12=180;                    (#12 代表总出发点兼退回点的 Z 坐标值)
N13  #13=140;                    (#13 代表车螺纹每刀出发点兼退回点的 X 坐标值)
N14  #19=160;                    (#19 代表主轴转速)
N15  #20=1;                      (#20 代表刀号及刀补号)
……                               (N16~N27 段同 O348 程序中的 N16~N27 段)
N28  M30;
```

PP349. MPF

N01　R1 = 100;　　R1 代表螺纹外径
N02　R2 = 118;　　R2 代表含在 δ_2 内的螺纹长度
N03　R = 25;　　R3 代表螺距
N04　R4 = 10;　　R4 代表圆弧槽的半径
N05　R5 = 3;　　R5 代表刀头半径
N06　R6 = 50;　　R6 代表升速段 δ_1 的长度
N07　R7 = 25;　　R7 代表精车分刀数
N08　R8 = 0;　　R8 代表刀尖圆心点所在的角度 α,此处赋初始值
N09　R9 = 180;　　R9 代表最后一刀起点圆心所在的角度
N10　R10 = 3;　　R10 代表主轴正反转的 M 代码,右旋螺纹用 3,左旋螺纹用 4
N11　R11 = 200;　　R11 代表出发点兼退回点的 X 坐标值
N12　R12 = 180;　　R12 代表总出发点兼退回点的 Z 坐标值
N13　R13 = 140;　　R13 代表车螺纹每刀出发点兼退回点的 X 坐标值
N14　R19 = 160;　　R19 代表主轴转速
N15　R20 = 1;　　R20 代表刀号及刀补号
……　　(N16~N27 段同 PP348. MPF 程序中的 N16~N27 段)
N28　M02

通用宏程序的使用非常灵活。例如，在第 1 刀起点刀心位于 0°位置时，首刀的去除量比后续各刀大得多。改进的方法是把第 1 刀起点刀心移到实体外，即第 1 刀的 α 角度取负值（例如取-4°），精车分刀数改成 26（也可仍用 25）。只要把 O349 和 PP349. MPF 程序中的 #8/R8改赋成-4，#7/R7 改赋成 26，就可以达到这个改进目的。图 3-54 所示为改进后的去除量示意。

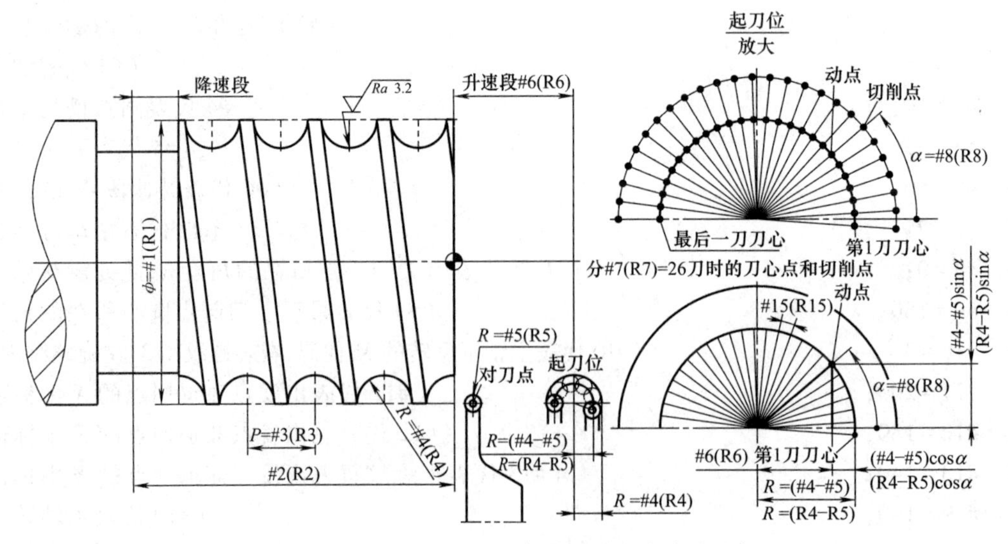

图 3-54　第 1 刀刀心在工件外可减少去除量示意

还可以用 O348 和 PP348. MPF 通用宏程序进行分层车削（即分粗车和精车）。例如分 3 层车削本例的螺旋槽：第 1 层车到 R4，第 2 层车到 R8，第 3 层车到 R10。图 3-55 所示为这样分 3 层车的示意。

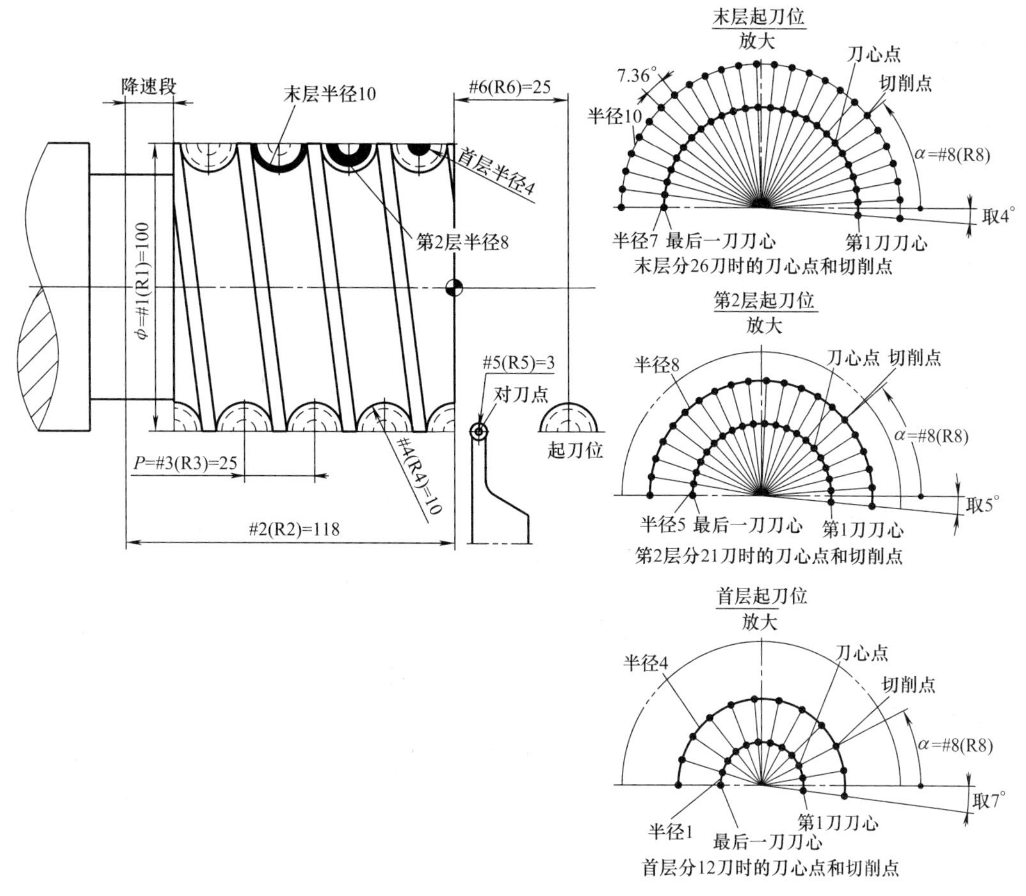

图 3-55　在图 3-51 中的螺旋槽分 3 层车削示意

O350 和 PP350. MPF 分别是适用于发那科系统和西门子系统的分 3 层车的宏程序。

O350;

N01　#1 = 100;　(#1 代表螺纹外径)

N02　#2 = 118;　(#2 代表含在 δ_2 内的螺纹长度)

N03　#3 = 25;　(#3 代表螺距)

N04　#4 = 4, 8, 10;　(#4 代表 3 层分别车出圆弧槽的半径)

N05　#5 = 3;　(#5 代表刀头半径)

N06　#6 = 50;　(#6 代表升速段 δ_1 的长度)

N07　#7 = 12, 21, 26;　(#7 代表 3 层分别的分刀数)

N08　#8 = -4, -5, -7;　(#8 代表刀尖圆心点所在各层的角度 α, 此处赋初始值)

N09　#9 = 180;　(#9 代表最后一刀起点圆心所在的角度)

N10　#10 = 3;　(#10 代表主轴正反转的 M 代码, 右旋螺纹用 3, 左旋螺纹用 4)

N11　#11 = 200;　(#11 代表出发点兼退回点的 X 坐标值)

N12　#12 = 180;　(#12 代表总出发点兼退回点的 Z 坐标值)

N13　#13 = 140;　(#13 代表车螺纹每刀出发点兼退回点的 X 坐标值)

```
N14  #19=160;                                    (#19 代表主轴转速)
N15  #20=1;                                      (#20 代表刀号及刀补号)
……                        (N16~N27 段同 O348 程序中的 N16~N27 段)
N28  M30;

PP350. MPF
N01  R1=100;                                     R1 代表螺纹外径
N02  R2=118;                          R2 代表含在 δ2 内的螺纹长度
N03  R=25;                                       R3 代表螺距
N04  R4=4,8,10;                    R4 代表 3 层分别车出圆弧槽的半径
N05  R5=3;                                       R5 代表刀头半径
N06  R6=50;                               R6 代表升速段 δ1 的长度
N07  R7=12,21,26;                       R7 代表 3 层分别的分刀数
N08  R8=-4,-5,-7;      R8 代表刀尖圆心点所在各层的角度 α,此处赋初始值
N09  R9=180;                      R9 代表最后一刀起点圆心所在的角度
N10  R10=3;   R10 代表主轴正反转的 M 代码,右旋螺纹用 3,左旋螺纹用 4
N11  R11=200;                    R11 代表出发点兼退回点的 X 坐标值
N12  R12=180;                  R12 代表总出发点兼退回点的 Z 坐标值
N13  R13=140;          R13 代表车螺纹每刀出发点兼退回点的 X 坐标值
N14  R19=160;                                    R19 代表主轴转速
N15  R20=1;                                      R20 代表刀号及刀补号
……                   (N16~N27 段同 PP348. MPF 程序中的 N16~N27 段)
N28  M02
```

使用时，车第 1 层时分别用#4/R4、#7/R7 和#8/R8 的第 1 个值，车第 2 层时分别用第 2 个值，车第 3 层时分别用第 3 个值。

读者可以试一下，此例中的螺旋槽若分 2 层车（如分别车 7mm 和 3mm）或分 4 层车（前 3 层各车 3mm），则这两个宏程序中 N04、N07 和 N08 段中的赋值数据应该如何修改。

本大节中介绍通用宏程序开发过程的目的，是想为有基础、有兴趣从事宏程序开发的读者提供一些思路。对于大多数读者，建议把主要精力放在书中提供的通用宏程序（包括本节内的 O348 程序和 PP348. MPF 程序在内）的正确使用和灵活应用这两方面。

3.16 大型钢丝绳卷筒绳槽的数控车削

钢丝绳卷筒也称钢丝绳轮，它的使用范围较广，如在桥式起重机、高炉加料机和舞台幕帘起落机等机械上都有应用。钢丝绳卷筒分为两种结构。一种是一端为单线左旋螺旋槽，另一端为单线右旋螺旋槽，即左、右对称型；另一种是双线通长螺旋槽。无论是哪一种，螺旋槽（绳槽）都有如下特点：轴向剖面为圆弧形；轴向剖面不足半圆（即圆心点在卷筒外径之外）；精度和表面粗糙度要求不高。

这里举一个具体的例子来说明钢丝绳卷筒绳槽的数控车加工方法。图 3-56 所示为大型

双线左旋钢丝绳卷筒外形和头部照片。车削此卷筒上的绳槽要用到车削螺纹的一些主要知识和技能。换句话说，这是一个车螺纹的综合例子，所以要详细介绍。

该钢丝绳卷筒的结构和加工有许多特点：一是绳槽为左旋；二是绳槽为组合螺旋槽（螺纹），每线由 3 段两种导程的螺旋槽组成；三是绳槽的槽头与工件的端面外不通；四是绳槽头处连沿圆周的通槽都没有（绳槽头只与一小段平底月牙槽相通），需要用特殊的走刀路线（程序）和操作方法才能加工此绳槽；五是此绳槽为双线；六是此绳槽的剖面为圆弧形；七是此绳槽剖面的圆心点在卷筒外径之外；八是此绳槽的截面积大，所以粗车需要分若干层，每层又分许多刀；九是此绳槽的轴向长度长（超过 1.5m），即使用很大的立式车床，其刀架的上下行程足够长，但由于车到下段时刀架会在径向有较大的让刀（刚性不足），所以只能两端调头车削，也就是中间绳槽要接刀。

图 3-56　大型双线左旋钢丝绳卷筒外形和头部照片

把加工此绳槽的例子弄明白了，数控车螺纹的知识和技能（点）也就复习得差不多了。

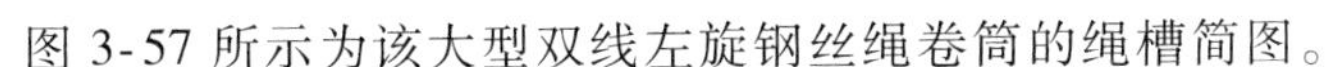

图 3-57 所示为该大型双线左旋钢丝绳卷筒的绳槽简图。

3.16.1　钢丝绳卷筒绳槽的首头数控粗车

粗车此绳槽可用机夹式平头切槽刀或焊接式平头切槽刀，也可用机夹式圆头车刀或焊接式圆头车刀。这里采用焊接式硬质合金平头切槽刀。

分层多刀粗车钢丝绳卷筒绳槽的尺寸如图 3-58 所示。这里用刃宽为 9mm 的切槽刀，分三大层粗车。精车余量最薄处留 0.5mm，作图得粗车总深为 12.698mm。第一大层取 5mm 厚，得此层宽为 29.757mm；第二大层取 4.2mm 厚，得此层宽为 22.48mm。第三大层同切削刃宽。第一大层除第一列外分 3 列，第二大层除第一列外分 2 列。小层厚即第一刀单向切削深度取 0.25mm。每列的首（空切）刀在大层上面的一小层厚度处。转速取 10r/min，以工件外（上）端面为 Z 向原点。

粗车钢丝绳卷筒绳槽必须在平底月牙槽内起刀（精车也一样），所以应使用空走一段端面螺纹的方法来横向入（下）刀。确定一个空切端面螺纹的起始位如图 3-59 所示。切某一刀时，端面螺纹与轴向绳槽（螺纹）的交点 A（转折点）就是车轴向槽的起刀点（见图 3-58）。

空切端面螺纹的单向长度取 20mm。此端面螺纹的螺距应取得尽可能大些，这里取 50mm。在装夹好工件和确定这两个数据后，切削时 A 点将落在圆周上的一个具体位置（角度）。该位置是随机的，所以一般不会正好对准平底月牙槽。使 A 点正好落在圆周上并且对准月牙槽的方法有 3 种。第 1 种方法是固定端面螺纹的螺距，增加其单向长度，并通过空运行试切来确定加长值（此处的值应为 20~70）；第 2 种方法是固定端面螺纹的长度，增大其

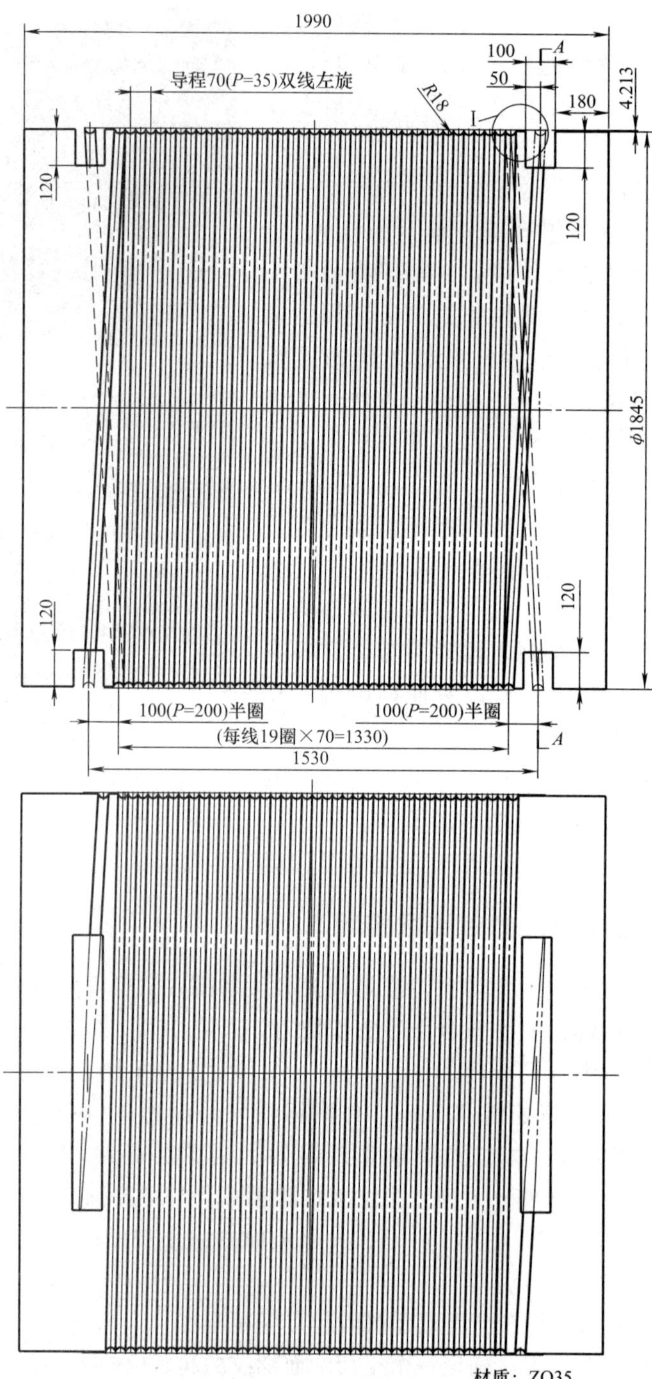

图 3-57　一种大型双线左旋钢丝绳卷筒的绳槽简图

注：图中放大部分的图形在图 3-58 中。

螺距，增大值也通过空运行试切来确定；第 3 种方法是端面螺纹的长度和螺距都不变，只改变起点处的瞬时（编码器的）位移角。具体方法是在程序段中加入 Q 字（发那科数控系统）或 SF 字（西门子数控系统），先将位移角设为 0°，再通过空运行试切来确定它的具体值。分析利弊，作者推荐用第 3 种方法。

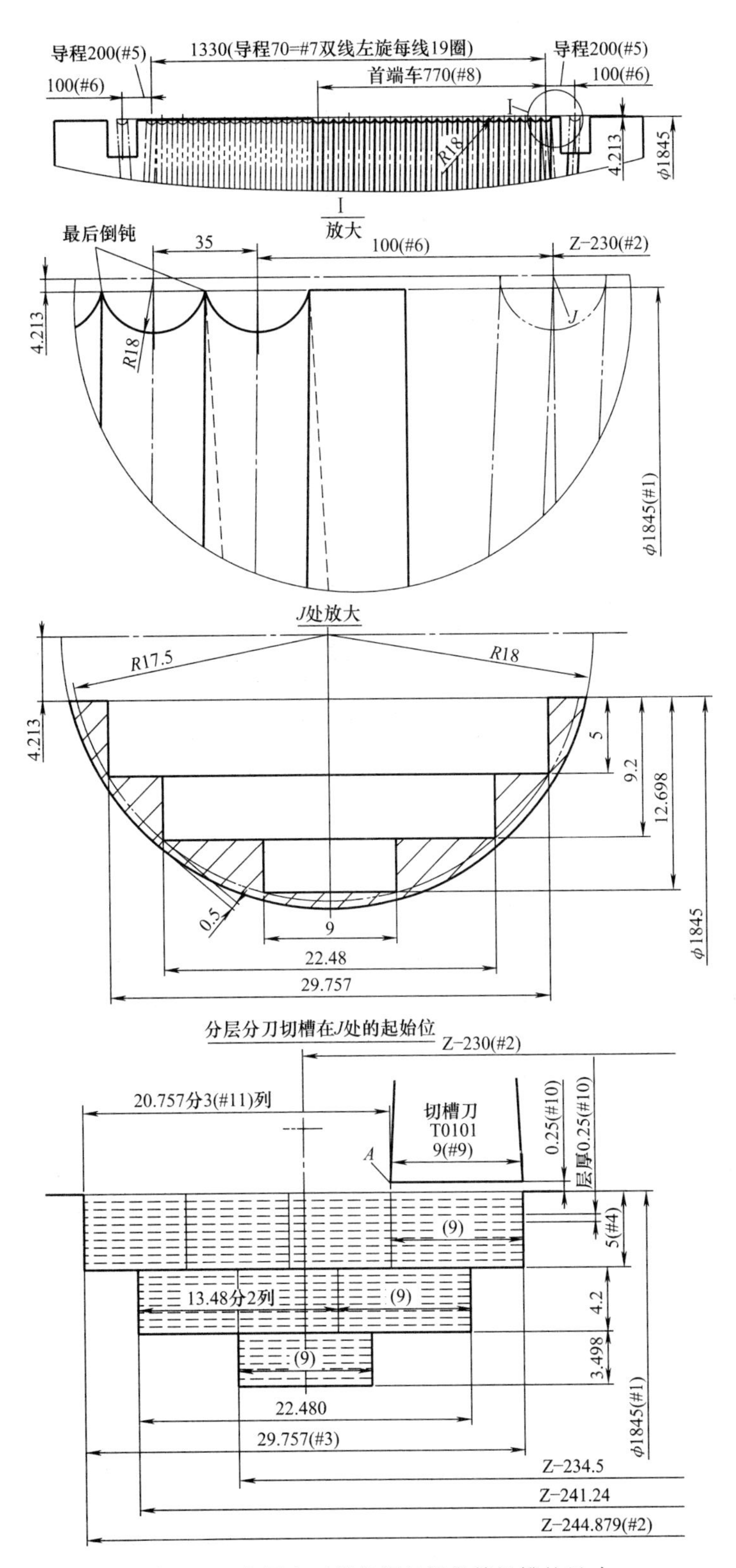

图 3-58　分层多刀粗车钢丝绳卷筒绳槽的尺寸

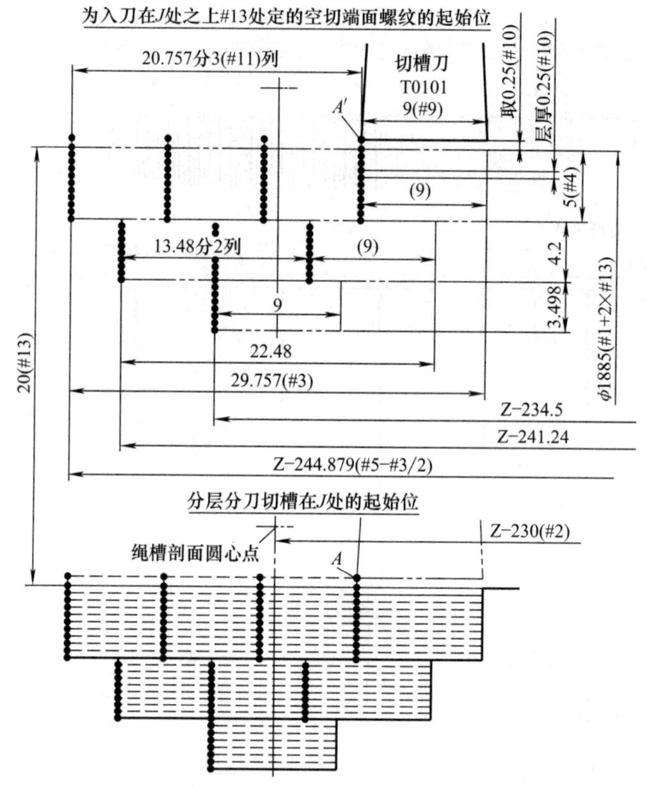

图 3-59　确定一个空切端面螺纹的起始位

粗车此槽应使用宏程序。如果只要求该宏程序适用于车本例中卷筒的绳槽，那么其内用两三个变量就可以。为了提高通用性，作者开发了一个含有 17 个变量的用平头切槽刀粗车这类绳槽一大层的通用宏程序。下面是对通用宏程序中的变量按本例图样和加工方案赋具体值的粗车宏程序。O351 程序适用于发那科数控系统，PP351. MPF 程序适用于西门子系统。注意：由于开发的通用宏程序只用于车一大层，所以 O351 程序和 PP351. MPF 程序同样也只用于车削本例的第一大层。

```
O351;
N01  #1=1845;          (#1 代表本槽的外径)
N02  #2=-230;          (#2 代表槽头对称中心的 Z 坐标值)
N03  #3=29.757;        (#3 代表本槽的宽度)
N04  #4=5;             (#4 代表本槽的深度)
N05  #5=200;           (#5 代表头部绳槽的导程)
N06  #6=100;           (#6 代表头部绳槽的长度)
N07  #7=70;            (#7 代表中段绳槽的导程)
N08  #8=770;           (#8 代表中段绳槽的长度)
N09  #9=9;             (#9 代表平头切槽刀的刃宽)
N10  #10=0.25;         (#10 代表单向层厚)
N11  #11=3;            (#11 代表除首列外的分列数)
```

```
N12  #19=10;                                        (#19 代表主轴转速 S)
N13  #12=4;                                         (#12 代表主轴转向:正转为 3,反转为 4)
N14  #20=1;                                         (#20 代表刀具号及刀补号)
N15  #13=20;                                        (#13 代表空切端面螺纹的长度)
N16  #14=50;                                        (#14 代表空切端面螺纹的导程)
N17  #15=__;                                        (#15 代表空切端面螺纹起点的位移角,其值要通过试切来确定)
N18  G54  S#19  M#12;
N19       T[#20*101];
N20  #16=#1+#10*2+#13*2;                            (#16 代表本列各刀起点的 X 坐标值,此处赋初始值)
N21  #17=#2+#3/2-#9;                                (#17 代表本列各刀起点的 Z 坐标值,此处赋初始值)
N22  G00  X#16  Z#17;                               (快速到达本刀的起点)
N23  G32  U-[2*#13]  F#14  Q#15;                    (垂直空切端面螺纹)
               W-#6  F#5;                           (水平切头部绳槽)
N24            W-#6  F#5;                           (水平切头部绳槽)
N25            W-#8  F#7;                           (水平切中段绳槽)
N26  #16=#16-2*#10;                                 (计算下一刀起点的 X 坐标值)
N27  G00  X#16;                                     (抬刀到下一刀起点高度)
N28          Z#17;                                  (快速平移到下一刀的起点)
N29  IF [#16 GT [#1+#13*2-#4*2]] GOTO23;            (如果未到本列槽底就继续车)
N30  #16=#1+#13*2-#4*2;                             (计算槽底即本列最后一刀的 X 坐标值)
N31  G00  X#16;                                     (快速到达最后一刀的起点)
N32  G32  U-[2*#13]  F#14  Q#15;                    (垂直空切端面螺纹)
N33            W-#6  F#5;                           (水平切头部绳槽)
N34            W-#8  F#7;                           (水平切中段绳槽)
N35  G00  X#16;                                     (抬刀到最后一刀起点高度)
N36  #16=#1+#10*2+#13*2;                            (#16 代表下一列各刀起点的 X 坐标值,此处赋初始值)
N37  IF [#3 EQ #9] GOTO40;                          (如果槽宽等于切削刃宽就转下去结束程序)
N38  #17=#17-[#3-#9]/#11;                           (计算下一列各刀起点的 Z 坐标值)
N39  IF [#17 GE [#2-#3/2]] GOTO22;                  (如果下一列未超过左边界就转上去车下一列)
N40  G00  X[#1+200]  Z100  M05;
N41  M30;
```

```
PP351.MPF
N01  R1=1845;                                       R1 代表本槽的外径
N02  R2=-230;                                       R2 代表槽头对称中心的 Z 坐标值
N03  R3=29.757;                                     R3 代表本槽的宽度
N04  R4=5;                                          R4 代表本槽的深度
N05  R5=200;                                        R5 代表头部绳槽的导程
N06  R6=100;                                        R6 代表头部绳槽的长度
N07  R7=70;                                         R7 代表中段绳槽的导程
```

```
N08  R8=770;                                    R8代表中段绳槽的长度
N09  R9=9;                                      R9代表平头切槽刀的刃宽
N10  R10=0.25;                                  R10代表单向层厚
N11  R11=3;                                     R11代表除首列外的分列数
N12  R19=10;                                    R19代表主轴转速S
N13  R12=4;                                     R12代表主轴转向:正转为3,反转为4
N14  R20=1;                                     R20代表刀具号及刀补号
N15  R13=20;                                    R13代表空切端面螺纹的长度
N16  R14=50;                                    R14代表空切端面螺纹的导程
N17  R15=__;                                    R15代表空切端面螺纹起点的位移角,其值要通过试切来确定
N18  G54  G90  S=R19 M=R12
N19            T=R20  D=R20
N20  R16=R1+R10*2+R13*2;                        R16代表本列各刀起点的X坐标值,此处赋初始值
N21  R17=R2+R3/2-R9;                            R17代表本列各刀起点的Z坐标值,此赋初始值
N22MA1:G90  G00  X=R16  Z=R17;                  快速到达本刀的起点
N23MA2:G91  G33  X=-2*R13  K=R14  SF=R15;       垂直空切端面螺纹
N24                  Z=-R6  K=R5;               水平切头部绳槽
N25                  Z=-R8  K=R7;               水平切中段绳槽
N26  R16=R16-2*R10;                             计算下一刀起点的X坐标值
N27  G90  G00  X=R16;                           抬刀到下一刀起点高度
N28                  Z=R17;                     快速平移到下一刀的起点
N29  IF R16>(R1+R13*2-R4*2) GOTOB MA2;          如果未到本列槽底就继续
N30  R16=R1+R13*2-R4*2;                         计算槽底即本列最后一刀的X坐标值
N31  G00  X=R16;                                快速到达最后一刀的起点
N32  G91  G33  X=-2*R13    K=R14  SF=R15;       垂直空切端面螺纹
N33                  Z=-R6  K=R5;               水平切头部绳槽
N34                  Z=-R8  K=R7;               水平切中段绳槽
N35  G90  G00  X=R16;                           抬刀到最后一刀起点高度
N36  R16=R1+R10*2+R13*2;                        R16代表下一列各刀起点的X坐标值,此处赋初始值
N37  IF  R3=R9  GOTOF  MA3;                     如果槽宽等于切削刃宽就转下去结束程序
N38  R17=R17-(R3-R9)/R11;                       计算下一列各刀起点的Z坐标值
N39  IF  R17>=(R2-R3/2)GOTOB MA1;               如果下一列未超过左边界就转上去车下一列
N40  MA3:G00  X=R1+200  Z100  M05
N41  M02
```

对两个宏程序中的变量#15 和 R15，先赋值 0，再通过空运行试切后确定具体值。

这两个宏程序中用 IF 语句指令循环加工，且循环有嵌套。N23～N29 段是内循环，它“负责”车一列，车到接近本大层底部。N30～N35 段“负责”沿本大层的底部切本列的最后一刀。N22～N39 段是外循环，它“负责”把各列都加工完，其中的 N37 段是专为本大层的宽度正好等于刀刃宽（即只用车一列）而编入的。

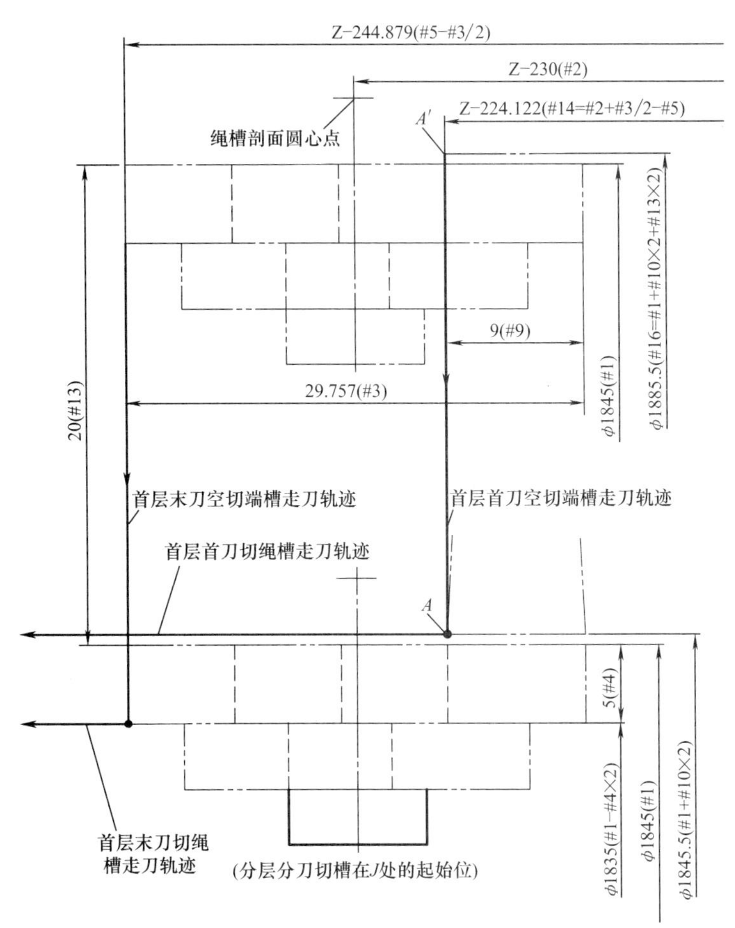

图 3-60　粗切绳槽首层首列首刀和首层末列末刀的走刀轨迹

用 O351 程序和 P351. MPF 程序可切完第一大层。图 3-60 所示为粗切绳槽首层首列首刀和首层末列末刀的走刀轨迹。只要将其中的#1/R1 改赋值 1835，#3/R3 改赋值 24. 48，#4/R4 改赋值 4. 2，#11/R11 改赋值 2，就可切削第二大层。然后再将#1/R1 改赋值 1826. 6，#3/R3 改赋值 9，#4/R4 改赋值 3. 498，#11/R11 改赋值 0，就可切削第三大层。图 3-61 所示为粗车此绳槽第一线的照片。

图 3-61　粗车此绳槽第一线的照片

粗车第二线还用 O351 程序和 PP351. MPF 程序，不过要将车第一线的 Q 值加（Q 值小于 180000 时）或减（Q 值大于或等于 180000 时）180000，将 SF 值加（SF 值小于 180 时）或减（SF 值大于或等于 180 时）180。

既可以用改变相应变量值的方法来改变本例加工用的切削参数（例如对#10/R10 变量改赋值

0.2后每刀切削深度就变成0.2mm），也可以用改变相应变量值的方法来进行其他类似绳槽的粗车。

3.16.2 钢丝绳卷筒绳槽的首头数控精车

精车此绳槽可用机夹式圆头车刀或焊接式圆头车刀。绳槽半径小于2.5~3mm时只能使用焊接式圆头车刀。这里采用*R*4.5mm的半圆头硬质合金焊接式车刀。

如图3-62和图3-63所示，第1刀空切端面槽的起点是*A*′，精车轴向绳槽的起点是*A*；最后一刀空切端面槽的起点是*B*′，精车轴向绳槽的起点是*B*。第1刀的角度361.218°和最后一刀的角度194°是通过作图得到的。在此167.218°的范围内分100刀车。入刀和走刀的方法同粗车。入刀的位移角度值可沿用粗车时用试切法确定的值。

精车此绳槽应使用宏程序。如果这个宏程序只适用车削该卷筒的绳槽，那么程序内用两三个变量就可以了。为了提高通用性，作者开发了一个使用18个变量的用圆头车刀精车这类绳槽的通用宏程序。下面是对通用宏程序中的变量按本例图样和加工方案赋值后得到的精车宏程序。其中，程序O352适用于发那科系统，程序PP352.MPF适用于西门子系统。

```
O352;
N01  #1=1845;                    (#1代表卷筒的外径)
N02  #2=1853.426;                (#2代表绳槽圆弧中心所在的直径值)
N03  #3=18;                      (#3代表绳槽的半径)
N04  #4=-230;                    (#4代表绳槽头圆弧中心的Z坐标值)
N05  #5=200;                     (#5代表头部绳槽的导程)
N06  #6=100;                     (#6代表头部绳槽的长度)
N07  #7=70;                      (#7代表中段绳槽的导程)
N08  #8=770;                     (#8代表中段绳槽的长度)
N09  #9=4.5;                     (#9代表精车刀头的刀尖圆弧半径)
N10  #10=361.218;                (#10代表首刀所处的α1角)
N11  #11=194;                    (#11代表末刀所处的α2角)
N12  #12=100;                    (#12代表精车分刀数)
N13  #13=20;                     (#13代表空切端面螺纹的长度)
N14  #14=50;                     (#14代表空切端面螺纹的导程)
N15  #15=__;                     (#15代表空切端面螺纹起点的位移角,其值要通过试切来确定)
N16  #19=10;                     (#19代表主轴转速S)
N17  #16=4;                      (#16代表主轴转向:正转为3,反转为4)
N18  #20=1;                      (#20代表刀具号及刀补号)
N19  G54    S#19  M#16;
N20         T[#20*101];
N21  #17=#10;                    (#17代表刀头圆心点所在的角度α,此处赋初始值)
N22  #18=[#10-#11]/[#12-1];      (#18代表相邻两刀间的夹角Δα)
N23  #21=#2+2*#13+2*[#3-#9]*SIN[#17];   (#21代表本刀起点的X坐标值)
N24  #22=#4+[#3-#9]*COS[#17];    (#22代表本刀起点的Z坐标值)
```

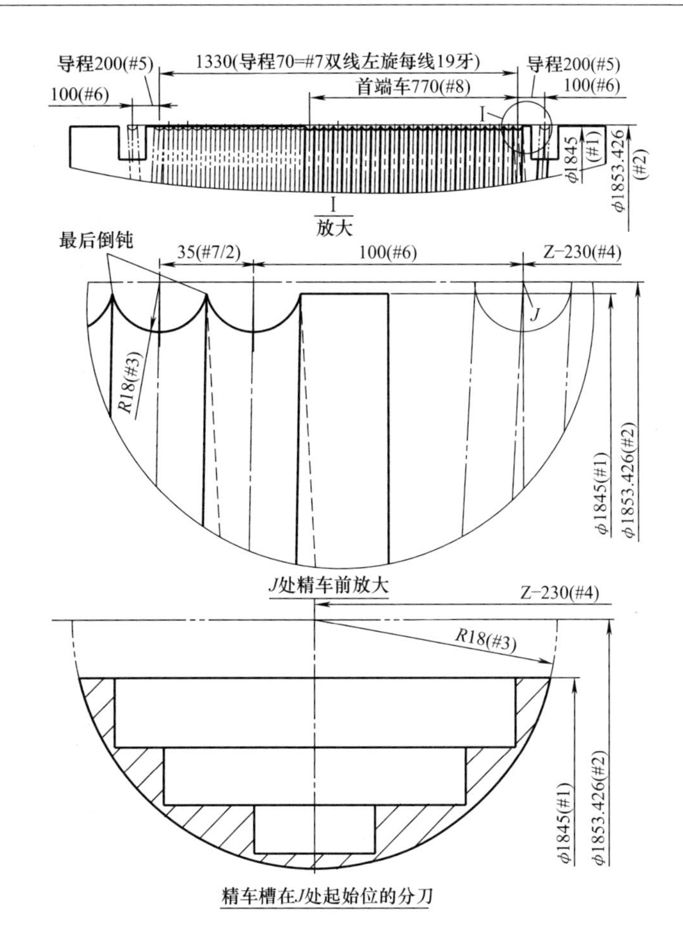

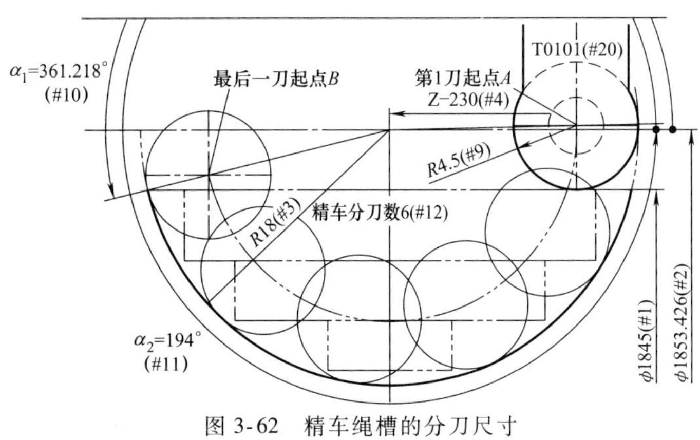

图 3-62　精车绳槽的分刀尺寸

N25　G00　X#21;　　　　　　　　(快速垂直到达与本刀的起点水平的位置)

N26　　　　Z#22;　　　　　　　　(快速平移到达本刀的起点)

N27　G32　U-[2*#13]　F#14　Q#15;　　　　(垂直空切端面螺纹)

N28　　　　W-#6　F#5;　　　　(水平切头部绳槽)

N29　　　　W-#8　F#7;　　　　(水平切中段绳槽)

N30　#17=#17-#18;　　　　(#17 代表下一刀刀头圆心点所在的角度 α)

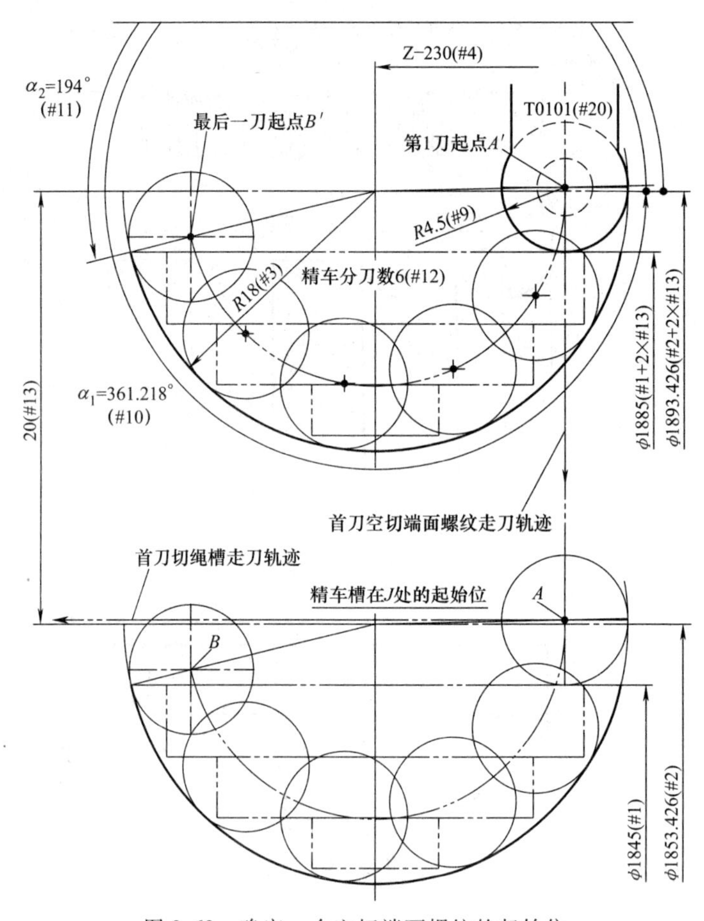

图 3-63　确定一个空切端面螺纹的起始位

```
N31  IF [#17 GE #2] GOTO23;        (如果未超过最后一刀就继续车)
N33  G00  X[#1+200] Z100  M05;
N34  M30;

PP352. MPF
N01  R1=1845;          R1 代表卷筒的外径
N02  R2=1853.426;      R2 代表绳槽圆弧中心所在的直径值
N03  R3=18;            R3 代表绳槽的半径
N04  R4=-230;          R4 代表绳槽头圆弧中心的 Z 坐标值
N05  R5=200;           R5 代表头部绳槽的导程
N06  R6=100;           R6 代表头部绳槽的长度
N07  R7=70;            R7 代表中段绳槽的导程
N08  R8=770;           R8 代表中段绳槽的长度
N09  R9=4.5;           R9 代表精车刀头的刀尖圆弧半径
N10  R10=361.218;      R10 代表首刀所处的 α1 角
N11  R11=194;          R11 代表末刀所处的 α2 角
```

```
N12  R12=100;                                        R12 代表精车分刀数
N13  R13=20;                                         R13 代表空切端面螺纹的长度
N14  R14=50;                                         R14 代表空切端面螺纹的导程
N15  R15=__;                   R15 代表空切端面螺纹起点的位移角,其值要通过试切来确定
N16  R19=10;                                         R19 代表主轴转速 S
N17  R16=4;                                   R16 代表主轴转向:正转为 3,反转为 4
N18  R20=1;                                          R20 代表刀具号及刀补号
N19  G90  G54    S=R19  M=R16
N20             T=R20  D=R20
N21  R17=R10;                   R17 代表本刀刀头圆心点所在的角度 α,此处赋初始值
N22  R18=(R10-R11)/(R12-1);                          R18 代表相邻两刀间的夹角 Δα
N23MA1:R21=R2+2*R13+2*(R3-R9)*SIN(R17);             R21 代表本刀起点的 X 坐标值
N24  R22=R4+(R3-R9)*COS(R17);                        R22 代表本刀起点的 Z 坐标值
N25  G90  G00  X=R21;                           快速垂直到达与本刀的起点水平的位置
N26                Z=R2;                             快速平移到达本刀的起点
N27  G91  G33 X=-2*R13     K=R14  SF=R15;            垂直空切端面螺纹
N28                Z=-R6   K=R5;                     水平切头部绳槽
N29                Z=-R8   K=R7;                     水平切中段绳槽
N30  R17=R17-R18;                           R17 代表下一刀刀头圆心点所在的角度 α
N31  IF R17>=R2 GOTOB MA1;                           如果未超过最后一刀就继续车
N33  G90  G00  X=R1+200  Z100  M05
N34  M02
```

这两个宏程序中用 IF 语句指令循环加工。图 3-64 所示为精车绳槽第一线的照片。

图 3-64 精车绳槽第一线的照片

精车第二线仍用 O352 程序和 PP352 程序，但是要将车第一线的 Q 值加（Q 值小于 1800000 时）或减（Q 值大于或等于 180000 时）180000，将 SF 值加（SF 值小于 180 时）或减（SF 值大于或等于 180 时）180。

既可以用改变相应变量值的方法来改变本例加工用的切削参数（例如将#15/R15 改赋值 80 后就变成分 80 刀精车），也可以用改变相应变量值的方法来进行其他类似绳槽的精车。

3.16.3 钢丝绳卷筒绳槽的调头车削

首头车削完成后，沿着 4 个卡爪中某一个的对称中心线在工件的全长上划一条线，然后调头。为了避免卡爪夹坏已加工好的螺纹，在工件与卡爪间用圆柱棍做过渡。必须进行横向找正。除非工件两端面的平行度非常好，否则还要先做轴向找正（下端一侧垫垫片），以保证两端绳槽的同轴度。

调头后不重新对刀，即先沿用车削首头时的刀补值。

调头后粗、精车第一条线时仍用首头粗、精车第一条线的程序，粗、精车第二条线仍用粗、精车首头第二条线的程序，只是 Q/SF 值必须用空运行试切法做修正（可把车首头时用的 Q 值或 SF 值作为空运行试切的初始值）。

为了使绳槽的接刀处光滑，在第一条线的粗、精车过程中还要对 X 向刀补值、Z 向刀补值和 Q/SF 值至少做三次微调。

在第一条线的粗、精车之间增加一次半精车。半精车给精车的留量可用修改#3/R3 的值来实现。此例中如果精车在半径方向留 0.15mm，那么可将#3/R3 改赋值 17.85。

对 X 向刀补值、Z 向刀补值和 Q/SF 值，可在粗车第一条线的第一大层后微调一次，在粗车该线的第二大层后再微调一次，在半精车该线后做第三次微调。在初次车这类绳槽时，微调的次数也许要多于三次。

图 3-65　绳槽的调头粗车和精车照片

在第一条线车完接好后，将程序中的 Q 值加或减 180000，或者将 SF 值加或减 180，用它来车第二条线。车第二条线时不用增加半精车，也不用对刀补值和 Q/SF 值做微调。

图 3-65 所示为绳槽的调头粗车和精车照片。在此图中也可看到用于装夹的过渡圆柱棍。

3.17　三角螺纹的数控车去头方法

由于螺纹端头牙的宽度是由零逐渐增加的，所以牙的头部是尖的。这样会出毛刺和飞边，从而影响螺纹的装配和使用。在航空、航天和其他精密机械及装置上，这种毛刺和飞边是不允许存在的。此外，在滚珠丝杠和螺纹塞规等零件上，要求去除第一圈上很长一段不完整部分。如果仅为防止产生毛刺和飞边，去除$\frac{1}{8}$~$\frac{1}{6}$圈不完整部分就够了。也可把去除螺纹头部的不完整部分简称为去头。这里介绍三角螺纹的数控车去头方法。

三角螺纹的去头，如果仅为去毛刺且批量不大，可以由钳工来完成。在需要去除$\frac{1}{4}$圈甚至$\frac{1}{3}$圈时，就需通过机械加工来完成。加工件数少时通常用四轴数控铣床来加工，批量大时用专用铣床来加工。

如果用数控车来完成此项加工，效率就高多了。在数控车床上车完工件上的螺纹后，可以接着车去其头部的不完整部分。对于三角螺纹，按照去头用刀的不同，可以用如下两种方法。

3.17.1　用平头切槽刀去头

先用一把螺纹车刀车出三角螺纹，再用一把平头切槽刀去头。去头采用从牙顶方向向牙根方向分刀切，而且一刀比一刀切得少。去头和车螺纹时的主轴转速可以相同，升速段 δ_1 也可以相同，这里都取 3 倍螺距长。

图 3-66a 所示为车三角外螺纹，粗车沿右牙侧面进给，用等截面积切削。图 3-66b 所示为用平头切槽刀去头。

下面介绍作者开发的用平头切槽刀车去三角外螺纹头部不完整部分的通用宏程序。其中，O353 程序适用于发那科系统，PP353. MPF 程序适用于西门子系统。

```
O353;
N01  #1=a;                                    (#1 代表三角螺纹大径)
N02  #2=b;                                    (#2 代表螺距 P 值)
N03  #3=c;                                    (#3 代表牙型角)
/N04  #4=i;                                   (#4 代表包含尾退的螺纹长度)
N05  #5=j;                                    (#5 代表单向精车螺纹和去头的余量)
N06  #6=k;                                    (#6 代表粗车螺纹和去头分刀数 N)
N07  #7=d;                                    (#7 代表去头长度系数)
N08  #8=e;                                    (#8 代表去头螺距调节系数)
N10  #19=s;                                   (#19 代表主轴转速)
/N11  #20=t1;                                 (#20 代表螺纹车刀的刀位号与刀补号)
N12  #21=t2;                                  (#21 代表平头切槽刀的刀位号与刀补号)
/N21  G54        S#19  M03;
/N22             T[#20*101];                  (调用螺纹车刀)
/N23  G00  X[100+#1];
N24  #14=0.34641*#2/TAN[#3/2];                (#14 代表牙高,在#3=60°时为 0.6P)
N25  #10=[#14-#5]/SQRT[#6];                   (#10 代表粗车螺纹和去头首刀 X 单向背吃刀量 d1)
/N26  #11=0;                                  (#11 代表粗车刀序号 n,此处赋初始值)
/N27  #11=#11+1;                              (粗车刀序号增加 1)
/N28  #12=SQRT[#11]/#10;                      (#12 代表粗车本刀 X 单向累计背吃刀量)
/N29  #13=TAN[#3/2]*#12;                      (#13 代表粗车本刀 Z 向累计移动值)
/N30  G00    Z[3*#2+TAN[#3/2]*[#14-#5]-#13];  (快速右移)
/N31         X[#1-2*#12];                     (到准备点)
/N32  G32          Z-#4   F#2;                (粗车第 n 刀)
/N33  G00  X[100+#1];                         (向上抬刀)
/N34  IF [#11 LT #6] GOTO27;                  (如果粗车没完成就继续车)
```

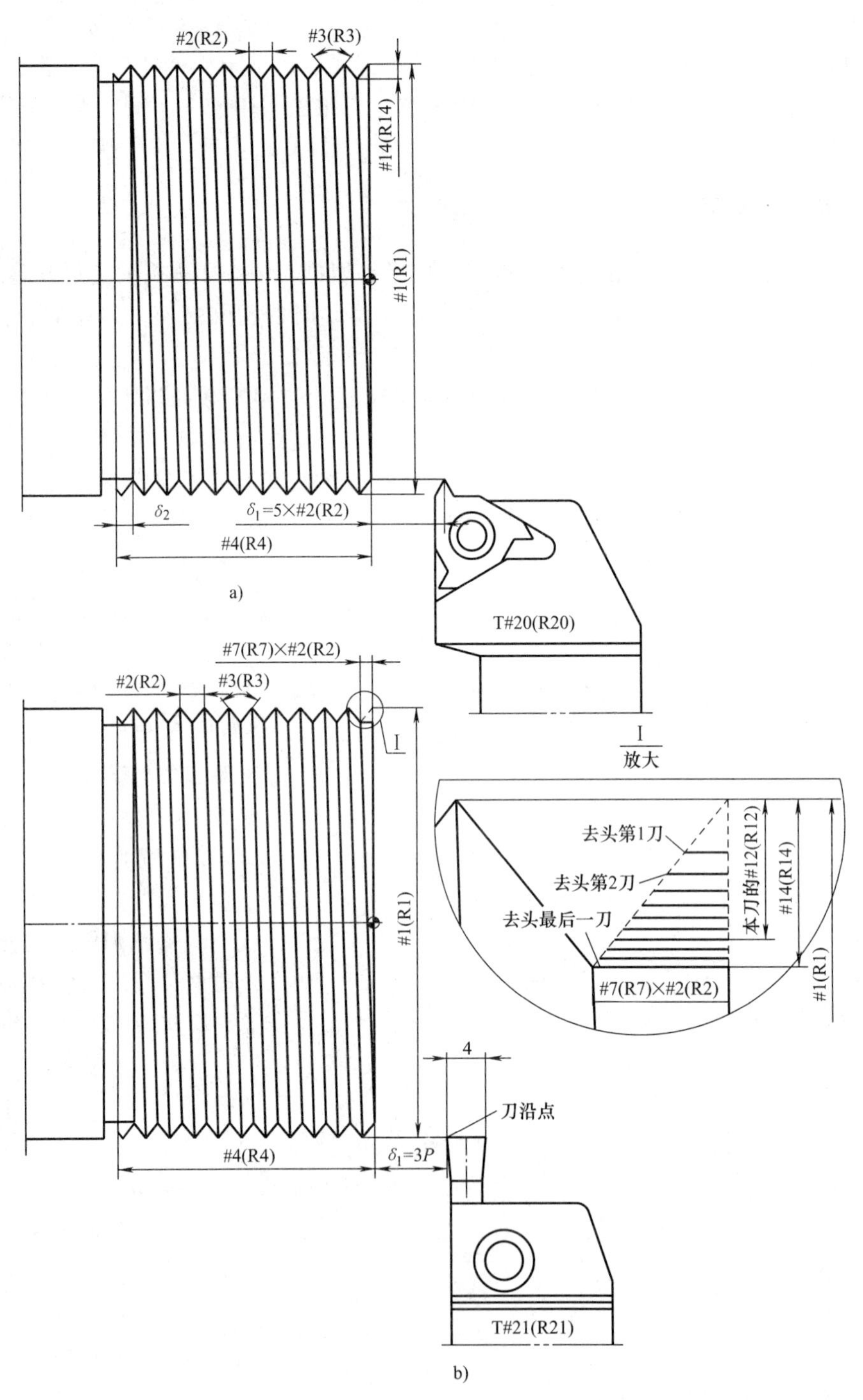

图 3-66　用螺纹车刀车螺纹和用平头切槽刀去头

a）粗车三角外螺纹　b）用平头切槽刀去头

```
/N35  G00      Z[3 * #2];                (快速右移)
/N36        X[#1-2 * #14];               (到精车准备点)
/N37  G32      Z-#4  F#2;                (精车)
```

```
/N38  G00  X[100+#1];                                   (向上抬刀)
/N39              Z100;
/N40  M01;
N51  G55  S#19  M03;
N52       T[#21 * 101];                                 (换成平头切槽刀)
N53  G00  X[50+#1];                                     (向上抬刀)
N55  #11=0                                              (#11 代表去头刀序号 n,此处赋初始值)
N56  #11=#11+1;                                         (去头刀序号增加 1)
N57  #12=SQRT[#11] * #10;                               (#12 代表去头本刀 X 单向累计背吃刀量)
N58               Z[3 * #2];                            (快速右移)
N59          X[#1-2 * #12];                             (到准备点)
N60  G32          Z-[#7 * #2]  F[#2 * #8];              (切一刀)
N61  G00  X[50+#1];                                     (向上抬刀)
N62  IF [#11 LT #6] GOTO56;                             (如果去头没完成就继续车)
N63               Z[3 * #2];                            (快速右移)
N64          X[#1-2 * N14];                             (到准备点)
N65  G32          Z-[#7 * #2]  F[#2 * #8];              (去头最后精车一刀)
N66  G00  X[100+#1]  Z100    M05;
N67  M30;
```

```
PP353.MPF
N01  R1=a;                                              R1 代表三角螺纹大径
N02  R2=b;                                              R2 代表螺距 P 值
N03  R3=c;                                              R3 代表牙型角
/N04  R4=i;                                             R4 代表包含尾退的螺纹长度
N05  R5=j;                                              R5 代表单向精车螺纹和去头的余量
N06  R6=k;                                              R6 代表粗车螺纹和去头分刀数 N
N07  R7=d;                                              R7 代表去头长度系数
N08  R8=e;                                              R8 代表去头螺距调节系数
N10  R19=s;                                             R19 代表主轴转速
/N11  R20=t1;                                           R20 代表螺纹刀的刀位号与刀补号
N12  R21=t2;                                            R21 代表平头槽刀的刀位号与刀补号
/N21  G54      S=R19  M03
/N22           T=R20  D=R20;                            调用螺纹车刀
/N23  G00  X=100+R1
N24  R14=0.34641 * R2/TAN  (R3/2);                      R14 代表牙高,在 R3=60°时为 0.6P
N25  R10=(R14-R5)/SQRT(R6);                             R10 代表粗车首刀 X 单向吃深 d1
/N26  R11=0;                                            R11 代表粗车刀序号 n,此赋初始值
/N27  MA1:R11=R11+1;                                    粗车刀序号增加 1
```

```
/N28  R12=SQRT(R11)*R10;                              R12代表粗车本刀X单向累计背吃刀量
/N29  R13=TAN(R3/2)*R12;                              R13代表粗车本刀Z向累计移动值
/N30  G00        Z=5*R2+TAN(R3/2)*(R14-R5)-R13;       快速右移
/N31       X=R1-2*R12;                                到准备点
/N32  G33        Z=-R4   K=R2;                        粗车第n刀
/N33  G00  X=100+R1;                                  向上抬刀
/N34  IF R11<R6  GOTOB MA1;                           如果粗车没完成就继续车
/N35  G00        Z=5*R2;                              快速右移
/N36       X=R1-2*R14;                                到精车准备点
/N37  G33        Z=-R4   K=R2;                        精车
/N38  G00  X=100+R1
/N39             Z100
/N40  M01
N51  G55     S=R19   M03
N52        T=R21   D=R21;                             换成平头切槽刀
N53  G00   X=50+R1;                                   向上抬刀
N55  R11=0;                                           R11代表去头刀序号n,此处赋初始值
N56  MA2:R11=R11+1;                                   去头刀序号增加1
N57  R12=SQRT(R11)*R10;                               R12代表去头本刀X单向累计背吃刀量
N58              Z=3*R2;                              快速右移
N59        X=R1-2*R12;                                到准备点
N60  G33         Z=-R7*R2   K=R2*R8;                  切一刀
N61  G00   X=50+R1;                                   向上抬刀
N62  IF R11<R6  GOTOB MA2;                            如果去头没完成就继续车
N63              Z=3*R2;                              快速右移
N64        X=R1-2*R14;                                到准备点
N65  G33       Z=-R7*R2   K=R2*R8;                    去头最后精车一刀
N66  G00  X=100+R1     Z100   M05
N67  M02
```

O353 程序和 PP353. MPF 程序实际上各自都由车螺纹程序和去头程序两部分组成。这两部分的“分界线”是 N40 段。在对变量赋值并通过调试后，不跳步从 N01 段执行到 N39 段，相应的三角螺纹车成。继续执行 N51～N67 段，可完成该螺纹的去头。#1/R1、#2/R2、#3/R3、#5/R5、#19/R19 这 5 个变量是车螺纹和去头共用的变量。如果车螺纹和去头用相同的分刀数，那么#4/R4 和#20/R20 变量是车螺纹专用的变量。#7/R7、#8/R8 和#21/R21 变量是去头专用的变量。在需要时，可把 O345 程序和 PP345. MPF 程序各分拆成两个程序。

在上述宏程序中，#7/R7 变量代表去头的纵向长度系数 K_1。K_1 为 K_2 与 K_3 的乘积。K_2 是去头的圈数，在要求去四分之一圈时为 0.25。K_2 为倒角系数：坯料上无倒角时取 1，坯料上有 30°倒角时取 1.4，坯料上有 45°倒角时取 1.6。K_2 与 K_3 的乘积只作为 K_1 的初始值，在试切过程中应对其进行必要的调整。

上述宏程序中的#8/R8 变量代表去头时螺距的调整系数 K_5。车螺纹走刀都由升速段 δ_1、正常车螺纹段 l 和降速段 δ_2 3 段组成。在降速段内，走刀螺距会小于指令螺距，而且此偏差越到末端越大。去头的走刀也由这 3 段组成，而且 δ_2 正好处在实际去头走刀处。为此，应把指令螺距值加大。K_5 就是加大的比例，它的值必定大于 1，具体数据在试切时确定。

O353 程序和 PP353. MPF 程序在尚未读懂前也可以使用，读者只要会按照图样和工艺要求（主要是切削参数）对其内的 11 个变量赋值即可。

试切三角螺纹时执行到 N40 段就结束（返回）。螺纹车成后再试去头。此时要使操作面板上的跳步开关处于“有效”位置。两部分都完成试切后，再正式加工工件，此时可在跳步开关处在“无效”位置的前提下运行整个程序。

假如去头的分刀数与车螺纹时的分刀数不同，那么有两种应对办法。第一种办法是把 O353 程序和 PP353. MPF 程序各分拆成两个程序。这样分拆出两个程序中的#6/R6 变量就可被赋予不同的值。第二种办法是再加一个#9/R9 变量，用它来代表去头的分刀数，即在 O353 程序中加一段“N09 #9=f;”，在 PP353. MPF 程序中加一段“N09 R9=f”。此外还要增加一个程序段，即在 O353 程序和 PP353. MPF 程序中再分别加一段

“N54 #10=[#14-#5]/SQRT[#9];”和“N54 R10=(R14-R5)/SQRT(R9)”

这样就不用分拆程序了。

用平头切槽刀去头的优点是车出的底面较平，缺点是要对所用不同的刀后进行精确对刀和调试。

3.17.2 用螺纹车刀去头

先车三角螺纹，接着用这把螺纹车刀去头。可以从+Z 方向向-Z 方向一刀一刀去头（此过程中应一刀比一刀切得少），也可以从-Z 方向向+Z 方向一刀一刀去头（此过程中应一刀比一刀切得多），这里采用后一种方法。去头与车螺纹的主轴转速相同，升速段 δ_1 也相同，这里取 $\delta_1=3P$。

图 3-67a 所示为车三角外螺纹，粗车沿右牙侧面进给，用等截面积切削。图 3-63b 所示为用这把螺纹车刀去头，从里向外沿 Z 向分多刀，Z 向切削一刀比一刀厚。由于螺纹车刀刀头的刃口有一段是平的，所以在 Z 向切削厚度不超过平头长度的前提下，去头后的底部也是平的。这里把螺纹车刀画得很尖是为了使读者看清分刀去头的情况。

下面是作者开发的用螺纹车刀去头的通用宏程序。其中，O347 程序适用于发那科系统，PP347. MPF 程序适用于西门子系统。

```
O354;
N01  #1=a;                    (#1 代表三角螺纹大径)
N02  #2=b;                    (#2 代表螺距 P 值)
N03  #3=c;                    (#3 代表牙型角)
/N04  #4=i;                   (#4 代表包含尾退的螺纹长度)
/N05  #5=j;                   (#5 代表单向精车余量)
/N06  #6=k;                   (#6 代表粗车分刀数 N)
N11  #19=s;                   (#19 代表主轴转速)
```

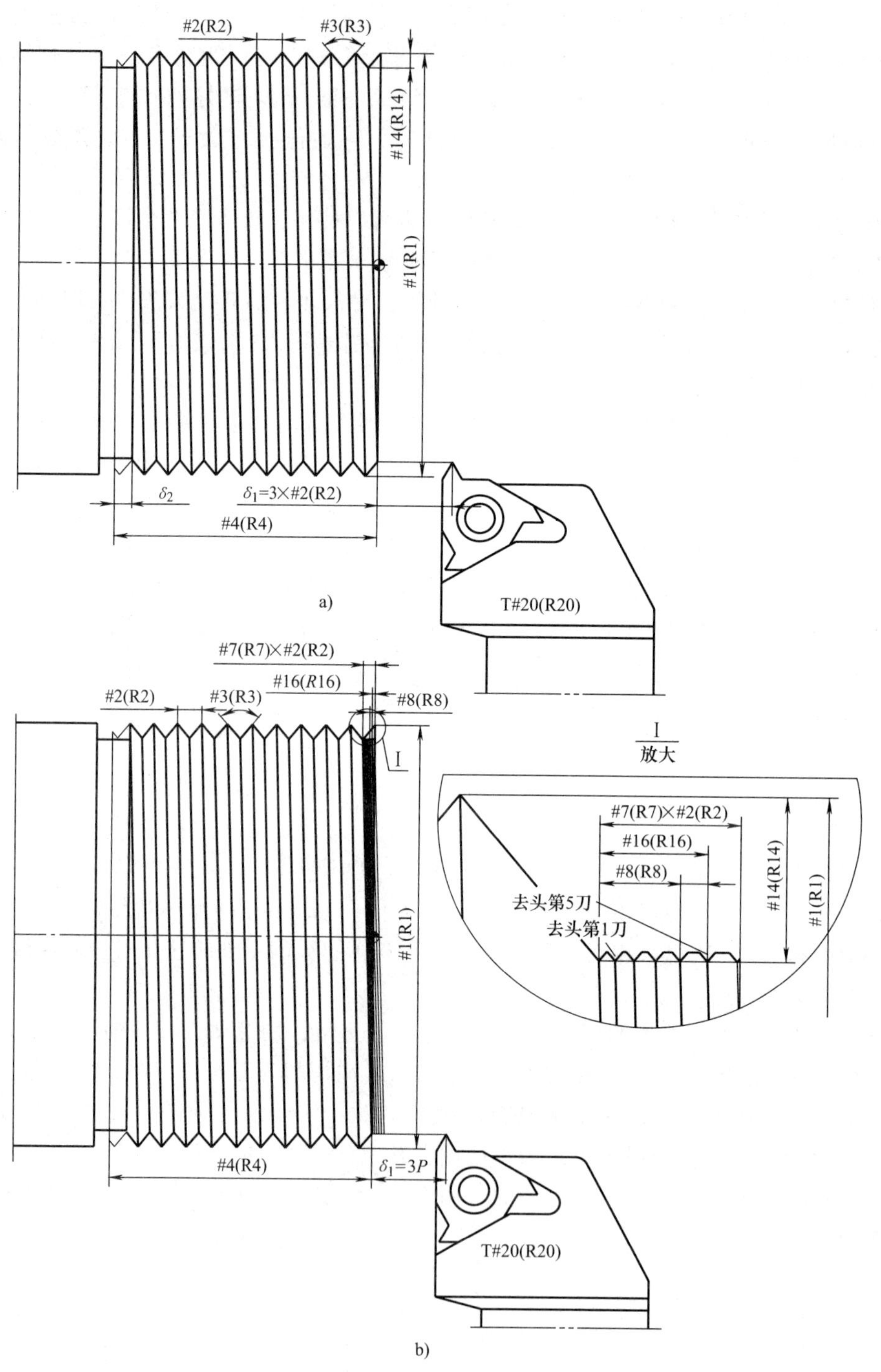

图 3-67　用原螺纹车刀车螺纹及去头

a）车三角外螺纹　b）用原螺纹车刀去头

N12　#20 = t;　　　　　　　　　　　　(#20 代表刀位号与刀补号)

/N21　G54　　　　S#19　M03;

```
/N22            T[#20*101];                                       (调用螺纹车刀)
/N23  G00  X[100+#1];
/N24  #14=0.34641*#2/TAN[#3/2];                (#14 代表牙高,在#3=60°时为 0.6P)
/N25  #10=[#14-#5]/SQRT[#6];                   (#10 代表粗车首刀 X 单向背吃刀量 d1)
/N26  #11=0;                                   (#11 代表粗车刀序号 n,此处赋初始值)
/N27  #11=#11+1;                                                  (粗车刀序号增加 1)
/N28  #12=SQRT[#11]*#10;                       (#12 代表粗车本刀 X 单向累计背吃刀量)
/N29  #13=TAN[#3/2]*#12;                       (#13 代表粗车本刀 Z 向累计移动值)
/N30  G00           Z[3*#2+TAN[#3/2]*[#14-#5]-#13];                  (快速右移)
/N31      X[#1-2*#12];                                                (到准备点)
/N32  G32           Z-#4  F#2;                                        (粗车第 n 刀)
/N33  G00  X[100+#1];                                                 (向上抬刀)
/N34  IF [#11 LT #6] GOTO27;                                (如果粗车没完成就继续车)
/N35  G00           Z[3*#2];                                          (快速右移)
/N36        X[#1-2*#14];                                            (到精车准备点)
/N37  G32           Z-#4    F#2;                                      (精车)
/N38  G00  X[100+#1];                                                 (向上抬刀)
/N39                Z100;
/N40  M01;
N07  #7=d;                                                      (#7 代表去头长度系数)
N08  #8=e;                                                  (#8 代表第 0 刀 Z 向外移值)
N09  #9=f;                                              (#9 代表后一刀比前一刀多外移的值)
N10  #17=q;                                                 (#17 代表去头螺距调节系数)
N51  #16=0;                                       (#16 代表累计 Z 向外移值,此处赋初始值)
N52  G54  S#19  M03;
N53      T[#20*101];                                                  (调用螺纹车刀)
N54  G00  X[50+#1];                                                   (向上抬刀)
N55  #8=#8+#9;                                                  (计算下刀的单刀右移值)
N56  #16=#16+#8;                                                (计算下刀的累计右移值)
N57  G00            Z[3*#2+#16];                                      (快速右移)
N58        X[#1-2*#14];                                               (到准备点)
N59  G32            Z-[#7*#2+#16]  F[#2*#17];                         (切一刀)
N60  G00   X[50+#1];                                                  (向上抬刀)
N61  IF [#16 LE [#7*#2]] GOTO55;                            (如果去头没完成就继续进行)
N62        X[100+#1];                                                 (向上抬刀)
N63                 Z[3*#2];                                          (快速右移)
N64        X[#1-2*#14];                                               (到准备点)
N65  G32            Z-#4  F#2;                          (最后不进给,把整个螺纹光一刀)
N66  G00   X[100+#1]  Z100  M05;
```

```
N67  M30;

PP354. MPF
N01  R1=a;                                            R1代表三角螺纹大径
N02  R2=b;                                            R2代表螺距P值
N03  R3=c;                                            R3代表牙型角
/N04  R4=i;                                           R4代表包含尾退的螺纹长度
/N05  R5=j;                                           R5代表单向精车余量
/N06  R6=k;                                           R6代表粗车分刀数N
N11  R19=s;                                           R19代表主轴转速
N12  R20=t;                                           R20代表刀位号与刀补号
/N21  G54            S=R19  M03
/N22                T=R20  D=R20;                     调用螺纹车刀
/N23  G00  X=100+R1
/N24  R14=0.34641*R2/TAN(R3/2);                       R14代表牙高,在R3=60°时为0.6P
/N25  R10=(R14-R5)/SQRT(R6);                          R10代表粗车首刀X单向背吃刀量d1
/N26  R11=0;                                          R11代表粗车刀序号n,此处赋初始值
/N27  MA1:R11=R11+1;                                  粗车刀序号增加1
/N28  R12=SQRT(R11)*R10;                              R12代表粗车本刀X单向累计背吃刀量
/N29  R13=TAN(R3/2)*R12;                              R13代表粗车本刀Z向累计移动值
/N30  G00     Z=3*R2+TAN(R3/2)*(R14-R5)-R13;          快速右移
/N31          X=R1-2*R12;                             到准备点
/N32  G33          Z=-R4  K=R2;                       粗车第n刀
/N33  G00  X=100+R1;                                  向上抬刀
/N34  IF R11<R6 GOTOB MA1;                            如果粗车没完成就继续车
/N35  G00          Z=3*R2;                            快速右移
/N36          X=R1-2*R14;                             到精车准备点
/N37  G33          Z=-R4  K=R2;                       精车
/N38  G00  X=100+R1
/N39  G00          Z100
/N40  M01
N07  R7=d;                                            R7代表去头长度系数
N08  R8=e;                                            R8代表第0刀Z向外移值
N09  R9=f;                                            R9代表后一刀比前一刀多外移的值
N10  R17=q;                                           R17代表去头螺距调节系数
N51  R16=0;                                           R16代表累计Z向外移值,此处赋初始值
N52  G54     S=R19  M03
N53       T=R20  D=R20;                               调用螺纹车刀
N54  G00  X=100+R1;                                   向上抬刀
N55  MA2:R8=R8+R9;                                    计算下刀的单刀右移值
```

```
N56  R16=R16+R8;                                  计算下刀的累计右移值
N57  G00      Z=3 * R2+R16;                       快速右移
N58    X=R1-2 * R14;                              到准备点
N59  G33      Z=-R7 * R2+R16   K=R2 * R17;        切一刀
N60  G00  X=50+R1;                                向上抬刀
N61  IF R16<=R7 * R2 GOTOB MA2;                   如果去头没完成就继续进行
N62    X=100+R1;                                  向上抬刀
N63           Z=3 * R2;                           快速右移
N64    X=R1-2 * R14;                              到准备点
N65  G33      Z=-R4   K=R2;                       最后不进给,把整个螺纹光一刀
N66  G00  X=100+R1   Z100   M05
N67  M02
```

O354 程序和 PP354. MPF 程序实际上各自都是由车螺纹程序和去头程序两部分组成的。N01～N39 段是车三角螺纹的程序，N41～N62 段是去头程序。N63～N65 段是去头后再把整个螺纹都光一刀。#1/R1、#2/R2、#3/R3、#19/R19 和#20/R20 这 5 个变量是车螺纹和去头共用的，#4/R4、#5/R5 和#6/R6 这 3 个变量是车螺纹专用的变量，#7/R7、#8/R8、#9/R9 和#17/R17 这 4 个变量是去头专用的变量。在需要时，可把 O354 程序和 PP354 程序各自分拆成两个程序（如不用去头时可只用分拆出的前一个程序来车三角螺纹）。

O354 程序和 PP354. MPF 程序中的#7/R7 变量的含义和取值方法同 O353 程序和 PP353. MPF 程序中的#7/R7 变量；O354 程序和 PP354. MPF 程序中的#17/R17 变量的含义和取值方法同 O353 程序和 PP353. MPF 程序中的#8/R8 变量。

O354 程序和 PP354. MPF 程序在尚未读懂前也可以使用，读者只要按图样和工艺要求（主要是切削参数）对其内的 12 个变量赋值即可。

O354 程序和 PP354. MPF 程序的试切方法和步骤与 O353 程序和 PP353. MPF 程序一样。

用螺纹车刀去头的优点是省事且效率高，所以应优先选用此方法。

对于发那科系统，用此法去（三角螺纹）头还可以通过一个通用宏程序来实现，这就是 O355 程序。O355 程序与 O354 程序的赋值方法及加工效果完全相同，唯一区别是 O355 程序车螺纹用循环指令 G92，而 O354 程序车螺纹用 G32 指令。正是由于这个原因，前者比后者少用 5 个程序段。

螺纹去头不要用 G92 指令。因为用 G32 指令时不会有尾退，而用 G92 指令时在#5130 参数位有非零数据时会有尾退，而尾退在去头时是不允许存在的。

```
O355;
N01  #1=a;                     (#1 代表螺纹大径)
N02  #2=b;                     (#2 代表螺距 P 值)
N03  #3=c;                     (#3 代表牙型角)
/N04  #4=i                     (#4 代表包含尾退的螺纹长度)
/N05  #5=j                     (#5 代表单向精车余量)
/N06  #6=k;                    (#6 代表粗车分刀数 N)
N10  #19=s;                    (#19 代表主轴转速)
```

```
N11   #20=t;                                              (#20代表刀位号与刀补号)
/N21  G54       S#19   M03;
/N22            T[#20*101];                               (调用螺纹车刀)
/N23  #14=0.34641*#2/TAN[#3/2];                           (#14代表牙高,在#3=60°时为0.6P)
/N24  #10=[#14-#5]/SQRT[#6];                              (#10代表粗车首刀X单向背吃刀量d1)
/N25  #11=1;                                              (#11代表粗车刀序号n,此处赋初始值)
/N26  #12=SQRT[#11]*#10;                                  (#12代表粗车本刀X单向累计背吃刀量)
/N27  #13=TAN[#3/2]*#12;                                  (#13代表粗车本刀Z向累计移动值)
/N28  G00  X[100+#1]  Z[3*#2+TAN[#3/2]*[#14-#5]-#13];     (到准备点)
/N29  G92  X[#1-2*#12]  Z-#4  F#2;                        (粗车第n刀)
/N30  #11=#11+1;                                          (粗车刀序号增加1)
/N31  IF [#11 LE #6] GOTO26;                              (如果粗车没完成就继续车)
/N32  G00  X[100+#1]      Z[3*#2];                        (到精车准备点)
/N33  G92  X[#1-2*#14]  Z-#4;                             (精车)
/N34  G00  X[100+#1]      Z100;                           (向上抬刀)
/N35  M01;
N07   #7=d;                                               (#7代表去头长度系数)
N08   #8=e;                                               (#8代表第0刀Z向外移值)
N09   #9=f                                                (#9代表后一刀比前一刀多外移的值)
N10   #17=q;                                              (#17代表去头螺距调节系数)
N51   #16=0;                                              (#16代表累计Z向外移值,此处赋初始值)
N52   G54     S#19   M03;
N53           T[#20*101];                                 (调用螺纹车刀)
N54   G00   X[50+#1];                                     (向上抬刀)
N55   #8=#8+#9;                                           (计算下刀的单刀右移值)
N56   #16=#16+#8;                                         (计算下刀的累计右移值)
N57   G00                  Z[3*#2+#16];                   (快速右移)
N58           X[#1-2*#14];                                (到准备点)
N59   G32          Z-[#7*#2+#16]   F[#2*#17];             (切一刀)
N60   G00   X[50+#1];                                     (向上抬刀)
N61   IF [#16 LE[#7*#2]] GOTO55;                          (如果去头没完成就继续进行)
N62           X[100+#1];                                  (向上抬刀)
N63                        Z[3*#2];                       (快速右移)
N64           X[#1-2*#14];                                (到准备点)
N65   G32                  Z-#4   F#2;                    (最后不进给,把整个螺纹光一刀)
N66   G00   X[100+#1]  Z100   M05;
N67   M30;
```

第4章　螺纹数控铣加工基础

4.1　攻螺纹和铣螺纹用的刀具及刃具

攻螺纹用丝锥，铣螺纹用螺纹铣刀。这两种刀具的明显区别是丝锥的刃齿有螺旋升程；而螺纹铣刀的刃齿没有螺旋升程，加工中的螺旋升程要靠机床运动来实现。正因为后者是这种结构，使得它既可用于铣削右旋螺纹，又可用于铣削左旋螺纹。

4.1.1　丝锥

此处不介绍手工攻螺纹用的丝锥，只介绍机用丝锥。丝锥头部有一段圆锥面，这段圆锥面部分称为导入段。

机用丝锥的排屑槽按旋向分有三种：右旋槽、直槽和左旋槽，如图4-1所示。与手工用丝锥分头锥和二锥不同，一种螺纹规格的机用丝锥只有一个丝锥。

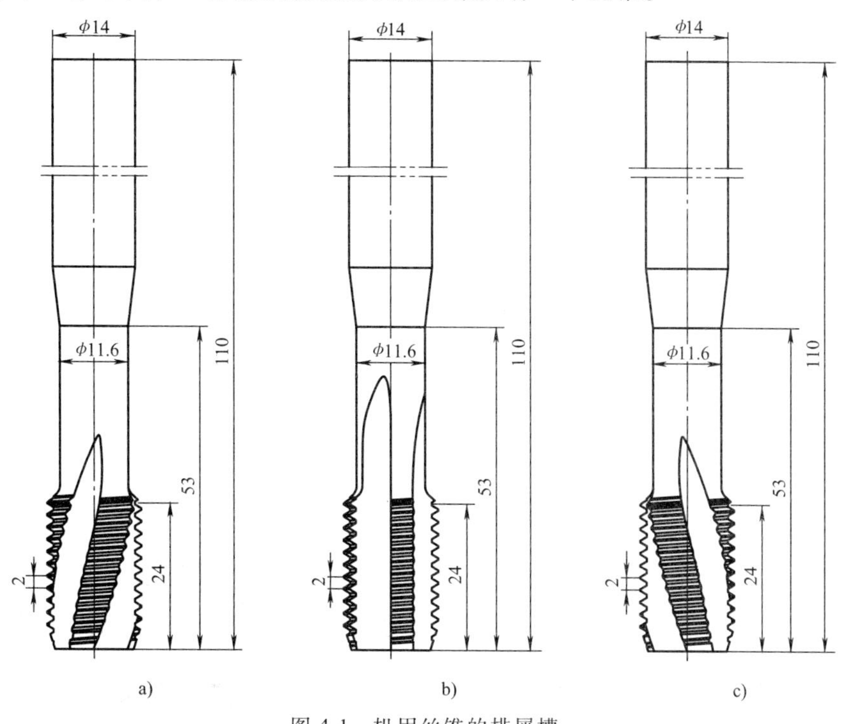

图4-1　机用丝锥的排屑槽

a）右旋槽（M16）　b）直槽（M16）　c）左旋槽（M16）

右旋排屑槽丝锥攻螺纹时切屑往上排，所以适用于攻不通孔。左旋排屑槽丝锥攻螺纹时切屑往下排，所以适用于攻通孔。直槽丝锥攻螺纹时碎屑往下排，条屑排出方向不定，既可用于攻不通孔又可用于攻通孔。

机用丝锥的排屑槽最少有 3 条（图 4-1 中的丝锥有 3 条排屑槽），也可以有多条。图 4-2 中的丝锥有 4 条排屑槽。

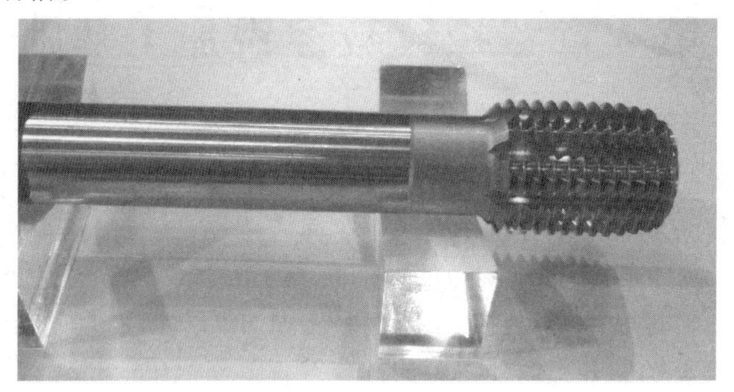

图 4-2　有 4 条排屑槽的丝锥

有些场合需要用大螺旋角排屑槽，图 4-3 所示为一种已装在刀柄上的大螺旋角排屑槽丝锥。

图 4-3　大螺旋角排屑槽丝锥

4.1.2　只有一个刃齿及横向有多个刃齿的螺纹铣刀

只有一个刃齿和横向有多个刃齿的螺纹铣刀，其刃齿都在与刀具轴垂直的某一横截面内。

1. 只有一个刃齿的螺纹铣刀

这实际上是借用车刀来铣螺纹。铣较大内径的三角内螺纹时可借用装三角内螺纹刀片的普通内螺纹车刀；铣三角外螺纹可借用装三角外螺纹刀片的内螺纹车刀。铣小内径内螺纹可借用图 4-4 和图 4-5a 所示的分体小螺纹车刀。作者曾使用一把刃尖回转直径为 ϕ11. 6mm 的分体小螺纹车刀来铣 NPT 1/2 内锥螺纹，而该刀原本是用来车 NPT 1/2 内锥螺纹的。

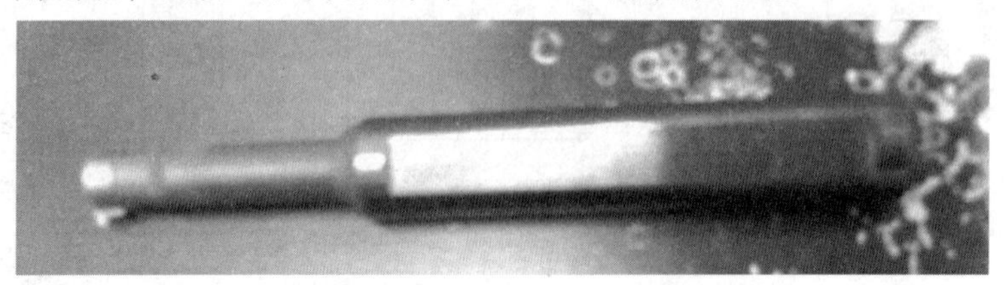

图 4-4　分体小螺纹车刀

2. 横向有多个刃齿的螺纹铣刀

横向有多个刃齿的螺纹铣刀有三种。第一种是整体内螺纹铣刀，如图 4-5b 所示。这种螺纹铣刀一般用于铣削内径很小的内螺纹。某国际著名品牌的这种米制、英制螺纹铣刀各有

3 个规格。其中，米制最小规格的螺纹铣刀刃齿回转直径 d_3 为 $\phi5.8$mm，d_1 为 $\phi6$mm，d_2 为 $\phi3.5$mm，L 为 58mm，e 为 15mm。用它最小可铣 M8 的粗牙螺纹及细牙螺纹。这种刀一般有 3 个刃齿。

第二种是分体内螺纹铣刀，它由铣刀体和铣刀片两部分组成，如图 4-5c 所示。这种内螺纹铣刀一般用于铣削内径为中等大小的内螺纹。某世界著名品牌的这种铣刀的刀片有一种规格的具体尺寸如图 4-5d 所示。用装此刀片的内螺纹铣刀可铣螺距为 2mm、螺纹大径不小于 20mm 的内螺纹。图 4-6 所示为横向有 3 个刃齿分体内螺纹铣刀照片。

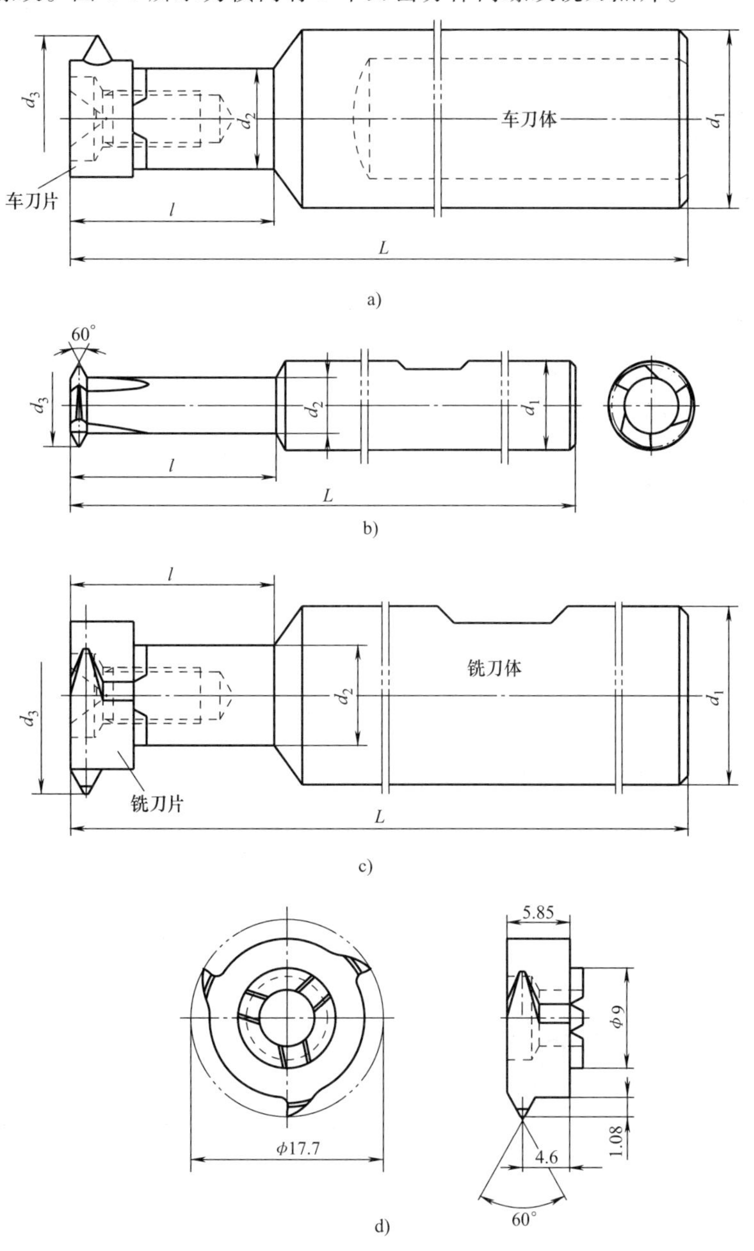

图 4-5　用于铣削内螺纹的刀具

a）小螺纹分体车刀（单齿刃）　b）在横向有 3 个刃齿的整体内螺纹铣刀

c）在横向有 3 个刃齿的分体内螺纹铣刀　d）横向有 3 个刃齿的内螺纹铣刀片

第三种是铣外螺纹和大直径内螺纹的刀盘螺纹铣刀（见图 4-7）。这种螺纹铣刀在刀盘上装若干片（图 4-7 所示为 5 片）可转位三角螺纹刀片，刃口回转直径一般不小于 ϕ40mm。

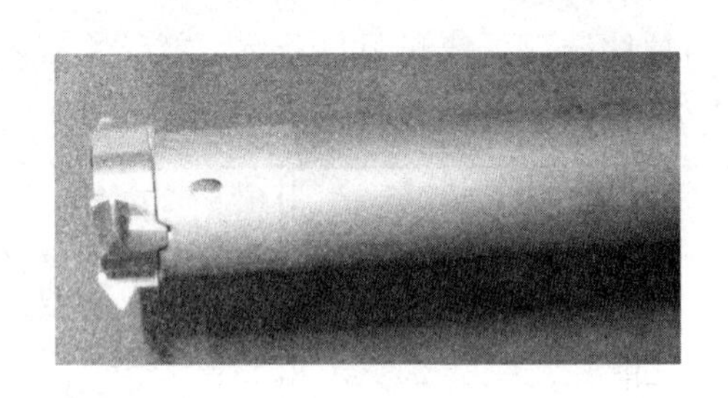
图 4-6　横向有 3 个刃齿分体内螺纹铣刀照片

图 4-7　装有 5 片刀片的刀盘螺纹铣刀

4.1.3　镶嵌式螺纹梳刀

螺纹梳刀是纵向有多个齿的螺纹铣刀，一般是分体式，即由刀片和刀体两部分组成。

1. 镶嵌式单侧刃螺纹梳刀

镶嵌式单侧刃螺纹梳刀的刀片呈等腰三角形（见图 4-8），其两侧面是与刀体装配时用的定位面。这种刀用于铣中等尺寸内螺纹和大尺寸内螺纹。同一个刀体上可以装各种制式的

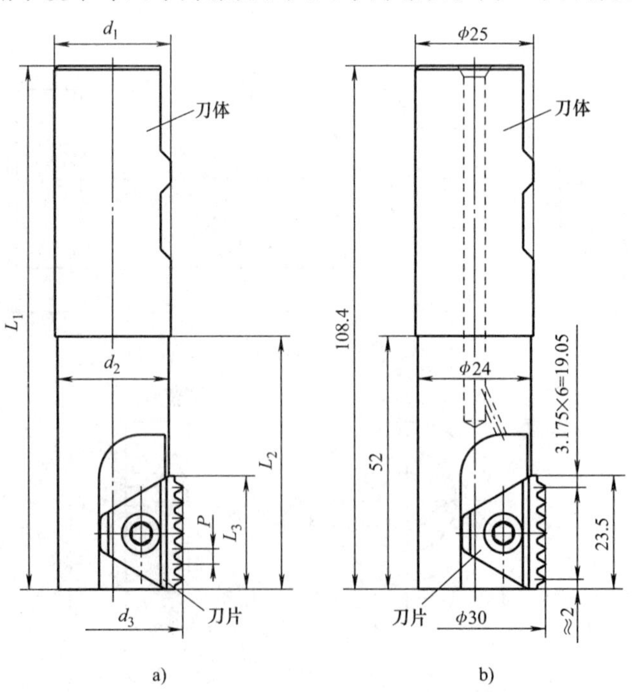

图 4-8　镶嵌式单侧刃螺纹梳刀

a）一般形状　b）一把铣 $1\frac{5}{8}$-8UN 统一英制螺纹铣刀的尺寸

螺纹刀片。对于同一种制式、不同螺距的螺纹加工，需使用不同的刀片，即这种刀片必须是定螺距刀片。

图 4-9 所示为用镶嵌式单侧刃螺纹梳刀铣外螺纹时的照片。

笔者曾见到一把袖珍式这种镶嵌式单侧刃梳刀的刃口回转直径为 11.5mm，用它可铣底孔径不小于 12mm 的圆柱内螺纹。

2. 镶嵌式双侧刃螺纹梳刀

镶嵌式双侧刃螺纹梳刀有两类。一类是在 180°方向装 2 片刀片，如图 4-10 所示。这类螺纹梳刀的直径不能太小，所以一般用来铣外螺纹和孔径较大的内螺纹。

图 4-9　用镶嵌式单侧刃螺纹铣刀铣外螺纹

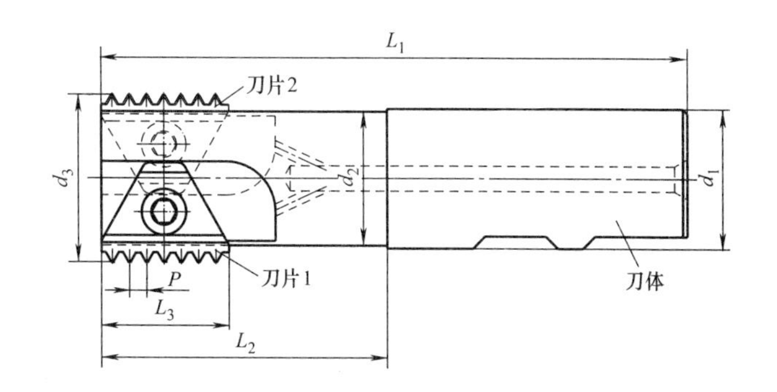

图 4-10　镶嵌式双侧刃螺纹梳刀

另一类镶嵌式双侧刃螺纹梳刀用的是双侧刃刀片，即只嵌入一片刀片。这类螺纹梳刀的直径可以制作得比较小，所以一般用来铣孔径相对较小的内螺纹。图 4-11 所示为用这种梳刀铣内螺纹的照片。

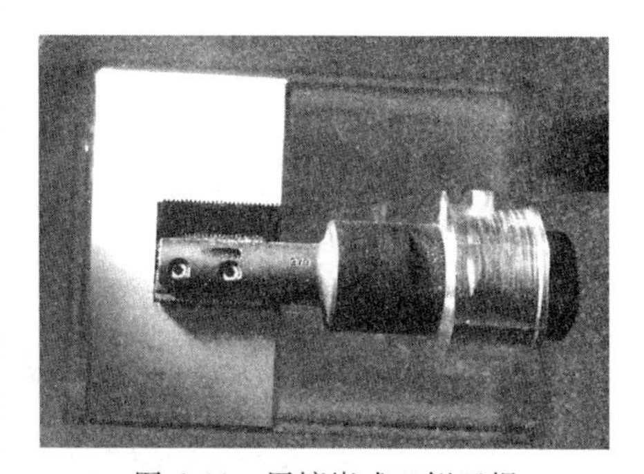

图 4-11　用镶嵌式双侧刃螺纹梳刀铣内螺纹

4.1.4　整体硬质合金螺纹铣刀

整体硬质合金内螺纹铣刀（也可简称为“整硬螺纹铣刀”）用得较多，如图 4-12 所示的两个世界著名品牌的两种圆柱内螺纹铣刀和一种锥管内螺纹铣刀。

整硬螺纹铣刀上的槽都是斜螺旋槽，目的是使主轴转一周的切削过程中切削力比较均匀。整硬螺纹铣刀的槽的条数多为 3、4、5，有的铣刀也有 2 条槽和超过 5 条槽。

整硬螺纹铣刀的直径范围因厂家不同而略有不同。肯纳供应的整硬螺纹铣刀直径范围是 ϕ2.4～ϕ13.9mm，即最小可铣 M3×0.5 螺纹，最大可铣 M20×2.5 螺纹。

山特维克供应的整硬螺纹铣刀直径范围是 ϕ3.2～ϕ19mm，即最小可铣 M4×0.7 螺纹，最大可铣M24×3.0 螺纹。

整硬螺纹铣刀是定制式、定螺距螺纹铣刀，即一把刀只与一种制式的一种螺距的内螺纹对应。

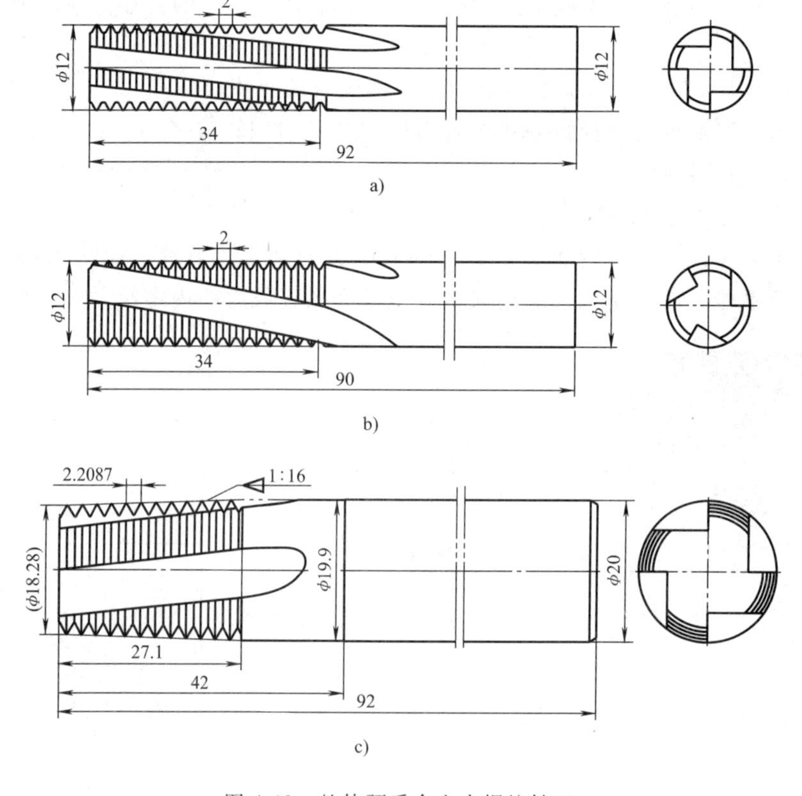

图 4-12　整体硬质合金内螺纹铣刀

a）山特维克的一种圆柱内螺纹铣刀（M16）　b）肯纳的一种圆柱内螺纹铣刀（M16）
c）山特维克的一种锥管内螺纹铣刀（NPT 螺纹每英寸 11.5 牙）

图 4-13 所示为一把整硬铣刀的照片和局部放大照片。

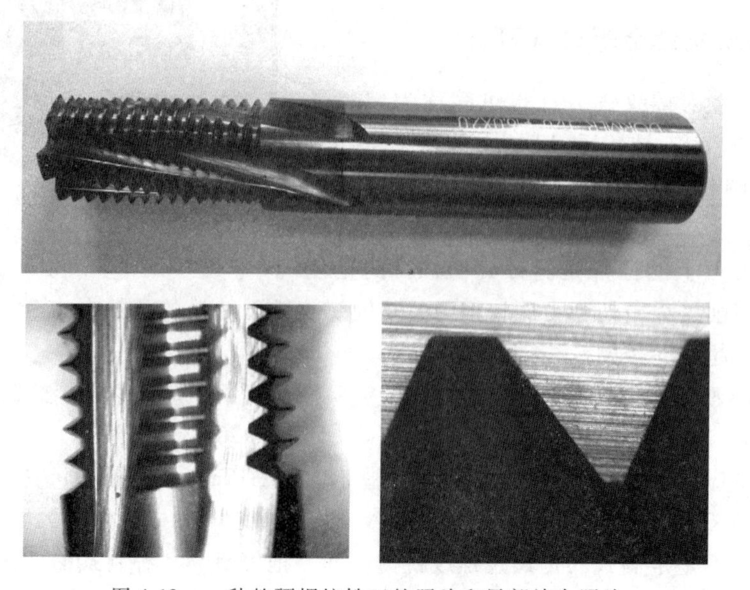

图 4-13　一种整硬螺纹铣刀的照片和局部放大照片

4.2　数控系统中用于攻螺纹的指令

4.2.1　柔性攻螺纹指令

1. 发那科系统的柔性攻螺纹指令

发那科新、老系统的柔性攻螺纹指令略有不同。这里只介绍 0i-MA 系统的柔性攻螺纹指令。先介绍 0i-MA 系统的柔性攻螺纹循环指令 G84。

G84 指令格式为：

G00 X*a* Y*a* Z*a*;

M03 S*s*;

G84 X*b* Y*b* Z$z_{底}$ R$z_{起}$ P*p* F*f* K*k*;

其中，X、Y 是螺纹孔中心位置的坐标数据；Z 是攻螺纹底面的 *Z* 坐标值；R 是 *R* 点所在起始平面的 *Z* 坐标值；P 是丝锥在攻螺纹底面的暂停时间（ms）；F 是丝锥的进给速度；K 是攻螺纹重复次数，攻一次时可省略。

图 4-14 所示为发那科 0i-MA 系统的柔性攻螺纹循环指令的动作示意。在 G98 状态下，执行 G84 指令结束时丝锥退回到初始平面，如图 4-14a 所示。在 G99 状态下，执行 G84 指令结束时丝锥退回到起始平面（*R* 点），如图 4-14b 所示。

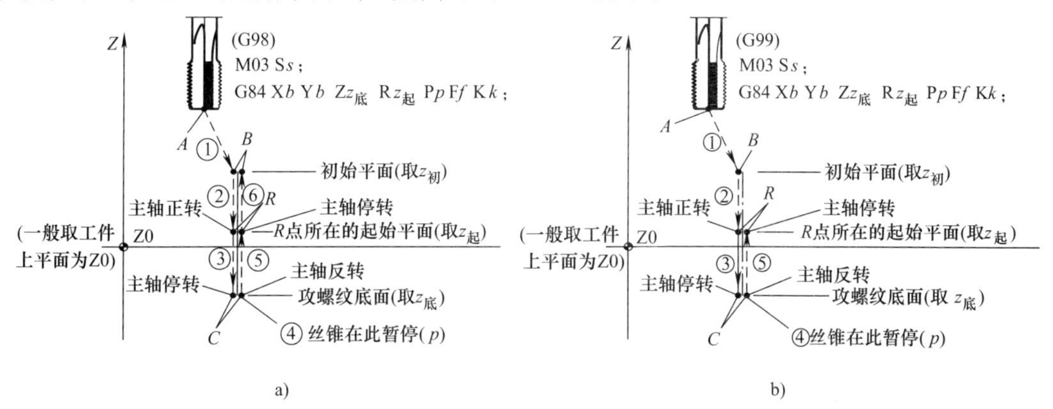

图 4-14　发那科 0i-MA 系统的柔性攻螺纹指令 G84 动作示意

a）G98 状态下　b）G99 状态下

在 G98 状态下攻一个螺纹孔，主轴为每转进给，基本程序 O401 如下：

```
O401;
N1 G54 G90 G95 G98 G00 X0   Y0   Z __;
N2  G43  H __      Za;
N3                           Ss   M03;
N4  G84  Xb  Yb  Zz底  Rz起  Pp  Ff  Kk;
N5  G80;
N6  G49 G00                  Z __;
N7          X0       Y0          M05;
```

N8 M30;

执行 N4 段即 G84 指令时有如下 6 个动作：

① 快速到达初始点 B。

② 快速到达起始点 R。

③ 主轴正转，攻螺纹到孔底面点 C。

④ 在底面处暂停 p 毫秒。

⑤ 主轴反转，丝锥退到起始点 R。

⑥ 主轴停转，丝锥快速抬到初始点 B。

在 G98 状态下攻一个螺纹孔，主轴为每分钟进给，基本程序 O402 如下：

```
O402;
N1  G54 G90 G94 G98 G00 X0   Y0   Z__;
N2  G43  H__      Za;
N3                           Ss   M03;
N4  G84  Xb   Yb   Zz底   Rz起   Pp   Ff   Kk;
N5  G80;
N6  G49 G00                  Z__;
N7          X0     Y0                 M05;
N8  M30;
```

在此程序中，N4 段内 f 与 N3 段内 s 的关系为

$$f=\text{螺距}\times s$$

执行 N4 段即 G84 指令段的 6 个动作与执行 O401 程序中 N4 段的动作相同。

2. 西门子系统的柔性攻螺纹指令

西门子系统的柔性攻螺纹指令分为单动指令和循环指令。

(1) 802D 系统的柔性攻螺纹指令 G63　G63 是柔性攻螺纹的单动指令，使用时连续指令两段：一段用于攻螺纹，另一段用于回退。在 XY 平面定位到指定位置和指令主轴转速后，指令如下程序段：

G00 Z __；下降到攻螺纹起始位

G63 Z __ F __ M03/04；攻螺纹，攻右旋螺纹用 M03；攻左旋螺纹用 M04

G63 Z __ M04/03；右旋螺纹回退用 M04；左旋螺纹回退用 M03

图 4-15 所示为用 G63 指令攻 M16 螺纹，PP403. MPF 程序如下：

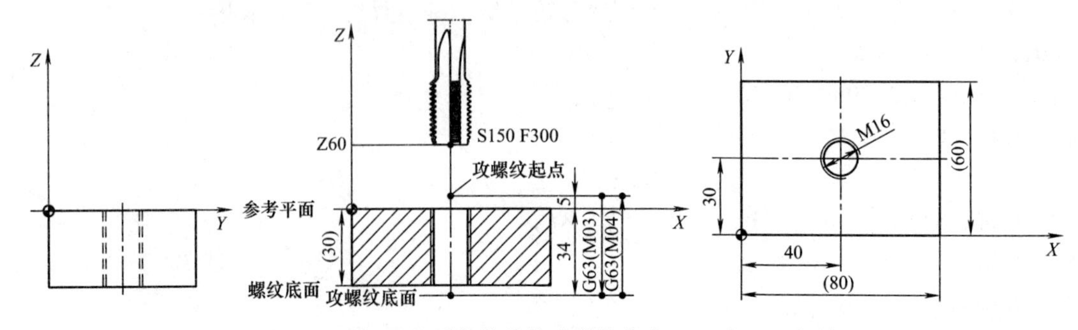

图 4-15　用 802D 系统的柔性攻螺纹指令 G63 攻 M16 螺纹

```
PP403. MPF
N01   G54   G90   G00   X0   Y0   Z100   S150   M03
N02   T1   D1
N03   G17   X40   Y30   Z60
N04                     Z5
N05   G63               Z-34        F300
N06   G63               Z5          M04
N07   G00               Z100
N08         X0    Y0                     M05
N09   M02
```

执行 N05 段是攻螺纹，执行 N06 段是回退。M16 螺纹的螺距是 2mm，所以当主轴转速取 150r/min 时，进给速度就必须取 300mm/min，即这两个指令数据必须成 1∶2 的关系。如果攻左旋螺纹，N01 段中应使用 M04 指令，N06 段中用 M03 指令。当然，攻左旋螺纹用的是左旋丝锥。

（2）西门子 802D 系统的柔性攻螺纹循环指令 CYCLE840　它的指令格式为：

CYCLE840（RTP，RFP，SDIS，DP，DPR，DTB，SDR，SDAC，ENC，MPIT，PIT）

该循环指令括弧内的 11 个参数的含意分别为：

RTP：返回平面的 Z 坐标值。

RFP：参考平面即螺纹顶面的 Z 坐标值。

SDIS：安全平面与参考平面间的距离，即安全间隙，恒为正值。

DP：攻螺纹底面的 Z 坐标值。

DPR：攻螺纹底面与参考平面间的距离，恒为正值。

DTB：在攻螺纹底面的停顿时间（s）。

SDR：退回时的旋转方向。自动颠倒用 0；M03 用 3；M04 用 4。

SDAC：循环结束后的旋转方向。M03 用 3；M04 用 4；M05 用 5。

ENC：是否带编码器攻螺纹代号。不带编码器攻螺纹用 1；带有编码器攻螺纹用 0。

MPIT：用螺纹尺寸指令粗牙螺纹的螺距。M03 用 3，M48 用 48。指令范围为 3~48。

PIT：用数值指令螺距。指令范围为 0.001~2000.000mm。

以上部分参数的含义如图 4-16 所示。

CYCLE840 指令分为两种：一种用于无编码器攻螺纹，另一种用于有编码器攻螺纹。两种指令执行时的动作都分 5 步（见图 4-16），执行过程只有一点不同：无编码器攻螺纹时②步和④步的准备功能是 G63，而有编码器攻螺纹时②步和④步的准备功能是 G33。

两种指令的编程方法略有不同。区别之一是第九个参数 ENC 有编码器时指令为“0”，无编码器时指令为“1”（在配备编码器的机床上柔性攻螺纹时也可以不用编码器）。区别之二是第 6 个参数 DTB 只有在无编码器攻螺纹时才生效，所以在有编码器攻螺纹时此参数位应为空（不指令）。

图 4-17 所示为用 802D 系统的 CYCLE840 指令攻螺纹孔的例子，螺纹尺寸是 M16，螺距是 2mm。

在攻螺纹底面停顿 1s，无编码器攻螺纹，PP404. MPF 程序如下：

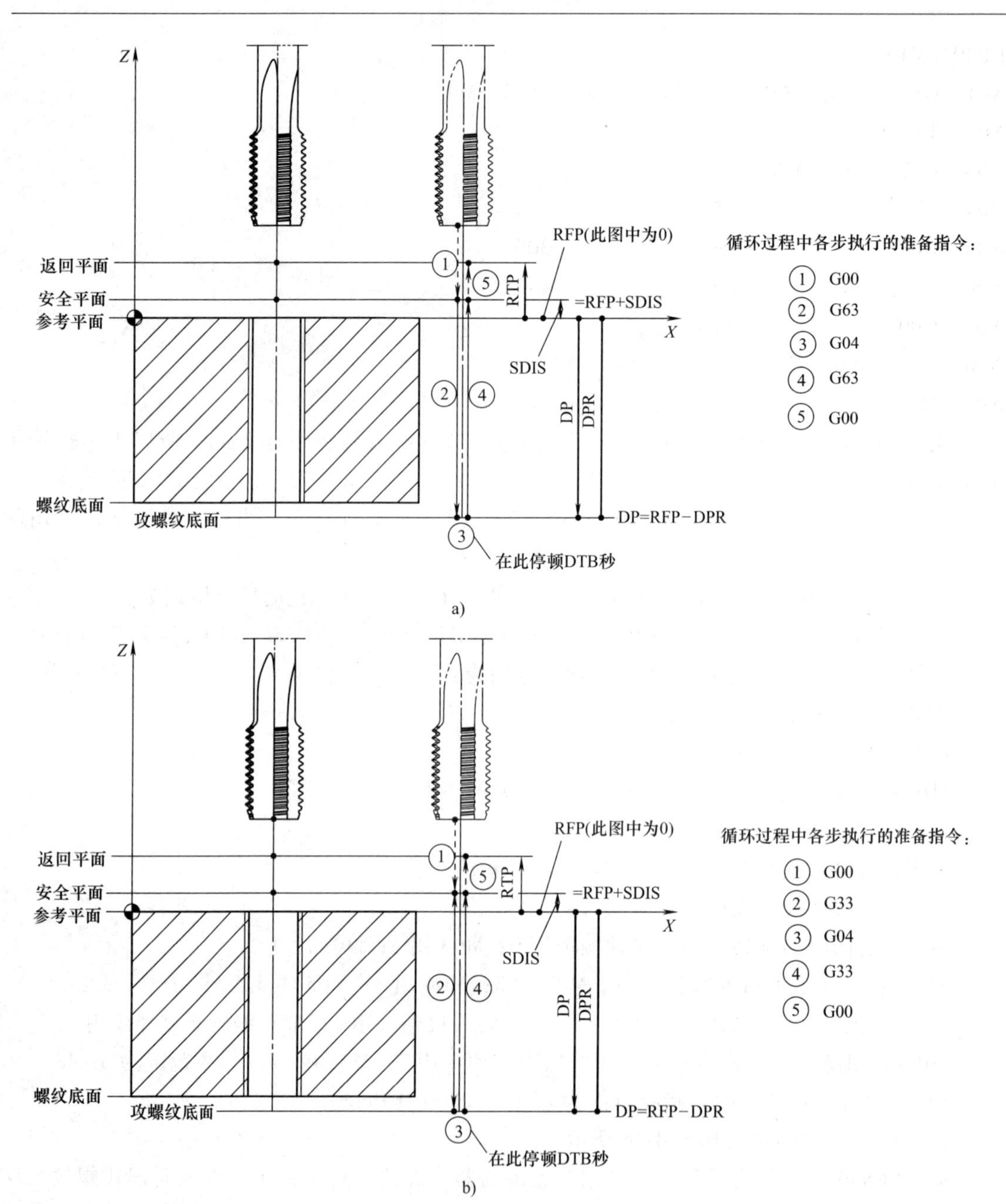

图 4-16　西门子 802D 系统的柔性攻螺纹循环指令 CYCLE840 部分参数含义

a）无编码器攻螺纹　b）有编码器攻螺纹

```
PP404. MPF
N01   G54 G90 G00         S600   M03
N02   T1   D1
N03   G17 X40 Y30 Z60
N04   G01                 F300
N05   CYCLE840(15,0,5,,34,1,4,3,1,16,)
```

N06　M02

有编码器攻螺纹，其他参数及条件不变，PP405. MPF 程序如下：

```
PP405. MPF
N01 G54 G90 G00            S600 M03
N02 T1   D1
N03 G17 X40 Y30 Z60
N04 G01               F300
N05 CYCLE840(15,0,5,,34,1,4,3,0,16,)
N06 M02
```

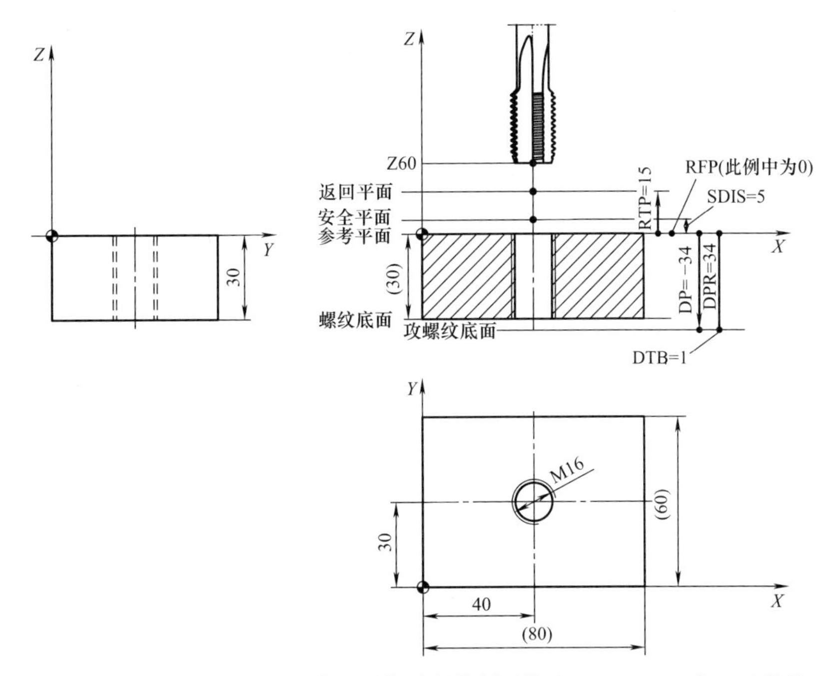

图 4-17　用西门子 802D 系统的柔性攻螺纹循环指令 CYCLE840 攻 M16 螺纹

4.2.2　刚性攻螺纹指令

1. 发那科系统的刚性攻螺纹指令

发那科新、老系统的刚性攻螺纹指令略有区别。这里介绍 0i-MA 系统和 0i-MD 系统的刚性攻螺纹指令。

(1) 0i-MA 系统的刚性攻螺纹指令 G84　G84 的指令格式为：

(X*a*　Y*a*　Z*a*;)

M29　S*s*;

G84　X*b*　Y*b*　$Zz_{底}$ $Rz_{起}$　P*p*　F*f*　K*k*;

其中，X、Y 是螺纹孔中心的坐标数据；Z 是攻螺纹底面的 *Z* 坐标值；R 是 *R* 点所在起始平面的 *Z* 坐标值；P 是丝锥在攻螺纹底面的暂停时间（ms）；F 是丝锥的进给速度；K 是攻螺纹的重复次数，攻一次时可省略。

执行 G84 指令的动作分两种：在 G98 状态下分 6 步，结束时回到初始平面（见图4-18

a)；在 G99 状态下分 5 步，结束时回到 R 点所在的起始平面（见图 4-18b）。后者常用于连续攻多个螺纹孔的场合。

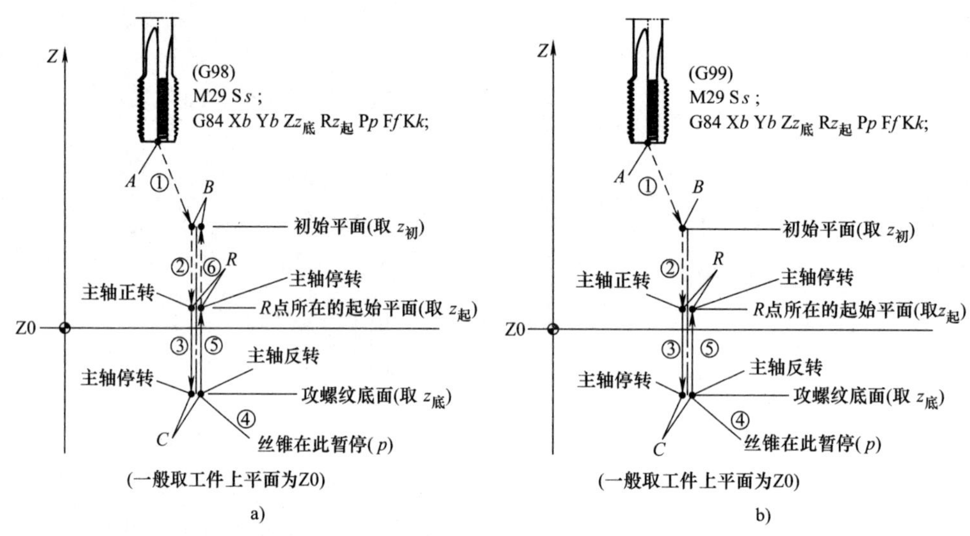

图 4-18　执行发那科 0i-MA 系统的刚性攻螺纹指令 G84 动作示意
a）G98 状态下　b）G99 状态下

O406 程序是用刚性攻螺纹指令 G84 编制的攻螺纹孔的程序。用每转进给（G95），所以 N4 段中的 F 字可直接指令为螺距值。

```
O406;
N1  G54 G90 G95 G98 G00 X0   Y0   Z __;
N2  G43   H ___ Za;
N3                  Ss   M29;
N4  G84   Xb   Yb   Zz底   Rz起   Pp   F __   Kk;
N5  G80;
N6  G49 G00                    Z __;
N7          X0      Y0      M05;
N8  M30;
```

O407 程序是用 G84 指令，用每分钟进给（G94）编制的攻螺纹孔的程序，N4 段中 F 字的数据应为螺距与 N3 段中 S 值的乘积。

```
O407;
N1  G54 G90 G94 G98 G00 X0   Y0 Z __;
N2  G43   H ___ Za;
N3                        Ss   M29;
N4  G84   Xb   Yb   Zz底   Rz起   Pp   Ff   Kk;
N5  G80;
N6  G49 G00             Z __;
N7           X0   Y0              M05;
N8  M30;
```

（2）0i-MD 系统的刚性攻螺纹指令 G84.2　0i-MD 系统中把刚性攻螺纹指令与柔性攻螺纹指令 G84 分开。G84.2 的指令格式为：

G00　Xa　Ya　Za；

G84.2　Xb　Yb　Z$z_{底}$　R$z_{起}$　Pp　Ff　Ll　Ss；

其中，X、Y 是螺纹孔中心位置的坐标数据；Z 是攻螺纹底面的 Z 坐标值；R 是 R 点所在起始平面的 Z 坐标值；P 是丝锥在攻螺纹底面的暂停时间（ms）；F 是丝锥的进给速度；L 是攻螺纹的重复次数，攻一次时可省略；S 是主轴转速。

执行此 G84.2 指令的动作分两种：在 G98 状态下分 6 步，结束时回到初始平面（见图 4-19a）；在 G99 状态下分 5 步，结束时回到 R 点所在的起始平面（见图 4-19b）。后者常用于连续攻多个螺纹孔的场合。

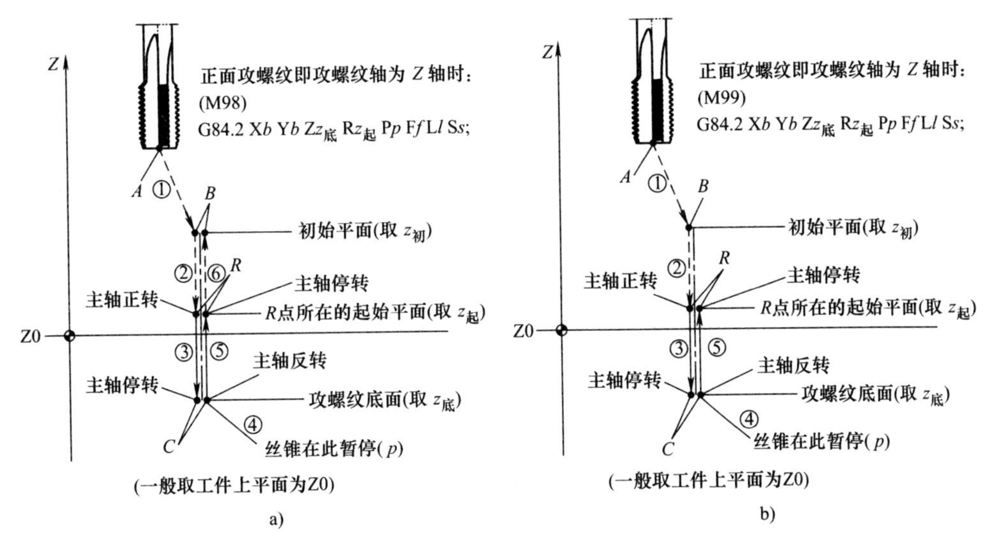

图 4-19　发那科 0i-MD 系统的刚性攻螺纹指令 G84.2 动作示意

a）G98 状态下　b）G99 状态下

O408 程序是用刚性攻螺纹指令 G84.2 编制的攻螺纹孔的程序。采用每转进给（G95），所以 N4 段中的 F 字可以直接指令为螺距值。

```
O408;
N1   G54 G90 G95 G98 G00 X0   Y0   Z __;
N2   G43   H __ Za;
N4   G84   Xb   Yb   Zz底   Rz起   Pp   F __   Ll   Ss;
N5   G80;
N6   G49 G00            Z __;
N7          X0    Y0          M05;
N8   M30;
```

O409 程序是用 G84.2 指令，用每分钟进给（G94）编制的攻螺纹孔的程序，N4 段中 F 字的数据应为螺距与主轴转速 S 的乘积。

```
O409;
N1   G54 G90 G94 G98 G00 X0   Y0   Z __;
```

N2　G43　H __ Za;

N4　G84　Xb　Yb　Z$z_{起}$　R$z_{底}$　Pp　Ff　Ll　Ss;

N5　G80;

N6　G49 G00　　　　Z __;

N7　　　　X0　X0　　　　M05;

N8　M30;

2. 西门子系统的刚性攻螺纹指令

西门子系统的刚性攻螺纹指令分为单动指令和循环指令。

（1）802D 系统的刚性攻螺纹指令 G331/G332　G331/G332 是刚性攻螺纹的单动指令，使用时连续指令两段：G331 段用于攻螺纹；G332 段用于回退。在这两段前还要加一段使主轴处于位置控制状态的指令（SPOS=0）。它的指令格式是在 XY 平面定位到指定位置后指令如下 4 段：

Z __;下降到攻螺纹起始位

SPOS=0;主轴进入位置控制状态

G331　Z __　K __　S __;攻螺纹;

G332　Z __　K __;回退,此时主轴转向会自动颠倒

其中的 K 代表螺距：K 为正值时攻右旋螺纹；K 为负值时攻左旋螺纹。G331 段和 G332 段中 K 值的正、负号必须一致。

图 4-20 所示为用 G331/G332 指令攻 M16 螺纹，右旋螺纹。编制的程序 PP410. MPF 如下：

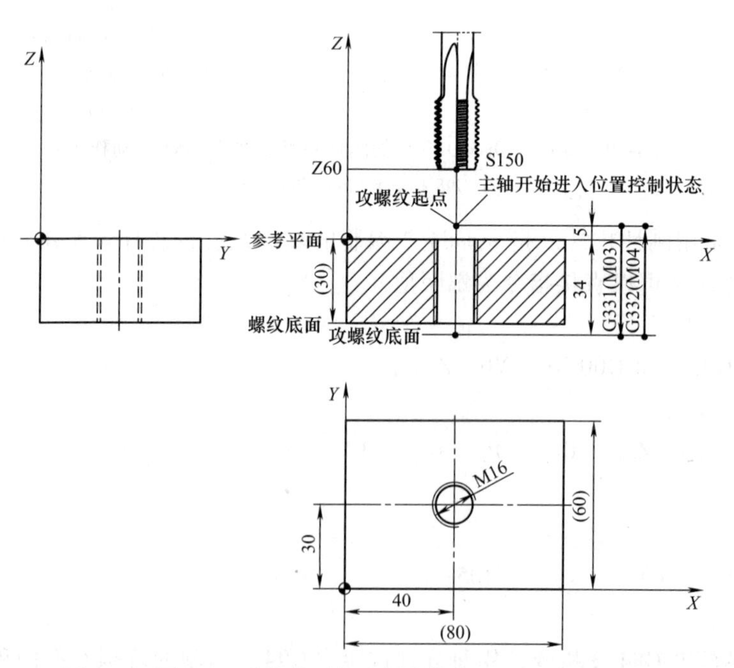

图 4-20　用 802D 系统的刚性攻螺纹指令 G331/G332 攻 M16

PP410. MPF

N01　G54 G90 G00 X0　Y0　Z100

```
N02  T1   D1
N03  G17  X40  Y30  Z60
N04                 Z5
N05  SPOS=0
N06  G331           Z-34   K2   S150
N07  G332           Z5     K2
N08  G00            Z100
N09       X0   Y0               M05
N10  M02
```

在此程序中：

N03 段是定位到 *XY* 平面内的螺纹孔中心位置。

N04 段是下降到攻螺纹起始位置。

N05 段是使主轴开始处于位置控制状态。

N06 段是攻螺纹到攻螺纹底面，此时主轴正转，每转进给 2mm。注意攻螺纹底面应比螺纹底面低几毫米.

N07 段是回退，此时主轴（自动）反转，每转进给 2mm。

（2）802D 系统的刚性攻螺纹循环指令　西门子 802D 系统刚性攻螺纹循环指令是 CYCLE84，它的指令格式为：

CYCLE84（RTP，RFP，SDIS，DP，DPR，DTB，SDAC，MPIT，PIT，POSS，SST，SST1）

该循环指令的 12 个参数的含义分别为：

RTP：返回平面的 *Z* 坐标值。

RFP：参考平面即螺纹顶面的 *Z* 坐标值。

SDIS：安全平面与参考平面间的距离，即安全间隙，恒为正值。

DP：螺纹底面的 *Z* 坐标值。

DPR：攻螺纹底面与参考平面间的距离，恒为正值。

DTB：在攻螺纹底面的停顿时间（s）。

SDAC：循环结束后的旋转方向。M03 用 3，M04 用 4，M05 用 5。

MPIT：用螺纹尺寸间接指令粗牙螺纹的螺距。M03 用 3，M48 用 48，指令范围为 3~48。攻右旋螺纹时数据前加正号（可省略），攻左旋螺纹时数据前加负号。

POSS：在攻螺纹开始时定位主轴的角度位置（°）。

SST：攻螺纹速度。

SST1：退回速度。

以上部分参数的含义如图 4-21 所示。丝锥（主轴）在攻螺纹底面停顿后转向自动颠倒。

第四个参数 DP 和第五个参数 DPR 只需指令一个，另一个空着。攻螺纹底面应在螺纹底面之下若干毫米，因为丝锥头部有一段锥面。

图 4-22 所示为用 802D 系统的 CYCLE84 指令攻 M16 螺纹孔，螺距是 2mm。

选择参考平面为螺纹顶面，攻螺纹程序 PP411. MPF 如下：

PP411. MPF

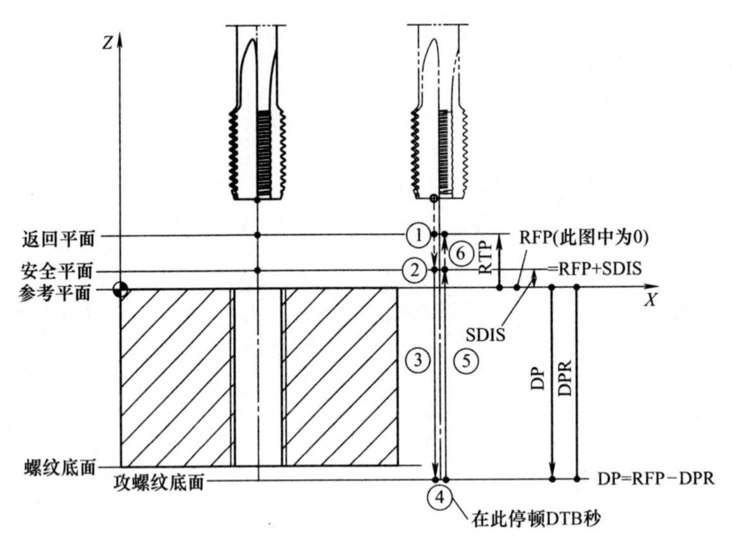

图 4-21　西门子 802D 系统的刚性攻螺纹循环指令 CYCLE84 动作示意

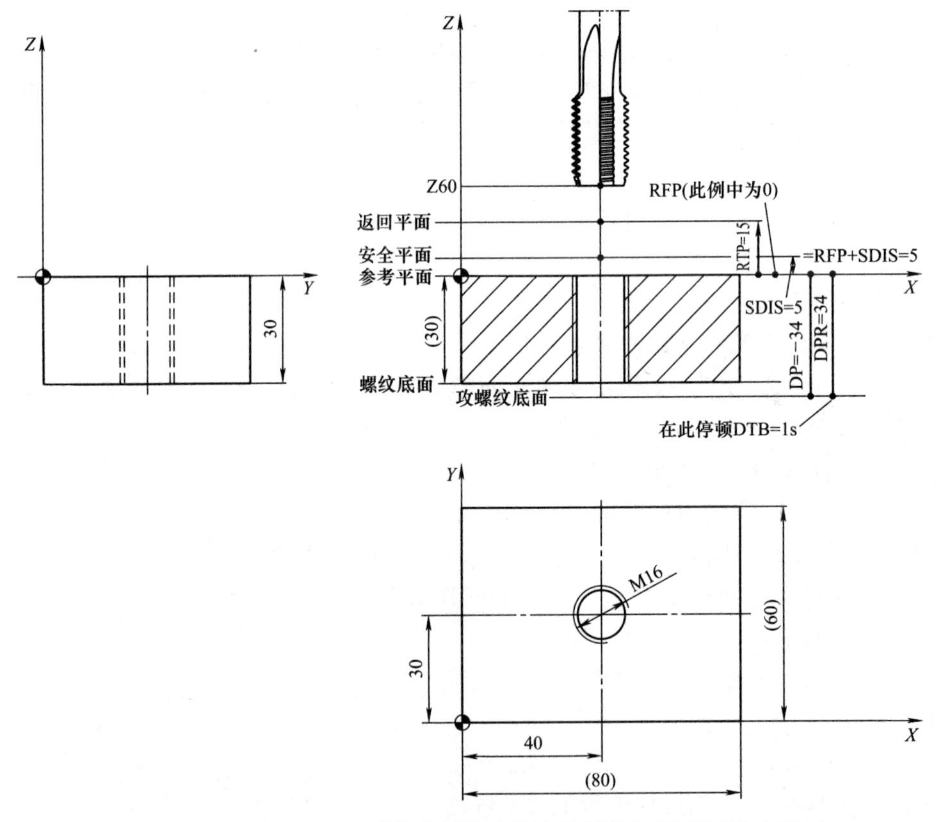

图 4-22　用西门子 802D 系统的刚性攻螺纹循环指令 CYCLE84 攻 M16

```
N01   G54 G17 G90        T1   D1
N02   G00   X0    Y0    Z100
N03         X40   Y30   Z60
N04   CYCLE84(15,0,5,,34,1,5,16,,90,300,500);用螺纹大径间接指令螺距
```

```
N05   G00   X0   Y0   Z100
N06   M02
```

返回平面在参考平面之上15mm，安全平面在参考平面之上5mm，攻螺纹底面在参考平面之下34mm（即螺纹底面之下4mm）；攻螺纹时在底部停顿1s；循环结束后主轴停转；螺距是M16粗牙螺纹的标准螺距；攻螺纹开始时主轴定位在90°位置；攻螺纹速度是300r/min，攻右旋螺纹；回退速度是500r/min。

PP412.MPF是与PP411.MPF等效的另一个程序。此程序中的螺距2mm用尺寸直接指令。此外，此程序中攻螺纹底面位置改用第四个参数指令（PP411程序中是用第五个参数指令的）。

```
PP412.MPF
N01   G54 G17 G90            T1   D1
N02   G00        X0     Y0     Z100
N03              X40    Y30    Z60
N04   CYCLE84(15,0,5,-34,,1,5,,2,90,300,500);用尺寸指令螺距
N05   G00        X0     Y0     Z100
N06   M02
```

4.3　数控系统中用于铣螺纹的指令

4.3.1　发那科系统的螺旋插补指令

发那科系统中直接用于铣螺纹的指令有螺旋插补指令G02（顺时针）和G03（逆时针），它指令刀具螺旋移动。

配备发那科系统的数控立式铣床和立式加工中心一般都有这个功能。

在数控铣床和加工中心上，G02/G03原本是圆弧切削指令，它指令刀具在用G17或G18或G19指定的平面内沿圆弧线移动。

当G02/G03作为螺旋插补指令时，就可指令与圆弧插补轴同步移动的其他轴，并且最多可指令两个，但较常用的是指令一个其他轴，而且此轴垂直于圆弧插补平面。

常用的螺旋插补指令格式为：

```
G17   G02/G03   X__   Y__   I__   J__   Z__   F__;
G17   G02/G03   X__   Y__   R__   Z__   F__;
G18   G02/G03   X__   Z__   I__   K__   Y__   F__
G18   G02/G03   X__   Z__   R__   Y__   F__;
G19   G02/G03   Y__   Z__   J__   K__   X__   F__;
G19   G02/G03   Y__   Z__   R__   X__   F__;
```

这些程序段可以用在G90状态下，也可以用在G91状态下。

用R指定圆弧中心位置时，圆心角小于或等于180°时R为正值，大于180°时R为负值。用I、J、K指定圆弧中心位置时，I、J、K的值分别为*X*向、*Y*向、*Z*向圆弧起点坐标值减去圆弧中心点的坐标值。

一个含螺旋插补指令的程序段最多只能实现一整圈（360°）的插补运动。当用螺旋插补指令 G02/G03 做一整圈（360°）插补时，圆弧半径或圆心位置只能用 I、J、K 中的两个来指令，而不能用 R 来指定。

使用螺旋插补指令有两个注意事项：一是刀具半径补偿只对圆弧进行；二是在指令螺旋线插补的程序段中不能指令刀具偏置和刀具长度补偿。

图 4-23 所示为插补指令用于 *XY* 平面。图中的实线是刀具的移动轨迹，此轨迹起点是 *A*（*r*，0，0），终点是 *C*（0，*r*，*l*）。C′(0，*r*，0）是 *C* 点在 *XY* 平面上的投影。图示轨迹的螺旋插补程序段可用如下两个程序段之一：

G90 G17 G03　X0 Y*r*　Z*l*　I-*r*（J0）F*f*;（其中的 J0 可以指令，也可以不指令）

或

G90 G17 G03　X0　Y*r*　Z*l*　R*r*　F*f*;

螺旋插补指令 G02/G03 的进给量如图 4-24 所示。5 个方向的进给量如图 4-24a 所示。在

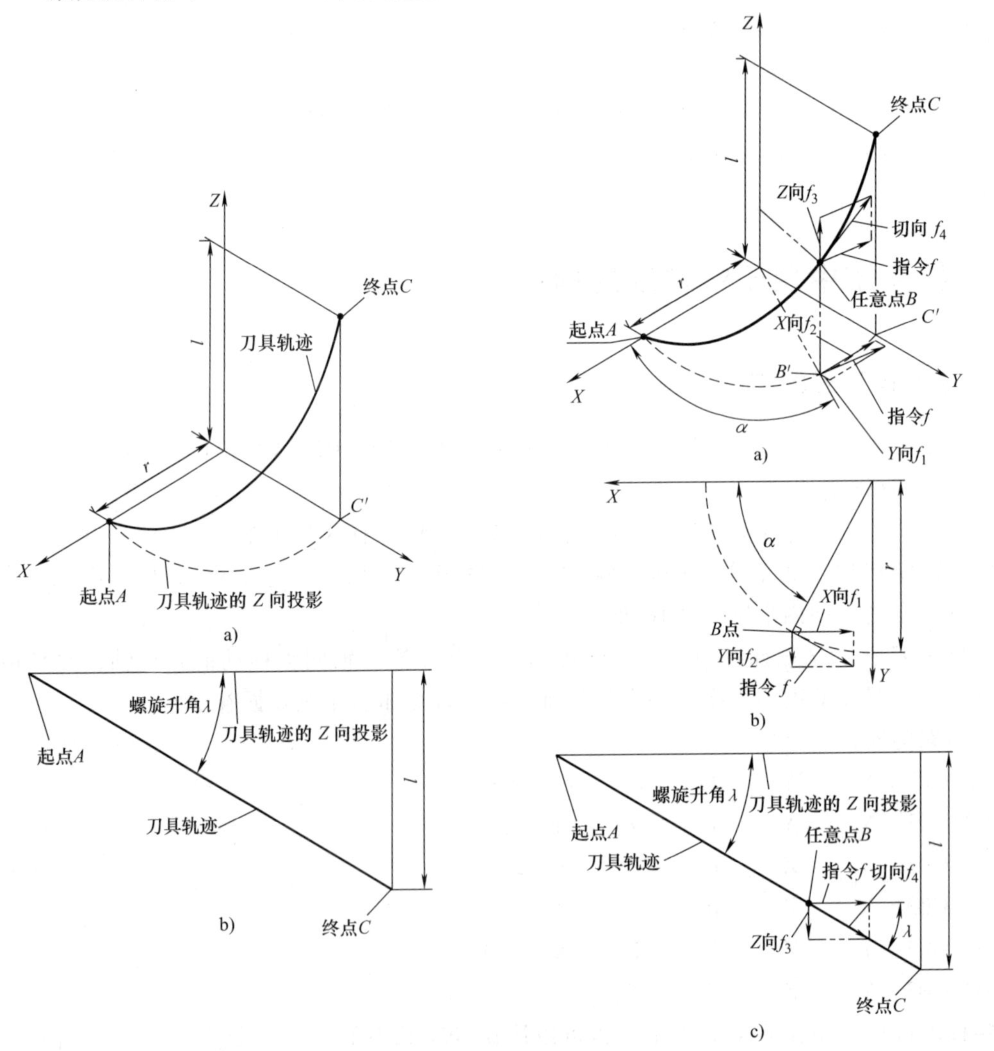

图 4-23　发那科系统螺旋插补指令用于 *XY* 平面

a）螺旋插补轨迹　b）螺旋插补轨迹展开

图 4-24　发那科系统螺旋插补指令 G02/G03 的进给量

a）5 个方向的进给量　b）*XY* 平面上 3 个方向的进给量　c）展开图上 3 个方向的进给量

通过任意一点 B 的 XY 平面内有 3 个方向的进给量，如图 4-24b 所示。G02/G03 程序段中指令的 f 值是沿圆周的切向进给量 f，沿 X 轴正、负方向和 Y 轴正、负方向的进给量 f_1 和 f_2 分别是指令值 f 的分量，f_1、f_2 的大小由 B 点的位置（α 的大小）决定。

在圆柱面展开图上也有 3 个方向的进给量，如图 4-24c 所示。这 3 个方向的进给量分别是：沿 XY 平面内（投影）圆周切线方向的 f、沿 Z 向的 f_3 和沿螺旋线空间切线方向的 f_4。这 3 个量的关系为：f 和 f_3 是 f_4 的分量，具体表示为

$$f_3/f=\tan\lambda$$

$$f/f_4=\cos\lambda$$

在一个指令中，螺旋升角 λ 是定值。式中的 f 是指令中 F 字中的值。由图 4-24c 可见，Z 向进给量 f_3 与指令 f 值的关系为

$$f_3=f\tan\lambda=\frac{f\,l}{\text{投影圆弧的展开长}}$$

Z 向进给量 f_3 也等于指令 f 值乘以导程（一圈的升程）除以投影半径 r 与圆周率的乘积，即

$$f_3=fP/(\pi r)$$

注意 5 个方向进给量中只有 f 值能在指令段中直接见到，Z 向进给量是否超过本机床的 Z 向最大进给量，要用此式做计算后才能知道。

4.3.2　西门子系统的螺旋插补指令

西门子系统的螺旋插补指令是：G02/G03　TURN。

螺旋插补由 G17、G18 或 G19 指令的平面中进行的圆周运动和垂直于该平面的直线运动组成。螺旋插补的刀具轨迹是一条螺旋线。

螺旋插补可以用于铣削螺纹或液压缸的螺旋形润滑槽。802D 系统的 G17、G18 和 G19 指令的平面中各有 5 种指令格式。其中，G17 指令的平面中的 5 种指令格式如下（第一组）：

(G17　F __)；	XY 平面
G02/G03　X __　Y __　Z __　I __　J __　TURN = __；	终点和圆心
G02/G03　CR = __　X __　Y __　Z __　TURN = __；	圆半径和终点
G02/G03　AR = __　I __　J __；	张角和圆心
G02/G03　AR = __　X __　Y __　Z __　TURN = __；	张角和终点
G02/G03　AP = __　RP __　Z __　TURN = __；	极坐标系：极点圆弧

在第一种指令格式中，X、Y 是螺旋线终点的坐标值，此坐标值在 G90 环境下是绝对值、在 G91 环境下是增量值；TURN 的值代表螺旋线中（插补）整圆的个数。当螺旋线正好是整圈（N）时，TURN 应等于（指令为）$N-1$。

这里举一个用西门子 802D 系统的螺旋插补指令铣整数圈内螺纹的例子（见图 4-25）。从下往上铣 10 圈的 M16 螺纹。走刀时多走一圈，即走 11 整圈。采用水平入刀和水平出刀方式。参考程序 PP413. MPF 如下：

PP413. MPF

```
N01  G54 G95 G40 G00 X30  Y25  Z100 S1500 M03
N02  T1  D1
N03              Z15             M08;      刀上的A点到达工件之上的C点
N04              Z-20;                     刀上的A点到达工件上的D点
N05  G41 G01 X8                  F0.05;    刀上的B点到达工件上的E点
N06  G03  Z2  I-8  TURN=10       F0.06;    刀上的B点到达工件上的F点
N07  G40 G00 X0                  M09;      刀上的A点到达工件上的G点
N08              Z100            M05;      垂直抬刀
N09  M02
```

此程序用的是螺旋插补指令。指定 *XY* 平面时可以省略 G17 指令。注意 N06 段中的 TURN 指令为 10，而不是 11。螺距 2mm 在程序中不用单独指令，系统会根据现有的指令值计算出。

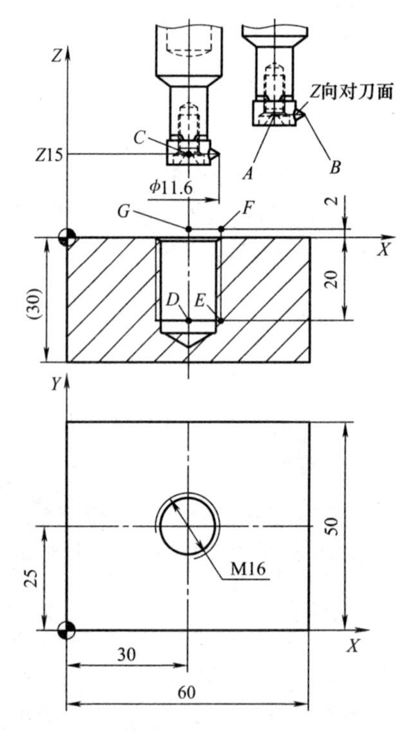

图 4-25　用西门子 802D 系统的螺旋插补指令铣整数圈内螺纹

G18 指令的平面中的第一种指令格式为：

```
(G18  F__)                                          ;XZ 平面
G02/G03  X__  Z__  Y__  I__  K__  TURN=__  ;终点和圆心
```

G19 指令的平面中的第一种指令格式为：

```
(G19  F__)                                          ;YZ 平面
G02/G03  Y__  Z__  X__  J__  K__  TURN=__  ;终点和圆心
```

图 4-26 中轨迹对应的第一组第一种格式的指令为：

G17 G02 X x_C Y y_C Z z_C Ii Jj　TURN=n;

图 4-26 中的 l 是 Δz 的绝对值，它等于 z_C 减去 z_A，α 为终点与起点间对应的小于 360°的夹角（绝对值）。i 是圆心相对于起点的 X 向增量值，j 是圆心相对于起点的 Y 向增量值。图示的 n 等于 2。

执行此程序段时，从起点 A 开始的运行顺序是：先以 O 点为圆心运行 n 个整圈到 B 点，再以相同的导程亦即相同的螺旋升角运行到终点 C。由于指令中没有直接给导程 P，所以应给出一个计算导程的公式。

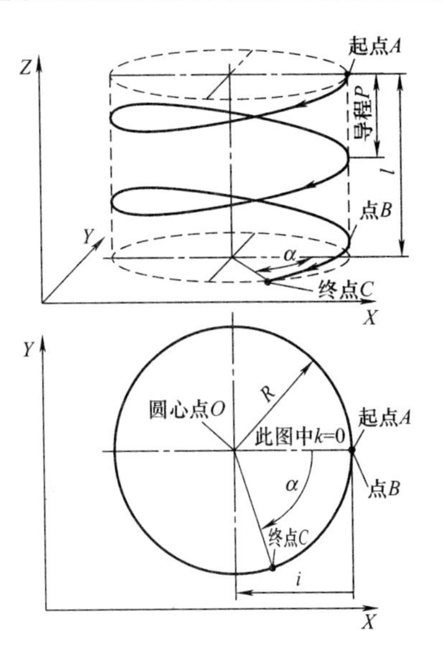

图 4-26　西门子系统螺旋插补指令在 G17 环境下的轨迹

设终点 C 相对于起点 A 的 Z 向距离为 Δz，终点 C 与起点 A 对应的小于 360°的夹角为 α（绝对值），那么导程 P 与 Δz、指令中 TURN 数 n 和 α 的关系为

$$P=|\Delta z|/(n+\alpha/360)$$

式中的 α 单位为（°）。在此图中 Δz 的绝对值用 l 表示。

图 4-27 所示为西门子系统螺旋插补指令同起点、同圆心、同导程、同整圈数条件下的 4 种 α 角。

从图 4-27 中可以看到，在“四同”的条件下，不同的 α 角对应不同的升程 Δz，或者说不同的升程 Δz 对应不同的 α 角。

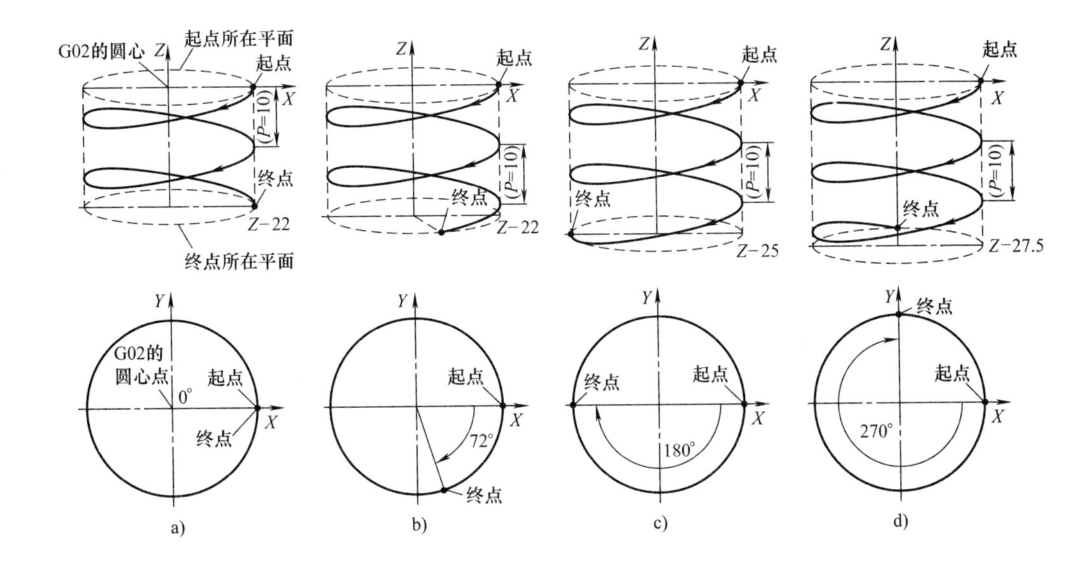

图 4-27　西门子系统螺旋插补指令同起点、同圆心、同导程、同整圈数条件下的 4 种 α 角
a）终点与起点投影夹角为 0°时铣整 2 圈　b）终点与起点投影夹角为 72°时铣 2.2 圈
c）终点与起点投影夹角为 180°时铣 2.5 圈　d）终点与起点投影夹角为 270°时铣 2.75 圈

图 4-28 所示为西门子系统螺旋插补指令同起点、同圆心、同升程（Δz）、同整圈数条件下的 4 种 α 角。

从图 4-28 中可以看到，在“四同”的条件下，不同的 α 角对应不同的导程 P，或者说不同的导程 P 对应不同的 α 角。

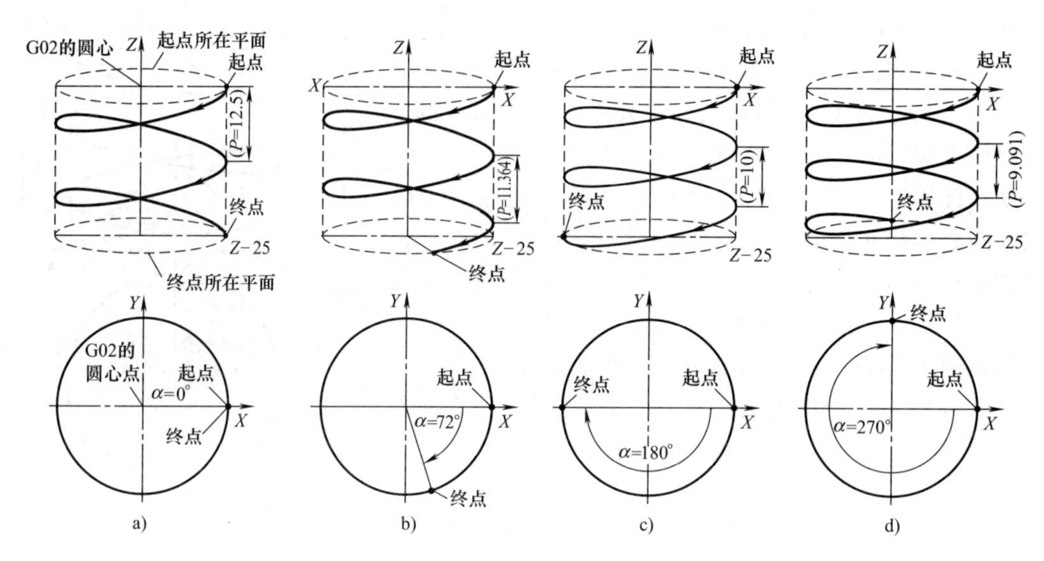

图 4-28　西门子系统螺旋插补指令同起点、同圆心、同升程、同整圈数的 4 种 α 角

a）终点与起点投影夹角为 0°时的导程值　b）终点与起点投影夹角为 72°时的导程值

c）终点与起点投影夹角为 180°时的导程值　d）终点与起点投影夹角为 270°时的导程值

4.4　铣螺纹的入刀和出刀方式

4.4.1　铣外螺纹的入刀和出刀方式

1. 入刀

铣外螺纹最常用的入刀方式是切向斜入刀，如图 4-29a 所示。入刀段是一段空间 Z 向斜线，这段斜线与 XY 平面的夹角 λ 的大小等于螺纹的螺旋升角。不管用哪种铣刀，也不管是从上向下铣还是从下向上铣，铣削时都可用这种方式入刀。

铣外螺纹的另一种入刀方式是法向入刀，如图 4-29b 所示。这种入刀方式的应用是有条件的，即用横向有一个或多个刃齿的铣刀。从上向下铣螺纹时，如果切削起点在螺纹（工件）顶面之上，那么可以用这种法向入刀。从下向上铣螺纹时，如果是通螺纹即整个外圆上都有螺纹，而且切削起点在螺纹（工件）底面之下，那么也可以用法向入刀。当然，像图 4-29b 中工件那样螺纹下端处有退刀槽的也可以用法向入刀。

2. 出刀

铣外螺纹最常用的是切向斜出刀。使用螺纹梳刀和整体硬质合金螺纹铣刀时只能用这种方式出刀。铣外螺纹的另一种出刀方式是法向出刀，它适用于使用横向有一个或多个刃齿铣刀的场合。

4.4.2　铣内螺纹的入刀方式

铣内螺纹的入刀方式主要有 3 种：90°螺旋切向入刀、180°螺旋切向入刀和径向入刀。

1. 90°螺旋切向入刀

90°螺旋切向入刀方式较为常用。它适用于各种螺纹铣刀且其刃口回转直径 d_3 小于螺纹

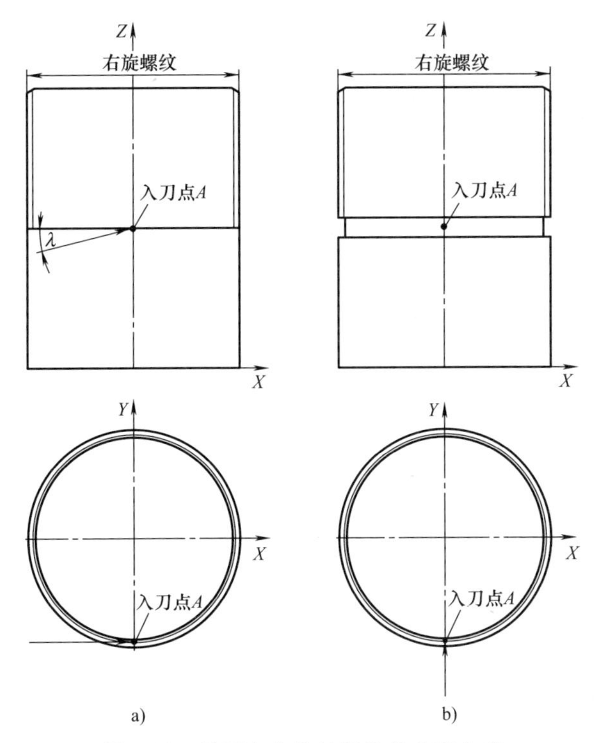

图 4-29　从下向上铣外螺纹的入刀方式

a）铣外螺纹的切向入刀（通用）　b）铣外螺纹的法向入刀（限制使用）

半小径的场合。图 4-30 所示为采用这种入刀方式从下向上铣削右旋内螺纹。其中，图 4-30b 中入刀段切削轨迹在 *XY* 平面内的投影圆弧是图上 *A*、*B*、*C* 三点决定圆弧的一半。这段圆弧实际

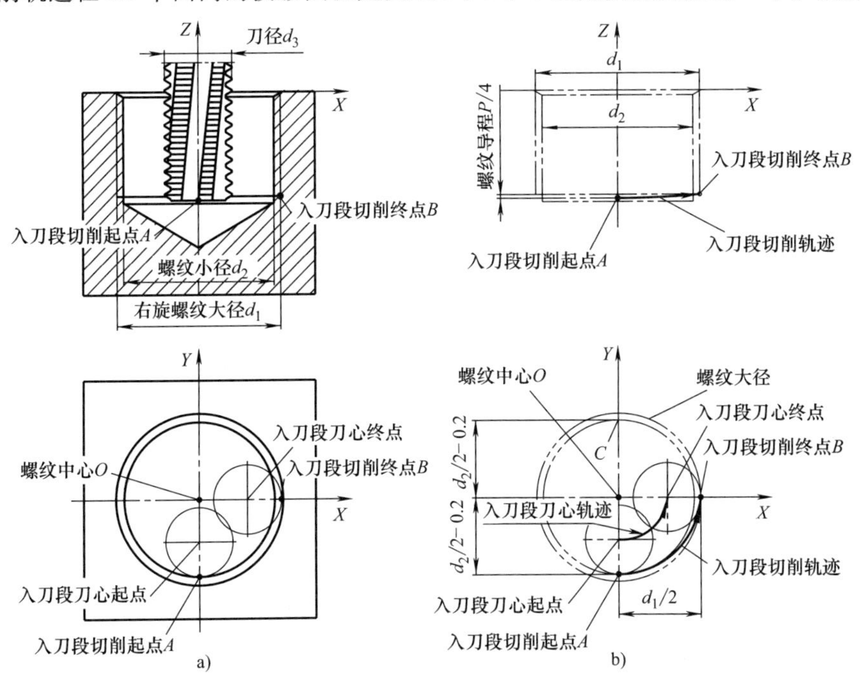

图 4-30　从下向上铣削内螺纹的 90°螺旋切向入刀方式

a）工件和铣刀视图　b）螺纹和入刀段轨迹视图

上略大于90°，其半径可以在图上测出（其值略大于螺纹小径）。这是严格的切线方向入刀。此半径也可近似地取$\frac{1}{4}$（d_1+d_2），即大致为切线方向入刀。这在实际应用中是可以的。

2. 180°螺旋切向入刀

180°螺旋切向入刀方式也较为常用。它适用于各种螺纹铣刀且其刃口回转直径d_3不小于螺纹半小径的场合。图4-31所示为采用这种入刀方式从下向上铣右旋内螺纹。其中，图4-31b中入刀段切削轨迹在XY平面内的投影圆弧正好是半圆，其直径为（d_1+d_2）/4-0.1，其圆心点在螺纹中心点之右，这两点的距离等于（d_1-d_2）/4+0.1，这是严格的切线方向入刀。

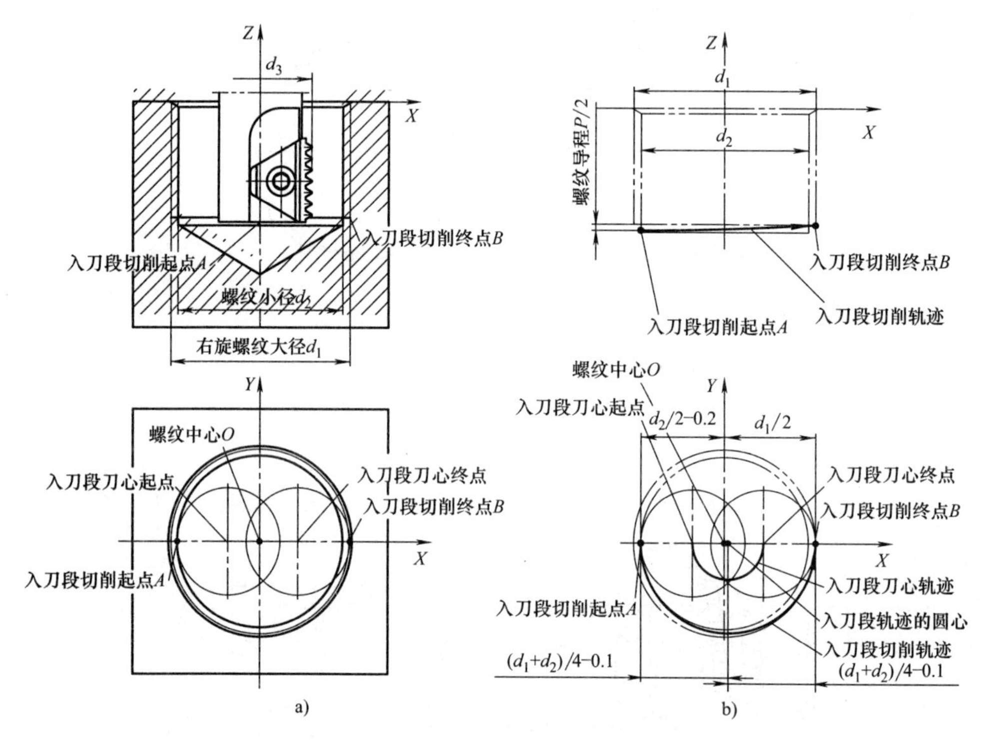

图4-31　从下向上铣内螺纹的180°螺旋切向入刀方式

a）工件和铣刀视图　b）螺纹和入刀段轨迹视图

用刃口回转直径小于螺纹半小径的铣刀铣内螺纹时也可用此方式入刀，而且用这种180°入刀比用90°入刀切削渐进更平稳。

3. 径向入刀

径向入刀方式是从螺纹中心沿半径方向入刀。此方式仅适用于只有横向刃齿的铣刀且切削起点在工件上端面之上或底面之下的场合。

铣内螺纹时入刀方式的选择至关重要。尤其是用螺纹梳刀或整体硬质合金螺纹铣刀铣内螺纹时，如果采用径向入刀方式，那么在从铣刀接触工件内面开始的很短时间内切削力会猛增。作者曾见过这样一种场景：用刃径ϕ7.5mm带内冷（却液）孔的整体硬质合金螺纹铣刀铣M12×1.5内螺纹时，开始用径向入刀，结果在入刀过程中铣刀就断了。更换铣刀，改用180°螺旋切向方式入刀后，铣削顺利进行。

4.4.3　铣内螺纹的出刀方式

铣内螺纹的出刀方式也有 3 种：90°螺旋切向出刀、180°螺旋切向出刀和径向出刀。先介绍第一种。

1. 90°螺旋切向出刀

90°螺旋切向出刀方式较为常用。它适用于各种螺纹铣刀且其刃口回转直径小于螺纹小径一半的场合。图 4-32 所示为采用这种出刀方式从上向下铣右旋内螺纹。其中，图 4-32b 中出刀段切削轨迹在 *XY* 平面内的投影圆弧是图上 *A*、*B*、*C* 决定的圆弧的一半。这段圆弧略大于 90°，其半径可以在图上测出（其值略大于螺纹小径的一半）。这是严格的切线方向出刀。此半径也可近似地取 $(d_1+d_2)/4$，即大致沿切线方向出刀。这在实际应用中是完全可以的。

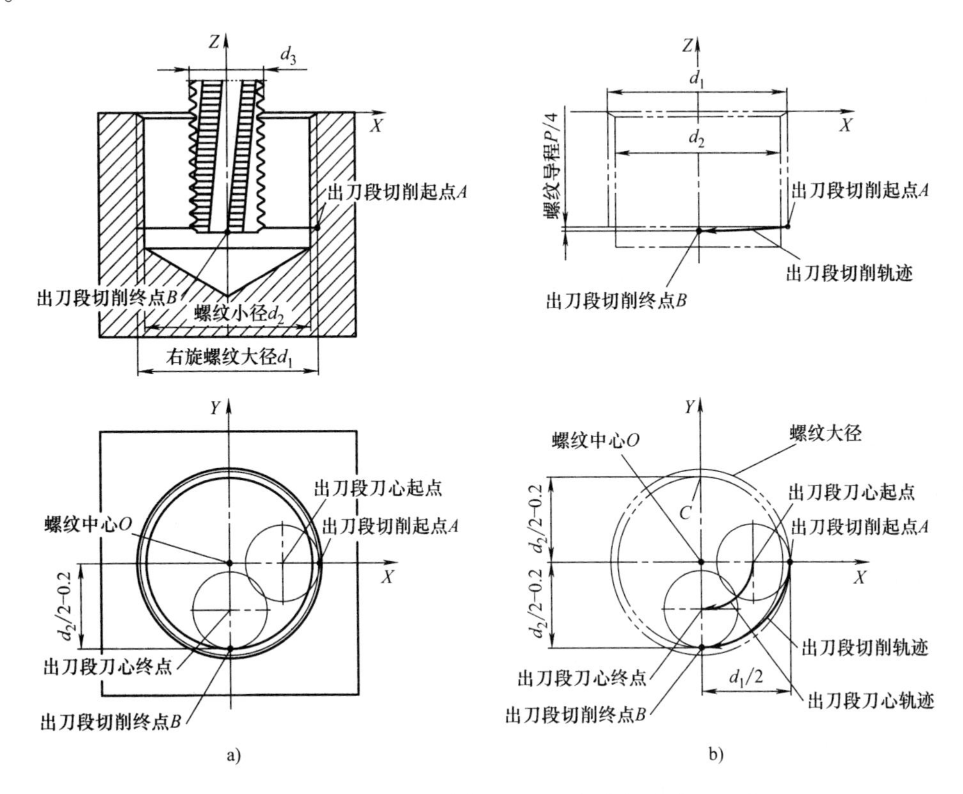

图 4-32　从上向下铣内螺纹的 90°螺旋切向出刀方式
a）工件和铣刀视图　b）螺纹和出刀段轨迹视图

在铣刀刃口回转直径小于螺纹小径一半的场合，建议采用 90°螺旋切向出刀方式，而没有必要采用 180°螺旋切向出刀方式，因为后者出刀段的路径长。

2. 180°螺旋切向出刀

180°螺旋切向出刀方式适用于各种螺纹铣刀且其刃口回转直径 d_3 不小于螺纹小径一半的场合。图 4-33 所示为采用这种出刀方式从上向下铣右旋内螺纹。其中图 4-33b 中出刀段切削轨迹在 *XY* 平面内的投影圆弧正好是半圆，其半径为 $(d_1+d_2)/4-0.1$。这是严格的切线方向出刀。

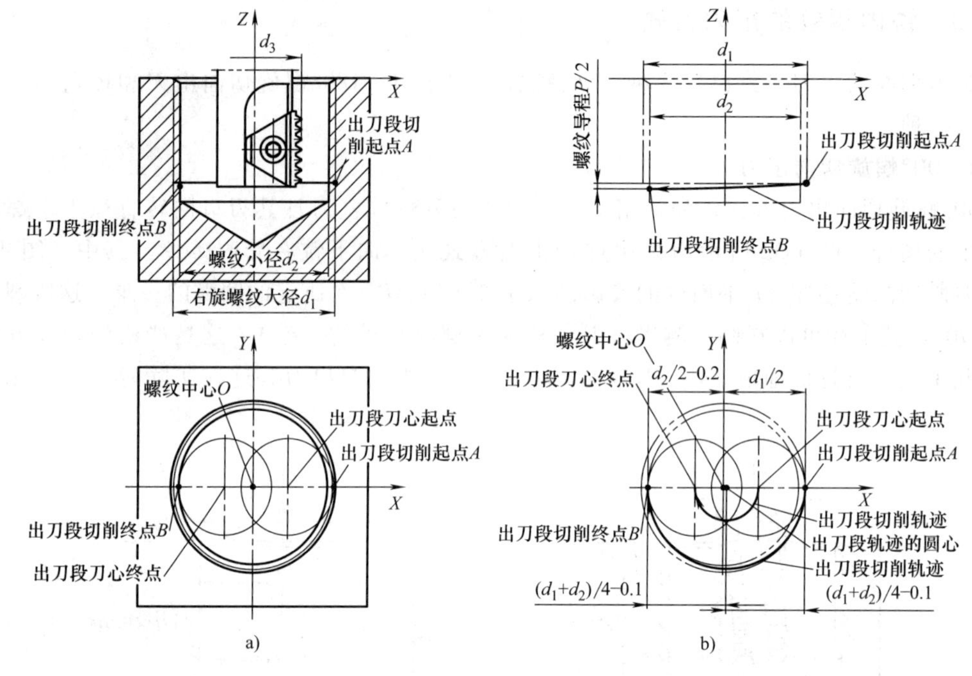

图 4-33　从上向下铣内螺纹的 180°出刀方式

a）工件和铣刀视图　b）螺纹和出刀段轨迹视图

3. 径向出刀

径向出刀方式是沿螺纹半径方向出刀到螺纹中心点。此方式适用于只有横向刃齿的铣刀且切削终点在工件上端面之上或底面之下的场合。用螺纹梳刀和整体硬质合金螺纹铣刀铣内螺纹时不要采用这种径向出刀方式。

4.5　用三种螺纹铣刀铣螺纹的比较

如前所述，螺纹铣刀有三种：横向有一个或多个刃齿的铣刀、纵向有一排或多排齿的螺纹梳刀和整体硬质合金螺纹铣刀。这三种铣刀各有优缺点。由于螺纹铣削以铣内螺纹为多，所以此处以铣内螺纹来做比较。

1. 横向有一个或多个刃齿的铣刀

用分体式单刃齿螺纹铣刀铣内螺纹的优点是同一种（螺距）刀片可铣不同直径的内螺纹；缺点是铣削效率低，主轴每转一周只有一个刃口参加一次切削。这种铣刀常用于铣螺纹小径在 $\phi10\sim\phi11.7$mm 范围内的内螺纹。这种螺纹铣刀和刀片可以借用车小螺纹用的车刀和刀片。作者曾用这种 1.5mm 螺距的车刀片和相应的刀杆来铣 M12×1.5 的内螺纹。

对螺纹小径大于 11.7mm 的内螺纹，虽然也可以用单刃齿螺纹铣刀来铣，但考虑到加工效率，应采用横截面上有 3 个刃齿的螺纹铣刀来铣。这种铣刀所铣螺纹的小径范围为 $\phi11.7\sim\phi17.7$mm。很明显，三刃齿刀片的铣削效率是单刃齿刀片的 3 倍。

还有一种横向有 3 个刃齿的整体硬质合金螺纹铣刀。这种铣刀用于铣更小直径的内螺纹。某著名品牌的这种铣刀有三种规格。一种规格是刀杆直径为 $\phi6$mm，可加工螺距范围为

0.5~1.5mm，螺纹小径不小于 ϕ5.8mm 的内螺纹。另两种规格的刀杆直径都是 8mm，可加工螺纹小径不小于 ϕ7.8mm 的内螺纹，可加工螺距范围分别为 0.5~1.5mm 和 1.0~2.0mm。假如要铣 M8 的粗牙螺纹（螺距为 1.25mm），那么第一种规格的铣刀就可以胜任。

以上说的是第一类螺纹铣刀。用这类铣刀既可以铣圆柱螺纹，也可以铣相同螺距的圆锥螺纹。这个优点是另两类铣刀不具备的。至于工件批量，这类螺纹铣刀由于铣削效率低所以较适用于小批量生产场合。

2. 螺纹梳刀

螺纹梳刀是在某纵截面内有多个刃齿的镶嵌式螺纹铣刀。这种刀的刀杆价格较高，但刀片是可更换的，所以在大批量生产场合刀具的分摊成本会比较低。这类铣刀加工效率较高，因为主轴每转一周时所有刃齿都参加一次切削。一把刀体既可用（装）不同制式、不同螺距的圆柱螺纹刀片，也可用（装）不同制式、不同螺距的圆锥螺纹刀片。由于这种刀片不方便做得太小，所以螺纹梳刀不适用于铣小直径螺纹，而是适用于铣较大直径和大直径内螺纹，尤其是在铣大直径内螺纹时应优先采用这类铣刀。作者曾用刀杆直径为 ϕ25mm、刃口回转直径为 ϕ30mm 的螺纹铣刀（见图 4-8b）来铣 1 5/8-8UN 统一英制内螺纹。

3. 整体硬质合金螺纹铣刀

在三类螺纹铣刀中，整体硬质合金螺纹铣刀用得最多，在市场上能采购到的规格、品种也最多。

整体硬质合金螺纹铣刀的第一个优点是加工效率高。这类刀的刃齿多，刃齿数等于纵向齿圈数与槽条数的乘积。主轴转一周，每个刃齿都参加一次切削。对于大多数材质，如有色金属和硬度不高于 48HRC 左右的碳钢，只用一次走刀就可完成螺纹的加工。所谓一次走刀，是指除了入刀段（不会超过半圈）和出刀段（也不会超过半圈）外，铣螺纹只要转一整圈。对于硬度高于 48HRC 左右的碳钢和不易切削的合金钢，需要用几次走刀来完成螺纹的加工，不过几次走刀也用不了多长时间。

整体硬质合金螺纹铣刀的第二个优点是铣削内螺纹的直径范围宽。山特维克公司供应的整硬螺纹铣刀最小能铣 M4×0.7 的米制内螺纹、NPT1/8 60°密封管螺纹和 1/4-20UNC 统一英制内螺纹，最大能铣 1/2-14 的 NPTF 锥管细牙内螺纹和 3/4-16UNF 统一英制细牙内螺纹。对于米制内螺纹，该公司最大规格的整硬螺纹铣刀标注用于铣 M24×3.0 内螺纹，并且只要螺距是 3mm，用这把刀还可铣更大直径的内螺纹。肯纳公司供应的整硬螺纹铣刀最小可铣 M3×0.5 的米制内螺纹。该公司最大规格的整硬螺纹铣刀标注用于铣 M20×2.5 内螺纹，并且只要螺距是 2.5mm，用这把刀还可铣更大直径的内螺纹。

对于大径小于 8mm 的内螺纹，如果采用铣削加工，那么就只能用整硬螺纹铣刀。例如铣 M4、M5 或 M6 的整硬螺纹铣刀，在市场上较容易采购到。

整硬螺纹铣刀的价格较高，一般在中、大批量生产中才采用。

4.6 铣螺纹用 G02/G03 指令与顺铣/逆铣等的关系

铣螺纹时，主轴（刀具）有正转（M03）和反转（M04）之分，螺纹有右旋和左旋之分，走刀方向有从上向下和从下向上之分。此外，还有螺旋插补指令用 G02 还是 G03，以及什么情况下是顺铣、什么情况下是逆铣。

这里还是以铣内螺纹为例来说明。从图 4-34 可以清楚地看到主轴正转时如下 4 个因素之间的关系：螺纹的左/右旋；走刀的从上向下/从下向上；螺旋插补指令的 G02/G03；顺铣/逆铣。

顺铣和逆铣各有优缺点，要根据具体的切削条件来选择。一般来说，顺铣对刀具磨损有利，常用于背吃刀量较大的粗铣；而逆铣铣出工件的表面质量较好，所以常用于精铣。具体到铣螺纹，有时候在选择采用顺铣还是逆铣时会受到一定限制。

先举不受限制的例子，以主轴（刀具）正转为前提。如果在通孔中铣右旋内螺纹，而且根据切削条件想采用逆铣，那么从上向下走刀就可以达到目的（见图4-34a）。如果在另一个通孔中铣右旋内螺纹，而且根据切削条件想采用顺铣，那么从下向上走刀就可以达到目的（见图 4-34b）。

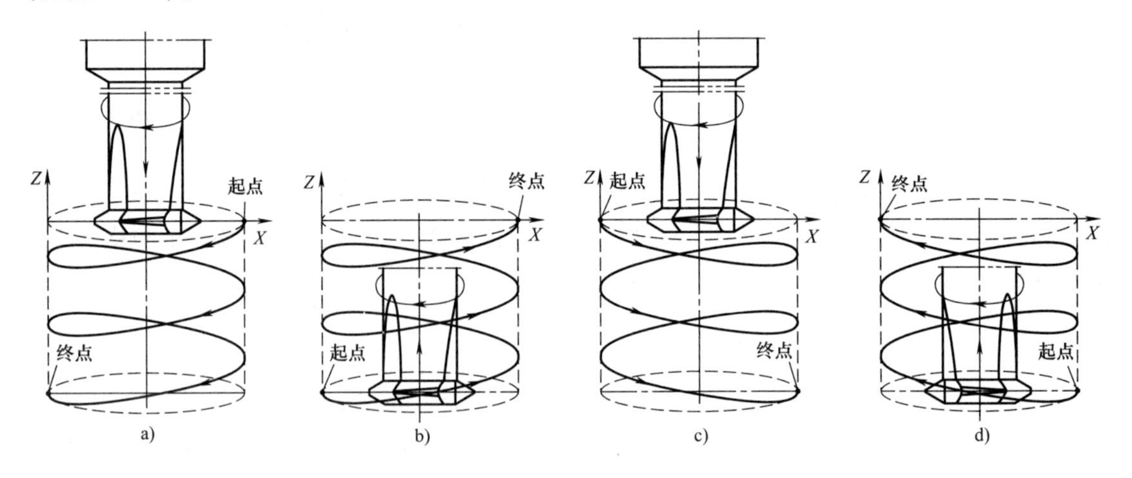

图 4-34　主轴正转时向上/向下走刀、G02/G03 和顺铣/逆铣关系

a）右旋螺纹从上向下铣：G02，逆铣　b）右旋螺纹从下向上铣：G03，顺铣

c）左旋螺纹从上向下铣：G03，顺铣　d）左旋螺纹从下向上铣：G02，逆铣

再举受限制的例子，还是以主轴正转为前提。如果在不通孔中铣右旋螺纹，而且根据切削条件想采用逆铣，那么要从上向下走刀，而铣不通螺纹孔一般采用从下向上走刀，所以存在矛盾。这种情况有两种解决办法。一种是改用顺铣，还是从下向上走刀，可用减小进给速度的方法来保牙型表面质量。另一种是仍用逆铣，改用从上向下走刀。用此方法的前提是确认铣刀到达螺纹底部时不会被堆积在不通孔内的切屑顶住。在条件许可的情况下，可用适当增加不通孔的深度来避免这种情况的发生。

如果不通孔限于具体条件不允许加深，即还须从下向上走刀，而且还希望用逆铣，怎么办？可以使主轴反转（M04）。图 4-35 所示为主轴反转时 4 个因素之间的关系。

需要注意的是，很难采购到用于主轴反转时的左手螺纹铣刀（包括整体硬质合金螺纹铣刀），一般需要定制。在上述主轴正转时受限制的例子中，如果加工批量很大，可以定制左手整体硬质合金螺纹铣刀，这样就可解决问题（见图 4-35b）。

图 4-34 和图 4-35 中显示的刀具都是第一类螺纹铣刀，目的是看起来比较清晰。事实上，图 4-34 和图 4-35 所示加工对三类螺纹铣刀都适用。只是在用第三类即整体硬质合金螺纹铣刀时，螺旋线只有一圈。

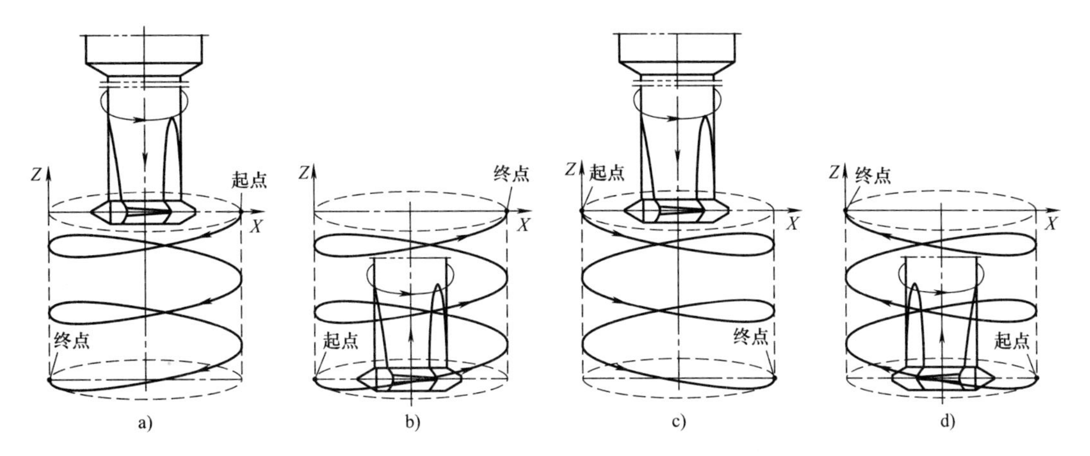

图 4-35　主轴反转时的向上/向下走刀、G02/G03 和顺铣/逆铣关系

a）右旋螺纹从上向下铣：G02，顺铣　b）右旋螺纹从下向上铣：G03，逆铣

c）左旋螺纹从上向下铣：G03，逆铣　d）左旋螺纹从下向上铣：G02，顺铣

4.7　铣螺纹的牙型精度

先对车、铣内螺纹进行比较。用两侧刃夹角为 60°的车刀（片）车出的内螺纹的牙型角是 60°，牙的厚度在理论上也正确，但铣出的螺纹就不一样了。如图 4-36 所示，在精铣内螺纹的某瞬间位置，不管是从上往下铣还是从下往上铣，铣 *A* 面和 *B* 面在 *C*、*D* 点之间的部分的同时会把 *A* 面上的 *E* 区域和 *B* 面上的 *F* 区域中不希望去掉的实体铣去少许。在用整硬螺纹铣刀铣时，在 360°范围内都有这种情况。在用图 4-36a 所示铣刀铣时，在各圈所有位置（瞬间）都有这种情况。其结果是螺纹的（轴向）牙型角度减小，牙厚比预期变窄。

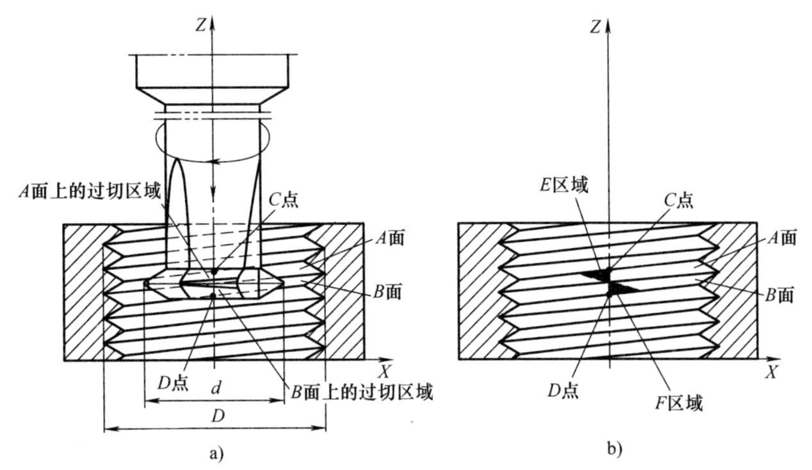

图 4-36　铣内螺纹时会把牙厚铣薄的示意

a）精铣内螺纹的某瞬时位置　b）精铣内螺纹此瞬时位置过切区域

铣螺纹时牙型角变小、牙厚变窄的程度主要与两个因素有关。一个因素是螺纹的螺旋升角 λ 的大小。从图 4-36 上可以看到，λ 值越大，这种情况就越严重。另一个因素是铣刀刃

回转直径 d 与螺纹大径 D 的比值。d 与 D 的比值越大，这种情况就越严重。当此值接近 1 时，牙型角变小、牙厚变窄会比较严重；当螺旋升角较小、d 与 D 的比值也较小（例如小于 0.5）时，牙型角变小、牙厚变窄就会很轻微。

以上讨论是铣刀两齿刃夹角与所铣螺纹的牙型角相同时的情况，如借用螺纹车刀来铣螺纹时就是这样的。

可以用修正铣刀上的齿刃夹角和刃齿厚来解决上述问题。事实上，对整硬螺纹铣刀在制造时就已经做了修正。每把整硬螺纹铣刀的型号内都包含如下 3 项信息：螺纹制式；螺距和（加工）螺纹大径。即整硬螺纹铣刀是定螺距、定（螺纹）大径的螺纹铣刀。山特维克公司的用来铣 M16×2.0 内螺纹的整硬螺纹铣刀的刃口回转直径 d_3 是 12mm。用此刀铣 M16×2.0 内螺纹时，d 与 D 的比值是 0.75。此内螺纹的螺旋升角 λ 是一个定值（约 2.6°）。对铣刀上的刃齿夹角和刃齿厚在设计时就可以此固定条件进行严格修正，修正到铣出来螺纹的牙型角理论上正好 60°，齿厚也正确。

从理论上说，如果用这把铣刀铣 M24×2.0 的内螺纹，铣出螺纹的牙型角和齿厚会有少许偏差（牙型角往大齿厚也往大方向偏）。这点偏差在普通级螺纹的加工中是可以被接受的。

第一、二类螺纹铣刀是定螺距、泛（加工螺纹的）直径铣刀。制造这两类铣刀时无法对刃齿夹角和刃齿厚按固定的条件来修正。不过用这两类铣刀来铣普通级精度的内螺纹还是可以的。

在铣精密内螺纹和重要用途内螺纹时，应严格采用定制式、定螺距和定（螺纹）大径的整硬螺纹铣刀。

大导程螺纹尤其是大导程内螺纹是不适宜用螺纹铣刀进行铣加工的。

4.8 分刀铣螺纹时切削深度的分配

在螺纹分 N 刀（$N>1$）铣成的场合，分配切削深度的原则是每刀切出的切屑等重，也就是每刀在通过螺纹中心线的截面内切去的面积相同。图 4-37 所示为分 N 刀铣内螺纹。其中，图 4-37c 所示为各刀在通过螺纹中心线截面内的位置放大。某一刀与其前一刀位置之间的区域就是这一刀切去的面积。使每刀切去的面积相等是铣所有制式、所有直径螺纹的原则。

对于普通螺纹，按此原则可以计算出各刀的切削深度。

图 4-37 中 d_1 是螺纹的公称大径，d_2 等于螺纹大径减去 2 倍牙高。令牙高为 h，分刀次数为 N，第 n 刀的累计切削深度为 L_n，那么等截面积铣削有如下关系：

$L_1=h/\sqrt{N}$（第 1 刀切削深度等于牙高除以分刀数的平方根）

$L_n=\sqrt{n}L_1$（第 n 刀的累计切削深度等于第 1 刀切削深度乘以 n 的平方根）

对于铣削，要求知道的是多刀（位置）刀尖点到螺纹大径间的距离。设 1，2，3，…，n，…，N 刀尖点到螺纹大径间的距离分别为 h_1，h_2，h_3，…，h_n，…，h_N，那么

$$h_n=h-L_n=h-\sqrt{n}L_1=h-\sqrt{n}h/\sqrt{N}$$

即 $h_n=(1-\sqrt{n/N})h$

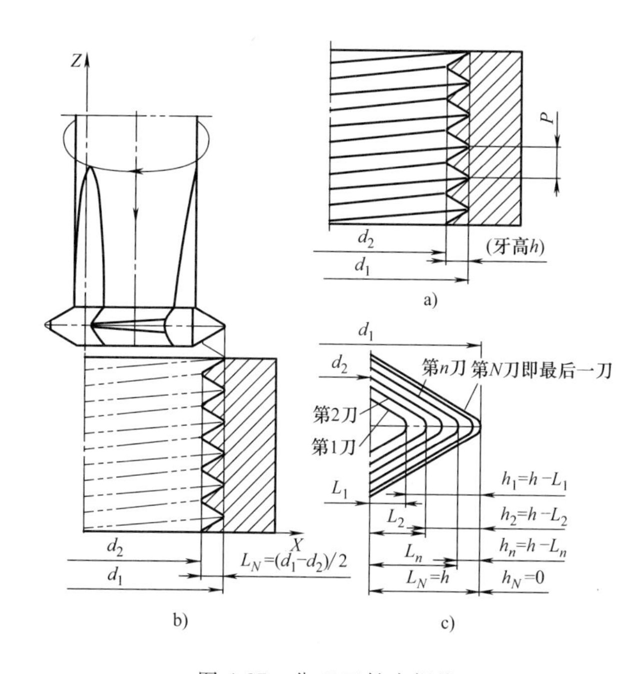

图 4-37　分 N 刀铣内螺纹

a）成品简图　b）最后一刀径向刀位置　c）各刀径向位置重叠放大

这是各刀切削深度分配后可直接供加工中使用的数值的计算公式。
式中，h 为牙高；N 为总刀数；n 为（分）刀序号；h_n 为第 n 刀刀尖点与螺纹大径间的距离。

图 4-38 所示为分 3 刀铣普通内螺纹时切削深度的分配。条件是使图 4-38 中所示的 3 刀切除面积相等。牙高是螺距乘以一个系数。对于普通内螺纹，作者认为该系数取 0.6 最符合实际，所以该普通内螺纹的牙高 h 等于 0.6P。

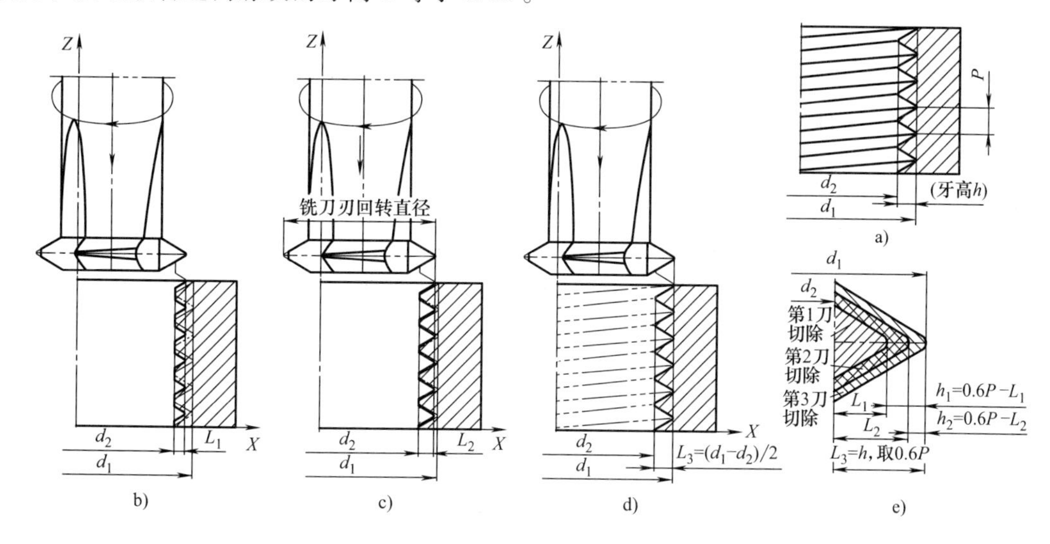

图 4-38　分 3 刀铣普通内螺纹时切削深度的分配

a）成品简图　b）第 1 刀径向刀位置　c）第 2 刀径向刀位置　d）第 3 刀径向刀位置　e）3 刀径向位置重叠放大

此例中 $N=3$，所以前两刀刀尖点到螺纹大径间的距离 h_1、h_2 分别为

$$h_1=(1-1/\sqrt{3})h=0.6\times(1-1/\sqrt{3})P$$

$$h_2=(1-\sqrt{2}/\sqrt{3})h=0.6\times(1-\sqrt{2}/\sqrt{3})P$$

第 3 刀即最后一刀的这个距离必定为零。

如果内螺纹为 M16×2.0，那么可算得 $h_1=0.507\text{mm}$，$h_2=0.220\text{mm}$。

数控铣螺纹编程时一般都用 G41/G42 指令。铣出螺纹中径的大小是通过调节数控系统操作屏幕中刀具偏置页面内的磨损（D）值来实现的。铣最后一刀时此理论值为零。如果试切后测得螺纹中径偏小，可以通过调小磨损（D）值后再试；如果第一次试切后测得螺纹中径偏大，可以调大此值换新毛坯后再试。

在程序不变的条件下，还可以通过改变此（设定）值的方法来进行分刀铣削。以发那科数铣系统的操作为例，图 4-39 所示为第 1 刀的刀具偏置页面。

用切削刃回转直径为 ϕ12mm 的刀分 3 刀铣 M16 内螺纹，且用 1 号偏置，那么操作顺序如下：

第一步：加工前的试切。将 001 号外形（D）置为 6.05（略大于切削刃回转半径），相应磨损（D）置为 0.507，试切第 1 刀；把磨损（D）改置成 0.220，试切第 2 刀；把磨损（D）置为 0，试切第 3 刀。用螺纹塞规检查螺纹中径（在正常情况下此时中径偏小）；分步调小“外形（D）”格内的值后试切。如果此值调到 5.98 后铣出的螺纹中径合适，那么把此值固定。

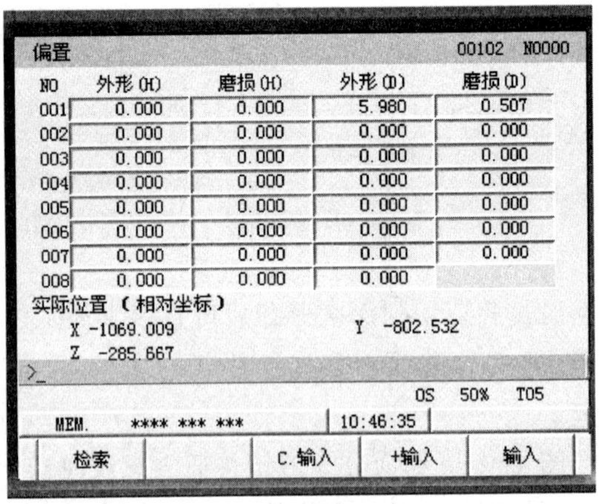

偏置　　　　00102　N0000

NO	外形(H)	磨损(H)	外形(D)	磨损(D)
001	0.000	0.000	5.980	0.507
002	0.000	0.000	0.000	0.000
003	0.000	0.000	0.000	0.000
004	0.000	0.000	0.000	0.000
005	0.000	0.000	0.000	0.000
006	0.000	0.000	0.000	0.000
007	0.000	0.000	0.000	0.000
008	0.000	0.000	0.000	

实际位置（相对坐标）
X -1069.009　　Y -802.532
Z -285.667
>_
OS 50% T05
MEM. **** *** ***　10:46:35
检索 | C.输入 | +输入 | 输入

图 4-39　用 ϕ12mm 刀铣 M16×2 螺纹第 1 刀的刀具偏置页面

第二步：加工工件第 1 刀。装夹工件并加工好底孔后，把磨损（D）置为 0.507，铣第 1 刀。图 4-39 中是铣这一刀时的数据。

第三步：加工工件第 2 刀。把磨损（D）改置成 0.22 后铣第 2 刀。

第四步：加工工件第 3 刀，也是最后一刀。把磨损（D）置 0 后铣第 3 刀。在正常情况下，此时的螺纹中径应该合适。

分刀数超过 3 刀也是用这种操作方法。

在批量生产场合，可以用系统变量或 G10 来重置（改变）磨损（D）的值，以达到多刀不间断加工的目的。

第5章　刚性攻螺纹和用镶嵌式螺纹铣刀铣螺纹

在数控铣床上加工螺纹有攻螺纹、铣削和挤压3种方法。由于挤压不属于切削的范畴，所以本书只讨论攻螺纹和铣螺纹。攻螺纹又分柔性攻螺纹和刚性攻螺纹。由于现在的数控铣床都支持刚性攻螺纹加工，所以在攻螺纹加工中只讨论刚性攻螺纹。

5.1　刚性攻螺纹与铣螺纹的比较

刚性攻螺纹与铣螺纹各有特点。

（1）加工出螺纹的表面质量　用刚性攻螺纹法加工出的螺纹表面在丝锥换向处有停止线，而铣削加工出的螺纹表面是连续的。对于高压密封螺纹，其表面是不允许有停止线的。

（2）加工出螺纹的尺寸精度　用铣螺纹法加工时可以通过修改程序数据或修改刀补值来调节螺纹的径向尺寸，而刚性攻螺纹加工时无法调节螺纹的径向尺寸。

（3）不通螺纹孔完整螺纹部分的深度　由于以下两个原因，对于同样深度的不通（底）孔，用铣削方法可以比用刚性攻螺纹法加工出较深的完整螺纹部分：一是丝锥头部呈锥形，用这部分切削刃攻出的牙的高度是不完整的；二是攻螺纹时切屑堆积在孔底，致使丝锥攻不到底。铣削时可以采用从下往上铣来避免这个问题。

（4）外螺纹加工和大直径内螺纹加工　因为没有直径很大的丝锥，所以无法用刚性攻螺纹法加工大直径螺纹，而用螺纹铣刀可以铣大直径内螺纹。对于无法车削的外螺纹，无法用丝锥加工，只能用螺纹铣刀加工。

（5）加工效率　一般来说，刚性攻螺纹的效率要比铣螺纹的效率高，尤其是在有色金属和易加工材料上加工螺纹时更是如此。在铣螺纹方法中，用螺纹梳刀（包括镶嵌式螺纹梳刀和整硬螺纹铣刀）比用横向刃齿铣刀加工效率高。在用横向刃齿螺纹铣刀加工时，用横向多刃齿铣刀比横向单刃齿铣刀（有点像螺纹车刀）的加工效率高。

（6）刀、刃具的适用范围　用同一把横向单刃齿和多刃齿铣刀可以加工若干种螺距（用泛螺纹刀片）、不同直径、不同旋向的圆柱螺纹或圆锥螺纹。用同一把螺纹梳刀和整硬螺纹铣刀能铣（与铣刀）同螺距、不同直径、不同旋向的螺纹。

（7）刀、刃具的整体与分体　铣底径小于ϕ10mm的内螺纹用的横向单、多刃齿铣刀一般是整体结构，铣底径大于ϕ10mm用的这类螺纹铣刀一般是分体结构。螺纹梳刀用于铣外螺纹和底径大于ϕ25mm左右的内螺纹，其结构一般为分体镶嵌式。整硬螺纹铣刀当然是整体结构。

（8）切削参数可变项数　用丝锥攻螺纹时只能改变主轴转速这一项，无法改变径向切削深度等其他项。用螺纹铣刀铣内、外螺纹时，可分层铣削。这对加工大齿螺纹和在难加工材料上加工螺纹尤为重要。

（9）刀、刃具寿命　比较而言，丝锥的寿命较低，螺纹铣刀的寿命较高。

（10）对机床输出扭矩的要求　攻螺纹要求机床有较大的输出扭矩。小扭矩机床不能用于攻大直径圆柱螺纹。攻圆锥螺纹对机床的输出扭矩要求更高，用中等输出扭矩的机床来攻中等直径的锥螺纹也可能攻一段后攻不下去。而无论用哪一种铣刀铣螺纹，对机床的输出扭矩要求都不高。

生产中，应根据工件的材质、螺纹的精度要求、批量、生产节拍和机床等具体条件和要求，参考上述两种加工方法的特点，选择是用攻螺纹还是用铣削的方法来加工。

5.2 刚性攻螺纹的条件和编程

5.2.1 刚性攻螺纹的条件

对于机床，可做刚性攻螺纹的基本条件是配备伺服主轴和数控系统有刚性攻螺纹攻能，现在的绝大部分数控铣床和加工中心都具备这两个硬性条件或者前提条件。

但是，机床要能顺利地刚性攻螺纹，仅有这两个条件还不够，还要对参数做一系列调整。例如，对于发那科 0i-C 和 0i-D 系统，要调整串行接口主轴 αi 系列参数表中的若干参数（#4000～#4999，不连续）和有关刚性攻螺纹的参数（#5200～#5399，不连续）。其中，前部分参数用来设定主轴先行前馈系数、主轴速度环前馈系数、刚性攻螺纹时的速度回路比例增益、速度回路积分增益和刚性攻螺纹时原点复归位置的增益变更比例等。这部分参数一般在机床出厂前已由电气工程师调好。后部参数用来设定的内容较广泛，包括位置偏差、回路增益和指令方法等。这部分参数一般也在机床出厂前已设置好，不过用户使用时可根据需要对某个或某些参数进行重新设定。如果出现回退时把丝扣拉坏（精度）的情况，最好请专业人员来做必要的调整。

5.2.2 刚性攻圆柱螺纹编程

刚性攻圆柱螺纹前首先要正确选择丝锥（当然是机用丝锥）。丝锥一般是整体硬质合金加表面涂层，它有如下要素：米制/英制；粗齿/密齿；加工材质；加工通孔/不通孔；直槽或左旋/右旋槽；有/无内冷（孔）；螺纹公称直径；螺距；螺纹的左/右旋向；公差等级；丝锥长度。这些要素都反映在丝锥牌号内的英字母及数字中。各制造商的牌号表示方法不同，采购和使用时要查询具体制造商的产品样本。

丝锥上槽的旋向选用原则为：对于铸铁材质的工件，攻通孔螺纹和攻不通螺纹孔都采用直槽丝锥；对于钢质工件，攻通孔螺纹应选用左旋槽丝锥，而攻不通螺纹孔应选用右旋槽丝锥，因为用左旋槽丝锥攻螺纹时切屑往下排，而用右旋槽丝锥攻螺纹时切屑往上排。

表面有涂层的丝锥可用较高的切削速度。对高速钢丝锥表面做离子注入后可提高其攻螺纹性能。

下面用两个例图来介绍刚性攻螺纹的加工程序。图 5-1 中有 4 个 M16 通孔螺纹，图 5-2 中有 6 个沿圆周均布的 M16 不通螺纹孔。Z 向原点都取在工件顶面上（一般是这样），都只攻一次（一般是这样），攻螺纹时主轴转速都取 150r/min，在底部停留时间都取 0.5s，回退速度选择与攻螺纹速度相同。由于图 5-1 中是通孔螺纹，所以选用左旋槽丝锥，而图 5-2 中是不通螺纹孔，所以选用右旋槽丝锥。两个工件材料都是钢质。

先介绍用发那科 0i-MA 系统机床只攻例图一上 D 孔的程序 O501。

```
O501;
N01 G54 G95 G98 G00 X0 Y0 Z100;          (每转进给，初始点复归)
N02 G43 H1             Z40;              (建立刀具长度补偿，垂直下降)
N03                       M29 S150;      (刚性攻螺纹并指定主轴转速)
N04 G84 X25 Y25 Z-26 R5 P500 F2;         (攻螺纹，攻完后回到B点所在的初始平面)
N05 G80;                                 (刚性攻螺纹注销)
N06 G49 G00     Z100;                    (注销刀具长度补偿，垂直上升)
N07     X0  Y0      M05;                 (平移到工件坐标原点)
N08 M30;
```

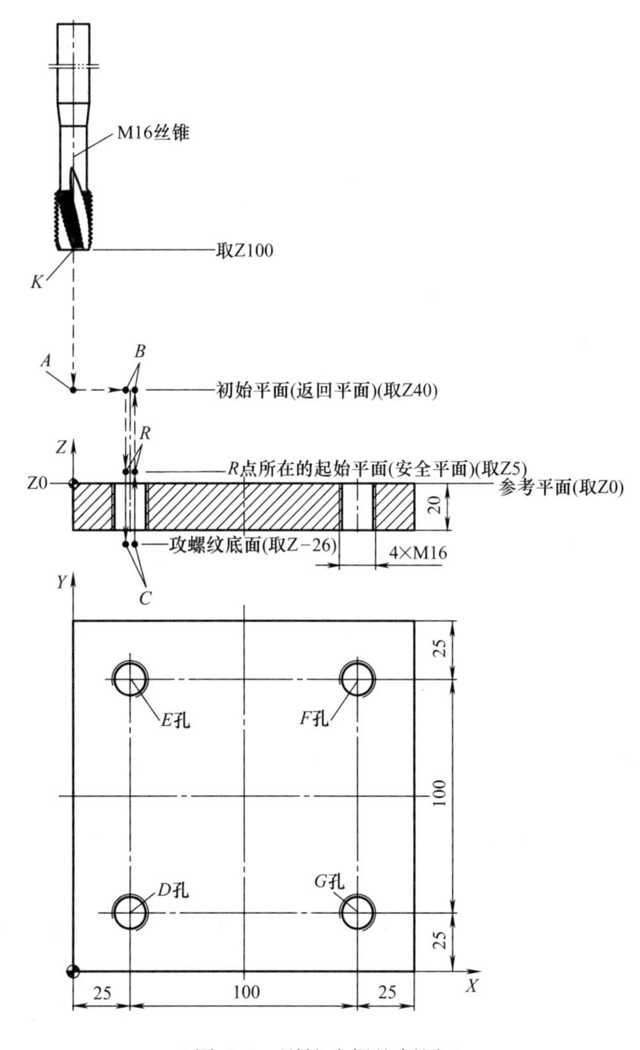

图 5-1　刚性攻螺纹例图 1

其中，N01 段中用 G98 指令 R 点复归，即攻螺纹循环结束时回到 R 点所在的平面。攻单孔螺纹一般用 G98，也可以用 G99。N01 段中用 G95 指令每转进给，也可用 G94 指令每分钟进给。由于在本程序中指令为每转进给，所以 N04 段中用 F2。由于只攻一次，所以 G84

段中可省略 K 指令。如果改用每分钟进给（即将 N01 段中的 G95 改为 G94），那么 G84 段中的 F 指令值应等于主轴转速与螺距的乘积（即 150×2），故此处应指令 F300。

下面介绍连续攻例图一中的 *D*、*E*、*F*、*G* 4 个螺纹孔的适用于 0*i*-MA 系统的程序 O502。此程序中主轴用每分钟进给。

```
O502;
N01 G54 G94 G99 G00 X0 Y0 Z100;        (每分钟进给,R点复归)
N02 G43 H1          Z40;               (建立刀具长度补偿,垂直下降)
N03                      M29 S150;     (刚性攻螺纹并指定主轴转速)
N04 G84 X25 Y25 Z-26 R5 P500 F300;     (攻D孔,回到R点所在平面)
N05          Y125;                     (攻E孔,回到R点所在平面)
N06      X125;                         (攻F孔,回到R点所在平面)
N07 G98      Y25;                      (攻G孔,回到B点所在的初始平面)
N08 G80;                               (刚性攻螺纹注销)
N09 G49 G00      Z100;                 (注销刀具长度补偿,垂直上升)
N10     X0  Y0            M05;         (平移到工件坐标原点)
N11 M30;
```

为了安全起见，攻最后一个孔后使丝锥抬到初始平面。注意上述两个程序中刚性攻螺纹是用 G84 指令，而且必须在其紧前加一段“M29 S __;”。

如果用发那科 0*i*-MD 系统，那么只攻例图一中 *D* 孔的程序应为 O503。

```
O503;
N01 G54 G95 G98 G00 X0 Y0 Z100;              (每转进给,初始点复归)
N02 G43 H1          Z40;                     (建立刀具长度补偿,垂直下降)
N04 G84.2  X25 Y25 Z-26 R5 P500  F2  S150;   (刚性攻螺纹,攻完后回到B点所在的初始平面)
N05 G80;                                     (刚性攻螺纹注销)
N06 G49 G00         Z100;                    (注销刀具长度补偿,垂直上升)
N07       X0  Y0          M05;               (平移到工件坐标原点)
N08 M30;
```

适用于发那科 0*i*-MD 系统、连续攻例图一中 *D*、*E*、*F*、*G* 4 个螺纹孔的程序为 O504。

```
O504;
N01 G54 G95 G99 G00 X0 Y0 Z100;              (每转进给，R点复归)
N02 G43 H1              Z40;                 (建立刀具长度补偿，垂直下降)
N04 G84.2 X25 Y25  Z-26 R5 P500 F2 S150;     (刚性孔螺纹，攻完D孔后回到R点所在平面)
N05           Y125;                          (攻E孔，回到R点所在平面)
N06       X125;                              (攻F孔，回到R点所在平面)
N07 G98       Y25;                           (攻G孔，回到B点所在的初始平面)
N08 G80;                                     (刚性攻螺纹注销)
N09 G49 G00         Z100;                    (注销刀具长度补偿，垂直上升)
N10       X0  Y0          M05;               (平移到工件坐标原点)
N11 M30;
```

注意 O503 和 O504 两个程序中刚性攻螺纹用的是 G84.2 指令，攻螺纹时的主轴转速 S 指令字也在这个程序段中。

用西门子 802D 系统的单动指令编写只攻例图一上 *D* 孔的 PP501. MPF 程序。

```
PP501. MPF
N01 G54 G90 G00 X0 Y0 Z100;            设定工件坐标系
N02      T1   D1;                      指令刀具半径补偿和长度补偿号
N03 G17   X25   Y25   Z40   M08;       到达 XY 平面中的 B 点
N04                   Z5;              铣刀下降到 R 点
N05 SPOS=0;                            主轴处于位置控制状态
N06 G331              Z-26 K2 S150;    攻螺纹
N07 G332              Z5   K2;         回退
N08 G00               Z100       M09;  垂直抬刀
N09        X0   Y0               M05;  水平移到 XY 平面中的原点
N10 M02
```

在 N06 和 N07 程序段中的 K 指令为正值，攻螺纹时主轴正转，回退时主轴反转，所以这是攻右旋螺纹（当然是用攻右旋螺纹的丝锥）。

用西门子 802D 系统循环指令编写只攻例图一上 *D* 孔的 PP502. MPF 程序。

```
PP502. MPF
N01 G54 G90 G00 X0 Y0 Z100;            设定工件坐标系
N02 T1   D1;                           指令刀具半径补偿和长度补偿号
N03 G17   X25   Y25   Z40        M08;  到达 XY 平面中的 B 点
N04 CYCLE84 (40, 0, 5,, 26, 0.5, 3, 16,, 0, 150, 150); 刚性攻螺纹循环
N05 G00               Z100;      M09;垂直抬刀
N06        X0    Y0              M05;水平移到 XY 平面中的原点
N07 M02
```

其中，N04 段是刚性攻螺纹循环指令。小括号内共有 12 个参数，参数之间用 11 个逗号隔开。这里第七个参数指令为 3，表示循环结束时执行 M03，即使主轴正转。这里的螺距用螺纹大径值间接指令，第八个参数指令为 16，表示螺纹大径是 16mm，相应的米制粗牙螺纹的螺距是 2mm，所以第九个参数可空位。

如果螺距用数据直接指定，那么 N04 段中括号内的第八个参数位空着，第九个参数指令为 2。

下面介绍沿圆周均布孔攻螺纹的方法（见图 5-2）。由于这种加工经常遇到，所以作者编制了通用宏程序，并举例说明。

沿圆周均布孔攻螺纹，编写适用于发那科 0*i*-MA 系统的宏程序 O505。

```
O505;
   #1=50;                      (孔中心所在圆的半径)
   #2=30;                      (第一个孔中心所在的 α 角)
   #3=6;                       (孔个数 N)
   #4=26;                      (攻螺纹底面与参考平面间的距离)
```

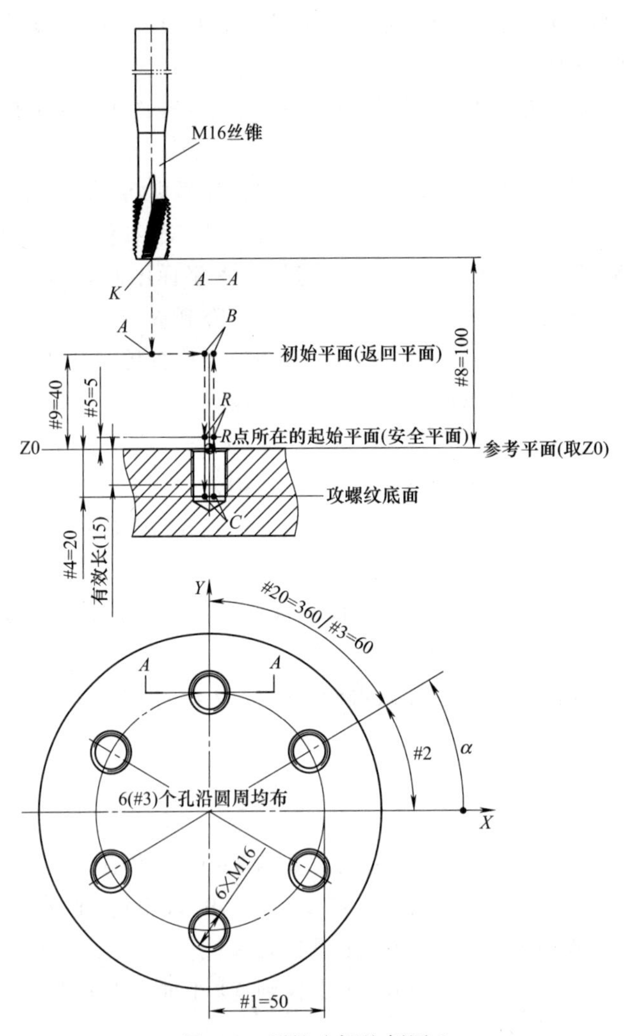

图 5-2　刚性攻螺纹例图 2

```
    #5=5;                                 (起始平面与参考平面间的距离)
    #6=500;                               (丝锥在攻螺纹底面的停留时间毫秒单位)
    #7=2;                                 (螺距)
    #8=100;                               (准备点的 Z 坐标值)
    #9=40;                                (初始平面与参考平面间的距离)
    #19=150;                              (主轴转速)
N01 #20=360/#3;                           (相邻两孔间的间隔角度)
N02 #21=#2;                               (当前孔中心所在的 α 角，此处赋初始值)
N03 G54 G95 G99 G00 X0 Y0 Z#8;            (G95 表示每转进给)
N04 G43 H1              Z#9;              (下降到初始平面)
N05          M29 S#19;                    (刚性攻螺纹指令之一——设定攻螺纹转速)
N06 G84 X [#1 * COS [#21]] Y [#1 * SIN [#21]] Z-#4 R#5 P#6 F#7;
                                          (刚性攻螺纹指令之二)
```

```
N07   #21=#21+#20;                   (下一个孔中心所在的α角)
N08 IF [#21 LT 360] GOTO 06;         (如果未到最后一个孔就回上去继续攻)
N09 G00             Z#9;             (上升到初始平面)
N10 G80;                             (刚性攻螺纹指令取消)
N11 G49             Z#8;             (抬刀)
N12        X0  Y0         M05;       (平移到工件坐标系XY平面原点)
N13 M30;
```

O505 程序实际上是一个通用宏程序，只是此处已按图 5-2 所示零件的具体情况给变量赋值了。程序中共有 10 个变量。对于需要沿圆周均布孔上攻螺纹的不同零件，只要改（赋）这 10 个变量的值即可，而 N01～N13 段的程序不用改变。

沿圆周均布孔攻螺纹，编写适用于发那科 0*i*-MD 系统的宏程序 O506。

```
O506;
  #1=50;                             (孔中心所在圆的半径)
  #2=30;                             (第一个孔中心所在的α角)
  #3=6;                              (孔个数N)
  #4=26;                             (攻螺纹底面与参考平面间的距离)
  #5=5;                              (起始平面与参考平面间的距离)
  #6=500;                            (丝锥在攻螺纹底面的停留时间，单位为ms)
  #7=2;                              (螺距)
  #8=100;                            (准备点的Z坐标值)
  #9=40;                             (初始平面与参考平面间的距离)
  #19=150;                           (主轴转速)
N01 #20=360/#3;                      (相邻两孔间的间隔角度)
N02 #21=#2;                          (当前孔中心所在的α角，此处赋初始值)
N03 G54 G95 G99 G00 X0 Y0 Z#8;       (G95表示每转进给)
N04 G43 H1            Z#9;           (下降到初始平面)
N06 G84 X [#1*COS [#21]] Y [#1*SIN [#21]] Z-#4 R#5 P#6 F#7 S#19;(刚性攻螺纹指令)
N07   #21=#21+#20;                   (下一个孔中心所在的α角)
N08 IF [#21 LT 360] GOTO 06;         (如果未到最后一个孔就回上去继续攻螺纹)
N09 G00               Z#9;           (上升到初始平面)
N10 G80;                             (刚性攻螺纹指令取消)
N11 G49               Z#8;           (抬刀)
N12      X0  Y0          M05;        (平移到工件坐标系XY平面原点)
N13 M30;
```

O506 程序实际上也是一个通用宏程序，只是此处已按图 5-2 所示零件的具体情况给 10 个变量赋值了。程序中共有 10 个变量，使用时只要根据具体零件和具体工艺参数给这 10 个变量重新赋值即可。

沿圆周均布孔攻螺纹，编写适用于西门子 802D 系统的宏程序 PP506. MPF。

```
PP506. MPF
```

```
    R1=50;                          孔中心所在圆的半径
    R2=30;                          第一个孔中心所在的α角
    R3=6;                           孔个数N
    R4=26;                          攻螺纹深度
    R5=5;                           起始平面与参考平面间的距离
    R6=0.5;                         丝锥在攻螺纹底面停留时间，单位为s
    R7=2;                           螺距
    R8=100;                         准备点的Z坐标值
    R9=40;                          初始平面与参考平面间的距离
    R19=150                         主轴转速
N01 R20=360/R3;                     相邻两孔的间隔角度
N02 R21=R2;                         当前孔中心所在的α角，此处赋初始值
N03 G54 G17 G90 G00 X0 Y0 Z=R8
N04 T1 D1                  M08
N05                      Z=R9
N06 MA1: G00 X=R1*COS (R21) Y=R1*SIN (R21);
                                    平移到孔中心之上
N07 CYCLE84(R9, 0, R5,, R4, R6, 3,, R7, 0, R19, R19); 刚性攻螺纹循环
N08 R21=R21+R20;                    计算下一个孔中心所在的α角
N09 IF R21<360 GOTOB MA1;           如果未到最后一个孔就回上去继续攻螺纹
N10 G00          Z=R8     M09;      抬刀
N11     X0 Y0             M05;      平移到工件坐标系XY平面原点
N12 M02
```

同样，PP506.MPF也是一个通用宏程序，只是此处也按图5-2所示零件的具体情况给10个参数赋值了。程序中共有10个参数，使用时只要根据具体零件和具体工艺参数给这10个参数重新赋值即可。

5.2.3 在不锈钢工件上刚性攻螺纹的几个要点

不管是马氏体不锈钢、铁素体不锈钢这两种铬不锈钢，还是奥氏体不锈钢、奥氏体-铁素体不锈钢、沉淀硬化不锈钢这三种铬镍不锈钢，都属于难加工材料。它们除了有韧性大、热强度高、导热系数低、切削时塑性变形大的特点外，还有加工硬化严重的特点。

在不锈钢材质工件上进行刚性攻螺纹加工的几个要点如下：

1. 对攻螺纹前螺纹底孔的要求

对于同规格螺纹，不锈钢上的螺纹底孔应比碳钢上的螺纹底孔稍微大一点。具体来说，对于米制普通螺纹和统一英制螺纹，当螺距不超过1mm时，底孔直径可取公称直径与螺距之差值；当螺距大于1mm时，底孔直径可取公称直径与1.1倍螺距值之差。底孔过小会给攻螺纹带来困难，底孔过大会降低螺纹的牙高精度。在批量生产或攻较高精度螺纹时，要通过试攻和试检测来找到恰当的底孔直径值。

注意加工底孔时要防止表层硬化，否则会给攻螺纹带来困难。

2. 丝锥的选择和刃磨

在不锈钢工件上攻螺纹时用硬质合金丝锥或高速钢丝锥。硬质合金丝锥有涂层和不涂层之分。当螺纹公称直径较大时，宜采用硬质合金丝锥，此时工件材料如果是不锈钢，还应使用涂层硬质合金丝锥，并且最好采购专门用于不锈钢攻螺纹的硬质合金丝锥。用这种丝锥要比用通用丝锥加工效果好得多。因为通用硬质合金丝锥主要是针对在碳钢工件上攻螺纹设计、制造的。

在螺纹公称直径较小时，宜采用高速钢丝锥。而且丝锥材质不是普通高速钢，而是含钴或含铝的超硬高速钢。高速钢丝锥上的排屑槽条数不用多，有 3 条即可（否则会降低刃齿的强度）。加工前应对买来的高速钢丝锥在工具磨床上修磨。可把前角磨到 15°~20°（普通是 10°~15°），后角磨到 8°~12°（普通是 6°~8°）。增加切削段即头部的长度，缩短校准段长度，留4~5 圈螺矩长即可。把丝锥的校准段磨成上端比下端略小的小倒锥，锥度可取 100：0.1~100：0.2。对修磨后的超硬高速钢丝锥还应进行表面处理。常用的方法是镀 TiN 涂层。如果有条件做表面 Co 离子注入，效果会更好。丝锥经表面处理后其寿命明显提高。

3. 攻螺纹时切削速度的选择

为防止攻螺纹过程中表层硬化，应使用低切削速度，推荐值是 2~7m/min。批量生产时应根据工件具体材质、丝锥具体情况、机床情况和螺纹外径大小进行试攻，以确定切削速度。

4. 切削液的使用

在不锈钢工件上攻螺纹必须加切削液。通常用硫化油添加质量分数 15%~20%的 CCl_4（四氯化碳）。作者多年前使用一种进口“红油”（很黏稠，呈浅红色），效果很好（现已改成粉红色攻螺纹膏了）。攻单件且不具备条件时，也可使用蓖麻油、白铅油、机油或菜籽油来做切削液。

5. 攻螺纹过程中的回退

攻螺纹时不建议一次攻到底，中间应安排若干次回退。回退的作用主要有两个：一个是断屑、排屑，另一个是保证切削液可进入。中间回退可用相应的程序来实现。先介绍适用于发那科 0i-MA 系统的编程方法。还是讨论攻图 5-1 所示 *D* 孔的程序。O501 程序是一次攻到底的程序。如果要实现中间回退 3 次，则在 O501 程序的基础上编写 O507 程序如下：

```
O507;
N01 G54 G95 G99 G00 X0 Y0 Z100;          (每转进给，初始点复归)
N02 G43 H1              Z40;             (建立刀具长度补偿，垂直下降)
N03                              M29 S150; (刚性攻螺纹并指定主轴转速)
N04 G84 X25 Y25 Z-7 R5 P500 F2;          (攻到 Z-7 后回到 R 点所在的平面)
N05                    Z-13;             (攻到 Z-13 后回到 R 点所在的平面)
N06                    Z-18;             (攻到 Z-18 后回到 R 点所在的平面)
N07 G98                 Z-26;            (攻螺纹攻到 Z-26 后回到 B 点所在的初始平面)
N08 G80;                                 (刚性攻螺纹注销)
N09 G49 G00              Z100;           (注销刀具长度补偿，垂直上升)
N10       X0   Y0          M05;          (平移到工件坐标原点)
N11 M30;
```

再介绍适用于西门子 802D 系统的编程方法。PP501. MPF 程序是用单动指令编制的攻图 5-1 上 *D* 孔的程序。如果要实现中间回退 3 次，则应在 PP501. MPF 基础上编写 PP507. MPF 程序如下：

```
PP507. MPF
N01 G54 G90 G00 X0 Y0 Z100;          设定工件坐标系
N02      T1  D1;                     指令刀具半径补偿和长度补偿号
N03 G17  X25  Y25   Z40  M08;        到达 XY 平面中的 B 点
N04                 Z5;              铣刀下降到 R 点
N05 SPOS=0;                          主轴处于位置控制状态
N06 G331        Z-7      K2 S150;    攻螺纹攻到 Z-7
N07 G332        Z5       K2;         回退
N08 G331        Z-13     K2 S150;    攻螺纹攻到 Z-13
N09 G332        Z5       K2;         回退
N10 G331        Z-18     K2 S150;    攻螺纹攻到 Z-18
N07 G332        Z100        M09;     回退
N11 G331        Z-26     K2  S150;   攻螺纹攻到 Z-26
N12 G332        Z5       K2;         回退
N13 G00         Z100        M09;     垂直抬刀
N14      X0  Y0                M05;  水平移到 XY 平面中的原点
N15 M02
```

用西门子 802D 系统的刚性攻螺纹循环指令 CYCLE84 编写多次回退程序时，只要加若干条（段）循环指令即可。当然，每条循环指令中的攻螺纹深度是不一样的。

5.2.4 刚性攻圆锥螺纹的注意事项

攻圆锥螺纹比攻圆柱螺纹切削力要大许多倍，原因是攻螺纹时（尤其是快攻到底时）所有的刃齿都参加切削。正因为这个原因，对不方便车削的圆锥螺纹应优先选用铣加工方法，其次才考虑使用刚性攻螺纹的加工方法。

圆锥螺纹的刚性攻螺纹应注意以下几个问题：①要有高质量的丝锥，以防接近攻到底时拧断。②机床要有足够的输出扭矩，否则攻一段后会停住、报警。③要用低切削速度（低转速），以便得到较大的输入扭矩。④必须用切削液。⑤攻螺纹中途应安排若干次回退，也就是分若干段攻。分段之间可以用 M00 或 M01 暂停，以便进切削液，必要时还可清切屑。各段还可用不同的主轴转速。⑥应使用参数来设定（指发那科系统）回退速度为攻螺纹速度的若干倍。这里由于攻螺纹速度很慢，如果回退速度与攻螺纹速度相同会花费很多时间。

下面举一个作者在配置发那科 0i-MA 系统的 XK714D 型数控铣床上用进口丝锥攻 NPT1/8 管螺纹的实例。此螺纹为每英寸 27 圈，工件的材质为 35CrMo，所用的切削液为“红油”。工件上只有一个此规格的螺纹孔，攻螺纹时以这个孔的中心作为 *XY* 平面内的工件原点，以工件上平面为 *Z* 向原点。攻螺纹深度（指丝锥端面）取 14.5mm。编写该孔刚性攻螺纹的加工程序 O508 如下：

```
O508;
N01 G54 G90 G95 G98 G00 X0 Y0 Z100;          (每分钟进给，初始点复归)
N02 G43 H1   Z30;                             (建立刀具长度补偿，垂直下降)
N03                  M29 S12;                 (刚性攻螺纹并指定主轴转速)
N04 G84      Z-7     R2        F11.289;       (攻到Z-7后回到Z30)
N05 M00;                                      (暂停)
N06                      S9;                  (改主轴转速，此段不能加M29)
N07 G84      Z-11    R2      F8.467;          (攻到Z-11后回到Z30)
N08 M00;                                      (暂停)
N09                      S6;                  (改主轴转速，此段不能加M29)
N10 G84      Z-14.5  R2      F5.644;          (攻到Z-14.5后回到Z30)
N11 G80;                                      (刚性攻螺纹注销)
N12 G49 G00  Z100;                            (注销刀具长度补偿，垂直上升)
N13      X0  Y0                     M05;      (平移到工件坐标原点)
N14 M30;
```

作者安排攻螺纹过程中回退2次，但不是退到R点所在的起始平面（Z2），而是退到初始平面，目的是便于在暂停时刷“红油”。

取回退速度是攻螺纹速度的10倍，即3个阶段分别为120r/min、90r/min和60r/min。在攻螺纹前对有关参数做了相应的设定。下面介绍有关的3个参数和具体的设定方法。

第一个是#5211参数。用它设定退刀时主轴转速的倍率（与攻螺纹时的主轴转速比），设定范围为0~200（整数）。倍率单位由#5201参数的#3位设定值决定。

第二个是#5201参数。用它的#3位（OVU）设定#5211号参数中设定值的单位：当#3位设定为0时，#5211参数中设定值的单位为1%；当#3位设定为1时，#5211参数中设定值的单位为10%。

第三个是#5200参数。用它的#4位（DOV）设定退刀时与攻螺纹时用相同的转速还是用不同的转速。当#4位设定为0时，退刀与攻螺纹用相同的转速（此时#5201和#5211这两个参数中的设定值不起作用）；当#4位设定为1时，退刀与攻螺纹用不同的转速，具体倍率由#5211参数中的设定值与#5201参数#3位的设定值联合决定。

具体到此处，作者把#5200参数的#4位设定为1，把#5201参数的#3位设定为1，把#5211参数设定为100实际攻螺纹时效果良好。

5.3 螺纹底孔的精铣方法

需要铣削和攻螺纹的螺纹底孔一般是先用钻头（粗）钻，再用铣刀（精）铣而成的。这里介绍一个精铣螺纹底孔的通用宏程序。图5-3所示为用牛鼻刀螺旋铣内圆锥面的编程用图。当半锥角$\alpha=0°$时，内圆锥面变为内圆柱面。图中的是牛鼻刀又称环形铣刀，有大径D和刀片半径R两个参数。当$R=D/2$时，为球头铣刀；当R很小时，为方肩铣刀或圆柱铣刀。

编写适用于发那科系统的螺纹底孔精铣通用宏程序O509如下：

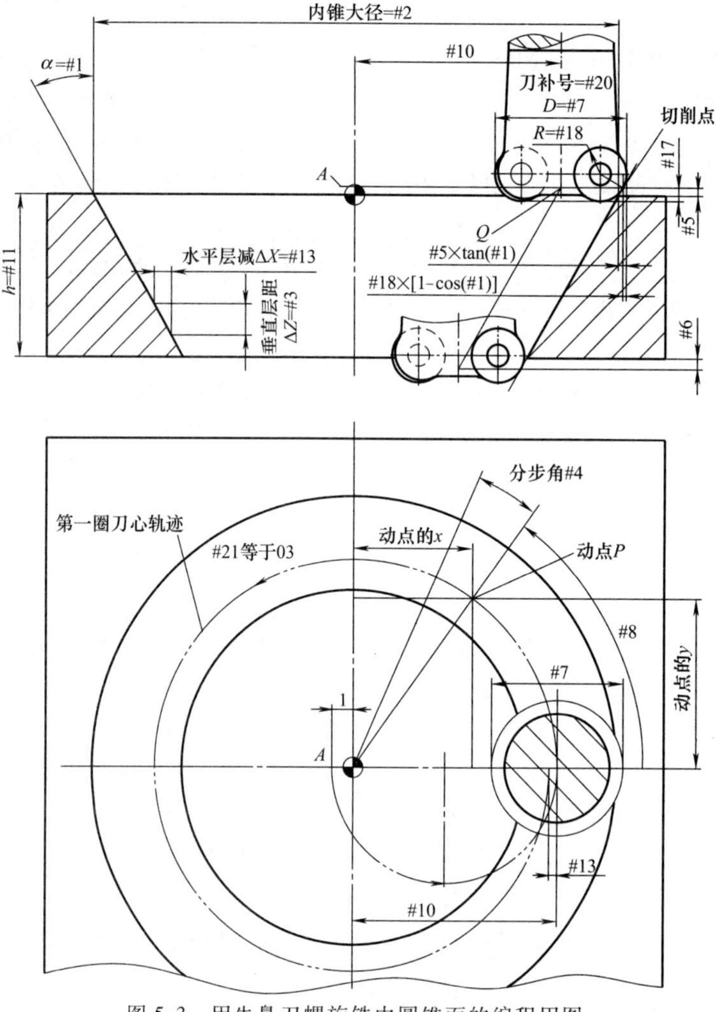

图 5-3　用牛鼻刀螺旋铣内圆锥面的编程用图

O509;

#100=__;	(#100 为加工时锥径的修调值,切削大直径孔时取正值,反之取负值)
#1=a;	(#1 代表圆锥的半锥角,圆柱孔时等于 0)
#2=b;	(#2 代表圆锥在上平面内的大端直径)
#11=h;	(#11 代表圆锥的高度)
#3=c;	(#3 代表铣削时的垂直层距)
#4=i;	(#4 代表分步铣削的分步角)
#5=j;	(#5 代表动点的 Z 值,此赋初始值为顶面之上的空切距离)
#6=k;	(#6 代表底面之下的空切距离)
#7=d;	(#7 代表铣刀大径 D)
#18=r;	(#18 代表刀片半径 R)
#21=u;	(#21 代表顺铣或逆铣,顺铣取 3,逆铣取 2)
#22=v;	(#22 代表铣刀刃齿数)
#23=w;	(#23 代表每转中的每齿进给)

```
    #19=s;          (#19 代表主轴转速 S)
    #20=t;          (#20 代表刀补号)
    #24=x;          (#24 代表孔中心在工件坐标系中的 X 坐标值)
    #25=y;          (#25 代表孔中心在工件坐标系中的 Y 坐标值)
N01 #17=#18*[1-SIN[#1]];                    (#17 代表切削点到铣刀底面的 Z 向距离)
N03 #8=0;                                   (#8 代表动角,在该段中赋初始值 0)
N04 #10=#2/2+#5*TAN[#1]+#18*[1-COS[#11]]-#7/2+#100/2;
                                            (#10 代表铣刀中心线与锥孔中心线间的距离)
N05 #12=#3*#4/360;                          (#12 代表每步下降的距离)
N06 #13=#3*TAN[#1];                         (#13 代表两层的半径之差)
N07 #14=#13*#4/360;                         (#14 代表每步半径减少值)
N08 G54 G95 G00 X0 Y0;                      (设定工件坐标系用每转进给)
N09 G52 X#24 Y#25 Z-#17;                    (建立局部坐标系)
N10     X0   Y0              S#19 M03;      (铣刀平移到圆锥中心)
N11 G43 H#20        Z#5;             (铣刀加入 Z 向长度补偿值后下降到切削起始平面)
N12     X-1;                                (铣刀沿-X 方向平移 1mm)
N13 G#21 X#10   R[#10/2+0.5]   F[#22*#23/2];(铣刀在水平面内转半圈入刀)
N14 WHILE [#5 GT -[#11+#6]] DO1;            (循环头:满足条件就在 N15~N21 段间循环执行)
N15IF [#21 EQ 3] THEN #8=#8+#4;             (顺铣时动角增加一个分步角,为切削一步做准备)
N16 IF [#21 EQ 2] THEN #8=#8-#4;            (逆铣时动角减小一个分步角,为切削一步做准备)
N17 #10=#10-#14;                            (重新计算铣刀中心线与锥孔中心线之间的距离)
N18 #15=#10*COS[#8];                        (重新计算动点的 X 坐标值)
N19 #16=#10*SIN[#8];                        (重新计算动点的 Y 坐标值)
N20 #5=#5-#12;                              (重新计算动点的 Z 坐标值)
N21 G#21 X#15 Y#16 Z#5 R[#10+#14/2] F[#22*#23];(铣刀以圆弧插补方式切削一步)
N22 END1;                                   (N22 段是循环尾)
N23 #10=#2/2-[#11+#6]*TAN[#1]+#18*[1-COS[#1]]-#7/2+#100/2;
                                            (计算底面铣刀中心线与锥孔中心线间的距离)
N24 G#21 X[#10*COS[#8]] Y[#10*SIN[#8]] Z-[#11+#6]   R#10;
                                            (N24 段是走一步正好到结束平面)
N25 I-[#10*COS[#8]] J-[#10*SIN[#8]];        (N25 段是在结束平面内水平铣一整圈)
N26 G00 X0   Y0           M05;              (N26 段是铣刀平移到与锥孔中心线重合)
N27 G52 X0   Y0     Z0;                     (N27 段是取消局部坐标系)
N28 G49                Z100;   (取消铣刀长度偿值后使铣刀上升到锥口平面之上 100mm 处)
N29     X0   Y0;                            (铣刀平移到工件坐标系原点)
N30 M30;
```

精铣具体螺纹的底孔时，只要将具体尺寸和所选的工艺参数（包括顺铣/逆铣）给程序中 16 个一位数号和两位数号变量赋值即可。程序首段中的#100 变量是用来调整孔径大小的，理论上等于 0。当铣出的孔径偏小时，再铣前应加大#100 变量值。此值加大多少，再铣出的孔径理论上就大多少。反之亦然。

对于发那科系统，如果把 N04 段中的“+#100/2”改成“-#[12000+#20]”并去掉第 1 段，加工时就可用调整刀具补偿页面中相应的铣刀半径值来调节铣出的孔径。这相当于使用 G41 或 G42 指令（程序中实际没有写入 G41 或 G42 指令）。当铣出的孔径偏小时，再铣前应减小铣刀半径值：再铣出孔径的增加值与铣刀半径减小值的比例是 2∶1；铣刀半径减小 0.1mm，再铣出孔径就会增加 0.2mm。

O509 宏程序还可用来倒角。例如，图 5-4 所示为用 R3mm 球头铣刀精铣 NPT 1/2 管螺纹锥底孔并倒 2mm×30°角。可查得该管螺纹在端面上的底孔径是 ϕ18.321mm。精铣前已钻出 ϕ17.6mm×22mm 的预孔。铣深取 15mm，螺旋铣削的层距取 0.5mm，分步角取 6°（也可取 3°或 12°等），顶面之上空切距离取 0.2mm，底面之下空切距离取 0，选择顺铣。此铣刀有 2 个刃齿，每转中每齿进给取 0.05mm，主轴转速取 3000r/min，刀补号取 1，假定此孔（中心）在 XY 平面中的工件原点上。

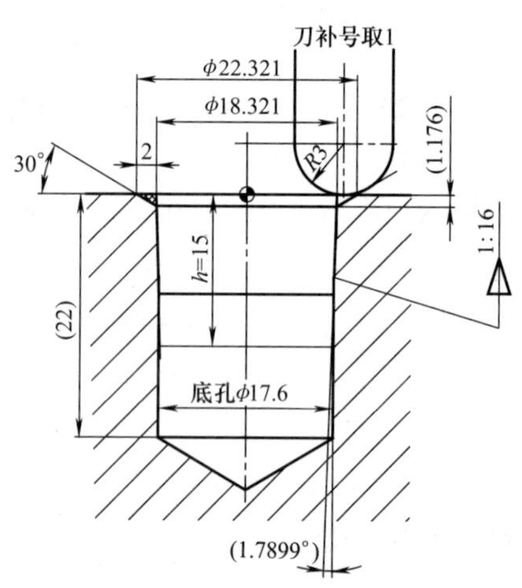

图 5-4　用球头铣刀精铣 NPT 1/2 管螺纹锥孔并倒 2mm×30°角

赋#1=1.7899，#2=18.321，#11=15，#3=0.5，#4=6，#5=0.2，#6=0，#7=6，#18=3，#21=3，#21=3，#22=2，#23=0.05，#19=3000，#20=1，#24=0，#25=0 和#100=0 后，铣一刀，测量孔径。如果测得的孔径比要求的小 0.12mm，那么把#100 改赋 0.12 值后再铣一刀就可以了。如果程序中未用#100 而用了#[12000+#20] 系统变量，那么把 1 号刀的半径 R 设为 2.94（初始设定是 3.0），再铣一刀就可以了。图 5-5 所示为赋值后用 CAXA“编程助手”（CAXA 制造工程师的一个功能）仿真出的轨迹。图 5-6 所示为加了倒角的仿真轨迹。铣倒角还是用 O509 通用宏程序，但需对其内的变量重新赋值如下：#1=60，#2=22.321，#11=1.18，#3=0.15，#4=6，#5=0.2，#6=0，#7=6，#18=3，#21=3，#22=2，#23=0.05，#19=3000，#20=1，#24=0，#25=0。由于倒角大小不用那么精确，对#100 赋值 0 就可以了。图 5-6 中倒角轨迹未与孔口接上，是因为图示为铣刀球心点的轨迹。

如果用 O509 通用宏程序来精铣圆柱螺纹的圆柱底孔，那么#1 赋值 0。

把 O509“翻译”成适用于西门子 802D 系统的精铣螺纹底孔的通用宏程序，并将其命名为 PP509.MPF，程序如下：

```
PP509.MPF
  R100=_;        R100 为加工时锥径的修调值,切削大直径孔时取正值,反之取负值
  R1=a;          R1 代表圆锥的半锥角,圆柱孔时等于 0
  R2=b;          R2 代表圆锥在上平面内的大端直径
  R11=h;         R11 代表圆锥的高度
  R3=c;          R3 代表铣削时的垂直层距
```

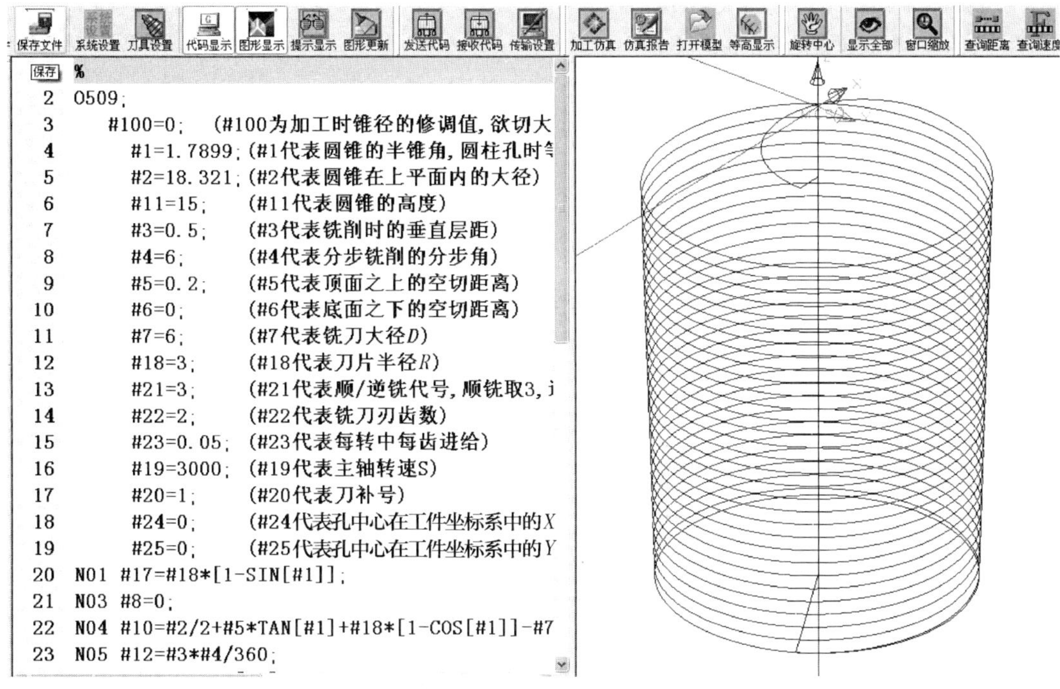

图 5-5　赋值后用 CAXA“编程助手”仿真出的轨迹

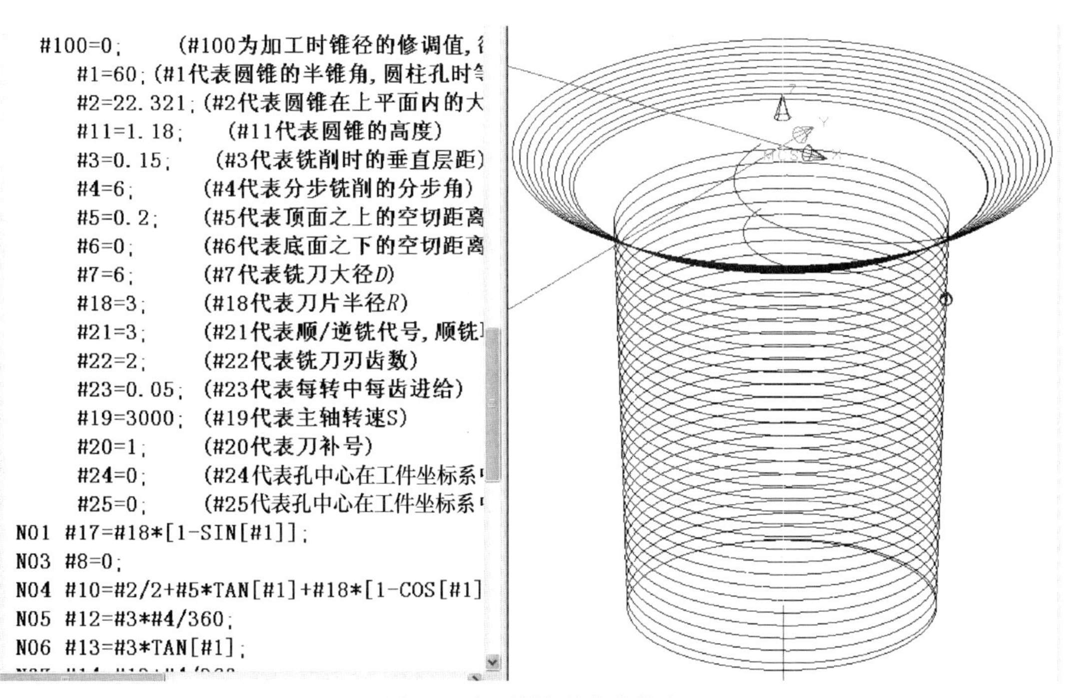

图 5-6　加了倒角的仿真轨迹

R4 = i;　　　R4 代表分步铣削的分步角

R5 = j;　　　R5 代表动点的 Z 值,比赋初始值为顶面之上的空切距离

R6 = k;　　　R6 代表底面之下的空切距离

```
  R7=d;        R7 代表铣刀大径 D
  R18=r;       R18 代表刀片半径 R
  R21=u;       R21 代表顺铣/逆铣,顺铣取 3,逆铣取 2
  R22=v;       R22 代表铣刀刃齿数
  R23=w;       R23 代表每转中每齿进给
  R19=s;       R19 代表主轴转速 S
  R20=t;       R20 代表刀补号
  R24=x;       R24 代表孔中心在工件坐标系中的 X 坐标值
  R25=y;       R25 代表孔中心在工件坐标系中的 Y 坐标值
N01 R17=R18*(1-SIN(R1));                  R17 代表切削点到铣刀底面的 Z 向距离
N03 R8=0;                                 R8 代表动角,在该段中赋初始值 0
N04 R10=R2/2+R5*TAN[R1]+R18*[1-COS[R1]]-R7/2+R100/2;
                                          R10 代表铣刀中心线与锥孔中心线间的距离
N05 R12=R3*R4/360;                        R12 代表每步下降的距离
N06 R13=R3*TAN(R1);                       R13 代表两圈的半径之差
N07 R14=R13*R4/360;                       R14 代表每步半径减少值
N71  T1  D=#20;                           激活刀具,用 R20 刀补号
N08 G54 G17 G95 G00 X0;                   设定工件坐标系用每转进给
N09 TRANS X=R24 Y=R25 Z=-R17;             零点偏移
N10       X0   Y0        S=R19 M03;       铣刀平移到圆锥中心
N11                    Z=R5;              铣刀下降到切削起始平面
N12       X-1;                            铣刀沿-X 方向平移 1mm
N13G=R21 X=R10CR=R10/2+0.5 F=R22*R23/2;铣刀在水平面内转半圈入刀
N14 WHILE R5>-(R11+R6);                   循环头:如果条件满足就循环执行
N15 IF R21=2 GOTOF MA2;                   如果是逆铣,就转去执行 MA2 段
N151 R8=R8-R4;                        顺铣时动角减小一个分步角,为切削一步做准备
N152 GOTOF MA3;                           无条件转去执行 MA3 段
N16 MA2:R8=R8+R4;                         逆铣时动角增加一个分步角,为切削一步做准备
N17 MA3:R10=R10-R14;                      重新计算铣刀中心线与锥孔中心线之间的距离
N18 R15=R10*COS(R8);                      重新计算动点的 X 坐标值
N19 R16=R10*SIN(R8);                      重新计算动点的 Y 坐标值
N20 R5=R5-R12;                            重新计算动点的 Z 坐标值
N21 G=R21 X=R15 Y=R16 Z=R5 CR=R10+R14/2 F=R22*R23 TURN=0;
                                          铣刀以圆弧插补方式切削一步
N22 ENDWHILE;                             循环尾
N23 R10=R2/2-(R11+R6)*TAN(R1)+R18*(1-COS(R1))-R2/2+R100/2;
                                          计算底面铣刀中心线与锥孔中心线间的距离
N24 G=R21 X=R10*COS(R8) Y=R10*SIN(8) Z=-(R11+R6) CR=R10 TURN=0;
```

```
                                                    铣刀走一步正好到结束平面
N25  I=-R10*COS(R8) J=-R10*SIN(R8);                铣刀在结束平面内水平铣一整圈
N26  G00 X0  Y0        M05;                        铣刀平移到与锥孔中心线重合
N27  TRANS;                                        零点偏移取消
N28  D0          Z100;                             铣刀取消补偿值后上升到锥口平面之上 100mm 处
N29      X0  Y0;                                   铣刀平移到工件坐标系原点
N30  M02
```

此程序中参数的含义同 O509 中相同号码变量的含意，程序的使用方法也与 O509 程序一样。注意此程序中循环内的程序段比 O509 中循环内的程序段多 2 段，所以分步角（R4）应取得略大些。如果铣小孔走刀又快出现（循环内）来不及算（指计算时间超过走刀时间）的情况，可用如下方法来解决：

去掉“R21=u”段，删去 N17 段中的“MA3:”，然后在顺铣时删去 N15、N152 和 N16 段，在逆铣时删去 N15、N151、N152 段和 N16 中的“MA2:”，这样循环内就只有 6 个程序段了。

图 5-7　用球头铣刀铣 NPT 3/4 内螺纹底孔和倒角的照片

图 5-7 所示为用球头铣刀铣 NPT 3/4 内螺纹底孔并倒角的照片。

5.4　用横向刃齿螺纹铣刀铣螺纹

横向刃齿螺纹铣刀是指横截面内有一个刃（见图 4-4）和多个刃（见图 4-6 和图 4-7）的螺纹铣刀。

5.4.1　铣圆柱螺纹

1. 铣圆柱内螺纹

（1）用主程序调用子程序来铣　如图 5-8 所示，分别铣 M20×1.5 普通右旋螺纹和M20×1.5-LH 普通左旋螺纹。所用铣刀横截面内有 3 个刃齿，刃齿尖回转直径为 ϕ16mm（由于使用 G42 编程，所以将此尺寸输入刀补页面中）。用 1 号刀补，主转转速为 1000r/min，铣 8 圈（含上、下空走一小段）。编写用于发那科系统的 O510 和其调用的 O511 子程序，铣 M20×1.5 右旋螺纹。参考程序如下：

```
O510;
N01 G54 G17 G90 G95 G40 G49 G00 X0 Y0;  (设定工件坐标系,用每转进给,平移到工件 XY
                                          平面原点)
N02        D1                  S1000 M03;(指令刀具半径补偿号,使主轴正转)
```

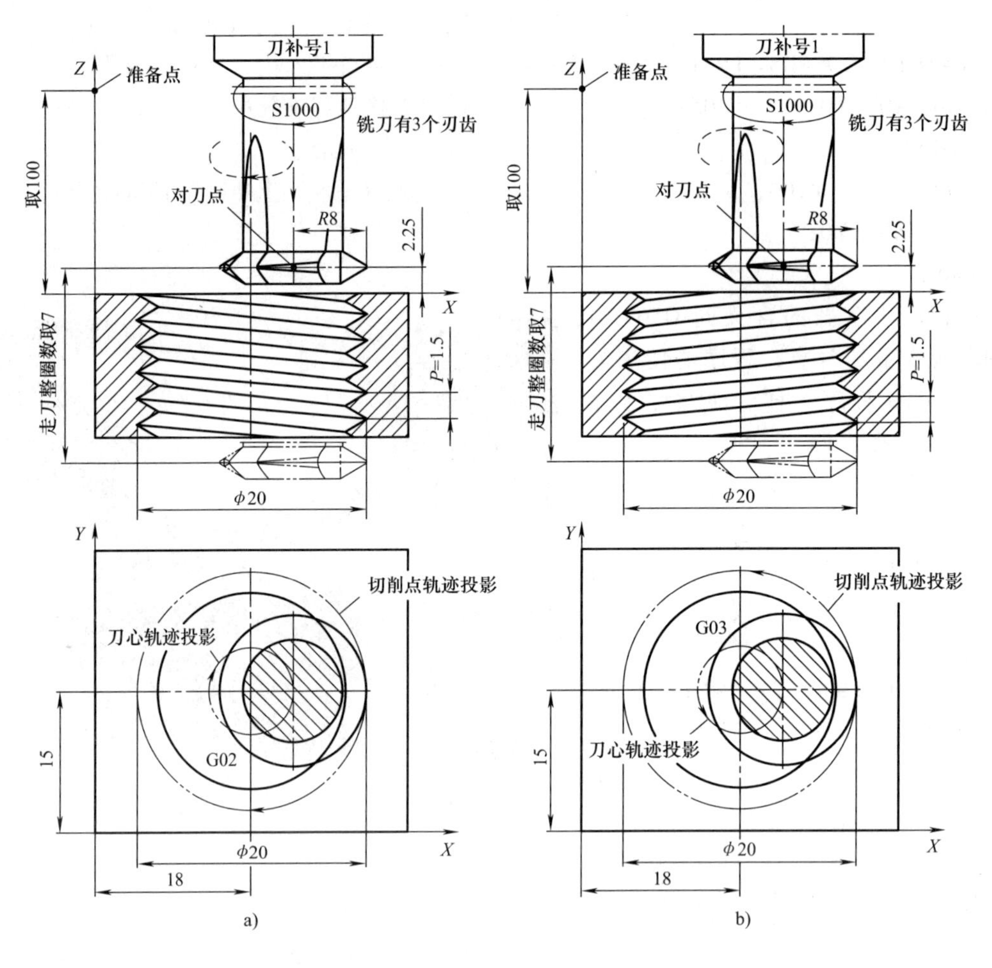

图 5-8　用横向刃齿螺纹铣刀从上往下铣 M20×1.5 右旋内螺纹和左旋内螺纹

a）从上往下铣右旋内螺纹　b）从上往下铣左旋内螺纹

```
N03 G52  X18  Y#15;                    （建立局部坐标系）
N04      X0   Y0;                      （使铣刀平移到螺纹孔中心）
N05 G43 H1         Z100;               （激活刀具长度补偿,使铣刀下降到准备点）
N06                Z2.25;              （铣刀下降到顶面之上 1.5P 高处）
N07 G42  X10;                          （激活刀具半径补偿,铣刀沿-X 方向平移到切削起始点）
N09 M98 P511 L8;                       （调用 O511 子程序 8 次）
N13 G40 G90 G00 X0 Y0;                 （注销刀具半径补偿,恢复绝对尺寸,回到孔中心）
N14 G49            Z100;               （注销刀具长度补偿,铣刀上升到准备点）
N15 G52 X0  Y0;                        （取消局部坐标系）
N16      X0  Y0             M05;       （铣刀平移到工件坐标系原点）
N17M30;

O511;
```

```
N1 G91 G02            Z-1.5   I-10   F0.15;  （增量尺寸,顺时针铣一圈螺纹）
N2 M99;
```

把 O510 内 N07 段中的 G42 改成 G41，把 O511 内 N1 段中的 G02 改成 G03 后，就可得到铣M20×1.5-LH 左旋螺纹的程序。

可以用改变 1 号刀补内的刀具半径设定值来分层（即多刀）铣削。分层最好用等截面积来分（见图 2-10），每刀进给量的计算详见 2.3.1 和 2.3.4 中。

适用于西门子 802D 系统的铣 M20×1.5 普通右旋螺纹的主程序为 PP510.MPF，子程序为 L511。

```
PP510.MPF
N01 G54 G17 G90 G95 G40 G49 G00 X0 Y0;    设定工件坐标系,用每转进给,平移到工件 XY
                                           平面原点
N02 T1   D1              S1000 M03;       指令刀具半径补偿和长度补偿号,使主轴正转
N03 TRANS   X18   Y15;                    零点偏移
N04        X0   Y0;                       铣刀平移到螺纹孔中心
N05                 Z100;                 铣刀下降到准备点
N06                 Z2.25;                铣刀下降到顶面之上 1.5P 高处
N07 G42   X10;                            激活刀具半径补偿,铣刀沿 X 方向平移到切
                                           削起始点
N09 P511 L8;                              调用 L511 子程序 8 次
N13 G40 G00 X0 Y0;                        注销刀具半径补偿,回到孔中心
N14                 Z100;                 铣刀上升到准备点
N15   TRANS;                              取消零点偏移
N16      X0   Y0                M05;      铣刀平移到工件坐标系原点
N17   M02

L511
N1 G02            Z=IC(-1.5)   I-10   F0.15;Z 向增量尺寸,顺时针铣一圈螺纹
N2 M02
```

同样，将主程序内 N07 段中的 G42 改成 G41，将子程序内的 G02 改成 G03 后，就得到铣M20×1.5-LH 左旋螺纹的程序。

（2）只用一个主程序来铣　在西门子系统中，还可不用子程序，而是用 PP512.MPF 主程序来铣此右旋螺纹。

```
PP512.MPF
N01 G54 G17 G90 G95 G40 G49 G00 X0 Y0;    设定工件坐标系,用每转进给,平移到工件
                                           XY 平面原点
N02      T1   D1             S1000 M03;   指令刀具半径补偿和长度补偿号,使主轴正转
N03 TRANS   X18   Y15;                    零点偏移
N04           X0     Y0;                  铣刀平移到螺纹孔中心
N05                     Z100;             铣刀下降到准备点
```

```
N06                    Z2.25;                铣刀下降到顶面之上 1.5P 高处
N07 G42    X10;                       激活刀具半径补偿,铣刀沿 X 方向平移到切削起始点
N09 G02                Z-10  I-10 TURN=7 F0.15;往下铣 8 整圈
N13 G40 G00 X0 Y0;                           注销刀具半径补偿,回到孔中心
N14                    Z100;                 铣刀上升到准备点
N15  TRANS;                                  取消零点偏移
N16      X0    Y0        M05;                铣刀平移到工件坐标系原点
N17 M02
```

同理，将此程序内 N07 段中的 G42 改成 G41，将 N09 段中的 G02 改成 G03 后，就得到铣 M20×1.5-LH 左旋螺纹的程序。

（3）用循环语句来编程　可以利用循环语句编写螺纹加工通用宏程序。

1）先讨论从上往下铣普通右旋和左旋内螺纹（从上往下走刀较适合铣通孔螺纹）的通用宏程序，如图 5-9 所示。编写从上往下铣普通内螺纹的适用于发那科系统的通用宏程序 O513。

```
O513;
    #1=a;          (#1 代表螺纹大径)
    #2=b;          (#2 代表螺距)
    #4=i;          (#4 代表铣螺纹走刀整圈数)
    #5=j;          (#5 代表铣刀刃齿个数)
    #6=k;          (#6 代表每转中每刃齿进给)
    #7=d;          (#7 代表准备点的 Z 坐标值)
    #8=e;          (#8 代表螺纹的左/右旋代号,右旋取 2,左旋取 3)
    #19=s;         (#19 代表主轴转速 S)
    #20=t;         (#20 代表刀补号)
    #24=x;         (#24 代表孔中心在工件坐标系中的 X 坐标值)
    #25=y;         (#25 代表孔中心在工件坐标系中的 Y 坐标值)
N01 G54 G17 G90 G95 G40 G49 G00 X0 Y0;(设定工件坐标系,用每转进给,平移到工件 XY 平面原点)
N02    D#20              S#19   M03;    (指令刀具半径补偿号,主轴正转)
N03 G52    X#24 Y#25;                   (建立局部坐标系)
N04        X0   Y0;                     (铣刀平移到螺纹孔中心)
N05 G43 H#20            Z#7;            (激活刀具长度补偿,铣刀下降到准备点)
N06                     Z[#2*1.5];      (铣刀下降到顶面之上 1.5P 高处)
N07G[44-#8] X[#1/2];               (激活刀具半径补偿,铣刀沿 X 方向平移到切削起始点)
N08  #9=1;                              (#9 代表铣螺纹的走刀整圈数,此处赋初始值)
N09 WHILE [#9 LT #4] DO1;               (循环头,若未铣够圈数就在循环尾之间循环执行)
N10 G91 G#8              Z-#2  I-[#1/2]  F[#5*#6];    (增量尺寸,铣一圈螺纹)
N11#9=#9+1;                             (铣螺纹圈数增加 1)
N12 END1;                               (循环尾)
N13 G40 G90 G00 X0 Y0;                  (注销刀具半径补偿,恢复绝对尺寸,回到孔中心)
```

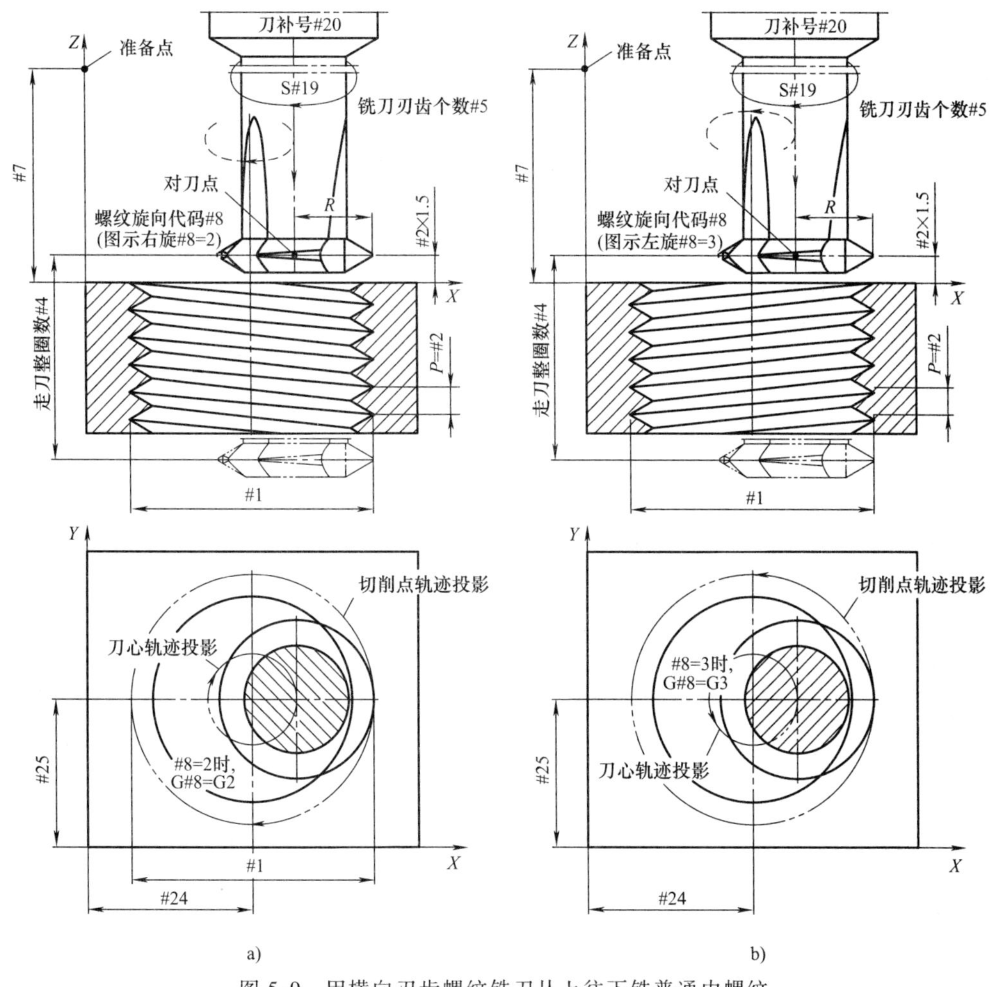

图 5-9　用横向刃齿螺纹铣刀从上往下铣普通内螺纹

a）从上往下铣右旋螺纹　b）从上往下铣左旋螺纹

```
N14 G49            Z#7;          (注销刀具长度补偿,铣刀上升到准备点)
N15 G52 X0  Y0;                  (取消局部坐标系)
N16     X0  Y0          M05;     (铣刀平移到工件坐标系原点之上)
N17 M30;
```

同样可以编写适用于西门子 802D 系统的通用宏程序 PP513. MPF。

```
PP513. MPF
    R1=a;        R1 代表螺纹大径
    R2=b;        R2 代表螺距
    R4=i;        R4 代表铣螺纹走刀整圈数
    R5=j;        R5 代表铣刀刃齿个数
    R6=k;        R6 代表每转中每刃齿进给
    R7=d;        R7 代表准备点的 Z 坐标值
    R8=e;        R8 代表螺纹的左/右旋代号,右旋取 2,左旋取 3
```

```
    R19=s;          R19 代表主轴转速 S
    R20=t;          R20 代表刀补号
    R24=x;          R24 代表孔中心在工件坐标系中的 X 坐标值
    R25=y;          R25 代表孔中心在工件坐标系中的 Y 坐标值
N01 G54 G17 G90 G95 G40 G49 G00 X0 Y0;  设定工件坐标系,用每转进给,平移到工件 XY
                                        平面原点
N02 T1 D=R20 S=R19 M03;                 指令刀具半径补偿和长度补偿号,主轴正转
N03 TRANS  X=R24 Y=R25;                 零点偏移
N04      X0  Y0;                        铣刀平移到螺纹孔中心
N05                Z=R7;                铣刀下降到准备点
N06                Z=R2*1.5;            铣刀下降到顶面之上 1.5P 高处
N07 G=44-R8  X=R1/2;                激活刀具半径补偿,铣刀沿 X 方向平移到切削起始点
N08  R9=1;                              R9 代表铣螺纹的圈数,此处赋初始值
N09 WHILE R9<R4;                      循环头,若未铣够圈数就在循环尾之间循环执行
N10 G=R8    Z=IC(-R2)   I=R1/2 F=R5*R6;
                                        Z 向增量尺寸,铣一圈螺纹
N11 R9=R9+1;                            铣螺纹圈数增加 1
N12 ENDWHILE;                           循环尾
N13 G40 G00 X0 Y0;                      注销刀具半径补偿,回到孔中心
N14             Z=R7;                   铣刀上升到准备点
N15 TRANS;                              零点偏移注销
N16      X0  Y0             M05;        铣刀平移到工件坐标系原点之上
N17 M02
```

O513 和 PP513.MPF 两个宏程序中都含有 11 个变量/参数，使用时只要根据具体尺寸和所选的工艺参数（包括螺纹的左旋和右旋）给这 11 个变量/参数赋值即可。

2）再讨论从下往上铣普通内螺纹（从下往上走刀较适合铣不通螺纹孔）的通用宏程序。从下往上铣应使用半圆弧入刀方式，如图 5-10 和图 5-11 所示。编写适用于发那科系统的通用宏程序 O514 如下：

```
O514;
    #1=a;          (#1 代表螺纹大径)
    #2=b;          (#2 代表螺距)
    #3=c;          (#3 代表螺纹铣深)
    #4=i;          (#4 代表铣螺纹走刀整圈数)
    #5=j;          (#5 代表铣刀刃齿个数)
    #6=k;          (#6 代表每转中每刃齿进给)
    #7=d;          (#7 代表准备点的 Z 坐标值)
    #8=e;          (#8 代表螺纹的左/右旋代号,右旋取 2,左旋取 3)
    #19=s;         (#19 代表主轴转速 S)
    #20=t;         (#20 代表刀补号)
```

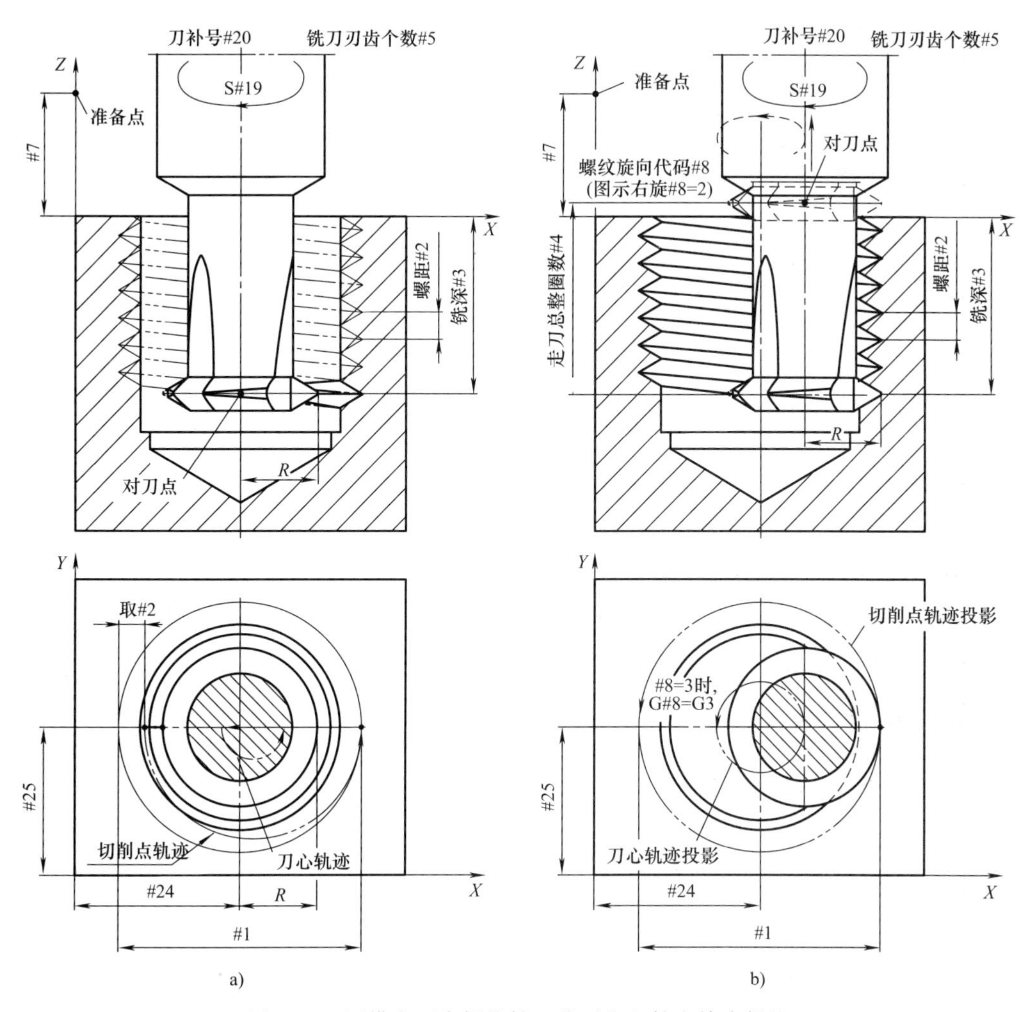

图 5-10　用横向刃齿螺纹铣刀从下往上铣右旋内螺纹

a）在底平面的半圆弧入刀　b）从下往上铣右旋螺纹

```
    #24=x;           (#24 代表孔中心在工件坐标系中的 X 坐标值)
    #25=y;           (#25 代表孔中心在工件坐标系中的 Y 坐标值)
N01 G54 G17 G90 G95 G40 G49 G00 X0 Y0;(设定工件坐标系,用每转进给,平移到工件 XY 平面原点)
N02      D#20                S#19 M03;  (指令刀具半径补偿号,主轴正转)
N03 G52 X#24 Y#25;                      (建立局部坐标系)
N04      X0   Y0;                       (铣刀平移到螺纹孔中心)
N05 G43 H#20           Z#7;             (激活刀具长度补偿,铣刀下降到准备点)
N06                    Z-#3;            (铣刀下降到螺纹底面)
N07 G01 G[39+#8]  X[-#1/2+#2] F0.5;(激活刀具半径补偿,铣刀沿-X 方向平移到接近底孔处)
N08 G[5-#8] X[#1/2]  R[#1/2  -#2/2]  F[#5 * #6/3];
                                        (在底平面沿顺时针方向走半圈入刀)
N09   #9=1;                             (#9 代表铣螺纹的圈数,此处赋初始值)
N10 WHILE [#9 LT #4] DO1;               (循环头,若未铣够圈数就在循环尾之间循环执行)
```

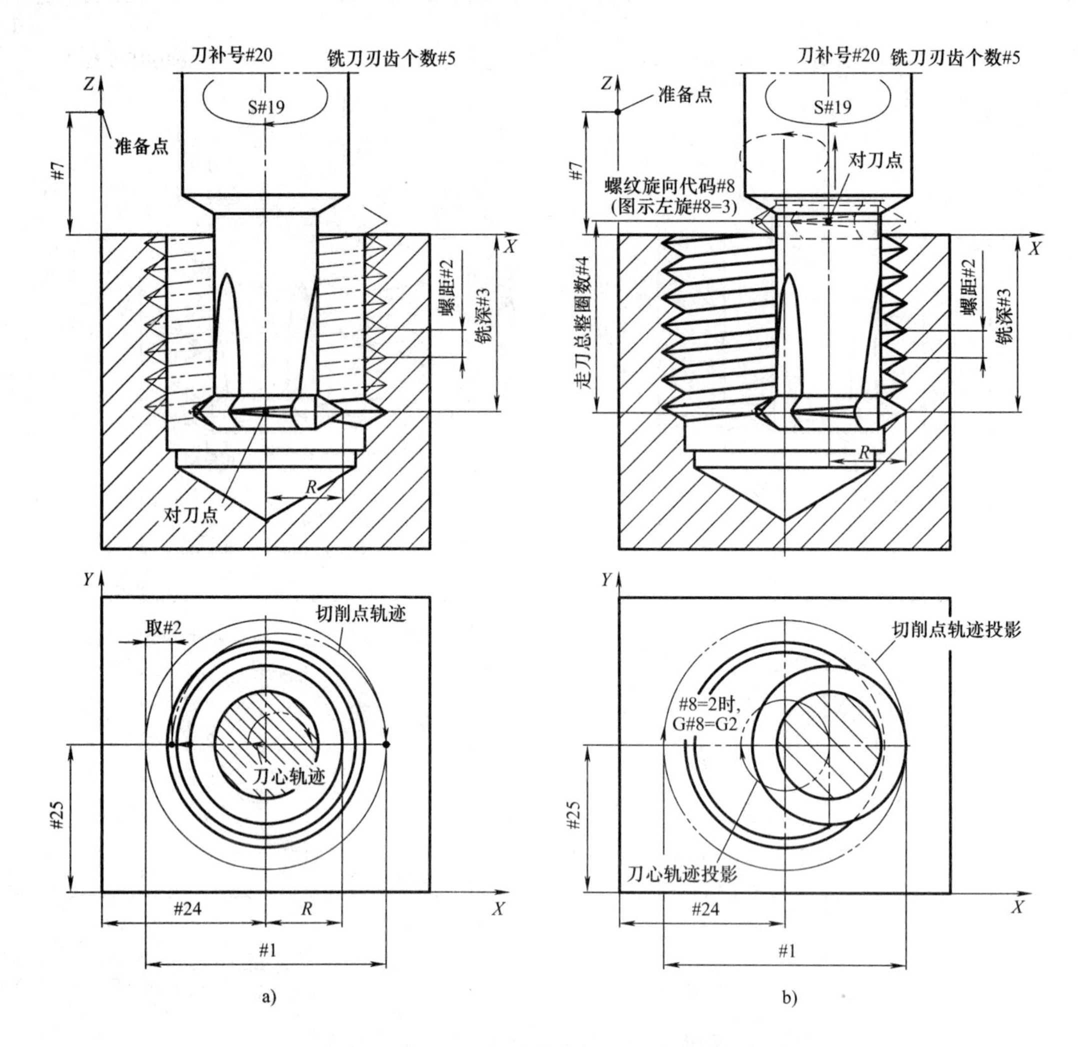

图 5-11　用横向刃齿螺纹铣刀从下往上铣左旋内螺纹

a）在底平面的半圆弧入刀　b）从下往上铣左旋螺纹

```
N11 G91 G[5-#8]   Z#2   I-[#1/2]   F[#5 * #6];(增量尺寸,铣一圈螺纹)
N12 #9=#9+1;                        (铣螺纹圈数增加 1)
N13 END1;                           (循环尾)
N14 G40 G90 G00 X0 Y0;              (注销刀具半径补偿,恢复绝对尺寸,回到孔中心)
N15 G49              Z#7;           (注销刀具长度补偿,铣刀上升到准备点)
N16 G52 X0   Y0;                    (取消局部坐标系)
N17        X0   Y0         M05;     (铣刀平移到工件坐标系原点之上)
N18 M30;
```

编写适用于西门子 802D 系统的通用宏程 PP514. MPF 如下：

```
PP514. MPF
    R1=a;              R1 代表螺纹大径
    R2=b;              R2 代表螺距
```

```
    R3=c;                   R3 代表螺纹铣深
    R4=i;                   R4 代表铣螺纹走刀总圈数
    R5=j;                   R5 代表铣刀刃齿个数
    R6=k;                   R6 代表每转中每刃齿进给
    R7=d;                   R7 代表准备点的 Z 坐标值
    R8=e;                   R8 代表螺纹的左/右旋代号,右旋取 2,左旋取 3
    R19=s;                  R19 代表主轴转速 S
    R20=t;                  R20 代表刀补号
    R24=x;                  R24 代表孔中心在工件坐标系中的 X 坐标值
    R25=y;                  R25 代表孔中心在工件坐标系中的 Y 坐标值
N01 G54 G17 G90 G95 G40 G49 G00 X0 Y0;  设定工件坐标系,用每转进给,平移到工件 XY 平面原点
N02 T1 D=R20    S=R19 M03;              指令刀具半径补偿和长度补偿号,主轴正转
N03 TRANS X=R24 Y=R25;                  零点偏移
N04        X0    Y0;                    铣刀平移到螺纹孔中心
N05                  Z=R7;              铣刀下降到准备点
N06                  Z=R3;              铣刀下降到螺纹底面
N07 G01 G=39+R8 X=-R1/2+R2    F0.5;     激活刀具半径补偿,铣刀沿-X 方向平移到接近底孔处
N08 G=5-R8 X=R1/2 CR=R1/2-R2/2   F=R5 * R6/3;
                                        在底平面沿顺时针方向走半圈入刀
N09  R9=1;                              R9 代表铣螺纹的圈数,此处赋初始值
N10 WHILE R9<R4;                        循环头,若未铣够圈数就在循环尾之间循环执行
N11G=5-R8  Z=IC(-R2)  I=-R1/2 F=R5 * R6;Z 向增量尺寸,铣一圈螺纹
N12 R9=R9+1;                            铣螺纹圈数增加 1
N13 ENDWHILE;                           循环尾
N14 G40 G00 X0 Y0;                      注销刀具半径补偿,回到孔中心
N15                Z=R7;                铣刀上升到准备点
N16 TRANS;                              零点偏移注销
N17         X0  Y0        M05;          铣刀平移到工件坐标系原点之上
N18 M02
```

O514 程序和 PP514. MPF 程序中都含有 12 个变量/参数，使用时只要根据具体尺寸和所选的工艺参数（包括螺纹的左旋、右旋）给这 12 个变量/参数赋值即可。

2. 铣圆柱外螺纹

铣圆柱外螺纹不如铣圆柱内螺纹用得多，也很少采用从下往上走刀的方法，所以这里只讨论从上往下走刀的通用宏程序。图 5-12 所示为用横向刃齿铣刀从上往下铣圆柱外螺纹。

用横向刃齿螺纹铣刀铣圆柱外螺纹时，可沿半径增大的方向直线退刀。

O515 程序是从上往下铣左旋、右旋圆柱外螺纹的适用于发那科系统的通用宏程序。

```
O515;
    #1=a;          (#1 代表螺纹大径)
    #2=b;          (#2 代表螺距)
```

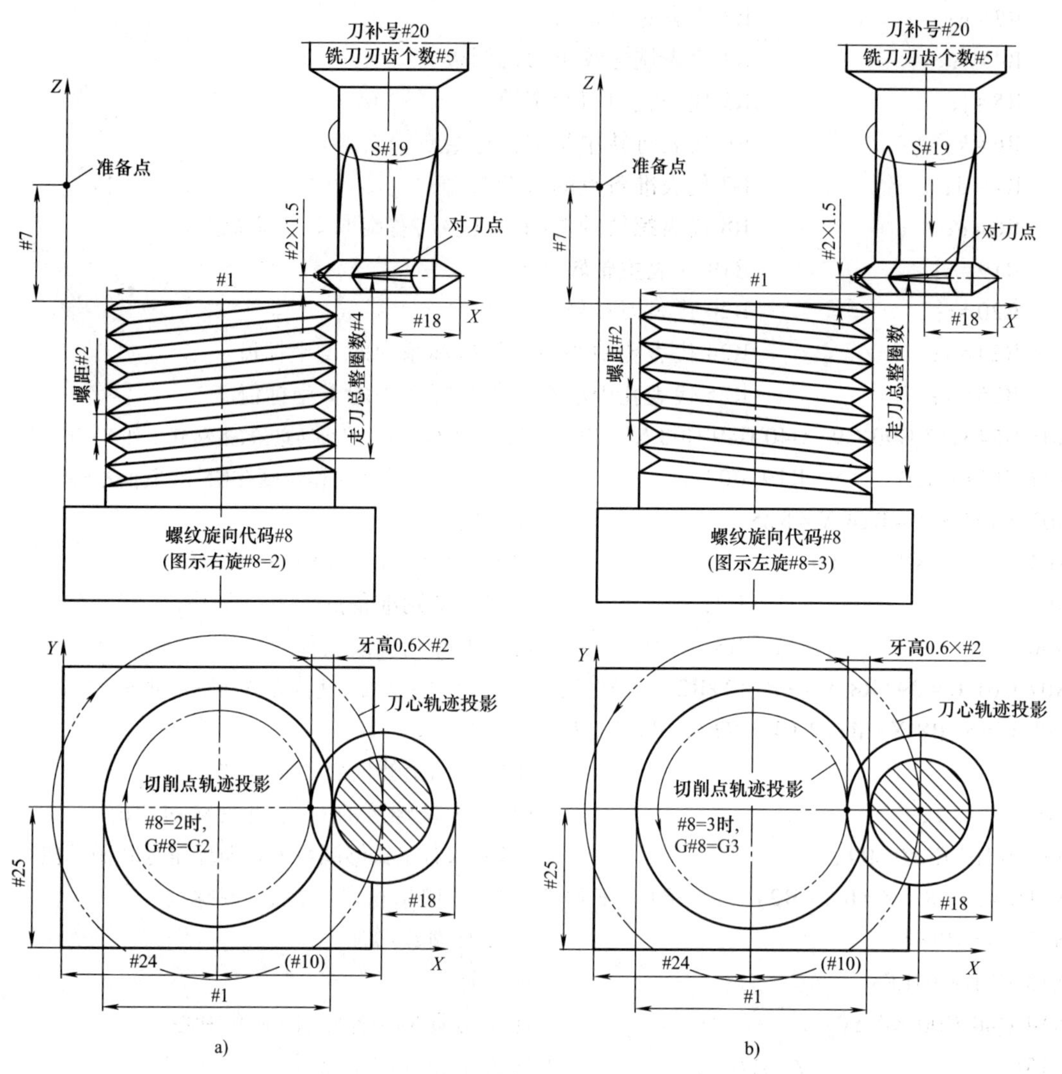

图 5-12 用横向刃齿螺纹铣刀从上往下铣圆柱外螺纹

a）从上往下铣右旋螺纹 b）从上往下铣左旋螺纹

```
    #4 = i;          (#4 代表铣螺纹走刀总圈数)
    #5 = j;          (#5 代表铣刀刃齿个数)
    #6 = k;          (#6 代表每转中每刃齿进给)
    #7 = d;          (#7 代表准备点的 Z 坐标值)
    #8 = e;          (#8 代表螺纹的左/右旋代号,右旋取 2,左旋取 3)
    #18 = r;         (#18 代表铣刀刃齿尖的公称回转半径)
    #19 = s;         (#19 代表主轴转速 S)
    #20 = t;         (#20 代表刀补号)
    #24 = x;         (#24 代表孔中心在工件坐标系中的 X 坐标值)
    #25 = y;         (#25 代表孔中心在工件坐标系中的 Y 坐标值)
N01 #10 = #1/2+#18-0.6 * #2;     (#10 代表切削起始位刀心离螺纹中心的距离)
```

```
N02 G54 G17 G90 G95 G40 G49 G00 X0 Y0; (设定工件坐标系,用每转进给,平移到工件XY平面原点)
N03        D#20              S#19 M03;     (指令刀具半径补偿号,使主轴正转)
N04 G52 X#24 Y#25;                          (建立局部坐标系)
N05           X0  Y0;                       (铣刀平移到螺纹中心)
N06           X[#10+10];                    (铣刀平移到切削起始位右侧10mm垂直位置)
N07 G43 H#20             Z#7;               (激活刀具长度补偿,铣刀下降到准备点)
N08                      Z[#2*1.5];         (铣刀下降到顶面之上1.5P高处)
N09 G[39+#8] X[#1/2-0.6*#2];               (激活刀具半径补偿,铣刀沿X方向平移到切削
                                             起始点)
N10  #9=1;                                  (#9代表铣螺纹的圈数,此处赋初始值)
N11 WHILE [#9 LT #4] DO1;                  (循环头,若未铣够圈数就在循环尾之间循环执行)
N12 G91 G#8  Z-#2  I-[#1/2-0.6*#2]  F[#5*#6];(Z向增量尺寸,铣一圈螺纹)
N13 #9=#9+1;                                (铣螺纹圈数增加1)
N14 END1;                                   (循环尾)
N15 G40 G90 G00 X[#10+10] Y0;              (注销刀具半径补偿,恢复绝对尺寸,铣刀平移退出)
N16 G49          Z#7;                       (注销刀具长度补偿,铣刀上升到准备点)
N17 G52 X0 Y0;                              (取消局部坐标系)
N18       X0 Y0          M05;               (铣刀平移到工件坐标系原点之上)
N19 M30;
```

PP515. MPF程序是从上往下铣左旋、右旋圆柱外螺纹的适用于西门子802D系统的通用宏程序。

```
PP515. MPF
    R1=a;              R1代表螺纹大径
    R2=b;              R2代表螺距
    R4=i;              R4代表铣螺纹走刀整圈数
    R5=j;              R5代表铣刀刃齿个数
    R6=k;              R6代表每转中每刃齿进给
    R7=d;              R7代表准备点的Z坐标值
    R8=e;              R8代表螺纹的左/右旋代号,右旋取2,左旋取3
    R18=r;             R18代表铣刀刃齿尖的公称回转半径
    R19=s;             R19代表主轴转速S
    R20=t;             R20代表刀补号
    R24=x;             R24代表孔中心在工件坐标系中的X坐标值
    R25=y;             R25代表孔中心在工件坐标系中的Y坐标值
N01  R10=R1/2+R18-0.6*2;              R10代表切削起始位刀心离螺纹中心的距离
N02 G54 G17 G90 G95 G40 G00 X0 Y0;    设定工件坐标系用每转进给平移到工件XY平面原点
N03 T1 D=R20          S=R19 M03;      指令刀具半径补偿和长度补偿号,让主轴正转
N04 TRANS   X=R24 Y=R25;              零点偏移
N05         X0  Y0;                   铣刀平移到螺纹孔中心
```

```
N06        X=R10+10;                  铣刀平移到切削起始位右侧 10mm 垂直位置
N07                      Z=R7;        铣刀下降到准备点
N08                      Z=R2*1.5;    铣刀下降到顶面之上 1.5P 高处
N09 G=39+R8  X=R1/2-0.6*R2;           激活刀具半径补偿,铣刀沿 X 方向平移到切削起始点
N10  R9=1;                            R9 代表铣螺纹的圈数,此处赋初始值
N11 WHILE R9<R4;                      循环头,若未铣够圈数就在循环尾之间循环执行
N12 G=R8  Z=IC(-R2) I=R1/2+0.6*2 F=R5*R6;
                                      Z 向增量尺寸,铣一圈螺纹
N13 R9=R9+1;                          铣螺纹圈数增加 1
N14 ENDWHILE;                         循环尾
N15 G40 G90 G00 X=R10+10  Y0;         注销刀具半径补偿,恢复绝对尺寸,铣刀平移退出
N16                      Z=R7;        铣刀上升到准备点
N17 TRANS;                            零点偏移注销
N18          X0  Y0          M05;     铣刀平移到工件坐标系原点之上
N19 M02
```

O515 程序和 PP515. MPF 程序中都含有 12 个变量/参数，使用时只要根据具体尺寸和所选的工艺参数（包括螺纹的左旋、右旋）给这 12 个变量/参数赋值即可。

程序中的#18/R18 代表铣刀刃齿尖的公称回转半径。此变量/参数只在确定入刀准备点的位置时使用一次。因加工程序段中使用了 G41/G42 指令，所以加工时可用改变屏幕上相应的刀具半径设定值来调节加工出螺纹直径的大小，而#18/R18 设定的公称值不用随此改变。

横向刃齿越多（即#5 或 R5 值越大），铣螺纹的效率越高。由于铣外螺纹时对铣刀直径没有限制，所以应采用横向刃齿尽可能多的铣刀，尤其在批量加工时，最好能使用在横向装有多片刀片的刀盘螺纹铣刀。

5.4.2 铣锥管螺纹

1. 铣锥管内螺纹

用横向刃齿螺纹铣刀铣锥管内螺纹时可用从上往下铣和从下往上铣两种方法，如图5-13所示。

对于右旋螺纹（圆锥螺纹一般都是右旋旋向），从上往下铣是逆铣，反之是顺铣，加工时可根据工艺需要来选择。

一般来说，铣英制或米制锥管螺纹较多。无论是英制还是米制，锥管螺纹的锥度都是 1∶16（斜度 1∶32），锥度约为 3.5798°。

1）先讨论从上往下铣（见图 5-13a），选择铣削起点距离顶面 2*P*。

O516 程序是适用于发那科系统的用横向刃齿螺纹铣刀从上往下铣锥管内螺纹的通用宏程序。

```
O516;
  #1=a;          (基准平面上的大径,可从表 1-8 和表 1-12 中查得)
  #2=b;          (每 25.4mm 轴向长度内所包含的螺纹牙数,可从表 1-8 和表 1-12 中查得)
```

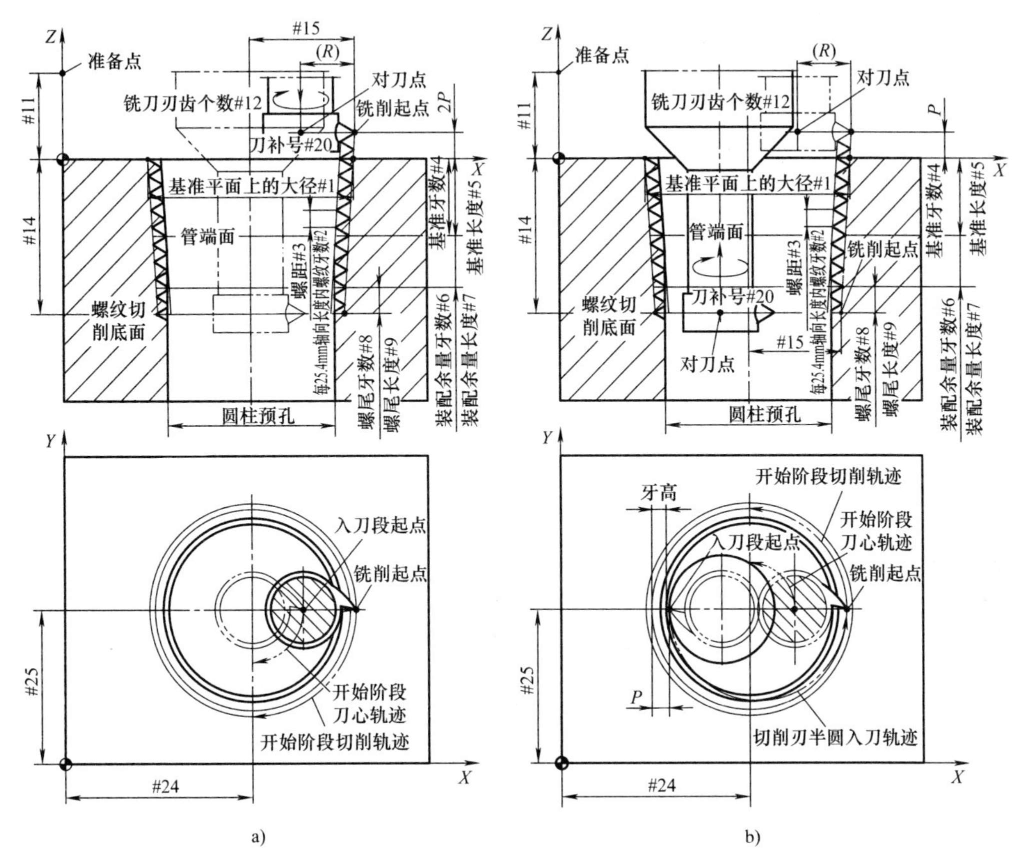

图 5-13　用横向刃齿螺纹铣刀铣锥管内螺纹

a）从上往下铣，用直线入刀　b）从下往上铣，用平面半圆弧入刀

#4 = i;　　　　（基准牙数，可从表 1-8 和表 1-12 中查得）

#6 = k;　　　　（装配余量牙数，可从表查得）

#8 = e;　　　　（螺尾牙数，选定，一般取 2）

#11 = h;　　　　（准备点的 Z 坐标值）

#12 = g;　　　　（铣刀的刃齿个数）

#13 = m;　　　　（每刃每转进给量，选定）

#19 = s;　　　　（主轴转速 S，选定）

#20 = t;　　　　（刀具补偿号）

#24 = x;　　　　（螺纹孔中心在工件坐标系中的 X 值）

#25 = y;　　　　（螺纹孔中心在工件坐标系中的 Y 值）

N01 #10 = ROUND[166/#1];　　　　（分步角 Δα，也可不用此式，即另外选定）

N02 #3 = 25.4/#2;　　　　（螺距）

N03 #5 = #4 * #3;　　　　（基准长度）

N04 #7 = #6 * #3;　　　　（装配余量长度）

N05 #9 = #8 * #3;　　　　（螺尾长度）

N06 #14 = #5+#7+#9;　　　　（铣削总深）

```
N07 #15=#1/2+2*#3/32;          (铣削起点的半径值)
N08 #16=#10/360*#3;            (每步 Z 向下降值)
N09 #17=#16/32;                (每步半径减小值)
N11G54G90G95G40G00X0Y0;        (设定工件坐标系,用每转进给,平移到工件 XY 平面原点)
N12    D#20      S#19 M03;     (指令刀具半径补偿号,主轴正转)
N13G52 X#24 Y#25;              (建立局部坐标系)
N14    X0   Y0;                (铣刀平移到螺纹孔中心)
N15G43 H#20      Z#11;         (激活刀具长度补偿,铣刀下降到准备点)
N16              Z[2*#3];      (铣刀下降到铣削起始点所在的平面)
N17G42 X#15;                   (激活刀具半径补偿,铣刀平移到铣削起点)
N18 #30=0;                     (动点的 α 角度值,此处赋初始值)
N19 #21=2*#3;                  (动点的 Z 坐标值,此处赋初始值)
N20 WHILE [#21 GT -#14] DO1;   (切削螺纹循环开始)
N21 #30=#30-#10;               (本步终点的 α 角度值)
N22 #15=#15-#17;               (本步终点的半径值)
N23 #21=#21-#16;               (本步终点的 Z 坐标值)
N24 G02 X[#15*COS[#20]] Y[#15*SIN[#20]] Z#21R[#15+#17/2] F[#12*#13];
                               (螺旋插补走一步)
N25 END1;                      (循环结束)
N26 G00 G40 X0 Y0;             (铣刀平移,与螺纹孔中心重合)
N27              Z[#11/2];     (铣刀上升到平面之上)
N28 G52   X0 Y0;               (撤销局部坐标系)
N29       X0 Y0;               (铣刀平移到工件坐标系原点之上)
N30 G49          Z#11   M05;   (撤销长度补偿,铣刀上升到起始位)
N31 M30;
```

PP516. MPF 程序是适用于西门子 802D 系统的用横向刃齿螺纹铣刀从上往下铣锥管内螺纹的通用宏程序。

```
PP516. MPF
  R1=a;          R1 代表基面螺纹大径,可从表 1-8 和表 1-12 中查得
  R2=b;    R2 代表每 25. 4mm 轴向长度内所包含的螺纹牙数,可从表 1-8 和表 1-12 中查得
  R4=i;          R4 代表基准牙数,可从表 1-8 和表 1-12 中查得
  R6=k;          R6 代表装配余量牙数,可从表 1-8 和表 1-12 中查得
  R8=e;          R8 代表螺尾牙数,选定,一般取 2
  R11=h;         R11 代表准备点的 Z 值
  R12=g;         R12 代表铣刀的刃齿个数
  R13=m;         R13 代表每刃每转进给量,选定
  R19=s;         R19 代表主轴转速 S,选定
  R20=t;         R20 代表刀具补偿号
  R24=x;         R24 代表螺纹孔中心在工件坐标系中的 X 值
```

```
 R25=y;                 R25 代表螺纹孔中心在工件坐标系中的 Y 值
N01 R10=ROUND(166/R1);          R10 代表分步角 Δα,可用此式,也可另外选定
N02 R3=25.4/R2;                 R3 代表螺距
N03 R5=R4 * R3;                 R5 代表基准长度
N04 R7=R6 * R3;                 R7 代表装配余量长度
N05 R9=R8 * R3;                 R9 代表螺尾长度
N06 R14=R5+R7+R9;               R14 代表铣削总深
N07 R15=R1/2+2 * R3/32;         R15 代表铣削起点的半径值
N08 R16=R10/360 * R3;           R16 代表每步 Z 向下降值
N09 R17=R16/32;                 R17 代表每步半径减小值
N11 G54G90G95G40G00X0Y0;        设定工件坐标系,用每转进给,平移到工件 XY 平面原点
N12 T1 D=R20    S=R19 M03;      指令刀具半径补偿和长度补偿号,主轴正转
N13 TRANS    X=R24 Y=R25;       零点偏移
N14          X0     Y0;         铣刀平移到螺纹孔中心
N15              Z=R11;         铣刀下降到准备点
N16              Z=2 * R3;      铣刀下降到铣削起始点所在的平面
N17G42       X=R15;             激活刀具半径补偿,使铣刀平移到铣削起点
N18 R30=0;                      动点的 α 角度值,此处赋初始值
N19 R21=2 * R3;                 动点的 Z 坐标值,此处赋初始值
N20 WHILE R21>-R14;             切螺纹循环开始
N21 R30=R30-R10;                本步终点的 α 角度值
N22 R15=R15-R17;                本步终点的半径值
N23 R21=R21-R16;                本步终点的 Z 坐标值
N24 G02 X=R15 * COS(R30) Y=R15 * SIN(R30) Z=R21 CR=R15+R17/2 F=R12 * R13;
                                螺旋插补走一步
N25 ENDWHILE;                   循环结束
N26 G00 G40 X0   Y0;            平移到刀中心与螺孔中心重合
N27                    Z=R11;   铣刀上升到准备点
N28 TRANS;                      零点偏移注销
N29      X0 Y0             M05;铣刀平移到工件坐标系原点之上
N30 M02
```

国标中对 60°密封锥管螺纹（NPT 螺纹）和 55°密封锥管螺纹（螺距）规定的是每 25.4mm 轴向长度内所包含的螺纹牙数，基准长度和装配余量给的也是牙数，所以铣这两种内螺纹时直接使用这两个程序之一即可。而对米制锥管螺纹，螺距是以长度规定，基准（长度）和装配余量也是以长度规定，在这种情况下螺尾也取长度，所以铣米制锥管内螺纹时应把上述两个程序中的#2/R2、#4/R4、#6/R6 和#8/R8 这 4 段删掉，直接给 N02、N03、N04 和 N05 段中的#3/R3、#5/R5、#7/R7、#9/R9 赋值。

O516 程序和 PP516. MPF 程序中的分步角#10/R10 也就是每走一步的度数。此值取得太大会影响精度，太小则存在来不及算的可能性。作者建议在 3~12°范围内选取。铣直径小的螺纹时可

把此值取得略大些，反之取得略小些。在这两个程序中，作者建议取值原则如下：当铣尺寸代号为 1/2 的锥管螺纹时，此值取 8°，大于此规格时减小取值，小于此规格时加大此值。

在 O516 程序和 PP516. MPF 程序中，入刀段和出刀段分别是离开和朝向螺纹孔中心的平面直线段。

2）再讨论从下往上铣锥管内螺纹（见图 5-13b），采用平面半圆弧入刀。O517 程序是适用发那科系统的通用宏程序。

```
O517;
    #1=a;              (基准平面上的大径,可从表 1-8 和表 1-12 中查得)
    #2=b;              (每 25.4mm 轴向长度内所包含的螺纹牙数,可从表 1-8 和表 1-12 中查得)
    #4=i;              (基准牙数,可从表 1-8 和表 1-12 中查得)
    #6=k;              (装配余量牙数,可从表 1-8 和表 1-12 中查得)
    #8=e;              (螺尾牙数,选定,一般取 2)
    #11=h;             (准备点的 Z 值)
    #12=g;             (铣刀的刃齿个数)
    #13=m;             (每刃每转进给量,选定)
    #19=s;             (主轴转速 S,选定)
    #20=t;             (刀具补偿号)
    #24=x;             (螺纹孔中心在工件坐标系中的 X 值)
    #25=y;             (螺纹孔中心在工件坐标系中的 Y 值)
N01 #10=ROUND[166/#1]              (分步角 Δα,也可不用此式,可另外选定)
N02 #3=25.4/#2;                    (螺距)
N03 #5=#4*#3;                      (基准长度)
N04 #7=#6*#3;                      (装配余量长度)
N05 #9=#8*#3;                      (螺尾长度)
N06 #14=#5+#7+#9;                  (铣削总深)
N07 #15=#1/2+2*#3;                 (铣削起点的半径值)
N08 #16=#10/360*#3;                (每步 Z 向上升值)
M09 #17=#16/32;                    (每步半径增大值)
N11 G54 G90 G95 G40 G00 X0 Y0;     (设定工件坐标系,用每转进给,平移到工件 XY 平面原点)
N12     D#20          S#19  M03;   (指令刀具半径补偿号,主轴正转)
N13 G52 X#24 Y#25;                 (建立局部坐标系)
N14     X0    Y0;                  (铣刀平移到螺纹孔中心)
N15 G43 H#20        Z#11;          (激活刀具长度补偿,铣刀下降到准备点)
N16                 Z0;            (铣刀下降到螺纹顶平面)
N17                 Z-#14;         (铣刀下降到螺纹底平面)
N18 G41 X[-#15+#3];                (激活刀具半径补偿,铣刀平移到入刀段起点)
N19 G03 X#15  R[#15-#3/2] F[#12*#13];(在底平面半圆半圆弧入刀)
N20 #30=0;                         (动点的 α 角度值,此处赋初始值)
N21 #21=-#14;                      (动点的 Z 坐标值,此处赋初始值)
```

```
N22 WHILE [#21 LT #3] DO1;        (切削螺纹循环开始)
N23 #30=#30+#10;                  (本步终点的α角度值)
N24 #15=#15+#17;                  (本步终点的半径值)
N25 #21=#21+#16;                  (本步终点的Z坐标值)
N26 G03 X[#15*COS[#30]] Y[#15*SIN[#30]] Z#21 R[#15-#17/2] F[#12*#13];
                                  (螺旋插补走一步)
N27 END1;                         (循环结束)
N28 G00 G40 X0 Y0;                (铣刀平移到与螺纹孔中心重合)
N29 G49           Z#11;           (撤销长度补偿,铣刀上升到起始位)
N30 G52    X0 Y0;                 (撤销局部坐标系)
N31        X0 Y0       M05;       (铣刀平移到工件坐标系原点之上)
N32 M30;
```

PP517. MPF 是适用于西门子 802D 系统的通用宏程序。

```
PP517.MPF
    R1=a;             R1代表基准面螺纹直径,可从表1-8和表1-12中查得
    R2=b;        R2代表每25.4mm轴向长度内所包含的螺纹牙数,可从表1-8和表1-12中查得
    R4=i;             R4代表基准牙数,可从表1-8和表1-12中查得
    R6=k;             R6代表装配余量牙数,可从表1-8和表1-12中查得
    R8=e;             R8代表螺尾牙数,选定,一般取2
    R11=h;            R11代表准备点的Z值
    R12=g;            R12代表铣刀的刃齿个数
    R13=m;            R13代表每刃每转进给量,选定
    R19=s;            R19代表主轴转速S,选定
    R20=t;            R20代表刀具补偿号
    R24=x;            R24代表螺纹孔中心在工件坐标系中的X值
    R25=y;            R25代表螺纹孔中心在工件坐标系中的Y值
N01 R10=ROUND(166/R1);        R10代表每步度数Δα,可用此式,也可另外选定
N02 R3=25.4/R2;               R3代表螺距
N03 R5=R4*R3;                 R5代表基准长度
N04 R7=R6*R3;                 R7代表装配余量长度
N05 R9=R8*R3;                 R9代表螺尾长度
N06 R14=R5+R7+R9;             R14代表铣削总深
N07 R15=R1/2+2*R3/32;         R15代表铣削起点的半径值
N08 R16=R10/360*R3;           R16代表每步Z向下降值
N09 R17=R16/32;               R17代表每步半径减小值
N11 G54 G90 G95 G40 G00 X0 Y0;设定工件坐标系,用每转进给,平移到工件XY平面原点
N12 T1 D=R20     S=R19 M03;   指令刀具半径补偿和长度补偿号,主轴正转
N13 TRANS X=R24 Y=R25;        零点偏移
N14        X0  Y0;            铣刀平移到螺纹孔中心
```

```
N15                    Z=R11; 铣刀下降到准备点
N16                    Z=2 * R3;铣刀下降到铣削起始点所在的平面
N17 G42 X=R15;               激活刀具半径补偿,铣刀平移到铣削起点
N18 R30=0;                   动点的 α 角度值,此处赋初始值
N19 R21=2 * R3;              动点的 Z 坐标值,此处赋初始值
N20 WHILE R21<R3;            切削螺纹循环开始
N21 R30=R30+R10;             本步终点的 α 角度值
N22 R15=R15+R17;             本步终点的半径值
N23 R21=R21+R16;             本步终点的 Z 坐标值
N24 G02 X=R15 * COS(R30) Y=R15 * SIN(R30) Z=R21 CR=R15+R17/2 F=R12 * R13;
                             螺旋插补走一步
N25 ENDWHILE;                循环结束
N26 G00 G40 X0 Y0;           铣刀平移到与螺孔中心重合
N27                  Z=R11;  铣刀上升到准备点
N28 TRANS;                   零点偏移注销
N29        X0 Y0       M05;  铣刀平移到工件坐标系原点之上
M30 M02
```

O517 程序和 PP517. MPF 程序的使用方法与前述 O516 程序和 PP516. MPF 相同。下面举一个作者曾经历过的铣削尺寸代号为 1/2 的 NPT 内螺纹的例子，如图 5-14 所示。有一把用来车 NPT 1/2 内螺纹的车刀，而这里几个 NPT 1/2 内螺纹只能用铣削方法加工，于是借用了这把车刀。此车刀刃尖的回转半径是 5.8mm（样本上标明的）。从本书的表 1-8 中查得，此规格螺纹在基准平面内的大径是 21.223mm，螺距是每 25.4mm 轴向长度内含有螺纹 14 牙、基准圈数 4.48、装配余量为 3 牙，把这 4 个值分别赋给 O517 程序中的#1、#2、#4 和#6。螺尾牙数选 2，准备点选在顶面之上 80mm 处，铣刀只有一个刃齿，每刃每转进给量取 0.06mm，主轴转速取 1500r/min，刀具补偿号用 1，螺纹孔中心在工件坐标系中的 *X*、*Y* 向距离分别为 25mm 和 20mm。把这 8 个值分别赋给#8、#11、#12、#13、#19、#20、#24 和#25，得到 O517 程序的前 12 段如下：

```
#1=21.224;        (基面螺纹大径)
#2=14;            (每 25.4mm 轴向长度内所含螺纹牙数)
#4=4.48;          (基准牙数)
#6=3;             (装配余量牙数)
#8=2;             (螺尾牙数)
#11=80;           (准备点的 Z 值)
#12=1;            (铣刀的刃齿个数)
#13=0.06;         (每刃每转进给量)
#19=1500;         (主轴转速 S)
#20=1;            (刀具补偿号)
#24=25;           (螺纹孔中心在工件坐标系中的 X 值)
#25=20;           (螺纹孔中心在工件坐标系中的 Y 值)
```

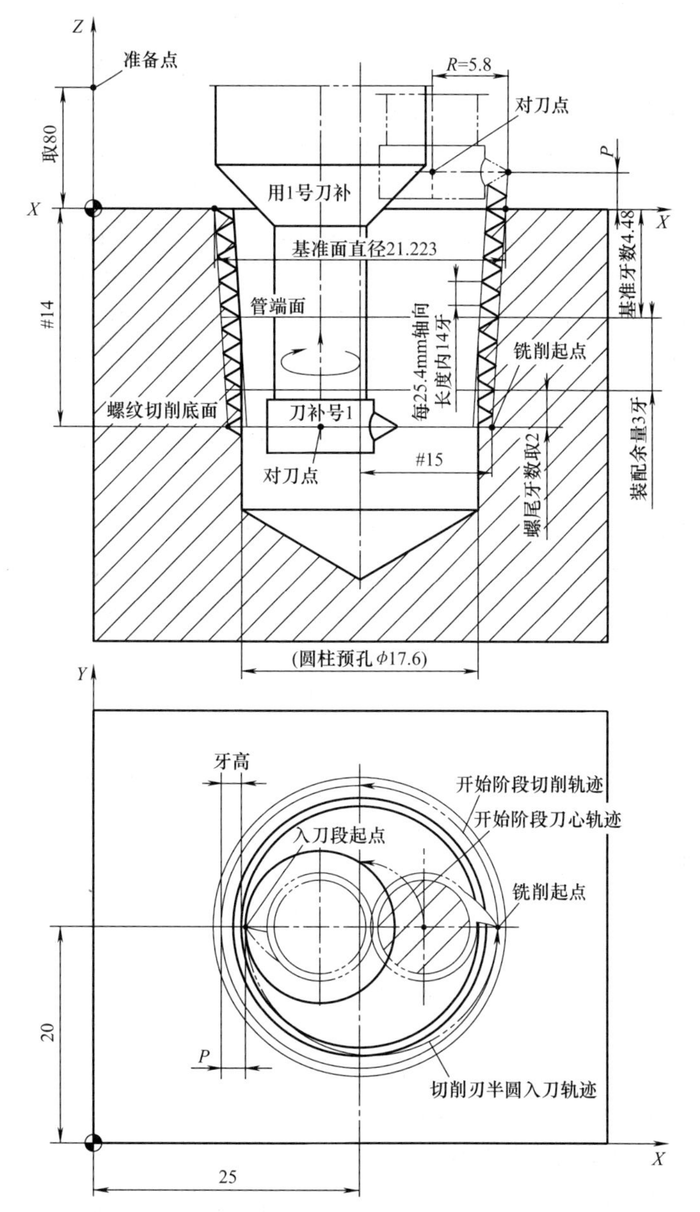

图 5-14　用单刃螺纹铣刀从下往上铣 NPT1/2 内螺纹例图

由此 O517 程序就可用来加工此螺纹。当然，先要对刀和设定坐标系，*Z* 向原点设在工件顶面上。注意刀具上的 *Z* 向对刀点不是选在刀具底面上（见图 5-14）。

试铣第一个孔的过程是：将 1 号刀补栏内的铣刀半径 R 值设为 6.0（比公称值 5.8 略大），运行程序试铣后用螺纹塞规检测。这时螺纹孔径应不够大。根据检测的情况，在略减小 R 半径设定值后再试铣，铣后再检测。这样反复做几次，直到检测合格。从加工第二个相同孔开始，就可以用铣第一个孔时最终的 R 设定值直接铣削。

在生产中，常能遇到铣 NPT 内锥螺纹的情况。用横向刃齿螺纹铣刀铣此制式内螺纹的规格一般为 1/4~2。作者编制了一个在此规格范围内不用查表就可铣削的通用宏程序 O518，适用于发那科系统，所用刀具为横向刃齿（例如单齿）螺纹铣刀。

```
O518;
  #30=v;                                (NPT 锥管螺纹的规格即代号)
  IF[#30 EQ 1/4]THEN   #1=13.616;  (此#1 代表 NPT 1/4 螺纹在基准面上的大径)
  IF[#30 EQ 3/8]THEN   #1=17.055;  (此#1 代表 NPT 3/8 螺纹在基准面上的大径)
  IF[#30 EQ 1/2]THEN   #1=21.224;  (此#1 代表 NPT 1/2 螺纹在基准面上的大径)
  IF[#30 EQ 3/4]THEN   #1=26.569;  (此#1 代表 NPT 3/4 螺纹在基准面上的大径)
  IF[#30 EQ 1]THEN   #1=33.228;     (此#1 代表 NPT 1 螺纹在基准面上的大径)
  IF[#30 EQ 1.25]THEN #1=41.985;    (此#1 代表 NPT 1 1/4 螺纹在基准面上的大径)
  IF[#30 EQ 1.5]THEN #1=48.054;     (此#1 代表 NPT 1 1/2 螺纹在基准面上的大径)
  IF[#30 EQ 2]THEN   # 1=60.092;    (此#1 代表 NPT 2 螺纹在基准面上的大径)
  IF[#30 EQ 1/4]THEN   #2=18;    (此#2 代表 NPT 1/4 螺纹的每 25.4mm 轴向长度上所含牙数)
  IF[#30 EQ 1/2]THEN   #2=14;    (此#2 代表 NPT 1/2 螺纹的每 25.4mm 轴向长度上所含牙数)
  IF[#30 EQ 3/4]THEN   #2=14;    (此#2 代表 NPT 3/4 螺纹的每 25.4mm 轴向长度上所含牙数)
  IF [#30 EQ 1]THEN   #2=11.5;      (此#2 代表 NPT 1 螺纹的每 25.4mm 轴向长度上所含牙数)
  IF [#30 EQ 1.25]THEN   #2=11.5;(此#2 代表 NPT 1 1/4 螺纹的每 25.4mm 轴向长度上所含牙数)
  IF[#30 EQ 1.5]THEN   #2=11.5;
                              (此#2 代表 NPT 1 1/2 螺纹的每 25.4mm 轴向长度上所含牙数)
  IF[#30 EQ 2]THEN   #2=11.5;       (此#2 代表 NPT 2 螺纹的每 25.4mm 轴向长度上所含牙数)
  IF [#30 EQ 1/4]THEN #4=4.10;      (此#4 代表 NPT 1/4 螺纹的基准牙数)
  IF[#30 EQ 3/8]THEN #4=4.32;       (此#4 代表 NPT 3/8 螺纹的基准牙数)
  IF[#30 EQ 1/2]THEN #4=4.48;       (此#4 代表 NPT 1/2 螺纹的基准牙数)
  IF[#30 EQ 3/4]THEN #4=4.75;       (此#4 代表 NPT 3/4 螺纹的基准牙数)
  IF[#30 EQ 1]THEN #4=4.60;         (此#4 代表 NPT 1 螺纹的基准牙数)
  IF [#30 EQ 1.25]THEN #4=4.83;     (此#4 代表 NPT 1 1/4 螺纹的基准牙数)
  IF[#30 EQ 1.5]THEN #4=4.83;       (此#4 代表 NPT 1 1/2 螺纹的基准牙数)
  IF[#30 EQ 2]THEN   #4=5.01;       (此#4 代表 NPT 2 螺纹的基准牙数)
    #6=3;(装配余量圈数,1/4~2 规格的都是 3 牙)
    (此程序余下部分同 O517 程序中的 N06~N32 段)
```

此宏程序的基础部分与 O517 程序的基础部分完全相同，只是用上述 25 段（程序）把 O517 程序中的开头 4 段替换掉。

使用时，除了变量#11、#12、#13、#19、#20、#24 和#25 需要根据实际情况赋值外，只要把要加工的 NPT 管螺纹的规格（值）赋给 N01 段中的#30 即可。

例如，铣图 5-14 所示 NPT 1/2 内螺纹。准备点选在顶面之上 80mm 处，铣刀只有一个刃齿，每刃每转进给量取 0.06mm，主轴转速取 1500r/min，刀具补偿号用 1，螺纹孔中心在工件坐标系中的 X 向、Y 向距离分别为 25mm 和 20mm。把这 7 个值分别赋给#11、#12、#13、#19、#20、#24 和#25，再把 1/2（或 0.5）值赋给首段中的#30 后，此程序就可用来做加工。

2. 铣锥管外螺纹

铣外螺纹不会像铣不通螺纹孔那样出现切屑堆积、阻碍下刀的情况，所以一般采用从上往下走刀的方法。加工外锥螺纹也是以加工外锥管螺纹为多。外锥管螺纹的锥度都是 1 : 16，而且旋向都是右旋。图 5-15 所示为用横向刃齿螺纹铣刀从上往下铣锥管外螺纹。

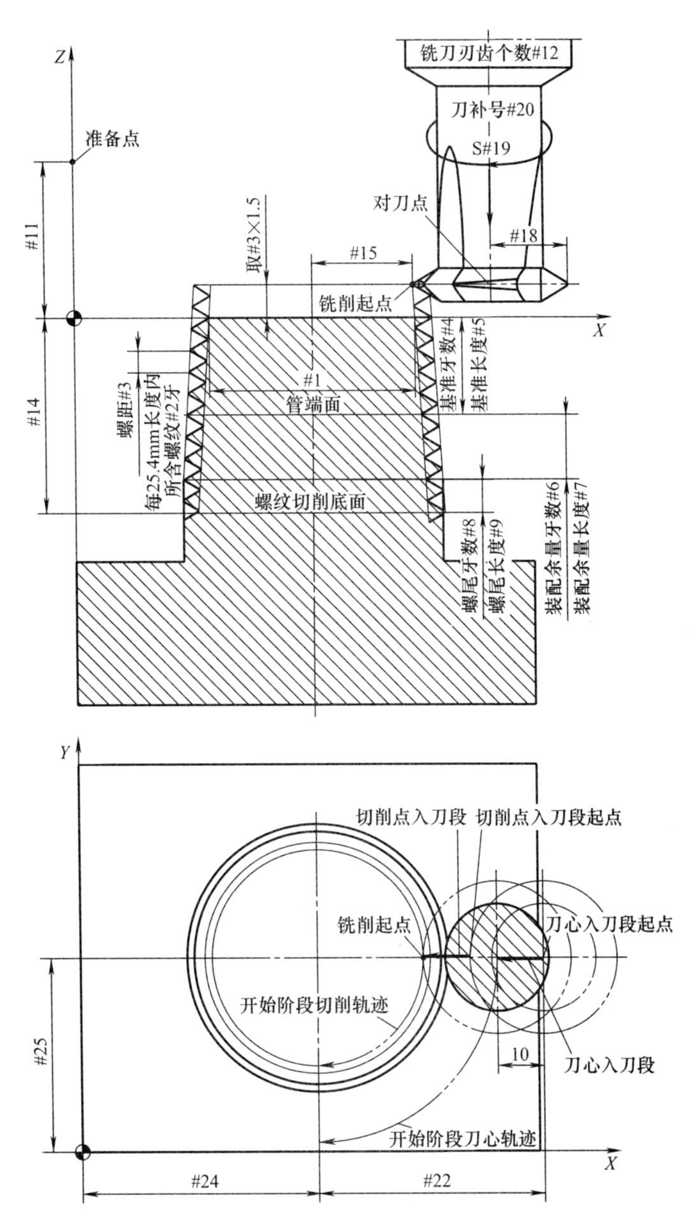

图 5-15　用横向刃齿螺纹铣刀从上往下铣锥管外螺纹

O519 程序是用横向刃齿螺纹铣刀从上往下铣锥管外螺纹的通用宏程序，适用于发那科系统。

O519；

#1 = a；　　　　（螺纹在管子端面内的小径，可从表 1-8 和表 1-12 中查得）

#2 = b；　　　　（每 25.4mm 轴向长度内所含螺纹牙数，可从表 1-8 和表 1-12 中查得）

```
    #4=i;            (基准牙数,可从表 1-8 和表 1-12 中查得)
    #6=k;            (装配余量牙数,可从表 1-8 和表 1-12 中查得)
    #8=e;            (螺尾牙数,选定,一般取 2)
    #11=h;           (准备点的 Z 值)
    #12=g;           (铣刀的刃齿个数)
    #13=m;           (每刃每转进给量,选定)
    #18=r;           (铣刀刃尖的回转半径)
    #19=s;           (主轴转速 S,选定)
    #20=t;           (刀具补偿号)
    #24=x;           (螺纹中心在工件坐标系中的 X 值)
    #25=y;           (螺纹中心在工件坐标系中的 Y 值)
N01 #10=ROUND[140/#1];            (分步角 Δα,也可不用此式,另外选定)
N02 #3=25.4/#2;                   (螺距)
N03 #5=#4*#3,                     (基准长度)
N04 #7=#6*#3;                     (装置余量长度)
N05 #9=#8*#3;                     (螺尾长度)
N06 #14=#5+#7+#9;                 (铣削总深)
N07 #15=#1/2+1.5*#3/32;           (铣削起点的半径值)
N08 #16=#10/360*#3;               (每步 Z 向下降值)
N09 #17=#16/32;                   (每步半径增大值)
N11 G54 G90 G95 G40 G00 X0 Y0;    (设定工件坐标系,用每转进给,平移到工件 XY 平面原点)
N12   D#20          S#19 M03;     (指令刀具半径补偿号,主轴正转)
N13G52 X#24 Y#25;                 (建立局部坐标系)
N14      X[#15+#18+10] Y0;        (铣刀平移到入刀段起点之上)
N15G43 H#20  Z#11;                (激活刀具长度补偿,铣刀下降到准备点所在的平面)
N16             Z[1.5*#3];        (铣刀下降到入刀段起点)
N17G41 X#15;                      (激活刀具半径补偿,铣刀平移到铣削起始点)
N18 #30=0;                        (动点的 α 角度值,此处赋初始值)
N19 #21=1.5*#3;                   (动点的 Z 坐标值,此处赋初始值)
N20 WNILE[#21 GT -#14]DO1;        (切削螺纹循环开始)
N21 #30=#30-#10;                  (本步终点的 α 角度值)
N22 #15=#15+#17;                  (本步终点的半径值)
N23 #21=#21-#16;                  (本步终点的 Z 坐标值)
N24G02 X[#15*COS[#30]] Y[#15*SIN[#30]] Z#21R[#15-#17/2] F[#12*#13];
                                  (螺旋插补走一步)
N25 END 1;                        (循环结束)
N26 #22=#15+#18+10;               (出刀段终点所在的半径值)
N27 G00 G40 X [#22*COS[#30]] Y[#22*SIN[#30]];(出刀)
N28             Z[#11/2];         (铣刀上升到平面之上)
```

```
N29G52   X0 Y0;                         (撤销局部坐标系)
N30      X0 Y0;                         (铣刀平移到工件坐标系原点之上)
N31G49          Z#11   M05;             (撤销长度补偿,铣刀上升到起始位)
N32 M30;
```

此程序的使用方法与 O516 程序的使用方法相同。

PP519. MPF 程序是适用于西门子 802D 系统的、用横向刃齿螺纹铣刀从上往下铣锥管外螺纹的通用宏程序。

```
PP519. MPF
    R1=a;      R1 代表螺纹在管子端面内的小径,可从表 1-8 和表 1-12 中查得
    R2=b;      R2 代表每 25.4mm 轴向长度内所含牙数,可从表 1-8 和表 1-12 中查得
    R4=i;      R4 代表基准牙数,可从表 1-8 和表 1-12 中查得
    R6=k;      R6 代表装配余量牙数,可以表 1-8 和表 1-12 中查得
    R8=e;      R8 代表螺尾牙数,选定,一般取 2
    R11=h;     R11 代表准备点的 Z 值
    R12=g;     R12 代表铣刀的刃齿个数
    R13=m;     R13 代表每刃每转进给量,选定
    R18=r;     R18 代表铣刀刃尖的回转半径
    R19=s;     R19 代表主轴转速 S,选定
    R20=t;     R20 代表刀具补偿号
    R24=x;     R24 代表螺纹中心在工件坐标系中的 X 值
    R25=y;     R25 代表螺纹中心在工件坐标系中的 Y 值
N01 R10=ROUND(140/R1);          R10 代表分步角 Δα,可用此式,也可另外选定
N02 R3=25.4/R2;                 R3 代表螺距
N03 R5=R4*R3;                   R5 代表基准长度
N04 R7=R6*R3;                   R7 代表装配余量长度
N05 R9=R8*R3;                   R9 代表螺尾长度
N06 R14=R5+R7+R9;               R14 代表铣削总深
N07 R15=R1/2+2*R3/32;           R15 代表铣削起点的半径值
N08 R16=R10/360*R3;             R16 代表每步 Z 向下降值
N09 R17=R16/32;                 R17 代表每步半径增大值
N11 G54 G90 G95 G40 G00 X0 Y0;设定工件坐标系,用每转进给,平移到工件 XY 平面原点
N12 T1 D=R20   S=R19 M03;       指令刀具半径补偿和长度补偿号,主轴正转
N13 TRANS X=R24 Y=R25;          零点偏移
N14   X=R15+R18+10 Y0;          铣刀平移到入刀段起点之上
N15             Z=R11;          铣刀下降到准备点所在的平面
N16             Z=1.5*R3;       铣刀下降到铣削起始点所在的平面
N17G41 X=R15;                   激动刀具半径补偿,铣刀平移到铣削起点
N18 R30=0;                      动点的 α 角度值,此处赋初始值
N19 R21=1.5*R3;                 动点的 Z 坐标值,此处赋初始值
```

```
N20 WHILE R21>-R14;         切削螺纹循环开始
N21 R30=R30-R10;            本步终点的α角度值
N22 R15=R15+R17;            本步终点的半径值
N23 R21=R21-R16;            本步终点的Z坐标值
N24 G02 X=R15*COS(R30) Y=R15*SIN(R30) Z=R21 CR=R15-R17/2 F=R12*R13;
                            螺旋插补走一步
N25 ENDWHILE;               循环结束
N26 R22=R15+R18+10;         出刀段终点所在的半径值
N27 G00 G40 X=R22*COS(R30) Y=R22*SIN(R30);出刀
N28          Z=R11;         铣刀上升到准备点
N29 TRANS;                  零点偏移注销
N30  X0 Y0  M05;            铣刀平移到工件坐标系原点之上
N31 M02
```

此程序的使用方法与 PP516. MPF 程序的使用方法相同。在铣外锥螺纹时，为提高切削效率，应尽可能使用横向刃齿多的螺纹铣刀。用图 5-16 所示的铣刀比用图 5-11 所示的（三刃齿）铣刀铣同样的外螺纹时效率可提高将近两倍。

图 5-16　用横向多刃齿螺纹铣刀铣外螺纹

5.5　用螺纹梳刀铣螺纹

5.5.1　铣圆柱螺纹

1. 铣圆柱内螺纹

用螺纹梳刀无论是铣右旋内螺纹还是铣左旋内螺纹，也无论是采用从上往下铣还是从下往上铣的走刀方法，都应使用半圆弧（投影）的螺旋线入刀和半圆弧（投影）的螺旋线出刀。

（1）从上往下铣圆柱内螺纹　图 5-17 所示为用螺纹梳刀从上往下铣圆柱内螺纹。为了使读者看清楚轨迹，图中只画了铣 2 整圈。加上入刀 0.5 圈、出刀 0.5 圈，总共走刀 3 圈。

图 5-18 所示为用螺纹梳刀从上往下铣右旋和左旋圆柱内螺纹的编程用图。

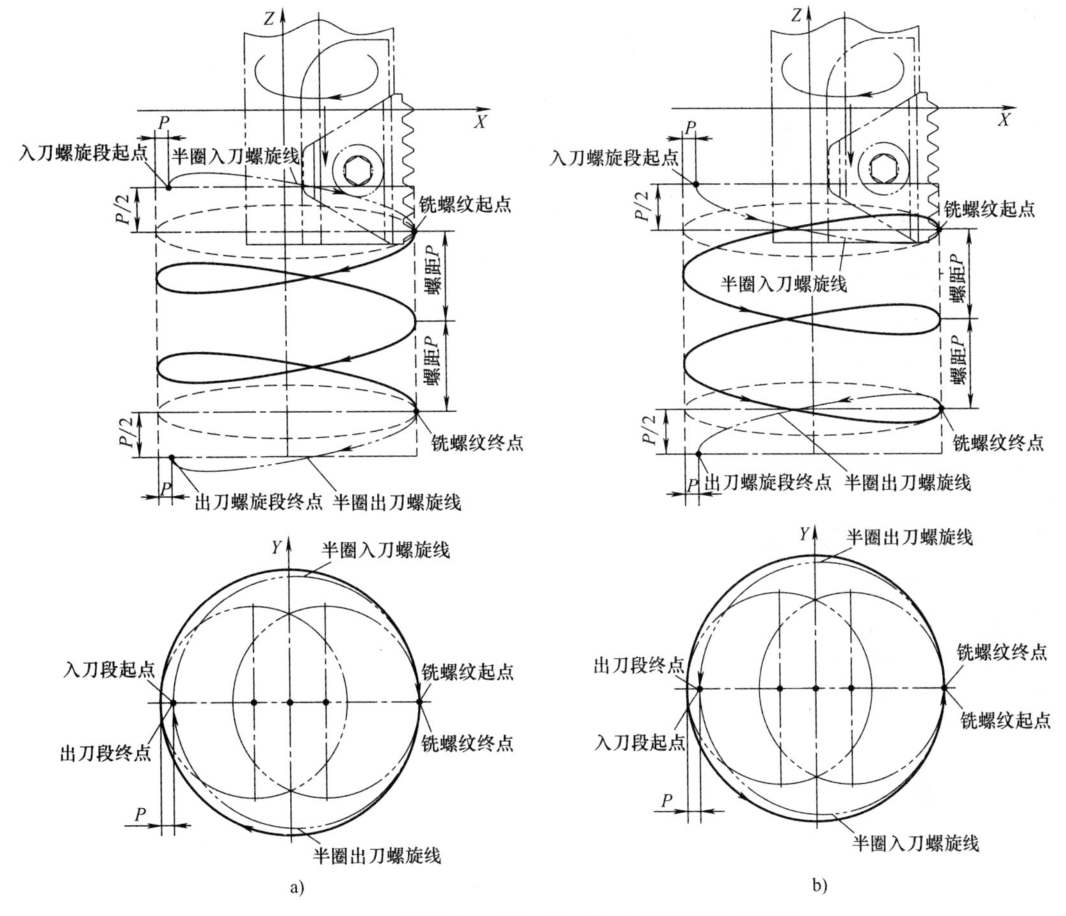

图 5-17　用螺纹梳刀从上往下铣 2 整圈圆柱内螺纹
a）铣右旋内螺纹　b）铣左旋内螺纹

O520 程序是适用于发那科系统的用螺纹梳刀从上往下铣右旋和左旋圆柱内螺纹的通用宏程序。以铣刀底面的圆心点作为对刀点。

```
O520;
N01  #1=a;     (螺纹公称直径)
N02  #2=b;     (螺距)
N03  #3=c;     (螺纹整圈数,用它代替深度)
N04  #4=i;     (螺纹左、右旋向代号,右旋取 2,左旋取 3)
N05  #5=j;     (刀片最低刃齿到刀体底面间的距离)
N06  #6=k;     (刀片的轴向刃齿个数)
N07  #7=d;     (刀片数,常见的是 1 片)
N08  #8=m;     (每刃每转进给量,选定)
N09  #11=h;    (准备点的 Z 值)
N10  #19=s;    (主轴转速 S,选定)
N11  #20=t;    (刀具补偿号)
```

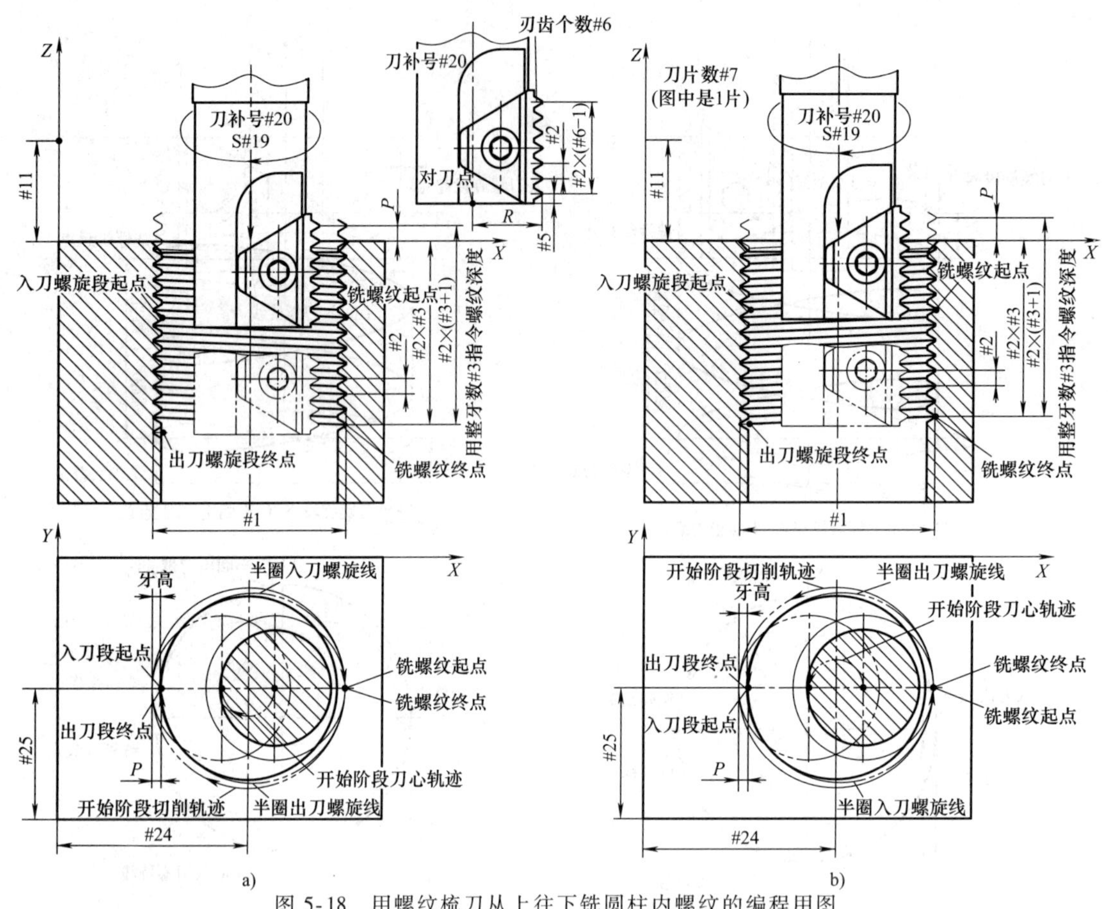

图 5-18　用螺纹梳刀从上往下铣圆柱内螺纹的编程用图

a）铣右旋内螺纹　b）铣左旋内螺纹

N12　#24＝x;　（螺纹孔中心在工作坐标系中的 *X* 值）

N13　#25＝y;　（螺纹孔中心在工件坐标系中的 *Y* 值）

N21 G54 G90 G95 G40 G00 X0 Y0;　（设定工件坐标系,用每转进给,平移到工件 *XY* 平面原点）

N22　D#20　S#19 M03;　（指令刀具半径补偿号,主轴正转）

N23 G52 X#24 Y#25;　（建立局部坐标系）

N24　X0　Y0;　（铣刀平移到螺纹孔中心）

N25 G43 H#20　Z#11;　（激活刀具长度补偿,铣刀下降到准备点）

N26　Z0;　（铣刀下降到螺纹顶面）

N27　Z[-#2 * [#6-2.5]-#5];　（铣刀下降到入刀段起点所在的平面）

N28 G[44-#4]G01 X[-#1/2+#2]F[5 * #7 * #8];（激活刀具半径补偿,铣刀平移到入刀段起点）

N29 G#4 X[#1/2] Z[-#2 * [#6-2]-#5] I[#1/2-#2/2] F[#7 * #8/4];（螺旋入刀段）

N30　#10＝1;　（#10 代表铣螺纹的圈数,此处赋初始值）

N31 G91;　（增量尺寸）

N32 WHILE [#10 LE[#3-#6+2]] DO1;　（循环头,若未铣够圈数就在循环尾之间循环执行）

N33 G#4 Z-#2 I-[#1/2] F[#7 * #8];（铣一圈螺纹）

N34 #10＝#10+1;　（铣螺纹圈数增加 1）

```
N35 END1;                          (循环尾)
N36 G#4 X[-#1+#2] Z-[#2/2] I[-#1/2+#2/2] F [#7 * #8 * 3];(螺旋出刀段)
B37 G40 G90 G00 X0 Y0;         (绝对尺寸,铣刀平移到刀中心与螺纹孔中心重合)
N38 G49         Z#11;          (撤销长度补偿,铣刀上升到起始位)
N39 G52   X0 Y0;               (取消局部坐标系)
N40       X0 Y0   M05;         (铣刀平移到工件坐标系原点之上)
N41 M30;
```

由于发那科系统的螺旋插补指令 G02/G03 最多只能插补一圈，所以在程序中使用了循环指令。

对于西门子 802D 系统，螺旋插补指令 G02/G03 可以插补多圈，所以程序中就不需要用循环指令了。PP520. MPF 程序是适用于西门子 802D 的用螺纹梳刀从上往下铣右旋和左旋圆柱内螺纹的通用宏程序。

```
PP520. MPF
N01   R1=a;     螺纹公称直径
N02   R2=b;     螺距
N03   R3=c;     螺纹整圈数,用它代替深度
N04   R4=i;     螺纹左、右旋向代号,右旋取 2,左旋取 3
N05   R5=j;     刀片最低刃齿到刀体底面间的距离
N06   R6=k;     刀片的轴向刃齿个数
N07   R7=d;     刀片数,常见的是 1 片
N08   R8=m;     每刃每转进给量,选定
N09   R11=h;    准备点的 Z 值
N10   R19=s;    主轴转速 S,选定
N11   R20=t;    刀具补偿号
N12   R24=x;    螺纹孔中心在工件坐标系中的 X 值
N13   R25=y;    螺纹孔中心在工件坐标系中的 Y 值
N21 G54 G90 G95 G40 G00 X0 Y0;设定工件坐标系,用每转进给,平移到工件 XY 平面原点
N22   T1   D=R20   S=R19 M03; 指令刀具半径补偿和长度补偿号,主轴正转
N23 TRANS X=R24 Y=25;          零点偏移
N24          X0      Y0;       铣刀平移到螺纹孔中心
N25                   Z=R11;   铣刀下降到准备点
N26                   Z0;      铣刀下降到螺纹顶面
N27                   Z=-R2 * (R6-2.5)-R5;        铣刀下降到入刀段起点所在的平面
N28G=44-R4 G01 X=-R1/2+R2 F=5 * R7 * R8;  激活刀具半径补偿,铣刀平移到入刀段起点
N29 G=R4 X=R1/2 Z=-R2 * (R6-2)-R5 I=R1/2-R2/2 F=R7 * R8/4;螺旋入刀段
N32   Z=-R2 * R3-R5 I=-R1/2 F=R7 * R8 TURN=R3-R6+1;铣整圈螺纹
N35   X=-R1/2+R2 Z=-R2 * (R13+0.5)-R5 I=-R1/2+R2/2 F=R7 * R8 * 3;螺旋出刀段
N36 G40 G00 X0 Y0;      撤销半径补偿,平移到刀中心与螺孔中心重合
N37              Z=R11;铣刀上升到准备点
```

N38 TRANS;　　　　　零点偏移注销

N39　X0 Y0　　　　　M05;铣刀平移到工件坐标系原点之上

N40 M02

O520 程序和 PP521.MPF 程序中都有 13 个变量/参数，使用时只要根据具体情况给这 13 个变量赋值即可。

(2) 从下往上铣圆柱内螺纹　图 5-19 所示为用螺纹梳刀从下往上铣右旋和左旋圆柱内螺纹。为了使读者看清楚轨迹，图中只画铣 2 整圈。

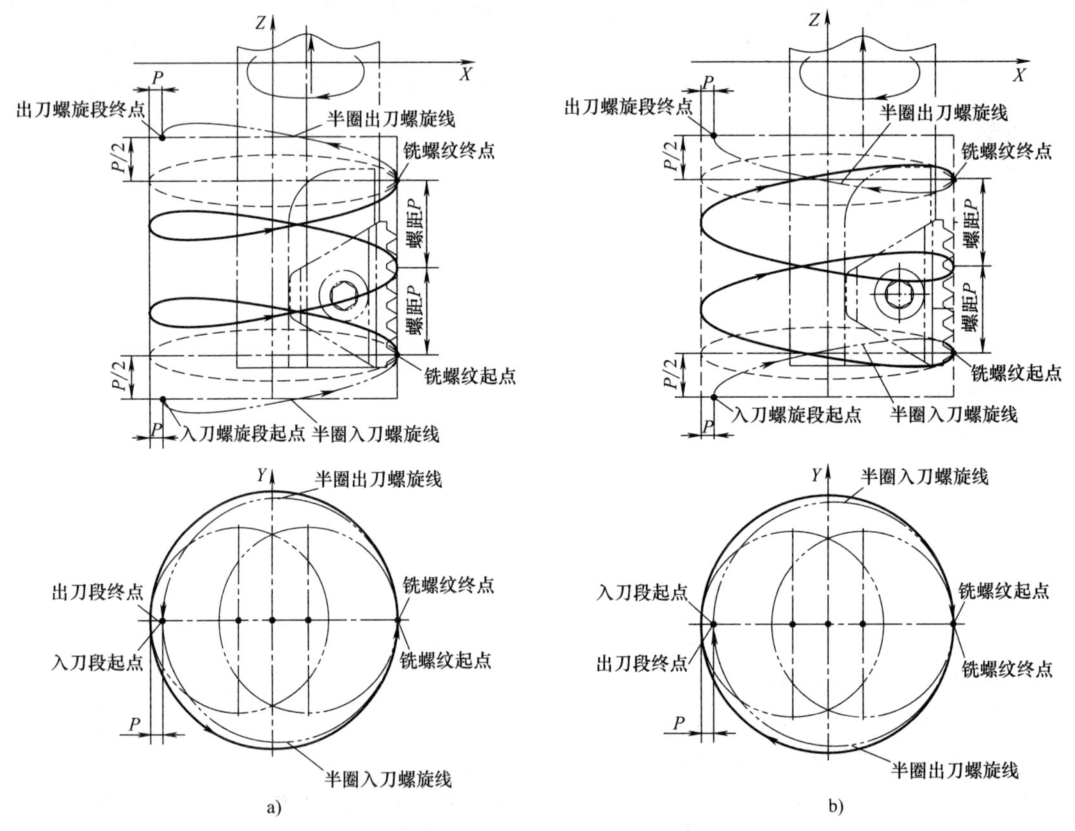

图 5-19　用螺纹梳刀从下往上铣 2 整圈圆柱内螺纹

a) 铣右旋内螺纹　b) 铣左旋内螺纹

图 5-20 所示为用螺纹梳刀从下往上铣右旋和左旋圆柱内螺纹的编程用图。

O521 程序是适用于发那科系统的用螺纹梳刀从下往上铣右旋和左旋圆柱内螺纹的通用宏程序。以铣刀底面的圆心点作为对刀点。

```
O521;
N01　#1=a;　　(螺纹公称直径)
N02　#2=b;　　(螺距)
N03　#3=c;　　(螺纹整圈数,用它代替深度)
N04　#4=i;　　(螺纹左、右旋向代号,右旋取 2,左旋取 3)
N05　#5=j;　　(刀片最低刃齿到刀体底面间的距离)
```

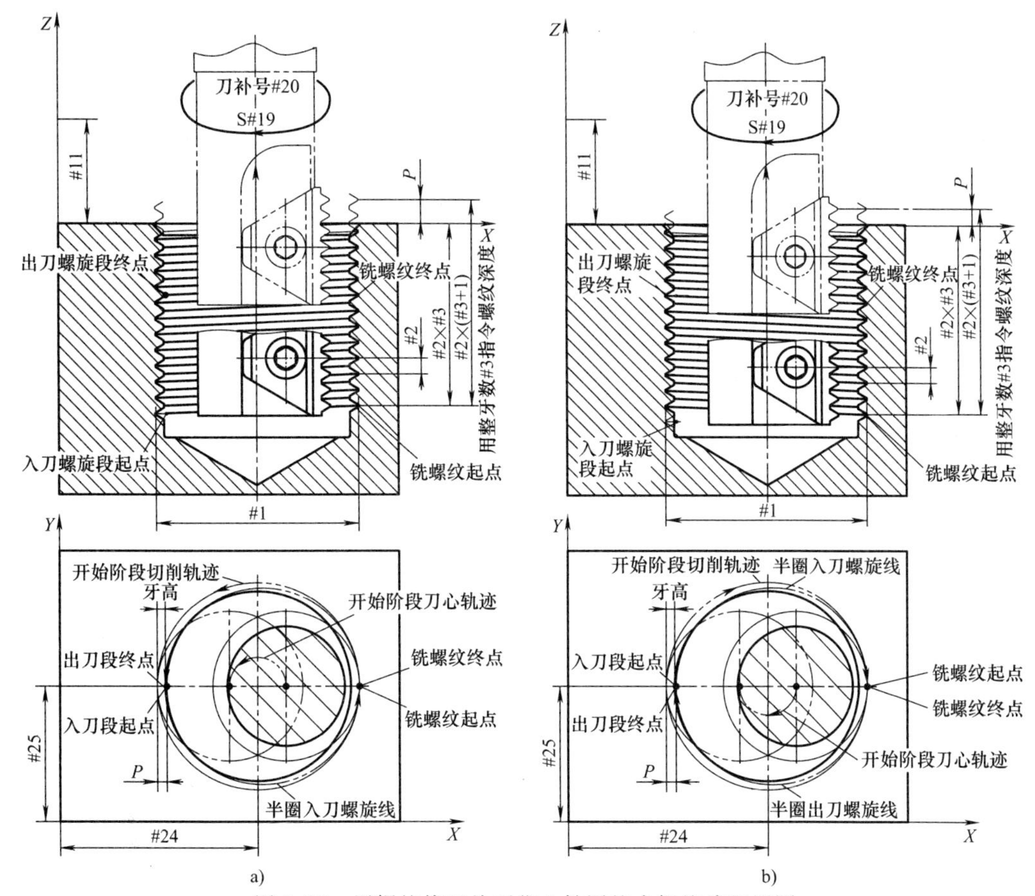

图 5-20　用螺纹梳刀从下往上铣圆柱内螺纹编程用图

a）铣右旋内螺纹　b）铣左旋内螺纹

```
N06   #6=k;      (刀片的轴向刃齿个数)
N07   #7=d;      (刀片数,常见的是 1 片)
N08   #8=m,      (每刃每转进给量,选定)
N09   #11=h;     (准备点的 Z 值)
N10   #19=s;     (主轴转速 S,选定)
N11   #20=t;     (刀具补偿号)
N12   #24=x;     (螺纹孔中心在工件坐标系中的 X 值)
N13   #25=y;     (螺纹孔中心在工件坐标系中的 Y 值)
N21 G54 G90 G95 G40 G00 X0 Y0;  (设定工件坐标系,用每转进给,平移到工件 XY 平面原点)
N22   D#20          S#19 M03;   (指令刀具半径补偿号,主轴正转)
N23 G52 X#24   Y#25;            (建立局部坐标系)
N24       X0     Y0;            (铣刀平移到螺纹孔中心)
N25 G43   H#20   Z#11;          (激活刀具长度补偿,铣刀下降到准备点)
N26              Z0;            (铣刀下降到螺纹顶面)
N27              Z[-#2*[#3+0.5]-#5];(铣刀下降到入刀段起点所在的平面)
```

```
N28 G[39+#4] G01 X[-#1/2+#2] F[5 * #7 * #8];(激活刀具半径补偿,铣刀平移到入刀段起点)
N29 G[5-#4] X[#1/2] Z[-#2 * #3-#5] I[#1/2-#2/2] F[#7 * #8/4];(螺旋入刀段)
N30 #10=1;                      (#10 代表铣螺纹的圈数,此处赋初始值)
N31 G91;                        (增量尺寸)
N32 WHILE [#10 LE [#3-#6+2]]DO1; (循环头,若未铣够圈数就在循环尾之间循环执行)
N33 G[5-#4] Z#2 I-[#1/2]F[#7 * #8];(铣一圈螺纹)
N34 #10=#10+1;                  (铣螺纹圈数增加 1)
N35 END1;                       (循环尾)
N36 G[5-#4] X[-#1+#2] Z[#2/2] I[-#1/2+#2/2] F[#7 * #8 * 3];(螺旋出刀段)
N37 G40 G90 G00 X0 Y0;          (绝对尺寸,铣刀平移到刀中心与螺纹孔中心重合)
N38 G49         Z#11;           (撤销长度补偿,铣刀上升到起始位)
N39 G52 X0 Y0;                  (取消局部坐标系)
N40     X0 Y0 M05;              (铣刀平移到工件坐标系原点之上)
N41 M30;
```

PP521. MPF 程序是适用于西门子 802D 系统的用螺纹梳刀从下往上铣右旋和左旋圆柱内螺纹的通用宏程序。

```
PP521.MPF
N01  R1=a;    螺纹公称直径
N02  R2=b;    螺距
N03  R3=c;    螺纹整圈数,用它代替深度
N04  R4=i:    螺纹左、右旋向代号,右旋取 2,左旋取 3
N05  R5=j;    刀片最低刃齿到刀体底面间的距离
N06  R6=k;    刀片的轴向刃齿个数
N07  R7=d;    刀片数,常见的是 1 片
N08  R8=m,    每刃每转进给量,选定
N09  R11=h;   准备点的 Z 值
N10  R19=s;   主轴转速 S,选定
N11  R20=t;   刀具补偿号
N12  R24=x;   螺纹孔中心在工件坐标系中的 X 值
N13  R25=y;   螺纹孔中心在工件坐标系中的 Y 值
N21 G54 G90 G95 G40 G00 X0 Y0;设定工件坐标系,用每转进给,平移到工件 XY 平面原点
N22 T1     D=R20 S=R19 M03;  指令刀具半径补偿和长度补偿号,主轴正转
N23 TRANS X=R24 Y=R25;        零点偏移
N24        X0   Y0;           铣刀平移到螺纹孔中心
N25               Z=R11;      铣刀下降到准备点
N26               Z0;         铣刀下降到螺纹顶面
N27               Z=-R2 * (R3+0.5)-R5;铣刀下降到入刀段起点所在的平面
N28 G=39+R4 G01 X=-R1/2+R2 F=5 * R7 * R8;激活刀具半径补偿,铣刀平移到入刀段起点
N29 G=5-R4 X=R1/2 Z=-R2 * R3-R5 I=R1/2-R2/2 F=R7 * R8/4;螺旋入刀
N32  Z=-R2 * (R6-2)-R5 CR=R1/2 F=R7 * R8 TURN=R3-R6+1;铣整扣螺纹
```

```
N35 X=-R1/R2+R2 Z=-R2*(R6-2.5)-R5 I=-R1/2+R2/2 F=R7*R8*3;螺旋出刀
N36 G40 G00 X0 Y0;              平移到刀中心与螺纹孔中心重合
N37             Z=R11;          铣刀上升到准备点
N38 TRANS;                      零点偏移注销
N39  X0  Y0  M05;               铣刀平移到工件坐标系原点之上
N40 M02
```

O521程序和PP521.MPF程序中各有13个变量/参数，使用时只要根据具体情况给这13个变量（参数）赋值即可。

（3）举例　在材质为40CrMo工件上铣1 5/8-8UN螺纹。这种统一英制粗牙螺纹每25.4mm轴向长度内含有螺纹牙数为8，而工件上要求13个牙深。采购来的螺纹梳刀刀片是此制式，也是此螺距。刀片上有7个刃齿，刃尖的回转半径是15mm（标注值）。此刀杆上只能装1片刀片。准备点取在顶面之上100mm处，主轴转速取1000r/min，用1号刀具补偿，螺纹孔中心与工件坐标系*XY*平面原点重合。

图5-21所示为铣1 5/8-8UN内螺纹。

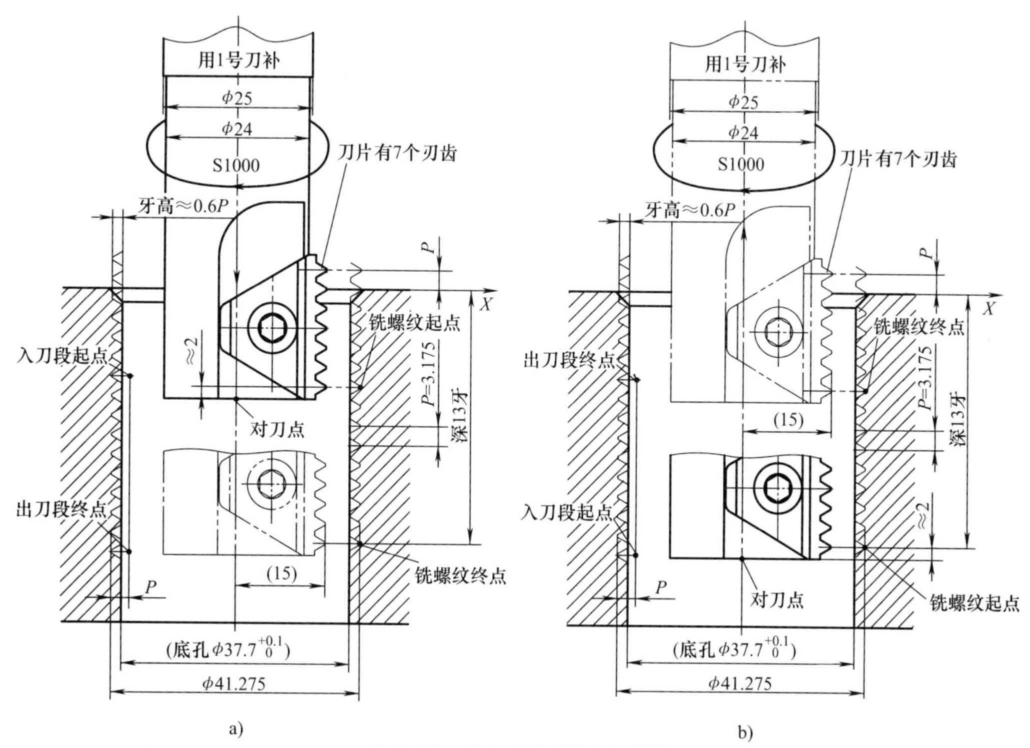

图5-21　铣1 5/8-8UN内螺纹

a）从上往下铣　b）从下往上铣

作者用的是发那科系统，采用的方法是图5-21a中所示的从上往下铣，因此使用O520通用宏程序。当时选定的进给量是每转每排刃齿（用此刀实际上就是每转）0.05mm。将13个变量赋值后，得O520程序中的前13段为如下：

```
N01  #1=41.275;     (1 5/8-8UN 统一英制螺纹的公称直径)
N02  #2=3.175;      (1 5/8-8 UN 统一英制螺纹的螺距)
```

N03　#3 = 13；　　　　（图样上要求此螺纹有 13 整圈，用它代替深度）
N04　#4 = 2；　　　　（螺纹左、右旋向代号，此为右旋，取 2）
N05　#5 = 2；　　　　（此刀片最低刃齿到刀体底面间的距离是 2mm）
N06　#6 = 7；　　　　（此刀片的轴向刃齿有 7 个）
N07　#7 = 1；　　　　（此刀只能装 1 片刀片）
N08　#8 = 0.05；　　　（每刃每转进给量定为 0.05mm）
N09　#11 = 100；　　　（准备点的 *Z* 值取在顶面之上 100mm 处）
N10　#19 = 1000；　　（主轴转速 S 取 1000r/min）
N11　#20 = 1；　　　　（用 01 号刀具补偿号）
N12　#24 = 0；　　　　（螺纹孔中心与工件坐标系 *X*-*Y* 平面原点重合）
N13　#25 = 0；　　　　（螺纹孔中心与工件坐标系 *X*-*Y* 平面原点重合）

赋此值后的程序号改为 O5200。

图 5-22 所示为执行按此赋值的 O5200 程序来铣 1 5/8-8UN 内螺纹的仿真轨迹。

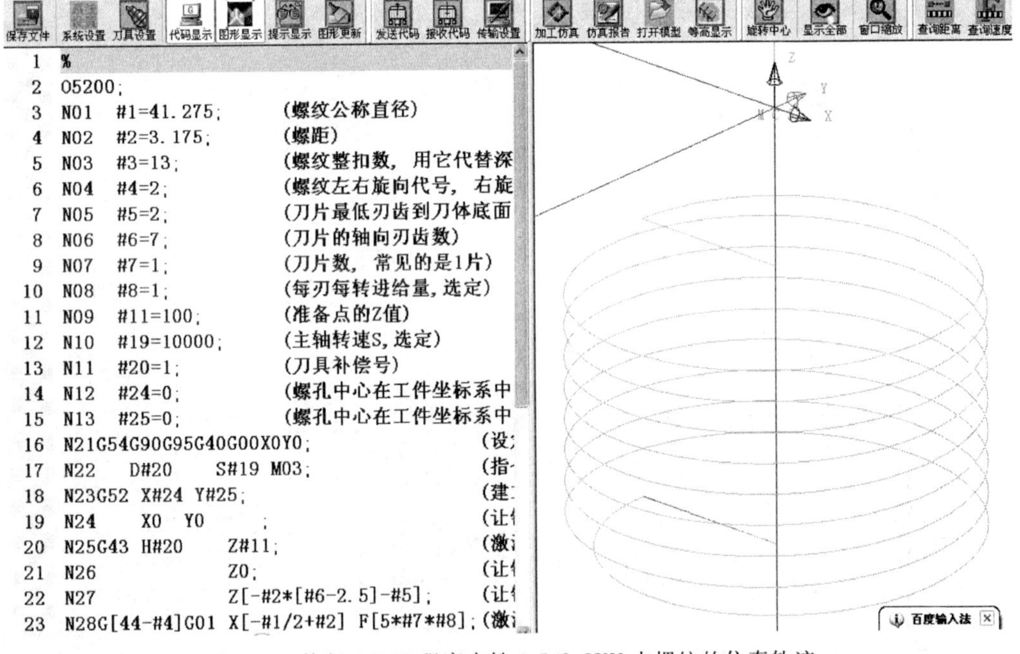

图 5-22　执行 O5200 程序来铣 1 5/8-8UN 内螺纹的仿真轨迹

从图中可以看到，用半圈入刀，铣螺纹 8 圈，再用半圈出刀。

既可以用调整切削刃刃尖回转半径值来调节铣出来的螺纹的直径，也可以用改变切削刃刃尖回转半径值来分粗铣和精铣。下面介绍作者当时用的方法。

把“形状”刀补页面中 1 号栏内铣刀半径值设为 15.000 后，用 45 钢材质的工件试铣第 1 次。用螺纹塞规检验，当时通规进不去。将此设定值改为 14.975 后试铣第 2 次，塞规虽能拧进去但比较紧。将此设定值改为 14.960 后试铣第 3 次，检验合格。在试切过程中，“磨耗”刀补页面中 1 号栏内铣刀半径值均设定为 0。

考虑到 40CrMo 不是易切削材料，作者决定用粗铣 3 刀、精铣 1 刀来铣成。精铣单向铣 0.1mm，粗铣用等截面积切削。理论牙高可取螺距的 0.6 倍，即 1.905mm。单向粗铣总深度

为 1.805mm。计算第 1 刀单向切削深度 d_1 值为

$$d_1 = \frac{1.805}{\sqrt{3}}\text{mm} = 1.042\text{mm}$$

计算第 2 刀单向切削深度 d_2 值为

$$d_2 = 1.042\text{mm} \times (\sqrt{2} - 1) = 0.432\text{mm}$$

计算 3 刀单向切削深度 d_3 值为

$$d_3 = 1.042\text{mm} \times (\sqrt{3} - \sqrt{2}) = 0.331\text{mm}$$

具体操作方法为：粗铣第 1 刀前将“磨耗”刀补页面中 1 号栏内铣刀半径值设为 0.863（0.1+0.331+0.432），粗铣第 2 刀前将此半径设为 0.431（0.1+0.331），粗铣第 3 刀前将此半径设为 0.1，精铣前将此半径设为 0。

当时只加工几件（小批量），粗、精铣过程中是用手工来改变刀补值的。如果是批量生产，用手工改变不但影响效率（加工 4 刀需要运行 4 次程序），而且容易出错。对此，可采用以下两种方法实现程序连续运行铣完 4 刀。

1）第一种方法。发那科系统的刀补值是可编程的，对其用于铣床的系统，“磨耗”刀补页面中第 n 号刀补栏内铣刀半径设定值对应的系统变量为#[1200+n]。据此，作者当时在赋值的 O5200 中增加 7 段，其中在 N21 段与 N22 段之间加了如下 5 段：

```
N211   #30=1；（#30 代表铣螺纹刀数序号,此处赋初始值）
N212 IF[#30 EQ 1]THEN #[1200+#20+#30-1]=0.863;（铣第 1 刀前把#20 位内的半径设为此值）
N213 IF[#30 EQ 2]THEN #[1200+#20+#30-1]=0.431;（铣第 2 刀前把#20+1 位内的半径设为此值）
N214 IF[#30 EQ 3]THEN #[1200+#20+#30-1]=0.1;（铣第 3 刀前把#20+2 位内的半径设为此值）
N215 IF[#30 EQ 4]THNE #[1200+#20+#30-1]=0;（铣第 4 刀前把#20+3 位内的半径设为此值）
```

又在 N38 段与 N39 段之间加如下 2 段：

```
N381 #30=#30+1；（铣螺纹刀数序号加 1）
N382 IF [#30 LE 4] GOTO 213；（如果铣螺纹刀数还不够就转面去铣下一刀）
```

此方法具有普遍意义。使用时要注意三点：①加出程序的段数。如果粗、精铣共 3 刀，那么就不加 N215 段；如果粗、精铣共 5 刀，那么还要增加 N216 段。②N382 段中 LE 后的数据是分刀数。分 3 刀时，此值应改成 3；分 5 刀时，此值应改成 5。③从 N212 段开始这几段中等式后面的值应赋具体算出的值。

2）第二种方法。在此例刀补号取 1（#20=1）的前提下，用手工将“磨耗”刀补页面中 1、2、3、4 号栏为铣刀半径值分别设为 0.863、0.431、0.1 和 0，将“形状”刀补页面中 1、2、3、4 号栏内铣刀半径值都设为 15.000。再对赋值的 O5200 程序做三处改动。

第一处是在 N21 段与 N22 段之间加 1 段：

```
N211   #30=1；（#30 代表铣螺纹刀数序号）
```

第二处是将 N22 段中的 D#20 改成 D [#20+#30-1]。

第三处是在 N38 段与 N9 段之间加如下 2 段：

```
N381   #30=#30+1；（铣螺纹刀数序号加 1）
N382 IF [#30 LE 4] GOTO 22；（如果铣螺纹刀数还不够就转回去铣下一刀）
```

此方法同样也具有普遍意义。

图 5-23 所示为此例加工用的螺纹梳刀和螺纹塞规的照片。

2. 铣圆柱外螺纹

用螺纹梳刀铣圆柱外螺纹一般都采用从上往下铣的走刀方向。无论是从上往下铣左旋圆柱外螺纹还是铣右旋圆柱外螺纹，都建议使用平面切线入刀和平面切线出刀。

图 5-24 所示为用螺纹梳刀从上往下铣右旋和左旋圆柱外螺纹的编程用图。

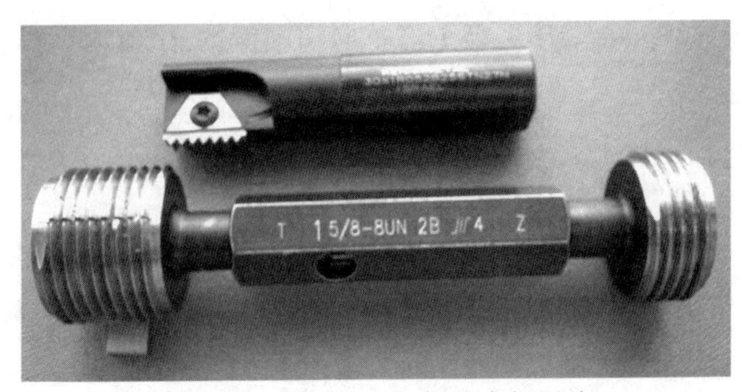

图 5-23 螺纹梳刀和螺纹塞规照片

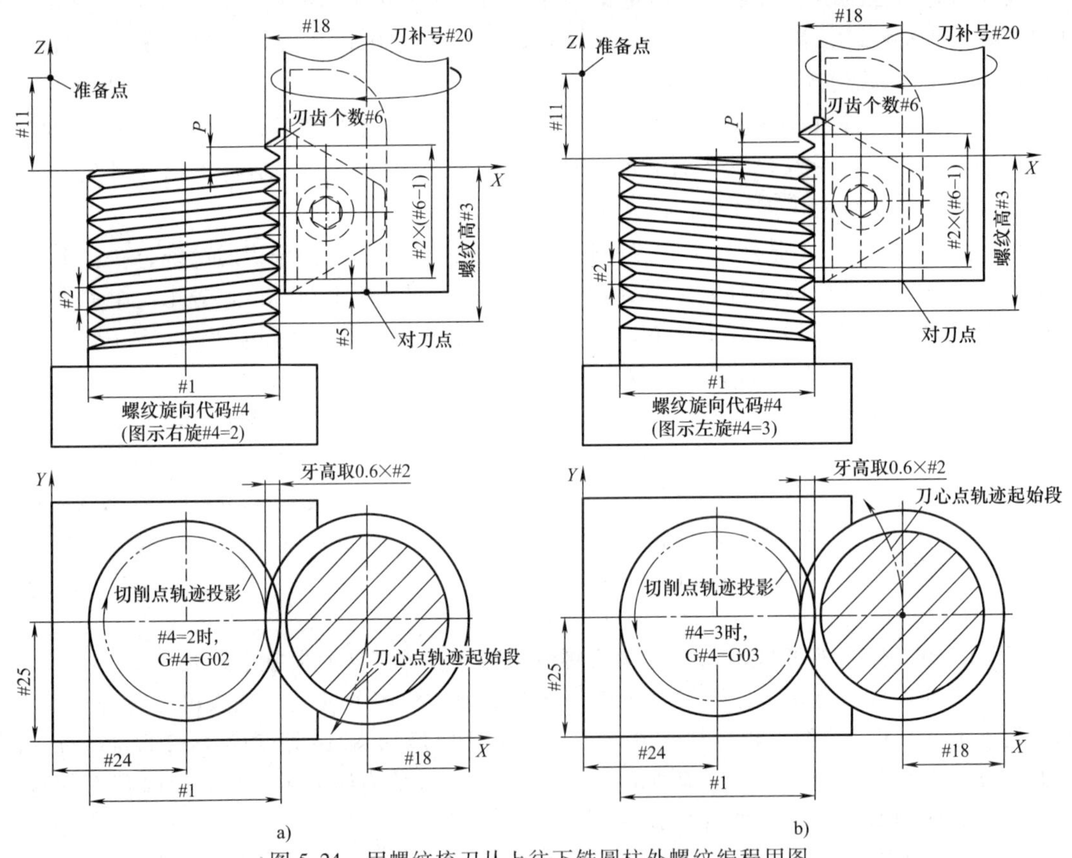

图 5-24 用螺纹梳刀从上往下铣圆柱外螺纹编程用图

a）铣右旋螺纹 b）铣左旋螺纹

O522 程序是适用于发那科系统的用螺纹梳刀从上往下铣右旋和左旋圆柱外螺纹的通用宏程序。

```
O522;
N01   #1 = a;     (螺纹公称直径)
N02   #2 = b;     (螺距)
N03   #3 = c;     (螺纹整圈数,用它代替深度)
N04   #4 = i;     (螺纹左、右旋向代号,右旋取 2,左旋取 3)
N05   #5 = j;     (刀片最低刃齿到刀体底面间的距离)
N06   #6 = k;     (刀片的轴向刃齿个数)
```

```
N07  #7=d;     (刀片数,常见的是 1 片)
N08  #8=m;     (每刃每转进给量,选定)
N09  #11=h;    (准备点的 Z 值)
N10  #18=r;    (铣刀刃尖的公称回转半径)
N11  #19=s;    (主轴转速 S,选定)
N12  #20=t;    (刀具补偿号)
N13  #24=x;    (螺纹中心在工件坐标系中的 X 值)
N14  #25=y;    (螺纹中心在工件坐标系中的 Y 值)
N21 G54G90G95G40G00X0Y0;    (设定工件坐标系,用每转进给,平移到工件 XY 平面原点)
N22  D#20  S#19 M03;        (指令刀具半径补偿号,主轴正转)
N23 G52 X#24 Y#25;          (建立局部坐标系)
N24      X0   Y0;           (铣刀平移到螺纹中心)
N25 G43 H#20        Z#11;   (激活刀具长度补偿,铣刀下降到准备点)
N26  X[#1/2-0.6*#2+#18]Y[#1/2+#18];  (铣刀平移到入刀段起点之上)
N27  Z[-#2*[#6-2.5]-#5];    (铣刀下降到入刀段起点)
N28G[39+#4]G01X[#1/2-0.6*#2]Y0 F[#7*#8];(激活刀具半径补偿,切线入刀段)
N30  #10=1;                           (#10 代表铣螺纹的圈数,此处赋初始值)
N31 G91;                              (增量尺寸)
N32 WHILE [#10 LE [#3-#6+2]] DO1;(循环头,若未铣够圈数就在循环尾之间循环执行)
N33  G#4  Z-#2  I[#1/2+0.6*#2] F[#7*#8];(铣一圈螺纹)
N34  #10=#10+1;                             (铣螺纹圈数增加 1)
N35 END1;                                   循环尾
N36 G01  Y[-#1/2-#18]  F[#7*#8*3];          (切线出刀段)
N37 G40 G90 G00 X[#1/2+#18];                (绝对尺寸,平移到退刀点)
N38 G49              Z#11;                  (撤销长度补偿,铣刀上升到起始位)
N39 G52 X0 Y0;                              (取消局部坐标系)
N40      X0 Y0          M05;                (铣刀平移到工件坐标系原点之上)
M41 M30;
```

PP522. MPF 程序是适用于西门子 802D 系统的用螺纹梳刀从上往下铣右旋和左旋圆柱外螺纹的通用宏程序。

```
PP522. MPF
N01  R1=a;     螺纹公称直径
N02  R2=b;     螺距
N03  R3=c;     螺纹整圈数,用它代替深度
N04  R4=i;     螺纹左右旋向代号,右旋取 2,左旋取 3
N05  R5=j;     刀片最低刃齿到刀体底面间的距离
N06  R6=k;     刀片的轴向刃齿数
N07  R7=d:     刀片数,常见的是 1 片
N08  R8=m;     每刃每转进给量,选定
N09  R11=h;    准备点的 Z 值
```

```
N10  R18=r;    铣刀刃尖的公称回转半径
N11  R19=s;    主轴转速 S,选定
N12  R20=t;    刀具补偿号
N13  R24=x;    螺纹中心在工件坐标系中的 X 值
N14  R25=y;    螺纹中心在工件坐标系中的 Y 值
N21G54G90G95G40G00X0Y0;  设定工件坐标系,用每转进给,平移到工件 XY 平面原点
N22 T1 D=R20 S=R19 M03;  指令刀具半径补偿和长度补偿号,主轴正转
N23 TRANS X=R24 Y=25;    零点偏移
N24        X0     Y0;    铣刀平移到螺纹中心
N25            Z=R11;    铣刀下降到准备点
N26 X=R1/2-0.6*R2+R18 Y=R1/2+R18;  铣刀平移到入刀段起点之上
N27            Z=-R2*(R6-2.5)-R5;  铣刀下降到入刀段起点
N28 G=39+R4 G01 X=R1/2-0.6*R2 Y0 F=R7*R8;激活刀具半径补偿,切线入刀段
N32 G=R4  Z=-R2*R3-R5 I=-R1/2+0.6*R2 F=R7*R8 TURN=R3-R6+1;铣整圈螺纹
N35 G01  Y=-R1/2-R18  F=R7*R8*3;切线出刀段
N36 G40 G00 X=R1/2+R18;            撤销半径补偿,刀心平移到退刀点
N37         Z=R11;                 铣刀上升到准备点
N38 TRANS;                         零点偏移注销
N39  X0  Y0       M05;             铣刀平移到工件坐标系原点之上
M40 M02
```

O522 程序和 PP522. MPF 程序中各有 14 个变量/参数，使用时只要根据具体情况给这 14 个变量（参数）赋值即可。

5.5.2　铣锥管螺纹

如前所述，英制和米制锥管螺纹的锥度都是 1∶16，而且都是右旋。

1. 铣锥管内螺纹

用螺纹梳刀铣锥管内螺纹可以采用从上往下铣和从下往上铣两种方法，如图 5-25 所示。对于右旋螺纹（圆锥螺纹一般都是右方旋旋向），从上往下铣是逆铣，反之是顺铣，可根据工艺需要来选择。

与用单刃齿或横向多刃齿铣刀铣锥管内螺纹不同，用螺纹梳刀铣锥管内螺纹时应采用 180°螺旋切向入刀和 180°螺旋切向出刀。

（1）从上往下铣　如图 5-25a 所示，选择顶刃齿铣削起点离顶面一倍螺距高。以铣刀底面的回转中心作为对刀点。以底刃齿齿顶中心作为编程注视点。

O523 程序是适用于发那科系统的用螺纹梳刀从上往下铣锥管内螺纹的通用宏程序。

```
O523;
N01  #1=a;  (基准面上螺纹大径,可从表 1-8 和表 1-12 中查得)
N02  #2=b;  (每 25.4mm 轴向长度内所含螺纹牙数,可从表 1-8 和表 1-12 中查得)
N03  #4=i;  (基准牙数,可从表 1-8 和表 1-12 中查得)
N04  #6=k;  (装配余量牙数,可从表 1-8 和表 1-12 中查得)
N05  #8=e;  (螺尾牙数,选定,一般取 2.5)
```

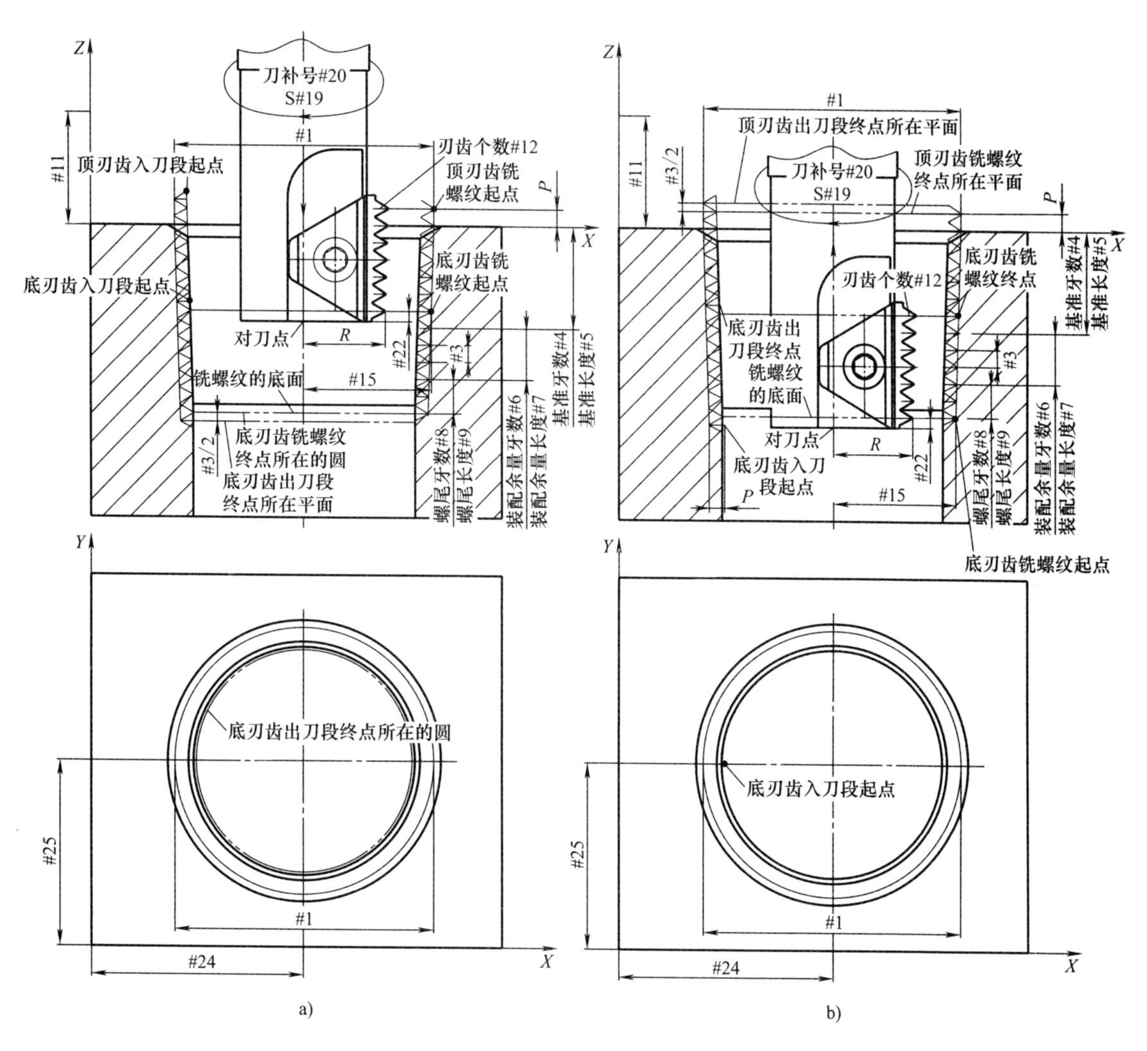

图 5-25　用螺纹梳刀铣锥管内螺纹

a）从上往下铣　b）从下往上铣

N06　#11 = h；（准备点的 Z 值）

N07　#12 = g；（刀片的轴向刃齿数）

N08　#22 = v；（刀片最低刃齿到刀体底面间的距离）

N09　#23 = w；（刀片数，常见的是 1 片）

N10　#13 = m；（每刃每转进给量，选定）

N11　#19 = s；（主轴转速 S，选定）

N12　#20 = t；（刀具补偿号）

N13　#24 = x；（螺纹孔中心在工件坐标系中的 X 值）

N14　#25 = y；（螺纹孔中心在工件坐标系中的 Y 值）

N21　#10 = ROUND[166/#1]；　　（分步角 $\Delta\alpha$，也可不用此式，即另外选定）

N22 #3 = 25.4/#2；　　　　（螺距）

```
N23 #5=#4 * #3;                     (基准长度)
N24 #7=#6 * #3;                     (装配余量长度)
N25 #9=#8 * #3;                     (螺尾长度)
N26 #14=#5+#7+#9;                   (螺纹总深)
N27 #15=#1/2-#3 * [#12/2]/32;       (底刃齿铣削起点的半径值)
N28 #16=#10/360 * #3;               (每步Z向下降值)
N29 #17=#16/32;                     (每步半径减小值)
N30 G54 G90 G95 G40 G00 X0 Y0;      (设定工件坐标系,用每转进给,平移到工件XY平面原点)
N31 D#20 S#19 M03;                  (指令刀具半径补偿号,主轴正转)
N32 G52 X#24 Y#25;                  (建立局部坐标系)
N33     X0   Y0;                    (铣刀平移到螺纹孔中心)
N34 G43 H#20 Z#11;                  (激活刀具长度补偿,铣刀下降到准备点)
N35          Z0;                    (铣刀下降到螺纹顶面)
N36 Z[-#3 * [#12-2.5]-#22];         (铣刀下降到底刃入刀段起点所在的平面)
N37 G42 G01 X[-#15+#3] F[2 * #23 * #13];(激活刀具半径补偿,铣刀平移到底刃入刀段起点)
N38 #21=-#3 * [#12-2];              (底刃铣螺纹起点的Z坐标值)
N39 G02 X#15 Z[#21-#22] I[#15-#3/2] F[#23 * #13/4];(螺旋入刀段)
N40  #30=-#10;                      (动点的α角度值,此处赋初始值)
N41 WHILE [#21 GE -#14] DO1;        (循环头;若未铣够牙数就在循环尾之间循环执行)
N42 #30=#30-#10;                    (本步终点的α角度值)
N43 #15=#15-#17;                    (本步终点的半径值)
N44 #21=#21-#16;                    (本步终点的Z坐标值)
N45 G02 X[#15 * COS[#30]] Y[#15 * SIN[#30]] Z[#21-#22] R[#15+#17/2] F[#23 *
#13];                               (螺旋插补走一步)
N46 END1;                           (循环尾)
N47 #27=[#15-#3] * COS[#30-180];    (底刃螺旋出刀段的X坐标值)
N48 #28=[#15-#3] * SIN[#30-180];    (底刃螺旋出刀段的Y坐标值)
N49 G02 X#27 Y#28 Z[#21-#3/2-#22] R[#15-#3/2] F[2 * #23 * #13];(螺旋出刀段)
N50 G00 G40 X0 Y0;        (铣刀平移到刀中心与螺纹孔中心重合)
N51 G49         Z#11;     (撤销长度补偿,铣刀上升到起始位)
N52 G52 X0 Y0;            (撤销局部坐标系)
N53     X0 Y0   M05;      (铣刀平移到工件坐标系原点之上)
N54 M30;
```

PP523. MPF 程序是适用于西门子 802D 系统的用螺纹梳刀从上往下铣锥管内螺纹的通用宏程序。

```
PP523.MPF
N01   R1=a;     R1 代表基准面上螺纹大径,可从表 1-8 和表 1-12 中查得
N02   R2=b;     R2 代表每 25.4mm 轴向长度上所含螺纹牙数,可从表 1-8 和表 1-12 中查得
```

```
N03  R4=i;     R4 代表基准牙数,可从表 1-8 和表 1-12 中查得
N04  R6=k;     R6 代表装置余量牙数,可从表 1-8 和表 1-12 中查得
N05  R8=e;     R8 代表螺尾牙数,选定,一般取 2.5
N06  R11=h;    R11 代表准备点的 Z 值
N07  R12=g;    R12 代表铣刀的刃齿个数
N08  R22=v;    R22 代表刀片最低刃齿到刀体底面间的距离
N09  R23=w;    R23 代表刀片数,常见的是 1 片
N10  R13=m;    R13 代表每刃每转进给量,选定
N11  R19=s;    R19 代表主轴转速 S,选定
N12  R20=t;    R20 代表刀具补偿号
N13  R24=x;    R24 代表螺纹孔中心在工件坐标系中的 X 值
N14  R25=y;    R25 代表螺纹孔中心在工件坐标系中的 Y 值
N21 R10=ROUND(166/R1);            R10 代表分步角 Δα,可用此式,也可另外选定
N22 R3=25.4/R2;                   R3 代表螺距
N23 R5=R4*R3;                     R5 代表基准长度
N24 R7=R6*R3;                     R7 代表装配余量长度
N25 R9=R8*R3;                     R9 代表螺尾长度
N26 R14=R5+R7+R9;                 R14 代表铣削总深
N27 R15=R1/2-R3*(R12-2)/32;       R15 代表铣削起点的半径值
N28 R16=R10/360*R3;               R16 代表每步 Z 向上升值
N29 R17=R16/32;                   R17 代表每步半径增大值
N30 G54 G90 G95 G40 G00 X0 Y0;    设定工件坐标系,用每转进给,平移到工件 XY 平面原点
N31 T1 D=R0        S=R19 M03;     指令刀具半径补偿和长度补偿号,主轴正转
N32 TRANS X=R24 Y=R25;            零点偏移
N33          X0 Y0;               铣刀平移到螺纹孔中心
N34                Z=R11;                  铣刀下降到准备点
N35                Z0;                     铣刀下降到螺纹顶面
N36                Z=-R3*(R12-2.5)-R22;铣刀下降到底刃入刀段起点所在的平面
N37 G41 G01 X=-R15+R3 F=2*R23*R13;激活刀具半径补偿,铣刀平移到底刃入刀段
                                           起点
N38 R21=-R3*(R12-2);                       底刃铣螺纹起点的 Z 坐标值
N39 G02 X=R15 Y=R25 Z=R21-R22 I=R15-R3/2 F=R23*R13/4;  螺旋入刀段
N40 R30=0;                      动点的 α 角度值,此处赋初始值
N41 WHILE R21>=-R14;            切削螺纹循环开始
N42 R30=R20-R10;                本步终点的 α 角度值
N43 R15=R15-R17;                本步终点的半径值
N44 R21=R21-R16;                本步终点的 Z 坐标值
N45 G02 X=R15*COS(R30) Y=R15*SIN(R30) Z=R21-R22 CR=R15+R17/2 F=R22
*R13;                           螺旋插补走一步
```

```
N46 ENDWHILE;                    循环结束
N47 R27=(R15-R3) * COS(R30+180);  底刃螺旋出刀段的 X 坐标值
N48 R28=(R15-R3) * SINR(R30+180); 底刃螺旋出刀段的 Y 坐标值
N49 G02 X=R27 Y=R28 Z=R21-R3/2-R22 CR=R15-R3/2 F=2 * R23 * R13;
                                  螺旋出刀段
N50 G00 G40 X0 Y0;                平移到刀中心与螺纹孔中心重合
N51              Z=R11;           铣刀上升到准备点
N52 TRANS;                        零点偏移注销
N53    X0 Y0         M05;         铣刀平移到工件坐标系原点之上
N54 M02
```

O523 程序和 PP523. MPF 程序中都含有 14 个变量/参数，使用时只要根据具体尺寸和所选的工艺参数给这 14 个变量（参数）赋值即可。

（2）从下往上铣

O524 程序是适用于发那科系统的用螺纹梳刀从下往上铣锥管内螺纹的通用宏程序。

```
O524;
N01  #1=a;     (基准面上螺纹大径,可从表 1-8 和表 1-12 中查得)
N02  #2=b;     (每 25.4mm 轴向长度上所含螺纹牙数,可从表 1-8 和表 1-12 中查得)
N03  #4=i;     (基准牙数,可从表 1-8 和表 1-12 中查得)
N04  #6=k;     (装配余量牙数,可从表 1-8 和表 1-12 中查得)
N05  #8=e;     (螺尾牙数,选定,一般取 2.5)
N06  #11=h;    (准备点的 Z 值)
N07  #12=g;    (刀片的轴向刃齿个数)
N08  #22=v;    (刀片最低刃齿到刀体底面间的距离)
N09  #23=w;    (刀片数,常见的是 1 片)
N10  #13=m;    (每刃每转进给量,选定)
N11  #19=s;    (主轴转速 S,选定)
N12  #20=t;    (刀具补偿号)
N13  #24=x;    (螺纹孔中心在工件坐标系中的 X 值)
N14  #25=Y;    (螺纹孔中心在工件坐标系中的 Y 值)
N21 #10=ROUND[166/#1];     (分步角 Δα,也可不用此式,另外选定)
N22 #3=25.4/#2;            (螺距)
N23 #5=#4 * #3;            (基准长度)
N24 #7=#6 * #3;            (装配余量长度)
N25 #9=#8 * #3;            (螺尾长度)
N26 #14=#5+#7+#9;          (螺纹总深)
N27 #15=#1/2-#14/32;       (底刃齿铣削起点的半径值)
N28 #16=#10/360 * #3;      (每步 Z 向上升值)
N29 #17=#16/32;            (每步半径增大值)
N30 G54 G90 G95 G40 G00 X0 Y0;(设定工件坐标系,用每转进给,平移到工件 XY 平面原点)
```

```
N31 D#20              S#19 M03;(指令刀具半径补偿号,主轴正转)
N32 G52 X#24 Y#25;              (建立局部坐标系)
N33     X0 Y0;                  (铣刀平移到螺纹孔心)
N34 G43 H#20 Z#11;              (激活刀具长度补偿,铣刀下降到准备点)
N35           Z0;               (铣刀下降到螺纹顶面)
N36           Z[-#14-#3/2-#22];      (铣刀下降到底刃入刀段起点所在的平面)
N37 G41G01 X[-#15+#3] F[2*#23*#13];(激活刀具半径补偿,铣刀平移到底刃入刀段
                                     起点)
N38 G03 X#15      Z[-#14-#22] I[#15-#3/2] F[#23*#13/4];  (螺旋入刀段)
N39 #21=#14;                    (动点的Z坐标值,此处赋初始值)
N40 #30=0;                      (动点的α点度值,此处赋初始值)
N41 WHILE [#21 LE [-#3*[#12-2]]] DO1;
                                (循环头,若未铣够牙数就在循环尾之间循环执行)
N42 #30=#30+#10;                (本步终点的α角度值)
N43 #15=#15+#17;                (本步终点的半径值)
N44 #21=#21+#16;                (本步终点的Z坐标值)
N45 G03 X[#15*COS[#30]] Y[#15*SIN[#30]] Z[#21-#22] R[#15-#17/2] F[#23*
#13];                           (螺旋插补走一步)
N46 END1;                              (循环尾)
N47 #27=[#15-#3]*COS[#30+180];         (底刃螺旋出刀段的X坐标值)
N48 #28=[#15-#2]*SIN[#30+180];         (底刃螺旋出刀段的Y坐标值)
N49 G03 X#27 Y#28 Z[[-#3*[#12-2.5]]-#22] R[#15-#3/2] F[2*#23*#13];
                                       (螺旋出刀段)
N50 G00 G40 X0 Y0;                     (平移到刀中心与螺纹孔中心重合)
N51 G49          Z#11;                 (撤销长度补偿,铣刀上升到起始位)
N52 G52 X0 Y0;                         (撤销局部坐标系)
N53      X0 Y0;                        (铣刀平移到工件坐标系原点之上)
N54 M30;
```

PP524.MPF程序是适用于西门子802D系统的用螺纹梳刀从下往上铣锥管内螺纹的通用宏程序。

```
PP524.MPF
N01   R1=a;    R1代表基准面上螺纹大径,可从表1-8和表1-12中查得
N02   R2=b;    R2代表每25.4mm轴向长度上所含螺纹牙数,可从表1-8和表1-12中查得
N03   R4=i;    R4代表基准牙数,可从表1-8和表1-12中查得
N04   R6=k;    R6代表装配余量牙数,可从表1-8和表1-12中查得
N05   R8=e;    R8代表螺尾牙数,选定,一般取2.5
N06   R11=h;   R11代表准备点的Z值
N07   R12=g;   R12代表铣刀的刃齿个数
N08   R22=v;   R22代表刀片最低刃齿到刀体底面间的距离
```

```
N09  R23=w;   R23 代表刀片数,常见的是 1 片
N10  R13=m;   R13 代表每刃每转进给量,选定
N11  R19=s;   R19 代表主轴转速 S,选定
N12  R20=t;   R20 代表刀具补偿号
N13  R24=x;   R24 代表螺纹孔中心在工件坐标系中的 X 值
N14  R25=y;   R25 代表螺孔中心在工件坐标系中的 Y 值
N21 R10=ROUND(166/R1);            R10 代表分步角 Δα,可用此式,也可另外选定
N22 R3=25.4/R2;                   R3 代表螺距
N23 R5=R4 * R3;                   代表基准长度
N24 R7=R6 * R3;                   R7 代表装配余量长度
N25 R9=R8 * R3;                   R9 代表螺尾长度
N26 R14=R5+R7+R9;                 R14 代表铣削总深
N27 R15=R1/2-R14/32;              R15 代表铣削起点的半径值
N28 R16=R10/360 * R3;             R16 代表每步 Z 向上升值
N29 R17=R16/32;                   R17 代表每步半径增大值
N30 G54 G90 G95 G40 G00 X0 Y0;    设定工件坐标系,用每转进给,平移到工件 XY 平面原点
N31 T1 D=R20 S=R19 M03;           指令刀具半径补偿和长度补偿号,主轴正转
N32 TRANS X=R24 Y=R25;            零点偏移
N33       X0     Y0;              铣刀平移到螺纹孔中心
N34    Z=R11;                     铣刀下降到准备点
N35    Z0;                        铣刀下降到螺纹顶面
N36    Z=-R14-R3/2-R22;           铣刀下降到底刃入刀段起点所在的平面
N37 G41 G01 X=-R15+R3 F=2 * R23 * R13;激活刀具半径补偿,铣刀平移到底刃入刀段起点
N38G03 X=R15 Z=-R14-R22 I=R15-R3/2 F=R23 * R13/4;       螺旋入刀段
N39 R21=-R14;                              动点的 Z 坐标值,此处赋初始值
N40 R30=0;                                 动点的 α 角度值,此处赋初始值
N41 WHILE R21 <=-R3 * (R12-2);             切削螺纹循环开始
N42 R30=R20+R10;                           本步终点的 α 角度值
N43 R15=R15+R17;                           本步终点的半径值
N44 R21=R21+R16;                           本步终点的 Z 坐标值
N45 G03 X=R15 * COS(R30) Y=R15 * SIN(R30) Z=R21-R22 CR=R15-R17/2 F=R22 *
R13;                                       螺旋插补走一步
N46 ENDWHILE;                              循环结束
N47 R27=(R15-R3) * COS(R30+180);           底刃螺旋出刀段的 X 坐标值
N48 R28=(R15-R3) * SIN(R30+180);           底刃螺旋出刀段的 Y 坐标值
N49 G03 X=R27 Y=R28 Z=-R3 * (R12-2.5)-R22 CR=R15-R3/2 F=2 * R23 * R13;
                                           螺旋出刀段
N50 G00 G40 X0 Y0;                         平移到刀中心与螺纹孔中心重合
N51               Z=R11;                   铣刀上升到准备点
N52 TRANS;                                 零点偏移注销
```

N53 X0 Y0 M05; 铣刀平移到工件坐标系原点之上

N54 M02

O524 程序和 PP524. MPF 程序中都含有 14 个变量/参数，使用时只要根据具体尺寸和所选的工艺参数给这 14 个变量（参数）赋值即可。

（3）举例 在材质为 35CrMo 工件上铣 NPT 2 1/2 内螺纹（见图 5-26）。该螺纹每 25.4mm 轴向长度上包含螺纹 8 牙。采购来的螺纹梳刀刀片为此制式、此螺距刀片，该刀片上有 7 个刃齿，底刃齿刃尖的回转半径是 15mm（标注值）。刀杆上只装一片刀片。准备点取在顶面之上 100mm 处，主轴转速取 1000r/min，用 1 号刀补，螺纹孔中心与工件坐标系 *XY* 平面原点重合。加工机床配备的是发那科系统。

如图 5-26 所示，采用从下往上铣。因 35CrMo 材质不易切削，所以通过粗铣 2 刀、精铣 1 刀来铣成。

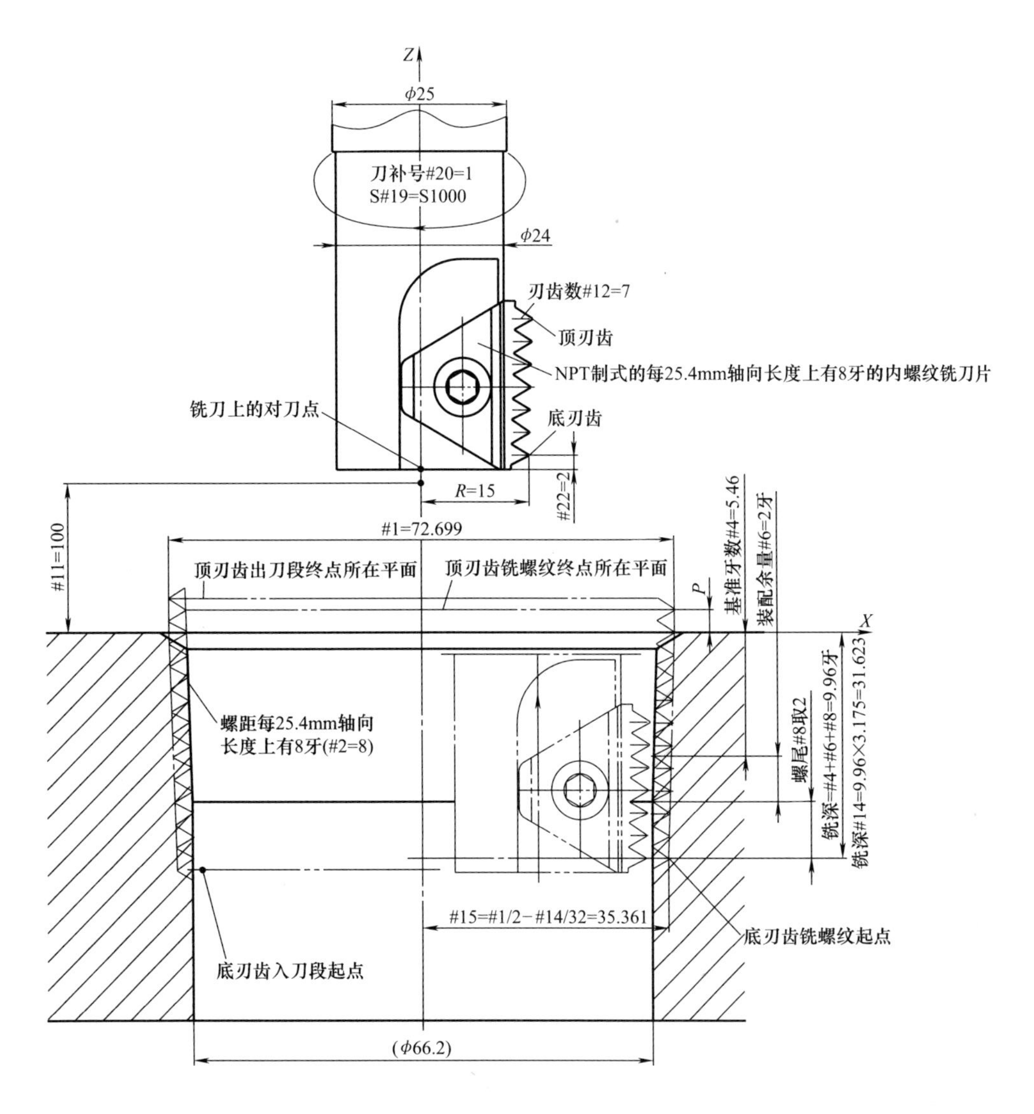

图 5-26 用螺纹梳刀从下往上铣 NPT 2 1/2 内螺纹

使用 O524 通用宏程序。如果每刃每转进给量取 0.06mm，那么此程序中前 14 段赋值后变为：

N01 #1=72.699；　（基准面上螺纹大径，可从表 1-8 和表 1-12 中查得）
N02 #2=8；　（每 25.4mm 轴向长度上包含螺纹牙数，可从表 1-8 和表 1-12 中查得）
N03 #4=5.46；　（基准牙数，可从表 1-8 和表 1-12 中查得）
N04 #6=2；　（装配余量牙数，可从表 1-8 和表 1-12 中查得）
N05 #8=2；　（螺尾牙数，选定，一般取 2.5）
N06 #11=100；　（准备点的 *Z* 值）
N07 #12=7；　（刀片的轴向刃齿个数）
N08 #22=2；　（刀片最低刃齿到刀体底面间的距离）
N09 #23=1；　（刀片数，常见的是 1 片）
N10 #13=0.06；　（每刃每转进给量，选定）
N11 #19=1000；　（主轴转速 S，选定）
N12 #20=1；　（刀具补偿号）
N13 #24=0；　（螺纹孔中心在工件坐标系中的 *X* 值）
N14 #25=0；　（螺纹孔中心在工件坐标系中的 *Y* 值）

精铣单向铣 0.1mm，粗铣 2 刀用等截面积切削。理论牙高取螺距的 0.6 倍，即 1.905mm。单向粗铣总切削深度为 1.805mm。计算第 1 刀单向切削深度 d_1 值为

$$d_1=\frac{1.805}{\sqrt{2}}\text{mm}=1.276\text{mm}$$

计算第 2 刀单向切削深度 d_2 值为

$$d_2=1.276\text{mm}\times(\sqrt{2}-1)=0.529\text{mm}$$

也可以用粗铣总深 1.805mm 减去第 1 刀单向切削深度 1.276mm 来得到第 2 刀单向切削深度值。

具体操作分两步。第一步是通过试切获取“形状”刀补页面中 1 号栏内铣刀半径设定值。先在此处预定设 15.000（*R* 值）后，用 45 钢材质的工件做试铣第 1 次。用螺纹塞规检验，一般是拧进去不够深，即中径偏小。把预设值改得略小一些，如改为 14.950，试铣第 2 次，再检验……直到中径合格为止。定住“形状”刀补页面中 1 号栏内的此值。在这第一步试铣过程中，“磨耗”刀补页面中 1 号栏内均为 0 设定值。

第二步是在实际工件上做粗、精铣。粗铣第 1 刀前将“磨耗”刀补页面中 1 号栏内铣刀半径值设为 0.629（0.1+0.529），粗铣第 2 刀前将此半径设为 0.1，精铣前将此半径设为 0。此步的操作方法适用于单件或小批量生产。

可编制出让这 3 刀连续加工（运行）的程序，具体方法可参考 5.5.1 节。

如果改成从上往下铣，那么就应使用 O523 宏程序。其中 14 个变量的赋值应与给 O524 宏程序中 14 个变量的赋值相同。

2. 铣锥管外螺纹

（1）一般采用从上往下铣　与用单刃齿或横向多刃齿铣刀铣锥管外螺纹不同，用螺

纹梳刀铣锥管外螺纹时应使用沿切向螺旋升角入刀和沿切向螺旋升角出刀，如图 5-27 所示。

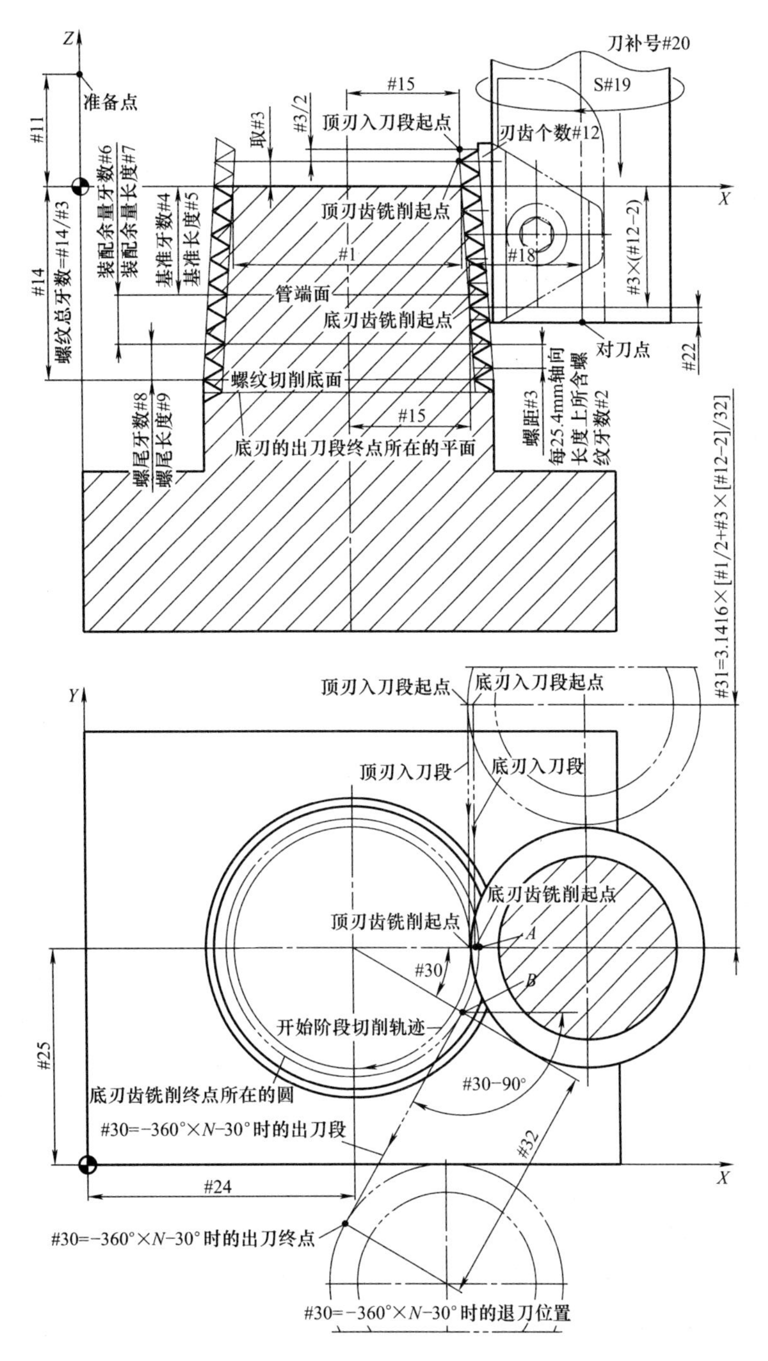

图 5-27　用螺纹梳刀从上往下铣锥管外螺纹

选择顶刃齿铣削起点离顶面为螺距高，以铣刀底面回转中心作为对刀点，以底刃齿齿顶中心作为编程注视点（对刀点）。O525 程序是适用于发那科系统的用螺纹梳刀从上往下铣锥管外螺纹的通用宏程序。

```
O525;
N01   #1=a;      (外螺纹在管子端面内的小径,可从表 1-8 和表 1-12 中查得)
N02   #2=b:      (每 25.4mm 轴向长度上所含螺纹牙数,可从表 1-8 和表 1-12 中查得)
N03   #4=i;      (基准牙数,可从表 1-8 和表 1-12 中查得)
N04   #6=k;      (装配余量牙数,可从表 1-8 和表 1-12 中查得)
N05   #8=e;      (螺尾牙数,选定,一般取 2.5)
N06   #11=h;     (准备点的 Z 值)
N07   #12=g:     (铣刀的刃齿个数)
N08   #22=v;     (刀片最低刃齿到刀体底面间的距离)
N09   #23=w;     (刀片数,常见的是 1 片)
N10   #13=m;     (每刃每转进给量,选定)
N11   #18=r;     (铣刀刃尖的回转半径)
N12   #19=S;     (主轴转速 S,选定)
N13   #20=t;     (刀具补偿号)
N14   #24=x;     (螺纹中心在工件坐标系中的 X 值)
N15   #25=y;     (螺纹中心在工件坐标系中的 Y 值)
N21 #10=ROUND[140/#1];            (分步角 Δα,也可不用此式,另外选定)
N22 #3=25.4/#2;                   (螺距)
N23 #5=#4*#3;                     (基准长度)
N24 #7=#6*#3;                     (装配余量长度)
N25 #9=#8*#3;                     (螺尾长度)
N26 #14=#5+#7+#9;                 (铣削总深)
N27 #15=#1/2+#3*[#12-2]/32;       (底刃齿铣削起点的半径值)
N28 #16=#10/360*#3;               (每步 Z 向下降值)
N29 #17=#16/32;                   (每步半径增大值)
N30 #31=3.1416*[#1/2+#3*[#12-2]/32];(底刃齿入刀刃起点的 Y 坐标值的绝对值)
N31 #32=3.1416#[#1/2+#14/32];     (底刃齿出刀段空间斜线在 XY 平面投影的长度)
N32 G54G90G95G40G00X0Y0;          (设定工件坐标系,用每转进给,平移到工件坐标系 XY 平面原点)
N33 D#20 S#19 M03;                (指令刀具半径补偿号,主轴正转)
N34 G52 X#24 Y#25;                (建立局部坐标系)
N35       X[#15+#18] Y#31;        (铣刀平移到入刀段起点之上)
N36 G43 H#20 Z#11;         (激活刀具长度补偿,铣刀下降到准备点所在的平面)
N37 Z[-#3*[#12-2.5]-#22];         (铣刀底刃齿下降到入刀段起点)
N38 G41G01 X#15 Y0 Z[-#3*[#12-2]-#22]F[#23*#13];(激活刀具半径补偿,切向入刀)
N39 #30=0;                      (动点的 α 角度值,此处赋初始值)
N40 #21=-#3*[#12-2];            (动点的 Z 坐标值,此处赋初始值)
N41 WHILE [#21 GT -#14] DO1;    (切削螺纹循环开始)
N42 #30=#30-#10;                (本步终点的 α 角度值)
N43 #15=#15+#17;                (本步终点的半径值)
```

```
N44 #21=#21-#16;                    (本步终点的 Z 坐标值)
N45 G02 X[#15*COS[#30]] Y[#15*SIN[#30]] Z#21 R[#15-#17/2] F[#23*#13];
                                                              (螺旋插补走一步)
N46 END1;                                                     (循环结束)
N47G01 X[#15*COS[#30]+#32*COS[#30-90]] Y[#15*SIN[#30]+#32*SIN[#30-90]]
Z[#21-#3/2] F[5*#23*#13];                                     (切线出刀)
N48 G49 G00      Z#11;              (撤销长度补偿,铣刀上升到起始位)
N49 G40  X0 Y0;                     (撤销刀具半径补偿,铣刀平移到螺纹中心之上)
N50 G52  X0 Y0;                     (撤销局部坐标系)
N51      X0 Y0          M05;        (铣刀平移到工件坐标系原点之上)
N52 M30;
```

PP525. MPF 程序是适用于西门子 802D 系统的用螺纹梳刀从上往下铣锥管外螺纹的通用宏程序。

```
PP525.MPF
N01  R1=a;    外螺纹在管子端面内的小径,可从表 1-8 和表 1-12 中查得
N02  R2=b:    每 25.4mm 轴向长度上所含螺纹牙数,可从表 1-8 和表 1-12 中查得
N03  R4=i;    基准牙数,可从表 1-8 和表 1-12 中查得
N04  R6=k;    装配余量牙数,可从表 1-8 和表 1-12 中查得
N05  R8=e;    螺尾牙数,选定,一般取 2.5
N06  R11=h;   准备点的 Z 值
N07  R12=g:   铣刀的刃齿个数
N08  R22=v;   刀片最低刃齿到刀体底面间的距离
N09  R23=w;   刀片数,常见的是 1 片
N10  R13=m;   每刃每转进给量,选定
N11  R18=r;   铣刀刃尖的回转半径
N12  R19=s;   主轴转速 S,选定
N13  R20=t;   刀具补偿号
N14  R24=x;   螺纹中心在工件坐标系中的 X 值
N15  R25=y;   螺纹中心在工件坐标系中的 Y 值
N21 R10=ROUND(140/R1);              R10 代表分步角 Δα,也可不用此式,另外选定
N22 R3=25.4/R2;                     螺距
N23 R5=R4*R3;                       基准长度
N24 R7=R6*R3;                       装配余量长度
N25 R9=R8*R3;                       螺尾长度
N26 R14=R5+R7+R9;                   铣削总深
N27 R15=R1/2+R3*(R12-2)/32;         底刃齿铣削起点的半径值
N28 R16=R10/360*R3;                 每步 Z 向下降值
N29 R17=R16/32;                     每步半径增大值
```

```
N30 R31=3.1416*(R1/2+R3*(R12-2)/32);底刃齿入刀刃起点的Y坐标值的绝对值
N31 R32=3.1416*(R1/2+R14/32);底刃齿出刀段空间斜线在XY平面投影的长度
N32 G54G90G95G40G00X0Y0;设定工件坐标系,用每转进给,平移到工件XY平面原点
N33 TI D=R20 S=R19 M03;指令刀具半径补偿和长度补偿号,主轴正转
N34 TRANS X=R24 Y=R25;          零点偏移
N35 X=R15+R18 Y=R31;            铣刀平移到入刀段起点之上
N36                 Z=R11;      铣刀下降到准备点所在的平面
N37 Z=-R3*(R12-2.5)-R22;        铣刀底刃齿下降到入刀段起点
N38G41 G01 X=R15 Y0 Z=R-R3*(R12-2)-R22 F=R23*R13;激活刀具半径补偿,切向入刀
N39 R30=0;                      动点的α角度值,此处赋初始值
N40 R21=-R3*(R12-2);            动点的Z坐标值,此处赋初始值
N41 WHILE R21 > -R14;           切削螺纹循环开始
N42 R30=R30-R10;                本步终点的α角度值
N43 R15=R15+R17;                本步终点的半径值
N44 R21=R21-R16;                本步终点的Z坐标值
N45 G02 X=R15*COS(30)Y=R15*SIN(30)Z=R21 CR=R15-R17/2 F=R23*R13;
                                                   螺旋插补走一步
N46 ENDWHILE;                                      循环结束
N47 G01 X=R15*COS(R30)+R32*COS(R30-90) Y=R15*SIN(R30)+R32*SIN(R30
-90) Z=R21-R3/2 F=5*R23*R13;                       切线出刀
N48 G00          Z=R11;         铣刀上升到起始位
N49 G40X0 Y0;                   撤销刀具半径补偿,铣刀平移到螺纹中心之上
N50 TRANS;                      零点偏称注销
N51   X0 Y0             M05;    铣刀平移到工件坐标系原点之上
N52 M02
```

在 O525 和 PP525.MPF 两个宏程序中，底刃齿入刀段的投影长度#31/R31 为螺纹铣削起点处投影圆圆周的一半；底刃齿出刀段的投影长度#32/R32 为螺纹铣削终点处投影圆圆周的一半。在螺纹总牙数确定后，底刃齿铣削终点在图中“底刃齿铣削终点所在圆”上的位置也就定下来了。当螺纹总牙数为整数（这是特殊情况）时，底刃齿铣削终点在图中的 A 点处，这时出刀段的投影与负 X 轴平行。图中所画的是螺纹总牙数的小数位为 0.0833（1/12）时底刃齿铣削终点 B 和底刃出刀段的位置。

这两个宏程序都含有 15 个变量/参数，使用时只要根据具体尺寸和所选的工艺参数给这 15 个变量/参数赋值即可。

（2）举例　在 45 钢工件上铣 NPT 2 1/2 外螺纹。该螺纹每 25.4mm 轴向长度内含螺纹牙数为 8。使用的螺纹梳刀刀片为此制式、此螺距刀片。该刀片上有 7 个刃齿。底刃齿尖的回转半径是 15mm（标注值）。刀杆上只装一片梳刀片。准备点取在顶面之上 100mm 处，主轴转速取 1000r/min，用 1 号刀补，螺纹中心与工件坐标系 XY 平面原点重合。加工机床配备的是发那科系统。

经查表 1-8 得：NPT 2 1/2 外螺纹在管子端面的小径为 66.535mm，每 25.4mm 轴向长度内含螺纹牙数为 8，螺纹基准牙数为 5.46，装配余量圈数为 2。螺尾牙数取 2.5。使用 O525 通用宏程序。对程序前 15 段赋值后得到如下程序段：

```
N01 #1=66.535;     (NPT 2 1/2 外螺纹在管子端面内的小径)
N02 #2=8;          (NPT 2 1/2 螺纹的每 25.4mm 轴向长度上所含螺纹牙数)
N03 #4=5.46;       (NPT 2 1/2 螺纹的基准牙数)
N04 #6=2;          (NPT 2 1/2 螺纹的装配余量牙数)
N05 #8=2.5;        (NPT 2 1/2 螺纹的螺尾牙数)
N06 #11=100;       (准备点的 Z 值)
N07 #12=7;         (铣刀的刃齿个数)
N08 #22=2;         (刀片最低刃齿到刀体底面间的距离)
N09 #23=1;         (刀片数,常见的是 1 片)
N10 #13=0.08;      (每刃每转进给量,选定)
N11 #18=15;        (铣刀刃尖的回转半径)
N12 #19=1000;      (主轴转速 S,选定)
N13 #20=1;         (刀具补偿号)
N14 #24=0;         (螺纹中心在工件坐标系中的 X 值)
N15 #25=0;         (螺纹中心在工件坐标系中的 Y 值)
```

加工时的具体操作方法见 5.5.2 节中铣 NPT 2 1/2 内螺纹例中操作的第一步。由于采用一刀铣成，就不用该例操作的第二步了。

5.5.3　钻底孔、锪倒角和铣螺纹合一加工

有一种钻头螺纹铣刀，可以用它连续完成钻底孔、锪倒角和铣内螺纹三种加工。加工常用规格粗牙螺纹和第一档细牙螺纹的这种标准刃具可以采购到。

1. 合一加工用的刃具

钻底孔、锪倒角和铣螺纹合一用的刃具常称为钻头螺纹铣刀。图 5-28 所示为用于钻底孔、锪倒角和铣螺纹的钻头螺纹铣刀。该刃具下端的一小段圆柱刃的回转直径等于相对应内螺纹的底孔直径。

2. 合一加工的方法

用钻头螺纹铣刀加工螺纹孔分 7 步，如图 5-29 所示。其中，铣螺纹由第 4 步螺旋上升半圈入刀、第 5 步铣一整圈和第 6 步螺旋上升半圈出刀完成，如图 5-29d、e、f 所示。在这 3 步的俯视图上把切削轨迹和刀心运动轨迹都画出来了。

由于此场合不适合用 G41 指令编程（即不适合按切削轨迹编程），只能用刀心编程，所以这里把这 3 步中的刀心运动轨迹（*XP* 平面投影）放大，如图 5-30 所示，并在其上标出相关尺寸。

O526 程序是适用于发那科系统的做这种加工的通用宏程序。

O526;

N01 #100 = __； （#100 为加工时螺纹半径的修调值，铣大半径用正值，铣小半径用负值）
N02 #2 = m； （螺纹公称直径）
N03 #3 = p； （螺距）
N04 #4 = d1； （铣刀刃齿尖回转直径）
N05 #5 = L1； （螺纹底孔深度）
N06 #9 = f； （每转进给量，选定）
N07 #11 = h； （准备点的 Z 值）
N08 #19 = s； （主轴转速 S，选定）
N09 #20 = t； （刀具补偿号）
N10 #24 = x； （螺纹孔中心在工件坐标系中的 X 值）
N11 #25 = y； （螺纹孔中心在工件坐标系中的 Y 值）
N21G54G90G95G40G00X0Y0； （设定工件坐标系，用每转进给，平移到工件 XY 平面原点）
N22 S#19 M03；（主轴正转）

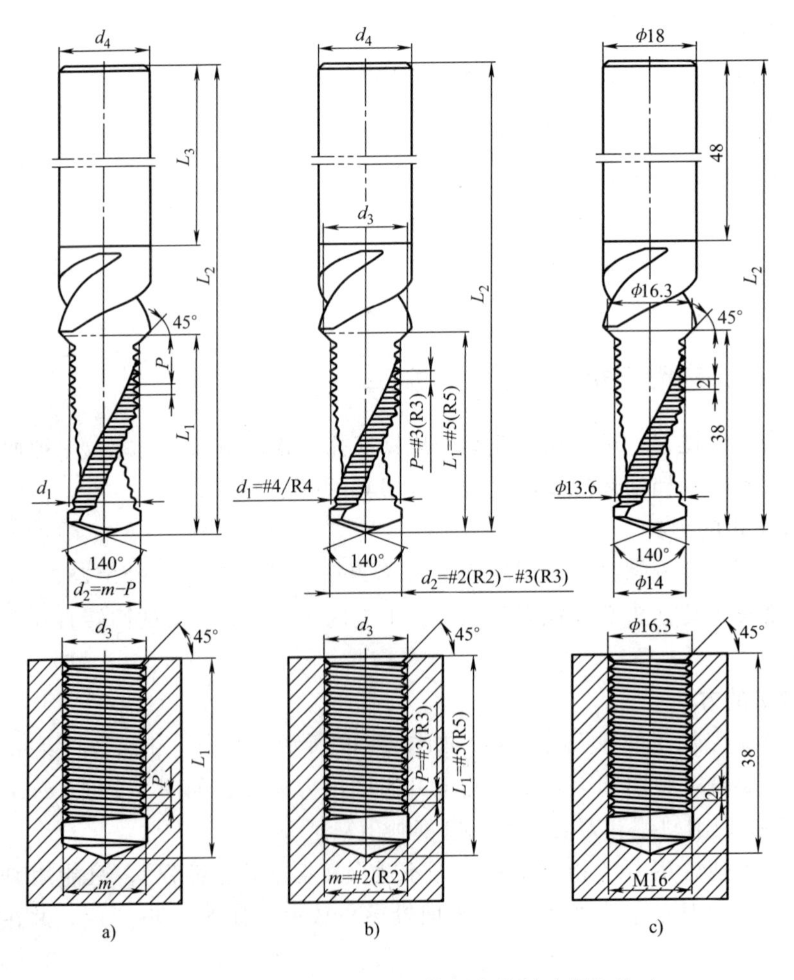

图 5-28 用于钻螺纹底孔和铣螺纹的钻头螺纹铣刀
a）通用标注 b）编程用变量标注 c）钻 M16×2 的具体尺寸标注

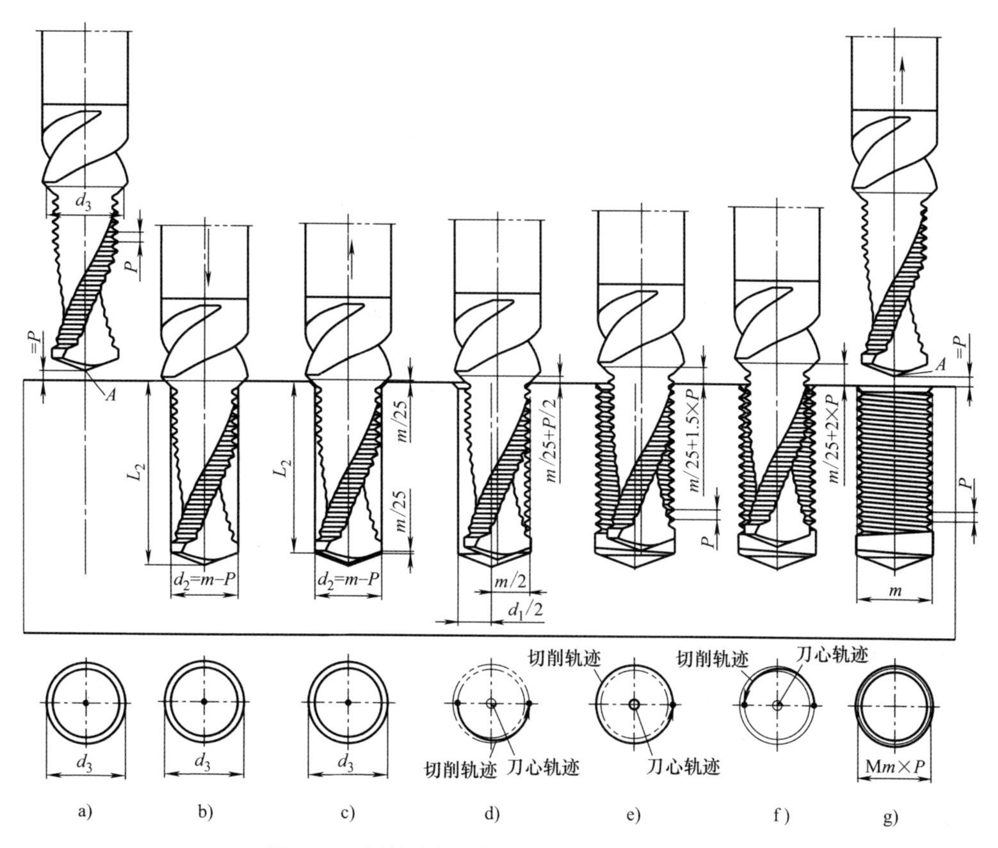

图 5-29　用钻头螺纹铣刀钻螺纹底孔和铣螺纹

a)到达准备点 A　b)钻底孔，倒角　c)向上抬起少许　d)螺旋上升半圈入刀

e)铣一整圈　f)螺旋上升半圈出刀　g)垂直抬刀到 A 点

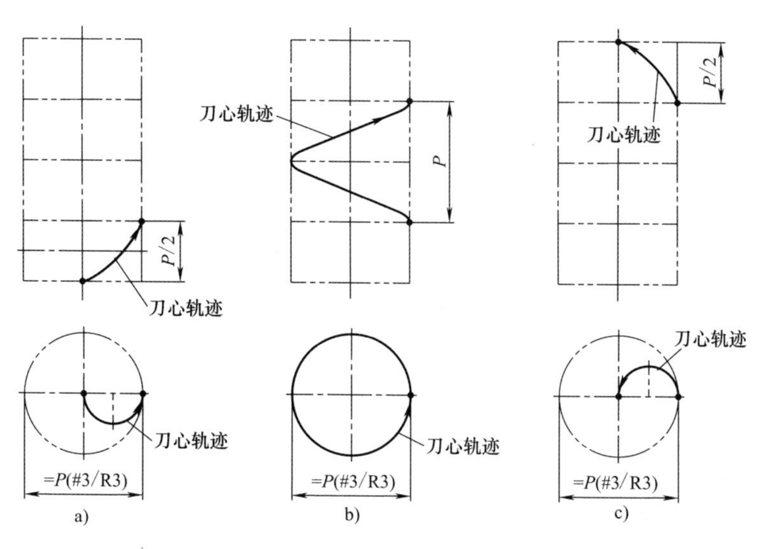

图 5-30　用钻头螺纹铣刀钻螺纹底孔和铣螺纹的 7 步中 3 步刀心轨迹放大

a)第 4 步螺旋上升半圈入刀编程轨迹　b)第 5 步螺旋上升铣一整圈编程轨迹

c)第 6 步螺旋上升半圈出刀编程轨迹

```
N23 G52 X#24 Y#25;              (建立局部坐标系)
N24     X0   Y0;                (铣刀平移到螺纹孔中心)
N25 G43 H#20 Z#11;              (激活刀具长度补偿,铣刀下降到准备点)
N26          Z#3;               (第 1 步,铣刀下降到螺纹顶面之上一个螺距高)
N27 G01      Z-#5 F#9;          (第 2 步,钻底孔并锪倒角)
N28 G91      Z[#2/25];          (第 3 步,向上抬起少许,开始增量尺寸)
N29 G03 X[#3/2+#100] Z[#3/2] I[#3/4+#100/2] F[#9/4];(第 4 步,螺旋上升半圈入刀)
N30                        Z#3 I[-#3/2-#100] F#9;  (第 5 步,螺旋上升铣一整圈)
N31 X[-#3/2-#100] Z[#3/2] I[-#3/4-#100/2] F[#9*2];(第 6 步,螺旋上升半圈出刀)
N32 G90 G00        Z#3;              (第 7 步,垂直抬刀到 A 点,恢复绝对尺寸)
N33 G49            Z#11;             (撤销长度补偿,铣刀上升到起始位)
N34 G52 X0 Y0;                       (取消局部坐标系)
N35     X0 Y0      M05;              (铣刀平移到工件坐标系原点)
N36 M30;
```

PP526.MPF 程序是适用于西门子 802D 系统的做这种加工的通用宏程序。

```
PP526. MPF
N01   R100=__;     R100 为加工时螺纹半径的修调值,欲修大用正值,欲修小用负值
N02   R2=m;        螺纹公称直径
N03   R3=p;        螺距
N04   R4=d1;       铣刀刃齿尖回转直径
N05   R5=L1;       螺纹底孔深度
N06   R9=f;        每转进给量,选定
N07   R11=h;       准备点的 Z 值
N08   R19=s;       主轴转速 S,选定
N09   R20=t;       刀具补偿号
N10   R24=x;       代表底孔中心在工件坐标系中的 X 坐标值
N11   R25=y;       代表底孔中心在工件坐标系中的 Y 坐标值
N21 G54 G17G90G95G40G49G00X0Y0;设定工件坐标系,用每转进给,平移到工件 XY 平面原点
N22 T1 D=R20        S=R19 M03;指令刀具半径补偿和长度补偿号,主轴正转
N23 TRANS X=R24 Y=R25;         零点偏移
N24         X0 Y0;             铣刀平移到螺纹孔中心
N25               Z=R11;       铣刀下降到准备点
N26               Z=R3;        第 1 步,铣刀下降到螺纹顶面之上一个螺距高
N27 G01           Z=-R5 F=R9;第 2 步,钻底孔并锪倒角
N28 G91 G00       Z=R2/25;     第 3 步,向上抬起少许,开始增量尺寸
N29 G03 X=R3/2+R100 Z=R3/2 I=R3/4+R100/2 F=R9/4;第 4 步,螺旋上升半圈入刀
N30 Z=R3 I=R3/2-R100 F=R9;  第 5 步,螺旋上升铣一整圈
N31 X=-R3/2-R100 Z=R3/2 I=-R3/4-R100/2 F=R9*2 ;第 6 步,螺旋上升半圈出刀
N32 G90 G00        Z=R3;       第 7 步,垂直抬刀到 A 点,恢复绝对尺寸
```

```
N33                    Z=R11;      铣刀上升到准备点
N34 TRANS;                         零点偏移注销
N35         X0 Y0      M05;        铣刀平移到工件坐标系原点之上
N36 M02
```

O526 和 PP526. MPF 两个宏程序中都有 11 个变量。其中第一个变量不可缺，否则铣出螺纹中径的大小就无法调节。试切首件时此变量应预赋 0 值，检验铣出螺纹的中径后再微调此变量值：铣大半径就加大此值，铣小半径（当然是指下一个工件）就减小此值。

程序中的进给量是以铣一整圈螺纹时的进给量#9/R9 为基准进给量。N27 段钻底孔用的是基准进给量，使用时可根据实际情况按比例增减。例如可根据需要把 N27 段中的 F 字改为 F [2 * #9] 或 F=2 * R9，也可以根据需要将此 F 字改为 F [#9/2] 或 F=R9/2，等。

使用时只要根据具体情况给以上两个通用宏程序中的变量赋值即可。以图 5-28c 所示加工 M16 粗牙螺纹为例，基准进给量取 0.1mm/r，准备点的 *Z* 值取 100mm，用 1 号刀补且工件坐标系 *XY* 平面原点就在螺纹孔中心。把这些数据给 O526 程序中相应的变量赋值，赋值后将程序改名为 O5260，前 11 段为：

```
O5260;
N01  #100=0;    （#100 为加工时螺纹半径的修调值,铣大半径用正值,铣小半径用负值）
N02  #2=16;     （螺纹公称直径）
N03  #3=2;      （螺距）
N04  #4=13.6;   （铣刀刃齿尖回转直径）
N05  #5=38;     （螺纹底孔深度）
N06  #9=0.1;    （每转进给量,选定）
N07  #11=100;   （准备点的 Z 值）
N08  #19=1000;  （主轴转速 S,选定）
N09  #20=1;     （刀具补偿号）
N10  #24=0;     （螺纹孔中心在工件坐标系中的 X 值）
N11  #25=0;     （螺纹孔中心在工件坐标系中的 Y 值）
```

宏程序中变量数较多的原因之一是假定螺纹孔中心不在工件坐标系的 *XY* 平面原点,之二是为了用它应付多种情况。总之,是为了增加程序的通用性。

如果不要求通用性好，那么加工某个螺纹时程序中用一个变量就可以,如 O527 程序和 PP527. MPF 程序,它们分别适用于发那科系统和西门子 802D 系统,用于加工 M16 粗牙螺纹。

```
O527;
N01  #1=0;          （#1 为加工时螺纹半径的修调值,铣大半径用正值,铣小半径用负值）
N21 G54G90G95G40G00X0Y0;（设定工件坐标系,用每转进给,平移到工件 XY 平面原点）
N22                 S1000 M03;（主轴正转）
N24  X0   Y0;                 （铣刀平移到螺纹孔中心）
N25 G43 H1      Z100;         （激活刀具长度补偿,铣刀下降到准备点）
N26             Z2;           （第 1 步,铣刀下降到螺纹顶面之上一个螺距高）
```

```
N27G01          Z-38              F0.1;  (第 2 步,钻底孔并锪倒角)
N28G91          Z0.64;                   (第 3 步,向上抬起少许,开始增量尺寸)
N29G03 X[1+#1] Z1 I[0.5+#1/2] F0.025;(第 4 步,螺旋上升半圈入刀)
N30             Z2 I[-1-#1]   F0.1;  (第 5 步,螺旋上升铣一整圈)
N31 X[-1-#1]    Z1 I[-0.5-#1/2] F0.2;(第 6 步,螺旋上升半圈出刀)
N32G90 G00      Z2;                      (第 7 步,垂直抬刀到 A 点,恢复绝对尺寸)
N33G49          Z100;                    (撤销长度补偿,铣刀上升到起始位)
N35  X0  Y0                      M05;(铣刀平移到工件坐标系原点之上)
N36M30;
```

```
PP527.MPF
N01  R1=0;           R1 为加工时螺纹半径的修调值,铣大半径用正值,铣小半径用负值
N21 G54G90G95G40G00X0Y0;      设定工件坐标系,用每转进给,平移到工件 XY 平面原点
N22  S1000 M03;               主轴正转
N24  X0  Y0;                  铣刀平移到螺纹孔中心
N25              Z100;        铣刀下降到准备点
N26              Z2;          第 1 步,铣刀下降到螺纹顶面之上一个螺距高
N27 G01          Z-38 F0.1;               第 2 步,钻底孔并锪倒角
N28 G91          Z0.64;                   第 3 步,向上抬起少许,开始增量尺寸
N29 G03 X=1+R1 Z1 I=0.5+R1/2 F0.025;      第 4 步,螺旋上升半圈入刀
N30              Z2 I=-1-R1 F0.1;         第 5 步,螺旋上升铣一整圈
N31 X=-1-R1 Z1 I=-0.5-R1/2 F0.2;          第 6 步,螺旋上升半圈出刀
N32 G90 G00      Z2;                      第 7 步,垂直抬刀到 A 点,恢复绝对尺寸
N33              Z100;                    撤销长度补偿,铣刀上升到起始位
N35  X0  Y0          M05;                 铣刀平移到工件坐标系原点之上
N36 M02
```

极端地说，用不含变量的数控程序加工也是可以的，只是每修调一次中径要修改 N29~N31 段中 5 个数据。这样做不但麻烦而且容易出错，所以作者不建议采用。

第 6 章　用整体硬质合金螺纹铣刀铣螺纹

尽管有些刀具供应商的整硬螺纹铣刀的规格型号表中既有内螺纹铣刀，也有外螺纹铣刀，但实际上一般不供应外螺纹铣刀，除非定制。在生产实际中，常见的也是使用整硬铣刀铣内螺纹，所以本章只讨论铣内螺纹的方法。如果遇到要用整硬铣刀铣外螺纹的情况，在对牙型要求不高时可借用同制式、同螺距的内螺纹铣刀，而在对牙型要求较高时，就应定制整硬外螺纹铣刀。

尽管数控铣床的主轴也可以反转（M04），但一般买不到用于反转的整硬螺纹铣刀，除非定制，所以本章只讨论主轴正转条件下的铣螺纹加工。

关于同制式整硬内螺纹铣刀的选用。M6×1 规格的整硬内螺纹铣刀既可用来铣 M6 的粗牙螺纹，也可用来铣 M8×1、M10×1 或 M12×1 等细牙内螺纹。换个角度说，M12×1 细牙螺纹既可用 M12×1 规格的细牙内螺纹铣刀铣，也可以用 M10×1 或 M8×1 细牙内螺纹铣刀铣，还可以用 M6×1 规格的粗牙内螺纹铣刀铣。这里要注意，M12×1 铣刀与 M6×1 铣刀相比，前者包含刀齿在内的刀径比后者大两倍多。在相同材质工件上铣 M12×1 内螺纹时，用前一种铣刀要比用后一种铣刀的加工效率高四倍多。因此，在批量生产中，铣某种规格的细牙内螺纹应使用同规格的细牙内螺纹铣刀。只有在单件或小批量生产中，出于成本或采购周期的考虑，才可使用小规格、同螺距的铣刀来铣。

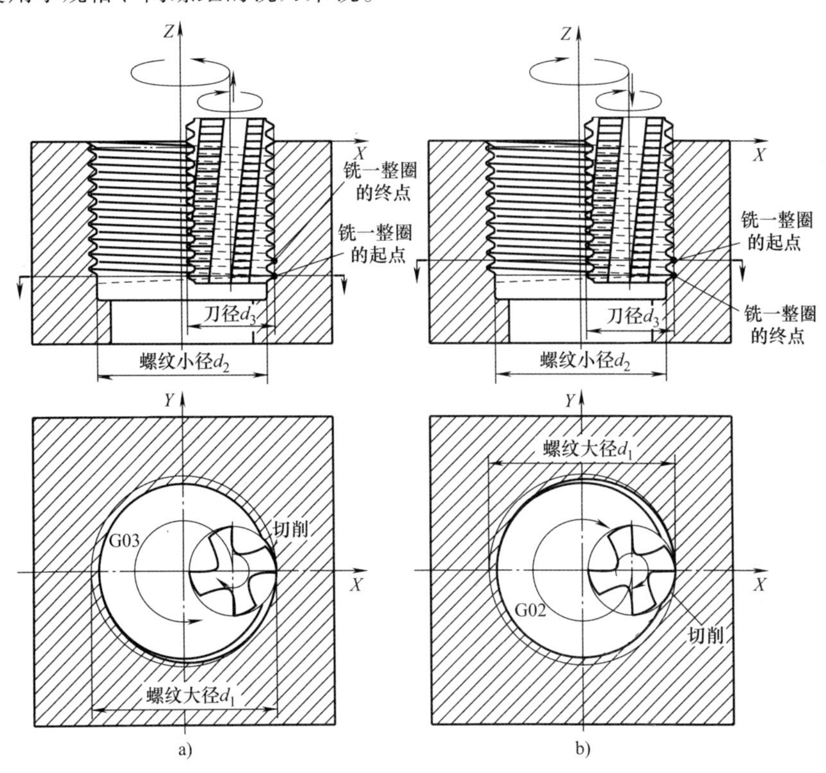

图 6-1　用整硬螺纹铣刀铣内螺纹的顺铣和逆铣

a）右旋螺纹的顺铣　b）右旋螺纹的逆铣

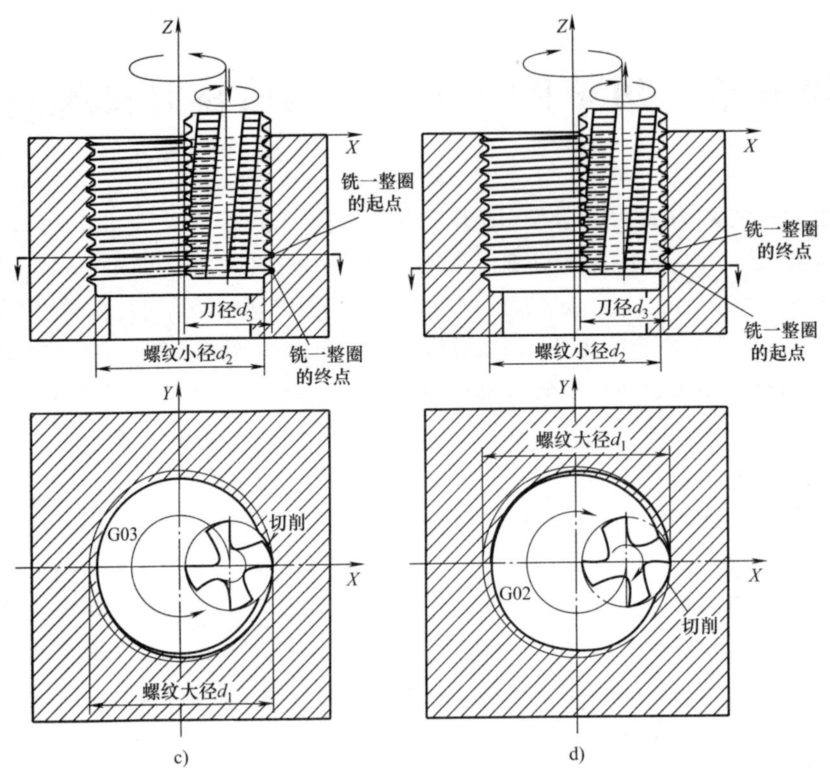

图 6-1　用整硬螺纹铣刀铣内螺纹的顺铣和逆铣（续）

c）左旋螺纹的顺铣　d）左旋螺纹的逆铣

关于入刀和出刀方式的选择。用整硬铣刀铣内螺纹时，一般不用 90°螺旋切线入刀和 90°螺旋切线出刀方式。这是由于如下两个原因：一是在大多数情况下，整硬铣刀直径比内螺纹小径小得不多，很少遇到铣刀直径比内螺纹小径小一半或小更多的情况；二是用 90°螺旋切线入刀和出刀在入刀点和出刀点无法做到与正式铣螺纹一圈轨迹相切，只能相接，这对铣出螺纹的质量不利。用整硬铣刀铣内螺纹时，应采用 180°螺旋切线入刀和 180°螺旋切线出刀。这样，每铣一刀就有 3 个环节：半圈入刀、铣一整圈和半圈出刀，总共走两圈。

关于铣内螺纹的顺铣和逆铣。在主轴正转条件下，铣内螺纹的顺铣和逆铣如图 6-1 所示。从图中可以看到，加工右旋内螺纹时从下往上铣是顺铣，从上往下铣是逆铣；加工左旋内螺纹时从上往下铣是顺铣，从下往上铣是逆铣。

6.1　一刀铣成锥管内螺纹

一刀铣成锥管内螺纹分为从下往上一刀铣成和从上往下一刀铣成，这两种编程用图分别如图 6-2a 和图 6-2b 所示。

6.1.1　从下往上一刀铣成锥管内螺纹

O601 程序是适用于发那科系统的用整硬铣刀从下往上一刀铣成锥管内螺纹的通用宏程序。

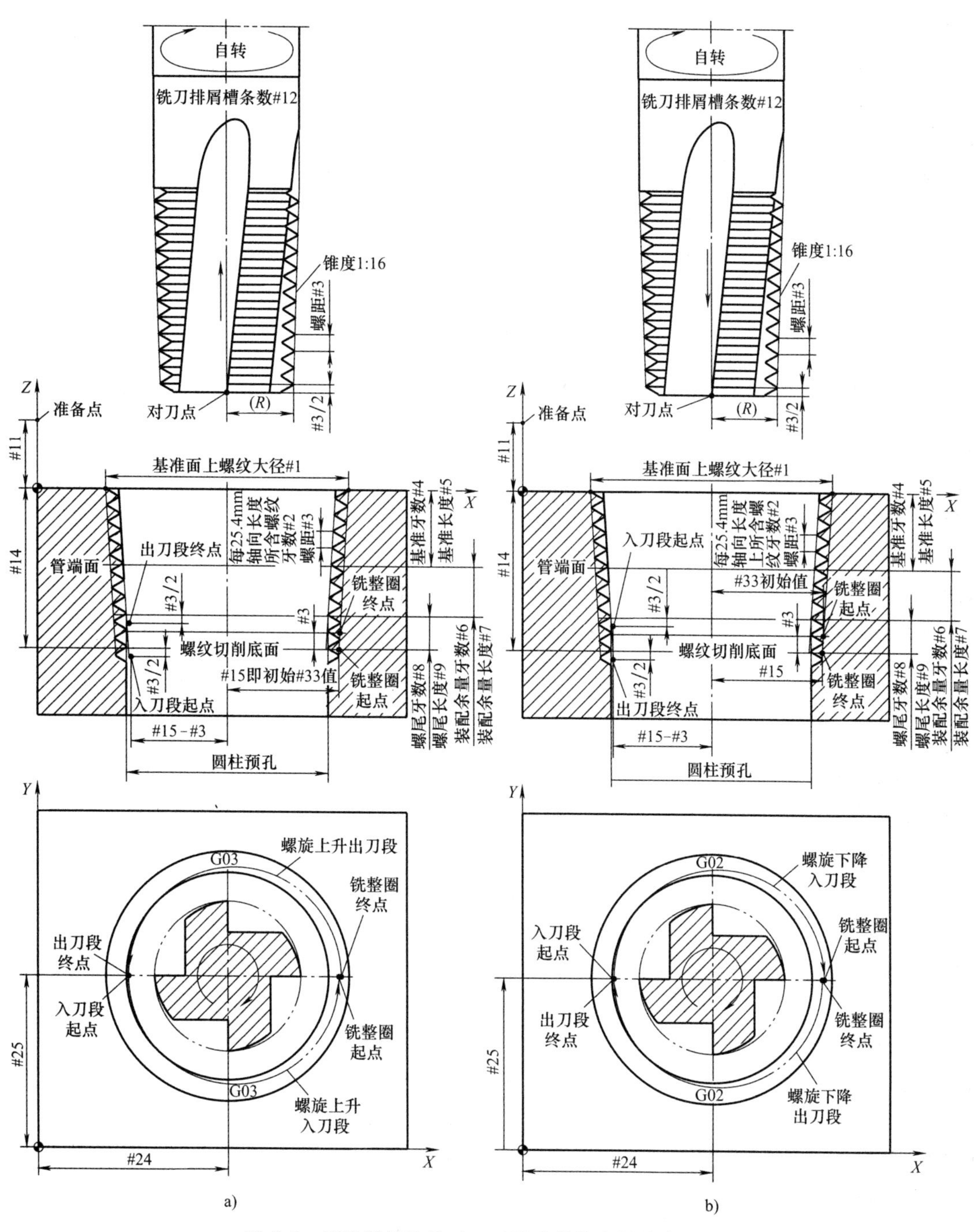

图 6-2　用整硬螺纹铣刀一刀铣成锥管内螺纹编程用图
a）从下往上铣（顺铣）　b）从上往下铣（逆铣）

O601；

N01 #1 = a；　　（基准面上螺纹大径，可从表 1-8 和 1-12 中查得）

N02 #2 = b；　　（每 25.4mm 轴向长度上所含螺纹牙数，可从表 1-8 和 1-12 中查得）

N03 #4 = i；　　（基准牙数，可从表 1-8 和 1-12 中查得）

```
N04 #6=k;          (装配余量牙数,可从表 1-8 和 1-12 中查得)
N05 #8=e;          (螺尾牙数,选定,一般取 2)
N06 #11=h;         (准备点的 Z 值)
N07 #12=g;         (铣刀上的排屑槽条数,即刃齿排数)
N08 #13=m;         (每排刃齿每转进给量,选定)
N09 #19=s;         (主轴转速 S,选定)
N10 #20=t;         (刀具补偿号)
N11 #24=x;         (螺纹孔中心在工件坐标系中的 X 值)
N12 #25=y;         (螺纹孔中心在工件坐标系中的 Y 值)
N21 #21=ROUND[#1*2];           (一圈分步数,也可不用此式,另外选定)
N22 #22=360/#21;               (分步角 Δα)
N23 #3=25.4/#2;                (螺距)
N24 #5=#4*#3;                  (基准长度)
N25 #7=#6*#3;                  (装配余量长度)
N26 #9=#8*#3;                  (螺尾长度)
N27 #14=#5+#7+#9;              (螺纹总深)
N28 #15=#1/2-#14/32;           (底刃齿铣削起点的半径值)
N29 #16=#3/#21;                (每步 Z 向上升值)
N30 #17=#16/32;                (每步半径增大值)
N31 G54G90G95G40G00X0Y0;(设定工件坐标系,用每转进给,平移到工件 XY 平面原点)
N32 D#20   S#19   M03;         (指令刀具半径补偿号,主轴正转)
N33 G52 X#24 Y#25;             (建立局部坐标系)
N34 X0        Y0;              (铣刀平移到螺纹孔中心)
N35 G43 H#20      Z#11;        (激活刀具长度补偿,铣刀底面下降到准备点)
N36               Z0;          (铣刀底面下降到螺纹顶面)
N37 #33=#15;                   (#33 代表底刃齿铣削一圈动点的半径值,此处赋初始值)
N38 Z[-#14-#3/2-#3/2];         (铣刀底刃齿下降到底刃入刀段起点所在的平面)
N39 G41 G01 X[-#33+#3] F[2*#12*#13];(激活刀具半径补偿,铣刀平移到底刃入刀段起点)
N40 G03 X#33 Z[-#14-#3/2] R[#33-#3/2] F[#12*#13/5];     (螺旋上升入刀)
N41 #28=-#14-#3/2;                         (底刃铣螺纹起点的 Z 坐标值,此处赋初始值)
N42 #30=0;                                 (动点的 α 角度值,此处赋初始值)
N43 WHILE [#30 LT 359.999] DO1;(循环头,若未铣够一整圈就在循环尾之间循环执行)
N44 #30=#30+#22;                           (此步终点的 α 角度值)
N45 #33=#33+#17;                           (此步终点的半径值)
N46 #28=#28+#16;                           (此步终点的 Z 坐标值)
N47 G03X[#33*COS[#30]]  Y[#33*SIN[#30]]  Z#28  R[#33-#17/2]  F[#12*#13];
                                           (螺旋上升走一步)
N48 END1;                                  (循环尾)
N49 G03 X[-#33+#3]  Z[-#14+#3*3/2-#3/2]  R[#33-#3/2]  F[2*#12*#13];
```

```
                        （螺旋上升出刀）
N50 G00 G40 X0 Y0;      （铣刀平移到刀中心与螺纹孔中心重合）
N51 G49    Z#11;        （撤销长度补偿，铣刀底面上升到起始位）
N52 G52    X0 Y0;       （撤销局部坐标系）
N53        X0 Y0  M05;  （铣刀平移到工件坐标系原点之上）
N54 M30;
```

PP601.MPF 是适用于西门子 802D 系统的用整硬螺纹铣刀从下往上一刀铣成锥管内螺纹的通用宏程序。

```
PP601.MPF
M01 R1=a;          R1 代表基准面上螺纹大径，可从表 1-8 和表 1-12 中查得
M02 R2=b;          R2 代表每 25.4mm 轴向长度上所含螺纹牙数，可从表 1-8 和表 1-12 中查得
M03 R4=i;          R4 代表基准牙数，可从表 1-8 和表 1-12 中查得
M04 R6=k;          R6 代表装配余量牙数，可从表 1-8 和表 1-12 中查得
N05 R8=e;          R8 代表螺尾牙数，选定，一般取 2
N06 R11=h;         R11 代表准备点的 Z 值
N07 R12=g;         R12 代表铣刀上的排屑槽条数，即刃齿排数
N08 R13=m;         R13 代表每排刃齿每转进给量，选定
N09 R19=s;         R19 代表主轴转速 S，选定
N10 R20=t;         R20 代表刀具补偿号
N11 R24=x;         R24 代表螺纹孔中心在工件坐标系中的 X 值
N12 R25=y;         R25 代表螺纹孔中心在工件坐标系中的 Y 值
N21  R21=ROUND(R1*2);           R21 代表一圈分步数，也可不用此式，另外选定
N22  R22=360/R21;               R22 代表分步角 Δα
N23  R3=25.4/R2;                R3 代表螺距
N24  R5=R4*R3;                  R5 代表基准长度
N25  R7=R6*R3;                  R7 代表装配余量长度
N26  R9=R8*R3;                  R9 代表螺尾长度
N27  R14=R5+R7+R9;              R14 代表铣削总深
N28  R15=R1/2-R14/32;           R15 代表底刃齿铣削起点的半径值
N29  R16=R3/#21;                R16 代表每步 Z 向上升值
N30  R17=R16/32;                R17 代表每步半径增大值
N31  G54G90G95G40G00X0Y0;       设定工件坐标系，用每转进给，平移到工件 XY 平面原点
N32  T1  D=R20 S=R19 M03;       指令刀具半径补偿和长度补偿号，主轴正转
N33  TRANS  X=R24  Y=R25;       零点偏移
N34  X0  Y0;                    铣刀平移到螺纹孔中心
N35       Z=R11;                铣刀底面下降到准备点
N36       Z0;                   铣刀底面下降到螺纹顶面
N37  R33=R15;                   R33 代表底刃齿铣削一圈动点的半径值，此处赋初始值
N38      Z=-R14-R3/2-R3/2;      铣刀底刃齿下降到底刃入刀段起点所在的平面
```

N39 G41 G01 X=-R33+R3 F=2 * R12 * R13;激活刀具半径补偿,铣刀平移到底刃入刀段起点
N40 G03 X=R33 Z=-R14-R3/2 CR=R33-R3/2 F=R12 * R13/5; 螺旋上升入刀段
N41 R28=-R14-R3/2; 底刃铣螺纹起点的 Z 坐标值,此处赋初始值
N42 R30=0; 动点的 α 角度值,此处赋初始值
N43 WHILE R30 <359.999; 循环头,若未铣够一整圈就在循环尾之间循环执行
N44 R30=R30+R22; 此步终点的 α 角度值
N45 R33=R33+R17; 此步终点的半径值
N46 R28=R28+R16; 此步终点的 Z 坐标值
N47 G03X=R33 * COS(R30) Y=R33 * SIN(R30) Z=R28 CR=R33-R17/2 F=R12 * R13;
螺旋上升走一步
N48 ENDWHILE; 循环结束
N49 G03 X=-R33+R3 Z=-R14+R3 * 3/2-R3/2 CR=R33-R3/2 F=2 * R12 * R13;
螺旋上升出刀
N50 G00 G40 X0 Y0; 平移到刀中心与螺纹孔中心重合
N51 Z=R11; 铣刀底面上升到准备点
N52 TRANS; 零点偏移注销
N53 X0 Y0 M05; 铣刀平移到工件坐标系原点之上
N54 M02

O601 和 PP601. MPF 两个宏程序中都有 12 个变量/参数，使用时只要根据具体尺寸和所选的工艺参数给这 12 个变量/参数赋值即可。

6.1.2 从上往下一刀铣成锥管内螺纹

O602 程序是适用于发那科系统的用整硬螺纹铣刀从上往下一刀铣成锥管内螺纹的通用宏程序。

O602;
N01 #1=a; (基准面上螺纹大径,可从表 1-8 和表 1-12 中查得)
N02 #2=b; (每 25.4mm 轴向长度上所含螺纹牙数,可从表 1-8 和表 1-12 中查得)
N03 #4=i; (基准牙数,可从表 1-8 和表 1-12 中查得)
N04 #6=k; (装配余量牙数,可从表 1-8 和表 1-12 中查得)
N05 #8=e; (螺纹尾牙数,选定,一般取 2)
N06 #11=h; (准备点的 Z 值)
N07 #12=g; (铣刀上的排屑槽条数,即刃齿排数)
N08 #13=m; (每排刃齿每转进给量,选定)
N09 #19=s; (主轴转速 S,选定)
N10 #20=t; (刀具补偿号)
N11 #24=x; (螺纹孔中心在工件坐标系中的 X 值)
N12 #25=y; (螺纹孔中心在工件坐标系中的 Y 值)
N21 #21=ROUND[#1 * 2]; (一圈分步数,也可不用此式,另外选定)
N22 #22=360/#21; (分步角 Δα)

```
N23 #3=25.4/#2;                          (螺距)
N24 #5=#4*#3;                            (基准长度)
N25 #7=#6*#3;                            (装配余量长度)
N26 #9=#8*#3;                            (螺尾长度)
N27 #14=#5+#7+#9;                        (螺纹总深)
N28 #15=#1/2-#14/32;                     (底刃齿铣削终点的半径值)
N29 #16=#3/#21;                          (每步 Z 向下降值)
N30 #17=#16/32;                          (每步半径减小值)
N31 G54G90G95G40G00X0Y0;                 (设定工件坐标系,用每转进给,平移到工件 XY 平面原点)
N32  D#20     S#19     M03;              (指令刀具半径补偿号,主轴正转)
N33 G52 X#24 Y#25;                       (建立局部坐标系)
N34      X0   Y0;                        (铣刀平移到螺纹孔中心)
N35 G43 H#20     Z#11;                   (激活刀具长度补偿,铣刀底面下降到准备点)
N36      Z0;                             (铣刀底面下降到螺纹顶面)
N37  #33=#15+#3/32;                      (#33 代表底刃齿铣削一圈动点的半径值,此处赋初始值)
N38  Z[-#14+#3*3/2-#3/2];                (铣刀底刃齿下降到底刃入刀段起点所在的平面)
N39 G42 G01 X[-#33+#3]F[2*#12*#13];(激活刀具半径补偿,铣刀平移到底刃入刀段起点)
N40 G02 X#33  Z[-#14+#3-#3/2] R[#33-#3/2] F[#12*#13/5];  (螺旋下降入刀)
N41  #28=-#14+#3/2;                      (底刃铣螺纹起点的 Z 坐标值,此处赋初始值)
N42  #30=0;                              (动点的 α 角度值,此处赋初始值)
N43 WHILE [#30 GT -359.999] DO1;(循环头,若未铣够一整圈就在循环尾之间循环执行)
N44  #30=#30-#22;                        (此步终点的 α 角度值)
N45  #33=#33-#17;                        (此步终点的半径值减去 P/32)
N46  #28=#28-#16;                        (此步终点的 Z 坐标值)
N47G02 X[#33*COS[#30]] Y[#33*SIN[#30]] Z#28 R[#33+#17/2] F[#12*#13];
                                         (螺旋下降走一步)
N48 END1;                                (循环尾)
N49 G02 X[-#33+#3]                      Z[-#14-#3/2-#3/2]  R[#33-#3/2]  F[2*#12*#13];
                                         (螺旋下降出刀)
N50 G00 G40 X0 Y0;                       (铣刀平移到刀中心与螺孔中心重合)
N51 G49            Z#11;                 (撤销长度补偿,铣刀底面上升到起始位)
N52 G52  X0 Y0;                          (撤销局部坐标系)
N53       X0 Y0        M05;              (铣刀平移到工件坐标系原点之上)
N54 M30;
```

PP602.MPF 程序是适用于西门子 802D 系统的用整硬螺纹铣刀从上往下一刀铣成锥管内螺纹的通用宏程序。

PP602.MPF

```
N01 Rl=a;         R1 代表基准面上螺纹大径,可从表 1-8 和表 1-12 中查得
N02 R2=b;         R2 代表每 25.4mm 轴向长度上所含螺纹牙数,可从表 1-8 和表 1-12 中查得
N03 R4=i;         R4 代表基准牙数,可从表 1-8 和表 1-12 中查得
N04 R6=k;         R6 代表装配余量牙数,可从表 1-8 和表 1-12 中查得
N05 R8=e;         R8 代表螺纹尾牙数,选定,一般取 2
N06 R11=h;        R11 代表准备点的 Z 值
N07 R12=g;        R12 代表铣刀上的排屑槽条数,即刃齿排数
N08 R13=m;        R13 代表每排刃齿每转进给量,选定
N09 R19=s;        R19 代表主轴转速 S,选定
N10 R20=t;        R20 代表刀具补偿号
N11 R24=x;        R24 代表螺纹孔中心在工件坐标系中的 X 值
N12 R25=y;        R25 代表螺纹孔中心在工件坐标系中的 Y 值
N21  R21=ROUND(R1*2);      R21 代表一圈分步数,也可不用此式,另外选定
N22  R22=360/R21;          R22 代表分步角 Δα
N23  R3=25.4/R2;           R3 代表螺距
N24  R5=R4*R3;             R5 代表基准长度
N25  R7=R6*R3;             R7 代表装配余量长度
N26  R9=R8*R3;             R9 代表螺尾长度
N27  R14=R5+R7+R9;         R14 代表铣削总深
N28  R15=R1/2-R14/32;      R15 代表底刃齿铣削终点的半径值
N29  R16=R3/R21;           R16 代表每步 Z 向下降值
N30  R17=R16/32;           R17 代表每步半径减小值
N31  G54G90G95G40G00X0Y0;  设定工件坐标系用每转进给平移到工件 X-Y 平面原点
N32  T1  D=R20 S=R19 M03;  指令刀具半径补偿和长度补偿号,主轴正转
N33 TRANS  X=R24  Y=R25;   零点偏移
N34        X0     Y0;      铣刀平移到螺纹孔中心
N35               Z=R11;   铣刀底面下降到准备点
N36               Z0;      铣刀底面下降到螺纹顶面
N37  R33=R15+R3/32;     R33 代表底刃齿铣削一圈动点的半径值,此处赋初始值
N38        Z=-R14+R3*3/2-R3/2;铣刀底刃齿下降到底刃入刀段起点所在的平面
N39 G42 G01 X=-R33+R3  F=2*R12*R13;激活刀具半径补偿,铣刀平移到底刃入刀段起点
N40 G02 X=R33 Z=-R14+R3-R3/2 CR=R33-R3/2 F=R12*R13/5; (螺旋下降入刀)
N41  R28=-R14+#3/2;        底刃铣螺纹起点的 Z 坐标值,此处赋初始值
N42  R30=0;                动点的 α 角度值,此处赋初始值
N43 WHILE R30>-359.999;    循环头,若未铣够一整圈就在循环尾之间循环执行
N44 R30=R30-R22;           此步终点的 α 角度值
N45 R33=R33-R17;           下步终点的半径值
```

```
N46 R28=R28-R16;                    此步终点的Z坐标值
N47 G02 X=R33*COS(R30) Y=R33*SIN(R30) Z=R28 CR=R15+R17/2 F=R12*R13;
                                    螺旋下降走一步
N48 ENDWHILE;                       循环结束
N49 G02 X=-R33+R3 Z=-R14-R3/2-R3/2  CR=R33-R3/2  F=2*R12*R13;
                                    螺旋下降出刀
N50 G00 G40 X0 Y0;                  平移到刀中心与螺孔中心重合
N51     Z=R11;                      铣刀底面上升到准备点
N52 TRANS;                          零点偏移注销
N53     X0  Y0    M05;              铣刀平移到工件坐标原点之上
N54 M02
```

O502和PP602.MPF两个宏程序中有12个变量/参数，使用时只要根据具体尺寸和所选的工艺参数给这12个变量/参数赋值即可。

【例1】 在45钢工件上铣NPT 1内螺纹。该螺纹每25.4mm轴向长度内有11.5牙。使用的是同规格的NPT内螺纹整硬螺纹铣刀（此铣刀可铣NPT 1、NPT 1 1/4、NPT 1 1/2和NPT 2四种规格的内螺纹）。此铣刀上有5条排屑槽。从表1-8上查出，此螺纹的基准牙数是4.6，装配余量牙数是3。准备点的Z值取100mm，每排齿刃每转进给量取0.03mm，主轴转速取800r/min，刀具补偿号取1，以螺纹孔中心为工件坐标系X-Y平面原点。用O601程序从下往上铣和用O602程序从上往下铣时对其12个变量（即前12段）分别赋值后是一样的，都为：

```
N01 #1=33.228;          (NPT 1螺纹基面大径)
N02 #2=11.5;            (NPT 1螺纹每25.4mm轴向长度上所含数)
N03 #4=4.6;             (NPT 1螺纹基准牙数)
N04 #6=3;               (NPT 1螺纹装配余量牙数)
N05 #8=2;               (螺尾牙数,取2)
N06 #11=100;            (准备点的Z值,取100)
N07 #12=5;              (铣刀上的排屑槽条数,即刃齿排数)
N08 #13=0.03;           (每排刃每转进给量)
N09 #19=800;            (主轴转速S)
NI0 #20=1;              (刀具补偿号)
N11 #24=0;              (螺纹孔中心在工件坐标系中的X值)
N12 #25=0;              (螺纹孔中心在工件坐标系中的Y值)
```

同理，用PP601.MPF程序从下往上铣和用PP602.MPF程序从上往下铣的赋值数据与此相同。

由于这4个程序中使用了G41/G42指令，所以铣刀底刃齿回转半径R的值不在程序中指令，而是将其输入刀补页面相应的位置内。可将现场实测值输入“形状”刀补页面内。如果从铣刀样本上的标注值获得回转半径，那么要进行简单的计算。因为整体硬质合金锥管螺纹铣刀样本上一般不直接标底刃齿尖的回转半径R，而是标注锥

（头）的长度 l 和锥上端的直径 D。由于锥管螺纹的斜度是 1 : 32，所以锥（头）下端的半径为 $D/2-l/32$。由于底刃齿回转半径与锥（头）下端半径差得很少（只差 $P/64$），所以可用锥（头）下端半径值当作底刃齿回转半径 R 值，并将其键入“形状”刀补页面内。

对 O601 程序中的变量赋值后，将得到的程序命名为 O6010。图 6-3 所示为用 O6010 程序和上述数据从下往上铣 NPT 1 内螺纹时在 XZ 平面内的仿真轨迹。

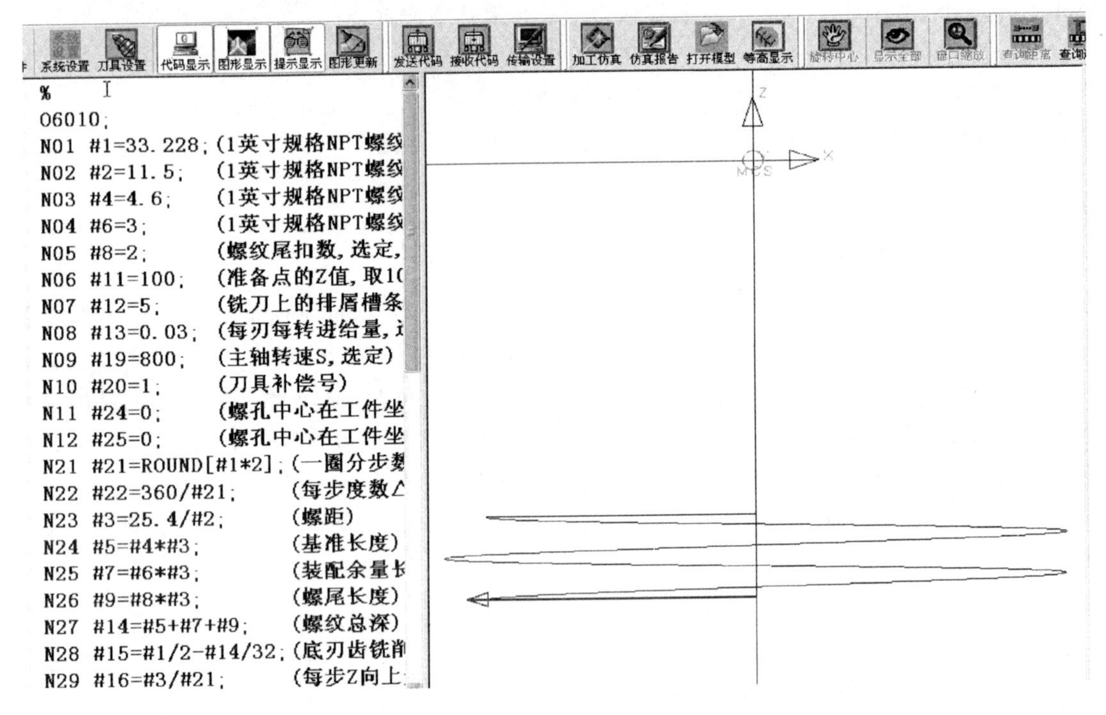

图 6-3　用 O6010 程序铣 NPT 1 内螺纹的 XZ 平面仿真轨迹

轨迹中有个从下往上（走）的箭头。如果用 O602 程序和上述同样数据从上往下铣该内螺纹，那么在 XZ 平面内的轨迹与此图中的轨迹是一样的，只是轨迹中的箭头变成从上往下。

6.2　同向分两刀铣成锥管内螺纹

两刀中前一刀是粗铣，后一刀是精铣。此处分两种情况：一种是粗、精铣都是从下往上铣，即都是顺铣，如图 6-4a 所示；另一种是粗、精铣都是从上往下铣，即都是逆铣，如图 6-4b 所示。

6.2.1　从下往上分两刀铣成锥管内螺纹

由于粗、精铣使用不同的主轴转速和不同的进给量，所以需要增加 2 个变量/参数。此外，还要用一个变量来代表单向精铣量，所以总共要增加 3 个变量/参数。

O603 程序是适用于发那科系统的用整硬螺纹铣刀从下往上分两刀铣成锥管内螺纹的通用宏程序。

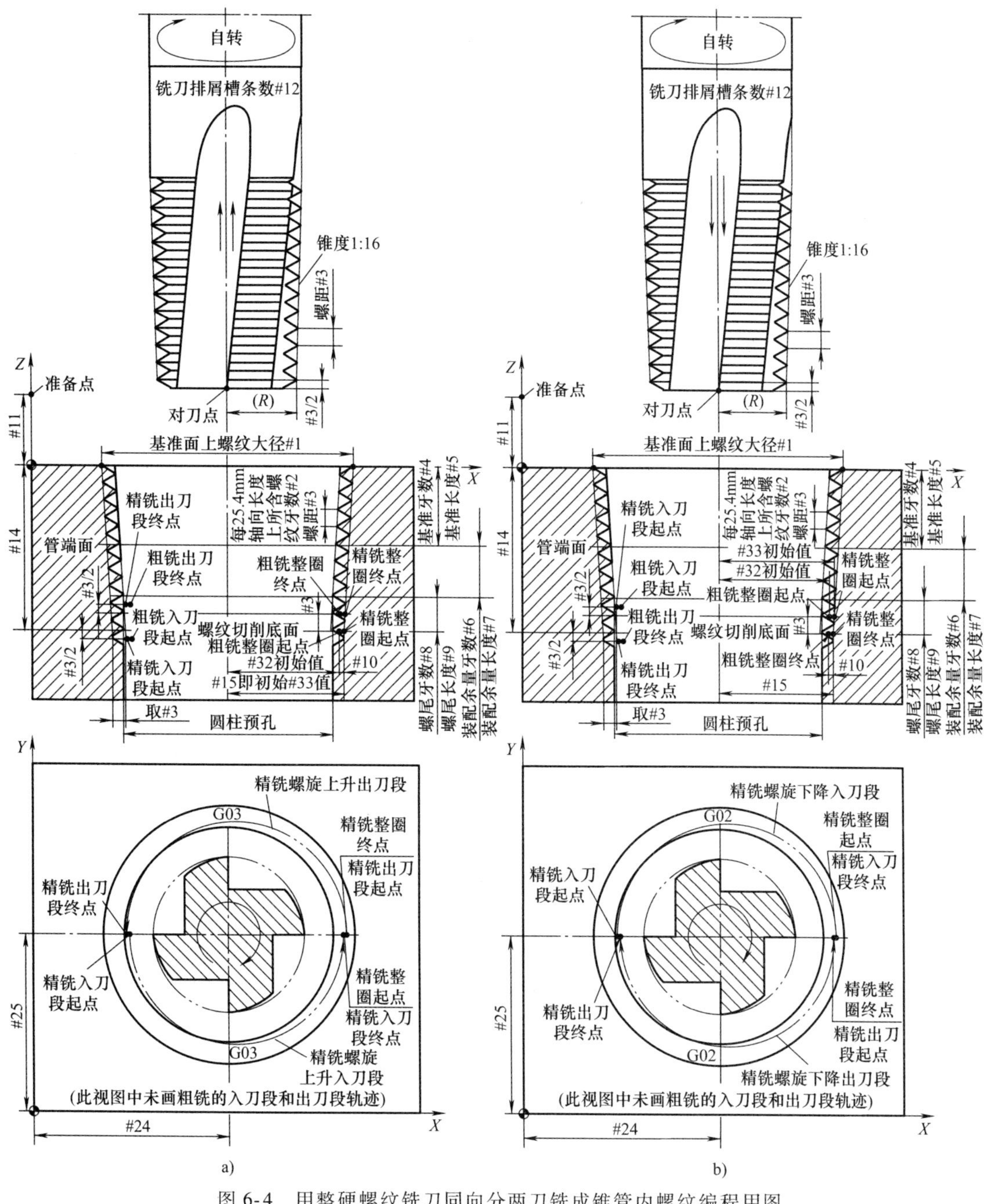

图 6-4 用整硬螺纹铣刀同向分两刀铣成锥管内螺纹编程用图

a) 粗、精都从下往上铣(顺铣) b) 粗、精都从上往下铣(逆铣)

```
O603;
N01 #1=a;         (基准面上螺纹大径,可从表 1-8 和表 1-12 中查得)
N02 #2=b;         (每 25.4mm 轴向长度上所含螺纹牙数,可从表 1-8 和表 1-12 中查得)
N03 #4=i;         (基准牙数,可从表 1-8 和表 1-12 中查得)
N04 #6=k;         (装配余量牙数,可从表 1-8 和表 1-12 中查得)
```

```
N05 #8=e;                   (螺尾牙数,选定,一般取 2)
N06 #10=p;                  (单向精铣量)
N07 #11=h;                  (准备点的 Z 值)
N08 #12=g;                  (铣刀上的排屑槽条数,即刃齿排数)
N09 #13=m1;                 (粗铣时每排刃齿每转进给量,选定)
N10 #23=m2;                 (精铣时每排刃齿每转进给量,选定)
N11 #18=s1;                 (粗铣时主轴转速 S1,选定)
N12 #19=s2;                 (精铣时主轴转速 S2,选定)
N13 #20=t;                  (刀具补偿号)
N14 #24=x;                  (螺纹孔中心在工件坐标系中的 X 值)
N15 #25=y;                  (螺纹孔中心在工件坐标系中的 Y 值)
N21 #21=ROUND[#1*2];                  (一圈分步数,也可不用此式,另外选定)
N22 #22=360/#21;                      (分步角 Δα)
N23 #3=25.4/#2;                       (螺距)
N24 #5=#4*#3;                         (基准长度)
N25 #7=#6*#3;                         (装配余量长度)
N26 #9=#8*#3;                         (螺尾长度)
N27 #14=#5+#7+#9;                     (螺纹总深)
N28 #15=#1/2-#14/32;                  (#15 代表精铣时底刃齿在螺纹底面铣削时的半径值)
N29 #16=#3/#21;                       (每步 Z 向上升值)
N30 #17=#16/32;                       (每步半径增大值)
N31 G54G90G95G40G00X0Y0;              (设定工件坐标系,用每转进给,平移到工件 XY 平面原点)
N32  D#20    S#18   M03;              (指令刀具半径补偿号,主轴以粗铣的指定转速正转)
N33 G52 X#24 Y#25;                    (建立局部坐标系)
N34      X0   Y0;                     (铣刀平移到螺纹孔中心)
N35 G43 H#20      Z#11;               (激活刀具长度补偿,铣刀底面下降到准备点)
N36                Z0;                (铣刀底面下降到螺纹顶面)
N37 #32=#15-#10;                      (#32 代表粗铣时底刃齿铣削动点的半径值,此处赋初始值)
N38      Z[-#14-#3/2-#3/2];           (铣刀底刃齿下降到底刃齿粗铣入刀段起点所在的平面)
N39 G41 G01 X[-#32+#3] F[2*#12*#13];(激活刀具半径补偿,铣刀平移到底刃齿粗铣入刀段起点)
N40 G03 X#32 Z[-#14-#3/2] R[#32-#3/2] F[#12*#13/5];(粗铣螺旋上升入刀)
N41 #28=-#14-#3/2;                          (底刃齿铣螺纹起点的 Z 坐标值,此处赋初始值)
N42 #30=0;                                  (动点的 α 角度值,此处赋初始值)
N43 WHILE [#30 LT 359.999] DO1;             (粗铣循环头,若未铣够一整圈就在循环尾之间循环执行)
N44 #30=#30+#22;                            (粗铣此步终点的 α 角度值)
N45 #32=#32+#17;                            (粗铣此步终点的半径值)
N46 #28=#28+#16;                            (粗铣此步终点的 Z 坐标值)
N47G03X[#32*COS[#30]]  Y[#32*SIN[#30]]  Z#28  R[#32-#17/2]  F[#12*#13];
                                            (粗铣螺旋上升走一步)
N48 END1;                                   (粗铣循环尾)
```

N49 G03 X[-#32+#3]　Z[-#14+#3*3/2-#3/2]　R[#32-#3/2]　F[2*#12*#13]；
（粗铣螺旋上升出刀）
N50 G00 G40 X0 Y0　S#19；（铣刀平移到刀中心与螺纹孔中心重合，主轴以精铣的指定转速正转）
N51 #33=#15；　（#33 代表精铣时底刃齿铣削一圈起点的半径值）
N52　Z[-#14-#3/2-#3/2]；　（铣刀底刃齿下降到底刃齿精铣入刀段起点所在的平面）
N53 G41 G01 X[-#33+#3]　F[2*#12*#23]；（激活刀具半径补偿，让铣刀平移到底刃齿精铣入刀段起点）
N54 G03 X#33　Z[-#14-#3/2]　R[#33-#3/2]　F[#12*#23/5]；　（精铣螺旋上升入刀）
N55 #28=-#14-#3/2；　（底刃铣螺纹起点的 Z 坐标值，此处赋初始值）
N56 #30=0；　（动点的 α 角度值，此处赋初始值）
N57 WHILE [#30 LT 359.999] DO1；（精铣循环头，若未铣够一整圈就在循环尾之间循环执行）
N58 #30=#30+#22；　（精铣此步终点的 α 角度值）
N59 #33=#33+#17；　（精铣此步终点的半径值）
N60 #28=#28+#16；　（精铣此步终点的 Z 坐标值）
N61 G03 X[#33*COS[#30]]　Y[#33*SIN[#30]]　Z#28　R[#33-#17/2]　F[#12*#23]；
（精铣螺旋上升走一步）
N62 END1；　（精铣循环尾）
N63 G03 X[-#33+#3]　Z[-#14+#3*3/2-#3/2]　R[#33-#3/2]　F[2*#12*#23]；
（精铣螺旋上升出刀）
N64 G00 G40 X0 Y0；　（铣刀平移到刀中心与螺纹孔中心重合）
N65 G49　Z#11；　（撤销长度补偿，铣刀底面上升到起始位）
N66 G52　X0 Y0；　（撤销局部坐标系）
N67　X0 Y0 M05；　（铣刀平移到工件坐标系原点之上）
N68 M30；

PP603. MPF 程序是适用于西门子 802D 系统的用整硬螺纹铣刀从下往上分两刀铣成锥管内螺纹的通用宏程序。

PP603. MPF
N01 R1=a；　基准面上螺纹大径，可从表 1-8 和表 1-12 中查得
N02 R2=b；　每 25.4mm 轴向长度上所含螺纹牙数，可从表 1-8 和表 1-12 中查得
N03 R4=i；　基准牙数，可从表 1-8 和表 1-12 中查得
N04 R6=k；　装配余量牙数，可从表 1-8 和表 1-12 中查得
N05 R8=e；　螺尾牙数，选定，一般取 2
N06 R10=p；　单向精铣量
N07 R11=h；　准备点的 Z 值
N08 R12=g；　铣刀上的排屑槽条数，即刃齿排数
N09 R13=m1；　粗铣时每排刃齿每转进给量，选定
N10 R23=m2；　精铣时每排刃齿每转进给量，选定
N11 R18=s1；　粗铣时主轴转速 S1，选定
N12 R19=s2；　精铣时主轴转速 S2，选定

```
N13 R20=t;              刀具补偿号
N14 R24=x;              螺纹孔中心在工件坐标系中的X值
N15 R25=y;              螺纹孔中心在工件坐标系中的Y值
N21 R21=ROUND(R1*2);              R21 代表一圈分步数,也可不用此式,另外选定
N22 R22=360/R21;                  R22 代表分步角Δα
N23 R3=25.4/R2;                   R3 代表螺距
N24 R5=R4*R3;                     R5 代表基准长度
N25 R7=R6*R3;                     R7 代表装配余量长度
N26 R9=R8*R3;                     R9 代表螺尾长度
N27 R14=R5+R7+R9;                 R14 代表铣削总深
N28 R15=R1/2-R14/32;              R15 代表精铣时底刃齿在螺纹底面铣削时的半径值
N29 R16=R3/R21;                   R16 代表每步Z向上升值
N30 R17=R16/32;                   R17 代表每步半径增大值
N31 G54G90G95G40G00X0Y0;          设定工件坐标系用每转进给平移到工件XY平面原点
N32  T1  D=R20 S=R18 M03;         指令刀具半径补偿和长度补偿号,主轴以粗铣的指定转速正转
N33 TRANS  X=R24  Y=R25;          零点偏移
N34      X0  Y0;                  铣刀平移到螺纹孔中心
N35      Z=R11;                   铣刀底面下降到准备点
N36      Z0;                      铣刀底面下降到螺纹顶面
N37 R32=R15-R10;                  R32 代表底粗铣时刃齿铣削动点的半径值,此处赋初始值
N38      Z=-R14-R3/2-R3/2;        铣刀底刃齿下降到底刃齿粗铣入刀段起点所在的平面
N39 G41 G01 X=-R32+R3 F=2*R12*R13;
                                  激活刀具半径补偿,铣刀平移到底刃齿粗铣入刀段起点
N40 G03 X=R32  Z=-R14-R3/2  CR=R32-R3/2 F=R12*R13/5; 粗铣螺旋上升入刀
N41 R28=-R14-R3/2;                底刃铣螺纹起点的Z坐标值,此处赋初始值
N42 R30=0;                        动点的α角度值,此处赋初始值
N43 WHILE R30<359.999;            粗铣循环头,若未铣够一整圈就在循环尾之间循环执行
N44 R30=R30+R22;                  粗铣此步终点的α角度值
N45 R32=R32+R17;                  粗铣此步终点的半径值
N46 R28=R28+R16;                  粗铣此步终点的Z坐标值
N47 G03X=R32*COS(R30)  Y=R32*SIN(R30)  Z=R28 CR=R32-R17/2 F=R12*R13;
                                  粗铣螺旋上升走一步
N48 ENDWHILE;                     粗铣循环结束
N49 G03 X=-R32+R3 Z=-R14+R3*3/2-R3/2 CR=R32-R3/2 F=2*R12*R13;
                                  粗铣螺旋上升出刀
N50 G00 G40 X0 Y0     S=R19;      铣刀平移到刀中心与螺纹孔中心重合,主轴以精铣的指定转速正转
N51 R33=R15;                      R33 代表精铣时底刃齿铣削一圈起点的半径值
N52         Z=-R14-R3/2-R3/2;铣刀底刃齿下降到底刃齿精铣入刀段起点所在的平面
N53 G41G01 X=-R33+R3 F=2*R12*R23;激活刀具半径补偿,铣刀平移到底刃齿精铣入刀段起点
```

```
N54G03X=R33 Z=-R14-R3/2 CR=R33-R3/2 F=R12 * R23/5;   精铣螺旋上升入刀
N55 R28=-R14-R3/2;            底刀铣螺纹起点的 Z 坐标值,此处赋初始值
N56 R30=0;                    动点的 α 角度值,此处赋初始值
N57 WHILE R30<359.999;        精铣循环头,若未铣够一整圈就在循环尾之间循环执行
N58 R30=R30+R22,              精铣此步终点的 α 角度值
N59 R33=R33+R17;              精铣此步终点的半径值
N60 R28=R28+R16;              精铣此步终点的 Z 坐标值
N61 G03 X=R33 * COS(R30) Y=R33 * SIN(R30) Z=R28 CR=R33-R17/2 F=R12 * R23;
                              精铣螺旋上升走一步
N62 ENDWHILE;                 精铣循环结束
N63 G03 X=-R33+R3  Z=-R14+R3 * 3/2-R3/2  CR=R33-R3/2  F=2 * R12 * R23;
                              铣精螺旋上升出刀
N64 G00 G40 X0  Y0;           铣刀平移到刀中心与螺纹孔中心重合,
N65                   Z=R11;  铣刀底面上升到准备点
N66 TRANS;                    零点偏移注销
N67    X0  Y0        M05;     铣刀平移到工件坐标系原点之上
N68 M02
```

O603 和 PP603. MPF 两个宏程序中都有 15 个变量/参数，使用时只要根据具体尺寸和所选的工艺参数给这 15 个变量/参数赋值即可。

6.2.2　从上往下分两刀铣成锥管内螺纹

粗、精铣还是用不同的主轴转速和不同的进给量，因此还要增加一个变量来代表单向精铣量，与一刀铣成的程序相比还是要多用 3 个变量/参数。

O604 程序是适用于发那科系统的用整硬螺纹铣刀从上往下分两刀铣成锥管内螺纹的通用宏程序。

```
O604;
N01 #1=a;            (基准面上螺纹大径,可从表 1-8 和表 1-12 中查得)
N02 #2=b;            (每 25.4mm 轴向长度内所含的螺纹牙数,可从表 1-8 和表 1-12 中查得)
N03 #4=i;            (基准牙数,可从表 1-8 和表 1-12 中查得)
N04 #6=k;            (装配余量牙数,可从表 1-8 和表 1-12 中查得)
N05 #8=e;            (螺尾牙数,选定,一般取 2)
N06 #10=p;           (单向精铣量)
N07 #11=h;           (准备点的 Z 值)
N08 #12=g;           (铣刀上的排屑槽条数,即刃齿排数)
N09 #13=m1;          (粗铣时每排刃齿每转进给量,选定)
N10 #23=m2;          (精铣时每排刃齿每转进给量,选定)
N11 #18=s1;          (粗铣时主轴转速 S1,选定)
N12 #19=s2;          (精铣时主轴转速 S2,选定)
N13 #20=t;           (刀具补偿号)
```

```
N14 #24=x;            (螺纹孔中心在工件坐标系中的X值)
N15 #25=y;            (螺纹孔中心在工件坐标系中的Y值)
N21 #21=ROUND[#1*2];          (一圈分步数,也可不用此式,另外选定)
N22 #22=360/#21;              (分步角Δα)
N23 #3=25.4/#2;               (螺距)
N24 #5=#4*#3;                 (基准长度)
N25 #7=#6*#3;                 (装配余量长度)
N26 #9=#8*#3;                 (螺尾长度)
N27 #14=#5+#7+#9;             (螺纹总深)
N28 #15=#1/2-#14/32;          (#15代表精铣时底刃齿在螺纹底面铣削时的半径值)
N29 #16=#3/#21;               (每步Z向下降值)
N30 #17=#16/32;               (每步半径减小值)
N31 G54G90G95G40G00X0Y0;      (设定工件坐标系,用每转进给,平移到工件XY平面原点)
N32  D#20   S#18  M03;(指令刀具半径补偿号,主轴以粗铣的指定转速正转)
N33 G52 X#24 Y#25;            (建立局部坐标系)
N34     X0  Y0;               (铣刀平移到螺纹孔中心)
N35 G43 H#20     Z#11;        (激活刀具长度补偿,铣刀底面下降到准备点)
N36              Z0;          (铣刀底面下降到螺纹顶面)
N37 #32=#15+#3/32-#10;        (#32代表粗铣时底刃齿铣削动点的半径值,此处赋初始值)
N38  Z[-#14+#3*3/2-#3/2];     (铣刀底刃齿下降到底刃齿粗铣入刀段起点所在的平面)
N39 G42 G01 X[-#32+#3]    F[2*#12*#13];
                              (激活刀具半径补偿,铣刀平移到底刃齿粗铣入刀齿段起点)
N40 G02 X#32 Z[-#14+#3-#3/2] R[#32-#3/2] F[#12*#13/5];(粗铣螺旋下降入刀)
N41 #30=0;                    (动点的α角度值,此处赋初始值)
N42 #28=-#14+#3-#3/2;         (底刃铣螺纹起点的Z坐标值,此处赋初始值)
N43 WHILE [#30 GT -359.999] DO1;(粗铣循环头,若未铣够一整圈就在循环尾之间循环执行)
N44 #30=#30-#22;              (粗铣此步终点的α角度值)
N45 #32=#32-#17;              (粗铣此步终点的半径值)
N46 #28=#28-#16;              (粗铣此步终点的Z坐标值)
N47 G02 X[#32*COS[#30]] Y[#32*SIN[#30]] Z#28 R[#32+#17/2] F[#12*#13];
                              (粗铣螺旋下降走一步)
N48 END1;                     (粗铣循环尾)
N49 G02 X[-#32+#3] Z[-#14-#3/2-#3/2] R[#32-#3/2] F[2*#12*#13];
                              (粗铣螺旋下降出刀)
N50 G00G40X0 Y0 S#19;(铣刀平移到刀中心与螺纹孔中心重合,主轴以精铣的指定转速正转)
N51 #33=#15+#3/32;            (#33代表精铣时底刃齿铣削一圈起点的半径值)
N52  Z[-#14+#3*3/2-#3/2];     (铣刀底刃齿上升到底刃齿精铣入刀段起点所在的平面)
N53 G42 G01 X[-#33+#3]  F[2*#12*#23];(激活刀具半径补偿,铣刀平移到底刃齿精铣
                              入刀段起点)
N54 G02 X#33  Z[-#14+#3-#3/2]  R[#33-#3/2]  F[#12*#23/5];(精铣螺旋下降入刀)
```

```
N55 #28=-#14+#3-#3/2;                  (底刃齿铣螺纹起点的 Z 坐标值,此处赋初始值)
N56 #30=0;                             (动点的 α 角度值,此处赋初始值)
N57 WHILE [#30 GT -359.999] DO1;(精铣循环头,若未铣够一整圈就在循环尾之间循环执行)
N58 #30=#30-#22;                       (精铣此步终点的 α 角度值)
N59 #33=#33-#17;                       (精铣此步终点的半径值)
N60 #28=#28-#16;                       (精铣此步终点的 Z 坐标值)
N61 G02X[#33*COS[#30]]   Y[#33*SIN[#30]]   Z#28 R[#33+#17/2]   F[#12*#23];
                                       (精铣螺旋下降走一步)
N62 END1;                              (精铣循环尾)
N63 G02X[-#33+#3]     Z[-#14-#3/2-#3/2]   R[#33-#3/2]   F[2*#12*#23];
                                       (精铣螺旋下降出刀)
N64 G00 G40 X0 Y0;                     (平移到刀中心与螺纹孔中心重合)
N65 G49          Z#11;                 (撤销长度补偿,铣刀底面上升到起始位)
N66 G52     X0 Y0;                     (撤销局部坐标系)
N67         X0 Y0      M05;            (铣刀平移到工件坐标系原点之上)
N68 M30;
```

PP604. MPF 程序是适用于西门子 802D 系统的用整硬螺纹铣刀从上往下分两刀铣成锥管内螺纹的通用宏程序。

```
PP604. MPF
N01 R1=a;          基准面上螺纹大径,可从表 1-8 和表 1-12 中查得
N02 R2=b;          每 25. 4mm 轴向长度上所含螺纹牙数,可从表 1-8 和表 1-12 中查得
N03 R4=i;          基准牙数,可从表 1-8 和表 1-12 中查得
N04 R6=k;          装配余量牙数,可从表 1-8 和表 1-12 中查得
N05 R8=e;          螺尾牙数,选定,一般取 2
N06 R10=p;         单向精铣量
N07 R11=h;         准备点的 Z 值
N08 R12=g;         铣刀上的排屑槽条数,即刃齿排数
N09 R13=m1;        粗铣时每排刃齿每转进给量,选定
N10 R23=m2;        精铣时每排刃齿每转进给量,选定
N11 R18=s1;        粗铣时主轴转速 S1,选定
N12 R19=s2;        精铣时主轴转速 S2,选定
N13 R20=t;         刀具补偿号
N14 R24=x;         螺纹孔中心在工件坐标系中的 X 值
N15 R25=y;         螺纹孔中心在工件坐标系中的 Y 值
N21 R21=ROUND(R1*2);           R21 代表一圈分步数,也可不用此式,另外选定
N22 R22=360/R21;               R22 代表分步角 Δα
N23 R3=25. 4/R2;               R3 代表螺距
N24 R5=R4*R3;                  R5 代表基准长度
N25 R7=R6*R3;                  R7 代表装配余量长度
```

```
N26 R9=R8*R3;                     R9代表螺尾长度
N27 R14=R5+R7+R9;                 R14代表铣削总深
N28 R15=R1/2-R14/32;              R15代表精铣时底刃齿在螺纹底面铣削时的半径值
N29 R16=R3/R21;                   R16代表每步Z向上升值
N30 R17=R16/32;                   R17代表每步半径增大值
N31 G54G90G95G40G00X0Y0;          设定工件坐标系,用每转进给,平移到工件XY平面原点
N32 T1 D=R20 S=R18 M03;           指令刀具半径补偿和长度补偿号,主轴以粗铣的指定转速
                                  正转
N33 TRANS X=R24 Y=R25;            零点偏移
N34 X0 Y0;                        铣刀平移到螺纹孔中心
N35 Z=R11;                        铣刀底面下降到准备点
N36 Z0;                           铣刀底面下降到螺纹顶面
N37 R32=R15+R3/32-R10;            R32代表底粗铣时刃齿铣削动点的半径值,此处赋初始值
N38 Z=-R14+R3*3/2-R3/2;           铣刀底刃齿下降到底刃齿粗铣入刀段起点所在的平面
N39 G42 G01 X=-R32+R3 F=2*R12*R13;激活刀具半径补偿,铣刀平移到底刃齿粗铣入刀段起点
N40 G02 X=R32 Z=-R14+R3-R3/2 CR=R32-R3/2 F=R12*R13/5;粗铣螺旋下降入刀
N41 R28=-R14+#3-R3/2;             底刃齿铣螺纹起点的Z坐标值,此处赋初始值
N42 R30=0;                        动点的α角度值,此处赋初始值
N43 WHILE R30>-359.999;           粗铣循环头,若未铣够一整圈就在循环尾之间循环执行
N44 R30=R30-R22;                  粗铣此步终点的α角度值
N45 R32=R32-R17;                  粗铣此步终点的半径值
N46 R28=R28-R16;                  粗铣此步终点的Z坐标值
N47 G02 X=R32*COS(R30) Y=R32*SIN(R30) Z=R28 CR=R32+R17/2 F=R12*R13;
                                  粗铣螺旋下降走一步
N48 ENDWHILE;                     粗铣循环结束
N49 G02X=-R32+R3 Z=-R14-R3/2-R3/2 CR=R32-R3/2 F=2*R12*R13;
                                  粗铣螺旋下降出刀段
N50 G00G40X0 Y0 S=R19;铣刀平移到刀中心与螺纹孔中心重合,主轴以精铣的指定转速正转
N51 R33=R15;                      R33代表精铣时底刃齿铣削一圈起点的半径值
N52 Z=-R14+R3*3/2-R3/2;           铣刀底刃齿上升到底刃精铣入刀段起点所在的平面
N53 G42 G01 X=-R33+R3 F=2*R12*R23;激活刀具半径补偿,铣刀平移到底刃精铣入刀
                                  段起点
N54 G02 X=R33 Z=-R14+#3-R3/2 CR=R33-R3/2 F=R12*R23/5;
                                  精铣螺旋下降入刀段
N55 R28=-R14+R3-R3/2;             底刃铣螺纹起点的Z坐标值,此处赋初始值
N56 R30=0;                        动点的α角度值,此处赋初始值
N57 WHILE R30>-359.999;           精铣循环头,若未铣够一整圈就在循环尾之间循环执行
N58 R30=R30-R22;                  精铣此步终点的α角度值
N59 R33=R33-R17;                  精铣此步终点的半径值
```

```
N60 R28=R28-R16;              精铣此步终点的 Z 坐标值
N61 G02 X=R33*COS(R30) Y=R33*SIN(R30) Z=R28 CR=R33+R17/2 F=R12*R23;
                              精铣螺旋下降走一步
N62 ENDWHILE;                 精铣循环结束
N63 G02 X=-R33+R3 Z=-R14-R3/2-R3/2 CR=R33-R3/2 F=2*R12*R23;
                              精铣螺旋下降出刀段
N64 G00 G40 X0 Y0;            铣刀平移到刀中心与螺纹孔中心重合
N65             Z=R11;        铣刀底面下降到准备点
N66 TRANS;                    零点偏移注销
N67    X0   Y0    M05;        铣刀平移到工件坐标系原点之上
N68 M02
```

O604 和 PP604. MPF 两个宏程序中都有 15 个变量/参数，使用时只要根据具体尺寸和所选的工艺参数给这 15 个变量（参数）赋值即可。

还是加工例 1，即在 45 钢工件上铣 NPT 1 内螺纹，不过这里用 O603 程序（从下往上分两刀铣成）。对程序中的变量进行赋值，并将赋值后得到的程序命名为 O6030。图 6-5 所示为用 O6030 程序铣该内螺纹的仿真轨迹。

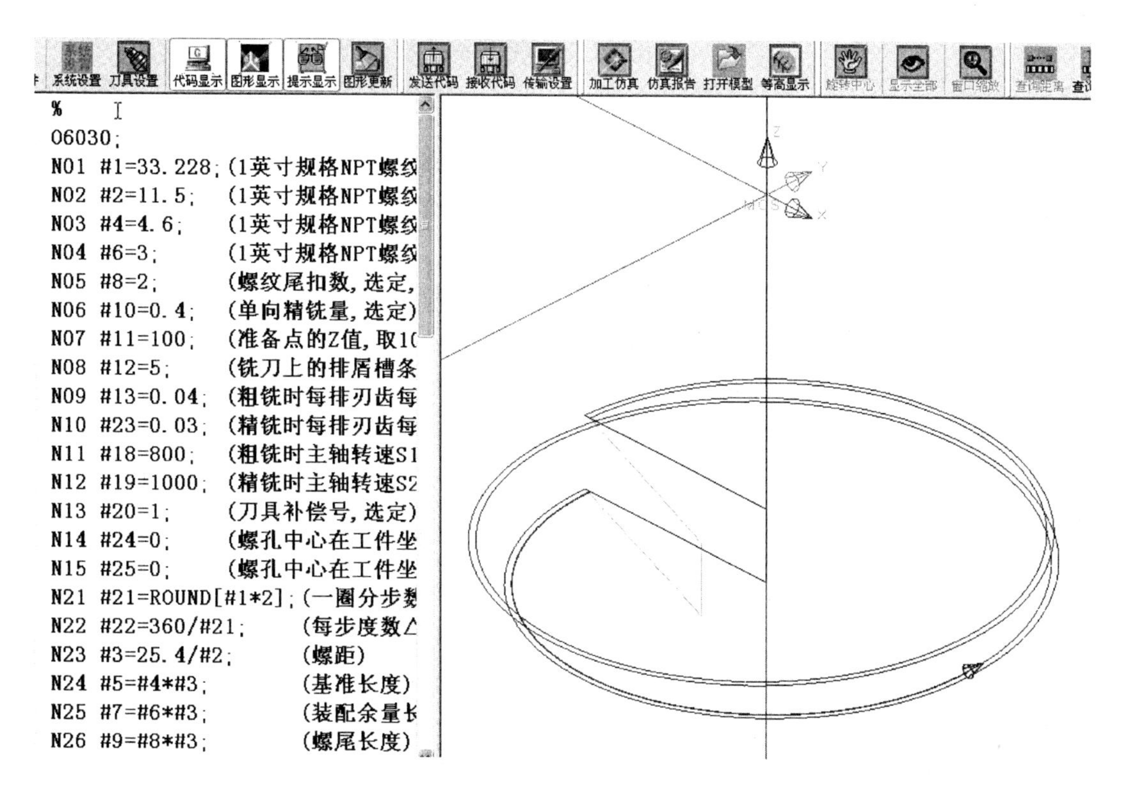

图 6-5　用 O6030 程序铣 NPT 1 内螺纹的仿真轨迹

图 6-5 的轨迹中有个逆时针螺旋向上的箭头。如果用 O604 程序和上述同样的数据从上往下分两刀铣成，那么仿真轨迹与此图中的轨迹是一样的，只是轨迹中的箭头变成顺时针螺

旋向下。

6.3 异向分刀铣成锥管内螺纹

异向分刀铣锥管内螺纹分为异向分两刀和异向分三刀铣成两种情况。一般来说，粗铣时用顺铣比较好，而精铣时用逆铣比较好。因此，异向分两刀只介绍从下往上粗铣，接着从上往下精铣的加工方法；异向分三刀只介绍从下往上粗铣第一刀（粗铣首刀），再从下往上粗铣第二刀（粗铣末刀），接着从上往下精铣的加工方法。

6.3.1 异向分两刀铣成锥管内螺纹

这里只介绍粗铣用顺铣、精铣用逆铣锥管内螺纹的方法，即先从下往上粗铣，接着从上往下精铣锥管内螺纹的方法。图 6-6 所示为用这种方法铣锥管内螺纹的编程用图。

O605 程序是适用于发那科系统的用整硬螺纹铣刀从下住上粗铣，接着从上往下精铣锥管内螺纹的通用宏程序。

```
O605;
N01 #1=a;                   (基准面上螺纹大径,可从表 1-8 和表 1-12 查得)
N02 #2=b;                   (每 25.4mm 轴向长度上所含螺纹牙数,可从表 1-8 和表 1-12 查得)
N03 #4=i;                   (基准牙数,可从表 1-8 和表 1-12 查得)
N04 #6=k;                   (装配余量牙数,可从表 1-8 和表 1-12 查得)
N05 #8=e;                   (螺尾牙数,选定,一般取 2)
N06 #10=p;                  (单向精铣量)
N07 #11=h;                  (准备点的 Z 值)
N08 #12=g;                  (铣刀上的排屑槽条数,即刃齿排数)
N09 #13=m1;                 (粗铣时每排刃齿每转进给量,选定)
N10 #23=m2;                 (精铣时每排刃齿每转进给量,选定)
N11 #18=s1;                 (粗铣时主轴转速 S1,选定)
N12 #19=s2;                 (精铣时主轴转速 S2,选定)
N13 #20=t;                  (刀具补偿号)
N14 #24=x;                  (螺纹孔中心在工件坐标系中的 X 值)
N15 #25=y;                  (螺纹孔中心在工件坐标系中的 Y 值)
N21 #21=ROUND[#1*2];              (一圈分步数,也可不用此式,另外选定)
N22 #22=360/#21;                  (分步角 Δα)
N23 #3=25.4/#2;                   (螺距)
N24 #5=#4*#3;                     (基准长度)
N25 #7=#6*#3;                     (装配余量长度)
N26 #9=#8*#3;                     (螺尾长度)
N27 #14=#5+#7+#9;                 (螺纹总深)
N28 #15=#1/2-#14/32;              (#15 代表精铣时底刃齿在螺纹底面铣削时的半径值)
```

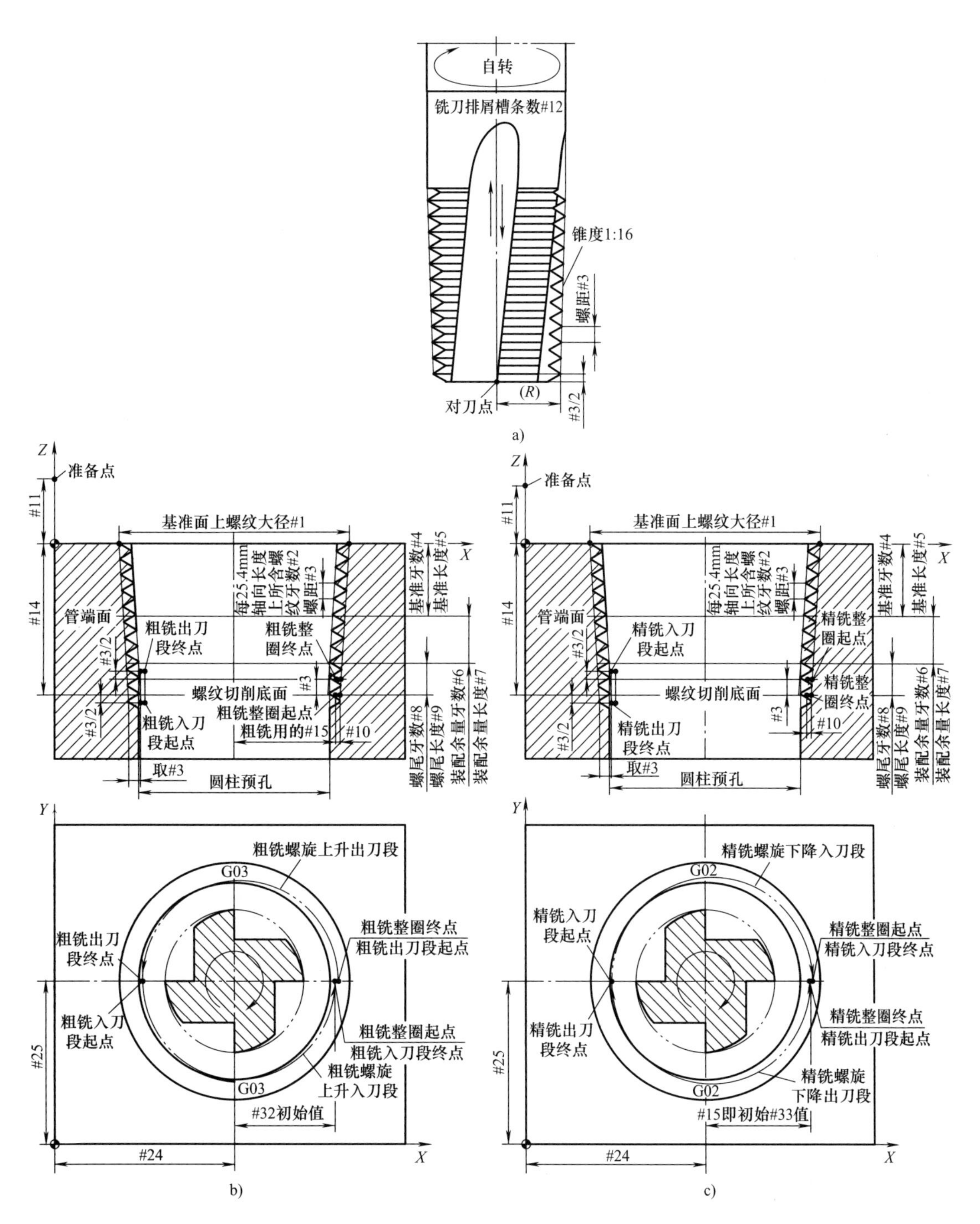

图 6-6　用整硬螺纹铣刀异向分两刀铣成锥管内螺纹编程用图

a）刀具及其参数　b）粗铣从下往上铣（顺铣）　c）粗铣从上往下铣（逆铣）

N29 #16 = #3/#21;　　　　（粗铣每步 Z 向上升值、精铣每步 Z 向下降值）

N30 #17 = #16/32;　　　　（粗铣每步半径增大值、精铣每步半径减小值）

N31 G54G90G95G40G00X0Y0;　（设定工件坐标系，用每转进给，平移到工件 XY 平面原点）

```
N32  D#20    S#18    M03;      (指令刀具半径补偿号,主轴以粗铣的指定转速正转)
N33 G52 X#24 Y#Z5;             (建立局部坐标系)
N34    X0    Y0;               (铣刀平移到螺纹孔中心)
N35 G43 H#20    Z#11;          (激活刀具长度补偿,铣刀底面下降到准备点)
N36              Z0;           (铣刀底面下降到螺纹顶面)
N37 #32=#15-#10;               (#32 代表粗铣时底刃齿铣削动点的半径值,此处赋初始值)
N38    Z[-#14-#3/2-#3/2];      (铣刀底刃齿下降到底刃齿粗铣入刀段起点所在的平面)
N39 G41G01 X[-#32+#3]    F[2*#12*#13];
                               (激活刀具半径补偿,铣刀平移到底刃齿粗铣入刀段起点)
N40 G03 X#32  Z[-#14-#3/2]  R[#32-#3/2]  F[#12*#13/5];(粗铣螺旋上升入刀)
N41 #28=-#14-#3/2;             (底刃齿铣螺纹起点的 Z 坐标值,此处赋初始值)
N42 #30=0;                     (动点的 α 角度值,此处赋初始值)
N43 WHILE [#30LT359.999] DO1;(粗铣循环头,若未铣够一整圈就在循环尾之间循环执行)
N44 #30=#30+#22;               (粗铣此步终点的 α 角度值)
N45 #32=#32+#17;               (粗铣此步终点的半径值)
N46 #28=#28+#16;               (粗铣此步终点的 Z 坐标值)
N47G03 X[#32*COS[#30] Y[#32*SIN[#30]]  Z#28  R[#32-#17/2]  F[#12*#13];
                               (粗铣螺旋上升走一步)
N48 END1;                      (粗铣循环尾)
N49 G03 X[-#32+#3]  Z[-#14+#3*3/2-#3/2]  R[#32-#3/2]  F[2*#12*#13];
                               (粗铣螺旋上升出刀)
N50 G00G40X0Y0  S#19;          (铣刀平移到刀中心与螺纹孔中心重合,主轴以精铣的指定转速正转)
N51 #33=#15;        (#33 代表精铣时底刃齿铣削一圈动点的半径值,此处赋初始值)
N52 G42 G01 X[-#33+#3]    F[2*#12*#23];(激活刀具半径补偿,铣刀平移到底刃齿精
                                          铣入刀段起点)
N53 G02 X#33 Z[-#14+#3-#3/2] R[#33-#3/2] F[#12*#23/5]; (精铣螺旋下降入刀)
N54 #28=-#14+#3-#3/2;            (底刃齿铣螺纹起点的 Z 坐标值,此处赋初始值)
N55 #30=0;                       (动点的 α 角度值,此处赋初始值)
N56 WHILE [#30 GT-359.999] DO1;(精铣循环头,若未铣够一整圈就在循环尾之间循环执行)
N57 #30=#30-#22;                 (精铣此步终点的 α 角度值)
N58 #33=#33-#17;                 (精铣此步终点的半径值)
N59 #28=#28-#16;                 (精铣此步终点的 Z 坐标值)
N60 G02 X[#33*COS[#30]] Y[#33*SIN[#30]] Z#28  R[#33+#17/2]  F[#12*#23];
                                 (精铣螺旋下降走一步)
N61 END1;                        (精铣循环尾)
N62 G02X[-#33+#3]  Z[#14-#3/2-#3/2]  R[#33-#3/2]  F[2*#12*#23];
                                 (精铣螺旋下降出刀)
N63 G00 G40 X0 Y0;               (铣刀平移到刀中心与螺纹孔中心重合)
N64 G49     Z#11;                (撤销长度补偿,铣刀底面上升到起始位)
N65 G52      X0 Y0;              (撤销局部坐标系)
```

N66　　　X0 Y0 M05;　　　　（铣刀平移到工件坐标系原点之上）
N67 M30;

PP605. MPF 程序是适用于西门子 802D 系统的用整硬螺纹铣刀从下往上粗铣，接着从上往下精铣锥管内螺纹的通用宏程序。

```
PP605. MPF
N01 R1=a;                基准面上螺纹大径,可从表 1-8 和表 1-12 中查得
N02 R2=b;                每 25.4mm 轴向长度上所含螺纹牙数,可从表 1-8 和表 1-12 中查得
N03 R4=i;                基准牙数,可从表 1-8 和表 1-12 中查得
N04 R6=k;                装配余量牙数,可从表 1-8 和表 1-12 中查得
N05 R8=e;                螺尾牙数,选定,一般取 2
N06 R10=p;               单向精铣量
N07 R11=h;               准备点的 Z 值
N08 R12=g;               铣刀上的排屑槽条数,即刃齿排数
N09 R13=m1;              粗铣时每排刃齿每转进给量,选定
N10 R23=m2;              精铣时每排刃齿每转进给量,选定
N11 R18=s1;              粗铣时主轴转速 S1,选定
N12 R19=s2;              精铣时主轴转速 S2,选定
N13 R20=t;               刀具补偿号
N14 R24=x;               螺纹孔中心在工件坐标系中的 X 值
N15 R25=y;               螺纹孔中心在工件坐标系中的 Y 值
N21 R21=ROUND(R1*2);                R21 代表一圈分步数,也可不用此式,另外选定
N22 R22=360/R21;                    R22 代表分步角 Δα
N23 R3=25.4/R2;                     R3 代表螺距
N24 R5=R4*R3;                       R5 代表基准长度
N25 R7=R6*R3;                       R7 代表装配余量长度
N26 R9=R8*R3;                       R9 代表螺尾长度
N27 R14=R5+R7+R9;                   R14 代表铣削总深
N28 R15=R1/2-R14/32;                R15 代表精铣时底刃齿在螺纹底面铣削时的半径值
N29 R16=R3/R21;                     R16 代表每步 Z 向上升值
N30 R17=R16/32;                     R17 代表每步半径增大值
N31 G54G90G95G40G00X0Y0;            设定工件坐标系,用每转进给,平移到工件 XY 平面原点
N32  T1  D=R20 S=R18  M03;          指令刀具半径补偿和长度补偿号,主轴以粗铣的指定转速
                                    正转
N33 TRANS  X=R24  Y=R25;            零点偏移
N34     X0  Y0;                     铣刀平移到螺纹孔中心
N35       Z=R11;                    铣刀底面下降到准备点
N36       Z0;                       铣刀底面下降到螺纹顶面
N37  R32=R15-R10;                   R32 代表底粗铣时刃齿铣削动点的半径值,此处赋初始值
N38  Z=-R14-R3/2-R3/2;              铣刀底刃齿下降到底刃齿粗铣入刀段起点所在的平面
```

```
N39 G41 G01 X=-R32+R3 F=2*R12*R13;激活刀具半径补偿,铣刀平移到底刃齿粗铣入刀
                                  段起点
N40 G03 X=R32  Z=-R14-R3/2  CR=R32-R3/2  F=R12*R13/5;  粗铣螺旋上升入刀
N41 R28=-R14-R3/2;            底刃齿铣螺纹起点的Z坐标值,此处赋初始值
N42 R30=0;                    动点的α角度值,此处赋初始值
N43 WHILE R30<359.999;        粗铣循环头,若未铣够一整圈就在循环尾之间循环执行
N44 R30=R30+R22;              粗铣此步终点的α角度值
N45 R32=R32+R17;              粗铣此步终点的半径值
N46 R28=R28+R16;              粗铣此步终点的Z坐标值
N47 G03 X=R32*COS(R30) Y=R32*SIN(R30) Z=R28 CR=R32-R17/2 F=R12*R13;
                              粗铣螺旋上升走一步
N48 ENDWHILE;                 粗铣循环结束
N49 G03 X=-R32+R3 Z=-R14+R3*3/2-R3/2 CR=R32-R3/2 F=2*R12*R13;
                              粗铣螺旋上升出刀
N50 G00 G40 X0 Y0 S=R19;铣刀平移到刀中心与螺纹孔中心重合,主轴以精铣的指定转速正转
N51 R33=R15;                  R33代表精铣时底刃齿铣削一圈起点的半径值
N52 G42G01 X=-R33+R3  F=2*R12*R23;激活刀具半径补偿,铣刀平移到底刃精铣
                              入刀段起点
N53G02 X=R33  Z=-R14+R3-R3/2  CR=R33-R3/2  F=R12*R23/5;
                              精铣螺旋下降入刀段
N54 R28=-R14+R3-R3/2;         底刃齿铣螺纹起点的Z坐标值,此处赋初始值
N55 R30=0;                    动点的α角度值,此赋初始值
N56 WHILE R30>-359.999;       精铣循环头,若未铣够一整圈就在循环尾之间循环执行
N57 R30=R30-R22;              精铣此步终点的α角度值
N58 R33=R33-R17;              精铣此步终点的半径值
N59 R28=R28-R16;              精铣此步终点的Z坐标值
N60 G02X=R33*COS(R30) Y=R33*SIN(R30) Z=R28 CR=R33+R17/2 F=R12*R23;
                              精铣螺旋下降走一步
N61 ENDWHILE;                 精铣循环结束
N62G02X=-R33+R3  Z=-R14-R3/2-R3/2  CR=R33-R3/2 F=2*R12*R23;
                              铣精螺旋下降出刀
N63 G00 G40 X0  Y0;           铣刀平移到刀中心与螺纹孔中心重合
N64                Z=R11;     铣刀底面下降到准备点
N65 TRANS;                    零点偏移注销
N66          X0  Y0    M05;   铣刀平移到工件坐标系原点之上
N67 M02
```

O605和PP605.MPF两个宏程序中都有15个变量/参数，使用时只要根据具体尺寸和所选的工艺参数给这15个变量/参数赋值即可。

还是加工例 1，即在 45 钢工件上铣 NPT 1 内螺纹，如果用 O605 程序（从下往上粗铣和从上往下精铣），那么仿真轨迹与图 6-5 中的轨迹是一样的，只是内圈轨迹是逆时针螺旋向上，而外圈轨迹是顺时针螺旋向下。

6.3.2　异向分三刀铣成锥管内螺纹

这里只介绍用两刀顺铣和一刀逆铣铣成锥管内螺纹，即用两刀从下往上粗铣，再用一刀从上往下的精铣铣成锥管内螺纹的方法。

图 6-7 所示为异向分三刀铣成锥管内螺纹的编程用图。

O606 程序是适用于发那科系统的用整硬螺纹铣刀异向分三刀铣成锥管内螺纹的通用宏程序。

```
O606;
N01 #1=a;              (基准面上螺纹大径,可从表 1-8 和表 1-12 中查得)
N02 #2=b;              (每 25.4mm 轴向长度上所含螺纹牙数,可从表 1-8 和表 1-12 中查得)
N03 #4=i;              (基准牙数,可从表 1-8 和表 1-12 中查得)
N04 #6=k;              (装配余量牙数,可从表 1-8 和表 1-12 中查得)
N05 #8=e;              (螺尾牙数,选定,一般取 2)
N06 #10=p;             (单向精铣量)
N07 #11=h;             (准备点的 Z 值)
N08 #12=g;             (铣刀上的排屑槽条数,即刃齿排数)
N09 #13=m1;            (粗铣时每排刃齿每转进给量,选定)
N10 #23=m2;            (精铣时每排刃齿每转进给量,选定)
N11 #18=s1;            (粗纹铣时主轴转速 S1,选定)
N12 #19=s2;            (精纹铣时主轴转速 S2,选定)
N13 #20=t;             (刀具补偿号)
N14 #24=x;             (螺纹孔中心在工件坐标系中的 X 值)
N15 #25=y;             (螺纹孔中心在工件坐标系中的 Y 值)
N21 #21=ROUND[#1*2];               (一圈分步数,也可不用此式,另外选定)
N22 #22=360/#21;                   (分步角 Δα)
N23 #3=25.4/#2;                    (螺距)
N24 #5=#4*#3;                      (基准长度)
N25 #7=#6*#3;                      (装配余量长度)
N26 #9=#8*#3;                      (螺尾长度)
N27 #14=#5+#7+#9;                  (螺纹总深)
N28 #26=[0.8*#3-#10]/SQRT[2];(#26 代表等截面积分配粗铣首刀的铣削深度,图中未标出)
N29 #27=#26*[SQRT[2]-1]+#10;(#27 代表等截面积分配粗铣末刀铣削深度加单向精铣量)
N30 #15=#1/2-#14/32;           (#15 代表精铣时底刃齿在螺纹底面铣削时的半径值)
N31 #16=#3/#21;                (粗铣每步 Z 向上升值、精铣每步 Z 向下降值)
N32 #17=#16/32;                (粗铣每步半径增大值、精铣每步半径减小值)
```

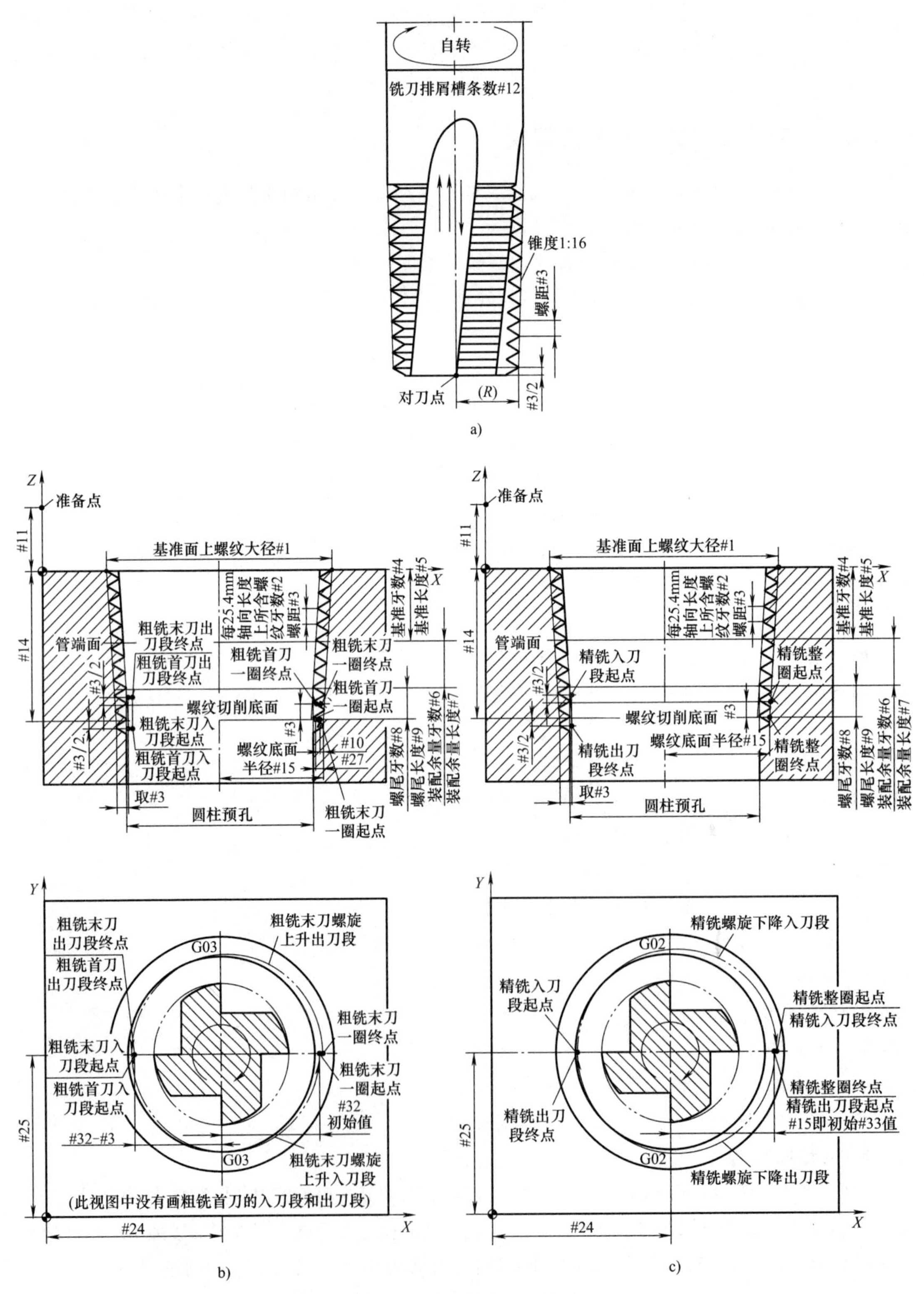

图 6-7　异向分三刀铣成锥管内螺纹编程用图

a) 刀具参数图　b) 粗铣两刀都从下往上铣(顺铣)　c) 精铣一刀从上往下铣(逆铣)

```
N33 G54G90G95G40G00X0Y0;          （设定工件坐标系，用每转进给，平移到工件XY平面原点）
N34  D#20    S#18   M03;          （指令刀具半径补偿号，主轴以粗铣的指定转速正转）
N35 G52 X#24 Y#25;                （建立局部坐标系）
N36     X0  Y0;                   （铣刀平移到螺纹孔中心）
N37 G43 H#20     Z#11;            （激活刀具长度补偿，铣刀底面下降到准备点）
N38              Z0;              （铣刀底面下降到螺纹顶面）
N39 #31=#15-#27;                  （#31代表粗铣首刀时底刃齿铣削动点的半径值，此处赋初始值）
N40 Z[-#14-#3/2-#3/2];            （铣刀底刃齿下降到底刃粗铣首刀入刀段起点所在的平面）
N41 G41G01 X[-#31+#3]    F[2*#12*#13];（激活刀具半径补偿，铣刀平移到底刃齿粗铣
                                  首刀入刀段起点）
N42 G03 X#31  Z[-#14-#3/2]  R[#31-#3/2]  F[#12*#13/5];（粗铣首刀螺旋上升入刀）
N43 #28=-#14-#3/2;                （底刃齿粗铣首刀铣螺纹动点的Z坐标值，此处赋初始值）
N44 #30=0;                        （动点的α角度值，此处赋初始值）
N45 WHILE [#30 LT 359.999] DO1;   （粗铣首刀循环头，若未铣够一整圈就在循环尾之间循环执
                                  行）
N46 #30=#30+#22;                  （粗铣首刀此步终点的α角度值）
N47 #31=#31+#17;                  （粗铣首刀此步终点的半径值）
N48 #28=#28+#16;                  （粗铣首刀此步终点的Z坐标值）
N49 G03 X[#31*COS[#30]]  Y[#31*SIN[#30]]  Z#28  R[#31-#17/2]  F[#12*#13];
                                  （粗铣首刀螺旋上升走一步）
N50 END1;                         （粗铣首刀循环尾）
N51 G03 X[-#31+#3]    Z[-#14+#3*3/2-#3/2]  R[#31-#3/2]  F[2*#12*#13];
                                  （粗铣首刀螺旋上升出刀）
N52 G00 G40 X0 Y0;                （铣刀平移到刀中心与螺纹孔中心重合）
N53 #32=#15-#10;                  （#32代表粗铣末刀时底刃齿铣削动点的半径值，此处赋初始
                                  值）
N54  Z[-#14-#3/2-#3/2];           （铣刀底刃齿下降到底刃齿粗铣末刀入刀段起点所在的平
                                  面）
N55 G41G01 X[-#32+#3]       F[2*#12*#13];
                                  （激活刀具半径补偿，铣刀平移到底刃齿粗铣末刀入刀段起点）
N56 G03 X#32 Z[-#14-#3/2] R[#32-#3/2] F[#2*#13/5];（粗铣末刀螺旋上升入刀）
N57 #28=-#14-#3/2;                （底刃齿粗铣末刀铣螺纹动点的Z坐标值，此处赋初
                                  始值）
N58 #30=0;                        （动点的α角度值，此处赋初始值）
N59 WHILE [#30 LT 359.999] DO1;   （粗铣末刀循环头，若未铣够一整圈就在循环尾
                                  之间循环执行）
```

N60 #30=#30+#22;　　　　（粗铣末刀此步终点的 α 角度值）
N61 #32=#32+#17;　　　　（粗铣末刀此步终点的半径值）
N62 #28=#28+#16;　　　　（粗铣末刀此步终点的 Z 坐标值）
N63 G03 X[#32*COS[#30]]　Y[#32*SIN[#30]]　Z#28　R[#32-#17/2]　F[#12*#13];
　　　　（粗铣末刀螺旋上升走一步）
N64 END1;　　　　（粗铣末刀循环尾）
N65 G03 X[-#32+#3]　Z[-#14+#3*3/2-#3/2]　R[#32-#3/2]　F[2*#12*#13];
　　　　（粗铣首刀螺旋上升出刀）
N66 G00 G40 X0 Y0　S#19;（铣刀平移到刀中心与螺纹孔中心重合,主轴以精铣的指定转速正转）
N67　#33=#15;　　　　（#33 代表精铣时底刃齿铣削一圈动点的半径值,此处赋初始值）
N68 G42 G01X[-#15+#3]　F[2*#12*#23];（激活刀具半径补偿,铣刀平移到底刃精铣入刀段起点）
N69 G02 X#33 Z[-#14+#3-#3/2] R[#33-#3/2] F[#12*#23/5];（精铣螺旋下降入刀）
N70 #28=-#14+#3-#3/2;　　　　（底刃齿精铣螺纹动点的 Z 坐标值,此处赋初始值）
N71 #30=0;　　　　（动点的 α 角度值,此赋初始值）
N72 WHILE [#30 GT-359.999] DO1;（精铣循环头,若未铣够一整圈就在循环尾之间循环执行）
N73 #30=#30-#22;　　　　（精铣此步终点的 α 角度值）
N74 #33=#33-#17;　　　　（精铣此步终点的半径值）
N75 #28=#28-#16;　　　　（精铣此步终点的 Z 坐标值）
N76 G02 X[#33*COS[#30]]　Y[#33*SIN[#30]]　Z#28　R[#33+#17/2]]　F[#12*#23];
　　　　（精铣螺旋下降走一步）
N77 END1;　　　　（精铣循环尾）
N78 G02 X[-#33+#3]　Z[-#14-#3/2-#3/2]　R[#33-#3/2]　F[2*#12*#23];
　　　　（精铣螺旋下降出刀）
N79 G00 G40 X0 Y0;　　　　（铣刀平移到刀中心与螺纹孔中心重合）
N80 G49　Z#11;　　　　（撤销长度补偿,铣刀底面上升到起始位）
N81 G52　X0 Y0;　　　　（撤销局部坐标系）
N82　X0 Y0 M05;　　　　（铣刀平移到工件坐标系原点之上）
N83 M30;

PP606.MPF 程序是适用于西门子 802D 系统的用整硬螺纹铣刀异向分三刀铣成锥管内螺纹的通用宏程序。

PP606.MPF
N01 R1=a;　　　　基准面上螺纹大径,可从表 1-8 和表 1-12 中查得
N02 R2=b;　　　　每 25.4mm 轴向长度上所含螺纹牙数,可从表 1-8 和表 1-12 中查得
N03 R4=i;　　　　基准牙数,可从表 1-8 和表 1-12 中查得
N04 R6=k;　　　　装配余量牙数,可从表 1-8 和表 1-12 中查得

```
N05 R8=e;                    螺尾牙数,选定,一般取2
N06 R10=p;                   单向精铣量
N07 R11=h;                   准备点的Z值
N08 R12=g;                   铣刀上的排屑槽条数,即刃齿排数
N09 R13=m1;                  粗铣时每排刃齿每转进给量,选定
N10 R23=m2;                  精铣时每排刃齿每转进给量,选定
N11 R18=s1;                  粗铣时主轴转速S1,选定
N12 R19=s2;                  精铣时主轴转速S2,选定
N13 R20=t;                   刀具补偿号
N14 R24=x;                   螺纹孔中心在工件坐标系中的X值
N15 R25=y;                   螺纹孔中心在工件坐标系中的Y值
N21 R21=ROUND(R1*2);R21代表一圈分步数,也可不用此式,另外选定
N22 R22=360/R21;             R22代表分步角Δα
N23 R3=25.4/R2;              R3代表螺距
N24 R5=R4*R3;                R5代表基准长度
N25 R7=R6*R3;                R7代表装配余量长度
N26 R9=R8*R3;                R9代表螺尾长度
N27 R14=R5+R7+R9;            R14代表螺纹总深
N28 R26=(0.8*R3-R10)/SQRT(2);R26代表等截面积分配粗铣首刀的铣削深度,图中未标出
N29 R27=R26*(SQRT(2)-1)+R10;R27代表等截面积分配粗铣末刀铣削深度加单向精铣量
N30 R15=R1/2-R14/32;         R15代表精铣时底刃齿在螺纹底面铣削时的半径值
N31 R16=R3/R21;              R16代表每步Z向上升值
N32 R17=R16/32;              R17代表每步半径增大值
N33 G54G90G95G40G00X0Y0;          设定工件坐标系,用每转进给,平移到工件XY平面原点
N34  T1  D=R20 S=R18    M03;     指令刀具半径补偿和长度补偿号,主轴以粗铣的指定
                                  转速正转
N35 TRANS  X=R24  Y=R25;         零点偏移
N36           X0 Y0;             铣刀平移到螺纹孔中心
N37  Z=R11;                      铣刀底面下降到准备点
N38  Z0;                         铣刀底面下降到螺纹顶面
N39     R31=R15-R27;      R31代表底粗铣首刀时刃齿铣削动点的半径值,此处赋初始值
N40  Z=-R14-R3/2-R3/2;铣刀底刃齿下降到底刃齿粗铣首刀入刀段起点所在的平面
N41 G41G01 X=-R31+R3F=2*R12*R13;激活刀具半径补偿,铣刀平移到底刃齿粗铣首刀
                                     入刀段起点
N42 G03 X=R31  Z=-R14-R3/2  CR=R31-R3/2  F=R12*R13/5;粗铣首刀螺旋上升入刀
N43 R28=-R14-R3/2;             粗铣首刀底刃齿铣螺纹起点的Z坐标值,此处赋初始值
N44 R30=0;                     粗铣首刀动点的α角度值,此处赋初始值
```

```
N45 WHILE R30<359.999;          粗铣首刀循环头,若未铣够一整圈就在循环尾之间循环执行
N46 R30=R30+R22;                粗铣首刀此步终点的α角度值
N47 R31=R31+R17;                粗铣首刀此步终点的半径值
N48 R28=R28+R16;                粗铣首刀此步终点的Z坐标值
N49G03X=R31*COS(R30)  Y=R31*SIN(R30)  Z=R28  CR=R31-R17/2F=R12*R13;
                                粗铣螺旋上升走一步
N50 ENDWHILE;                   粗铣首刀循环结束
N51 G03 X=-R31+R3  Z=-R14+R3*3/2-R3/2  CR=R31-R3/2  F=2*R12*R13;
                                粗铣首刀螺旋上升出刀
N52 G00 G40 X0 Y0;              铣刀平移到刀中心与螺纹孔中心重合
N53 R32=R15-R10;                R32代表粗铣末刀时底刃齿铣削动点的半径值,此处赋初始值
N54 Z=-R14-R3/2-R3/2;           铣刀底刃齿下降到底刃齿粗铣末刀入刀段起点所在的平面
N55 G41 G01 X=-R32+R3 F=2*R12*R13;激活刀具半径补偿,铣刀平移到底刃齿粗铣末刀
                                          入刀段起点
N56 G03 X=R32  Z=-R14-R3/2  CR=R32-R3/2  F=R12*R13/5;
                                粗铣末刀螺旋上升入刀
N57 R28=-R14-R3/2;              粗铣末刀底刃齿铣螺纹起点的Z坐标值,此处赋初始值
N58 R30=0;                      粗铣末刀动点的α角度值,此处赋初始值
N59WHILE R30<359.999;           粗铣末刀循环头,若未铣够一整圈就在循环尾之间循环执行
N60 R30=R30+R22;                粗铣末刀此步终点的α角度值
N61 R32=R32+R17;                粗铣末刀此步终点的半径值
N62 R28=R28+R16;                粗铣末刀此步终点的Z坐标值
N63 G03 X=R32*COS(R30)  Y=R32*SIN(R30)  Z=R28  CR=R32-R17/2 F=R12*R13;
                                粗铣末刀螺旋上升走一步
N64 ENDWHILE;                   粗铣末刀循环结束
N65 G03 X=-R32+R3  Z=-R14+R3*3/2-R3/2  CR=R32-R3/2  F=2*R12*R13;
                                粗铣末刀螺旋上升出刀
N66 G00G40X0 Y0    S=R19;       铣刀平移到刀中心与螺纹孔中心重合,主轴以精铣的指定转
                                速正转
N67  R33=R15;                   R33代表精铣时底刃齿铣削一圈起点的半径值
N68 G42 G01 X=-R33+R3  F=2*R12*R23;激活刀具半径补偿,铣刀平移到底刃齿精铣入刀段起点
N69G02 X=R33  Z=-R14+R3-R3/2  CR=R33-R3/2  F=R12*R23/5;精铣螺旋上升入刀
N70  R28=-R14+R3-R3/2;           底刃齿精铣螺纹起点的Z坐标值,此处赋初始值
N71 R30=0;                       动点的α角度值,此处赋初始值
N72 WHILE R30>-359.999;          精铣循环头,若未铣够一整圈就在循环尾之间循环执行
N73 R30=R30-R22;                 精铣此步终点的α角度值
```

```
N74 R33=R33-R17;                                   精铣此步终点的半径值
N75 R28=R28-R16;                                   精铣此步终点的 Z 坐标值
N76 G02 X=R33*COS(R30)  Y=R33*SIN(R30)  Z=R28CR=R33+R17/2 F=R12*R23;
                                                   精铣螺旋上升走一步
N77 ENDWHILE;                                      精铣循环结束
N78 G02 X=-R33+R3  Z=-R14-R3/2-R3/2  CR=R33-R3/2  F=2*R12*R23;
                                                   铣精螺旋上升出刀
N79 G00 G40 X0 Y0;                                 铣刀平移到刀中心与螺纹孔中心重合,
N80         Z=R11;                                 铣刀底面上升到准备点
N81 TRANS;                                         零点偏移注销
N82          X0 Y0     M05;                        铣刀平移到工件坐标系原点之上
N83 M02
```

O606 和 PP606. MPF 两个宏程序中都有 15 个变量/参数，使用时只要根据具体尺寸和所选的工艺参数给这 15 个变量/参数赋值即可。

如果在 40CrMo 材质的工件上铣 NPT1 内螺纹，对 O606 相应变量赋值并将得到的程序命名为 O6060，那么执行 O6060 程序的仿真轨迹如图 6-8 所示。

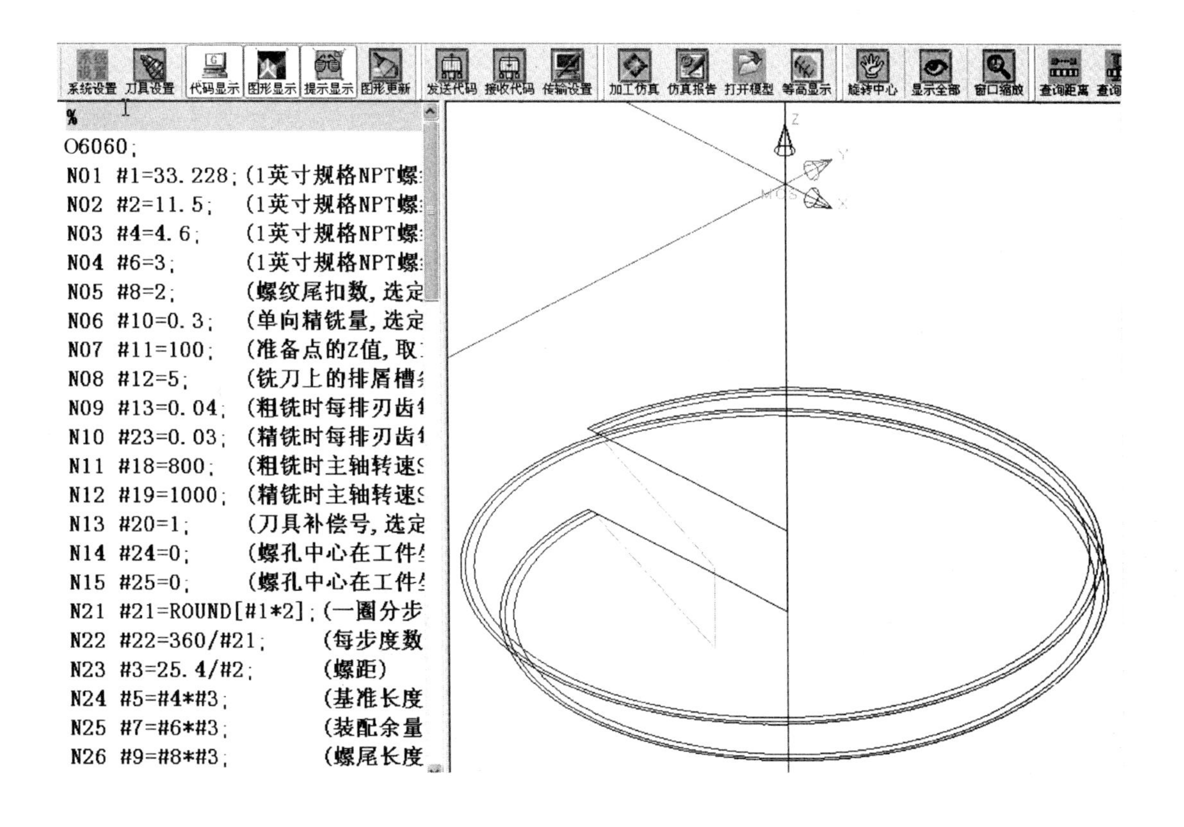

图 6-8　使用 O6060 程序仿真加工 NPT 1 内螺纹的轨迹

在 O606 程序和 PP606. MPF 程序中用#10/R10 代表单向精铣量。粗铣两刀径向切削量的分配用的是等截面切削原则和计算公式（见 N28 和 N29 段）。这两刀合计单向切削量等于牙高减去单向精铣量。在这两个程序中，牙高没有单用一个变量来表示（这样可省一个变量），而是用螺距乘以一个系数来得到。60°密封管螺纹、55°密封锥管螺纹和米制密封管螺纹的这个系数分别是 0.8、0.64 和 0.54。这两个程序中用的是 60°密封管螺纹的系数（见 N28 段中的 0.8）。所以，在异向分三刀铣 55°密封锥管内螺纹时，应将 N28 段中的 0.8 改成 0.64；而在异向分三刀铣米制密封锥管内螺纹时，应将 N28 段中的 0.8 改成 0.54。如果不改，不会影响铣出的螺纹直径，只是两刀粗铣切削量的分配就不合要求了。

6.4　一刀铣成圆柱内螺纹

6.4.1　从下往上一刀铣成圆柱内螺纹

图 6-9 所示为用整硬螺纹铣刀从下往上一刀铣成圆柱内螺纹的编程用图。

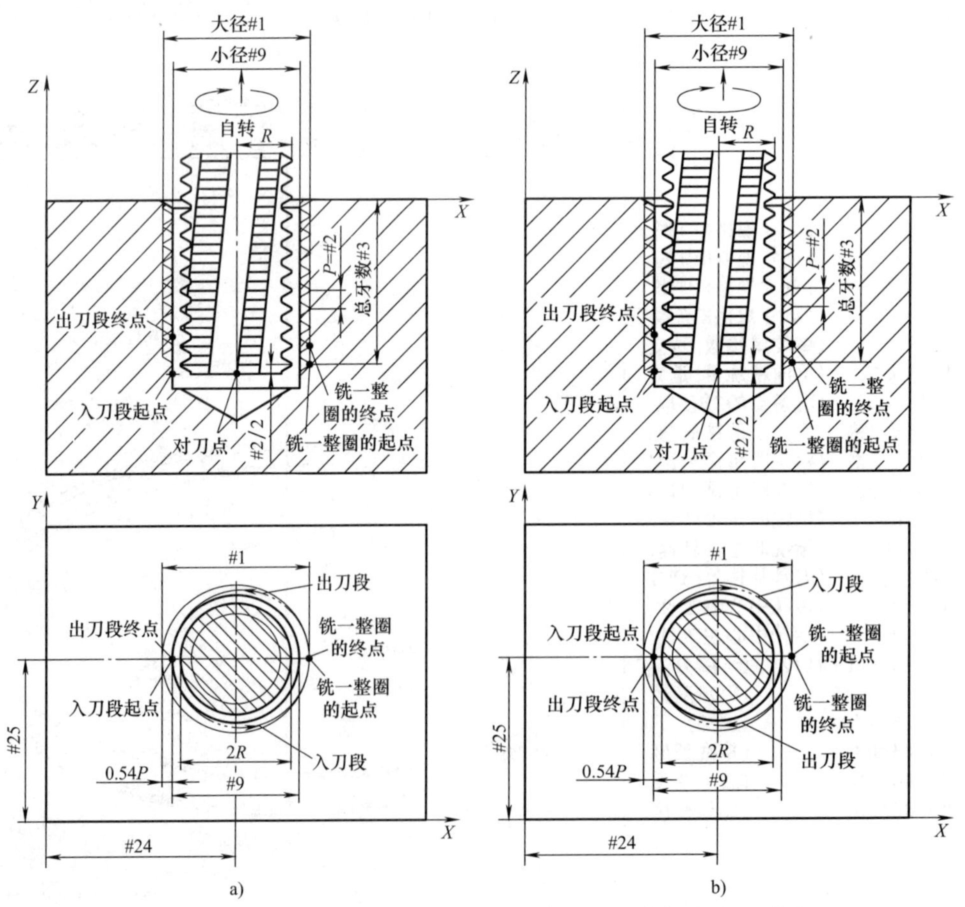

图 6-9　用整硬螺纹铣刀从下往上一刀铣成圆柱内螺纹编程用图

a）铣右旋内螺纹（顺铣）　b）铣左旋内螺纹（逆铣）

O607 程序是适用于发那科系统的用整体硬质合金螺纹铣刀从下往上一刀铣成右旋和左旋圆柱内螺纹的通用宏程序。

```
O607;
N01 #1=a;              (螺纹公称直径)
N02 #2=b;              (螺距)
N03 #3=c;              (螺纹整圈数,用它代替深度)
N04 #4=i;              (螺纹左、右旋向代号,右旋取 2,左旋取 3)
N05 #7=d;              (整硬铣刀上的槽条数,即刃口排数)
N06 #8=m;              (每排刃口每转进给量,选定)
N07 #11=h;             (准备点的 Z 值)
N08 #19=s;             (主轴转速 S,选定)
N09 #20=t;             (刀具补偿号)
N10 #24=x;             (螺纹孔中心在工件坐标系中的 X 值)
N11 #25=y;             (螺纹孔中心在工件坐标系中的 Y 值)
N21 #9=#1-0.54*#2*2;                 (#9 代表入刀段起点和出刀段终点所在圆的直径值)
N22 G54 G90 G95 G40 G00 X0 Y0;       (设定工件坐标系,用每转进给,平移到工件 XY 平面原点)
N23  D#20  S#19 M03;                 (指令刀具半径补偿号,主轴正转)
N24 G52 X#24 Y#25;                   (建立局部坐标系)
N25      X0 Y0;                      (铣刀平移到螺纹孔中心)
N26 G43 H#20  Z#11;                  (激活刀具长度补偿,铣刀底面下降到准备点)
N27            Z0;                   (让铣刀底面下降到工件上平面)
N28            Z[-#3*#2-#2];         (铣刀底刃齿下降到入刀段起点所在平面)
N29 G[39+#4]G01X-[#9/2] F[5*#8*#7];(激活刀具半径补偿,铣刀平移到入刀段起点)
N30 G[5-#4] X[#1/2] Z[-#3*#2-#2/2] R[#1/2-0.27*#2] F[#8*#7/5];(上升螺旋入刀)
N31                 Z[-#3*#2+#2/2]I-[#1/2]      F[#8*#7];(上升螺旋铣一整圈)
N32    X-[#9/2]  Z[-#3*#2+#2]  R[#1/2-0.27*#2]  F[2*#8*#7];
                                     (上升螺旋出刀)
N33 G40 G00 X0 Y0;                   (铣刀平移到刀中心与螺纹孔中心重合)
N34 G49       Z#11;                  (撤销长度补偿,铣刀上升到起始位)
N35 G52     X0 Y0;                   (取消局部坐标系)
N36         X0 Y0      M05;          (让铣刀平移到工件坐标系原点之上)
N37 M30;
```

PP607. MPF 是适用于西门子 802D 系统的用整硬螺纹铣刀从下往上一刀铣成右旋和左旋圆柱内螺纹的通用宏程序。

```
PP607. MPF
N01 R1=a;              螺纹公称直径
```

```
N02 R2=b;             螺距
N03 R3=c;             螺纹整圈数,用它代替深度
N04 R4=i;             螺纹左、右旋向代号,右旋取 2,左旋取 3
N05 R7=d;             整硬螺纹铣刀上的槽条数,即刃口排数
N06 R8=m;             每排刃口每转进给量,选定
N07 R11=h;            准备点的 Z 值
N08 R19=s;            主轴转速 S,选定
N09 R20=t;            刀具补偿号
N10 R24=x;            螺纹孔中心在工件坐标系中的 X 值
N11 R25=y;            螺纹孔中心在工件坐标系中的 Y 值
N21 R9=R1-0.54*R2*2;              R9 代表入刀段起点和出刀段终点所在圆的直径值
N22 G54 G90 G95 G40 G00 X0 Y0;    设定工件坐标系,用每转进给,平移到工件 XY 平面原点
N23   T1   D=R20   S=R19 M03;     指令刀具半径补偿和长度补偿号,主轴正转
N24 TRANS   X=R24 Y=R25;          零点偏移
N25      X0 Y0;                   铣刀平移到螺纹孔中心
N26         Z=R11;                铣刀底面下降到准备点
N27         Z0;                   铣刀底面下降到工件上平面
N28         Z=-R3*R2-R2;          铣刀底刃齿下降到入刀段起点所在平面
N29 G=39+R4 G01 X=-R9/2 F=5*R8*R7;激活刀具半径补偿,铣刀平移到入刀起点
N30   G=5-R4 X=R1/2 Z=-R3*R2-R2/2 CR=R1/2-0.27*R2 F=R8*R7/5;上升螺旋入刀
N31                   Z=-R3*R2+R2/2 I=-R1/2   F=R8*R7;上升螺旋铣一整圈
N32   X=-R9/2 Z=-R3*R2+R2 CR=R1/2-0.27*R2 F=2*R8*R7;上升螺旋出刀
N33 G40 G00 X0 Y0;                铣刀平移到刀中心与螺纹孔中心重合
N34               Z=R11;          铣刀上升到准备点
N35 TRANS;                        零点偏移注销
N36   X0 Y0      M05;             铣刀平移到工件坐标系原点之上
N37 M02
```

O607 和 PP607. MPF 两个宏程序中都有 11 个变量/参数，使用时只要根据具体尺寸和所选的工艺参数给这 11 个变量/参数赋值即可。注意从下往上铣右旋内螺纹时是顺铣，而从下往上铣左旋内螺纹时是逆铣。

【例 2】 用有 4 条排屑槽的 M16×2 铣刀铣 20mm 深的 M16 粗牙内螺纹。这里用 O607 程序，从下往上一刀铣成。如果每刃每转进给量取 0.025mm，准备点在螺纹（工件）顶面之上 100mm，主轴转速取 1500r/min，刀具补偿号用 1 号，螺纹孔中心与工件坐标系重合，那么对程序中的前 11 段赋值后就如下程序段（按此赋值后程序号改为 O6070）：

```
O6070;
N01 #1=16;            (M16 螺纹的公称直径)
```

```
N02 #2=2;            (M16 粗牙螺纹螺距)
N03 #3=10;           (此螺纹要求的整圈数,即 20mm 深)
N04 #4=2;            (螺纹左、右旋向代号,此螺纹右旋取 2)
N05 #7=4;            (此整体硬质合金螺纹铣刀上的槽条数,即刃口排数为 4)
N06 #8=0.025;        (每排刃口每转进给量选定为 0.025mm)
N07 #11=100;         (准备点的 Z 值取 100)
N08 #19=1500;        (主轴转速 S 选定为 1500r/min)
N09 #20=1;           (用 01 号刀具补偿号)
N10 #24=0;           (螺纹孔中心在工件坐标系中的 X 值为 0)
N11 #25=0;           (螺纹孔中心在工件坐标系中的 Y 值为 0)
```

用“编程助手”仿真的轨迹是两圈上升螺旋线，其中半圈为入刀段，一圈铣螺纹，半圈为出刀段。这条螺旋线在 *XY* 平面内的投影如图 6-10 所示。

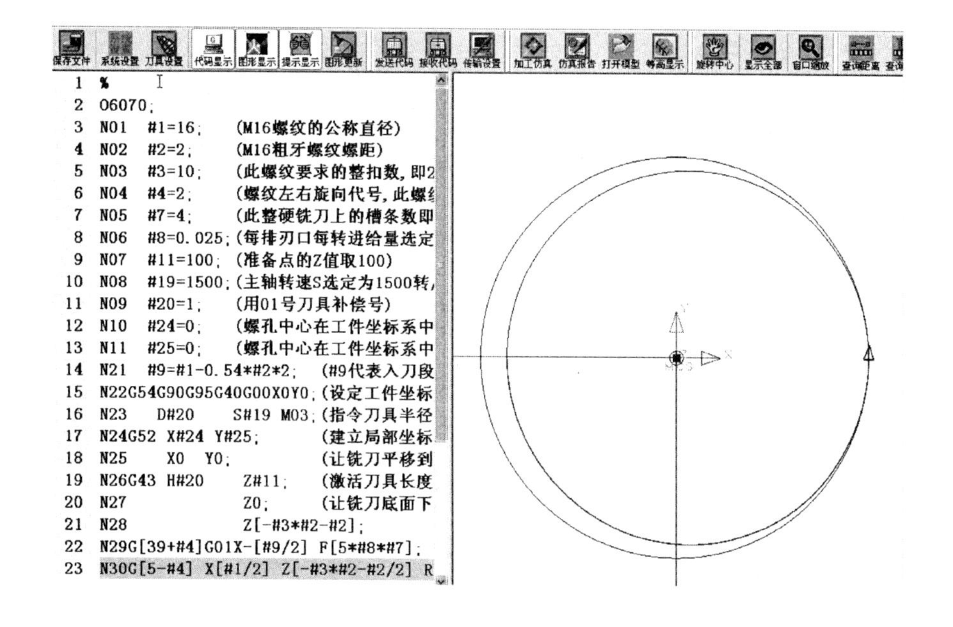

图 6-10　用 O6070 程序铣 M16×2 内螺纹的仿真轨迹（*XY* 平面内的投影）

由于该螺纹为右旋螺纹，而且采用的是从下往上铣，所以图中轨迹上的箭头指向逆时针方向（G03）。

6.4.2　从上往下一刀铣成圆柱内螺纹

图 6-11 所示为用整硬螺纹铣刀从上往下一刀铣成右旋和左旋圆柱内螺纹的编程用图。

O608 是适用于发那科系统的用整硬螺纹铣刀从上往下一刀铣成右旋和左旋圆柱内螺纹的通用宏程序。

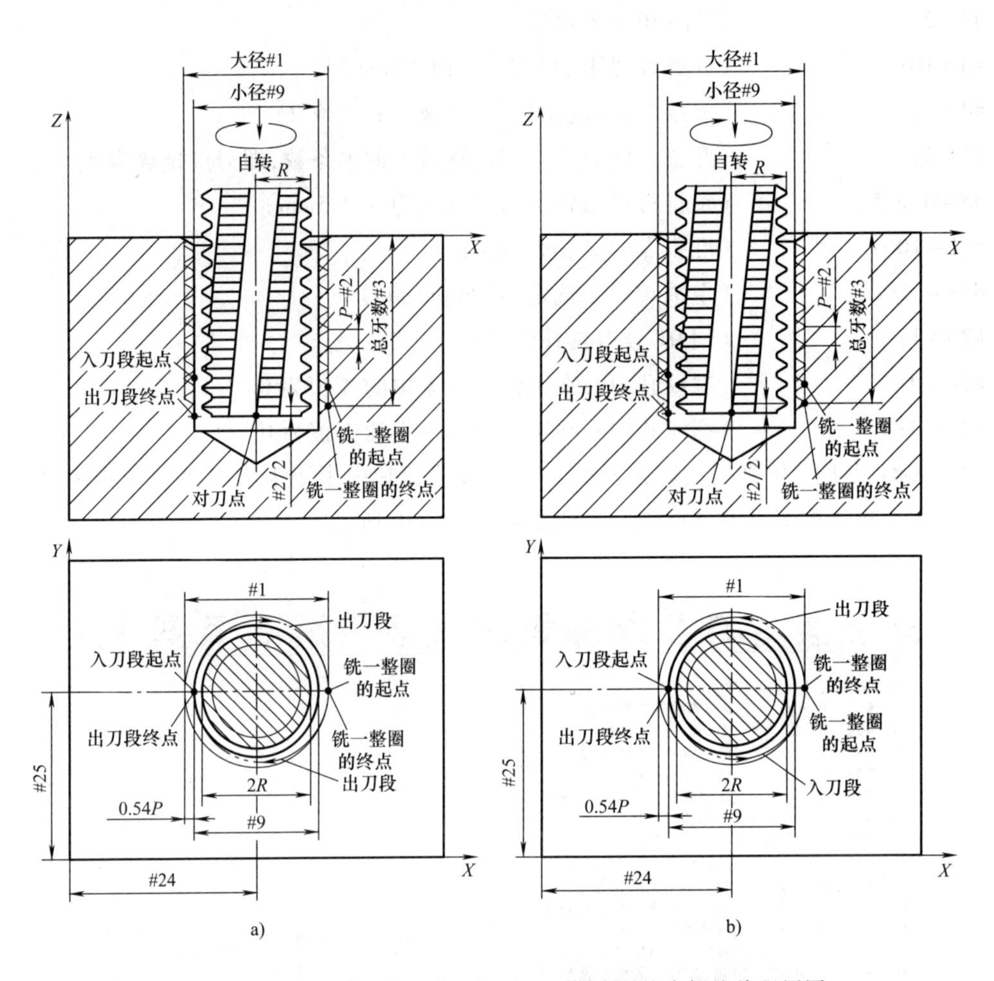

图 6-11　用整硬螺纹铣刀从上往下一刀铣成圆柱内螺纹编程用图

a) 铣右旋内螺纹（逆铣）　b) 铣左旋内螺纹（顺铣）

```
O608;
N01 #1=a;           (螺纹公称直径)
N02 #2=b;           (螺距)
N03 #3=c;           (螺纹整圈数,用它代替深度)
N04 #4=i;           (螺纹左、右旋向代号,右旋取 2,左旋取 3)
N05 #7=d;           (整硬螺纹铣刀上的槽条数,即刃口排数)
N06 #8=m;           (每排刃口每转进给量,选定)
N07 #11=h;          (准备点的 Z 值)
N08 #19=s;          (主轴转速 S,选定)
N09 #20=t;          (刀具补偿号)
N10 #24=x;          (螺纹孔中心在工件坐标系中的 X 值)
N11 #25=y;          (螺纹孔中心在工件坐标系中的 Y 值)
N21 #9=#1-0.54*#2*2;          (#9 代表入刀段起点和出刀段终点所在圆的直径值)
```

```
N22 G54 G90 G95 G40 G00 X0 Y0;（设定工件坐标系,用每转进给,平移到工件 XY 平面原点）
N23   D#20   S#19 M03;              （指令刀具半径补偿号,主轴正转）
N24 G52 X#24 Y#25;                  （建立局部坐标系）
N25       X0    Y0;                 （铣刀平移到螺纹孔中心）
N26 G43 H#20            Z#11;       （激活刀具长度补偿,铣刀底面下降到准备点）
N27                     Z0;         （铣刀底面下降到工件上平面）
N28                                 Z[-#3*#2+#2];（铣刀底刃齿下降到入刀段起点所在平面）
N29 G[44-#4] G01 X-[#9/2] F[5*#8*#7];（激活刀具半径补偿,铣刀平移到入刀段起点）
N30 G#4 X[#1/2] Z[-#3*#2+#2/2] R[#1/2-0.27*#2] F[#8*#7/5];       （下降螺旋入刀）
N31               Z[-#3*#2-#2/2]   I-[#1/2]   F[#8*#7];           （下降螺旋铣一整圈）
N32 X-[#9/2] Z[-#3*#2-#2]      R[#1/2-0.27*#2] F[2*#8*#7];      （下降螺旋出刀）
N33 G40 G00 X0 Y0;              （铣刀平移到刀中心与螺纹孔中心重合）
N34 G49        Z#11;            （撤销长度补偿,铣刀上升到起始位）
N35 G52 X0 Y0;                  （取消局部坐标系）
N36       X0 Y0        M05;     （铣刀平移到工件坐标系原点之上）
N37M30;
```

PP608.MPF 程序是适用于西门子 802D 系统的用整体硬质合金螺纹铣刀从上往下一刀铣成左、右旋圆柱内螺纹的通用宏程序。

```
PP608.MPF
N01 R1=a;           螺纹公称直径
N02 R2=b;           螺距
N03 R3=c;           螺纹整圈数,用它代替深度
N04 R4=i;           螺纹左、右旋向代号,右旋取 2,左旋取 3
N05 R7=d;           整硬螺纹铣刀上的槽条数,即刃口排数
N06 R8=m;           每排刃口每转进给量,选定
N07 R11=h;          准备点的 Z 值
N08 R19=s;          主轴转速 S,选定
N09 R20=t;          刀具补偿号
N10 R24=x;          螺纹孔中心在工件坐标系中的 X 值
N11 R25=y;          螺纹孔中心在工件坐标系中的 Y 值
N21 R9=R1-0.54*R2*2;            R9 代表入刀段起点和出刀段终点所在圆的直径值
N22 G54 G90 G95 G40 G00 X0 Y0;  设定工件坐标系,用每转进给,平移到工件 XY 平面原点
N23   T1   D=R20   S=R19   M03; 指令刀具半径补偿和长度补偿号,主轴正转
N24 TRANS   X=R24 Y=R25;        零点偏移
N25           X0       Y0;      铣刀平移到螺纹孔中心
N26      Z=R11;                 铣刀底面下降到准备点
N27      Z0;                    铣刀底面下降到工件上平面
N28                             Z=-R3*R2+R2;铣刀底刃齿下降到入刀段起点所在平面
N29 G=44-R4 G01 X=-R9/2 F=5*R8*R7;激活刀具半径补偿,铣刀平移到入刀段起点
```

```
N30 G=R4 X=R1/2 Z=-R3*R2+R2/2 CR=R1/2-0.27*R2 F=R8*R7/5;     下降螺旋入刀
N31              Z=-R3*R2-R2/2 I=-R1/2          F=R8*R7;     下降螺旋铣一整圈
N32 X=R9/2       Z=-R3*R2-R2 CR=R1/2-0.27*R2 F=2*R8*R7;      下降螺旋出刀
N33 G40 G00 X0 Y0;            铣刀平移到刀中心与螺纹孔中心重合
N34              Z=R11;       铣刀上升到准备点
N35 TRANS;                    零点偏移注销
N36         X0 Y0     M05;    铣刀平移到工件坐标系原点之上
N37 M02
```

O608 和 PP608.MPF 两个程序中都含有 11 个变量/参数，使用时只要根据具体尺寸和所选的工艺参数给这 11 个变量/参数赋值即可。注意从上往下铣右旋内螺纹时是逆铣，而从上往下铣左旋内螺纹时是顺铣。

用 O608 程序从上往下铣例 2 的 M16 粗牙螺纹，还是用有 4 条排屑槽的 M16×2 规格的铣刀，工艺参数不变。给 O608 程序中前 11 段中的变量赋值，将赋值后的程序名改为 O6080，其与 O6070 中前 11 段的内容完全一样，这里不再重复列出。

用“编程助手”仿真的轨迹是两圈下降螺旋线，其中半圈为入刀段，一圈为铣螺纹，半圈为出刀段。这条螺旋线在 *XY* 平面内的投影与图 6-10 中是一样的。图 6-12 所示为用 O6080 程序铣 M16×2 螺纹的仿真轨迹（*YZ* 平面内的投影）。

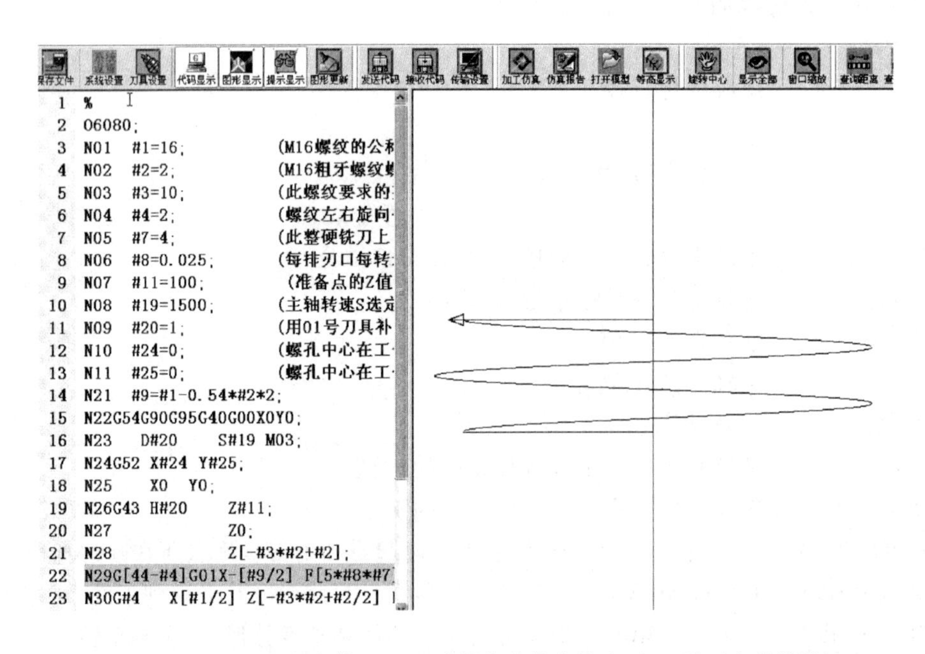

图 6-12　用 O6080 程序铣 M16×2 内螺纹的仿真轨迹（*YZ* 平面内的投影）

图 6-12 中最上方那条水平线是入刀段。由于采用的是从上往下铣，所以此段上的箭头指向左。这是执行 N29 段的轨迹和走刀方向（箭头）。顺便说一下，前面用 O6070 程序的仿真轨迹在 *YZ* 平面内的投影与此图是一样的，只是执行 N29 段的轨迹是图中最下方那条水平线，箭头也指向左。

6.5　用与前不同的方法编写分多刀铣圆柱内螺纹程序的说明

用单齿（包括横截面内多齿）或螺纹梳刀铣圆柱内螺纹或圆锥内螺纹时，铣刀刃尖回转直径比所铣内螺纹的小径（底径）小得多（见图 5-8 和图 5-20）。用整硬圆锥内螺纹铣刀铣圆锥内螺纹时，铣刀刃尖回转直径比所铣内螺纹的小径（同截面内）也小不少（见图 6-4）。因此，前面介绍的铣螺纹的程序编写都可以用铣刀刃尖作为注视点，即使用 G41/G42 指令编程。使用这种含 G41/G42 指令的铣螺纹程序比较方便，因为不但可以通过修改刀补值来实现调整铣出螺纹直径的大小（不用改动程序），而且可以通过更改刀补值来进行粗铣（也不用改动程序）。

用整硬螺纹铣刀铣圆柱内螺纹，铣刀刃回转直径（简称铣刀径）与相应的圆柱内螺纹小径（底径）很接近，如图 6-13 所示。

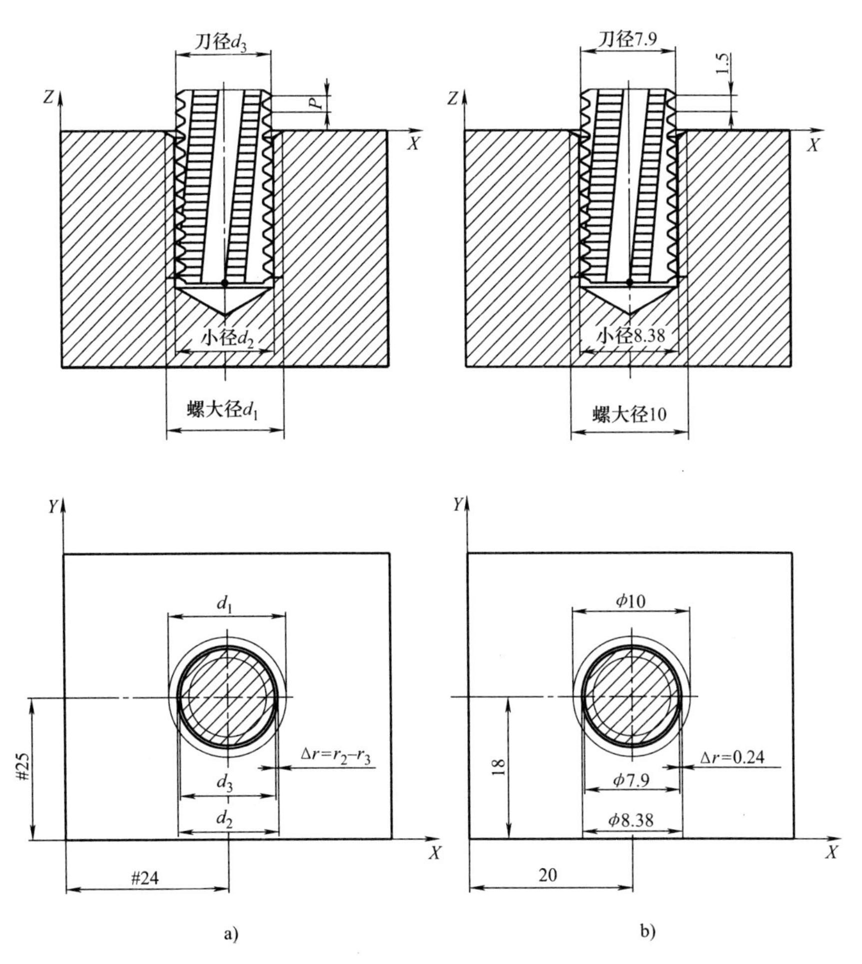

图 6-13　用整硬螺纹铣刀铣圆柱内螺纹时刀径与小径（底径）很接近

a）工件和整硬螺纹铣刀视图（一般情况）　b）工件和整硬螺纹铣刀视图（M10 粗牙例）

表 6-1 是用某国际著名品牌整硬螺纹圆柱螺纹铣刀铣相应规格螺纹的有关数据。

从表 6-1 中可以看到，铣刀半径与螺纹底孔半径相差不多（最小的一种规只差 0.06mm）。在此条件下，如果一刀铣成圆柱内螺纹，还可以用 G41/G42 指令来编写程序（前面就是这样做的）。如果要分粗、精铣，即分两刀或多刀铣成，就只能用铣刀中心点作为注视点来编写加工程序。用此方法编写出的程序中含有铣刀半径值。用这种不含 G41/G42 指令的程序加工螺纹时，要调节铣出螺纹直径的大小或要进行粗铣，只能通过修改程序中相应的数据来实现。

表 6-1　用某国际著名品牌整硬螺纹铣刀铣相应规格螺纹的有关数据

序号	米制螺纹	同规格铣刀半径 r_3/mm	螺纹牙高 h/mm	螺纹底孔半径 r_2/mm	螺纹底孔半径比铣刀半径大 Δr/mm	Δr 与牙高 h 的比值
1	M6×1(粗牙)	2.4	0.54	2.46	0.06	0.111
2	M6×0.75	2.5	0.405	2.595	0.095	0.235
3	M8×1.25(粗牙)	2.95	0.675	3.325	0.375	0.556
4	M8×1	2.95	0.54	3.46	0.51	0.944
5	M10×1.5(粗牙)	3.95	0.81	4.19	0.24	0.296
6	M10×1	3.95	0.54	4.46	0.51	0.944
7	M12×1.75(粗牙)	4.95	0.945	5.055	0.105	0.111
8	M12×1.5	4.95	0.81	5.19	0.24	0.296
9	M12×1	4.95	0.54	5.46	0.51	0.944
10	M16×2(粗牙)	5.95	1.08	6.92	0.97	0.898
11	M16×1.5	5.95	0.81	7.19	1.24	1.531

通过举例（以表中序号 5 为例）来说明原因。图 6-14 所示为用 M10 粗牙螺纹铣刀在难切削材料上分两刀铣成 M10 粗牙螺纹，图中括号内标注的铣刀尺寸和螺纹尺寸是实际尺寸。

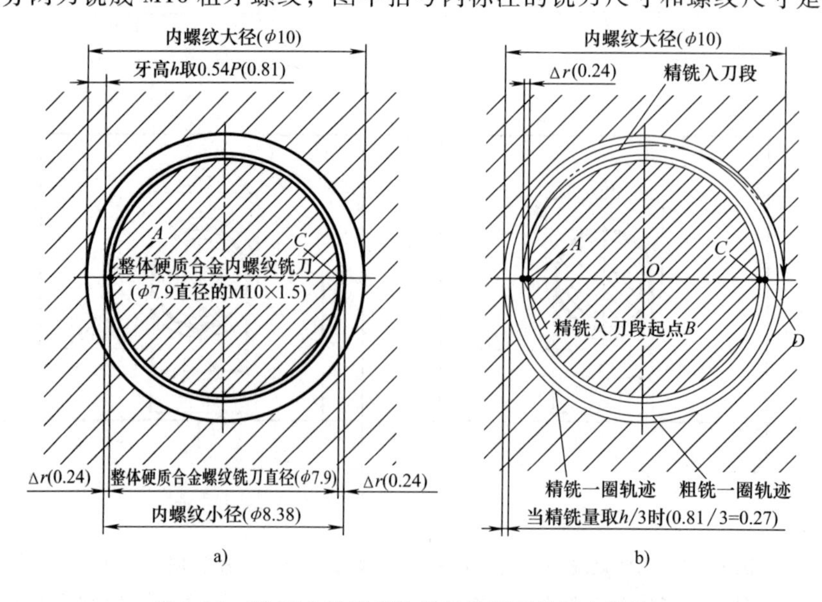

图 6-14　用 M10 粗牙螺纹铣刀分两刀铣相应螺纹

a）整体螺纹铣刀半径比内螺纹小半径小 Δr　b）用整体螺纹铣刀分粗、精两刀铣内螺纹的情况按精铣尺寸编写程序，用180°螺旋切线（半圆弧）入刀。入刀段在*XY*平面内的投影如图6-14b中的细双点画线（半圆弧）段，它的起点在*B*点。铣刀中心与螺纹孔中心重合时，铣刀上的*A*点与入刀段起点*B*间只有0.24mm间隙。

此螺纹的牙高是0.81mm，如果粗、精铣的切削深度按2：1分配，那么精铣量就是0.27mm。

如果用G42指令编写精铣程序，那么*OB*段必定是G42的创建段。用此程序精铣时，精铣刀补栏内刀具半径补偿位内的理论设置值是3.95。但是，为调节铣出螺纹的半径大小而修改刀补栏内的刀具半径值的调节量很小（不大于0.24），因此用此程序做粗铣就有问题。粗铣前应把刀补栏内的刀具半径值设为4.22（比3.95大0.27）。执行G42指令使铣刀向左移，由于*OB*段只有0.24mm，所以此处会向左移-0.03mm，即粗铣入刀段起点位于*A*点之右，这是不允许的。实际过程中，执行到此段时系统会报警。

改用铣刀圆心作为注视点来编程（这时程序中不用G42指令），可以安排粗铣入刀段的起点也是*B*点，这样编出的程序在执行时就不会有上述问题了。

正因为这个原因，下面分多刀铣成圆柱内螺纹的程序编写不使用G41/G42指令。

6.6 同向分两刀铣成圆柱内螺纹

6.6.1 从下往上分两刀铣成圆柱内螺纹

分两刀是指一刀粗铣，一刀精铣，从下往上铣右旋内螺纹时，粗铣和精铣都是顺铣；而从下往上铣左螺纹时，粗铣和精铣都是逆铣。

图6-15所示为用整体硬质合金螺纹铣刀从下往上分两刀铣圆柱内螺纹时切削点的位置及轨迹。图6-16所示为编程用图，其上标有刀心位置及轨迹。

O609程序是适用于发那科系统的用整硬螺纹铣刀从下往上分两刀铣成圆柱内螺纹的通用宏程序。

```
O609;
N01  #100=__;      (铣螺纹半径修正量。取正值,铣出的螺纹半径加大;取负值铣出的螺纹半径减小)
N02  #1=a;         (螺纹公称直径,即精铣目标值)
N03  #2=b;         (螺距)
N04  #3=c;         (螺纹整圈数,用它代替深度)
N05  #4=i;         (螺纹左、右旋向代号,右旋取2,左旋取3)
N06  #5=j;         (单向精铣量)
N07  #6=k;         (整硬螺纹铣刀上的槽条数,即刃口排数)
N08  #7=d;         (粗铣每排刃口每转进给量,选定)
N09  #8=m;         (精铣每排刃口每转进给量,选定)
N10  #11=h;        (准备点的Z值)
N11  #17=s1;       (粗铣主轴转速,选定)
N12  #18=r;        (铣刀刃尖回转公称半径)
N13  #19=s2;       (精铣主轴转速,选定)
```

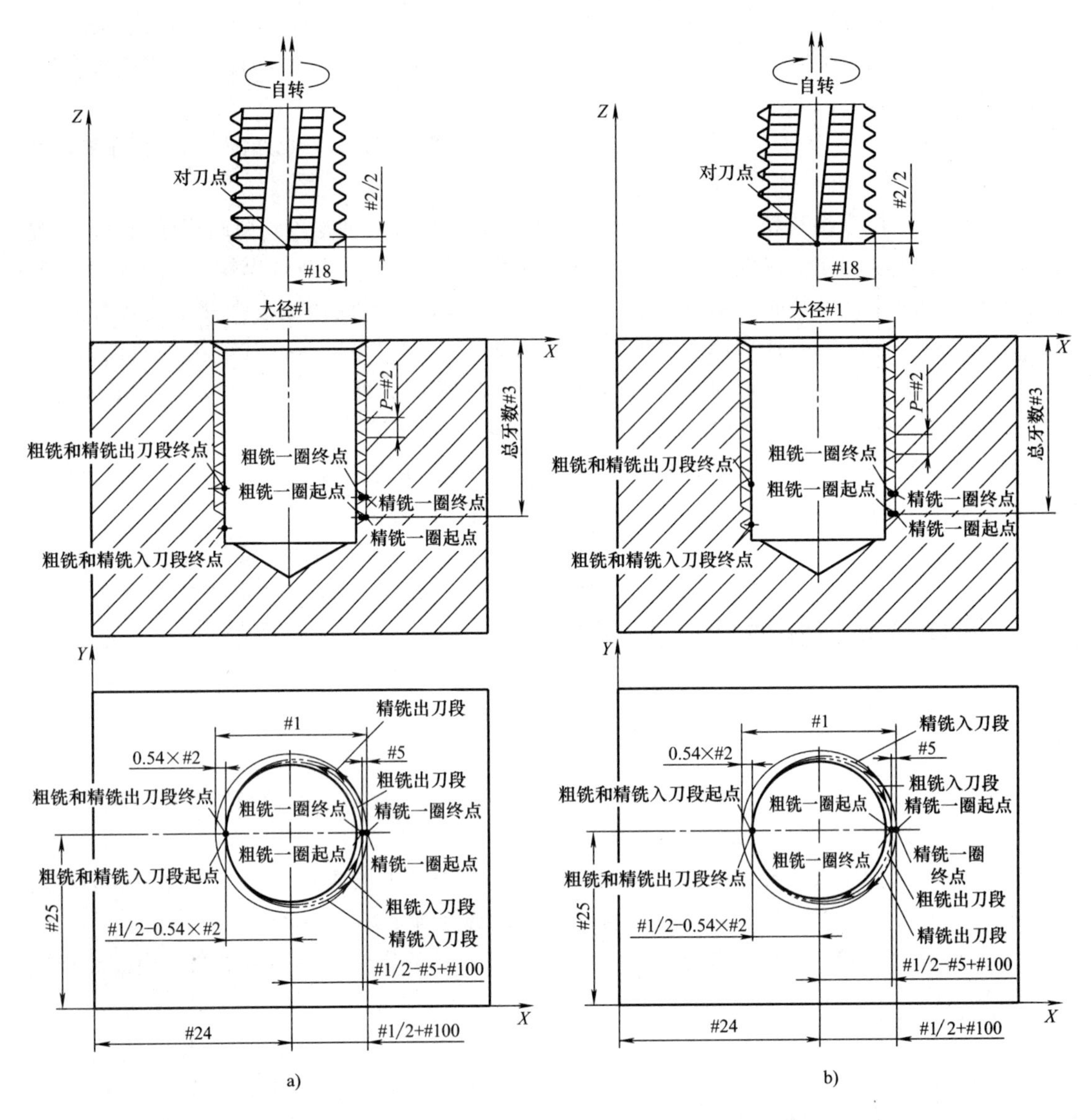

图 6-15　用整硬螺纹铣刀从下往上分两刀铣圆柱内螺纹时切削点的位置及轨迹

a）铣右旋内螺纹　b）铣左旋内螺纹

```
N14  #20=t;                 (刀具长度补偿号)
N15  #24=x;                 (螺纹孔中心在工件坐标系中的 X 值)
N16  #25=y;                 (螺纹孔中心在工件坐标系中的 Y 值)
N21 G54 G90 G95 G40 G00 X0 Y0;(设定工件坐标系,用每转进给,平移到工件 XY 平面原点)
N22              S#17   M03;            (主轴按粗铣的指定转速正转)
N23 G52 X#24 Y#25;                               (建立局部坐标系)
N24     X0   Y0;                             (铣刀平移到螺纹孔中心)
N25 G43 H#20       Z#11;       (激活刀具长度补偿,铣刀底面下降到准备点)
N26                Z0;                   (铣刀底面下降到工件上平面)
```

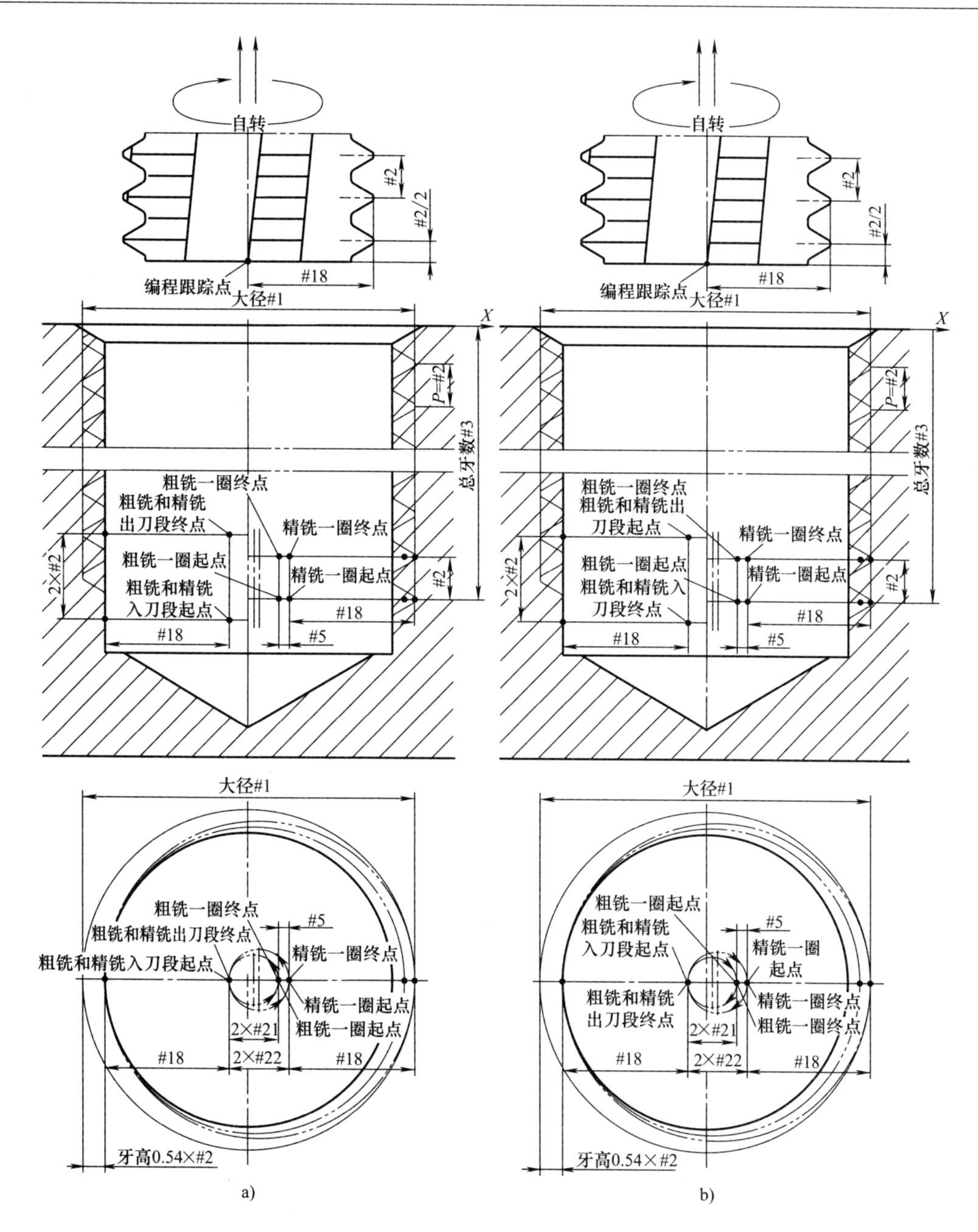

图 6-16　用整硬螺纹铣刀从下往上分两刀铣成圆柱内螺纹的编程用图

a）铣圆柱右旋内螺纹　b）铣圆柱左旋内螺纹

N27　Z[-#3*#2-#2/2-#2/2];　　（铣刀底刃齿下降到粗铣入刀段起点所在平面）

N28 G01 X[-#1/2+0.54*#2+#18]F[5*#6*#7];　　（铣刀底刃齿平移到粗铣入刀段起点）

N29　#21=#1/2-0.27*#2-#18-#5/2+#100/2;（#21 代表粗铣入刀段和粗铣出刀段的半径）

N30 G[5-#4]　X[#1/2-#18-#5+#100]　Z[-#3*#2-#2/2]　R#21　F[#6*#7/5];

（粗铣螺旋上升入刀）

N31　Z[-#3*#2+#2-#2/2]　I[-#1/2+#18+#5-#100]　F[#6*#7];　　（粗铣螺旋上升铣一整圈）

```
N32  X[-#1/2+0.54*#2+#18]  Z[-#3*#2+#2*3/2-#2/2]  R#21  F[2*#6*#7];
                                                            (粗铣螺旋上升出刀)
N33 G00 X0  Y0;                                  (铣刀平移到刀中心与螺纹孔中心重合)
N34  Z[-#3*#2-#2/2-#2/2]  S#19;           (铣刀底刃齿下降到精铣入刀段起点所在平面)
N35 G01 X[-#1/2+0.54*#2+#18]  F[5*#6*#8];  (铣刀底刃齿平移到精铣入刀段起点)
N36  #22=#1/2-0.27*#2-#18+#100/2;           (#22 代表精铣入刀段和精铣出刀段的半径)
N37 G[5-#4]  X[#1/2-#18+#100]  Z[-#3*#2-#2/2]  R#22  F[#6*#8/5];
                                                            (精铣螺旋上升入刀)
N38  Z[-#3*#2+#2-#2/2]  I[-#1/2+#18-#100]  F[#6*#8]; (精铣螺旋上升铣一整圈)
N39  X[-#1/2+0.54*#2+#18]  Z[-#3*#2+#2*3/2-#2/2]  R#22  F[2*#6*#8];
                                                            (精铣螺铣上升出刀)
N40 G00 X0  Y0;                                  (铣刀平移到刀中心与螺纹孔中心重合)
N41 G49         Z#11;                          (撤销长度补偿,铣刀底面上升至准备点)
N42 G52 X0  Y0                                                  (取消局部坐标系)
N43     X0  Y0       M05;                          (铣刀平移到工件坐标系原点之上)
N44 M30;
```

PP609. MPF 程序是适用于西门子 802D 系统的用整体硬质合金螺纹铣刀从下往上分两刀铣成圆柱内螺纹的通用宏程序。

```
PP609. MPF
N01  R100=__;     铣螺纹半径修正量。取正值,铣出的螺纹半径加大,取负值,铣出的螺纹半径减小
N02  R1=a;        螺纹公称直径,即精铣目标值
N03  R2=b;        螺距
N04  R3=c;        螺纹整圈数,用它代替深度
N05  R4=i;        螺纹左、右旋向代号,右旋取 2,左旋取 3
N06  R5=j;        单向精铣量
N07  R6=k;        整硬螺纹铣刀上的槽条数,即刃口排数
N08  R7=d;        粗铣每排刃口每转进给量,选定
N09  R8=m;        精铣每排刃口每转进给量,选定
N10  R11=h;       准备点的 Z 值
N11  R17=s1;      粗铣主轴转速,选定
N12  R18=r;       铣刀刃尖回转公称半径
N13  R19=s2;      精铣主轴转速,选定
N14  R20=t;       刀具补偿号
N15  R24=x;       螺纹孔中心在工件坐标系中的 X 值
N16  R25=y;       螺纹孔中心在工件坐标系中的 Y 值
N21 G54 G90 G95 G40 G00 X0 Y0;       设定工件坐标系,用每转进给,平移到工件 XY 平面原点
N22  T1  D=R20 S=R19 M03;            指令刀具半径补偿和长度补偿号,主轴按粗铣的指
```

```
                                            定转速正转
N23 TRANS   X=R24 Y=R25;                    零点偏移
N24         X0   Y0;                        铣刀平移到螺纹孔中心
N25     Z=R11;                              铣刀底面下降到准备点
N26     Z0;                                 铣刀底面下降到工件上平面
N27     Z=-R3*R2-R2/2-R2/2;                 铣刀底刃齿下降到粗铣入刀段起点所在平面
N28 G01 X=-R1/2+0.54*R2+R18   F=5*R6*R7;                铣刀平移到粗铣入刀段起点
N29   R21=R1/2-0.27*R2-R18-R5/2+R100/2;  R21 代表粗铣入刀段和粗铣出刀段的半径
N30 G=5-R4   X=R1/2-R18-R5+R100   Z=-R3*R2-R2/2 CR=R21   F=R6*R7/5;
                                                                粗铣螺旋上升入刀
N31             Z=-R3*R2+R2-R2/2   I=-R1/2+R18+R5-R100 F=R6*R7;
                                                              粗铣螺旋上升铣一整圈
N32   X=-R1/2+0.54*R2+R18   Z=-R3*R2+R2*3/2-R2/2 CR=R21 F=2*R6*R7;
                                                                粗铣螺旋上升出刀
N33 G00 X0 Y0;                                     铣刀平移到刀中心与螺纹孔中心重合
N34                                    Z=-R3*R2-R2/2-R2/2   S=R19;
                                         铣刀底刃齿下降至精铣入刀段起点所在平面
N35 G01 X=-R1/2+0.54*R2+R18         F=5*R6*R8;    铣刀底刃齿平移到精铣入刀段起点
N36   R22=R1/2-0.27*R2-R18+R100/2;          R22 代表精铣入刀段和精铣出刀段的半径
N37 G=5-R4   X=R1/2-R18+R100   Z=-R3*R2-R2/2   CR=R22   F=R6*R8/5;
                                                                精铣螺旋上升入刀
N38   Z=-R3*R2+R2-R2/2   I=-R1/2+R18-R100   F=R6*R8;   精铣螺旋上升铣一整圈
N39   X=-R1/2+0.54*R2+R18   Z=-R3*R2+R2*3/2-R2/2 CR=R22    F=2*R6*R8;
                                                                精铣螺铣上升出刀
N40 G00 X0 Y0;            铣刀平移到刀中心与螺纹孔中心重合
N41              Z=R11;   铣刀底面上升到准备点
N42 TRANS;                零点偏移注销
N43     X0   Y0     M05;  铣刀平移到工件坐标系原点之上
N44 M02
```

O609 和 PP609. MPF 两个程序中的变量#100 和 R100 是用来调节铣出螺纹直径大小的变量，在试铣前可预设为 0（也可设成绝对值较小的负值）。除此之外的 15 个变量/参数需要用户根据具体尺寸和所选的工艺参数对其进行赋值。

用 O609 程序从下往上分两刀铣例 2 的 M16×2 粗牙螺纹，还是使用有 4 条排屑槽的 M16×2规格的铣刀。粗铣和精铣每排刃口每转进给量分别取 0. 04mm 和 0. 03mm，粗铣和精铣主轴转速分别取 1200r/min 和 1600r/min。将按此赋值后的 O609 程序命名为 O6090，得到 O6090 程序的前 16 段为：

```
O6090;
N01  #100=0;      (铣螺纹半径修正量,试铣前预设为0)
N02  #1=16;       (M16粗牙螺纹公称直径,即精铣目标值)
N03  #2=2;        (M16粗牙螺纹螺距)
N04  #3=10;       (螺纹整圈数,用它代替深度)
N05  #4=2;        (螺纹左、右旋向代号,此螺纹右旋为2)
N06  #5=0.2;      (单向精铣量)
N07  #6=4         (整硬铣刀上的槽条数,即刃口排数)
N08  #7=0.04;     (粗铣每排刃口每转进给量,选定)
N09  #8=0.03;     (精铣每排刃口每转进给量,选定)
N10  #11=100;     (准备点的Z值)
N11  #17=1200;    (粗铣主轴转速,选定)
N12  #18=6;       (铣刀刃尖回转公称半径)
N13  #19=1600;    (精铣主轴转速,选定)
N14  #20=1;       (刀具长度补偿号)
N15  #24=0;       (螺纹孔中心在工件坐标系中的X值)
N16  #25=0;       (螺纹孔中心在工件坐标系中的Y值)
```

图6-17所示为执行O6090程序的仿真轨迹。用刀心轨迹编程，轨迹的径向值就会很小，图6-17所示的轨迹是放大后的。由于此处螺距是2mm，所以轨迹的高度应为4mm，按比例就可看出轨迹横向的大概最大值（具体最大值可用程序中的值算出来）。

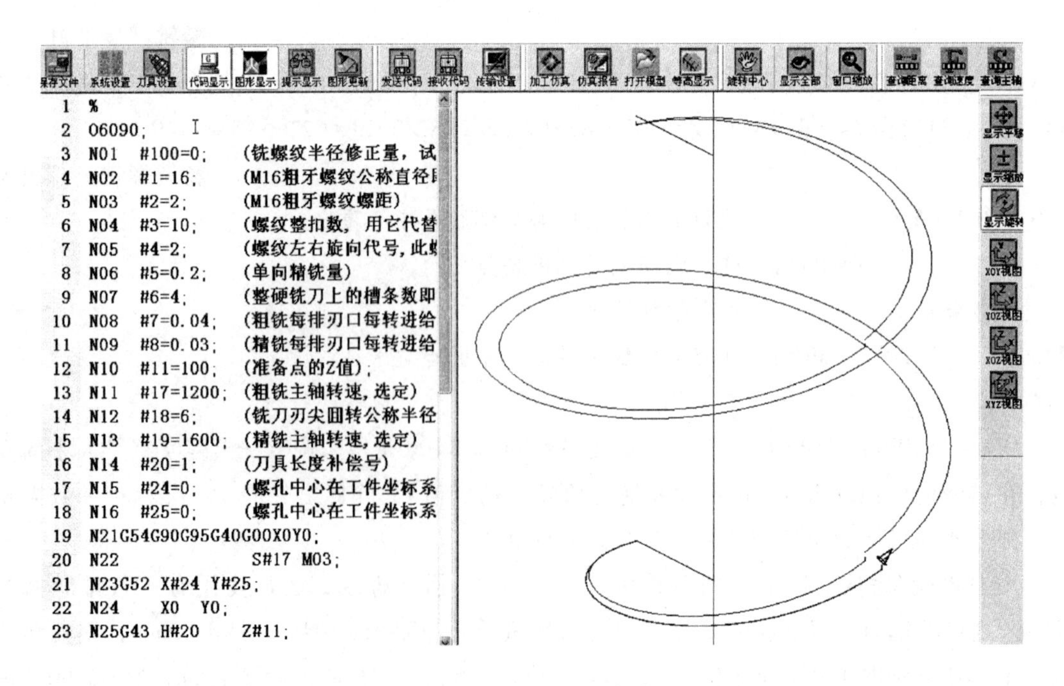

图6-17　用O6090程序铣M16×2内螺纹的仿真轨迹放大（*XYZ*视图）

6.6.2　从上往下分两刀铣成圆柱内螺纹

分两刀是指一刀粗铣、一刀精铣。从上往下铣右旋内螺纹时，粗铣和精铣都是逆铣；而从上往下铣左旋内螺纹时，粗铣和精铣都是顺铣。

图 6-18 所示为用整硬螺纹铣刀从上往下分两刀铣圆柱内螺纹时切削点的位置及轨迹。

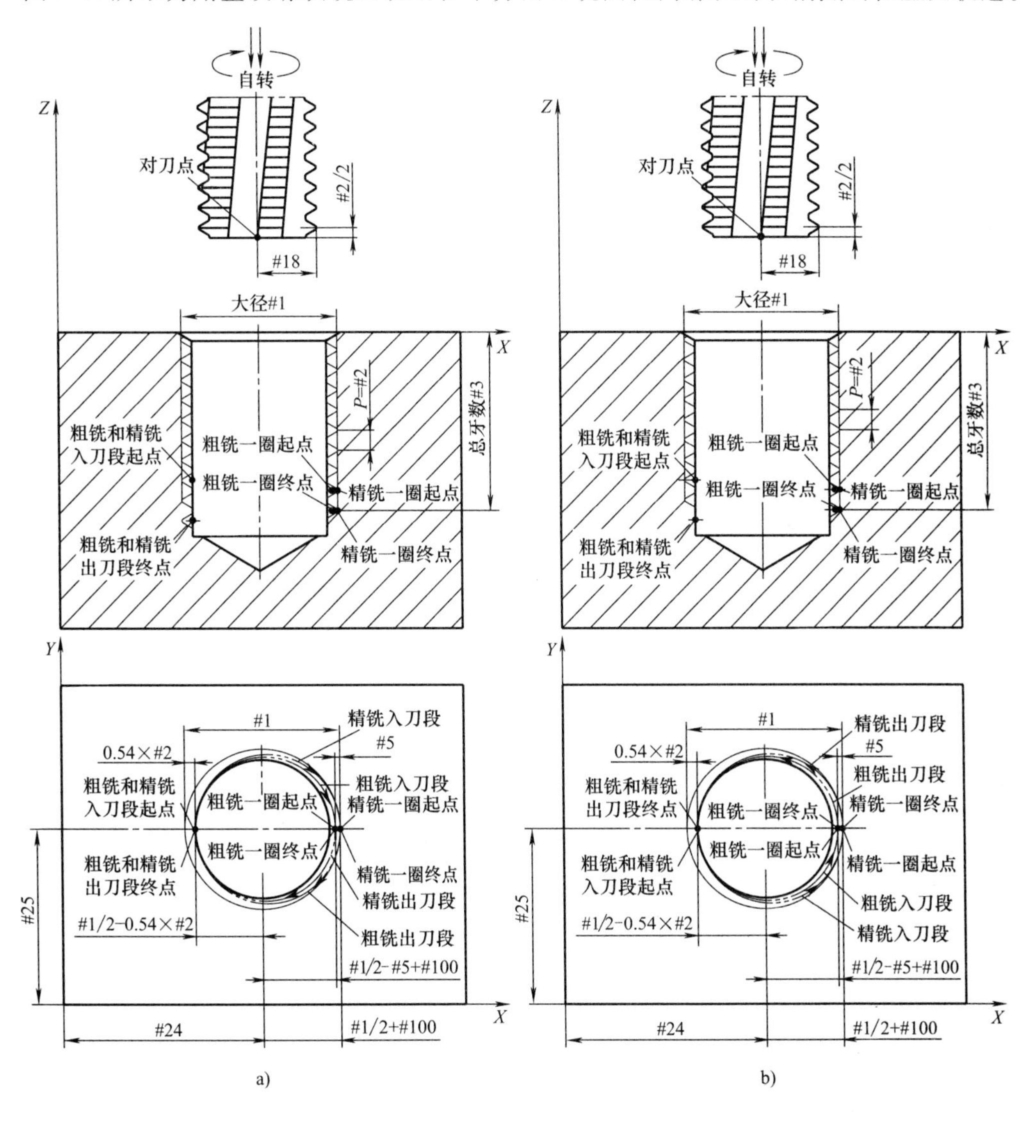

图 6-18　用整硬螺纹铣刀从上往下分两刀铣圆柱内螺纹时切削点的位置及轨迹

a）铣圆柱右旋内螺纹　b）铣圆柱左旋内螺纹

图 6-19 所示为编程用图，其上标有刀心位置及轨迹。

O610 程序是适用于发那科系统的用整硬螺纹铣刀从上往下分两刀铣成圆柱内螺纹的通用宏程序。

O610；

N01　#100 = __；　　（铣螺纹半径修正量。取正值，铣出螺纹半径加大；取负值，铣出螺纹半径减小）

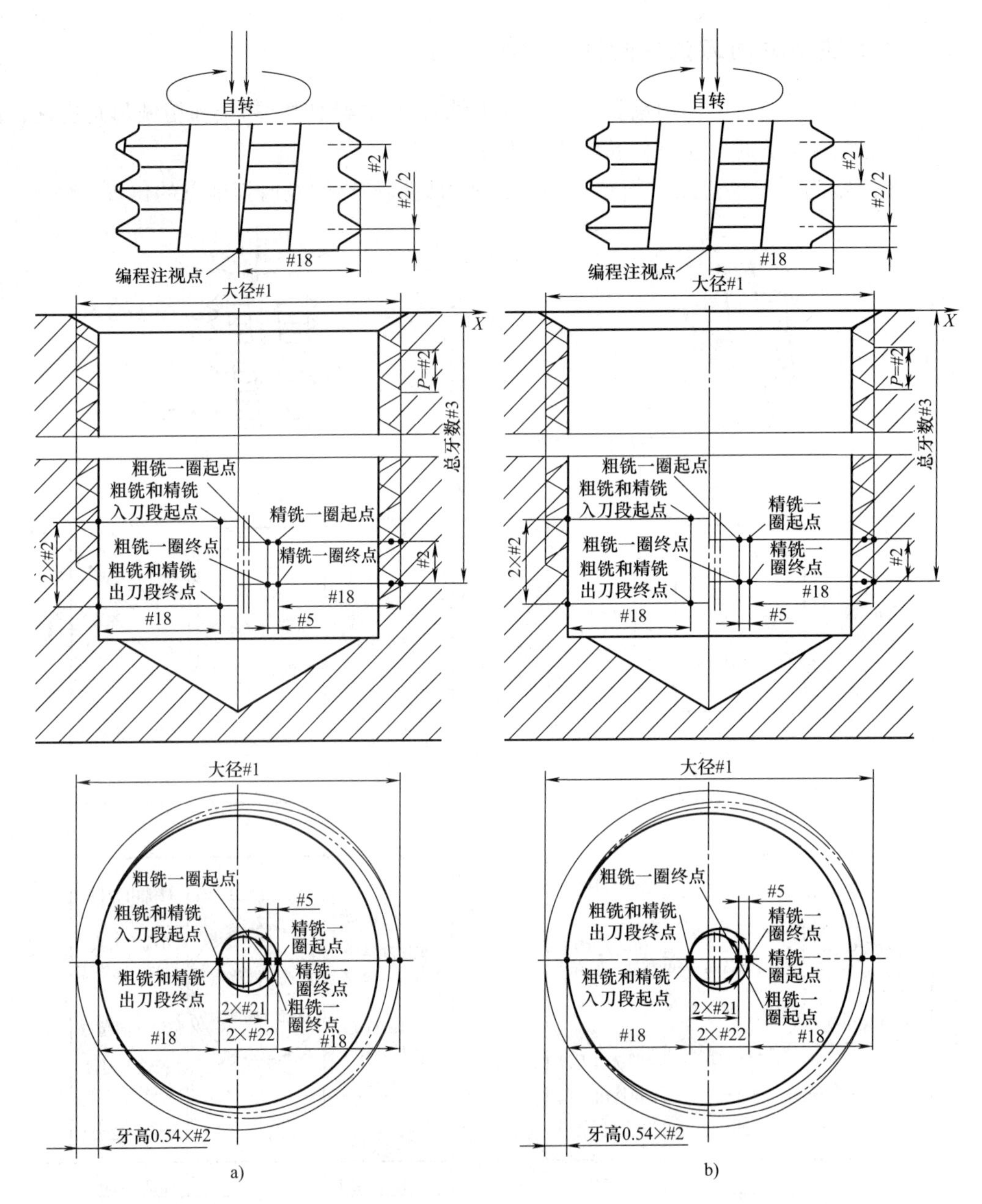

图 6-19　用整硬螺纹铣刀从上往下分两刀铣成圆柱内螺纹的编程用图

a）铣圆柱右旋内螺纹　b）铣圆柱左旋内螺纹

```
N02  #1=a;   (螺纹公称直径,即精铣目标值)
N03  #2=b;   (螺距)
N04  #3=c;   (螺纹整圈数,用它代替深度)
N05  #4=i;   (螺纹左右旋向代号,右旋取2左旋取3)
N06  #5=j;   (单向精铣量)
N07  #6=k;   (整硬螺纹铣刀上的槽条数,即刃口排数)
N08  #7=d;   (粗铣每排刃口每转进给量,选定)
```

```
N09  #8=m;        (精铣每排刃口每转进给量,选定)
N10  #11=h;       (准备点的 Z 值)
N11  #17=s1;      (粗铣主轴转速,选定)
N12  #18=r;       (铣刀刃尖回转公称半径)
N13  #19=s2;      (精铣主轴转速,选定)
N14  #20=t;       (刀具长度补偿号)
N15  #24=x;       (螺纹孔中心在工件坐标系中的 X 值)
N16  #25=y;       (螺纹孔中心在工件坐标系中的 Y 值)
N21 G54 G90 G95 G40 G00 X0 Y0;   (设定工件坐标系,用每转进给,平移到工件 XY 平面原点)
N22     S#17 M03;                (主轴按粗铣的指定转速正转)
N23 G52 X#24 Y#25;               (建立局部坐标系)
N24     X0   Y0;                 (铣刀平移到螺纹孔中心)
N25 G43 H#20   Z#11;             (激活刀具长度补偿,铣刀底面下降到准备点)
N26            Z0;               (铣刀底面下降到工件上平面)
N27   Z[-#3*#2+#2*3/2-#2/2];(铣刀底刃齿下降到粗铣入刀段起点所在平面)
N28 G01 X[-#1/2+0.54*#2+#18]F[5*#6*#7];   (铣刀底刃齿平移到粗铣入刀段起点)
N29  #21=#1/2-0.27*#2-#18-#5/2+#100/2;  (#21 代表粗铣入刀段和粗铣出刀段的半径)
N30 G#4 X[#1/2-#18-#5+#100]  Z[-#3*#2+#2-#2/2]  R#21  F[#6*#7/5];
                                                          (粗铣螺旋下降入刀)
N31  Z[-#3*#2-#2/2]I[-#1/2+#18+#5-#100]F[#6*#7];      (粗铣螺旋下降铣一整圈)
N32    X[-#1/2+0.54*#2+#18]  Z[-#3*#2-#2/2-#2/2]  R#21  F[2*#6*#7]
                                                          (粗铣螺旋下降出刀)
N33 G00 X0 Y0;                          (铣刀平移到刀中心与螺纹孔中心重合)
N34  Z[-#3*#2+#2*3/2-#2/2]  S#19;  (铣刀底刃齿上升到精铣入刀段起点所在平面)
N35 G01X[-#1/2+0.54*#2+#18]  F[5*#6*#8];  (铣刀底刃齿平移到精铣入刀段起点)
N36 #22=#1/2-0.27*#2-  18+#100/2;       (#22 代表精铣入刀段和精铣出刀段的半径)
N37 G#4 X[#1/2-#18+#100] Z[-#3*#2+#2-#2/2] R#22 F[#6*#8/5];  (精铣螺旋下降入刀)
N38 Z[-#3*  2-#2/2]I[-#1/2+#18-#100]F[#6*#8];            (精铣螺旋下降铣一整圈)
N39 X[-#1/2+0.54*#2+#18] Z[-#3*#2-#2/2-#2/2] R#22 F[2*#6*#8];(精铣螺铣下降出刀)
N40 G00 X0 Y0;              (铣刀平移到刀中心与螺纹孔中心重合)
N41 G49        Z#11;        (撤销长度补偿,铣刀底面上升到准备点)
N42 G52 X0 Y0;              (取消局部坐标系)
N43      X0   Y0      M05;(铣刀平移到工件坐标系原点之上)
N44 M30;
```

PP610. MPF 程序是适用于西门子 802D 系统的用整硬螺纹铣刀从上往下分两刀铣成圆柱内螺纹的通用宏程序。

PP610. MPF

```
N01  R100=___;          铣螺纹半径修正量,取正值,铣出的螺纹半径加大,取负值,铣出的螺纹半径减小
N02  R1=a;              螺纹公称直径,即精铣目标值
N03  R2=b;              螺距
N04  R3=c;              螺纹整圈数,用它代替深度
N05  R4=i;              螺纹左、右旋向代号,右旋取2,左旋取3
N06  R5=j;              单向精铣量
N07  R6=k;              整硬螺纹铣刀上的槽条数,即刃口排数
N08  R7=d;              粗铣每排刃口每转进给量,选定
N09  R8=m;              精铣每排刃口每转进给量,选定
N10  R11=h;             准备点的Z值
N11  R17=s1;            粗铣主轴转速,选定
N12  R18=r;             铣刀刃尖回转公称半径
N13  R19=s2;            精铣主轴转速,选定
N14  R20=t;             刀具补偿号
N15  R24=x;             螺纹孔中心在工件坐标系中的X值
N16  R25=y;             螺纹孔中心在工件坐标系中的Y值
N21 G54 G90 G95 G40 G00 X0 Y0;   设定工件坐标系,用每转进给,平移到工件XY平面原点
N22  T1  D=R20  S=R17 M03;       指令刀具半径补偿和长度补偿号,主轴按粗铣的指定转速正转
N23 TRANS  X=R24 Y=R25;          零点偏移
N24     X0  Y0;                  铣刀平移到螺纹孔中心
N25     Z=R11;                   铣刀底面下降到准备点
N26     Z0;                      铣刀底面下降到工件上平面
N27     Z=-R3*R2+R2*3/2-R2/2;            铣刀底刃齿下降到粗铣入刀段起点所在平面
N28 G01 X=-R1/2+0.54*R2+R18  F=5*R6*7;   铣刀底刃齿平移到粗铣入刀段起点
N29  R21=R1/2-0.27*R2-R18-R5/2+R100/2;  R21代表粗铣入刀段和粗铣出刀段的半径
N30 G=R4 X=R1/2-R18-R5+#100 Z=-R3*R2+R2-R2/2 CR=R21 F=R6*R7/5;  下降螺旋入刀
N31 Z=-R3*R2-R2/2  I=-R1/2+R18+R5-R100  F=R6*R7;     下降螺旋铣一整圈
N32 X=-R1/2+0.54*R2+R18 Z=-R3*R2-R2/2-R2/2 CR=R21 F=2*R6*R7;  下降螺旋出刀
N33 G00 X0  Y0;                          铣刀平移到刀中心与螺纹孔中心重合
N34  Z=-R3*R2+R2*3/2-R2/2  S=R19;        铣刀底刃齿上升到精铣入刀段起点所在平面
N35 G01 X=-R1/2+0.54*R2+R18  F=5*R6*R8;  铣刀底刃齿平移到精铣入刀段起点
N36  R22=R1/2-0.27*R2-R18+R100/2;        R22代表精铣入刀段和精铣出刀段的半径
N37 G=R4  X=R1/2-R18+R100  Z=-R3*R2+R2-R2/2  CR=R22  F=R6*R8/5;
                                                              精铣螺旋下降入刀
N38  Z=-R3*R2-R2/2  I=-R1/2+R18-R100 F=R6*R8;         精铣螺旋下降铣一整圈
N39     X=-R1/2+0.54*R2+R18  Z=-R3*R2-R2/2-R2/2  CR=R22  F=2*R6*R8;
                                                              精铣螺铣下降出刀
```

```
N40 G00 X0 Y0;                    铣刀平移到刀中心与螺纹孔中心重合
N41  TRANS;                       零点偏移注销
N42          Z=R11;               铣刀上升到准备点
N43   X0  Y0         M05;         铣刀平移到工件坐标原点之上
N44 M02
```

O610 和 PP610. MPF 两个程序中的变量#100 和 R100 是用来调节铣出螺纹直径大小的变量，在试铣前可预设为 0。除此之外的 15 个变量/参数需要用户根据具体尺寸和所选的工艺参数对其进行赋值。

如果用 O610 程序从上往下分两刀铣例 2 的 M16×2 粗牙螺纹，所用的铣刀和工艺参数都不变，并且将赋值后的程序名命名为 O6100，那么 O6100 程序前 16 段的内容与 O6090 前 16 段的内容是一样的，这里不再重复列出。

用 O6100 程序铣例 2 的 M16×2 圆柱内螺纹的仿真轨迹的形状和大小与用 O6090 程序的仿真轨迹的形状和大小是一样的，其 *XYZ* 视图与图 6-17 中的图形是一样的，只是箭头向下。图 6-20 所示为执行 O6100 程序的仿真轨迹放大（*XZ* 平面内）。

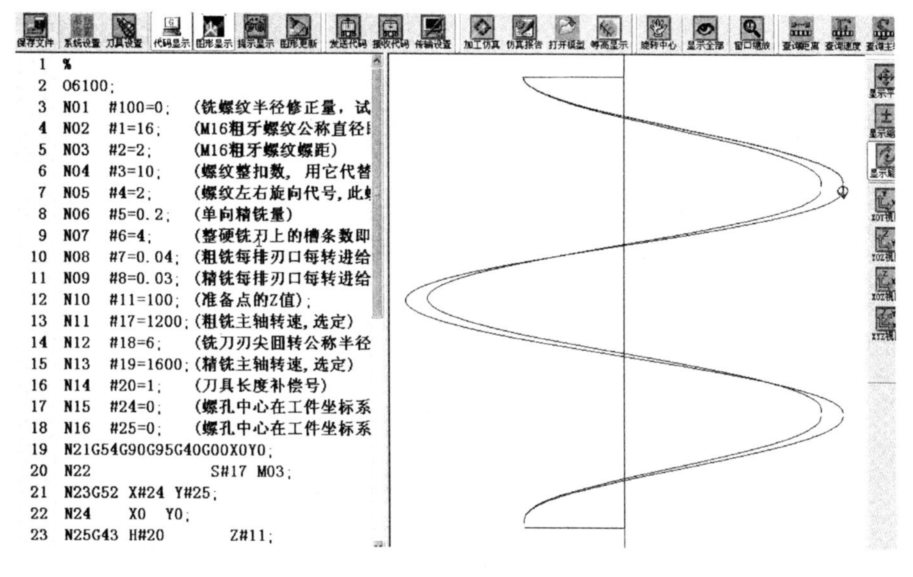

图 6-20　用 O6100 程序铣 M16×2 的仿真轨迹放大（*XZ* 平面内）

从图 6-20 可以看到，轨迹上的箭头是向下的。顺便说一下，执行前面的 O6090 程序的仿真轨迹的 *XZ* 平面内的投影也是这样的，只是轨迹上的箭头是向上的。

6.7　异向分多刀铣成圆柱内螺纹

用整硬螺纹铣刀铣成圆柱内螺纹最多分三刀（铣成）。异向分两刀一般粗铣用顺铣，精铣用逆铣。异向分三刀一般粗铣两刀都用顺铣，精铣一刀用逆铣。

图 6-21 所示为用整硬螺纹铣刀分两刀铣成圆柱内螺纹的切削点位置及轨迹。图 6-22 所

示为编程用图，图上标有刀心位置及轨迹。

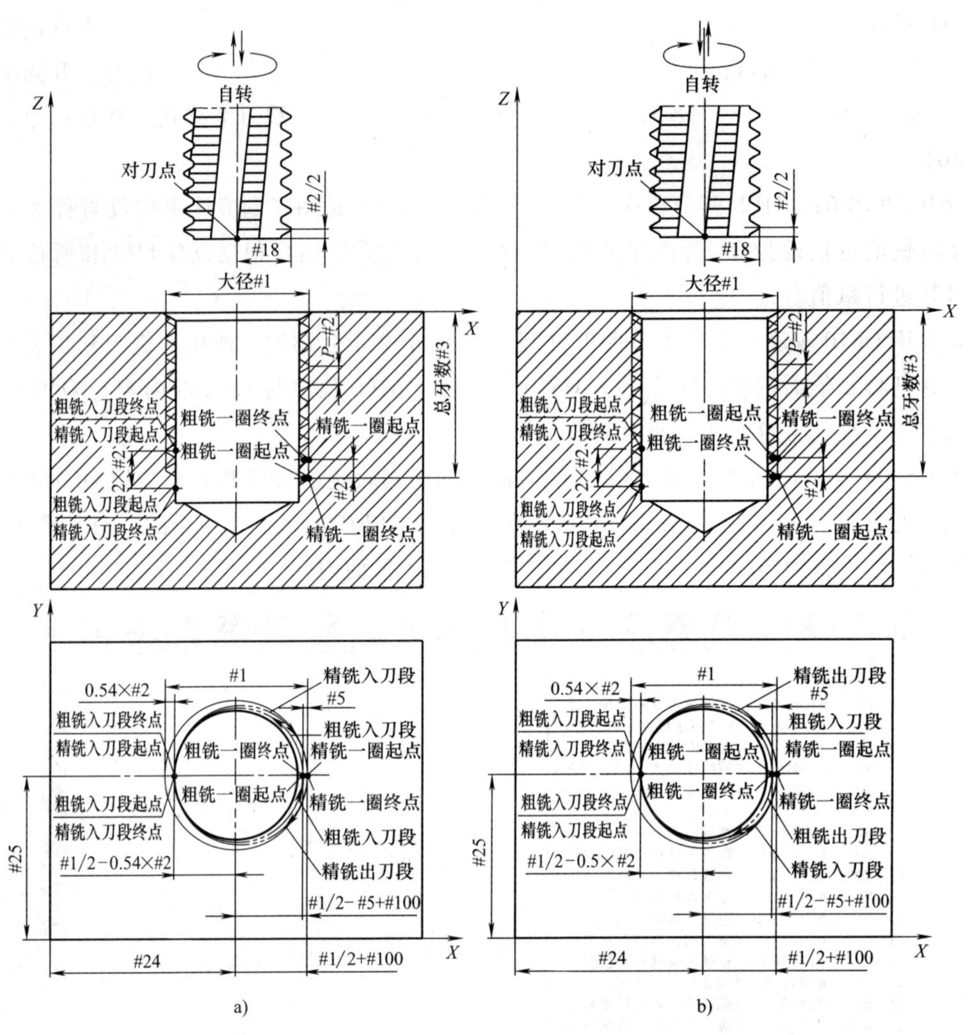

图 6-21　用整硬螺纹铣刀分两刀铣成圆柱内螺纹的切削点位置及轨迹

a）铣圆柱右旋内螺纹　b）铣圆柱左旋内螺纹

6.7.1　异向分两刀铣成右旋圆柱内螺纹

前面一刀为粗铣，后面一刀为精铣。这里粗铣用顺铣，精铣用逆铣，是最常用的方法（见图 6-22）。铣右旋螺纹时，从下往上粗铣，从上往下精铣，如图 6-22a所示。

O611 程序是适用于发那科系统的用整硬螺纹铣刀分粗铣（顺铣）、精铣（逆铣）两刀铣成右旋圆柱内螺纹的通用宏程序。

O611；

N01　#100 = __；　　（铣螺纹半径修正量。取正值，铣出的螺纹半径加大；取负值，铣出的螺纹半径减小）

N02　#1 = a；　　（螺纹公称直径，即精铣目标值）

N03　#2 = b；　　（螺距）

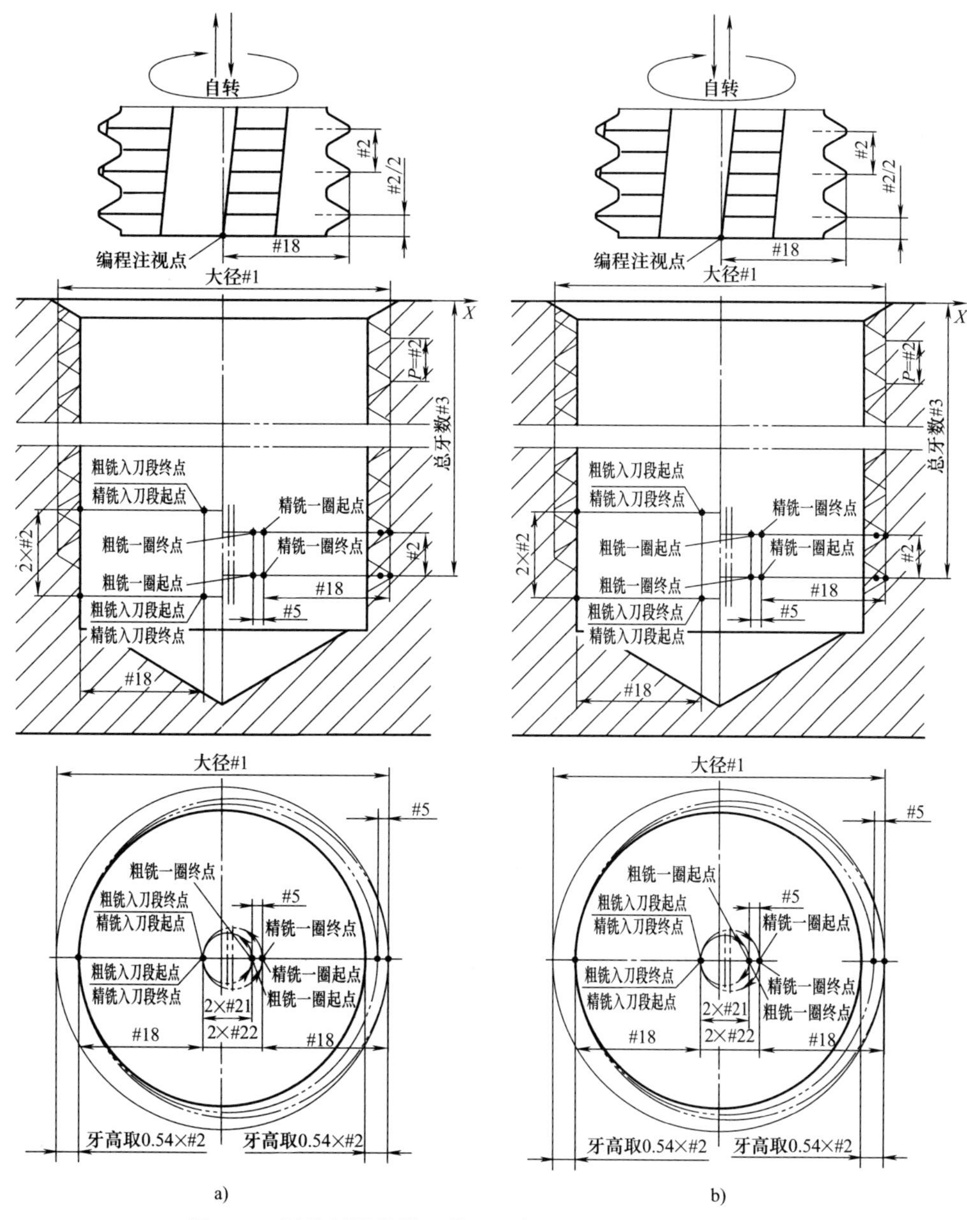

图 6-22　用整硬螺纹铣刀分两刀铣成圆柱内螺纹的编程用图

a）铣圆柱右旋内螺纹　b）铣圆柱左旋内螺纹

```
N04   #3 = c          (螺纹整圈数,用它代替深度)
N05   #5 = j;         (单向精铣量)
N06   #6 = k;         (整硬螺纹铣刀上的槽条数,即刃口排数)
N07   #7 = d;         (粗铣每排刃口每转进给量,选定)
N08   #8 = m;         (精铣每排刃口每转进给量,选定)
N09   #11 = h;        (准备点的 Z 值)
N10   #17 = s1;       (粗铣主轴转速,选定)
N11   #18 = r;        (铣刀刃尖回转公称半径)
```

```
N12  #19=s2;                (精铣主轴转速,选定)
N13  #20=t;                 (刀具长度补偿号)
N14  #24=x;                 (螺纹孔中心在工件坐标系中的X值)
N15  #25=y;                 (螺纹孔中心在工件坐标系中的Y值)
N21 G54 G90 G95 G40 G00 X0 Y0;       (设定工件坐标系,用每转进给,平移到工件XY平面原点)
N22     S#17 M03;                    (主轴按粗铣的指定转速正转)
N23 G52 X#24 Y#25;                   (建立局部坐标系)
N24     X0  Y0;                      (铣刀平移到螺纹孔中心)
N25 G43 H#20     Z#11;               (激活刀具长度补偿,铣刀底面下降到准备点)
N26              Z0;                 (铣刀底面下降到工件上平面)
N27  Z[-#3*#2-#2/2-#2/2];            (铣刀底刃齿下降到粗铣入刀段起点所在平面)
N28 G01 X[-#1/2+0.54*#2+#18]     F[5*#6*#7];(铣刀底刃齿平移到粗铣入刀段起点)
N29 #21=#1/2-0.27*#2-#18-#5/2+#100/2;      (#21代表粗铣入刀段和出刀段的半径)
N30 G03  X[#1/2-#18-#5+#100]  Z[-#3*#2-#2/2]  R#21  F[#6*#7/5];
                                                        (粗铣螺旋上升入刀)
N31  Z[-#3*#2+#2-#2/2] I[-#1/2+#18+#5-#100]  F[#6*#7];
                                                        (粗铣螺旋上升铣一整圈)
N32    X[-#1/2+0.54*#2+#18]  Z[-#3*#2+#2*3/2-#2/2]  R#21  F[2*#6*#7];
                                                        (粗铣螺旋上升出刀)
N33 G00 X0 Y0       S#19;(铣刀平移到刀中心与螺纹孔中心重合,主轴按精铣的指定转速)
N35 G01 X[-#1/2+0.54*#2+#18]     F[5*#6*#8];(铣刀平移到底刃齿精铣入刀段起点)
N36  #22=#1/2-0.27*#2-#18+#100/2;          (#22代表精铣入刀段和出刀段的半径)
N37 G02  X[#1/2-#18+#100]        Z[-#3*#2+#2-#2/2]  R#22  F[#6*#8/5];
                                                        (精铣螺旋下降入刀)
N38  Z[-#3*#2-#2/2] I[-#1/2+#18-#100] F[#6*#8];        (精铣螺旋下降铣一整圈)
N39    X[-#1/2+0.54*#2+#18] Z[-#3*#2-#2/2-#2/2] R#22    F[#6*#/8*2];
                                                        (精铣螺铣下降出刀)
N40 G00 X0 Y0;              (铣刀平移到刀中心与螺纹孔中心重合)
N41 G49         Z#11;       (撤销长度补偿,铣刀底面上升到准备点)
N42 G52 X0 Y0;              (取消局部坐标系)
N43     X0 Y0       M05;(铣刀平移到工件坐标系原点之上)
N44 M30;
```

PP611.MPF 程序是适用于西门子 802D 系统的用整硬螺纹铣刀分两刀铣成右旋圆柱内螺纹的通用宏程序。

```
PP611.MPF
N01  R100=___;          铣螺纹半径修正量。取正值,铣出的螺纹半径加大;取负值,铣
                        出的螺纹半径减小
N02  R1=a;              螺纹公称直径,即精铣目标值
```

```
N03   R2=b;                        螺距
N04   R3=c;                        螺纹整圈数,用它代替深度
N05   R5=j;                        单向精铣量
N06   R6=k;                        整硬螺纹铣刀上的槽条数,即刃口排数
N07   R7=d;                        粗铣每排刃口每转进给量,选定
N08   R8=m;                        精铣每排刃口每转进给量,选定
N09   R11=h;                       准备点的 Z 值
N10   R17=s1;                      粗铣主轴转速,选定
N11   R18=r;                       铣刀刃尖回转公称半径
N12   R19=s2;                      精铣主轴转速,选定
N13   R20=t;                       刀具补偿号
N14   R24=x;                       螺纹孔中心在工件坐标系中的 X 值
N15   R25=y;                       螺纹孔中心在工件坐标系中的 Y 值
N21 G54 G90 G95 G40 G00 X0 Y0;                设定工件坐标系,用每转进给,平移到工件 XY 平
                                              面原点
N22   T1   D=R20   S=R19 M03;                 指令刀具半径补偿和长度补偿号,主轴按粗铣的
                                              指定转速正转
N23 TRANS   X=R24 Y=R25;                      零点偏移
N24      X0   Y0;                             铣刀平移到螺纹孔中心
N25               Z=R11;                      铣刀底面下降到准备点
N26               Z0;                         铣刀底面下降到工件上平面
N27         Z=-R3*R2-R2/2-R2/2;                  铣刀底刃齿下降到粗铣入刀段起点所在平面
N28 G01 X=-R1/2+0.54*R2+R18   F=5*R6*R7;                  铣刀平移到粗铣入刀段起点
N29 R21=R1/2-0.27*R2-R18-R5/2+R100/2;             R21 代表粗铣入刀段和出刀段的半径
N30 G03   X=R1/2-R18-R5+R100      Z=-R3*R2-R2/2   CR=R21   F=R6*R7/5;
                                                                  粗铣螺旋上升入刀
N31 Z=-R3*R2+R2-R2/2 I=-R1/2+R18+R5-R100 F=R6*R7;     粗铣螺旋上升铣一整圈
N32      X=-R1/2+0.54*R2+R18   Z=-R3*R2+R2*3/2-R2/2   CR=R21   F=2*R6*R7;
                                                                  粗铣螺旋上升出刀
N33 G00 X0   Y0      S=R19; 铣刀平移到刀中心与螺纹孔中心重合,主轴按精铣的指定转速
N35 G01   X=-R1/2+0.54*R2+R18      F=5*R6*R8; 铣刀底刃齿平移到精铣入刀段起点
N36   R22=R1/2-0.27*R2-R18+R100/2;                R22 代表精铣入刀段和出刀段的半径
N37 G02 X=R1/2-R18+R100 Z=-R3*R2+R2-R2/2 CR=R22 F=R6*R8/5;  精铣螺旋下降入刀
N38 Z=-R3*R2-R2/2   I=-R1/2+R18-R100   F=R6*R8;          精铣螺旋下降铣一整圈
N39   X=-R1/2+0.54*R2+R18   Z=-R3*R2-R2/2-R2/2   CR=R22   F=2*R6*R8;
                                                                  精铣螺铣下降出刀
N40 G00   X0   Y0;             铣刀平移到刀中心与螺纹孔中心重合
N41                    Z=R11; 铣刀底面上升到准备点
```

```
N42 TRANS;                  零点偏移注销
N43       X0  Y0  M05;      铣刀平移到工件坐标系原点之上
N44 M02
```

O611 和 PP611. MPF 两个程序中的变量#100 和 R100 是用来调节铣出螺纹直径大小的变量，在试铣前可预设为 0。除此之外的 14 个变量/参数需要用户根据具体的尺寸和所选的工艺参数对其进行赋值。

如果用 O611 程序来铣例 2 的 M16×2 粗牙螺纹，所用的铣刀和工艺参数都不变，并且将赋值后的程序名命名为 O6110，得到 O6110 程序前 15 段的内容为：

```
O6110;
N01  #100=0;        (铣螺纹半径修正量,试切前初始设为 0)
N02  #1=16;         (M16 粗牙螺纹公称直径,即精铣目标值)
N03  #2=2;          (M16 粗牙螺纹螺距)
N04  #3=10;         (螺纹整圈数,用它代替深度)
N05  #5=0.2;        (单向精铣量)
N06  #6=4;          (整硬铣刀上的槽条数,即刃口排数)
N07  #7=0.04;       (粗铣每排刃口每转进给量,选定)
N08  #8=0.03;       (精铣每排刃口每转进给量,选定)
N09  #11=100;       (准备点的 Z 值)
N10  #17=1200;      (粗铣主轴转速,选定)
N11  #18=6;         (铣刀刃尖回转公称半径)
N12  #19=1600;      (精铣主轴转速,选定)
N13  #20=1;         (刀具长度补偿号)
N14  #24=0;         (螺纹孔中心在工件坐标系中的 X 值)
N15  #25=0;         (螺纹孔中心在工件坐标系中的 Y 值)
```

图 6-23 所示为执行 O6110 程序后的仿真轨迹放大（*XYZ* 视图）。用刀心轨迹编程，轨迹的径向值就会很小，因此需要对轨迹做放大处理。图 6-23 中，外圈是精铣轨迹，其上的箭头是向下的（这是执行 N38 段时的箭头）。内圈是粗铣轨迹，其上的箭头是向上的（执行 N31 段时）。由于仿真时不能同时出两个箭头，所以此图内圈上的箭头没有显示出来。

6.7.2 异向分两刀铣成左旋圆柱内螺纹

异向分两刀铣成左旋圆柱内螺纹时，粗铣用顺铣，精铣用逆铣，并且是从上往下粗铣，从下往上精铣，如图 6-22b 所示。

O612 程序是适用于发那科系统的用整硬螺纹铣刀分两刀铣成左旋圆柱内螺纹的通用宏程序。

```
O612;
N01  #100=__;       (铣螺纹半径修正量。取正值,铣出的螺纹半径加大;取负值,铣出的
                    螺纹半径减小)
N02  #1=a;          (左旋螺纹公称直径,即精铣目标值)
N03  #2=b;          (左旋螺距)
N04  #3=c;          (螺纹整圈数,用它代替深度)
```

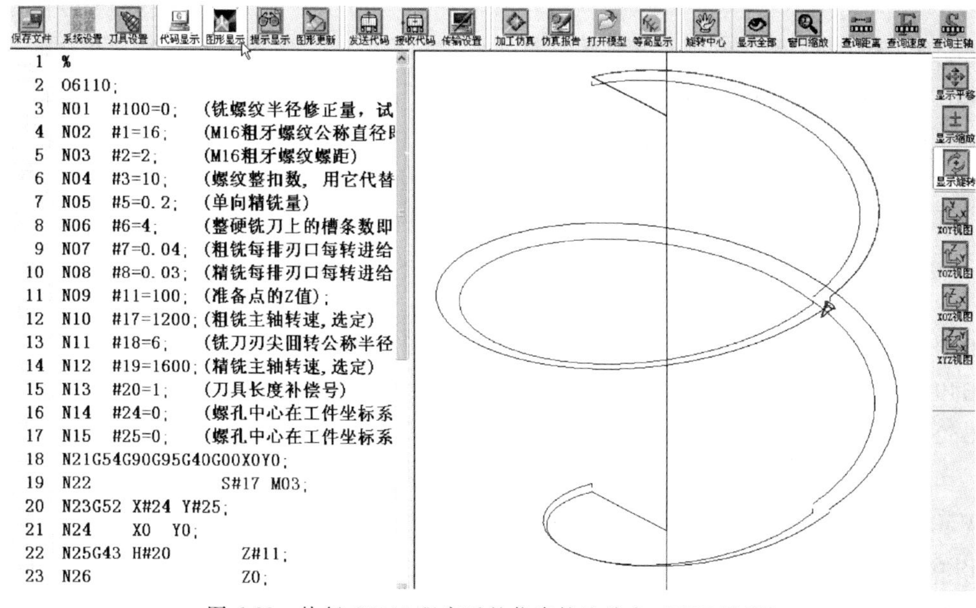

图 6-23　执行 O6110 程序后的仿真轨迹放大（*XYZ* 视图）

N05　#5 = j;　　　　（单向精铣量）
N06　#6 = k;　　　　（整硬螺纹铣刀上的槽条数，即刃口排数）
N07　#7 = d;　　　　（粗铣每排刃口每转进给量，选定）
N08　#8 = m;　　　　（精铣每排刃口每转进给量，选定）
N09　#11 = h;　　　　（准备点的 *Z* 值）
N10　#17 = s1;　　　　（粗铣主轴转速，选定）
N11　#18 = r;　　　　（铣刀刃尖回转公称半径）
N12　#19 = s2;　　　　（精铣主轴转速，选定）
N13　#20 = t;　　　　（刀具长度补偿号）
N14　#24 = x;　　　　（螺纹孔中心在工件坐标系中的 *X* 值）
N15　#25 = y;　　　　（螺纹孔中心在工件坐标系中的 *Y* 值）
N21 G54 G90 G95 G40 G00 X0 Y0;　（设定工件坐标系，用每转进给，平移到工件 *XY* 平面原点）
N22　　S#17 M03;　　　　（主轴按粗铣的指定转速正转）
N23 G52 X#24 Y#25;　　　　（建立局部坐标系）
N24　X0　Y0;　　　　（铣刀平移到螺纹孔中心）
N25 G43 H#20　　Z#11;　　　　（激活刀具长度补偿，铣刀底面下降到准备点）
N26　　Z0;　　　　（铣刀底面下降到工件上平面）
N27　Z[-#3 * #2+#2 * 3/2-#2/2];　　　　（铣刀底刃齿下降到粗铣入刀段起点所在平面）
N28 G01 X[-#1/2+0.54 * #2+#18]　F[5 * #6 * #7];　（铣刀底刃齿平移到粗铣入刀段起点）
N29 #21 = #1/2-0.27 * #2-#18-#5/2+#100/2;　　（#21 代表粗铣入刀段和出刀段的半径）
N30 G03 X[#1/2-#18-#5+#100] Z[-#3 * #2+#2-#2/2] R#21　F[#6 * #7/5];　　（粗铣螺旋下降入刀）
N31　Z[-#3 * #2-#2/2]　I[-#1/2+#18+#5-#100]　F[#6 * #7];（粗铣螺旋下降铣一整圈）

```
N32  X[-#1/2+0.54*#2+#18]  Z[-#3*#2-#2/2-#2/2]  R#21  F[2*#6*#7];
                                                    (粗铣螺旋下降出刀)
N33 G00 X0 Y0  S#19;(铣刀平移到刀中心与螺纹孔中心重合,主轴按精铣的指定转速转动)
N35 G01 X[-#1/2+0.54*#2+#18]    F[5*#6*#8];(铣刀平移到底刃齿精铣入刀段起点)
N36  #22=#1/2-0.27*#2-#18+#100/2;          (#22 代表精铣入刀段和出刀段的半径)
N37 G02  X[#1/2-#18+#100]  Z[-#3*#2-#2/2]  R#22  F[#6*#8/5];  (精铣螺旋上升入刀)
N38  Z[-#3*#2+#2-#2/2]  I[-#1/2+#18-#100] F[#6*#8];  (精铣螺旋上升铣一整圈)
N39  X[-#1/2+0.54*#2+#18]  Z[-#3*#2+#2*3/2-#2/2]  R#22  F[#6*#8*2];
                                                    (精铣螺铣上升出刀)
N40 G00 X0 Y0;          (铣刀平移到刀中心与螺纹孔中心重合)
N41 G49        Z#11;    (撤销长度补偿,铣刀底面上升到准备点)
N42 G52 X0  Y0;         (取消局部坐标系)
N43    X0  Y0  M05;     (铣刀平移到工件坐标系原点之上)
N44 M30;
```

PP612. MPF 程序是适用于西门子 802D 系统的用整体硬质合金螺纹铣刀分两刀铣成左旋圆柱内螺纹的通用宏程序。

```
PP612. MPF
N01  R100=__;   铣螺纹半径修正量。取正值,铣出的螺纹半径加大;取负值,铣出的螺纹半径减小
N02  R1=a;      左旋螺纹公称直径,即精铣目标值
N03  R2=b;      左旋螺纹螺距
N04  R3=c;      螺纹整圈数,用它代替深度
N05  R5=j;      单向精铣量
N06  R6=k;      整体硬质合金螺纹铣刀上的槽条数,即刃口排数
N07  R7=d;      粗铣每排刃口每转进给量,选定
N08  R8=m;      精铣每排刃口每转进给量,选定
N09  R11=h;     准备点的 Z 值
N10  R17=s1;    粗铣主轴转速,选定
N11  R18=r;     铣刀刃尖回转公称直径
N12  R19=s2;    精铣主轴转速,选定
N13  R20=t;     刀具补偿号
N14  R24=x;     螺纹孔中心在工件坐标系中的 X 值
N15  R25=y;     螺纹孔中心在工件坐标系中的 Y 值
N21 G54 G90 G95 G40 G00 X0 Y0;  设定工件坐标系,用每转进给,平移到工件 XY 平面原点
N22 T1  D=R20  S=R17 M03;指令刀具半径补偿和长度补偿号,主轴按粗铣的指定转速正转
N23  TRANS  X=R24 Y=R25;        零点偏移
N24    X0  Y0;                  铣刀平移到螺纹孔中心
N25    Z=R11;                   铣刀底面下降到准备点
N26    Z0;                      铣刀底面下降到工件上平面
```

```
N27      Z=-R3*R2+R2*3/2-R2/2;            铣刀底刃齿下降到粗铣入刀段起点所在平面
N28 G01 X=-R1/2+0.54*R2+R18    F=5*R6*7;  铣刀底刃齿平移到粗铣入刀段起点
N29  R21=R1/2-0.27*R2-R18-R5/2+R100/2;    R21 代表粗铣入刀段和出刀段的半径
N30 G03  X=R1/2-R18-R5+#100  Z=-R3*R2-R2/2  CR=R21  F=R6*R7/5;
                                                                  螺旋下降入刀
N31      Z=-R3*R2+R2-R2/2  I=-R1/2+R18+R5-R100 F=R6*R7;  螺旋下降铣一整圈
N32     X=-R1/2+0.54*R2+R18  Z=-R3*R2+R2*3/2 -R2/2  CR=R21  F=2*R6*R7;
                                                                  螺旋下降出刀
N33 G00 X0  Y0  S=R19;                     铣刀平移到刀中心与螺纹孔中心重合
N35 G01 X=-R1/2+0.54*R2+R18  F=5*R6*R8;   铣刀底刃齿平移到精铣入刀段起点
N36  R22=R1/2-0.27*R2-R18+R100/2;         R22 代表精铣入刀段和出刀段的半径
N37 G02  X=R1/2-R18+R100  Z=-R3*R2+R2-R2/2  CR=R22  F=R6*R8/5;
                                                                  精铣螺旋上升入刀
N38  Z=-R3*R2-R2/2  I=-R1/2+R18-R100  F=R6*R8;      精铣螺旋上升铣一整圈
N39  X=-R1/2+0.54*R2+R18  Z=-R3*R2-R2/2-R2/2  CR=R22  F=2*R6*R8;
                                                                  精铣螺铣上升出刀
N40 G00 X0  Y0;              铣刀平移到刀中心与螺纹孔中心重合
N41              Z=R11;      铣刀上升到准备点
N42 TRANS;                   零点偏移注销
N43     X0  Y0         M05铣刀平移到工件坐标系原点之上
N44 M02
```

O612 和 PP612. MPF 两个程序中的变量#100 和 R100 是用来调节铣出螺纹直径大小的变量，在试铣前可预设为 0。除此之外的 14 个变量/参数需要用户根据具体的尺寸和所选的工艺参数对其进行赋值。

若例 2 的 M16×2 粗牙螺纹改成左旋，还是用前面铣右旋螺纹的铣刀，所用的工艺参数不变，使用 O612 程序来铣。按此处具体情况给 O612 程序中的 14 个变量赋值，并将赋值后的程序名命名为 O6120，得到该程序的前 15 段为：

```
O6120;
N01  #100=0;       (铣螺纹半径修正量,试切前初始设为 0)
N02  #1=16;        (M16×2-LH 螺纹公称直径,即精铣目标值)
N03  #2=2;         (M16×2-LH 螺纹螺距)
N04  #3=10;        (螺纹整圈数,用它代替深度)
N05  #5=0.2;       (单向精铣量)
N06  #6=4;         (整硬螺纹铣刀上的槽条数,即刃口排数)
N07  #7=0.04;      (粗铣每排刃口每转进给量,选定)
N08  #8=0.03;      (精铣每排刃口每转进给量,选定)
N09  #11=100;      (准备点的 Z 值)
```

N10　#17 = 1200;　　　　(精铣主轴转速,选定)
N11　#18 = 6;　　　　　(铣刀刃尖回转公称半径)
N12　#19 = 1600;　　　　(粗铣主轴转速,选定)
N13　#20 = 1;　　　　　(刀具长度补偿号)
N14　#24 = 0;　　　　　(螺纹孔中心在工件坐标系中的 *X* 值)
N15　#25 = 0;　　　　　(螺纹孔中心在工件坐标系中的 *Y* 值)

图 6-24 所示为铣 M16×2-LH 内螺纹时，执行 O6120 程序后的仿真轨迹（*XOZ* 视图）。此轨迹也是放大的。

图中外圈是精铣轨迹，其上的箭头（执行 N31 段时）是向下的。由于仿真时不能同时显示两个箭头，所以此图内圈上的箭头没有显示出来。

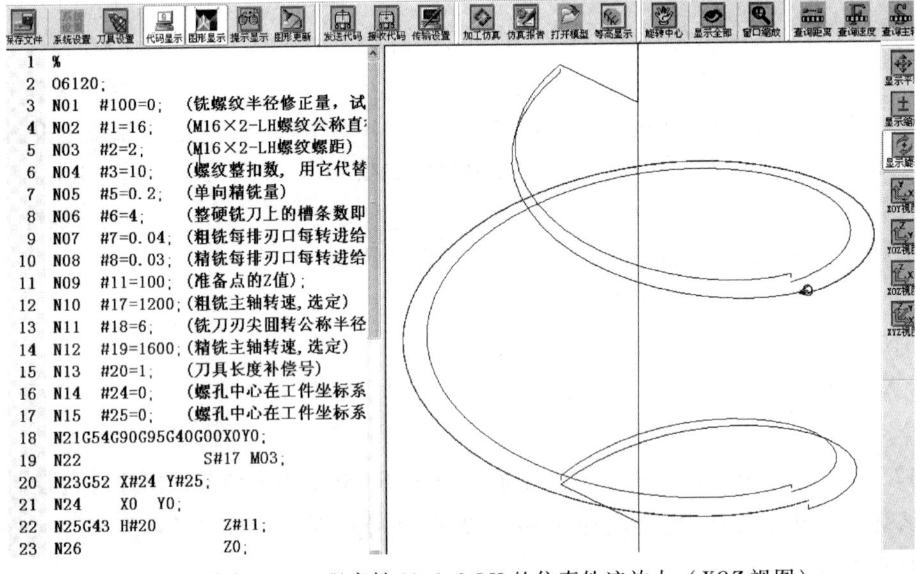

图 6-24　执行 O6120 程序铣 M16×2-LH 的仿真轨迹放大（*XOZ* 视图）

6.7.3　异向分三刀铣成右旋圆柱内螺纹

把第一刀称为粗铣首刀，第二刀称为粗铣末刀，第三刀称为精铣。异向分三刀铣右旋圆柱内螺纹时，两刀粗铣都用顺铣，精铣用逆铣，并且粗铣两刀都是从下往上铣，精铣一刀是从上往下铣。

图 6-25a 所示为粗铣两刀、精铣一刀右旋圆柱内螺纹时切削点的位置及轨迹，图 6-26a 所示为编程用图。

O613 程序是适用于发那科系统的用整硬螺纹铣刀分三刀铣成右旋圆柱内螺纹的通用宏程序。

O613;
N01　#100 = __;　　　　(铣螺纹半径修正量。取正值,铣出的螺纹半径加大;取负值,铣出的螺纹半径减小)
N02　#1 = a;　　　　　(螺纹公称直径,即精铣目标值)

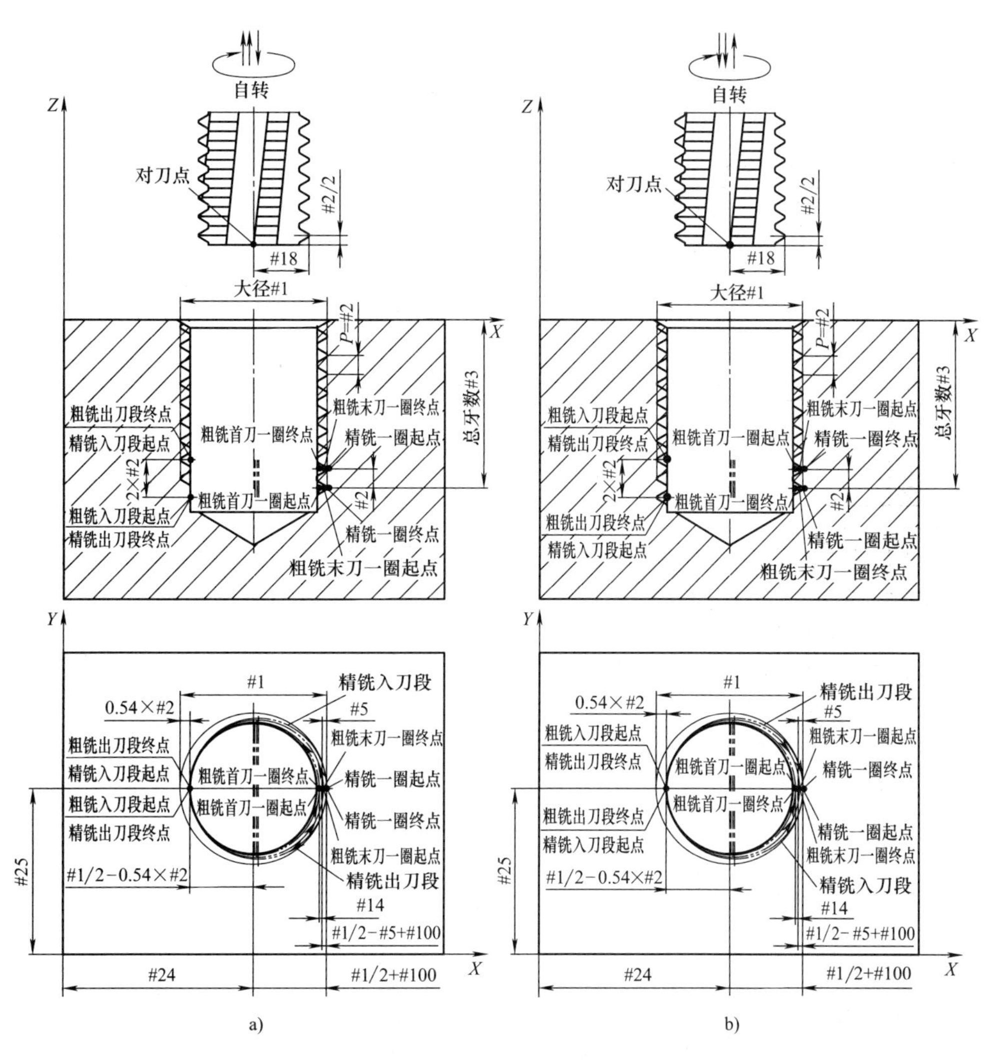

图 6-25　用整体硬质合金铣刀分三刀铣圆柱内螺纹的切削点位置及轨迹

a）铣右旋内螺纹　b）铣左旋内螺纹

```
N03  #2=b;         （螺距）
N04  #3=c;         （螺纹整圈数,用它代替深度）
N05  #5=j;         （单向精铣量）
N06  #6=k;         （整体硬质合金螺纹铣刀上的槽条数,即刃口排数）
N07  #7=d;         （粗铣每排刃口每转进给量,选定）
N08  #8=m;         （精铣每排刃口每转进给量,选定）
N09  #11=h;        （准备点的 Z 值）
N10  #17=s1;       （粗铣主轴转速,选定）
N11  #18=r;        （铣刀刃尖回转公称半径）
N12  #19=s2;       （精铣主轴转速,选定）
N13  #20=t;        （刀具长度补偿号）
N14  #24=x;        （螺纹孔中心在工件坐标系中的 X 值）
```

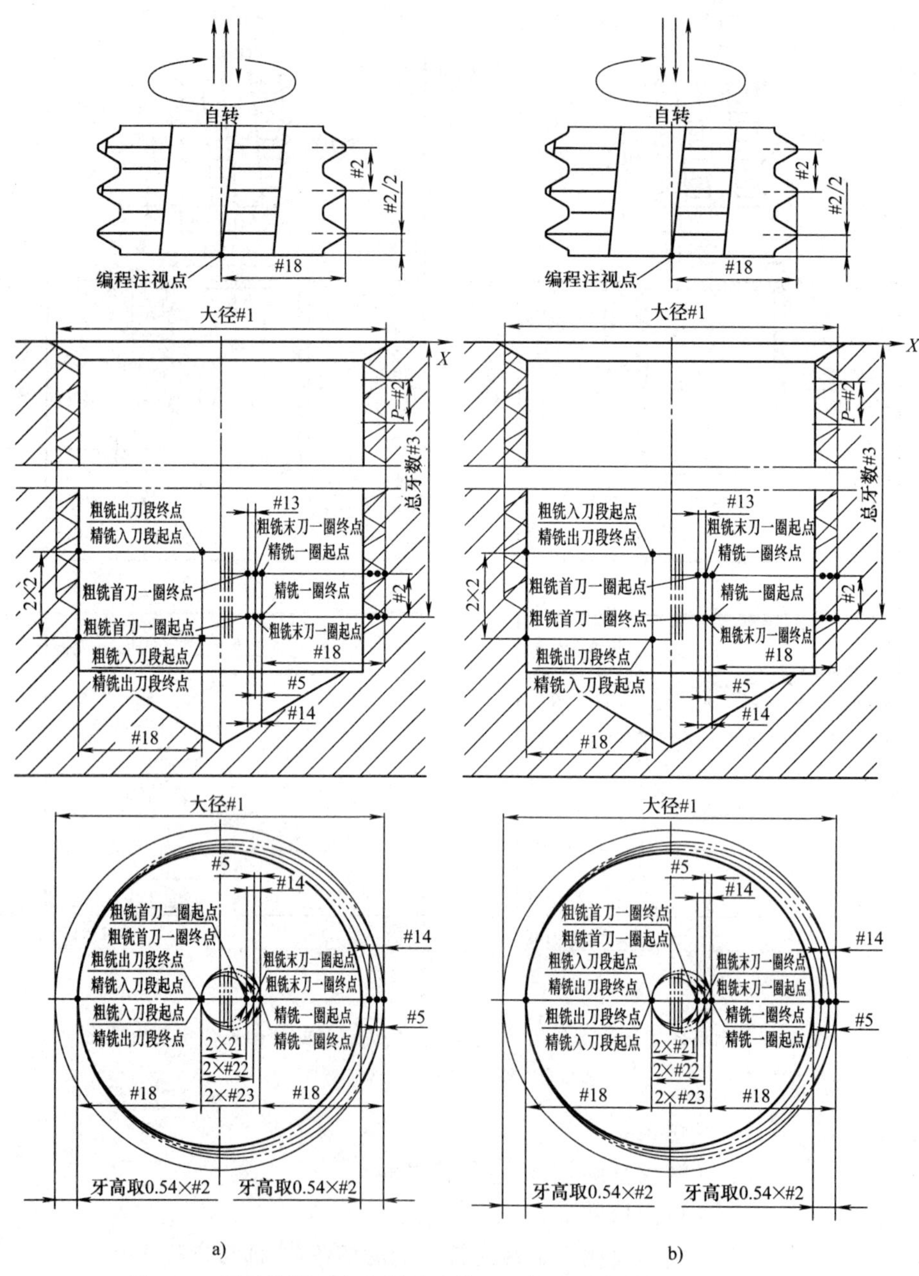

图 6-26　用整体硬质合金螺铣刀分三刀铣成圆柱内螺纹的编程用图

a）铣圆柱右旋内螺纹　b）铣圆柱左旋内螺纹

N15　#25 = y;　　　　　　（螺纹孔中心在工件坐标系中的 Y 值）

N21　#13 = [0.54 * #2 - #5] / SQRT[2];（#13 代表等截面积分配粗铣首刀的铣削深度，图中未标出）

N22　#14 = #13 * [SQRT[2] - 1] + #5;　（#14 代表等截面积分配粗铣末刀的铣削深度加单向精铣量）

N23　G54 G90 G95 G40 G00 X0 Y0;　　（设定工件坐标系，用每转进给，平移到工件 XY 平面原点）

N24　　　　S#17 M03;　　　　　　（主轴按粗铣的指定转速正转）

N25　G52 X#24 Y#25;　　　　　　（建立局部坐标系）

```
N26     X0  Y0;                          (铣刀平移到螺纹孔中心)
N27 G43 H#20   Z#11;                     (激活刀具长度补偿,铣刀底面下降到准备点)
N28     Z0;                              (铣刀底面下降到工件上平面)
N29     Z[-#3*#2-#2/2-#2/2];(铣刀底刃齿下降到粗铣入刀段起点所在平面)
N30 G01 X[-#1/2+0.54*#2+#18]    F[5*#6*#7];(铣刀底刃齿平移到粗铣入刀段起点)
N31  #21=#1/2-0.27*#2-#18-#14/2+#100/2; (#21 代表粗铣首刀入刀段和出刀段的半径)
N32 G03  X[#1/2-#18-#14+#100]  Z[-#3*#2-#2/2]    R#21  F[#6*#7/5];
                                                         (粗铣首刀螺旋上升入刀)
N33            Z[-#3*#2+#2-#2/2] I[-#1/2+#18+#14-#100] F[#6*#7];
                                                        (粗铣首刀螺旋上升铣一整圈)
N34     X[-#1/2+0.54*#2+#18]  Z[-#3*#2+#2*3/2-#2/2]  R#21  F[2*#6*#7];
                                                         (粗铣首刀螺旋上升出刀)
N35 G00 X0 Y0;                           (铣刀平移到刀中心与螺纹孔中心重合)
N36     Z[-#3*#2-#2/2-#2/2];             (铣刀底刃齿下降到粗铣入刀段起点所在平面)
N37 G01 X[-#1/2+0.54*#2+#18]    F[5*#6*#7];(铣刀底刃齿平移到粗铣入刀段起点)
N38  #22=#1/2-0.27*#2-#18-#5/2+#100/2; (#22 代表粗铣末刀入刀段和出刀段的半径)
N39 G03  X[#1/2-#18-#5+#100]  Z[-#3*#2-#2/2]    R#22  F[#6*#7/5];
                                                         (粗铣末刀螺旋上升入刀)
N40       Z[-#3*#2+#2-#2/2] I[-#1/2+#18+#5-#100]   F[#6*#7];
                                                        (粗铣末刀螺旋上升铣一整圈)
N41     X[-#1/2+0.54*#2+#18]  Z[-#3*#2+#2*3/2-#2/2]  R#22  F[2*#6*#7];
                                                         (粗铣末刀螺旋上升出刀)
N42 G00 X0 Y0  S#19;(铣刀平移到刀中心与螺纹孔中心重合,主轴按精铣的指定转速转动)
N43 G01 X[-#1/2+0.54*#2+#18]    F[5*#6*#8];(铣刀平移到底刃齿精铣入刀段起点)
N44  #23=#1/2-0.27*#2-#18+#100/2;          (#23 代表精铣入刀段和出刀段的半径)
N45 G02  X[#1/2-#18+#100]  Z[-#3*#2+#2-#2/2]  R#23    F[#6*#8/5];
                                                             (精铣螺旋下降入刀)
N46 Z[-#3*#2-#2/2] I[-#1/2+#18-#100]  F[#6*#8];        (精铣螺旋下降铣一整圈)
N47  X[-#1/2+0.54*#2+#18]  Z[-#3*#2-#2/2-#2/2]  R#23  F[#6*#8*2];
                                                             (精铣螺铣下降出刀)
N48 G00 X0 Y0;           (铣刀平移到刀中心与螺纹孔中心重合)
N49 G49        Z#11;     (撤销长度补偿,铣刀底面上升到准备点)
N50 G52 X0  Y0;          (取消局部坐标系)
N51     X0  Y0  M05;     (铣刀平移到工件坐标系原点之上)
N52 M30;
```

PP613. MPF 程序是适用于西门子 802D 系统的用整硬螺纹铣刀分三刀铣成右旋圆柱内螺纹的通用宏程序。

```
PP613.MPF
N01  R100=__;        铣螺纹半径修正量。取正值,铣出的螺纹半径加大,取负值,铣出的螺纹半径减小
```

```
N02   R1=a;            螺纹公称直径,即精铣目标值
N03   R2=b;            螺距
N04   R3=c;            螺纹整圈数,用它代替深度
N05   R5=j;            单向精铣量
N06   R6=k;            整硬螺纹铣刀上的槽条数,即刃口排数
N07   R7=d;            粗铣每排刃口每转进给量,选定
N08   R8=m;            精铣每排刃口每转进给量,选定
N09   R11=h;           准备点的Z值
N10   R17=s1;          粗铣主轴转速,选定
N11   R18=r;           铣刀刃尖回转公称半径
N12   R19=s2;          精铣主轴转速,选定
N13   R20=t;           刀具补偿号
N14   R24=x;           螺纹孔中心在工件坐标系中的X值
N15   R25=y;           螺纹孔中心在工作坐标系中的Y值
N21   R13=(0.54*R2-R5)/SQRT(2);       R13代表等截面积分配粗铣首刀的铣削深度,图中未标出
N22   R14=R13*(SQRT(2)-1)+R5;   R14代表等截面积分配粗铣末刀铣削深度加单向精铣量
N23 G54 G90 G95 G40 G00 X0 Y0;   设定工件坐标系,用每转进给,平移到工件XY平面原点
N24   T1   D=R20   S=R17 M03;   指令刀具半径补偿和长度补偿号,主轴按粗铣的指定转速正转
N25 TRANS   X=R24 Y=R25;                                          零点偏移
N26      X0   Y0;                                          铣刀平移到螺纹孔中心
N27              Z=R11;                                    铣刀底面下降到准备点
N28              Z0;                                    铣刀底面下降到工件上平面
N29              Z=-R3*R2-R2/2-R2/2;       铣刀底刃齿下降到粗铣入刀段起点所在平面
N30 G01 X=-R1/2+0.54*R2+R18    F=5*R6*R7;                 铣刀平移到粗铣入刀段起点
N31   R21=R1/2-0.27*R2-R18-R14/2+R100/2; R21代表粗铣首刀入刀段和出刀段的半径
N32 G03   X=R1/2-R18-R14+R100   Z=-R3*R2-R2/2   CR=R21   F=R6*R7/5;
                                                                粗铣首刀螺旋上升入刀
N33 Z=-R3*R2+R2-R2/2 I=-R1/2+R18+R14-R100 F=R6*R7;            粗铣首刀螺旋上升铣一整圈
N34   X=-R1/2+0.54*R2+R18   Z=-R3*R2+R2*3/2-R2/2   CR=R21   F=2*R6*R7;
                                                                粗铣首刀螺旋上升出刀
N35 G00 X0   Y0;                                    铣刀平移到刀中心与螺纹孔中心重合
N36      Z=-R3*R2-R2/2-R2/2;               铣刀底刃齿下降到粗铣入刀段起点所在平面
N37 G01 X=-R1/2+0.54*R2+R18      F=5*R6*R7;               铣刀平移到粗铣入刀段起点
N38   R22=R1/2-0.27*R2-R18-R5/2+R100/2;  R22代表粗铣末刀入刀段和出刀段的半径
N39 G03   X=R1/2-R18-R5+R100   Z=-R3*R2-R2/2      CR=R22   F=R6*R7/5;
                                                                粗铣末刀螺旋上升入刀
N40             Z=-R3*R2+R2-R2/2   I=-R1/2+R18+R5-R100   F=R6*R7;
                                                            粗铣末刀螺旋上升铣一整圈
N41      X=-R1/2+0.54*R2+R18 Z=-R3*R2+R2*3/2-R2/2 CR=R22 F=2*R6*R7;
                                                                粗铣末刀螺旋上升出刀
```

```
N42 G00 X0 Y0   S=R19; 铣刀平移到刀中心与螺纹孔中心重合,主轴按精铣的指定转速转动
N43 G01 X=-R1/2+0.54*R2+R18      F=5*R6*R8;  铣刀底刃齿平移到精铣入刀段起点
N44  R23=R1/2-0.27*R2-R18+R100/2;            R23 代表精铣入刀段和出刀段的半径
N45 G02  X=R1/2-R18+R100  Z=-R3*R2+R2-R2/2  CR=R23     F=R6*R8/5;
                                                              精铣螺旋下降入刀
N46      Z=-R3*R2-R2/2  I=-R1/2+R18-R100  F=R6*R8;      精铣螺旋下降铣一整圈
N47  X=-R1/2+0.54*R2+R18  Z=-R3*R2-R2/2-R2/2  CR=R23  F=2*R6*R8;
                                                              精铣螺铣下降出刀
N48 G00 X0   Y0;          铣刀平移到刀中心与螺纹孔中心重合
N49              Z=R11;   铣刀上升到准备点
N50 TRANS;                零点偏移注销
N51      X0   Y0    M05;  铣刀平移到工件坐标系原点之上
N52 M02
```

O613 和 PP613.MPF 两个程序中的变量#100 和 R100 是用来调节铣出螺纹直径大小的变量，在试铣前可预设为 0。除此之外的 14 个变量/参数需要用户根据具体的尺寸和所选的工艺参数对其进行赋值。

【例 3】 在 40CrMo 材质的工件上铣 M24 的粗牙内螺纹，使用 M24×3 规格的内螺纹铣刀。螺纹深度是 30mm（10 圈），单向精铣量取 0.2mm，所用铣刀上的排屑槽有 5 条，粗铣每排刃口每转进给量取 0.04mm，精铣每排刃口每转进给量取 0.03mm，准备点取工件上平面之上 100mm 处，粗铣和精铣主轴转速分别取 1000r/min 和 1500r/min，铣刀直径为 ϕ19mm，刀具长度补偿号用 1，螺纹孔中心与工件坐标系原点（*XY* 平面）重合。按此条件给 O613 中 N02～N15 段内的 14 个变量赋值，并将赋值后的程序名命名为 O6130，得到该程序的前 15 段为：

```
O6130;
N01  #100=0;         (铣螺纹半径修正量,试切前初始设为 0)
N02  #1=24;          (M24 粗牙螺纹公称直径,即精铣目标值)
N03  #2=3;           (M24 粗牙螺纹螺距)
N04  #3=10;          (螺纹整圈数,用它代替深度)
N05  #5=0.2;         (单向精铣量)
N06  #6=5;           (整体硬质合金螺纹铣刀上的槽条数即刃口排数)
N07  #7=0.04;        (粗铣每排刃口每转进给量,选定)
N08  #8=0.03;        (精铣每排刃口每转进给量,选定)
N19  #11=100;        (准备点的 Z 值)
N10  #17=1000;       (粗铣主轴转速,选定)
N11  #18=9.5;        (铣刀刃尖回转公称半径)
N12  #19=1500;       (精铣主轴转速,选定)
N13  #20=1;          (刀具长度补偿号)
N14  #24=0;          (螺纹孔中心在工件坐标系中的 X 值)
N15  #25=0;          (螺纹孔中心在工件坐标系中的 Y 值)
```

图 6-27 所示为执行 O6130 程序后的仿真轨迹放大（*XOZ* 视图）。图中轨迹从里到外分别是粗铣首刀、粗铣末刀和精铣的轨迹。精铣轨迹上的箭头是向下的（执行 N46 段）。由于仿真时不能同时显示多个箭头，所以此图中粗铣两刀轨迹上向上的箭头没有显示打印出来。

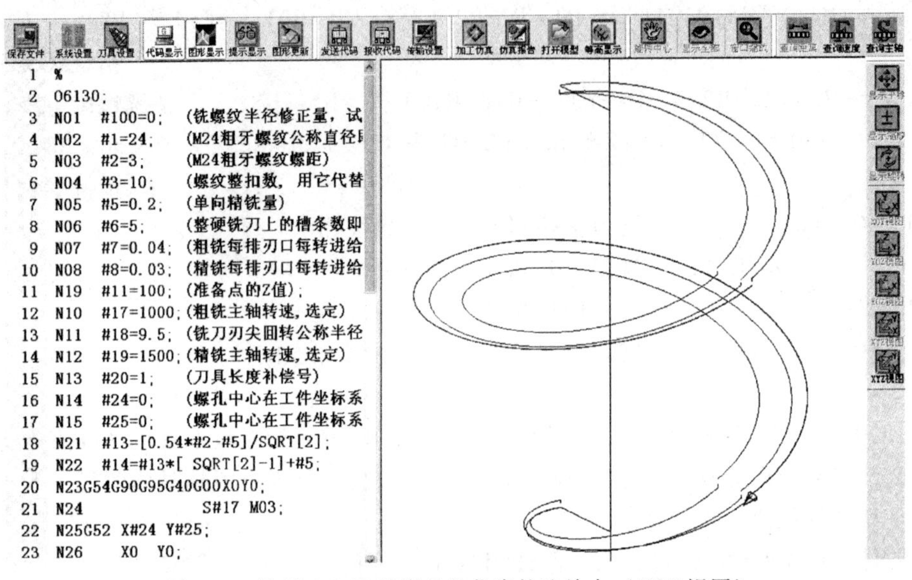

图 6-27　执行 O6130 程序后的仿真轨迹放大（*XOZ* 视图）

在 O613 程序和 PP613. MPF 程序中用#5/R5 代表单向精铣量。粗铣两刀径向切削量的分配用的是等截面积切削原则和计算公式（见 N21 和 N22 段）。这两刀合计单向切削量等于牙高减去单向精铣量。在这两个程序中，牙高没有单用一个变量来表示，而是用螺距乘以 0.54 来得到（见 N21 段）。此值既适用于米制普通螺纹，也适用于统一英制螺纹。

6.7.4　异向分三刀铣成左旋圆柱内螺纹

异向分三刀铣左旋圆柱内螺纹时，两刀粗铣都用顺铣，精铣用逆铣，并且粗铣两刀是从上往下铣，精铣一刀是从下往上铣。图 6-25b 所示为粗铣两刀、精铣一刀左旋圆柱内螺纹时切削点的位置及轨迹，图 6-26b 所示为编程用图。

O614 程序是适用于发那科系统的用整硬螺纹铣刀分三刀铣成左旋圆柱内螺纹的通用宏程序。

O614

N01　#100 = __;　　（铣螺纹半径修正量。取正值，铣出的螺纹半径加大；取负值，铣出的螺纹半径减小）

N02　#1 = a;　　（螺纹公称直径，即精铣目标值）

N03　#2 = b;　　（螺距）

N04　#3 = c;　　（螺纹整圈数，用它代替深度）

N05　#5 = j;　　（单向精铣量）

N06　#6 = k;　　（整硬螺纹铣刀上的槽条数，即刃口排数）

N07　#7 = d;　　（粗铣每排刃口每转进给量，选定）

N08　#8 = m;　　（精铣每排刃口每转进给量，选定）

```
N09  #11=h;                    (准备点的Z值)
N10  #17=s1;                   (粗铣主轴转速,选定)
N11  #18=r;                    (铣刀刃尖回转公称半径)
N12  #19=s2;                   (精铣主轴转速,选定)
N13  #20=t;                    (刀具长度补偿号)
N14  #24=x;                    (螺纹孔中心在工件坐标系中的X值)
N15  #25=y;                    (螺纹孔中心在工件坐标系中的Y值)
N21  #13=[0.54*#2-#5]/SQRT[2];        (#13代表等截面积分配粗铣首刀的铣削深度,图中未标出)
N22  #14=#13*[SQRT[2]-1]+#5;
                  (#14代表等截面积分配粗铣末刀铣削深度加单向精铣量)
N23 G54 G90 G95 G40 G00 X0 Y0;(设定工件坐标系,用每转进给,平移到工件XY平面原点)
N24      S#17 M03;                          (主轴按粗铣的指定转速正转)
N25 G52 X#24 Y#25;                                  (建立局部坐标系)
N26       X0   Y0;                               (铣刀平移到螺纹孔中心)
N27 G43 H#20     Z#11;              (激活刀具长度补偿,铣刀底面下降到准备点)
N28      Z0;                                (铣刀底面下降到工件上平面)
N29 Z[-#3*#2+#2*3/2-#2/2];          (铣刀底刃齿下降到粗铣入刀段起点所在平面)
N30G01X[-#1/2+0.54*#2+#18]  F[5*#6*#7];   (铣刀底刃齿平移到粗铣入刀段起点)
N31  #21=#1/2-0.27*#2-#18-#14/2+#100/2;(#21代表粗铣首刀入刀段和出刀段的半径)
N32 G03 X[#1/2-#18-#14+#100]  Z[-#3*#2+#2-#2/2]  R#21  F[#6*#7/5];
                                                   (粗铣首刀螺旋下降入刀)
N33                  Z[-#3*#2-#2/2]  I[-#1/2+#18+#14-#100]  F[#6*#7];
                                                 (粗铣首刀螺旋下降铣一整圈)
N34     X[-#1/2+0.54*#2+#18]  Z[-#3*#2-#2/2-#2/2]  R#21  F[2*#6*#7];
                                                   (粗铣首刀螺旋下降出刀)
N35 G00 X0 Y0;                        (铣刀平移到刀中心与螺纹孔中心重合)
N36  Z[-#3*#2+#2*3/2-#2/2];         (铣刀底刃齿上升到粗铣入刀段起点所在平面)
N37 G01 X[-#1/2+0.54*#2+#18]     F[5*#6*#7];(铣刀底刃齿平移到粗铣入刀段起点)
N38  #22=#1/2-0.27*#2-#18-#5/2+#100/2;  (#22代表粗铣末刀入刀段和出刀段的半径)
N39 G03  X[#1/2-#18-#5+#100]  Z[-#3*#2+#2-#2/2]  R#22  F[#6*#7/5];
                                                   (粗铣末刀螺旋下降入刀)
N40     Z[-#3*#2-#2/2]  I[-#1/2+#18+#5-#100]  F[#6*#7];
                                                 (粗铣末刀螺旋下降铣一整圈)
N41     X[-#1/2+0.54*#2+#18]  Z[-#3*#2-#2/2-#2/2]  R#22  F[2*#6*#7];
                                                   (粗铣末刀螺旋下降出刀)
N42 G00 X0 Y0  S#19;(铣刀平移到刀中心与螺纹孔中心重合,主轴按精铣的指定转速转动)
N43 G01 X[-#1/2+0.54*#2+#18]  F[5*#6*#8];(让铣刀平移到底刃齿精铣入刀段起点)
N44  #23=#1/2-0.27*#2-#18+#100/2;       (#23代表精铣入刀段和精铣出刀段的半径)
N45 G02 X[#1/2-#18+#100] Z[-#3*#2-#2/2] R#23 F[#6*#8/5];  (精铣螺旋上升入刀)
```

```
N46  Z[-#3 * #2+#2-#2/2]  I[-#1/2+#18-#100]  F[#6 * #8];    (精铣螺旋上升铣一整圈)
N47  X[-#1/2+0.54 * #2+#18]  Z[-#3 * #2+#2 * 3/2-#2/2]  R#23  F[#6 * #8 * 2];
                                                              (精铣螺铣上升出刀)
N48 G00 X0 Y0;            (铣刀平移到刀中心与螺纹孔中心重合)
N49 G49         Z#11;     (撤销长度补偿,铣刀底面上升到准备点)
N50 G52 X0 Y0;            (取消局部坐标系)
N51     X0  Y0     M05;(铣刀平移到工件坐标系原点之上)
N52 M30;
```

PP614. MPF 程序是适用于西门子 802D 系统的用整硬螺纹铣刀分三刀铣成左旋圆柱内螺纹的通用宏程序。

```
PP614. MPF
N01  R100=__;          铣螺纹半径修正量。取正值,铣出的螺纹半径加大,取负值,铣出的螺纹半径减小
N02  R1=a;             螺纹公称直径,即精铣目标值
N03  R2=b;             螺距
N04  R3=c;             螺纹整圈数,用它代替深度
N05  R5=j;             单向精铣量
N06  R6=k;             整硬螺纹铣刀上的槽条数,即刃口排数
N07  R7=d;             粗铣每排刃口每转进给量,选定
N08  R8=m;             精铣每排刃口每转进给量,选定
N09  R11=h;            准备点的 Z 值
N10  R17=s1;           粗铣主轴转速,选定
N11  R18=r;            铣刀刃尖回转公称直径
N12  R19=s2;           精铣主轴转速,选定
N13  R20=t;            刀具补偿号
N14  R24=x;            螺纹孔中心在工件坐标系中的 X 值
N15  R25=y;            螺纹孔中心在工件坐标系中的 Y 值
N21  R13=(0.54 * R2-R5)/SQRT(2);  R13 代表等截面积分配粗铣首刀的铣削深度,图中未标出
N22  R14=R13 * (SQRT(2)-1)+R5;     R14 代表等截面积分配粗铣末刀铣削深度加单向精铣量
N23 G54 G90 G95 G40 G00 X0 Y0;     设定工件坐标系用每转进给平移到工件 XY 平面原点
N24  T1  D=R20  S=R17 M03;    指令刀具半径补偿和长度补偿号,主轴按粗铣的指定转速正转
N25 TRANS  X=R24 Y=R25;                                              零点偏移
N26     X0  Y0;                                               铣刀平移到螺纹孔中心
N27           Z=R11;                                          铣刀底面下降到准备点
N28           Z0;                                         铣刀底面下降到工件上平面
N29           Z=-R3 * R2+R2 * 3/2-R2/2; 铣刀底刃齿下降到粗铣入刀段起点所在平面
N30 G01 X=-R1/2+0.54 * R2+R18  F=5 * R6 * 7;        铣刀底刃齿平移到粗铣入刀段起点
N31  R21=R1/2-0.27 * R2-R18-R14/2+R100/2; R21 代表粗铣首刀入刀段和出刀段的半径
N32 G03 X=R1/2-R18-R14+#100  Z=-R3 * R2+R2-R2/2  CR=R21  F=R6 * R7/5;
                                                        粗铣首刀螺旋下降入刀
```

```
N33  Z=-R3*R2-R2/2  I=-R1/2+R18+R14-R100  F=R6*R7;    粗铣首刀螺旋下降铣一整圈
N34     X=-R1/2+0.54*R2+R18  Z=-R3*R2-R2/2-R2/2 CR=R21  F=2*R6*R7;
                                                            粗铣首刀螺旋下降出刀
N35 G00 X0  Y0;                                     铣刀平移到刀中心与螺孔中心重合
N36     Z=-R3*R2+R2*3/2-R2/2;                   铣刀底刃齿上升到粗铣入刀段起点所在平面
N37 G01 X=-R1/2+0.54*R2+R18 F=5*R6*7;               铣刀底刃齿平移到粗铣入刀段起点
N38  R22=R1/2-0.27*R2-R18-R5/2+R100/2;  R22 代表粗铣末刀入刀段和出刀段的半径
N39 G03 X=R1/2-R18-R5+#100  Z=-R3*R2+R2-R2/2  CR=R22  F=R6*R7/5;
                                                            粗铣末刀螺旋下降入刀
N40  Z=-R3*R2-R2/2  I=-R1/2+R18+R5-R100  F=R6*R7;    粗铣末刀螺旋下降铣一整圈
N41  X=-R1/2+0.54*R2+R18  Z=-R3*R2-R2/2-R2/2  CR=R22  F=2*R6*R7;
                                                            粗铣末刀螺旋下降出刀
N42 G00 X0  Y0  S=R19;    铣刀平移到刀中心与螺纹孔中心重合,主轴按精铣的指定转速转动
N43 G01 X=-R1/2+0.54*R2+R18     F=5*R6*R8;  铣刀底刃齿平移到精铣入刀段起点
N44  R23=R1/2-0.27*R2-R18+R100/2;                R23 代表精铣入刀段和出刀段和半径
N45 G02 X=R1/2-R18+R100 Z=-R3*R2-R2/2 CR=R23 F=R6*R8/5; 精铣螺旋上升入刀
N46     Z=-R3*R2+R2-R2/2  I=-R1/2+R18-R100  F=R6*R8; 精铣螺旋上升铣一整圈
N47  X=-R1/2+0.54*R2+R18 Z=-R3*R2+R2*3/2-R2/2 CR=R23 F=2*R6*R8;
                                                            精铣螺铣上升出刀
N48 G00 X0  Y0;           铣刀平移到刀中心与螺纹孔中心重合
N49             Z=R11;    铣刀上升到准备点
N50 TRANS;                零点偏移注销
N51     X0  Y0      M05;  铣刀平移到工件坐标系原点之上
N52 M02
```

O614 和 PP614. MPF 两个程序中的变量#100 和 R100 是用来调节铣出螺纹直径大小的变量，在试铣前可预设为 0。除此之外的 14 个变量/参数需要用户根据具体的尺寸和工艺参数对其进行赋值。

【例 4】 在 40CrMo 材质的工件上铣 M24×3 规格的左旋内螺纹，使用例 3 中用的有 5 条排屑槽的 M24×3 内螺纹铣刀。螺纹深度也是 30mm（10 圈），工艺参数与例 3 相同。按此条件给 O614 中的 N02～N15 段的 14 个变量赋值并将赋值后程序名命名为 O6140，得到该程序的前 15 段与 O6130 程序的前 15 段相同（这里不重复列出），只是 N02 段和 N03 段的注释中关于螺纹规则表示应为“M24×3-LH”。

图 6-28 所示为执行 O6140 程序铣 M24×3 左旋内螺纹的仿真轨迹放大（*XOZ* 视图）。

图 6-28 中轨迹从里到外分别是粗铣首刀、粗铣末刀和精铣的轨迹。精铣轨迹上的箭头是向上的（执行 N46 段时）。由于仿真时不能显示出多个箭头，所以粗铣两刀上的箭头没有显示出来。

同理，O614 和 PP614. MPF 两个程序内 N21 段中的系数 0.54 既适用于米制普通螺纹，也适用于统一英制螺纹。也就是说，这两个程序对米制普通螺纹和统一英制螺纹都适用。

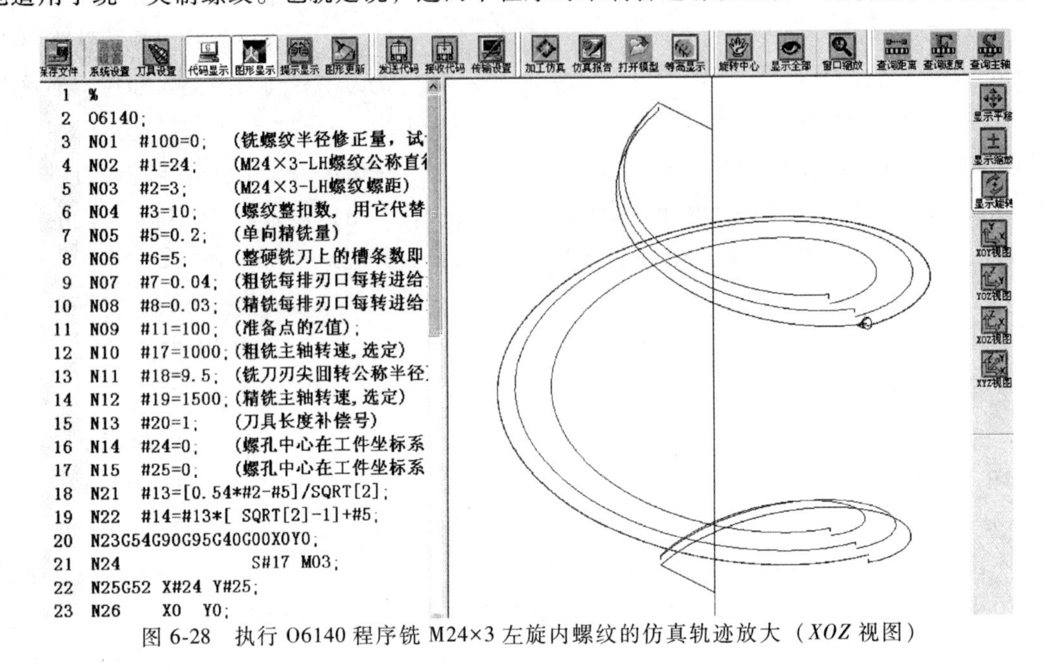

图 6-28　执行 O6140 程序铣 M24×3 左旋内螺纹的仿真轨迹放大（*XOZ* 视图）

6.8　用整硬螺纹铣刀铣螺纹程序的通用性

本章中前面几节提供的程序都是通用宏程序。通用宏程序的通用性好，可作为“傻瓜程序”来套用。但任何事物都有两面性。通用宏程序的另一面是程序中变量个数多、算式多，想看懂和理解要花时间。此外，本书中只提供适用于发那科系统和西门子系统的两种格式的宏程序。如要“翻译”到适用于其他系统的格式，也要花费较多的时间与精力。下面是解决办法。

读者可以把实际应用中的某个工件的数据和选用的具体工艺参数代入通用宏程序中，再用数据代替大部分变量和大部分算式，进而得到一个加工这个工件的专用宏程序。在这个专用宏程序中，变量个数少，算式也少，便于理解和“翻译”。

6.8.1　用整硬螺纹铣刀从下往上一刀铣成锥管内螺纹的专用宏程序

O601 程序是适用于发那科系统的用整硬螺纹铣刀从下往上一刀铣成锥管内螺纹的通用宏程序，其内有 12 个需要赋值的变量、10 个用于计算的过渡变量和 3 个在加工过程中其值不断变化的变量，还有许多算式。

还是加工例 1 中的内螺纹，即在 45 钢工件上铣 NPT 1 内螺纹，需要赋值的 12 个变量的值见例 1。O601 程序中 N21～N30 段中的 10 个过渡变量据此可以算出来，分别为：

N21 #21=ROUND[33.228 * 2]=66　　　　(一圈分步数,此例不用此式,另选定为 60)

N22 #22=360/#21=6;　　　　(分齿角 $\Delta\alpha$)

N23 #3=25.4/11.5=2.209;　　　　(螺距)

```
N24 #5=4.6*2.209=10.161;                      (基准长度)
N25 #7=3*2.209=6.627;                         (装配余量长度)
N26 #9=2*2.209=4.418;                         (螺尾长度)
N27 #14=10.161+6.627+4.418=21.206;            (螺纹总深)
N28 #15=33.228/2-21.206/32=15.951;            (底刃齿铣削起点的半径值)
N29 #16=2.209/60=0.03682;                     (每步 Z 向上升值)
N30 #17=0.03682/32=0.00115;                   (每步半径增大值)
```

这样一来，O601 程序中的前 22 个变量都有了具体值。用这些具体值把 N31~N54 段中能替换的变量和算式都替换掉，并且把经这样处理后的程序命名为 O615。适用于本例的专用宏程序 O615 如下：

```
O615;
N31 G54 G90 G95 G40 G00 X0 Y0;             (设定工件坐标系,用每转进给,平移到工件 XY 平面原点)
N32  D1          S800  M03;                 (指令刀具半径补偿号,主轴正转)
N33 G52 X0  Y0;                             (建立局部坐标系)
N34     X0  Y0;                             (铣刀平移到螺纹孔中心)
N35 G43 H1        Z100;                     (激活刀具长度补偿,铣刀底面下降到准备点)
N36               Z0;                       (铣刀底面下降到螺纹顶面)
N37  #33=15.951;                            (#33 代表底刃齿铣削一圈动点的半径值,此外赋初始值)
N38               Z-23.415;                 (铣刀底刃齿下降到底刃齿入刀段起点所在的平面)
N39 G41 G01 X[-#33+2.209]  F0.3;(激活刀具半径补偿,铣刀平移到底刃齿入刀段起点)
N40 G03 X15.951  Z-22.3105  R14.8465  F0.03;              (螺旋上升入刀)
N41  #28=-22.3105;                          (底刃齿铣螺纹起点的 Z 坐标值,此处赋初始值)
N42  #30=0;                                 (动点的 α 角度值,此处赋初始值)
N43 WHILE [#30 LT 359.999] DO1;(循环头,若未铣够一整圈就在循环尾之间循环执行)
N44  #30=#30+6;                             (此步终点的 α 角度值)
N45  #33=#33+0.00115;                       (此步终点的半径值)
N46  #28=#28+0.03682;                       (此步终点的 Z 坐标值)
N47 G03 X[#33*COS[#30]]  Y[#33*SIN[#30]]  Z#28  R[#33-0.00115/2]  F0.15;
                                                           (螺旋上升走一步)
N48 END1;
                                                           (循环尾)
N49 G03 X[-#33+2.209]   Z-18.997  R[#33-1.1045]  F0.3;    (螺旋上升出刀)
N50 G00 G40 X0 Y0;                          (铣刀平移到刀中心与螺纹孔中心重合)
N51 G49         Z100;                       (撤销长度补偿,铣刀底面上升到起始位)
N52 G52  X0 Y0;
                                                           (撤销局部坐标系)
N53      X0 Y0         M05;                 (铣刀平移到工件坐标系原点之上)
N45 M30;
```

在 O615 程序中只剩下 3 个在加工过程中其值不断变化的变量。可以把这 3 个变量改一下号，改成#1、#2 和#3。再整理一下顺序号，并将程序名重命名为 O616。适用于本例的专用宏程序 O616 如下：

```
O616;
N01 G54 G90 G95 G40 G00 X0 Y0;     (设定工件坐标系,用每转进给,平移到工件XY平面原点)
N02  D1   S800   M03;              (指令刀具半径补偿号,主轴正转)
N03 G52 X0   Y0;                   (建立局部坐标系)
N04      X0   Y0;                  (铣刀平移到螺纹孔中心)
N05 G43 H1      Z100;              (激活刀具长度补偿,铣刀底面下降到准备点)
N06             Z0;                (铣刀底面下降到螺纹顶面)
N07             Z-23.415;          (铣刀底刃齿下降到底刃齿入刀段起点所在的平面)
N08  #2=15.951;                    (#2代表底刃齿铣削一圈动点的半径值,此处赋初始值)
N09 G41 G01 X[-#2+2.209]   F0.3;   (激活刀具半径补偿,铣刀平移到底刃齿入刀段起点)
N10 G03 X15.951   Z-22.3105   R14.8465   F0.03;   (螺旋上升入刀)
N11  #1=0;                         (#1代表动点的α角度值,此处赋初始值)
N12  #3=-22.3105;                  (#3代表底刃铣螺纹起点的Z坐标值,此处赋初始值)
N13 WHILE [#30 LT 359.999]DO1;     (循环头,若未铣够一整圈就在循环尾之间循环执行)
N14  #1=#1+6;                      (此步终点的α角度值)
N15  #2=#2+0.00115;                (此步终点的半径值)
N16  #3=#3+0.03882;                (此步终点的Z坐标值)
N17 G03 X[#2*COS[#1]]   Y[#2*SIN[#1]]   Z#3   R[#2-0.00115/2]   F0.15;
                                                  (螺旋上升走一步)
N18 END1;                                         (循环尾)
N19 G03 X[-#2+2.209]    Z-18.997   R[#2-1.1045]   F0.3;   (螺旋上升出刀)
N20 G00 G40 X0 Y0;                 (铣刀平移到刀中心与螺纹孔中心重合)
N21 G49            Z100;           (撤销长度补偿,铣刀底面上升到起始位)
N22 G52     X0 Y0;                 (撤销局部坐标系)
N23         X0 Y0   M05;           (铣刀平移到工件坐标系原点之上)
N24 M30;
```

O616、O615 和 O6010 这三个宏程序的加工效果是完全一样的。当然，执行 O616 程序、O615 程序的仿真轨迹与图 6-3 中 O6010 的仿真轨迹也是一样的。

此外，也可以把阅读和理解 O616 程序和 O615 程序作为阅读和理解 O601 程序的第一步。

6.8.2　分粗铣（顺铣）和精（逆铣）两刀铣成圆柱内螺纹的专用宏程序

本章中的 O611 程序是适用于发那科系统的用整硬螺纹铣刀分粗铣（顺铣）和精铣（逆铣）两刀铣成右旋圆柱内螺纹的通用宏程序，其中有有关工件、刀具、工艺参数、坐标系等需要赋值的变量 14 个、过渡变量 2 个（#21 和#22），还有 1 个变量#100 是用于试切和加工时调节铣出螺纹直径大小的。除此之外，程序中还有许多算式。

还是加工例 2 中的 M16 粗牙螺纹。使用其上有 4 条排屑槽的 M16×2 铣刀，螺纹深 20mm。单向精铣量取 0.2mm，粗铣和精铣每排刃口每转进给量分别取 0.04mm 和 0.03mm，所用铣刀刃尖回转半径是 6mm，粗铣和精铣主轴转速分别取 1200r/min 和 1600r/min，刀具补偿号用 1，在 XY 平面内螺纹孔中心与工件坐标系原点重合。试切前#100 变量的值设为 0。

把这些值代入 O611 程序中后得到 O6110 程序（O6110 程序开头 15 段的内容在前面已列出）。再用这些具体值把 N21～N44 段中的变量和大部分算式替换掉，这时 N02～N15 段就可删去了。把经这样整理后的程序重新命名为 O617。适用于本例的专用宏程序 O617 如下：

```
O617;
N01  #100=0;                    (#100 代表铣螺纹半径修正量,试切前初始设为 0)
N21 G54 G90 G95 G40 G00 X0 Y0;(设定工件坐标系,用每转进给,平移到工件 XY 平面原点)
N22     S1200 M03;              (主轴按粗铣的指定转速正转)
N23 G52 X0  Y0;                 (建立局部坐标系)
N24     X0  Y0;                 (铣刀平移到螺纹孔中心)
N25 G43 H1        Z100;         (激活刀具长度补偿,铣刀底面下降到准备点)
N26               Z0;           (铣刀底面下降到工件上平面)
N27               Z-22;         (铣刀底刃齿下降到粗铣入刀段起点所在平面)
N28 G01 X-0.92      F0.8;       (铣刀底刃齿平移到粗铣入刀段起点)
N29  #21=1.36+#100/2;           (#21 代表粗铣入刀段和出刀段的半径)
N30 G03 X[1.8+#100]  Z-21  R#21  F0.032;              (粗铣螺旋上升入刀)
N31  Z-19 I[-1.8-#100]  F0.16;                        (粗铣螺旋上升铣一整圈)
N32     X-0.92        Z-18  R#21  F0.32;              (粗铣螺旋上升出刀)
N33 G00 X0 Y0  S1600;     (铣刀平移到刀中心与螺纹孔中心重合,主轴按精铣的指定转速转动)
N35 G01 X-0.92      F0.8;                       (铣刀平移到底刃齿精铣入刀段起点)
N36  #22=1.46+#1/2;                            (#22 代表精铣入刀段和出刀段的半径)
N37 G02  X[2+#100]  Z-19  R#22  F0.024;               (精铣螺旋下降入刀)
N38                Z-21 I[-2-#1]  F0.12;              (精铣螺旋下降铣一整圈)
N39      X-0.92  Z-22  R#22  F0.24;                   (精铣螺铣下降出刀)
N40 G00  X0 Y0;                                 (铣刀平移到刀中心与螺纹孔中心重合)
N41 G49          Z100;                          (撤销长度补偿,铣刀底面上升到准备点)
N42 G52  X0 Y0;                                                (取消局部坐标系)
N43      X0 Y0        M05;                              (铣刀平移到工件坐标系原点之上)
N44 M30;
```

在 O617 程序中还有 3 个变量：1 个调节铣出螺纹直径大小的变量#100，2 个过渡变量#21 和#22。#100 是不能去掉的，但可以把它改成#1，#21 和#22 还可以去掉。将程序段顺序号重新编排，并将经这样整理后的程序名重新命名为 O618。只含 1 个变量的适用于本例的专用宏程序 O618 如下：

```
O618;
N01  #1=0;                        (#1 代表铣螺纹半径修正量,试切前初始设为 0)
N02 G54 G90 G95 G40 G00 X0 Y0;(设定工件坐标系,用每转进给,平移到工件 XY 平面原点)
N03              S1200 M03;     (主轴按粗铣的指定转速正转)
N04 G52 X0 Y0;                  (建立局部坐标系)
```

```
N05     X0   Y0;                  （铣刀平移到螺纹孔中心）
N06 G43 H1       Z100;            （激活刀具长度补偿,铣刀底面下降到准备点）
N07              Z0;              （铣刀底面下降到工件上平面）
N08              Z-22;            （铣刀底刃齿下降到粗铣入刀段起点所在平面）
N09 G01 X-0.92           F0.8;    （铣刀底刃齿平移到粗铣入刀段起点）
N10 G03 X[1.8+#1]  Z-21  R[1.36+#1/2]  F0.032;        （粗铣螺旋上升入刀）
N11                Z-19  I[-1.8-#1]F0.16;             （粗铣螺旋上升铣一整圈）
N12     X-0.92     Z-18  R[1.36+#1/2]  F0.32;         （粗铣螺旋上升出刀）
N13 G00 X0 Y0        S1600;
                   （铣刀平移到刀中心与螺纹孔中心重合,主轴按精铣的指定转速转动）
N14 G01 X-0.92     F0.8;                      （铣刀平移到底刃齿精铣入刀段起点）
N15 G02 X[2+#1]  Z-19  R[1.46+#1/2] F0.024;                （精铣螺旋下降入刀）
N16              Z-21  I[-2-#1] F0.12;                  （精铣螺旋下降铣一整圈）
N17     X-0.92   Z-22  R[1.46+#1/2]F0.24;                  （精铣螺铣下降出刀）
N28 G00 X0 Y0;                          （铣刀平移到刀中心与螺纹孔中心重合）
N19 G49          Z100;                （撤销长度补偿,铣刀底面上升到准备点）
N20 G52 X0 Y0;                                            （取消局部坐标系）
N21     X0 Y0         M05;                    （铣刀平移到工件坐标系原点之上）
N22 M30;
```

O618 程序、O617 程序与 O6110 程序的加工效果是完全一样的。当然，它们的仿真轨迹与图 6-23 中 O6110 的仿真轨迹也是一样的。

此外，也可以把阅读和理解 O618 程序和 O617 程序作为阅读和理解 O611 程序的第一步。

从理论上说，O618 程序中的#1 也可以去掉。将去掉#1 后的程序重新命名为 O619，内容如下：

```
O619;
N02 G54 G90 G95 G40 G00 X0 Y0;（设定工件坐标系,用每转进给,平移到工件 XY 平面原点）
N03                         S1200 M03;            （主轴按粗铣的指定转速正转）
N04 G52 X0   Y0;                                          （建立局部坐标系）
N05     X0   Y0;                                        （铣刀平移到螺纹孔中心）
N06 G43 H1      Z100;                 （激活刀具长度补偿,铣刀底面下降到准备点）
N07             Z0;                               （铣刀底面下降到工件上平面）
N08             Z-22;                   （铣刀底刃齿下降到粗铣入刀段起点所在平面）
N09 G01 X-0.92                    F0.8;          （铣刀底刃齿平移到粗铣入刀段起点）
N10 G03 X 1.8     Z-21   R 1.36   F0.032;                  （粗铣螺旋上升入刀）
N11               Z-19   I -1.8   F0.16;               （粗铣螺旋上升铣一整圈）
N12     X-0.92    Z-18   R 1.36   F0.32;                   （粗铣螺旋上升出刀）
N13 G00 X0 Y0  S1600;    （铣刀平移到刀中心与螺纹孔中心重合,主轴按精铣的指定转速转动）
N14 G01 X-0.92                       F0.8;      （铣刀平移到底刃齿精铣入刀段起点）
```

```
N15 G02 X 2       Z-19    R 1.46     F0.024;                 (精铣螺旋下降入刀)
N16               Z-21    I -2       F0.12;                  (精铣螺旋下降铣一整圈)
N17    X-0.92 Z-22    R 1.46   F0.24;                        (精铣螺铣下降出刀)
N28 G00 X0 Y0;                                     (铣刀平移到刀中心与螺纹孔中心重合)
N19 G49            Z100;                          (撤销长度补偿,铣刀底面上升到准备点)
N20 G52 X0 Y0;                                                     (取消局部坐标系)
N21      X0 Y0          M05;                          (铣刀平移到工件坐标系原点之上)
N22 M30;
```

O619 程序编制方便，但使用麻烦。程序中 8 个有下划线的数据是试切前确定的初始值。试切出第一件并检测后，如果要把下一件的中径扩大 0.08mm（即半径 Δr 取+0.04mm），那么 N10 中的 1.8 和 1.36 应分别改为 1.84 和 1.38，N11 中的-1.8 应改为-1.84，N12 段中的 1.36 应改为 1.38，N15 段中的 2 和 1.46 应分别改为 2.04 和 1.48，N16 段中的-2 应改为-2.04，N17 段中的 1.46 就改为 1.48。每一次都要把这 8 个数据改一遍，而且有 2 个是+Δr、2 个是-Δr，还有 4 个是+$\Delta r/2$，非常麻烦，所以不推荐使用。这里介绍是为说明此例用不含变量的 NC 程序也能加工。

在用 O618 程序做试切的过程中，每修正一次加工出的螺纹中径，就要改一次程序（N01 段中的#1 赋值）。对于发那科系统，还有一种可以不修改程序中的数据来修正螺纹中径的方法。这种方法的第一步是把 O618 程序修改为如下的 O620 程序。

```
O620;
N01   #1=-#12001;                    (#12001 代表运行时 1 号刀补栏内刀具半径磨耗设定值)
N02 G54 G90 G95 G40 G00 X0 Y0;(设定工件坐标系,用每转进给,平移到工件 XY 平面原点)
N03                         S1200 M03;                       (主轴按粗铣的指定转速正转)
N04G52 X0 Y0;                                                      (建立局部坐标系)
N05      X0   Y0;                                                (铣刀平移到螺纹孔中心)
N06 G43 H1        Z100;                           (激活刀具长度补偿,铣刀底面下降到准备点)
N07               Z0;                                        (铣刀底面下降到工件上平面)
N08               Z-22;                           (铣刀底刃齿下降到粗铣入刀段起点所在平面)
N09 G01 X-0.92                          F0.8;            (铣刀底刃齿平移到粗铣入刀段起点)
N10G03 X[-1.8+#1]    Z-21   R[1.36+#1/2]   F0.032;                (粗铣螺旋上升入刀)
N11                  Z-19   I[-1.8-#1]     F0.16;             (粗铣螺旋上升铣一整圈)
N12  X-0.92          Z-18   R[1.36+#1/2]   F0.32;                 (粗铣螺旋上升出刀)
N13 G00 X0 Y0  S1600;     (铣刀平移到刀中心与螺纹孔中心重合,主轴按精铣的指定转速转动)
N14 G01 X-0.92                       F0.8;              (铣刀平移到底刃齿精铣入刀段起点)
N15 G02 X[2+#1]     Z-19   R[1.46+#1/2]   F0.024;                 (精铣螺旋下降入刀)
N16                 Z-21   I[-2-#1]       F0.12;              (精铣螺旋下降铣一整圈)
N17       X-0.92    Z-22   R[1.46+#1/2]    F0.24;                 (精铣螺铣下降出刀)
N28 G00 X0 Y0;                                     (铣刀平移到刀中心与螺纹孔中心重合)
N19 G49            Z100;                          (撤销长度补偿,铣刀底面上升到准备点)
N20 G52 X0 Y0;                                                     (取消局部坐标系)
```

N21　　X0　Y0　　　　M05;　　　　　　　　　（铣刀平移到工件坐标系原点之上）
N22 M30;

程序中的#12001 是个系统变量，它代表（执行时提取）1 号刀补栏内刀具半径磨损（D）格内的设定值，如图 6-29 所示。

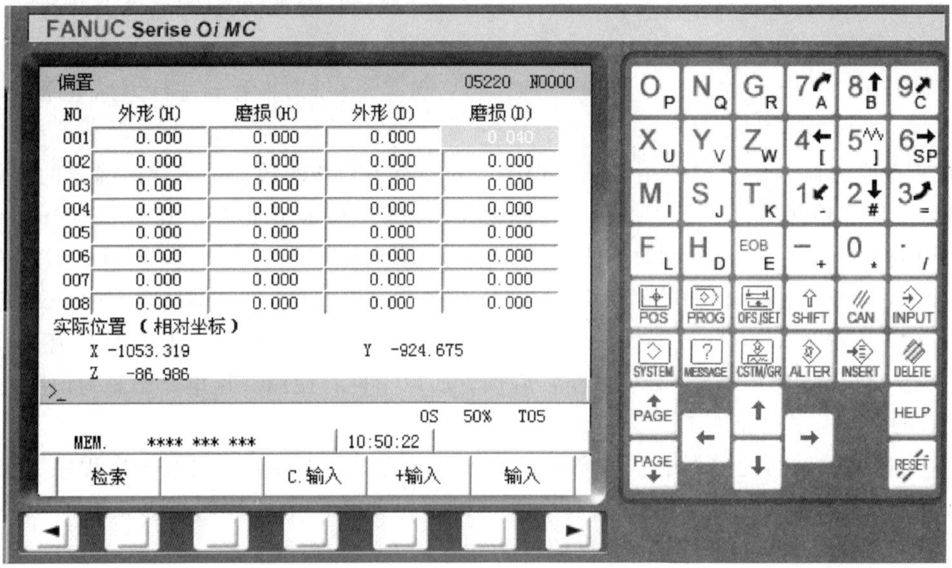

图 6-29　使用 O620 程序时可用改变磨损（D）设定值来修正铣出的螺纹中径

使用 O620 程序时，可以用改变此格内的设定值来修正加工出的螺纹中径。试切前把此格内的值置零。试切出第一件并检测后如果把下一件的中（直）径扩大 0.08mm，那么只要在试切第二件前把此格内改设-0.04 值即可。注意这里要扩大中径用负值，要减小中径用正值，这样反着来是有意设计的（程序中#12001 前加了个负号），目的是与使用 G41/G42 时的习惯一致。注意此程序实际上并没有用 G41 或 G42 指令，可以说只是借用了一下#12001 变量。

#12001 的后三位代表所用的刀补号。假如用 5 号刀补栏内刀具半径磨损（D）格内的值的设定来修正加工出的螺纹中径，那么程序中的#12001 应改成#12005，依此类推。

6.9　在铝合金工件上加工小螺纹方法的选择

在航天制造业，经常遇到在一个铝合金工件上加工许多小直径螺纹的情况。例如在一个铝合金大件上有多个 M3×11 内螺纹和 M5×16 内螺纹。手工攻螺纹可以控制扭矩力度和中途做多次回退，不容易拧断丝锥。但手工攻小螺纹入刀时很难端平，即使是技术过关的工人精心操作也有失手的时候。小丝锥入斜的后果是攻几圈后丝锥就断了。对于 M3 或更小的螺纹，在用电火花把断锥打出来的时候，螺纹和底孔一般也报废了，结果是整个工件报废。所以该铝合金工件上的 M3×11 螺纹应排除用纯手工攻的加工方法。

加工这些 M3×11 螺纹可选择的方法有三种。第一种方法是铣加工。可向刀具供应商定制在铝合金工件上铣 M3 螺纹的整体硬质合金螺纹铣刀。铣刀上的刃齿以四排为宜。它的优点是加工精度高、在加工过程中一般不会折断。缺点是效率不高，占用机床时间长。第二种方法是铣一小段螺纹后再用手工攻。此法的优点是能保证螺纹的垂直度，更重要的是能避免入斜断锥。这种方法可优先选用。第三种方法是刚性攻螺纹。刚性攻螺纹效率高，可少占用机床时间。但刚性攻螺纹比手工攻螺纹更容易把 M3 丝锥拧断（M3 丝锥的截面积很小）。所以一是要采购质量高、性能好的 M3 丝锥，二是要选择合理的攻螺纹参数，三是要用效果好的切削液。只有在同材质材料上用同机床做试攻确认不会断锥后，才能在工件上正式攻螺纹。

加工其上的 M5×16 螺纹可选择的方法也有三种。第一种选择是刚性攻螺纹。如果丝锥质量过关且选择的攻螺纹参数合理，M5 丝锥在攻螺纹过程中拧断的可能性很小。在此应优先选用这种高效的攻螺纹方法。第二种选择是手工攻螺纹。只要工人技术过关和操作精心，攻 M5 螺纹时端平并不困难。如果人手较多可选用这种方法。第三种选择是用螺纹梳刀铣。由于此法占用机床的时间长，建议只在螺纹精度要求高或机床不紧张的场合采用。除此之外，如果需要，加工这些 M5×16 螺纹也可以用先铣一段（四圈左右）螺纹、再用手工攻的方法。